EGA 3

ÉLÉMENTS DE GÉOMÉTRIE ALGÉBRIQUE

III. ÉTUDE COHOMOLOGIQUE DES FAISCEAUX COHÉRENTS

代数几何学原理

III. 凝聚层的上同调

[法] Alexander Grothendieck 著
(在 Jean Dieudonné 的协助下)
周健 译

高等教育出版社 · 北京
International Press

图书在版编目（CIP）数据

代数几何学原理. Ⅲ, 凝聚层的上同调 /（法）格罗滕迪克著；周健译. -- 北京：高等教育出版社，2021.1

ISBN 978-7-04-055208-9

Ⅰ. ①代… Ⅱ. ①格… ②周… Ⅲ. ①代数几何 Ⅳ. ① O187

中国版本图书馆 CIP 数据核字（2020）第 208519 号

策划编辑 李 鹏　责任编辑 李 鹏　封面设计 姜 磊　版式设计 杜微言
责任校对 胡美萍　责任印制 田 甜

出版发行	高等教育出版社	网 址	http://www.hep.edu.cn
社 址	北京市西城区德外大街4号		http://www.hep.com.cn
邮政编码	100120	网上订购	http://www.hepmall.com.cn
印 刷	北京市白帆印务有限公司		http://www.hepmall.com
开 本	787 mm × 1092 mm 1/16		http://www.hepmall.cn
印 张	18.25		
字 数	330 千字	版 次	2021 年 1 月第 1 版
购书热线	010-58581118	印 次	2021 年 1 月第 1 次印刷
咨询电话	400-810-0598	定 价	89.00 元

本书如有缺页、倒页、脱页等质量问题，请到所购图书销售部门联系调换

物 料 号 55208-00

Alexander Grothendieck
(1928.3.28—2014.11.13)

谨以此译本纪念

已故伟大数学家

Alexander Grothendieck

译者前言

这部书的全名是 *Éléments de Géométrie Algébrique*, 通常缩写成 EGA, 是 A. Grothendieck 在 20 世纪 50—60 年代写成的 (在 J. Dieudonné 的协助下). 它对现代数学许多领域的发展产生了深远的影响, 至今仍然是对于概形基本概念与方法的最完整最详尽的理论阐述. 由于丘成桐教授的大力推动和支持, EGA 中译本终于得以出版.

为了方便初次接触这本书的读者, 译者将从以下三个方面做出简要的介绍, 以便读者能够获得一个概略的了解. 这三个方面就是: 一、EGA 的成书背景, 二、EGA 的重要影响, 三、EGA 的翻译经过.

在开始之前, 有必要先厘清一个概念, 即 EGA 有狭义和广义之分. 狭义的 EGA 是指已经完成的第一章到第四章, 发表在 Publications Mathématiques de l'I.H.E.S., Tome 4, 8, 11, 17, 20, 24, 28, 32 (1960—1967) 中①, 广义的 EGA 是指 Grothendieck 关于这本书的写作计划, 在引言中可以看到一个简略的列表, 共包含 13 章, 涉及非常广泛的主题, 并归结到 Weil 猜想的证明上. 后面的各章内容虽然并没有正式写出来, 但大都以草稿的形式出现在了 SGA, FGA② 等多部作品之中, 应该被看成是前四章的自然延续.

本次中译本的范围只是 EGA 的前四章, 但对于下面要谈论的 EGA 来说, 我们不得不作广义的理解, 因为计划中的 13 章内容原本就是一个有机的整体, 各章

① 新版 EGA 第一章由 Springer-Verlag 于 1971 年出版.

② SGA 的全称是 *Séminaire de Géométrie Algébrique du Bois-Marie*, FGA 的全称是 *Fondements de la Géométrie Algébrique*.

相互照应, 具有前后贯通的理论构思, 而且说到 EGA 对后来的影响也必须整体地来谈.

(一) EGA 的成书背景

代数几何考察由代数方程所定义的几何图形的性质, 已经有漫长而繁复的历史. 特别是其中的代数曲线理论, 这已经被许多代的数学家使用直观几何语言、函数论语言、抽象代数语言等进行过详细的讨论, 并积累了丰富的知识和研究课题.

20 世纪初, 意大利学派的几位数学家 (Castelnuovo, Enriques 等) 进而完成了代数曲面的初步分类. 但在这一阶段, 传统方法开始受到质疑, 仅使用坐标和方程的语言在陈述精细结果时越来越难以满足数学严密性的要求. O. Zariski 意识到了问题的严重性, 开始着手建立代数几何所需的交换代数基础. 他所引入的 Zariski 拓扑、形式全纯函数等概念使代数几何逐步具有了独立于解析语言的另一种陈述和证明方式. J.-P. Serre 的著名文章 FAC 和 GAGA 等① 进而阐明, 借助层上同调的语言, 在 Zariski 拓扑上也可以建立起丰富而且有意义的整体理论. Grothendieck 在 EGA 中继续发展了 Serre 的理论, 把代数闭域上的结果推广为任意环上 (甚至任意概形上) 的相对理论, 使数论和代数几何重新统一在以交换代数和同调代数为基础的完整而严密的体系之下 (此前代数整数环和仿射代数曲线曾被统一在 Dedekind 整环的语言之下), 可以说完成了 Zariski 以来为代数几何建立公理化基础的目标.

Grothendieck 在扉页上把 EGA 题献给了 O. Zariski 和 A. Weil, 这确认了 Zariski 对于 EGA 成书的重大影响. 我们再来看 A. Weil 对于 EGA 的关键影响, 这就要说到 Weil 的著名猜想, 揭示了有限域 (比如 $\mathbb{F} = \mathbb{Z}/p\mathbb{Z}$) 上的代数方程组在基域的所有有限扩张中的有理解个数所具有的神秘规律. Weil 把这种规律用 Zeta 函数② 的语言做出了表达, 列举了 Zeta 函数所应具有的一些性质. 其中还特别指出, 这种 Zeta 函数的某些信息与另一个代数方程组 (前述方程组是这个方程组通过模 p 约化的方式而得到的) 在复数域上所定义出的复流形的几何或拓扑性质会有密切的关联. Weil 还预测到, 为了证明他的这一系列猜想, 有必要对于有限域上的代数几何对象发展出一套上同调理论, 并要求这种上同调具有与复几何中的上同调十分相似的性质. 在此基础上, 上述猜想便可以借助某种 Lefschetz 不动点定理而得以建立.

Weil 的这个思路深刻地影响了代数几何语言的发展. 上面提到的 FAC 就是

① FAC 的全称是 *Faisceaux Algébriques Cohérents*, 发表在 The Annals of Mathematics, 2nd Ser., Vol. 61, No. 2 (1955), pp. 197–278, 中译名 "代数性凝聚层"; GAGA 的全称是 *Géométrie Algébrique et Géométrie Analytique*, 发表在 Annales de l'institut Fourier, Tome 6 (1956), pp. 1–42, 中译名 "代数几何与解析几何".

② 算术概形都可以定义出 Zeta 函数, 通常就称为 Hasse-Weil Zeta 函数, Riemann Zeta 函数也包含在其中.

朝向实现这一目标所迈出的重要一步[①]. 但是仅靠凝聚层上同调理论被证明是不够的. Grothendieck 在 Serre 工作的基础上完成了一次思想突破, 他意识到层上同调这个理论格式可以扩展到更广泛的"拓扑"上, 这种"拓扑"已经不是传统意义下由开集公理所定义的拓扑, 而是要把非分歧的覆叠映射也当作"开集"来使用. 基于这个想法定义出的上同调 (即平展上同调) 后来被证明确实能够满足 Weil 的要求[②], 但为了把该想法贯彻到有限域、代数数域、复数域等各种不同的环境里 (比如为了实现 Weil 猜想中有限域上的几何与复几何的联系), 就必须尽可能地把古典代数几何中的各种几何概念 (如平滑、非分歧等) 推广到更一般的语言背景下.

EGA 和很大部分的 SGA (如前所述, 它们原本就应该是 EGA 的组成部分) 都在致力于完成这种理论构建和语言准备的工作. 最终, Weil 猜想的证明是由 Deligne[③] 完成的, 阅读他的文章就会发现, EGA-SGA 的体系在证明中起到了多么实质的作用.

(二) EGA 的重要影响

EGA-SGA 的出现对于后来的数学发展产生了多方面的深远影响.

首先, 概形已经成为数论和代数几何的基础语言, 它的作用完全类似于流形之于微分几何, 充分印证了这个理论体系的包容性、灵活性、方便性以及严密性.

其次, 在概形理论和方法的基础上, 不仅 Weil 猜想得以圆满解决, 而且很多困难的猜想都陆续获得解决, 比如说 Mordell 猜想、Taniyama-Shimura 猜想、Fermat 大定理等. 以 Mordell 猜想为例, Faltings 最早给出的证明中就使用了 Abel 概形的参模空间、p 可除群、半稳定约化定理等关键工具, 这些都是建立在 EGA-SGA 的体系之上的[④]. 再看 Fermat 大定理的证明, 它是建立在自守表示的某些结果、模曲线的算术理论、Galois 表示的形变理论等基础上的, 后面的两个理论都离不开 EGA-SGA 的体系.

EGA-SGA 的体系不仅为解决数论中的许多重大猜想奠定了基础, 而且也催生了很多新的观念和理论体系. 试举几个典型的例子如下:

(1) 恒机理论

这是 Grothendieck 为了解决 Weil 猜想中与 Riemann 假设[⑤] 相关的部分而提出的理论设想 (基于 Serre 的结果). 与 Deligne 证明中的独特技巧不同, 该理论试

---

① Weil 也以自己的方式为代数几何建立了一套基础理论, 并写出了 *Foundations of Algebraic Geometry* (1946) 及 *Variétés Abéliennes et Courbes Algébriques* (1948) 等书, 他在这个基础上证明了对于曲线的上述猜想.

② 参考: Grothendieck, *Formule de Lefschetz et rationalité des fonctions L*, Séminaire Bourbaki 1964/65, 279.

③ 参考: Deligne, *La conjecture de Weil, I*, Publications Mathématiques de l'I.H.E.S., Tome 43, n° 2 (1974), p. 273–307, 中译名"Weil 猜想 I".

④ 对于 Mordell 猜想本身, 后来也有一些较为"初等"的证明.

⑤ 这并不是原始的 Riemann 假设, 只是与它具有类似的形状.

图建立一个良好的 "恒机" 范畴, 使 Riemann 假设成为一个代数演算的自然结果. 这个思路并没有取得成功, 因为其中涉及的 "标准猜想" 看起来是极为困难的问题. 但 "恒机" 的想法本身不仅没有就此消亡, 反而日益显示出强劲的生命力. 它首先在 Deligne 的 Theorie de Hodge I, II, III 中得到了侧面的印证, 后来又在关于 L 函数特殊值的一系列猜想中扮演了关键角色 (以恒机式上同调的形式), 并因此促成了概形同伦理论的发展. 另外值得一提的是, Grothendieck 在构造恒机范畴时所引入的 Tannaka 范畴概念也被证明具有非常普遍的意义.

(2) 代数叠形理论

这起源于 Grothendieck 使用函子语言来重新解释参模理论的工作 (FGA). Hilbert 概形和 Picard 概形的构造是第一批重要的结果, 但后来发现许多在代数几何中很平常的参模函子并不能在概形范畴中得到表识. 代数叠形的概念就是对于概形的一种推广, 目的是把那些有重要意义但又不可表识的参模函子也纳入几何框架之中. 这一理论无论从技术上还是从结果上都是 EGA-SGA 体系的自然延伸, 它的应用范围已经超出数论和代数几何中的问题, 扩展到数学物理等领域.

(3) 导出范畴与转三角范畴

这个理论最初是 Grothendieck 为了恰当表述上同调对偶定理所构思的概念框架. 现在它的应用范围已经扩展到了多个数学分支 (如有限群的模表示、双有理几何、同调镜像对称等), 并被发掘出一些新的意义. Voevodsky 构造恒机范畴的 "导出" 范畴时就使用了这套语言.

(4) p 进刚式解析几何

这个理论最初是 Tate 把 Grothendieck 拓扑的考虑方法引入 p 进解析函数中而定义出来的几何理论, Raynaud 又使用形式概形的语言对它做出了重新的解释. 后来该理论被应用到稳定约化、曲线基本群、p 进合一化理论、p 进 Langlands 对应等诸多问题之中.

限于译者的理解程度, 只能先说到这里, 还有很多话题未能触及.

(三) EGA 的翻译经过

EGA 的中文翻译开始于 2000 年, 到了 2007 年中, 前四章的译稿已大致完成. 在随后的校订工作中, 译者逐渐意识到两个更大的问题.

第一, 我们知道 Grothendieck 写作 EGA 的一个主要动机是要给出 Weil 猜想的详细证明 (除了 Riemann 假设的部分). 但是前四章只是陈述了一些最基础的理论, 尚未深入探讨那些比较核心的话题. 如果不结合后面的内容 (比如 SGA) 来阅读的话, 就看不到这四章理论的许多实际用途, 也不能更充分地理解作者的思维脉络, 而且与后来的那些广泛应用相脱节.

第二, EGA-SGA 体系是建立在一系列预备知识和先行工作的基础上的. 首先, EGA 中大量使用了 Bourbaki 的《数学原理》(特别是《代数学》《交换代数》《一般拓扑学》等卷) 中的结果, 作者 Grothendieck 和协助者 Dieudonné 都是 Bourbaki 学派的成员. 另外, 正如作者在引言中所指出的, 阅读 EGA 还需要准备两本参考书:

R. Godement, *Topologie algébrique et théorie des faisceaux.*①

A. Grothendieck, *Sur quelques points d'algèbre homologique.*②

最后, 作者还告诉我们, EGA 的前三章完全是脱胎于 Serre 的 FAC. 所以仅从译稿的校订工作来说, 译者也必须对上面提到的这些书籍和论文做出系统的梳理和把握.

这两个问题迫使译者持续对相关的著作加深了解, 并翻译其中的某些部分, 借此来检验 EGA 译稿的准确性和适用性, 提高译文的质量. 这些工作仍在进行中.

由于理解上的不足, 译文中一定还有译者未曾注意到的错漏之处, 敬请读者指正. 译者将另外准备 "勘误与补充" 一文, 报告可能的错误, 并介绍某些背景信息, 以及与其他文献的联系等, 此文将放置在下面的网址中:

http://www.math.pku.edu.cn/teachers/zhjn/ega/index.html

EGA 中译本的出版工作几经波折. 最终能够达成, 与丘成桐教授的运筹和指导是分不开的, 感谢丘成桐教授的关心和鼓励.

在翻译工作的最初几年里, 译者得到了赵春来教授的莫大支持和帮助. 赵老师曾专门组织讨论班, 以早期译稿为素材进行讨论, 初稿得以完成, 完全是得益于赵老师的无私关怀, 译者衷心感谢赵老师长期以来所给予的工作和生活上的多方支持.

巴黎南大学的 Luc Illusie 教授和 J.-M. Fontaine 教授十分关心此译本的出版, 并为此做了许多工作. Illusie 教授热心于中法数学交流, 培养了许多中国学生, 也给予译者很多指导, 他还专门与法文版权所有者 Johanna Grothendieck 女士及法国高等科学研究所 (IHES) 进行联络, 为中文版获得授权创造了良好的条件, 并为此版写了序言. 诚挚感谢 Illusie 教授为此付出的热情和心力. 东京大学的加藤和也教授和巴黎南大学的 Michel Raynaud 教授也给予译者很大鼓励, 在此一并致谢.

译者还要感谢首都师范大学李克正教授、华东师范大学陈志杰教授、台湾大学康明昌教授、中科院晨兴数学中心田野教授、信息工程研究所刘石柱老师以及众多师友对于此项工作给予的热情鼓励. 同时感谢译者所在单位的历任领导对此项工

① 中译名 "代数拓扑与层理论".

② 中译名 "同调代数中的几个关键问题".

作的理解和包容.

最后, 感谢高等教育出版社王丽萍和李鹏编辑在出版工作上的坚持不懈和精心筹备, 感谢波士顿国际出版社 (International Press of Boston) 秦立新先生的大力协助.

译本序[①]

A. Grothendieck 的 *Éléments de Géométrie Algébrique* (在 J. Dieudonné 的协助下完成) 第一本于 1960 年问世, 最后一本于 1967 年问世, 由法国高等科学研究所 (IHES) 出版. 在这部后来以 EGA 的略称而名世的经典著作中, 作者引入并以极为详尽的形式发展了一套新的语言, 即*概形语言*. 由于这种语言具有清晰准确、表达力强、操作灵活等诸多特性, 它很快就成为在代数几何中被普遍采用的语言.

EGA 并无任何老旧. 时至今日, 它所阐发的那些语言和方法仍然被全世界的数论和代数几何专家们所广泛使用. 尽管从那以后, 某些比概形更一般的几何对象 (比如说代数空间、代数叠形等) 也被定义出来, 并在最近 20 年间被越来越多地应用在诸如参模问题、自守形式理论等课题中, 但对于它们的考察仍然要基于概形的语言.

虽然陆续出现了一些十分优秀的介绍和解释 EGA 的教科书, 但说到对于 EGA 的最佳介绍和解释, 仍然非 EGA 本身莫属. 某些人曾说 EGA 很难懂. 情况恰恰相反, EGA 所具有的清晰性和确切性、始终致力于把问题纳入恰当视野的坚持以及寻求对主要结果做出最佳陈述的努力, 再加上尽量引出众多推论的编排方式等, 都使得阅读 EGA 成为愉快的体验. 而且只要你需要用到一个关于概形的技术性引理, 查遍群书后通常都会在 EGA 中找到它, 甚至可能比你所需要的形式更好, 还饶上一个完整的证明. 即使是初学者也会很快发现, 参考 EGA 远比参考其他教科书获益更多.

① 原文为英文.

然而, EGA 是用法文书写的, 这就带来一些问题. 在 20 世纪 60 年代时, 法文曾经是很通用的数学语言, 但在今天, 掌握法文的数学工作者已逐年减少, 尤其是在亚洲. 我曾在中国多次讲授代数几何课程, 深切体会到中国的青年学生们对于阅读 EGA 的渴望, 以及面对语言障碍时的无奈. 由此可以理解, EGA 的中译本肯定会是非常有用的. 很高兴周健先生成功地完成了这个翻译, 他一定是克服了不少的困难, 其中就包括给众多的法文技术词汇寻找和遴选出恰当的中文表达. 书后附有法中英三语的索引, 从中读者可以查到同一个数学概念在三种语言下的表达方式.

目前出版的这一本是 EGA 的第三章 (基于最初的版本), 后续各卷都已经翻译出来, 将会陆续推出.

Luc Illusie

引言

献给 Oscar Zariski 和 André Weil

这部书的目的是探讨代数几何学的基础. 原则上我们不假设读者对这个领域有多少了解, 甚至可以说, 尽管具有一些这方面的知识也不无好处, 但有时 (比如习惯于从双有理的视角来考虑问题的话) 对于领会这里将要探讨的理论和方法来说或许是有害的. 不过反过来, 我们要假设读者对于下面一些主题有足够的了解:

a) 交换代数, 比如 N. Bourbaki 所著《数学原理》丛书的某些卷本 (以及 Samuel-Zariski [13] 和 Samuel [11], [12] 中的一些内容).

b) 同调代数, 这方面的内容可参考 Cartan-Eilenberg [2] (标记为 (M)) 和 Godement [4] (标记为 (G)), 以及 A. Grothendieck [6] (标记为 (T)).

c) 层的理论, 主要参考书是 (G) 和 (T). 正是借助这个理论, 我们才得以用 "几何化" 的语言来表达交换代数中的一些重要概念, 并把它们 "整体化".

d) 最后, 读者需要对函子式语言相当熟悉, 我们的讨论将严重依赖这种语言, 读者可以参考 (M), (G) 特别是 (T). 本书作者将在另外一篇文章中详细探讨函子理论的基本原理和主要结果.

***

在一篇简短的引言中, 我们没有办法对代数几何学中的 "概形论" 视角做出一个完整的概括, 也没有办法详细论证采取这种视角的必要性, 特别是在结构层中系统地引入幂零元的必要性 (正是因为这个缘故, 有理映射的概念才不得不退居次要的位置, 更为恰当的概念则是 "态射"). 第一章的主要任务是系统地介绍 "概形" 的语言, 并希望也能同时说明它的必要性. 对于第一章中所出现的若干概念, 我们不打算在这里给出 "直观" 的解释. 读者如果需要了解其背景的话, 可以参考 A. Grothendieck 于 1958 年在 Edinburgh 国际数学家大会上的报告 [7] 及其文章 [8]. 另外 J.-P. Serre 的工作 [14] (标记为 (FAC)) 可以看作是代数几何学从经典视角转向概形论视角的一个中间环节, 阅读他的文章可以为阅读我们的《代数几何学原理》打下良好的基础.

***

下面是一个非正式的目录, 列出了本书将要讨论的各个主题, 后面的章节以后会有变化:

第一章 — 概形语言.

第二章 — 几类态射的一些基本的整体性质.

第三章 — 代数凝聚层的上同调及其应用.

第四章 — 态射的局部性质.

第五章 — 构造概形的一些基本手段.

第六章 — 下降理论. 构造概形的一般方法.

第七章 — 群概形、主纤维化空间.

第八章 — 纤维化空间的微分性质.

第九章 — 基本群.

第十章 — 留数与对偶.

第十一章 — 相交理论、Chern 示性类、Riemann-Roch 定理.

第十二章 — Abel 概形和 Picard 概形.

第十三章 — Weil 上同调.

原则上所有的章节都是开放的, 以后随时会追加新的内容. 为了减少出版上的麻烦, 追加的内容将出现在其他分册里. 如果有些小节在文章交印时还没有写好, 那么虽然在概述中仍然会提到它们, 但完整的内容将会出现在后面的分册里. 为了方便读者, 我们在 "第零章" 里包含了关于交换代数、同调代数和层理论的许多预备知识, 它们都是正文所需要的. 这些结果基本上都是熟知的, 但是有时可能没办法找到适当的参考文献. 建议读者在正文需要它们而自己又不十分熟悉的时候再去查阅. 我们觉得对于初学者来说, 这是熟悉交换代数和同调代数的一个好方法, 因为如果不了解其应用的话, 单纯学习这些理论将是非常枯燥乏味和令人疲倦的.

***

我们没办法给这本书所提到的诸多概念和结果提供一个历史回顾或综述. 参考文献也只包含了一些对于理解正文来说特别有用的资料, 我们也只对那些最重要的结果给出了来源. 至少从形式上来说, 这本书所要处理的很多主题都是非常新的, 这也解释了为什么这本书很少引用 19 世纪和 20 世纪初那些代数几何学之父们的工作 (我们只是听人说过, 却未曾拜读) 的原因. 然而有必要列举一下对作者有最直接的影响并且对概形理论的形成有重要贡献的一些著作. 首先是 J.-P. Serre 的奠基性工作 (FAC), 与 A. Weil 艰深的古典教科书 *Foundations of algebraic geometry* [18] 相比, 这篇文章更适合于引领初学者 (包括本书的作者之一) 进入代数几何的领域. 该文第一次表明, 在研究 "抽象" 代数多样体时, 我们完全可以使用 "Zariski 拓扑" 来建立它们的代数拓扑理论, 特别是上同调的理论. 进而, 这篇文章里所给出的代数多样体的定义可以非常自然地扩展为概形的定义①. Serre 自己就曾指出, 仿射多样体的上同调理论可以毫不困难地推广到任何交换环 (不仅仅是域上的仿射代数) 上. 本书的第一、二章和第三章前两节本质上就是要把 (FAC) 和 Serre 另一篇文章 [15] 的主要结果搬到这种一般框架之下. 我们也从 C. Chevalley 的 "代数几何讨论班"[1] 上获益良多, 特别是他的 "可构集" 概念在概形理论中是非常有用的 (参考第四章). 我们也借用了他从维数的角度来考察态射的方法 (第四章), 这个方法几乎可以不加改变地应用到概形上. 另外值得一提的是, Chevalley 引入的 "局部环的概形" 这个概念提供了古典代数几何的一个自然的拓展 (尽管不如我们这里的概形概念更具普遍性和灵活性), 第一章 §8 讨论了这个概念与我们的概形概念之间的关系. M. Nagata 在他的系列文章 [9] 中也提出过类似的理论, 他还给出了很多与 Dedekind 环上的代数几何有关的结果②.

***

最后, 毫无疑问一本关于代数几何的书 (尤其是一本讨论基础的书) 必然要受到像 O. Zariski 和 A. Weil 这样一些数学大家的影响. 特别地, Zariski [20] 中的形式全纯函数理论可以借助上同调方法来进行改写, 再加上第三章 §4 和 §5 中的存在性定理 (并结合第六章的下降技术), 就构成了这部书的主要工具之一, 而且在我们看来, 它也是代数几何中最有力的工具之一.

① Serre 告诉我们, 利用环层来定义多样体结构的想法来源于 H. Cartan, 他在这个想法的基础上发展了他的解析空间理论. 很明显, 在 "解析几何" (与 "代数几何" 一样) 中也可以允许幂零元出现在解析空间的局部环中. H. Grauert [5] 已经开始了这方面的工作 (推广了 H. Cartan 和 J.-P. Serre 的定义), 也许不久以后就会建立起更为系统的解析几何理论. 本书的概念和方法显然对解析几何仍有一定的意义, 不过需要克服一些技术上的困难. 可以预见, 由于方法上的简单, 代数几何将成为今后发展解析空间理论时的一个范本.

② 和我们的视角比较接近的工作还有 E. Kähler 的工作 [22] 和 Chow-Igusa 的文章 [3], 他们使用 Nagata-Chevalley 的体系证明了 (FAC) 中的某些结果, 还给出了一个 Künneth 公式.

这个技术的使用方法可以简单描述如下 (典型的例子是第九章将要研究的基本群). 对于代数多样体 (更一般地, 概形) 之间的一个紧合态射 (见第二章) $f: X \to Y$ 来说, 我们想要了解它在某一点 $y \in Y$ 邻近的性质, 以期解决一个与 y 的邻近处有关的问题 P, 则可以采取以下几个步骤:

1° 可以假设 Y 是仿射的, 如此一来 X 是定义在 Y 的仿射环 A 上的一个概形, 甚至可以把 A 换成 y 处的局部环. 这个步骤通常是很容易的 (见第五章), 于是问题归结到了 A 是局部环的情形.

2° 考察 A 是 *Artin* 局部环的情形. 为了使问题在 A 不是整环时仍有意义, 有时需要把问题 P 稍微改写一下, 这个阶段可以使我们对问题的 "无穷小" 性质有更多的了解.

3° 借助形式概形的理论 (见第三章, §3, 4 和 5) 我们可以从 Artin 环过渡到完备局部环上.

4° 最后, 若 A 是任意的局部环, 则可以使用 X 上的某些适当概形的 "多相截面" 来逼近给定的 "形式" 截面 (见第四章), 然后由 X 在 A 的完备化环上的基变换概形上的已知结果出发, 就可以推出 X 在 A 的较为简单的 (比如非分歧的) 有限扩张上的基变换概形上的相应结果.

这个简单的描述表明, 系统地考察 Artin 环 A 上的概形是很重要的. Serre 在建立局部类域论时所采用的视角以及 Greenberg 最近的工作都显示, 从这样一个概形 X 出发应该可以函子性地构造出一个定义在 A 的剩余类域 $\boldsymbol{k}$ (假设它是完满域) 上的概形 X', 其维数 (在恰当的条件下) 等于 $n \dim X$, 其中 n 是 A 的长度.

至于 A. Weil 的影响, 我们只需指出, 正是为了发展出一套系统的工具来给出 "Weil 上同调" 的定义, 并且最终证明他在 Diophantus 几何上的著名猜想的需要, 推动作者们写出了这部书, 另外的一个写作动机则是为了给代数几何中的常用概念和方法找到一个自然的理论框架, 使作者们获得一个理解它们的途径.

***

最后, 我们觉得有必要预先告诉读者, 在熟悉概形的语言并且了解到那些直观的几何构造都能够 (以本质上唯一的方式) 翻译成这种语言之前, 无疑会有许多困难需要克服 (对作者来说也是如此). 和数学中的许多理论一样, 最初的几何直观与表述这种理论所需要的普遍且精确的语言之间的距离变得越来越遥远. 在这种情况下, 我们需要克服的心理上的困难主要在于, 必须把集合范畴中的那些熟知的概念 (比如 Descartes 积、群法则、环法则、模法则、纤维丛、齐性主丛等) 移植到各种各样的范畴和对象上 (比如概形范畴, 或一个给定概形上的概形范畴). 对于以数学为职业的人来说, 今后想要避开这种抽象化的努力将是很困难的, 不过, 和我们

的前辈接受 "集合论" 的过程相比, 这可能也不算什么.

***

引用时的标号采用自然排序法, 比如在 **III**, 4.9.3 中, **III** 表示章, 4 表示节, 9 表示小节. 对于同一章内部的引用, 我们省略章号.

目录

第零章　预备知识

§8. 可表识函子①

8.1 可表识函子

(8.1.1) 我们用 $\boldsymbol{Ens}$ 来记集合范畴. 设 $\boldsymbol{C}$ 是任意范畴, 对于 $\boldsymbol{C}$ 中的两个对象 X, Y, 我们令 $h_X(Y) = \operatorname{Hom}(Y, X)$, 对于 $\boldsymbol{C}$ 中的任意态射 $u : Y \to Y'$, 我们用 $h_X(u)$ 来记从 $\operatorname{Hom}(Y', X)$ 到 $\operatorname{Hom}(Y, X)$ 的映射 $v \mapsto vu$. 易见在这些定义下, $h_X : \boldsymbol{C} \to \boldsymbol{Ens}$ 是一个反变函子, 也就是说, 它是范畴 $\boldsymbol{Hom}(\boldsymbol{C}^\circ, \boldsymbol{Ens})$ 中的一个对象, 这里 $\boldsymbol{C}^\circ$ 是指 $\boldsymbol{C}$ 的反接范畴, 而 $\boldsymbol{Hom}(\boldsymbol{C}^\circ, \boldsymbol{Ens})$ 就是范畴 $\boldsymbol{C}^\circ$ 到范畴 $\boldsymbol{Ens}$ 的全体协变函子的范畴 (T, 1.7, d) 和 [29]).

(8.1.2) 现在设 $w : X \to X'$ 是 $\boldsymbol{C}$ 中的一个态射, 则对任意 $Y \in \boldsymbol{C}$ 和任意 $v \in \operatorname{Hom}(Y, X) = h_X(Y)$, 均有 $wv \in \operatorname{Hom}(Y, X') = h_{X'}(Y)$, 我们把 $h_X(Y)$ 到 $h_{X'}(Y)$ 的映射 $v \mapsto wv$ 记作 $h_w(Y)$. 则易见对于 $\boldsymbol{C}$ 中的任意态射 $u : Y \to Y'$, 图表

$$\begin{array}{ccc}
h_X(Y') & \xrightarrow{h_X(u)} & h_X(Y) \\
{\scriptstyle h_w(Y')}\downarrow & & \downarrow{\scriptstyle h_w(Y)} \\
h_{X'}(Y') & \xrightarrow[h_{X'}(u)]{} & h_{X'}(Y)
\end{array}$$

① 为了方便查询和引用, 以下我们将把出现在第一章之前的那部分第零章内容标以 $\mathbf{0_I}$ 的字头.

都是交换的. 换句话说, h_w 是一个函子态射 $h_X \to h_{X'}$ (T, 1.2), 或者说, 它是范畴 $\boldsymbol{Hom}(\boldsymbol{C}^\circ, \boldsymbol{Ens})$ 中的一个态射 (T, 1.7, d)). 从而这些 h_X 和 h_w 合起来就定义了一个典范协变函子[①]

(8.1.2.1) $$h : \boldsymbol{C} \longrightarrow \boldsymbol{Hom}(\boldsymbol{C}^\circ, \boldsymbol{Ens}).$$

(8.1.3) 设 X 是 $\boldsymbol{C}$ 中的一个对象, F 是 $\boldsymbol{C}$ 到 $\boldsymbol{Ens}$ 的一个反变函子 (即 $\boldsymbol{Hom}(\boldsymbol{C}^\circ, \boldsymbol{Ens})$ 中的一个对象). 设 $g : h_X \to F$ 是一个函子态射, 即对任意 $Y \in \boldsymbol{C}$, $g(Y)$ 都是一个映射 $h_X(Y) \to F(Y)$, 并且对于 $\boldsymbol{C}$ 中的任意态射 $u : Y \to Y'$, 图表

(8.1.3.1) $$\begin{array}{ccc} h_X(Y') & \xrightarrow{h_X(u)} & h_X(Y) \\ {\scriptstyle g(Y')}\downarrow & & \downarrow{\scriptstyle g(Y)} \\ F(Y') & \xrightarrow[F(u)]{} & F(Y) \end{array}$$

都是交换的. 特别地, 我们有一个映射 $g(X) : h_X(X) = \operatorname{Hom}(X, X) \to F(X)$, 因而得到一个元素

(8.1.3.2) $$\alpha(g) = (g(X))(1_X) \in F(X),$$

这又给出一个典范映射

(8.1.3.3) $$\alpha : \operatorname{Hom}(h_X, F) \longrightarrow F(X).$$

反过来, 给了一个元素 $\xi \in F(X)$, 对于 $\boldsymbol{C}$ 中的任意态射 $v : Y \to X$, $F(v)$ 都是一个映射 $F(X) \to F(Y)$. 我们考虑从 $h_X(Y)$ 到 $F(Y)$ 的下述映射

(8.1.3.4) $$v \longmapsto (F(v))(\xi).$$

若把这个映射记作 $(\beta(\xi))(Y)$, 则

(8.1.3.5) $$\beta(\xi) : h_X \longrightarrow F$$

是一个函子态射, 因为对于 $\boldsymbol{C}$ 中的任意态射 $u : Y \to Y'$, 我们都有 $(F(vu))(\xi) = (F(v) \circ F(u))(\xi)$, 这就验证了 (8.1.3.1) 对于 $g = \beta(\xi)$ 的交换性. 以这种方式我们就定义了一个典范映射

(8.1.3.6) $$\beta : F(X) \longrightarrow \operatorname{Hom}(h_X, F).$$

命题 (8.1.4) — 映射 α 和 β 是互逆的一一映射.

① 译注: 这个函子通常也被称为 *Yoneda* 嵌入函子, 参照命题 (8.1.7).

对于 $\xi \in F(X)$, 我们来计算 $\alpha(\beta(\xi))$, 对于 $Y \in \boldsymbol{C}$, $(\beta(\xi))(Y)$ 就是 $h_X(Y)$ 到 $F(Y)$ 的映射 $g_1(Y): v \mapsto (F(v))(\xi)$. 从而有

$$\alpha(\beta(\xi)) = (g_1(X))(1_X) = (F(1_X))(\xi) = 1_{F(X)}(\xi) = \xi.$$

现在我们对于 $g \in \operatorname{Hom}(h_X, F)$ 来计算 $\beta(\alpha(g))$, 对于 $Y \in \boldsymbol{C}$, $(\beta(\alpha(g)))(Y)$ 就是映射 $v \mapsto (F(v))((g(X))(1_X))$, 而依照 (8.1.3.1) 的交换性, 这个映射刚好就是映射 $v \mapsto (g(Y))((h_X(v))(1_X)) = (g(Y))(v)$, 这是根据 $h_X(v)$ 的定义, 换句话说, 上述映射刚好等于 $g(Y)$, 这就证明了结论.

(8.1.5) 还记得范畴 $\boldsymbol{C}$ 的一个子范畴 $\boldsymbol{C}'$ 是指这样一个范畴, 它的对象是 $\boldsymbol{C}$ 中的一些对象, 并且若 X', Y' 都是 $\boldsymbol{C}'$ 中的对象, 则 $\boldsymbol{C}'$ 中的态射集合 $\operatorname{Hom}_{\boldsymbol{C}'}(X', Y')$ 是 $\boldsymbol{C}$ 中的态射集合 $\operatorname{Hom}_{\boldsymbol{C}}(X', Y')$ 的一个子集, 进而 "态射的合成"

$$\operatorname{Hom}_{\boldsymbol{C}'}(X', Y') \times \operatorname{Hom}_{\boldsymbol{C}'}(Y', Z') \longrightarrow \operatorname{Hom}_{\boldsymbol{C}'}(X', Z')$$

就是典范映射

$$\operatorname{Hom}_{\boldsymbol{C}}(X', Y') \times \operatorname{Hom}_{\boldsymbol{C}}(Y', Z') \longrightarrow \operatorname{Hom}_{\boldsymbol{C}}(X', Z')$$

的限制.

所谓 $\boldsymbol{C}'$ 是 $\boldsymbol{C}$ 的一个完全子范畴, 是指对于 $\boldsymbol{C}'$ 的任意两个对象 X', Y', 均有 $\operatorname{Hom}_{\boldsymbol{C}'}(X', Y') = \operatorname{Hom}_{\boldsymbol{C}}(X', Y')$. 此时由 $\boldsymbol{C}$ 中的那些与 $\boldsymbol{C}'$ 中某个对象同构的对象所组成的子范畴 $\boldsymbol{C}''$ 也是 $\boldsymbol{C}$ 的一个完全子范畴, 并且易见它与 $\boldsymbol{C}'$ 是等价的 (T, 1.2).

所谓一个协变函子 $F: \boldsymbol{C}_1 \to \boldsymbol{C}_2$ 是完全忠实的, 是指对于 $\boldsymbol{C}_1$ 中的任意两个对象 X_1, Y_1, 由 $\operatorname{Hom}(X_1, Y_1)$ 到 $\operatorname{Hom}(F(X_1), F(Y_1))$ 的映射 $u \mapsto F(u)$ 都是一一的. 这蕴涵着 $\boldsymbol{C}_2$ 的子范畴 $F(\boldsymbol{C}_1)$ 是完全的. 进而, 若两个对象 X_1, X_1' 具有相同的像 X_2, 则有唯一一个同构 $u: X_1 \to X_1'$, 使得 $F(u) = 1_{X_2}$. 现在对于 $F(\boldsymbol{C}_1)$ 中的任意对象 X_2, 设 $G(X_2)$ 是 $\boldsymbol{C}_1$ 中的一个满足 $F(X_1) = X_2$ 的对象 X_1 (G 可以借助选择公理来定义), 对于 $F(\boldsymbol{C}_1)$ 中的任意态射 $v: X_2 \to Y_2$, 设 $G(v)$ 是那个满足 $F(u) = v$ 的唯一态射 $u: G(X_2) \to G(Y_2)$, 则 G 是一个从 $F(\boldsymbol{C}_1)$ 到 $\boldsymbol{C}_1$ 的函子. FG 是 $F(\boldsymbol{C}_1)$ 上的恒同函子, 并且上面所述表明, 我们有一个函子同构 $\varphi: 1_{\boldsymbol{C}_1} \to GF$, 这使得 F, G, φ 和恒同 $1_{F(\boldsymbol{C}_1)} \to FG$ 一起定义了一个从范畴 $\boldsymbol{C}_1$ 到 $\boldsymbol{C}_2$ 的完全子范畴 $F(\boldsymbol{C}_1)$ 上的等价 (T, 1.2).

(8.1.6) 现在我们把命题 (8.1.4) 应用到函子 F 是 $h_{X'}$ 的情形, 其中 X' 是 $\boldsymbol{C}$ 中的任意一个对象, 此时映射 $\beta: \operatorname{Hom}(X, X') \to \operatorname{Hom}(h_X, h_{X'})$ 刚好就是 (8.1.2) 中定义的映射 $w \mapsto h_w$, 由于这个映射是一一的, 故我们看到, 在 (8.1.5) 的术语下:

命题 (8.1.7) — 典范函子 $h: \boldsymbol{C} \to \boldsymbol{Hom}(\boldsymbol{C}^{\circ}, \boldsymbol{Ens})$ 是完全忠实的.

(8.1.8) 设 F 是一个从 $\boldsymbol{C}$ 到 $\boldsymbol{Ens}$ 的反变函子, 所谓 F 是可表识的, 是指可以找到一个对象 $X \in \boldsymbol{C}$, 使得 F 与 h_X 同构. 由 (8.1.7) 知, 若有这样一个 $X \in \boldsymbol{C}$ 和一个函子同构 $g: h_X \to F$, 则 X 可以被确定到只差唯一的同构. 命题 (8.1.7) 还表明, h 定义了一个从 $\boldsymbol{C}$ 到 $\boldsymbol{Hom}(\boldsymbol{C}^{\circ}, \boldsymbol{Ens})$ 的由全体可表识的反变函子所组成的完全子范畴的等价. 此外由 (8.1.4) 知, 给出一个函子态射 $g: h_X \to F$ 就等价于给出一个元素 $\xi \subset F(X)$, 并且为了使 g 是同构, 必须且只需元素 ξ 满足下面的条件: 对于 $\boldsymbol{C}$ 中的任意对象 Y, 由 $\mathrm{Hom}(Y, X)$ 到 $F(Y)$ 的映射 $v \mapsto (F(v))(\xi)$ 总是一一的. 如果 ξ 满足这个条件, 则我们说二元组 (X, ξ) 表识了函子 F. 将词义略加引申, 如果能找到一个元素 $\xi \in F(X)$, 使得 (X, ξ) 表识了 F, 换句话说, 使得 h_X 同构于 F, 则我们也说对象 $X \in \boldsymbol{C}$ 表识了 F.

设 F 和 F' 是 $\boldsymbol{C}$ 到 $\boldsymbol{Ens}$ 的两个反变可表识函子, $h_X \to F$ 和 $h_{X'} \to F'$ 是两个函子同构. 则由 (8.1.6) 知, 在 $\mathrm{Hom}(X, X')$ 中的元素与函子态射 $F \to F'$ (即集合 $\mathrm{Hom}(F, F')$ 中的元素) 之间有一个一一对应.

(8.1.9) 例 I: 投影极限. 可表识反变函子的概念包含了比如说通常的 "普适问题的解" 这个概念的 "对偶" 概念. 一般地, 我们来证明投影极限的概念是可表识函子概念的一个特殊情形. 在任意范畴 $\boldsymbol{C}$ 中, 投影系是这样定义的, 即给出了一个近有序集 I 和一族 $\boldsymbol{C}$ 中的对象 $(A_\alpha)_{\alpha \in I}$, 并且对任意一对满足 $\alpha \leqslant \beta$ 的指标 (α, β), 给出了一个态射 $u_{\alpha\beta}: A_\beta \to A_\alpha$, 满足 $u_{\alpha\beta} u_{\beta\gamma} = u_{\alpha\gamma}$, 其中 $\alpha \leqslant \beta \leqslant \gamma$, 并且 $u_{\alpha\alpha}$ 就是 A_α 到自身的恒同. 这个投影系在 $\boldsymbol{C}$ 中的投影极限是由一个对象 $B \in \boldsymbol{C}$ (记作 $\varprojlim A_\alpha$) 和一族态射 $u_\alpha: B \to A_\alpha$ (对任意 $\alpha \in I$) 所组成的, 并满足下面两个条件: 1° $u_\alpha = u_{\alpha\beta} u_\beta$ (对任意 $\alpha \leqslant \beta$), 2° 对任意对象 $X \in \boldsymbol{C}$ 和态射族 $(v_\alpha: X \to A_\alpha)_{\alpha \in I}$, 只要它们满足 $v_\alpha = u_{\alpha\beta} v_\beta$ (对任意 $\alpha \leqslant \beta$), 就有唯一一个态射 $v: X \to B$ (记作 $\varprojlim v_\alpha$), 使得 $v_\alpha = u_\alpha v$ (对任意 $\alpha \in I$) (T, 1.8). 这个概念也可以按照下面的方式来理解: 首先这些 $u_{\alpha\beta}$ 典范地定义了一族映射

$$\bar{u}_{\alpha\beta} \ : \ \mathrm{Hom}(X, A_\beta) \longrightarrow \mathrm{Hom}(X, A_\alpha),$$

由此定义出集合的一个投影系 $(\mathrm{Hom}(X, A_\alpha), \bar{u}_{\alpha\beta})$, 而 (v_α) 就是集合 $\varprojlim_\alpha \mathrm{Hom}(X, A_\alpha)$ 的一个元素. 易见 $X \mapsto \varprojlim \mathrm{Hom}(X, A_\alpha)$ 是 $\boldsymbol{C}$ 到 $\boldsymbol{Ens}$ 的一个反变函子, 投影极限 B 的存在性就等价于说, $(v_\alpha) \mapsto \varprojlim v_\alpha$ 是关于 X 的一个函子同构

(8.1.9.1) $$\varprojlim \mathrm{Hom}(X, A_\alpha) \xrightarrow{\sim} \mathrm{Hom}(X, B).$$

换句话说, 函子 $X \mapsto \varprojlim \mathrm{Hom}(X, A_\alpha)$ 是可表识的.

(8.1.10) 例 II: 终止对象. 设 $\boldsymbol{C}$ 是一个范畴, $\{a\}$ 是一个单点集合. 考虑这样

一个反变函子 $F: \boldsymbol{C} \to \boldsymbol{Ens}$, 它把每个对象 $X \in \boldsymbol{C}$ 都映到集合 $\{a\}$, 并且把 $\boldsymbol{C}$ 中的每个态射 $X \to X'$ 都映到唯一的映射 $\{a\} \to \{a\}$. 于是这个函子的可表识性就相当于说, 我们有一个对象 $e \in \boldsymbol{C}$, 使得对任意 $Y \in \boldsymbol{C}$, $\operatorname{Hom}(Y, e) = h_e(Y)$ 都是单点集合. 此时我们说 e 是 $\boldsymbol{C}$ 的一个终止对象, 易见 $\boldsymbol{C}$ 中的任意两个终止对象都是同构的 (利用选择公理可以指定 $\boldsymbol{C}$ 的一个终止对象, 记为 $e_{\boldsymbol{C}}$). 例如, 在集合范畴中, 终止对象就是那些单点集合, 在域 K 上的增殖代数的范畴中 (其中的态射是指与增殖结构相容的代数同态), K 是一个终止对象, 在 S 概形 (**I**, 2.5.1) 的范畴中, S 是一个终止对象.

(8.1.11) 对于范畴 $\boldsymbol{C}$ 中的两个对象 X, Y, 令 $h'_X(Y) = \operatorname{Hom}(X, Y)$, 并且对任意态射 $u: Y \to Y'$, 令 $h'_X(u)$ 是从 $\operatorname{Hom}(X, Y)$ 到 $\operatorname{Hom}(X, Y')$ 的映射 $v \mapsto uv$, 则 h'_X 是一个协变函子 $\boldsymbol{C} \to \boldsymbol{Ens}$, 于是可以比照 (8.1.2) 的方法来定义一个典范协变函子 $h': \boldsymbol{C}^\circ \to \boldsymbol{Hom}(\boldsymbol{C}, \boldsymbol{Ens})$. 所谓一个 $\boldsymbol{C}$ 到 $\boldsymbol{Ens}$ 的协变函子 F (即 $\boldsymbol{Hom}(\boldsymbol{C}, \boldsymbol{Ens})$ 中的一个对象) 是可表识的, 是指可以找到一个对象 $X \in \boldsymbol{C}$ (必然在只差唯一同构的意义下是唯一的), 使得 F 同构于 h'_X. 这个概念与前面的概念是 "对偶" 的, 我们把进一步的展开留给读者, 特别地, 它包含了归纳极限的概念, 从而也包含了通常的 "普适问题的解" 这个概念.

8.2 范畴里的代数结构

(8.2.1) 给了 $\boldsymbol{C}$ 到 $\boldsymbol{Ens}$ 的两个反变函子 F, F', 对任意对象 $Y \in \boldsymbol{C}$, 令 $(F \times F')(Y) = F(Y) \times F'(Y)$, 并且对于 $\boldsymbol{C}$ 中的任意态射 $u: Y \to Y'$, 令 $(F \times F')(u) = F(u) \times F'(u)$, 这是一个从 $F(Y') \times F'(Y')$ 到 $F(Y) \times F'(Y)$ 的映射, 它的定义是 $(t, t') \mapsto (F(u)(t), F'(u)(t'))$, 于是 $F \times F': \boldsymbol{C} \to \boldsymbol{Ens}$ 是一个反变函子 (它其实就是对象 F, F' 在范畴 $\boldsymbol{Hom}(\boldsymbol{C}^\circ, \boldsymbol{Ens})$ 里的乘积). 给了一个对象 $X \in \boldsymbol{C}$, 我们把一个函子态射

(8.2.1.1) $$\gamma_X : h_X \times h_X \longrightarrow h_X$$

称为 X 上的一个内部合成法则. 换句话说 (T, 1.2), 对任意对象 $Y \in \boldsymbol{C}$, $\gamma_X(Y)$ 都是一个映射 $h_X(Y) \times h_X(Y) \to h_X(Y)$ (从而由定义知, 它是集合 $h_X(Y)$ 上的一个内部合成法则), 并满足下述条件: 对于 $\boldsymbol{C}$ 中的任意态射 $u: Y \to Y'$, 图表

$$\begin{array}{ccc} h_X(Y') \times h_X(Y') & \xrightarrow{h_X(u) \times h_X(u)} & h_X(Y) \times h_X(Y) \\ {\scriptstyle \gamma_X(Y')}\downarrow & & \downarrow{\scriptstyle \gamma_X(Y)} \\ h_X(Y') & \xrightarrow[h_X(u)]{} & h_X(Y) \end{array}$$

都是交换的. 这表明对于合成法则 $\gamma_X(Y)$ 和 $\gamma_X(Y')$ 来说, $h_X(u)$ 是一个从 $h_X(Y')$ 到 $h_X(Y)$ 的同态.

同样地, 给了 $\boldsymbol{C}$ 中的两个对象 Z, X, 所谓 X 上的一个基于 Z 的外部合成法则, 是指一个函子态射

$$\textbf{(8.2.1.2)}\qquad \omega_{X,Z} \ :\ h_Z \times h_X \longrightarrow h_X.$$

于是对任意 $Y \in \boldsymbol{C}$, $\omega_{X,Z}(Y)$ 都是 $h_X(Y)$ 上的一个基于 $h_Z(Y)$ 的外部合成法则, 并且对任意态射 $u : Y \to Y'$, $h_X(u)$ 和 $h_Z(u)$ 都构成一个从 $(h_Z(Y'), h_X(Y'))$ 到 $(h_Z(Y), h_X(Y))$ 的双重同态.

(8.2.2) 设 X' 是 $\boldsymbol{C}$ 中的另一个对象, 并假设在 X' 上也给了一个内部合成法则 $\gamma_{X'}$, 所谓 $\boldsymbol{C}$ 中的一个态射 $w : X \to X'$ 对于这两个合成法则来说是一个同态, 是指对任意 $Y \in \boldsymbol{C}$, 对于合成法则 $\gamma_X(Y)$ 和 $\gamma_{X'}(Y)$ 来说, $h_w(Y) : h_X(Y) \to h_{X'}(Y)$ 都是同态. 若 X'' 是 $\boldsymbol{C}$ 中的第三个对象, 也具有一个内部合成法则 $\gamma_{X''}$, 又若 $w' : X' \to X''$ 是 $\boldsymbol{C}$ 中的一个态射, 并且对于 $\gamma_{X'}$ 和 $\gamma_{X''}$ 来说是一个同态, 则易见合成态射 $w'w : X \to X''$ 对于 γ_X 和 $\gamma_{X''}$ 来说是同态. 所谓 $\boldsymbol{C}$ 中的一个同构 $w : X \xrightarrow{\sim} X'$ 是一个关于 γ_X 和 $\gamma_{X'}$ 的同构, 是指 w 对于这些合成法则来说是一个同态, 并且它的逆态射 w^{-1} 对于这些合成法则来说也是一个同态.

对于 $\boldsymbol{C}$ 中的一对具有外部合成法则的对象, 也可以同样地来讨论双重同态.

(8.2.3) 如果对象 $X \in \boldsymbol{C}$ 上的某个内部合成法则 γ_X 使每个 $\gamma_X(Y)$ 都成为 $h_X(Y)$ 上的群法则 (对任意 $Y \in \boldsymbol{C}$), 则我们说 X 在这个法则下成为一个 $\boldsymbol{C}$ 群, 或者称为 $\boldsymbol{C}$ 中的群对象. 同样可以定义 $\boldsymbol{C}$ 环, $\boldsymbol{C}$ 模, 等等.

(8.2.4) 假设对象 $X \in \boldsymbol{C}$ 和自己的乘积 $X \times X$ 在 $\boldsymbol{C}$ 中是存在的, 则由定义知, $h_{X\times X} = h_X \times h_X$ (只差一个典范同构), 这只是投影极限的一个特殊情形 (8.1.9). 于是 X 上的内部合成法则也可以看作一个函子态射 $\gamma_X : h_{X\times X} \to h_X$, 从而可以典范地确定出一个元素 $c_X \in \operatorname{Hom}(X \times X, X)$, 满足 $h_{c_X} = \gamma_X$ (8.1.6). 在这种情况下, 给出 X 上的一个内部合成法则就相当于给出一个态射 $X \times X \to X$. 若 $\boldsymbol{C}$ 是集合范畴, 则我们又回到了集合上的内部合成法则这个古典的概念. 若乘积 $Z \times X$ 在 $\boldsymbol{C}$ 中存在, 则对于外部合成法则也有类似结果.

(8.2.5) 在前述记号下, 进而假设 $X \times X \times X$ 在 $\boldsymbol{C}$ 中是存在的, 则由于乘积可以被理解为函子的表识对象 (8.1.9), 故我们有下面的典范同构

$$(X \times X) \times X \xrightarrow{\sim} X \times X \times X \xrightarrow{\sim} X \times (X \times X).$$

若把 $X \times X \times X$ 典范等同于 $(X \times X) \times X$, 则对任意 $Y \in \boldsymbol{C}$, 映射 $\gamma_X(Y) \times 1_{h_X(Y)}$

都可以等同于 $h_{c_X\times 1_X}(Y)$. 这等价于说, 对任意 $Y\in\boldsymbol{C}$, 内部合成法则 $\gamma_X(Y)$ 都是结合的, 或者说, 映射的图表

$$\begin{array}{ccc} h_X(Y)\times h_X(Y)\times h_X(Y) & \xrightarrow{\gamma_X(Y)\times 1} & h_X(Y)\times h_X(Y) \\ {\scriptstyle 1\times\gamma_X(Y)}\downarrow & & \downarrow{\scriptstyle \gamma_X(Y)} \\ h_X(Y)\times h_X(Y) & \xrightarrow[\gamma_X(Y)]{} & h_X(Y) \end{array}$$

都是交换的, 又或者说, 态射的图表

$$\begin{array}{ccc} X\times X\times X & \xrightarrow{c_X\times 1_X} & X\times X \\ {\scriptstyle 1_X\times c_X}\downarrow & & \downarrow{\scriptstyle c_X} \\ X\times X & \xrightarrow[c_X]{} & X \end{array}$$

是交换的.

(8.2.6) 在 (8.2.5) 的前提条件下, 为了验证对任意 $Y\in\boldsymbol{C}$, 内部合成法则 $\gamma_X(Y)$ 都是*群法则*, 一方面要说明它是结合的, 另一方面还要找到一个映射 $\alpha_X(Y): h_X(Y)\to h_X(Y)$, 它具有群中的*取逆*的性质. 由于对 $\boldsymbol{C}$ 中的任意态射 $u:Y\to Y'$, $h_X(u)$ 都是群同态 $h_X(Y')\to h_X(Y)$, 从而 $\alpha_X: h_X\to h_X$ 首先必须是一个*函子态射*. 另一方面, 我们还需要用不借助单位元的方式来描述群 G 中的取逆 $s\mapsto s^{-1}$, 即要求以下两个合成映射

$$(s,t)\ \longmapsto\ (s,s^{-1},t)\ \longmapsto\ (s,s^{-1}t)\ \longmapsto\ s(s^{-1}t),$$

$$(s,t)\ \longmapsto\ (s,s^{-1},t)\ \longmapsto\ (s,ts^{-1})\ \longmapsto\ (ts^{-1})s$$

都等于 $G\times G$ 到 G 的第二投影 $(s,t)\mapsto t$. 由 (8.1.3) 知, $\alpha_X=h_{a_X}$, 其中 $a_X\in\mathrm{Hom}(X,X)$, 于是上面的第一个条件就是要求合成态射

$$X\times X\xrightarrow{(1_X,a_X)\times 1_X} X\times X\times X\xrightarrow{1_X\times c_X} X\times X\xrightarrow{\ c_X\ } X$$

等于第二投影 $X\times X\to X$ (在 $\boldsymbol{C}$ 中), 第二个条件也有类似的解释.

(8.2.7) 现在假设 $\boldsymbol{C}$ 中有一个*终止对象* $\boldsymbol{e}$ (8.1.10). 再假设对任意 $Y\in\boldsymbol{C}$, $\gamma_X(Y)$ 都是 $h_X(Y)$ 上的群法则, 并且用 $\eta_X(Y)$ 来表示 $\gamma_X(Y)$ 的单位元. 对于 $\boldsymbol{C}$ 中的任意态射 $u:Y\to Y'$, $h_X(u)$ 都是群同态, 因而 $\eta_X(Y)=(h_X(u))(\eta_X(Y'))$. 特别地, 取 $Y'=\boldsymbol{e}$, 并取 u 是 $\mathrm{Hom}(Y,\boldsymbol{e})$ 中的唯一元素 ε, 则易见元素 $\eta_X(\boldsymbol{e})$ 完全确

定了 $\eta_X(Y)$ (对任意 $Y \in \boldsymbol{C}$). 令 $e_X = \eta_X(X)$, 则它是群 $h_X(X) = \mathrm{Hom}(X,X)$ 中的单位元, 于是由交换图表

$$\begin{array}{ccc} h_X(\boldsymbol{e}) & \xrightarrow{h_X(\varepsilon)} & h_X(Y) \\ {\scriptstyle h_{e_X}(\boldsymbol{e})}\downarrow & & \downarrow{\scriptstyle h_{e_X}(Y)} \\ h_X(\boldsymbol{e}) & \xrightarrow[h_X(\varepsilon)]{} & h_X(Y) \end{array}$$

(参考 (8.1.2)) 知, 在集合 $h_X(Y)$ 中, 映射 $h_{e_X}(Y)$ 恰好就是把所有元素都映到单位元的映射 $s \mapsto \eta_X(Y)$. 由此可以证明, 每个 $\eta_X(Y)$ 都是 $\gamma_X(Y)$ 的单位元 (对任意 $Y \in \boldsymbol{C}$) 这个事实就等价于合成态射

$$X \xrightarrow{(1_X,1_X)} X \times X \xrightarrow{1_X \times e_X} X \times X \xrightarrow{e_X} X$$

以及把中间的 1_X 与 e_X 调换位置而得到的合成态射都等于 1_X.

(8.2.8) 很容易举出范畴中的其他代数结构的例子. 对于群的情形上面已经有了很详细的讨论, 一般而言, 我们把今后将遇到的其他代数结构的具体描述都留给读者.

§9. 可构子集

9.1 可构子集

定义 (9.1.1) — 所谓一个连续映射 $f: X \to Y$ 是拟紧的, 是指对于 Y 的任意拟紧开集 U, $f^{-1}(U)$ 都是拟紧的. 所谓拓扑空间 X 的一个子集 Z 在 X 中是反紧的, 是指典范含入 $Z \to X$ 是拟紧的, 换句话说, 对于 X 的任意拟紧开集 U, $U \cap Z$ 都是拟紧的.

闭子空间在 X 中总是反紧的, 然而拟紧子空间在 X 中未必是反紧的. 若 X 是拟紧的, 则它的任何反紧子集都是拟紧的. 易见 X 的有限个反紧子集的并集在 X 中仍然是反紧的, 因为有限个拟紧子集的并集也是拟紧的. X 中的有限个反紧开子集的交集在 X 中也是反紧的. 在一个局部 *Noether* 空间 X 里, 任何拟紧子集都是 Noether 子空间, 从而 X 的每个子空间在 X 中都是反紧的.

定义 (9.1.2) — 给了一个拓扑空间 X, 所谓 X 的一个子集是整体可构的, 是指它是 X 的包含所有反紧开子集并且在取有限交集和取补集运算下封闭 (从而对取有限并集也封闭) 的最小子集族中的元素.

命题 (9.1.3) — 为了使 X 的一个子集是整体可构的, 必须且只需它是有限个形如 $U \cap (X \setminus V)$ 的子集的并集, 其中 U, V 都是 X 的反紧开子集.

条件显然是充分的. 为了证明必要性, 考虑由所有形如 $U \cap (X \setminus V)$ 的子集 (其中 U, V 是 X 的反紧开子集) 的有限并集所组成的集合 $\mathfrak{G}$, 则只需证明 $\mathfrak{G}$ 中的子集的补集也落在 $\mathfrak{G}$ 中即可. 设 $Z = \bigcup_{i \in I}(U_i \cap (X \setminus V_i))$, 其中 I 是有限的, 并且 U_i, V_i 都是 X 的反紧开子集. 我们有 $X \setminus Z = \bigcap_{i \in I}(V_i \cup (X \setminus U_i))$, 从而 $X \setminus Z$ 是这样一些集合的有限并集, 它们是有限个 V_i 与有限个 $X \setminus U_i$ 所取的交集, 从而都是形如 $V \cap (X \setminus U)$ 的集合, 其中 U 是有限个 U_i 的并集, 而 V 是有限个 V_i 的交集. 根据前面所述, 反紧开子集在取有限交集和有限并集的运算下是封闭的, 这就给出了结论.

推论 (9.1.4) — X 的任何整体可构子集在 X 中都是反紧的.

只需证明若 U, V 在 X 中是反紧的, 则 $U \cap (X \setminus V)$ 在 X 中也是反紧的即可. 现在设 W 是 X 的一个拟紧开集, 则 $W \cap U \cap (X \setminus V)$ 是拟紧空间 $W \cap U$ 的一个闭集, 从而也是拟紧的.

特别地:

推论 (9.1.5) — 为了使 X 的开集 U 是整体可构的, 必须且只需它在 X 中是反紧的. 为了使闭集 F 是整体可构的, 必须且只需开集 $X \setminus F$ 在 X 中是反紧的.

(9.1.6) 下面是一个重要的情形, 即我们假设 X 的拟紧开集都是反紧的, 换句话说, 任意两个拟紧开集的交集也是拟紧的 (**I**, 5.5.6). 此时如果 X 自己也是拟紧的, 则 X 的反紧开子集和拟紧开集就是重合的, 从而 X 的整体可构子集都是有限个形如 $U \cap (X \setminus V)$ 的集合的并集, 其中 U, V 是拟紧开集.

推论 (9.1.7) — 为了使 *Noether* 空间 X 的一个子集是整体可构的, 必须且只需它是有限个局部闭集的并集.

命题 (9.1.8) — 设 X 是一个拓扑空间, U 是 X 的一个开集.

(i) 若 T 是 X 的一个整体可构子集, 则 $T \cap U$ 是 U 的一个整体可构子集.

(ii) 进而假设 U 在 X 中是反紧的. 则为了使 U 的一个子集 Z 在 X 中是整体可构的, 必须且只需它在 U 中是整体可构的.

(i) 利用 (9.1.3), 问题归结为证明若 T 是 X 中的反紧开子集, 则 $T \cap U$ 是 U 中的反紧开子集, 换句话说, 对任意拟紧开集 $W \subseteq U$, 集合 $T \cap U \cap W = T \cap W$ 也总是拟紧的, 然而这可由假设立得.

(ii) 依照 (i), 条件是必要的, 再来证明充分性. 有见于 (9.1.3), 只需考虑 Z 是 U 中的反紧开子集的情形, 因为由此可以得知 $U \setminus Z$ 在 X 中是整体可构的, 并且若

Z, Z' 是 U 中的两个反紧开子集, 则 $Z\cap(U\smallsetminus Z')$ 在 X 中也是整体可构的. 现在设 W 是 X 的一个拟紧开集, Z 是 U 中的一个反紧开子集, 则有 $Z\cap W = Z\cap(W\cap U)$, 并且根据前提条件, $W\cap U$ 是 U 的拟紧开集, 从而 $W\cap Z$ 也是拟紧的, 故知 Z 是 X 中的反紧开子集, 从而在 X 中是整体可构的.

推论 (9.1.9) — 设 X 是一个拓扑空间, $(U_i)_{i\in I}$ 是 X 的一个由反紧开子集所组成的有限覆盖. 则为了使一个子集 Z 在 X 中是整体可构的, 必须且只需对每个 $i\in I$, 子集 $Z\cap U_i$ 在 U_i 中都是整体可构的.

(9.1.10) 特别地, 假设 X 是拟紧的, 并且它的每个点都有一个由反紧开子集 (从而也拟紧) 所组成的基本邻域组. 此时一个子集 Z 是不是在 X 中整体可构的问题就是一个局部问题. 换句话说, 要使它成为整体可构子集, 必须且只需对任意 $x\in X$, 均可找到 x 的一个开邻域 V, 使得 $V\cap Z$ 在 V 中是整体可构的. 事实上, 若该条件得到满足, 则对任意 $x\in X$, 均可找到 x 的一个反紧开邻域 V, 使得 $V\cap Z$ 在 V 中是整体可构的 (依照 X 上的条件和 (9.1.8, (i)), 于是只需用有限个这样的邻域来覆盖 X, 再使用 (9.1.9) 即可.

定义 (9.1.11) — 设 X 是一个拓扑空间. 所谓一个子集 T 在 X 中是局部可构的, 是指对任意 $x\in X$, 均可找到 x 的一个开邻域 V, 使得 $T\cap V$ 在 V 中是整体可构的.

由 (9.1.8, (i)) 立知, 若 V 使 $V\cap T$ 在 V 中是整体可构的, 则对所有的开集 $W\subseteq V$, 集合 $W\cap T$ 在 W 中都是整体可构的. 若 T 在 X 中是局部可构的, 则对于 X 的任意开集 U, 交集 $T\cap U$ 也在 U 中是局部可构的, 这可由前述结果推出. 同样可以证明, X 的局部可构子集的集合在取有限并集和有限交集的运算下是封闭的, 另一方面, 易见它在取补集的运算下也是封闭的.

命题 (9.1.12) — 设 X 是一个拓扑空间. 则 X 的任何整体可构子集也是局部可构的. 若 X 是拟紧的, 并且具有一个由反紧开子集组成的拓扑基, 则逆命题也成立.

第一句话缘自定义 (9.1.11), 第二句话则缘自 (9.1.10).

推论 (9.1.13) — 设 X 是一个拓扑空间, 并且具有一个由反紧开子集组成的拓扑基. 则 X 的任何局部可构子集 T 都是反紧的.

事实上, 若 U 是 X 的一个拟紧开集, 则 $T\cap U$ 在 U 中是局部可构的, 于是由 (9.1.12) 知, 它在 U 中是整体可构的, 从而是拟紧的 (9.1.4).

9.2 Noether 空间的可构子集

(9.2.1) 由 (9.1.7) 知, 在一个 Noether 空间 X 中, 可构子集就是有限个局部闭集的并集①.

考虑连续映射 $X' \to X$, 其中 X' 也是一个 Noether 空间, 则 X 的可构子集的逆像也是 X' 的可构子集. 若 Y 是 X 的一个可构子集, 则 Y 的可构子集也是 X 的可构子集.

命题 (9.2.2) — *设 X 是一个不可约 Noether 空间, E 是 X 的一个可构子集. 则为了使 E 在 X 中是处处稠密的, 必须且只需 E 包含了 X 的某个非空开集.*

条件显然是充分的, 因为非空开集在 X 中都是稠密的. 反之, 设 $E = \bigcup_{i=1}^{n}(U_i \cap F_i)$ 是 X 的一个可构子集, 其中 U_i 是非空开集, 而 F_i 是闭集, 则有 $\overline{E} \subseteq \bigcup_i F_i$. 于是若 $\overline{E} = X$, 则 X 必等于某个 F_i, 从而 $E \supseteq U_i$, 这就完成了证明.

若 X 具有一个一般点 x ($\mathbf{0_I}$, 2.1.2), 则 (9.2.2) 中的条件等价于 $x \in E$.

命题 (9.2.3) — *设 X 是一个 Noether 空间. 则为了使一个子集 E 在 X 中可构, 必须且只需, 对 X 的任意不可约闭子集 Y, $E \cap Y$ 要么在 Y 中是稀疏的, 要么包含 Y 的一个非空开集.*

条件的必要性是由于 $E \cap Y$ 必须是 Y 的可构子集以及 (9.2.2), 因为一个不可约空间 Y 中的非稠密子集必然是稀疏的 ($\mathbf{0_I}$, 2.1.1). 为了证明条件的充分性, 我们把 Noether 归纳法 ($\mathbf{0_I}$, 2.2.2) 应用到 $\mathfrak{F}$ 是由 X 的所有满足下述条件的闭子集 Y 所组成的集合上: $Y \cap E$ 在 Y 中 (或等价地, 在 X 中) 是可构的. 于是可以假设对于 X 的任意真闭子集 Y, $E \cap Y$ 都是可构的. 首先假设 X 不是不可约的, 并设 $X_i\,(1 \leqslant i \leqslant m)$ 是它的各个不可约分支, 它们只有有限个 ($\mathbf{0_I}$, 2.2.5), 根据前提条件, 这些 $E \cap X_i$ 都是可构的, 从而它们的并集 E 也是可构的. 现在假设 X 是不可约的, 于是由前提条件知, 或者 E 是稀疏的, 从而 $\overline{E} \neq X$, 从而 $E = E \cap \overline{E}$ 是可构的, 或者 E 包含了 X 的一个非空开集 U, 从而 E 是 U 和 $E \cap (X \smallsetminus U)$ 的并集, 然而 $X \smallsetminus U$ 是一个真闭子集, 从而 $E \cap (X \smallsetminus U)$ 是可构的, 因而 E 也是可构的, 这就完成了证明.

推论 (9.2.4) — *设 X 是一个 Noether 空间, (E_α) 是 X 的可构子集的一个递增滤相族, 并满足:*

1° X 是这族 (E_α) 的并集.

2° X 的任何不可约闭子集均包含在某个 E_α 的闭包之中.

---

① 译注: 根据 (9.1.12), 在 Noether 空间中不必区分整体可构子集和局部可构子集, 故可一律简称为“可构子集”.

则可以找到一个指标 α, 使得 $X = E_\alpha$.

如果 X 的任何不可约闭子集都具有一般点, 则条件 2° 可以省略.

把 Noether 归纳法 ($\mathbf{0_I}$, 2.2.2) 应用到 $\mathfrak{M}$ 是由 X 的那些至少包含在某个 E_α 中的闭子集 Y 所构成的集合上, 于是可以假设 X 的任何真闭子集 Y 均包含在某个 E_α 之中. 若 X 不是不可约的, 则命题是显然的, 因为 X 的每个不可约分支 $X_i\,(1 \leqslant i \leqslant m)$ 都包含在某个 E_{α_i} 中, 并且能找到一个 E_α 包含了所有的 E_{α_i}. 现在假设 X 是不可约的. 根据前提条件, 可以找到 β, 使得 $X = \overline{E}_\beta$, 从而 (9.2.2) E_β 包含了 X 的某个非空开集 U. 于是闭子集 $X \smallsetminus U$ 包含在某个 E_γ 中, 从而只需取一个 E_α 同时包含 E_β 和 E_γ 即可. 若 X 的任何不可约闭子集 Y 都具有一般点 y, 则可以找到 α, 使得 $y \in E_\alpha$, 从而 $Y = \overline{\{y\}} \subseteq \overline{E}_\alpha$, 故知条件 2° 可由条件 1° 推出.

命题 (9.2.5) — 设 X 是一个 *Noether* 空间, x 是 X 的一点, E 是 X 的一个可构子集. 则为了使 E 是 x 的一个邻域, 必须且只需对于 X 的任何一个包含 x 的不可约闭子集 Y, $E \cap Y$ 在 Y 中总是稠密的 (若 Y 具有一般点 y, 则此条件相当于 $y \in E(9.2.2)$).

条件显然是必要的, 下面证明充分性. 把 Noether 归纳法应用到 $\mathfrak{M}$ 是由 X 的那些包含 x 并且使 $E \cap Y$ 成为 x 在 Y 中的邻域的闭子集 Y 所组成的集合上. 于是可以假设 X 的任何包含 x 的真闭子集 Y 都落在 $\mathfrak{M}$ 中. 若 X 不是不可约的, 则 X 的每个包含 x 的不可约分支 X_i 都不同于 X, 从而 $E \cap X_i$ 都是 x 在 X_i 中的一个邻域, 从而 E 是 x 在这些不可约分支的并集中的一个邻域, 由于这个并集是 x 在 X 中的一个邻域, 从而 E 也是如此. 现在假设 X 是不可约的, 则由前提条件知, E 在 X 中是稠密的, 从而包含了 X 的一个非空开集 U (9.2.2). 若 $x \in U$, 则命题显然成立, 若不是这样, 则由前提条件知, x 是 $E \cap (X \smallsetminus U)$ 的内点 (在空间 $X \smallsetminus U$ 中), 从而 $X \smallsetminus E$ 在 X 中的闭包不包含 x, 于是这个闭包的补集就是 x 的一个包含在 E 中的邻域, 这就完成了证明.

推论 (9.2.6) — 设 X 是一个 *Noether* 空间, E 是 X 的一个子集. 则为了使 E 是 X 的开集, 必须且只需对于 X 的任何一个与 E 有交点的不可约闭子集 Y, 集合 $E \cap Y$ 总包含了 Y 的一个非空开集.

条件显然是必要的. 反之, 若条件被满足, 则由 (9.2.3) 知, E 是可构的. 进而, (9.2.5) 又表明, E 是它的任何一点的邻域, 这就推出了结论.

9.3 可构函数

定义 (9.3.1) — 设 h 是一个从拓扑空间 X 到集合 T 的映射. 所谓 h 是整体

可构的, 是指对任意 $t \in T$, 集合 $h^{-1}(t)$ 都是整体可构的, 并且除了有限个 t 值之外, $h^{-1}(t)$ 总是空集, 此时对于 T 的任意子集 S, $h^{-1}(S)$ 都是整体可构的. 所谓 h 是局部可构的, 是指对任意 $x \in X$, 均可找到 x 的一个邻域 V, 使得 $h|_V$ 是整体可构的.

整体可构的函数总是局部可构的, 若 X 是拟紧的, 并且具有一个由反紧开子集组成的拓扑基 (特别地, 若 X 是 Noether 空间), 则逆命题也成立.①

命题 (9.3.2) — 设 h 是 *Noether* 空间 X 到集合 T 的一个映射. 则为了使 h 是可构的, 必须且只需对于 X 的任何不可约闭子集 Y, 均可找到 Y 的一个非空开集 U, 使得 h 在 U 上是常值的.

条件是必要的. 事实上, 由前提条件知, h 在 Y 上只取到有限个值 t_i, 而且每个集合 $h^{-1}(t_i) \cap Y$ 在 Y 中都是可构的 (9.2.1), 由于它们不可能全是 Y 中的稀疏子集, 从而其中至少有一个包含了 Y 的某个非空开集 (9.2.3).

为了证明条件的充分性, 我们把 Noether 归纳法应用到 $\mathfrak{M}$ 是由 X 的满足下述条件的闭子集 Y 所组成的集合上: $h|_Y$ 是可构函数. 于是可以假设对于 X 的任意真闭子集 Y, $h|_Y$ 都是可构的. 若 X 不是不可约的, 则 h 在 X 的任何不可约分支 X_i(只有有限个) 上的限制都是可构的, 从而由定义 (9.3.1) 立知, h 是可构的. 若 X 是不可约的, 则由前提条件知, h 在 X 的某个非空开集 U 上是常值的, 另一方面, 根据假设, h 在 $X \setminus U$ 上的限制是可构的, 由此立知 h 是可构的.

推论 (9.3.3) — 设 X 是一个 *Noether* 空间, 且它的每个不可约闭子集都有一般点. 若 h 是 X 到某个集合 T 的映射, 并且对任意 $t \in T$, $h^{-1}(t)$ 都是可构的. 则 h 是可构的.

事实上, 若 Y 是 X 的一个不可约闭子集, 且 y 是它的一般点, 则 $Y \cap h^{-1}(h(y))$ 是可构的, 并且包含 y, 从而由 (9.2.2) 知此集合包含了 Y 的一个非空开集, 现在只需应用 (9.3.2) 即可.

命题 (9.3.4) — 设 X 是一个 *Noether* 空间, 且它的每个不可约闭子集都有一般点, h 是 X 到某个有序集的可构映射. 则为了使 h 在 X 上是上半连续的, 必须且只需对任意 $x \in X$ 和 x 的任意一般化 ($\mathbf{0_I}$, 2.1.2) x', 均有 $h(x') \leqslant h(x)$.

函数 h 只取到有限个值, 于是说它是上半连续的就相当于说, 对任意 $x \in X$, 由满足 $h(y) \leqslant h(x)$ 的那些 $y \in X$ 所组成的集合 E 总是 x 的一个邻域. 根据假设, E 是 X 的一个可构子集, 另一方面, 为了使 X 的一个不可约闭子集 Y 包含 x, 必须且只需它的一般点 y 是 x 的一个一般化. 从而由 (9.2.5) 就可以推出结论.

① 译注: 此时我们把局部可构函数简称为可构函数.

§10. 关于平坦模的补充

对于 (10.1) 和 (10.2) 中的一些未给出证明的事项, 其证明可以参考: Bourbaki,《交换代数学》, II 和 III.

10.1 平坦模和自由模的关系

(10.1.1) 设 A 是一个环, $\mathfrak{I}$ 是 A 的一个理想, M 是一个 A 模. 对任意整数 $p \geqslant 0$, 我们都有 $A/\mathfrak{I}$ 模的典范同态

(10.1.1.1)
$$\varphi_p : (M/\mathfrak{I}M) \otimes_{A/\mathfrak{I}} (\mathfrak{I}^p/\mathfrak{I}^{p+1}) \longrightarrow \mathfrak{I}^p M/\mathfrak{I}^{p+1}M.$$

它显然是满的. 我们把 A 关于滤解 $(\mathfrak{I}^p)$ 的衍生分次环记作 $\operatorname{gr}(A) = \bigoplus_{p\geqslant 0} \mathfrak{I}^p/\mathfrak{I}^{p+1}$, 并把 M 关于滤解 $(\mathfrak{I}^p M)$ 的衍生分次 $\operatorname{gr}(A)$ 模记作 $\operatorname{gr}(M) = \bigoplus_{p\geqslant 0} \mathfrak{I}^p M/\mathfrak{I}^{p+1}M$, 从而有 $\operatorname{gr}_p(A) = \mathfrak{I}^p/\mathfrak{I}^{p+1}$, $\operatorname{gr}_p(M) = \mathfrak{I}^p M/\mathfrak{I}^{p+1}M$, 并且这些 φ_p 定义了一个分次 $\operatorname{gr}(A)$ 模的满同态

(10.1.1.2)
$$\varphi : \operatorname{gr}_0(M) \otimes_{\operatorname{gr}_0(A)} \operatorname{gr}(A) \longrightarrow \operatorname{gr}(M).$$

(10.1.2) 假设下列条件之一得到满足:

(i) $\mathfrak{I}$ 是幂零的,

(ii) A 是 Noether 的, $\mathfrak{I}$ 包含在 A 的根之中, 并且 M 是有限型的.

则以下诸性质是等价的:

a) M 是自由 A 模.

b) $M/\mathfrak{I}M = M \otimes_A (A/\mathfrak{I})$ 是自由 $A/\mathfrak{I}$ 模, 并且 $\operatorname{Tor}_1^A(M, A/\mathfrak{I}) = 0$.

c) $M/\mathfrak{I}M$ 是自由 $A/\mathfrak{I}$ 模, 并且典范同态 (10.1.1.2) 是单的 (从而是一一的).

(10.1.3) 假设 $A/\mathfrak{I}$ 是域 (换句话说, $\mathfrak{I}$ 是极大的), 并且 (10.1.2) 中的条件 (i), (ii) 之一得到满足. 则以下诸性质是等价的:

a) M 是自由 A 模.

b) M 是投射 A 模.

c) M 是平坦 A 模.

d) $\operatorname{Tor}_1^A(M, A/\mathfrak{I}) = 0$.

e) 典范同态 (10.1.1.2) 是一一的.

特别地, 这个结果可以应用到下面两个情形中:

(i) M 是任意 A 模, A 是局部环, 并且极大理想 $\mathfrak{I}$ 是幂零的 (例如 Artin 局部

环).

(ii) M 是有限型A 模, A 是 *Noether* 局部环.

10.2 平坦性的局部判别法

(10.2.1) 前提条件和记号与 (10.1.1) 相同, 考虑以下诸条件:

a) M 是平坦 A 模.

b) $M/\mathfrak{I}M$ 是平坦 $A/\mathfrak{I}$ 模, 并且 $\operatorname{Tor}_1^A(M, A/\mathfrak{I}) = 0$.

c) $M/\mathfrak{I}M$ 是平坦 $A/\mathfrak{I}$ 模, 并且典范同态 (10.1.1.2) 是一一的.

d) 对所有的 $n \geqslant 1$, $M/\mathfrak{I}^n M$ 都是平坦 $A/\mathfrak{I}^n$ 模.

则我们有下面的蕴涵关系

$$a) \implies b) \implies c) \implies d),$$

并且若 $\mathfrak{I}$ 是幂零的, 则四个条件 a), b), c), d) 是等价的. 若 A 是 Noether 的, 并且 M 在 $\mathfrak{I}$ 预进拓扑下是一致分离的, 也就是说, 对于 A 的任意理想 $\mathfrak{a}$, A 模 $\mathfrak{a} \otimes_A M$ 在 $\mathfrak{I}$ 预进拓扑下都是分离的, 则上述四个条件也是等价的.

(10.2.2) 设 A 是一个 Noether 环, B 是一个 Noether 交换 A 代数, $\mathfrak{I}$ 是 A 的一个理想, 并且 $\mathfrak{I}B$ 包含在 B 的根中, M 是一个有限型B 模. 于是若把 M 看作 A 模, 则 (10.2.1) 中的条件 a), b), c), d) 都是等价的.

此结果常被应用到下面这个场合中: A 和 B 都是 Noether 局部环, 并且 $A \to B$ 是局部同态. 特别地, 若 $\mathfrak{I}$ 就是 A 的极大理想, 则在条件 b) 和 c) 中, 可以省略掉关于 $M/\mathfrak{I}M$ 的平坦性假设, 因为它自动满足, 并且条件 d) 蕴涵着这些 $M/\mathfrak{I}^n M$ 都是自由$A/\mathfrak{I}^n$ 模.

(10.2.3) $A, B, \mathfrak{I}, M$ 上的前提条件与 (10.2.2) 的开头所设相同, 设 $\widehat{A}$ 是 A 在 $\mathfrak{I}$ 预进拓扑下的分离完备化, $\widehat{M}$ 是 M 在 $\mathfrak{I}B$ 预进拓扑下的分离完备化. 则为了使 M 是平坦 A 模, 必须且只需 $\widehat{M}$ 是平坦 $\widehat{A}$ 模.

(10.2.4) 设 $\rho : A \to B$ 是 Noether 局部环的一个局部同态, k 是 A 的剩余类域, M, N 是两个有限型 B 模, 并假设 N 是A 平坦的. 设 $u : M \to N$ 是一个 B 同态. 则以下诸条件是等价的:

a) u 是单的, 并且 $\operatorname{Coker}(u)$ 是平坦 A 模.

b) $u \otimes 1 : M \otimes_A k \to N \otimes_A k$ 是单的.

(10.2.5) 设 $\rho : A \to B$, $\sigma : B \to C$ 是 Noether 局部环的两个局部同态, k 是 A 的剩余类域, M 是一个有限型 C 模. 假设 B 是平坦A 模. 则以下诸条件是等价

的:

a) M 是平坦 B 模.

b) M 是平坦 A 模, 并且 $M\otimes_A k$ 是平坦 $B\otimes_A k$ 模.

命题 (10.2.6) — 设 A,B 是两个 Noether 局部环, $\rho: A\to B$ 是一个局部同态, $\mathfrak{J}$ 是 B 的一个真理想, M 是一个有限型 B 模. 假设对所有 $n\geqslant 0$, $M_n = M/\mathfrak{J}^{n+1}M$ 都是平坦 A 模. 则 M 是平坦 A 模.

只需证明对于有限型 A 模之间的任意单同态 $u: N'\to N$, 对应的同态 $v = 1\otimes u: M\otimes_A N'\to M\otimes_A N$ 也总是单的即可. 现在 $M\otimes_A N'$ 与 $M\otimes_A N$ 都是有限型 B 模, 从而在 $\mathfrak{J}$ 预进拓扑下是分离的 ($\mathbf{0_I}$, 7.3.5), 于是只需证明分离完备化上的对应同态 $\widehat{v}: (M\otimes_A N')^\wedge \to (M\otimes_A N)^\wedge$ 是单的即可. 我们有 $\widehat{v} = \varprojlim v_n$, 其中 v_n 是同态 $1\otimes u: M_n\otimes_A N'\to M_n\otimes_A N$, 由前提条件知, 这些 M_n 都是 A 平坦的, 从而 v_n 都是单的, 因而 v 也是单的, 因为函子 $\varprojlim$ 是左正合的.

推论 (10.2.7) — 设 A 是一个 Noether 环, B 是一个 Noether 局部环, $\rho: A\to B$ 是一个同态, f 是 B 的极大理想中的一个元素, M 是一个有限型 B 模. 假设 M 上的同筋 $f_M: x\mapsto fx$ 是单的, 并且 M/fM 是平坦 A 模. 则 M 是平坦 A 模.

对任意 $i\geqslant 0$, 令 $M_i = f^iM$, 则由于 f_M 是单的, 故知 M_i/M_{i+1} 同构于 M/fM, 从而都是 A 平坦的 (对任意 $i\geqslant 0$), 于是由正合序列

$$0 \longrightarrow M_i/M_{i+1} \longrightarrow M/M_{i+1} \longrightarrow M/M_i \longrightarrow 0$$

就可以对 i 归纳地证明, 这些 M/M_i 都是A 平坦的 ($\mathbf{0_I}$, 6.1.2), 从而 (10.2.6) 能够使用. 我们也可以给出一个直接的证明如下: 对每个有限型 A 模 N, $M\otimes_A N$ 总是有限型 B 模, 由于 f 包含在 B 的根 $\mathfrak{n}$ 中, 从而 $M\otimes_A N$ 上的 (f) 预进拓扑比 $\mathfrak{n}$ 预进拓扑精细, 并且后面这个拓扑是分离的 ($\mathbf{0_I}$, 7.3.5). 此外, 由于 M/M_i 是 A 平坦的, 从而 $f^i(M\otimes_A N) = \operatorname{Im}(M_i\otimes_A N\to M\otimes_A N) = \operatorname{Ker}(M\otimes_A N\to (M/M_i)\otimes_A N)$ ($\mathbf{0_I}$, 6.1.2). 于是若 N 是有限型 A 模, N' 是 N 的一个子模, $j: N'\to N$ 是典范含入, 则在交换图表

$$\begin{array}{ccc} M\otimes_A N' & \longrightarrow & (M/M_i)\otimes_A N' \\ {\scriptstyle 1_M\otimes j}\downarrow & & \downarrow{\scriptstyle 1_{M/M_i}\otimes j} \\ M\otimes_A N & \longrightarrow & (M/M_i)\otimes_A N \end{array}$$

中, $1_{M/M_i}\otimes j$ 是单的, 因为 M/M_i 是 A 平坦的. 由此可知, 对任意 i, 均有

$$\operatorname{Ker}(M\otimes_A N'\to M\otimes_A N) \subseteq \operatorname{Ker}(M\otimes_A N'\to (M/M_i)\otimes_A N').$$

由前面所述知, 右边这些集合的交集是 0, 因而左边这些集合的交集也是 0, 从而 M 是 A 平坦的.

命题 (10.2.8) — 设 A 是一个既约 Noether 环, M 是一个有限型 A 模. 假设对任意离散赋值 A 代数 B ①, $M\otimes_A B$ 都是平坦 B 模 (从而是自由的 (10.1.3)). 则 M 是平坦 A 模.

我们知道为了使 M 是平坦的, 必须且只需对于 A 的任意极大理想 $\mathfrak{m}$, $M_{\mathfrak{m}}$ 都是平坦 $A_{\mathfrak{m}}$ 模 ($\mathbf{0_I}$, 6.3.3), 从而可以限于考虑 A 是局部环的情形 ($\mathbf{0_I}$, 1.2.8). 现在设 $\mathfrak{m}$ 是 A 的极大理想, $\mathfrak{p}_i$ $(1\leqslant i\leqslant r)$ 是它的所有极小素理想, k 是剩余类域 $A/\mathfrak{m}$. 则由 (**II**, 7.1.7) 知, 对每个 i, 均可找到一个离散赋值环 B_i, 它具有与整环 $A/\mathfrak{p}_i$ 相同的分式域 K_i, 并且 B_i 托举着 $A/\mathfrak{p}_i$. 令 $M_i=M\otimes_A B_i$, 则由前提条件知, M_i 在 B_i 上是自由的, 从而有 (把 B_i 的剩余类域记作 k_i)

(10.2.8.1)
$$\mathrm{rg}_{k_i}(M_i\otimes_{B_i}k_i)\ =\ \mathrm{rg}_{K_i}(M_i\otimes_{B_i}K_i).$$

然而易见合成同态 $A\to A/\mathfrak{p}_i\to B_i$ 是一个局部同态, 从而 k_i 是 k 的一个扩张, 并且 $M_i\otimes_{B_i}k_i=M\otimes_A k_i=(M\otimes_A k)\otimes_k k_i$, 另一方面, $M_i\otimes_{B_i}K_i=M\otimes_A K_i$. 从而由等式 (10.2.8.1) 可以推出

$$\mathrm{rg}_k(M\otimes_A k)\ =\ \mathrm{rg}_{K_i}(M\otimes_A K_i)$$

(对任意 $1\leqslant i\leqslant r$), 又因为 A 是既约的, 从而上式表明 M 是自由 A 模 (Bourbaki, 《交换代数学》, II, §3, ¥2, 命题 7).

10.3 局部环的平坦扩张的存在性

命题 (10.3.1) — 设 A 是一个 Noether 局部环, $\mathfrak{J}$ 是它的极大理想, $k=A/\mathfrak{J}$ 是剩余类域. 设 K 是域 k 的一个扩张. 则可以找到一个 Noether 局部环 B 和一个从 A 到 B 的局部同态, 使得 $B/\mathfrak{J}B$ 与 K 是 k 同构的, 并且 B 是平坦 A 模.

我们分几步来证明这个命题.

(10.3.1.1) 首先假设 $K=k(T)$, 其中 T 是一个未定元. 在多项式环 $A'=A[T]$ 中, 考虑由系数属于 $\mathfrak{J}$ 的多项式所组成的素理想 $\mathfrak{J}'=\mathfrak{J}A'$, 易见 $A'/\mathfrak{J}'$ 典范同构于 $k[T]$, 于是分式环 $B=A'_{\mathfrak{J}'}$ 就是问题的解. 事实上, 它显然是一个 Noether 局部环, 并且极大理想为 $\mathfrak{L}=\mathfrak{J}B$. 进而, $B/\mathfrak{L}=(A'/\mathfrak{J}')_{\mathfrak{J}'}=(k[T])_{\mathfrak{J}'}$ 恰好就是 $k[T]$ 的分

① 译注: B 既是 A 代数, 又是离散赋值环.

式域 K. 最后, B 是平坦 A' 模, 并且 A' 是自由 A 模, 从而 B 是平坦 A 模 ($\mathbf{0_I}$, 6.2.1).

(10.3.1.2) 其次假设 $K = k(t) = k[t]$, 其中 t 在 k 上是代数的. 设 $f \in k[T]$ 是 t 的最小多项式, 则可以找到一个首一多项式 $F \in A[T]$, 它在 $k[T]$ 中的典范像是 f. 仍然令 $A' = A[T]$, 并设 $\mathfrak{I}'$ 是 A' 中的理想 $\mathfrak{I}A' + (F)$. 我们来证明商环 $B = A'/(F)$ 就是问题的解. 首先易见 B 是一个自由 A 模, 从而是平坦的. 环 $A'/\mathfrak{I}'$ 同构于 $(A'/\mathfrak{I}A')/((\mathfrak{I}A' + (F))/\mathfrak{I}A') = k[T]/(f) = K$, 从而 $\mathfrak{I}'$ 在 B 中的像 $\mathfrak{L}$ 是一个极大理想, 并且显然有 $\mathfrak{L} = \mathfrak{I}B$. 最后, B 是一个半局部环, 因为它是有限型 A 模 (Bourbaki, 《交换代数学》, IV, § 2, ※5, 命题 9 的推论 3), 进而它的极大理想与 $B/\mathfrak{I}B$ 的极大理想一一对应 ([13], vol. I, p. 259), 从而这就证明了 B 是局部环.

引理 (10.3.1.3) — *设 $(A_\lambda, f_{\mu\lambda})$ 是局部环的一个滤相归纳系, 并假设所有的 $f_{\mu\lambda}$ 都是局部同态, 设 $\mathfrak{m}_\lambda$ 是 A_λ 的极大理想, 并且 $K_\lambda = A_\lambda/\mathfrak{m}_\lambda$. 则 $A' = \varinjlim A_\lambda$ 是一个局部环, 并且 $\mathfrak{m}' = \varinjlim \mathfrak{m}_\lambda$ 是它的极大理想, $K = \varinjlim K_\lambda$ 是它的剩余类域. 进而, 若对所有 $\lambda < \mu$, 都有 $\mathfrak{m}_\mu = \mathfrak{m}_\lambda A_\mu$, 则对任意 λ, 都有 $\mathfrak{m}' = \mathfrak{m}_\lambda A'$. 更进一步, 若对所有 $\lambda < \mu$, A_μ 都是平坦 A_λ 模, 并假设所有 A_λ 都是 Noether 的, 则 A' 也是 Noether 的, 并且对所有 λ, A' 都是平坦 A_λ 模.*

根据前提条件, 对所有 $\lambda < \mu$, 都有 $f_{\mu\lambda}(\mathfrak{m}_\lambda) \subseteq \mathfrak{m}_\mu$, 故这些 $\mathfrak{m}_\lambda$ 构成一个归纳系, 并且它的归纳极限 $\mathfrak{m}'$ 显然是 A' 的一个理想. 进而, 若 $x' \notin \mathfrak{m}'$, 则可以找到一个 λ 和一个 $x_\lambda \in A_\lambda$, 使得 $x' = f_\lambda(x_\lambda)$ ($f_\lambda : A_\lambda \to A'$ 是指典范同态). 因为 $x' \notin \mathfrak{m}'$, 从而必须有 $x_\lambda \notin \mathfrak{m}_\lambda$, 于是 x_λ 在 A_λ 中有逆元 y_λ, 因而 $y' = f_\lambda(y_\lambda)$ 也是 x' 在 A' 中的逆元, 这就表明 A' 是局部环, 并且 $\mathfrak{m}'$ 是 A' 的极大理想. 关于 K 的阐言也可以从 $\varinjlim$ 是正合函子的事实立得. $\mathfrak{m}_\mu = \mathfrak{m}_\lambda A_\mu$ 的条件表明, 典范映射 $\mathfrak{m}_\lambda \otimes_{A_\lambda} A_\mu \to \mathfrak{m}_\mu$ 是满的, 从而等式 $\mathfrak{m}' = \mathfrak{m}_\lambda A'$ 可由函子 $\varinjlim$ 的正合性以及它与张量积的交换性推出.

现在假设对所有 $\lambda < \mu$, 都有 $\mathfrak{m}_\mu = \mathfrak{m}_\lambda A_\mu$, 并且 A_μ 是平坦 A_λ 模, 此时依照 ($\mathbf{0_I}$, 6.2.3), 对所有 λ, A' 都是平坦 A_λ 模. 由于 A' 和 A_λ 都是局部环, 并且满足 $\mathfrak{m}' = \mathfrak{m}_\lambda A'$, 从而 A' 是忠实平坦A_λ 模 ($\mathbf{0_I}$, 6.6.2). 最后假设这些 A_λ 都是 *Noether* 的, 则 $\mathfrak{m}_\lambda$ 预进拓扑都是分离的 ($\mathbf{0_I}$, 7.3.5), 首先证明 A' 上的 $\mathfrak{m}'$ 预进拓扑是分离的. 事实上, 若 $x' \in A'$ 落在所有 $\mathfrak{m}'^n$ 之中 $(n > 0)$, 则由于它是某个 $x_\mu \in A_\mu$ 的像, 并且由于 $\mathfrak{m}'^n = \mathfrak{m}_\mu^n A'$ 在 A_μ 中的逆像就是 $\mathfrak{m}_\mu^n$ ($\mathbf{0_I}$, 6.6.1), 从而 x_μ 落在所有 $\mathfrak{m}_\mu^n$ 之中, 故由前提条件知 $x_\mu = 0$, 这就表明 $x' = 0$. 设 $\widehat{A'}$ 是 A' 在 $\mathfrak{m}'$ 预进拓扑下的完备化, 则 $A' \subseteq \widehat{A'}$. 我们来证明 $\widehat{A'}$ 是 *Noether* 的, 并且是 A_λ 平坦的 (对任意 λ), 由此就可以推出 $\widehat{A'}$ 是 A' 平坦的 ($\mathbf{0_I}$, 6.2.3), 并且由于 $\mathfrak{m}'\widehat{A'} \neq \widehat{A'}$, 故知 $\widehat{A'}$ 是

忠实平坦 A' 模 ($\mathbf{0_I}$, 6.6.2), 由此进而推出 A' 是 *Noether* 的 ($\mathbf{0_I}$, 6.5.2), 也就完成了引理的证明.

我们有 $\widehat{A'} = \varprojlim A'/\mathfrak{m}'^n$, 现在 A' 是 A_λ 平坦的, 故有

$$\mathfrak{m}'^n/\mathfrak{m}'^{n+1} = (\mathfrak{m}_\lambda^n/\mathfrak{m}_\lambda^{n+1})\otimes_{A_\lambda} A' = (\mathfrak{m}_\lambda^n/\mathfrak{m}_\lambda^{n+1})\otimes_{K_\lambda}(K_\lambda\otimes_{A_\lambda} A') = (\mathfrak{m}_\lambda^n/\mathfrak{m}_\lambda^{n+1})\otimes_{K_\lambda} K.$$

由于 $\mathfrak{m}_\lambda^n/\mathfrak{m}_\lambda^{n+1}$ 是有限维 K_λ 向量空间, 从而 $\mathfrak{m}'^n/\mathfrak{m}'^{n+1}$ 是有限维 K 向量空间 (对任意 $n \geqslant 0$). 于是由 ($\mathbf{0_I}$, 7.2.12) 和 ($\mathbf{0_I}$, 7.2.8) 知, $\widehat{A'}$ 是 *Noether* 的. 进而 $\widehat{A'}$ 的极大理想就是 $\mathfrak{m}'\widehat{A'}$, 并且 $\widehat{A'}/\mathfrak{m}'^n\widehat{A'}$ 同构于 $A'/\mathfrak{m}'^n$. 由于 $A'/\mathfrak{m}'^n = (A_\lambda/\mathfrak{m}_\lambda^n)\otimes_{A_\lambda} A'$, 故知 $A'/\mathfrak{m}'^n$ 是平坦 $(A_\lambda/\mathfrak{m}_\lambda^n)$ 模 ($\mathbf{0_I}$, 6.2.1), 于是 (10.2.2) 的判别法可以应用到 Noether A_λ 代数 $\widehat{A'}$ 上, 这就证明了 $\widehat{A'}$ 是A_λ 平坦的. 证明完毕.

(10.3.1.4) 现在考虑一般情形. 此时可以找到一个序数 γ, 并且对任意序数 $\lambda \leqslant \gamma$, 都找到一个包含 k 的子域 $k_\lambda \subseteq K$, 满足下面的条件: 1° 对任意 $\lambda < \gamma$, $k_{\lambda+1}$ 都是 k_λ 的扩张, 且由单个元素生成, 2° 对所有没有前导的序数 μ, 总有 $k_\mu = \bigcup\limits_{\lambda<\mu} k_\lambda$, 3° $K = k_\gamma$. 事实上, 对于某个适当的序数 β, 取一个从满足 $\xi \leqslant \beta$ 的全体序数的集合到 K 的一一映射 $\xi \mapsto t_\xi$, 然后就可以定义 k_λ ($\lambda \leqslant \beta$) 如下: 若 λ 没有前导, 则利用超限归纳法定义 k_λ 就是这些 k_μ ($\mu \leqslant \lambda$) 的并集, 若 $\lambda = \nu + 1$, 则定义 k_λ 就是 $k_\nu(t_\xi)$, 其中 ξ 是满足 $t_\xi \notin k_\nu$ 的最小序数, 最后定义 γ 是满足 $k_\gamma = K$ 的最小序数 ($\leqslant \beta$).

在此基础上, 我们就可以利用超限归纳法对于 $\lambda \leqslant \gamma$ 定义出一族 Noether 局部环 A_λ, 并且对于 $\lambda \leqslant \mu$ 定义出一族局部同态 $f_{\mu\lambda} : A_\lambda \to A_\mu$, 使它们满足下面的条件:

(i) $(A_\lambda, f_{\mu\lambda})$ 是一个归纳系, 并且 $A_0 = A$.

(ii) 对任意 λ, 均有一个 k 同构 $A_\lambda/\mathfrak{I}A_\lambda \xrightarrow{\sim} k_\lambda$.

(iii) 对于 $\lambda \leqslant \mu$, A_μ 总是一个平坦 A_λ 模.

假设对所有 $\lambda \leqslant \mu < \xi$ 都定义好了 A_λ 和 $f_{\mu\lambda}$, 首先设 $\xi = \zeta+1$, 则 $k_\xi = k_\zeta(t)$. 若 t 在 k_ζ 上是超越的, 则按照 (10.3.1.1) 的方法把 A_ξ 定义为 $(A_\zeta[t])_{\mathfrak{I}A_\zeta[t]}$, 然后定义 $f_{\zeta\xi}$ 为典范映射, 并且对 $\lambda < \zeta$, 令 $f_{\xi\lambda} = f_{\xi\zeta}\circ f_{\zeta\lambda}$, 则条件 (i) 到 (iii) 是显然的, 参考 (10.3.1.1) 中的结果. 现在设 t 是代数的, 并设 h 是它在 $k_\zeta[T]$ 中的最小多项式, H 是 $A_\zeta[T]$ 中的这样一个首一多项式, 它在 $k_\zeta[T]$ 中的像是 h, 令 $A_\xi = A_\zeta[T]/(H)$, 且 $f_{\xi\lambda}$ 的定义与前面相同, 则由 (10.3.1.2) 知, 条件 (i) 到 (iii) 都成立.

现在假设 ξ 没有前导, 令 A_ξ 为局部环归纳系 $(A_\lambda, f_{\mu\lambda})$ $(\lambda \leqslant \mu < \xi)$ 的归纳极限, 并且定义 $f_{\xi\lambda}$ 就是典范映射, 则由归纳假设和引理 (10.3.1.3) 就可以推出, A_ξ 是 Noether 局部环, $f_{\xi\lambda}$ 都是局部同态, 并且对于 $\lambda \leqslant \xi$, 条件 (i) 到 (iii) 都成立.

从这个构造方法易见, 环 $B = A_\gamma$ 就满足 (10.3.1) 中的要求.

注意到由 (10.2.1, c)) 知, 我们有一个典范同构

(10.3.1.5) $$\mathrm{gr}(A)\otimes_k K \xrightarrow{\sim} \mathrm{gr}(B).$$

另一方面, 把 B 换成它的 $\mathfrak{J}B$ 进完备化 $\widehat{B}$ 时, (10.3.1) 的结论仍然成立, 这是因为, $\widehat{B}$ 是平坦 B 模 ($\mathbf{0_I}$, 7.3.3), 从而是平坦 A 模 ($\mathbf{0_I}$, 6.2.1).

进而我们也证明了

推论 (10.3.2) — *若 K 是 k 的有限扩张, 则还可以要求 B 是有限 A 代数.*

§11. 关于同调代数的补充

11.1 谱序列的复习

(11.1.1) 以下我们将使用的谱序列的定义比 (T, 2.4) 更为一般, 但基本记号保持不变. 所谓 Abel 范畴 $\boldsymbol{C}$ 中的一个谱序列, 是指由下面一些对象和态射所组成的系 E:

a) $\boldsymbol{C}$ 中的一族对象 $(E_r^{p,q})$, 其中 $p\in\mathbb{Z}$, $q\in\mathbb{Z}$, 并且 $r\geqslant 2$.

b) 一族态射 $d_r^{p,q}: E_r^{p,q}\to E_r^{p+r,q-r+1}$, 满足 $d_r^{p+r,q-r+1}d_r^{p,q}=0$. 于是对于 $\mathrm{Z}_{r+1}(E_r^{p,q})=\mathrm{Ker}(d_r^{p,q})$ 和 $\mathrm{B}_{r+1}(E_r^{p,q})=\mathrm{Im}(d_r^{p-r,q+r-1})$, 我们有

$$\mathrm{B}_{r+1}(E_r^{p,q})\subseteq \mathrm{Z}_{r+1}(E_r^{p,q})\subseteq E_r^{p,q}.$$

c) 一族同构 $\alpha_r^{p,q}:\mathrm{Z}_{r+1}(E_r^{p,q})/\mathrm{B}_{r+1}(E_r^{p,q})\xrightarrow{\sim} E_{r+1}^{p,q}$.

对于 $k\geqslant r+1$, 可以归纳地定义出 $E_r^{p,q}$ 的子对象 $\mathrm{B}_k(E_r^{p,q})$ 和 $\mathrm{Z}_k(E_r^{p,q})$, 即分别取 $\mathrm{B}_k(E_{r+1}^{p,q})$ 和 $\mathrm{Z}_k(E_{r+1}^{p,q})$ 在 $\alpha_r^{p,q}$ 下的逆像, 然后再取它们在典范态射 $E_r^{p,q}\to E_r^{p,q}/\mathrm{B}_{r+1}(E_r^{p,q})$ 下的逆像. 易见, 在只差同构的意义下, 我们有

(11.1.1.1) $$\mathrm{Z}_k(E_r^{p,q})/\mathrm{B}_k(E_r^{p,q}) = E_k^{p,q}\qquad (k\geqslant r+1)$$

并且如果令 $\mathrm{B}_r(E_r^{p,q})=0$, $\mathrm{Z}_r(E_r^{p,q})=E_r^{p,q}$, 则还有下述包含关系

(11.1.1.2) $$\begin{aligned}0 &= \mathrm{B}_r(E_r^{p,q})\subseteq \mathrm{B}_{r+1}(E_r^{p,q})\subseteq \mathrm{B}_{r+2}(E_r^{p,q})\\ &\subseteq\cdots\subseteq \mathrm{Z}_{r+2}(E_r^{p,q})\subseteq \mathrm{Z}_{r+1}(E_r^{p,q})\subseteq \mathrm{Z}_r(E_r^{p,q}) = E_r^{p,q}.\end{aligned}$$

我们还要求 E 具有下面几个要素:

d) $E_2^{p,q}$ 有两个子对象 $\mathrm{B}_\infty(E_2^{p,q})$ 和 $\mathrm{Z}_\infty(E_2^{p,q})$, 满足 $\mathrm{B}_\infty(E_2^{p,q}) \subseteq \mathrm{Z}_\infty(E_2^{p,q})$, 并且对任意 $k \geqslant 2$, 均有

$$\mathrm{B}_k(E_2^{p,q}) \subseteq \mathrm{B}_\infty(E_2^{p,q}), \quad \mathrm{Z}_\infty(E_2^{p,q}) \subseteq \mathrm{Z}_k(E_2^{p,q}).$$

我们令

(11.1.1.3) $$E_\infty^{p,q} = \mathrm{Z}_\infty(E_2^{p,q})/\mathrm{B}_\infty(E_2^{p,q}).$$

e) 可以找到 $\boldsymbol{C}$ 中的一族对象 (E^n), 其中每个 E^n 都有一个递减滤解 $(F^p(E^n))_{p\in\mathbb{Z}}$. 我们仍然用 $\mathrm{gr}(E^n)$ 来表示滤体对象 E^n 的衍生分次对象, 也就是这些 $\mathrm{gr}_p(E^n) = F^p(E^n)/F^{p+1}(E^n)$ 的直和.

f) 对任意 $(p,q) \in \mathbb{Z}\times\mathbb{Z}$, 均指定了一个同构 $\beta^{p,q} : E_\infty^{p,q} \xrightarrow{\sim} \mathrm{gr}_p(E^{p+q})$.

我们把这个族 (E^n) (忽略滤解) 称为谱序列 E 的目标.

假设范畴 $\boldsymbol{C}$ 容纳无限直和, 或者假设对于任意给定的 $r \geqslant 2$ 和 $n \in \mathbb{Z}$, 满足 $E_r^{p,q} \neq 0$ 且 $p+q=n$ 的 (p,q) 都只有有限对 (只需对 $r=2$ 成立即可). 于是可以定义 $E_r^{(n)} = \sum\limits_{p+q=n} E_r^{p,q}$, 且定义 $d_r^{(n)} : E_r^{(n)} \to E_r^{(n+1)}$ 是下面这个态射: 它在 $E_r^{p,q}$ 上的限制恰好就是 $d_r^{p,q}$, 易见 $d_r^{(n+1)} \circ d_r^{(n)} = 0$, 换句话说, $(E_r^{(n)})_{n\in\mathbb{Z}}$ 是 $\boldsymbol{C}$ 中的一个复形$E_r^{(\bullet)}$, 具有 $+1$ 次的缀算子, 并且由 c) 知, 当 $r \geqslant 2$ 时, $\mathrm{H}^n(E_r^{(\bullet)})$ 同构于 $E_{r+1}^{(n)}$.

(11.1.2) 从谱序列 E 到谱序列 $E' = (E_r'^{p,q}, E'^n)$ 的一个态射 $u : E \to E'$ 是指这样一族态射 $u_r^{p,q} : E_r^{p,q} \to E_r'^{p,q}$ 和 $u^n : E^n \to E'^n$, 它们满足下面的条件: 每个 u^n 都与 E^n 和 E'^n 上的滤解是相容的, 并且所有的图表

$$\begin{array}{ccc} E_r^{p,q} & \xrightarrow{d_r^{p,q}} & E_r^{p+r,q-r+1} \\ {\scriptstyle u_r^{p,q}}\downarrow & & \downarrow{\scriptstyle u_r^{p+r,q-r+1}} \\ E_r'^{p,q} & \xrightarrow[d_r'^{p,q}]{} & E_r'^{p+r,q-r+1} \end{array}$$

都是交换的, 进而这些 $u_r^{p,q}$ 在商对象上给出的态射 $\bar{u}_r^{p,q} : \mathrm{Z}_{r+1}(E_r^{p,q})/\mathrm{B}_{r+1}(E_r^{p,q}) \to \mathrm{Z}_{r+1}(E_r'^{p,q})/\mathrm{B}_{r+1}(E_r'^{p,q})$ 满足 $\alpha_r'^{p,q} \circ \bar{u}_r^{p,q} = u_{r+1}^{p,q} \circ \alpha_r^{p,q}$, 最后, $u_2^{p,q}(\mathrm{B}_\infty(E_2^{p,q})) \subseteq \mathrm{B}_\infty(E_2'^{p,q})$, $u_2^{p,q}(\mathrm{Z}_\infty(E_2^{p,q})) \subseteq \mathrm{Z}_\infty(E_2'^{p,q})$, 并且 $u_2^{p,q}$ 在商对象上给出的态射 $u'^{p,q}_\infty : E_\infty^{p,q} \to E'^{p,q}_\infty$ 使图表

$$\begin{array}{ccc} E_\infty^{p,q} & \xrightarrow{u'^{p,q}_\infty} & E'^{p,q}_\infty \\ {\scriptstyle \beta^{p,q}}\downarrow & & \downarrow{\scriptstyle \beta'^{p,q}} \\ \mathrm{gr}_p(E^{p+q}) & \xrightarrow[\mathrm{gr}_p(u^{p+q})]{} & \mathrm{gr}_p(E'^{p+q}) \end{array}$$

成为交换的.

上述定义表明, 若 $u_2^{p,q}$ 都是同构, 则当 $r \geqslant 2$ 时, $u_r^{p,q}$ 也都是同构 (对 r 进行归纳即可), 如果进而假设 $u_2^{p,q}(\mathrm{B}_\infty(E_2^{p,q})) = \mathrm{B}_\infty(E_2'^{p,q})$ 和 $u_2^{p,q}(\mathrm{Z}_\infty(E_2^{p,q})) = \mathrm{Z}_\infty(E_2'^{p,q})$, 并且这些 u^n 都是同构, 则可以推出 u 是一个同构.

(11.1.3) 设 $(F^p(X))_{p\in\mathbb{Z}}$ 是对象 $X \in \boldsymbol{C}$ 的一个 (递减) 滤解, 所谓该滤解是分离的, 是指 $\inf(F^p(X)) = 0$, 所谓它是离散的, 是指可以找到 p, 使得 $F^p(X) = 0$, 所谓它是无遗漏的(或称余分离的), 是指 $\sup(F^p(X)) = X$, 所谓它是余离散的, 是指可以找到 p, 使得 $F^p(X) = X$.

所谓一个谱序列 $E = (E_r^{p,q}, E^n)$ 是弱收敛的, 是指 $\mathrm{B}_\infty(E_2^{p,q}) = \sup\limits_k \mathrm{B}_k(E_2^{p,q})$ 且 $\mathrm{Z}_\infty(E_2^{p,q}) = \inf\limits_k \mathrm{Z}_k(E_2^{p,q})$ (换句话说, 对象 $\mathrm{B}_\infty(E_2^{p,q})$ 和 $\mathrm{Z}_\infty(E_2^{p,q})$ 可由谱序列 E 的条件 a) 到 c) 所确定). 所谓一个谱序列 E 是正则的, 是指它是弱收敛的, 并且满足:

1° 对于任意两个整数 (p,q), 递减序列 $(\mathrm{Z}_k(E_2^{p,q}))_{k\geqslant 2}$ 总是最终稳定的. 于是由 E 弱收敛的条件可以推出, 当 k 充分大时 (依赖于 p 和 q), 总有 $\mathrm{Z}_\infty(E_2^{p,q}) = \mathrm{Z}_k(E_2^{p,q})$.

2° 对任意整数 n, E^n 的滤解 $(F^p(E^n))_{p\in\mathbb{Z}}$ 总是离散且无遗漏的.

所谓一个谱序列 E 是余正则的, 是指它是弱收敛的, 并且满足:

3° 对于任意两个整数 (p,q), 递增序列 $(\mathrm{B}_k(E_2^{p,q}))_{k\geqslant 2}$ 总是最终稳定的. 从而 $\mathrm{B}_\infty(E_2^{p,q}) = \mathrm{B}_k(E_2^{p,q})$, 并且 $E_\infty^{p,q} = \inf(E_k^{p,q})$.

4° 对任意整数 n, E^n 的滤解总是余离散的.

最后, 所谓一个谱序列 E 是双正则的, 是指它既是正则的, 又是余正则的, 换句话说, 下述条件得到满足:

a) 对于任意两个整数 (p,q), 序列 $(\mathrm{B}_k(E_2^{p,q}))_{k\geqslant 2}$ 和 $(\mathrm{Z}_k(E_2^{p,q}))_{k\geqslant 2}$ 都是最终稳定的, 并且当 k 充分大时, $\mathrm{B}_\infty(E_2^{p,q}) = \mathrm{B}_k(E_2^{p,q})$ 且 $\mathrm{Z}_\infty(E_2^{p,q}) = \mathrm{Z}_k(E_2^{p,q})$ (这表明 $E_\infty^{p,q} = E_k^{p,q}$).

b) 对任意整数 n, 滤解 $(F^p(E^n))_{p\in\mathbb{Z}}$ 总是离散且余离散的 (这相当于说它是有限的).

(T, 2.4) 中所定义的谱序列就是双正则的谱序列.

(11.1.4) 假设在范畴 $\boldsymbol{C}$ 中滤相归纳极限是存在的, 并且函子 $\varinjlim$ 是正合的 (这等价于说 (T, 1.5) 中的公理 AB 5) 得到满足 (参考 T, 1.8)). 此时对象 $X \in \boldsymbol{C}$ 的滤解 $(F^p(X))_{p\in\mathbb{Z}}$ 是无遗漏的这个条件也可以写成 $\varinjlim\limits_{p\to-\infty} F^p(X) = X$. 若一个谱序列 E 是弱收敛的, 则我们有 $\mathrm{B}_\infty(E_2^{p,q}) = \varinjlim\limits_{k\to\infty} \mathrm{B}_k(E_2^{p,q})$, 进而若 $u: E \to E'$ 是一个从

E 到 $\boldsymbol{C}$ 中的另一个弱收敛的谱序列 E' 的态射, 则 $u_2^{p,q}(\mathrm{B}_\infty(E_2^{p,q})) = \mathrm{B}_\infty({E'}_2^{p,q})$, 因为 $\varinjlim$ 是正合的. 进而:

命题 (11.1.5) — 设 $\boldsymbol{C}$ 是一个 *Abel* 范畴, 在其中滤相归纳极限总是存在的, 而且是正合的, E, E' 是 $\boldsymbol{C}$ 中的两个正则的谱序列, $u : E \to E'$ 是谱序列的一个态射. 若 $u_2^{p,q}$ 都是同构, 则 u 也是同构.

我们已经知道 (11.1.2) 这些 $u_r^{p,q}$ 都是同构, 并且

$$u_2^{p,q}(\mathrm{B}_\infty(E_2^{p,q})) = \mathrm{B}_\infty({E'}_2^{p,q}).$$

由 E 和 E' 都正则的条件知, $u_2^{p,q}(\mathrm{Z}_\infty(E_2^{p,q})) = \mathrm{Z}_\infty({E'}_2^{p,q})$, 由于 $u_2^{p,q}$ 是同构, 从而 $u_\infty^{p,q}$ 也是, 由此就推出 $\mathrm{gr}_p(u^{p+q})$ 是同构. 然而 E^n 和 E'^n 上的滤解都是离散且无遗漏的, 这表明 u^n 都是同构 (Bourbaki, 《交换代数学》, III, § 2, ¥8, 定理 1).

(11.1.6) 由 (11.1.1.2) 和定义 (11.1.1.3) 知, 在一个谱序列 E 中, 若 $E_r^{p,q} = 0$, 则当 $k \geqslant r$ 时, 均有 $E_k^{p,q} = 0$, 并且 $E_\infty^{p,q} = 0$. 所谓一个谱序列是退化的, 是指可以找到一个整数 $r \geqslant 2$, 满足下面的条件: 对每个 $n \in \mathbb{Z}$, 均有一个整数 $q(n)$, 使得当 $q \neq q(n)$ 时, 均有 $E_r^{n-q,q} = 0$. 此时由上面的注解首先得知, 对任意 $k \geqslant r$ (包括 $k = \infty$) 和 $q \neq q(n)$, 均有 $E_k^{n-q,q} = 0$. 进而, 由 $E_{r+1}^{p,q}$ 的定义知, $E_{r+1}^{n-q(n),q(n)} = E_r^{n-q(n),q(n)}$. 若 E 是弱收敛的, 则还有 $E_\infty^{n-q(n),q(n)} = E_r^{n-q(n),q(n)}$. 换句话说, 对任意 $n \in \mathbb{Z}$, 当 $p \neq q(n)$ 时总有 $\mathrm{gr}_p(E^n) = 0$, 并且 $\mathrm{gr}_{q(n)}(E^n) = E_r^{n-q(n),q(n)}$. 进而若 E^n 的滤解是离散且无遗漏的, 则序列 E 是正则的, 并且 $E^n = E_r^{n-q(n),q(n)}$ (只差一个同构).

* **(订正 $_{\text{IV}}$, 1)** — 这个结果 (取自 (G, I, 4.4.1)) 有问题, 不过它在每个 $q(n)$ 都等于 0 或者每个 $q(n)$ 都等于 n 时是成立的. 事实上, 在第一种情形下, $d_r^{p,0}$ 的核是 $E_r^{p,0}$, 因为由前提条件知, $d_r^{p,0}$ 的像 $E^{p+r,-r+1} = 0$. 同样地, $d_r^{p-r,r-1}$ 的像是 0, 因为 $E_r^{p-r,r-1} = 0$, 从而得到 $E_{r+1}^{p,0} = E_r^{p,0}$. 类似方法也适用于 $q(n)$ 都等于 n 的情形. *

(11.1.7) 假设在范畴 $\boldsymbol{C}$ 中, 滤相归纳极限存在且正合, 设 $(E_\lambda, u_{\mu\lambda})$ 是 $\boldsymbol{C}$ 中的谱序列的一个归纳系 (指标为一个滤相集). 于是在由 $\boldsymbol{C}$ 中的谱序列所组成的加性范畴里, 上述归纳系的归纳极限是存在的, 只需定义 $E_r^{p,q}$, $d_r^{p,q}$, $\alpha_r^{p,q}$, $\mathrm{B}_\infty(E_2^{p,q})$, $\mathrm{Z}_\infty(E_2^{p,q})$, E^n, $F^p(E^n)$ 和 $\beta^{p,q}$ 分别是 $E_{r,\lambda}^{p,q}$, $d_{r,\lambda}^{p,q}$, $\alpha_{r,\lambda}^{p,q}$, $\mathrm{B}_\infty(E_{2,\lambda}^{p,q})$, $\mathrm{Z}_\infty(E_{2,\lambda}^{p,q})$, E_λ^n, $F^p(E_\lambda^n)$ 和 $\beta_\lambda^{p,q}$ 的归纳极限即可, 因为由函子 $\varinjlim$ 的正合性就可以推出 (11.1.1) 中的那些条件.

注解 (11.1.8) — 假设范畴 $\boldsymbol{C}$ 是某个 *Noether* 环 A 上 (切转: 某个环 A 上) 的所有 A 模的范畴. 则由定义 (11.1.1) 知, 若对于某个给定的 r, $E_r^{p,q}$ 都是有限型

(切转: 有限长) 的 A 模, 则当 $s \geqslant r$ 时, $E_s^{p,q}$ 都是如此, 并且 $E_\infty^{p,q}$ 也不例外. 进而若目标 E^n 上的滤解是离散且余离散的 (对任意 n), 则可以由此推出所有的 E^n 都是有限型 (切转: 有限长) 的 A 模.

(11.1.9) 我们需要一些能够保证谱序列 E 双正则并且对于 $p+q=n$ 具有"一致性"的条件. 下面这个引理很常用:

引理 (11.1.10) — 设 $(E_r^{p,q})$ 是 $\boldsymbol{C}$ 中的一族对象, 并满足 (11.1.1) 中的条件 a), b), c). 则对于固定的整数 n, 以下诸条件是等价的:

a) 可以找到一个整数 $r(n)$, 使得当 $r \geqslant r(n)$ 且 $p+q=n$ 或者 $p+q=n-1$ 时, 态射 $d_r^{p,q}$ 都是 0.

b) 可以找到一个整数 $r(n)$, 使得当 $p+q=n$ 或者 $p+q=n-1$ 时, 对任意 $s \geqslant r \geqslant r(n)$, 都有 $\mathrm{B}_r(E_2^{p,q}) = \mathrm{B}_s(E_2^{p,q})$.

c) 可以找到一个整数 $r(n)$, 使得当 $p+q=n$ 或者 $p+q=n-1$ 时, 对任意 $s \geqslant r \geqslant r(n)$, 都有 $\mathrm{Z}_r(E_2^{p,q}) = \mathrm{Z}_s(E_2^{p,q})$.

d) 可以找到一个整数 $r(n)$, 使得当 $p+q=n$ 时, 对任意 $s \geqslant r \geqslant r(n)$, 都有 $\mathrm{B}_r(E_2^{p,q}) = \mathrm{B}_s(E_2^{p,q})$ 和 $\mathrm{Z}_r(E_2^{p,q}) = \mathrm{Z}_s(E_2^{p,q})$.

事实上, 由 (11.1.1) 中的条件 a), b), c) 知, $\mathrm{Z}_{r+1}(E_2^{p,q}) = \mathrm{Z}_r(E_2^{p,q})$ 等价于 $d_r^{p,q} = 0$, 并且 $\mathrm{B}_r(E_2^{p+r,q-r+1}) = \mathrm{B}_{r+1}(E_2^{p+r,q-r+1})$ 也等价于 $d_r^{p,q} = 0$, 由此立得结论.

11.2 滤体复形的谱序列

(11.2.1) 给了一个 Abel 范畴 $\boldsymbol{C}$, 我们用记号 $K^\bullet$ 来表示 $\boldsymbol{C}$ 中对象的一个复形 $(K^i)_{i\in\mathbb{Z}}$, 其中的缀算子是 $+1$ 次的, 同时也用记号 $K_\bullet$ 来表示这样一个复形 $(K_i)_{i\in\mathbb{Z}}$, 其中的缀算子是 -1 次的. 从任何一个具有 $+1$ 次缀算子的复形 $K^\bullet = (K^i)$ 出发, 都可以产生出一个具有 -1 次缀算子的复形 $K'_\bullet = (K'_i)$, 方法是令 $K'_i = K^{-i}$, 再令它的缀算子 $K'_i \to K'_{i-1}$ 是 $d : K^{-i} \to K^{-i+1}$, 反之亦然, 这就使我们可以只考虑一个类型的复形, 而把结果直接转换到另一个类型上. 同样地, 我们用记号 $K^{\bullet,\bullet} = (K^{i,j})$ (切转: $K_{\bullet,\bullet} = (K_{i,j})$) 来表示 $\boldsymbol{C}$ 中对象的一个双复形, 其中的两个缀算子都是 $+1$ 次的 (切转: -1 次的). 同样可以用改变指标符号的方法从一类双复形过渡到另一类上, 并且类似的结果对于任意的多重复形也都是成立的. 记号 $K^\bullet$ 和 $K_\bullet$ 也被用来表示 $\boldsymbol{C}$ 中的那些 $\mathbb{Z}$ 指标的分次对象, 未必一定是复形 (不过也可以把它们看作缀算子为零的复形). 举例来说, 我们也用 $\mathrm{H}^\bullet(K^\bullet) = (\mathrm{H}^i(K^\bullet))_{i\in\mathbb{Z}}$ 来表示一个具有 $+1$ 次缀算子的复形 $K^\bullet$ 的上同调, 并且用 $\mathrm{H}_\bullet(K_\bullet) = (\mathrm{H}_i(K_\bullet))_{i\in\mathbb{Z}}$

来表示一个具有 -1 次缀算子的复形 $K_\bullet$ 的同调. 在我们按照上面所说的方法把 $K^\bullet$ 变为 $K'_\bullet$ 时, 总有 $\mathrm{H}_i(K'_\bullet) = \mathrm{H}^{-i}(K^\bullet)$.

还记得为了定义这些量, 我们一般地对于一个复形 $K^\bullet$ (切转: $K_\bullet$) 引入记号 $\mathrm{Z}^i(K^\bullet) = \mathrm{Ker}(K^i \to K^{i+1})$ (“上圈对象”) 和 $\mathrm{B}^i(K^\bullet) = \mathrm{Im}(K^{i-1} \to K^i)$ (“上边缘对象”) (切转: $\mathrm{Z}_i(K_\bullet) = \mathrm{Ker}(K_i \to K_{i-1})$ (“圈对象”) 和 $\mathrm{B}_i(K_\bullet) = \mathrm{Im}(K_{i+1} \to K_i)$ (“边缘对象”)), 然后就有 $\mathrm{H}^i(K^\bullet) = \mathrm{Z}^i(K^\bullet)/\mathrm{B}^i(K^\bullet)$ (切转: $\mathrm{H}_i(K_\bullet) = \mathrm{Z}_i(K_\bullet)/\mathrm{B}_i(K_\bullet)$).

若 $K^\bullet = (K^i)$ (切转: $K_\bullet = (K_i)$) 是 $\boldsymbol{C}$ 中的一个复形, $T : \boldsymbol{C} \to \boldsymbol{C}'$ 是 $\boldsymbol{C}$ 到另一个 Abel 范畴 $\boldsymbol{C}'$ 的一个函子, 则我们用 $T(K^\bullet)$ (切转: $T(K_\bullet)$) 来表示 $\boldsymbol{C}'$ 中的复形 $(T(K^i))$ (切转: $(T(K_i))$).

我们不再复习绵延函子 (T, 2.1) 的定义, 这里仅指出, 如果连接态射 ∂ 把次数降低一个单位, 那么我们把下绵延函子也称为绵延函子, 具体含义可以参照上下文而得知.

最后, 所谓 $\boldsymbol{C}$ 中的一个分次对象 $(A_i)_{i\in\mathbb{Z}}$ 是下有界的 (切转: 上有界的), 是指可以找到一个 i_0, 使得当 $i < i_0$ (切转: $i > i_0$) 时总有 $A_i = 0$.

(11.2.2) 设 $K^\bullet$ 是 $\boldsymbol{C}$ 中的一个具有 $+1$ 次缀算子的复形, 假设它有一个滤解 $F(K^\bullet) = (F^p(K^\bullet))_{p\in\mathbb{Z}}$, 是由 $K^\bullet$ 的分次子对象所组成的, 换句话说, $F^p(K^\bullet) = (K^i \cap F^p(K^\bullet))_{i\in\mathbb{Z}}$, 再假设 $d(F^p(K^\bullet)) \subseteq F^p(K^\bullet)$ (对所有的 $p \in \mathbb{Z}$). 我们复习一下怎样从 $K^\bullet$ 出发来函子性地定义出一个谱序列 $\mathrm{E}(K^\bullet)$ (M, XV, 4 和 G, I, 4.3). 对于 $r \geqslant 2$, 典范态射 $F^p(K^\bullet)/F^{p+r}(K^\bullet) \to F^p(K^\bullet)/F^{p+1}(K^\bullet)$ 在上同调上定义了一个态射

$$\mathrm{H}^{p+q}(F^p(K^\bullet)/F^{p+r}(K^\bullet)) \longrightarrow \mathrm{H}^{p+q}(F^p(K^\bullet)/F^{p+1}(K^\bullet)).$$

我们用 $\mathrm{Z}_r^{p,q}(K^\bullet)$ 来记这个态射的像. 同样地, 由正合序列

$$0 \longrightarrow F^p(K^\bullet)/F^{p+1}(K^\bullet) \longrightarrow F^{p-r+1}(K^\bullet)/F^{p+1}(K^\bullet) \\ \longrightarrow F^{p-r+1}(K^\bullet)/F^p(K^\bullet) \longrightarrow 0$$

可以导出一个态射 (通过上同调的长正合序列)

$$\mathrm{H}^{p+q-1}(F^{p-r+1}(K^\bullet)/F^p(K^\bullet)) \longrightarrow \mathrm{H}^{p+q}(F^p(K^\bullet)/F^{p+1}(K^\bullet)).$$

我们再用 $\mathrm{B}_r^{p,q}(K^\bullet)$ 来记这个态射的像, 则可以证明 $\mathrm{B}_r^{p,q}(K^\bullet) \subseteq \mathrm{Z}_r^{p,q}(K^\bullet)$, 现在就取 $\mathrm{E}_r^{p,q}(K^\bullet) = \mathrm{Z}_r^{p,q}(K^\bullet)/\mathrm{B}_r^{p,q}(K^\bullet)$, 我们不再具体地写出 $d_r^{p,q}$ 和 $\alpha_r^{p,q}$ 的定义.

注意到对于固定的 p, q, 所有的 $\mathrm{Z}_r^{p,q}(K^\bullet)$ 和 $\mathrm{B}_r^{p,q}(K^\bullet)$ 都是同一个对象 $\mathrm{H}^{p+q}(F^p(K^\bullet)/F^{p+1}(K^\bullet))$ (记作 $\mathrm{Z}_1^{p,q}(K^\bullet)$) 的子对象. 令 $\mathrm{B}_1^{p,q}(K^\bullet) = 0$, 则前面对于

$\mathrm{Z}_r^{p,q}(K^\bullet)$ 和 $\mathrm{B}_r^{p,q}(K^\bullet)$ 所给出的定义也适用于 $r=1$ 的情形, 我们再令 $\mathrm{E}_1^{p,q}(K^\bullet)=\mathrm{Z}_1^{p,q}(K^\bullet)$. 同样可以定义 $d_1^{p,q}$ 和 $\alpha_1^{p,q}$ 使之满足 (11.1.1) 的条件 (对 $r=1$). 另一方面, 定义子对象 $\mathrm{Z}_\infty^{p,q}(K^\bullet)$ 就是态射

$$\mathrm{H}^{p+q}(F^p(K^\bullet)) \longrightarrow \mathrm{H}^{p+q}(F^p(K^\bullet)/F^{p+1}(K^\bullet)) = \mathrm{E}_1^{p,q}(K^\bullet)$$

的像, 并且定义 $\mathrm{B}_\infty^{p,q}(K^\bullet)$ 就是态射

$$\mathrm{H}^{p+q-1}(K^\bullet/F^p(K^\bullet)) \longrightarrow \mathrm{H}^{p+q}(F^p(K^\bullet)/F^{p+1}(K^\bullet)) = \mathrm{E}_1^{p,q}(K^\bullet)$$

(由上同调的长正合序列所导出, 与上面相同) 的像. 我们取 $\mathrm{Z}_\infty(\mathrm{E}_2^{p,q}(K^\bullet))$ 和 $\mathrm{B}_\infty(\mathrm{E}_2^{p,q}(K^\bullet))$ 分别是 $\mathrm{Z}_\infty^{p,q}(K^\bullet)$ 和 $\mathrm{B}_\infty^{p,q}(K^\bullet)$ 在 $\mathrm{E}_2^{p,q}(K^\bullet)$ 中的典范像.

最后, 我们用 $F^p(\mathrm{H}^n(K^\bullet))$ 来记态射 $\mathrm{H}^n(F^p(K^\bullet)) \to \mathrm{H}^n(K^\bullet)$ (由典范含入 $F^p(K^\bullet)\to K^\bullet$ 所导出) 的像, 则根据上同调的长正合序列, 它也是态射 $\mathrm{H}^n(K^\bullet)\to \mathrm{H}^n(K^\bullet/F^p(K^\bullet))$ 的核. 因而, 这定义了 $\mathrm{E}^n(K^\bullet)=\mathrm{H}^n(K^\bullet)$ 上的一个滤解, 我们不再给出同构 $\beta^{p,q}$ 的定义.

(11.2.3) $\mathrm{E}(K^\bullet)$ 的函子特征可以按照下面的方式来理解: 给了 $\boldsymbol{C}$ 中的两个滤体复形 $K^\bullet, K'^\bullet$ 和一个与滤解相容的复形态射 $u: K^\bullet \to K'^\bullet$, 可以很容易地定义出 $u_r^{p,q}$ (对 $r\geqslant 1$) 和 u^n, 并证明这些态射与 $d_r^{p,q}$, $\alpha_r^{p,q}$ 和 $\beta^{p,q}$ 都是相容的 (在 (11.1.2) 的意义下), 从而它们定义了谱序列的一个态射 $\mathrm{E}(u):\mathrm{E}(K^\bullet)\to\mathrm{E}(K'^\bullet)$. 进而可以证明, 若 u 和 v 是两个上述类型的态射 $K^\bullet\to K'^\bullet$, 并且它们之间有一个阶数 $\leqslant k$ 的同伦, 则当 $r>k$ 时, $u_r^{p,q}=v_r^{p,q}$, 并且 $u^n=v^n$ (对任意 n) (M, XV, 3.1).

(11.2.4) 假设在范畴 $\boldsymbol{C}$ 中滤相归纳极限是正合的. 于是若 $K^\bullet$ 的滤解 $(F^p(K^\bullet))$ 是无遗漏的, 则对所有 n, 滤解 $(F^p(\mathrm{H}^n(K^\bullet)))$ 也都是无遗漏的, 因为由前提条件知, $K^\bullet=\varinjlim F^p(K^\bullet)$, 并且 $\boldsymbol{C}$ 上的条件蕴涵着上同调与归纳极限是可交换的. 同理, $\mathrm{B}_\infty(\mathrm{E}_2^{p,q}(K^\bullet))=\sup\limits_k \mathrm{B}_k(\mathrm{E}_2^{p,q}(K^\bullet))$. 所谓 $K^\bullet$ 的滤解 $(F^p(K^\bullet))$ 是正则的, 是指对任意 n, 均可找到一个整数 $u(n)$, 使得当 $p>u(n)$ 时总有 $\mathrm{H}^n(F^p(K^\bullet))=0$. 特别地, 若 $K^\bullet$ 上的某个滤解是离散的, 则它是正则的. 如果 $K^\bullet$ 的滤解是正则且无遗漏的, 并且 $\boldsymbol{C}$ 中的滤相归纳极限是正合的, 那么可以证明 (M, XV, 4), 谱序列 $\mathrm{E}(K^\bullet)$ 是正则的.

11.3 双复形的谱序列

(11.3.1) 关于双复形的定义, 我们将遵从 (T, 2.4) 而不是 (M), 于是一个双复形 $K^{\bullet,\bullet}=(K^{i,j})$ 的两个缀算子 d', d'' (都是 1 次的) 总是可交换的. 假设下述条

件之一得到满足: 1° C 容纳无限直和, 2° 对每个 $n\in\mathbb{Z}$, 都只有有限组 (p,q) 能满足 $p+q=n$ 且 $K^{p,q}\neq 0$. 于是由双复形 $K^{\bullet,\bullet}$ 出发可以定义出一个 (单) 复形 $(K'^n)_{n\in\mathbb{Z}}$, 称为该双复形的总合单复形, 其中 $K'^n=\sum\limits_{i+j=n}K^{i,j}$, 并且缀算子 d (次数为 1) 被定义为 $dx=d'x+(-1)^i d''x$ (对任意 $x\in K^{i,j}$). 在以后我们提到双复形 $K^{\bullet,\bullet}$ 的总合单复形时, 总是假设前面的两个条件之一得到满足. 对于多重复形我们将采用类似的假设.

我们用 $K^{i,\bullet}$ (切转: $K^{\bullet,j}$) 来表示单复形 $(K^{i,j})_{j\in\mathbb{Z}}$ (切转: $(K^{i,j})_{i\in\mathbb{Z}}$), 并且用 $\mathrm{Z}^p_{\mathrm{II}}(K^{i,\bullet})$, $\mathrm{B}^p_{\mathrm{II}}(K^{i,\bullet})$, $\mathrm{H}^p_{\mathrm{II}}(K^{i,\bullet})$ (切转: $\mathrm{Z}^p_{\mathrm{I}}(K^{\bullet,j})$, $\mathrm{B}^p_{\mathrm{I}}(K^{\bullet,j})$, $\mathrm{H}^p_{\mathrm{I}}(K^{\bullet,j})$) 分别表示它的 p 次上圈、p 次上边缘和 p 次上同调对象, 于是缀算子 $d':K^{i,\bullet}\to K^{i+1,\bullet}$ 是复形的一个态射, 从而诱导了上圈、上边缘和上同调之间的算子

$$
\begin{aligned}
d' &: \mathrm{Z}^p_{\mathrm{II}}(K^{i,\bullet}) \longrightarrow \mathrm{Z}^p_{\mathrm{II}}(K^{i+1,\bullet}),\\
d' &: \mathrm{B}^p_{\mathrm{II}}(K^{i,\bullet}) \longrightarrow \mathrm{B}^p_{\mathrm{II}}(K^{i+1,\bullet}),\\
d' &: \mathrm{H}^p_{\mathrm{II}}(K^{i,\bullet}) \longrightarrow \mathrm{H}^p_{\mathrm{II}}(K^{i+1,\bullet}).
\end{aligned}
$$

易见在这些算子下, $(\mathrm{Z}^p_{\mathrm{II}}(K^{i,\bullet}))_{i\in\mathbb{Z}}$, $(\mathrm{B}^p_{\mathrm{II}}(K^{i,\bullet}))_{i\in\mathbb{Z}}$ 和 $(\mathrm{H}^p_{\mathrm{II}}(K^{i,\bullet}))_{i\in\mathbb{Z}}$ 都是复形, 我们把复形 $(\mathrm{H}^p_{\mathrm{II}}(K^{i,\bullet}))_{i\in\mathbb{Z}}$ 记作 $\mathrm{H}^p_{\mathrm{II}}(K^{\bullet,\bullet})$, 并把它的 q 次上圈、q 次上边缘和 q 次上同调分别记作 $\mathrm{Z}^q_{\mathrm{I}}(\mathrm{H}^p_{\mathrm{II}}(K^{\bullet,\bullet}))$, $\mathrm{B}^q_{\mathrm{I}}(\mathrm{H}^p_{\mathrm{II}}(K^{\bullet,\bullet}))$ 和 $\mathrm{H}^q_{\mathrm{I}}(\mathrm{H}^p_{\mathrm{II}}(K^{\bullet,\bullet}))$. 同样可以定义复形 $\mathrm{H}^p_{\mathrm{I}}(K^{\bullet,\bullet})$ 及其上同调 $\mathrm{H}^q_{\mathrm{II}}(\mathrm{H}^p_{\mathrm{I}}(K^{\bullet,\bullet}))$. 另一方面, 我们用 $\mathrm{H}^n(K^{\bullet,\bullet})$ 来记 $K^{\bullet,\bullet}$ 的总合单复形的 n 次上同调对象.

(11.3.2) 在双复形 $K^{\bullet,\bullet}$ 的总合单复形上, 我们有两个典范的滤解 $(F^p_{\mathrm{I}}(K^{\bullet,\bullet}))$ 和 $(F^p_{\mathrm{II}}(K^{\bullet,\bullet}))$, 分别由下式给出:

(11.3.2.1)
$$
F^p_{\mathrm{I}}(K^{\bullet,\bullet}) = \Big(\sum_{\substack{i+j=n\\ i\geqslant p}} K^{\bullet,\bullet}\Big)_{n\in\mathbb{Z}}, \qquad F^p_{\mathrm{II}}(K^{\bullet,\bullet}) = \Big(\sum_{\substack{i+j=n\\ j\geqslant p}} K^{\bullet,\bullet}\Big)_{n\in\mathbb{Z}}.
$$

根据定义, 它们确实是 $K^{\bullet,\bullet}$ 的总合单复形的分次子对象, 从而使该复形成为一个滤体复形. 此外, 易见这些滤解都是无遗漏且分离的.

从这两个滤解出发都可以得到谱序列 (11.2.2), 我们把 $(F^p_{\mathrm{I}}(K^{\bullet,\bullet}))$ 和 $(F^p_{\mathrm{II}}(K^{\bullet,\bullet}))$ 所对应的谱序列分别记作 $'\mathrm{E}(K^{\bullet,\bullet})$ 和 $''\mathrm{E}(K^{\bullet,\bullet})$, 并且称之为双复形 $K^{\bullet,\bullet}$ 的两个谱序列, 它们都以上同调 $(\mathrm{H}^n(K^{\bullet,\bullet}))$ 为目标. 进而可以证明 (M, XV, 6)

(11.3.2.2)
$$
{}'\mathrm{E}^{p,q}_2(K^{\bullet,\bullet}) = \mathrm{H}^p_{\mathrm{I}}(\mathrm{H}^q_{\mathrm{II}}(K^{\bullet,\bullet})), \qquad {}''\mathrm{E}^{p,q}_2(K^{\bullet,\bullet}) = \mathrm{H}^p_{\mathrm{II}}(\mathrm{H}^q_{\mathrm{I}}(K^{\bullet,\bullet})).
$$

双复形之间的任何态射 $u:K^{\bullet,\bullet}\to K'^{\bullet,\bullet}$ 都与 $K^{\bullet,\bullet}$ 和 $K'^{\bullet,\bullet}$ 上的同一种类的滤解是相容的, 从而在谱序列之间定义了态射. 进而, 两个同伦的态射定义了对应

的滤体 (单) 复形之间的一个阶数 $\leqslant 1$ 的同伦, 从而在每一种谱序列上都导出相同的态射 (M, XV, 6.1).

命题 (11.3.3) — 设 $K^{\bullet,\bullet}=(K^{i,j})$ 是 *Abel* 范畴 $\boldsymbol{C}$ 中的一个双复形.

(i) 如果能找到整数 i_0 和 j_0, 使得当 $i<i_0$ 或 $j<j_0$ (切转: $i>i_0$ 或 $j>j_0$) 时总有 $K^{i,j}=0$, 则谱序列 $'\mathrm{E}(K^{\bullet,\bullet})$ 和 $''\mathrm{E}(K^{\bullet,\bullet})$ 都是双正则的.

(ii) 如果能找到整数 i_0 和 i_1, 使得当 $i<i_0$ 或 $i>i_1$ 时总有 $K^{i,j}=0$ (切转: 如果能找到整数 j_0 和 j_1, 使得当 $j<j_0$ 或 $j>j_1$ 时总有 $K^{i,j}=0$), 则谱序列 $'\mathrm{E}(K^{\bullet,\bullet})$ 和 $''\mathrm{E}(K^{\bullet,\bullet})$ 都是双正则的.

进而假设在 $\boldsymbol{C}$ 中滤相归纳极限是存在且正合的. 则:

(iii) 如果能找到整数 i_0, 使得当 $i>i_0$ 时总有 $K^{i,j}=0$ (切转: 如果能找到整数 j_0, 使得当 $j<j_0$ 时总有 $K^{i,j}=0$), 则谱序列 $'\mathrm{E}(K^{\bullet,\bullet})$ 是正则的.

(iv) 如果能找到整数 i_0, 使得当 $i<i_0$ 时总有 $K^{i,j}=0$ (切转: 如果能找到整数 j_0, 使得当 $j>j_0$ 时总有 $K^{i,j}=0$), 则谱序列 $''\mathrm{E}(K^{\bullet,\bullet})$ 是正则的.

这个命题可由定义 (11.1.3) 和 (11.2.4) 得出, 只需利用关于滤解 F_{I} 的下述事实 (以及关于滤解 F_{II} 的相应事实, 这可以通过交换 $K^{\bullet,\bullet}$ 的指标而导出) 即可:

1° 如果能找到整数 i_0, 使得当 $i>i_0$ 时总有 $K^{i,j}=0$, 则滤解 $F_{\mathrm{I}}(K^{\bullet,\bullet})$ 是离散的.

2° 如果能找到整数 i_0, 使得当 $i<i_0$ 时总有 $K^{i,j}=0$, 则滤解 $F_{\mathrm{I}}(K^{\bullet,\bullet})$ 是余离散的. 由此立知, 对应的滤解 $F_{\mathrm{I}}(\mathrm{H}^n(K^{\bullet,\bullet}))$ 也具有相同的性质 (对于任意 n). 进而, 根据滤解 $F_{\mathrm{I}}(K^{\bullet,\bullet})$ 所对应的 $\mathrm{B}_r^{p,q}$ 的定义 (11.2.2), 对任意一组 (p,q), 序列 $(\mathrm{B}_r^{p,q})_{r\geqslant 2}$ 都是最终稳定的.

3° 如果能找到整数 j_0, 使得当 $j<j_0$ 时总有 $K^{i,j}=0$, 则对于 $p+r+j_0>n$, 总有

$$F_{\mathrm{I}}^{p+r}(K^{\bullet,\bullet})\bigcap\Big(\sum_{i+j=n}K^{i,j}\Big)\;=\;0.$$

从而当 $r>q-j_0+1$ 时总有 $\mathrm{Z}_r^{p,q}=\mathrm{Z}_\infty(E_2^{p,q})$. 另一方面, 对于 $p>n-j_0+1$, 总有 $\mathrm{H}^n(F_{\mathrm{I}}^p(K^{\bullet,\bullet}))=0$.

4° 如果能找到整数 j_0, 使得当 $j>j_0$ 时总有 $K^{i,j}=0$, 则对于 $p-r+1+j_0<n$, 总有

$$F_{\mathrm{I}}^{p-r+1}(K^{\bullet,\bullet})\bigcap\Big(\sum_{i+j=n}K^{i,j}\Big)\;=\;\sum_{i+j=n}K^{i,j}.$$

从而当 $r<j_0-q+1$ 时总有 $\mathrm{B}_r^{p,q}=\mathrm{B}_\infty(E_2^{p,q})$. 另一方面, 对于 $p+j_0<n-1$, 总有 $\mathrm{H}^n(F_{\mathrm{I}}^p(K^{\bullet,\bullet}))=\mathrm{H}^n(K^{\bullet,\bullet})$.

(11.3.4) 假设双复形 $K^{\bullet,\bullet}=(K^{i,j})$ 满足下述条件: 当 $i<0$ 或 $j<0$ 时总有 $K^{i,j}=0$. 则对任意 $p\in\mathbb{Z}$, 都可以定义一个典范的 "边沿同态"

(11.3.4.1) $$'\mathrm{E}_2^{p,0}(K^{\bullet,\bullet}) \longrightarrow \mathrm{H}^p(K^{\bullet,\bullet})$$

(M, XV, 6). 简单回顾一下它的定义, 一方面, 在谱序列 $'\mathrm{E}(K^{\bullet,\bullet})$ 中总有 $\mathrm{Z}_r^{p,0}=\mathrm{Z}_{\mathrm{I}}^p(\mathrm{Z}_{\mathrm{II}}^0(K^{\bullet,\bullet}))$ (对任意 $2\leqslant r\leqslant+\infty$), 另一方面, $\mathrm{H}^p(F_{\mathrm{I}}^{p+1}(K^{\bullet,\bullet}))=0$, 从而同构 $\beta^{p,0}:{}'\mathrm{E}_\infty^{p,0}\xrightarrow{\sim}\mathrm{H}^p(F_{\mathrm{I}}^p)/\mathrm{H}^p(F_{\mathrm{I}}^{p+1})$ 给出了一个同态 $'\mathrm{E}_\infty^{p,0}\to\mathrm{H}^p(F_{\mathrm{I}}^p(K^{\bullet,\bullet}))\to\mathrm{H}^p(K^{\bullet,\bullet})$. 由于所有 $\mathrm{Z}_r^{p,0}$ 都是相等的, 从而可以定义典范同态 $'\mathrm{E}_r^{p,0}\to{}'\mathrm{E}_s^{p,0}$ (对 $r\leqslant s$), 特别地, 我们可以定义出同态 $'\mathrm{E}_2^{p,0}\to{}'\mathrm{E}_\infty^{p,0}$, 从而把它与上面的同态进行合成就得到了边沿同态 $'\mathrm{E}_2^{p,0}\to\mathrm{H}^p(K^{\bullet,\bullet})$. 进而, 易见对于一个满足 $d'z=0$ 的元素 $z\in\mathrm{Z}_{\mathrm{II}}^0(K^{\bullet,\bullet})\subseteq K^{p,0}$ 的模 $\mathrm{B}_2^{p,0}$ 等价类来说, 上面的边沿同态就是先写出 z 在 $'\mathrm{E}_\infty^{p,0}$ 中的模 $\mathrm{B}_\infty^{p,0}$ 等价类, 再把它对应到 z 在 $\mathrm{H}^p(K^{\bullet,\bullet})$ 中的上同调类. 从而边沿同态 (11.3.4.1) 可以通过对典范含入 $\mathrm{Z}_{\mathrm{II}}^0(K^{\bullet,\bullet})\to K^{\bullet,\bullet}$ 取上同调而得到 (这里是把 $K^{\bullet,\bullet}$ 看作一个单复形). 同样可以把边沿同态

(11.3.4.2) $$''\mathrm{E}_2^{p,0}(K^{\bullet,\bullet}) \longrightarrow \mathrm{H}^p(K^{\bullet,\bullet})$$

看作由典范含入 $\mathrm{Z}_{\mathrm{I}}^0(K^{\bullet,\bullet})\to K^{\bullet,\bullet}$ 所导出的同态.

(11.3.5) 现在设 $K_{\bullet,\bullet}=(K_{ij})$ 是 $\boldsymbol{C}$ 中的一个双复形, 并且它的两个缀算子都是 -1 次的. 此时我们把单复形 $(K_{ij})_{j\in\mathbb{Z}}$ (切转: $(K_{ij})_{i\in\mathbb{Z}}$) 也记作 $K_{i,\bullet}$ (切转: $K_{\bullet,j}$), 并且以 $\mathrm{H}_p^{\mathrm{II}}(K_{i,\bullet})$ (切转: $\mathrm{H}_p^{\mathrm{I}}(K_{\bullet,j})$) 来记它的 p 次同调, 以 $\mathrm{H}_p^{\mathrm{II}}(K_{\bullet,\bullet})$ (切转: $\mathrm{H}_p^{\mathrm{I}}(K_{\bullet,\bullet})$) 来记复形 $(\mathrm{H}_p^{\mathrm{II}}(K_{i,\bullet}))_{i\in\mathbb{Z}}$ (切转: $(\mathrm{H}_p^{\mathrm{I}}(K_{\bullet,j}))_{j\in\mathbb{Z}}$), 以 $\mathrm{H}_q^{\mathrm{I}}(\mathrm{H}_p^{\mathrm{II}}(K_{\bullet,\bullet}))$ (切转: $\mathrm{H}_q^{\mathrm{II}}(\mathrm{H}_p^{\mathrm{I}}(K_{\bullet,\bullet}))$) 来记该复形的 q 次同调, 对于圈对象和边缘对象也有类似的记号, 最后, 我们以 $\mathrm{H}_n(K_{\bullet,\bullet})$ 来记 $K_{\bullet,\bullet}$ 的总合单复形 (具有 -1 次缀算子) 的 n 次同调对象 (如果存在的话).

设 $K'^{\bullet,\bullet}=(K'^{i,j})$ 是下面这个双复形: $K'^{i,j}=K_{-i,-j}$, 且它的两个 $+1$ 次缀算子都是由 $K_{\bullet,\bullet}$ 的缀算子所导出的, 我们定义 $K_{\bullet,\bullet}$ 的两个谱序列就是 $K'^{\bullet,\bullet}$ 的那两个谱序列, 并记作 $'\mathrm{E}(K_{\bullet,\bullet})$ 和 $''\mathrm{E}(K_{\bullet,\bullet})$, 也就是说, 对所有的 $2\leqslant r\leqslant\infty$, 我们令

$$'\mathrm{E}_{p,q}^r(K_{\bullet,\bullet}) = {}'\mathrm{E}_r^{-p,-q}(K'^{\bullet,\bullet}), \quad ''\mathrm{E}_{p,q}^r(K_{\bullet,\bullet}) = {}''\mathrm{E}_r^{-p,-q}(K'^{\bullet,\bullet}).$$

在这些记号下,

$$'\mathrm{E}_{p,q}^2(K_{\bullet,\bullet}) = \mathrm{H}_p^{\mathrm{I}}(\mathrm{H}_q^{\mathrm{II}}(K_{\bullet,\bullet})), \quad ''\mathrm{E}_{p,q}^2(K_{\bullet,\bullet}) = \mathrm{H}_p^{\mathrm{II}}(\mathrm{H}_q^{\mathrm{I}}(K_{\bullet,\bullet})).$$

为了避免正负号的错误, 在讨论这些谱序列与它的目标的关系时, 我们一般总是回到复形 $K'^{\bullet,\bullet}$ 上去讨论. 与 (11.3.3) 相对应的判别法是:

(11.3.6) 谱序列 $'\mathrm{E}(K_{\bullet,\bullet})$ 和 $''\mathrm{E}(K_{\bullet,\bullet})$ 在下述情形下是双正则的: a) 可以找到整数 i_0 和 j_0, 使得当 $i > i_0$ 或 $j > j_0$ 时 (切转: 当 $i < i_0$ 或 $j < j_0$ 时), 总有 $K_{ij} = 0$, b) 可以找到整数 i_0 和 i_1, 使得当 $i < i_0$ 或 $i > i_1$ 时, 总有 $K_{ij} = 0$, c) 可以找到整数 j_0 和 j_1, 使得当 $j < j_0$ 或 $j > j_1$ 时, 总有 $K_{ij} = 0$.

谱序列 $'\mathrm{E}(K_{\bullet,\bullet})$ 在下述情形下是正则的: 可以找到整数 i_0, 使得当 $i < i_0$ 时总有 $K_{ij} = 0$, 或者可以找到整数 j_0, 使得当 $j > j_0$ 时总有 $K_{ij} = 0$.

谱序列 $''\mathrm{E}(K_{\bullet,\bullet})$ 在下述情形下是正则的: 可以找到整数 i_0, 使得当 $i > i_0$ 时总有 $K_{ij} = 0$, 或者可以找到整数 j_0, 使得当 $j < j_0$ 时总有 $K_{ij} = 0$.

11.4 函子在复形 $K^\bullet$ 处的超上同调

(11.4.1) 设 $\boldsymbol{C}$ 是一个 Abel 范畴, 所谓 $\boldsymbol{C}$ 中的对象 A 的一个右消解 (或称上同调消解), 是指 $\boldsymbol{C}$ 中的一个复形 (缀算子是 +1 次的)

$$0 \longrightarrow L^0 \longrightarrow L^1 \longrightarrow L^2 \longrightarrow \cdots$$

连同一个增殖态射 $\varepsilon : A \to L^0$ (可以把它看作一个复形态射

$$\begin{array}{ccccccccc} 0 & \longrightarrow & A & \longrightarrow & 0 & \longrightarrow & 0 & \longrightarrow & \cdots \\ & & \Big\downarrow{\scriptstyle\varepsilon} & & \Big\downarrow & & \Big\downarrow & & \\ 0 & \longrightarrow & L^0 & \longrightarrow & L^1 & \longrightarrow & L^2 & \longrightarrow & \cdots), \end{array}$$

并使得序列

$$0 \longrightarrow A \xrightarrow{\varepsilon} L^0 \longrightarrow L^1 \longrightarrow \cdots$$

成为正合的. 同样地, A 的一个左消解 (或称同调消解) 是指一个具有 -1 次缀算子的复形 $0 \leftarrow L_0 \leftarrow L_1 \leftarrow \cdots$, 连同一个增殖态射 $\varepsilon : L_0 \to A$, 并使得序列

$$0 \longleftarrow A \xleftarrow{\varepsilon} L_0 \longleftarrow L_1 \longleftarrow \cdots$$

成为正合的.

如果 A 的一个右消解 $(L^i)_{i \geqslant 0}$ 满足: 当 $i \geqslant n+1$ 时总有 $L^i = 0$, 则我们说这个消解的长度 $\leqslant n$. 同样可以定义长度 $\leqslant n$ 的左消解. 如果一个消解的长度 $\leqslant n$, 其中 n 是一个整数, 则我们也说这个消解是有限的.

所谓 A 的一个消解是投射的(切转: 内射的), 是指它的诸分量都是 $\boldsymbol{C}$ 中的投射对象 (切转: 内射对象). 若 $\boldsymbol{C}$ 是某个环上的模范畴 (比如左模范畴), 则同样可以定义 A 的平坦消解 (切转: 自由消解), 也就是分量都是平坦模 (切转: 自由模) 的消解.

(11.4.2) 设 $K^\bullet=(K^i)_{i\in\mathbb{Z}}$ 是 $\boldsymbol{C}$ 中的一个复形, 具有 $+1$ 次的缀算子.

所谓 $K^\bullet$ 的一个 *Cartan-Eilenberg 右消解*, 是指一个具有 $+1$ 次缀算子的双复形 $L^{\bullet,\bullet}=(L^{i,j})$, 连同一个单复形的态射 $\varepsilon: K^\bullet\to L^{\bullet,0}$, 满足当 $j<0$ 时总有 $L^{i,j}=0$, 进而还满足下面两个条件:

(i) 对于每个指标 i, 序列

$$
\begin{aligned}
&0\longrightarrow K^i\xrightarrow{\varepsilon}L^{i,0}\longrightarrow L^{i,1}\longrightarrow\cdots,\\
&0\longrightarrow \mathrm{B}^i(K^\bullet)\xrightarrow{\varepsilon}\mathrm{B}^i_{\mathrm{I}}(L^{\bullet,0})\longrightarrow \mathrm{B}^i_{\mathrm{I}}(L^{\bullet,1})\longrightarrow\cdots,\\
&0\longrightarrow \mathrm{Z}^i(K^\bullet)\xrightarrow{\varepsilon}\mathrm{Z}^i_{\mathrm{I}}(L^{\bullet,0})\longrightarrow \mathrm{Z}^i_{\mathrm{I}}(L^{\bullet,1})\longrightarrow\cdots,\\
&0\longrightarrow \mathrm{H}^i(K^\bullet)\xrightarrow{\varepsilon}\mathrm{H}^i_{\mathrm{I}}(L^{\bullet,0})\longrightarrow \mathrm{H}^i_{\mathrm{I}}(L^{\bullet,1})\longrightarrow\cdots
\end{aligned}
$$

都是正合的, 换句话说, $(L^{i,\bullet})$, $(\mathrm{B}^i_{\mathrm{I}}(L^{\bullet,\bullet}))$, $(\mathrm{Z}^i_{\mathrm{I}}(L^{\bullet,\bullet}))$ 和 $(\mathrm{H}^i_{\mathrm{I}}(L^{\bullet,\bullet}))$ 分别是 K^i, $\mathrm{B}^i(K^\bullet)$, $\mathrm{Z}^i(K^\bullet)$ 和 $\mathrm{H}^i(K^\bullet)$ 的消解.

(ii) 对于每个指标 j, 单复形 $L^{\bullet,j}$ 都是分裂的, 换句话说, 正合序列

(11.4.2.1) $$0\longrightarrow \mathrm{B}^i_{\mathrm{I}}(L^{\bullet,j})\longrightarrow \mathrm{Z}^i_{\mathrm{I}}(L^{\bullet,j})\longrightarrow \mathrm{H}^i_{\mathrm{I}}(L^{\bullet,j})\longrightarrow 0,$$

(11.4.2.2) $$0\longrightarrow \mathrm{Z}^i_{\mathrm{I}}(L^{\bullet,j})\longrightarrow L^{i,j}\longrightarrow \mathrm{B}^{i+1}_{\mathrm{I}}(L^{\bullet,j})\longrightarrow 0$$

都是分裂的.

可以证明 (M, XVII, 1.2), 如果 $\boldsymbol{C}$ 中的任何对象都是内射对象的子对象, 则 $\boldsymbol{C}$ 中的任何复形 $K^\bullet$ 都具有内射 Cartan-Eilenberg 消解, 也就是说, 由内射对象 $L^{i,j}$ 所组成的 Cartan-Eilenberg 消解 (此时由条件 (ii) 知, $\mathrm{B}^i_{\mathrm{I}}(L^{\bullet,j})$, $\mathrm{Z}^i_{\mathrm{I}}(L^{\bullet,j})$ 和 $\mathrm{H}^i_{\mathrm{I}}(L^{\bullet,j})$ 也都是内射对象). 进而, 对于 $\boldsymbol{C}$ 中的任何复形态射 $f: K^\bullet\to K'^\bullet$, 以及 $K^\bullet$ 的任何 Cartan-Eilenberg 消解 $L^{\bullet,\bullet}$ 和 $K'^\bullet$ 的任何内射 Cartan-Eilenberg 消解 $L'^{\bullet,\bullet}$, 我们都有一个与 f 和两个增殖态射都相容的双复形态射 $F: L^{\bullet,\bullet}\to L'^{\bullet,\bullet}$, 并且如果 $K^\bullet$ 到 $K'^\bullet$ 的两个态射 f 和 g 是同伦的, 则与之对应的两个从 $L^{\bullet,\bullet}$ 到 $L'^{\bullet,\bullet}$ 的态射也是同伦的 (前引).

若 $K^\bullet$ 是下有界的 (切转: 上有界的), 比如假设当 $i<i_0$ (切转: $i>i_0$) 时, 总有 $K^i=0$, 则还可以要求 $L^{\bullet,\bullet}$ 满足下面的条件: 当 $i<i_0$ (切转: $i>i_0$) 时总有 $L^{i,j}=0$ (M, XVII, 1.3).

另一方面, 假设可以找到一个整数 n, 使得 $\boldsymbol{C}$ 中的任何对象都具有长度 $\leqslant n$ 的内射消解, 则可以要求 $L^{\bullet,\bullet}$ 满足下面的条件: 当 $j>n$ 时总有 $L^{i,j}=0$ (M, XVII, 1.4).

(11.4.3) 现在设 T 是一个从 $\boldsymbol{C}$ 到某个 Abel 范畴 $\boldsymbol{C}'$ 的加性协变函子. 给了 $\boldsymbol{C}$ 中的一个复形 $K^\bullet$ 以及 $K^\bullet$ 的一个内射 Cartan-Eilenberg 消解 $L^{\bullet,\bullet}$, 假设双复形 $T(L^{\bullet,\bullet})$ 的总合单复形是存在的 (参考 11.3.1), 则我们把双复形 $T(L^{\bullet,\bullet})$ 的两个谱序列 $'\mathrm{E}(T(L^{\bullet,\bullet}))$ 和 $''\mathrm{E}(T(L^{\bullet,\bullet}))$ 称为 T 在复形 $K^\bullet$ 处的超上同调谱序列. 由 (11.4.2) 和 (11.4.3) 知, 这些谱序列只依赖于 $K^\bullet$, 而与内射 Cartan-Eilenberg 消解 $L^{\bullet,\bullet}$ 的选择无关, 进而, 它们与 $K^\bullet$ 的关系是函子性的. 它们具有相同的目标 $\mathrm{H}^\bullet(T(L^{\bullet,\bullet}))$, 称为 T 在 $K^\bullet$ 处的超上同调, 记作 $\mathbf{R}^\bullet T(K^\bullet)$. 可以证明, 这些谱序列的 E_2 项可由下列式子给出

(11.4.3.1) $$'E_2^{p,q} = \mathrm{H}^p(\mathrm{R}^q T(K^\bullet)),$$

(11.4.3.2) $$''E_2^{p,q} = \mathrm{R}^p T(\mathrm{H}^q(K^\bullet)),$$

其中 R^pT 是指 T 的第 p 个通常的导出函子 (对任意 $p\in\mathbb{Z}$), 而 $\mathrm{R}^qT(K^\bullet)$ 是指复形 $(\mathrm{R}^qT(K^i))_{i\in\mathbb{Z}}$. 如果没有相反的说明, 我们总假设 $\boldsymbol{C}$ 中的任何对象都是内射对象的子对象, 从而 $\boldsymbol{C}$ 中的任何复形都具有内射 Cartan-Eilenberg 消解. 由于当 $j<0$ 时, 总有 $L^{i,j}=0$, 从而由 (11.3.3) 的判别法知, T 在 $K^\bullet$ 处的两个超上同调的谱序列都是存在的, 并且在下面两个情形下它们都是双正则的: 1° $K^\bullet$ 是下有界的, 2° $\boldsymbol{C}$ 中的任何对象都具有长度不超过整数 n (这个数不依赖于所考虑的对象) 的内射消解. 事实上, 在第一种情况下, 可以假设 (11.4.2) 能找到整数 i_0, 使得当 $i<i_0$ 时总有 $L^{i,j}=0$, 而在第二种情况下, 可以假设能找到整数 j_1, 使得当 $j>j_1$ 时总有 $L^{i,j}=0$, 于是在每种情况下, 对于某个给定的整数 n, 都只有有限组 (i,j) 满足 $i+j=n$ 且 $L^{i,j}\neq 0$, 这就证明了上述阐言.

如果在 $\boldsymbol{C}'$ 中滤相归纳极限是存在且正合的 (特别地, 这表明 $\boldsymbol{C}'$ 容纳无限直和), 则双复形 $T(L^{\bullet,\bullet})$ 的总合单复形也是存在的, 并且由 (11.3.3) 的判别法知, 谱序列 $'\mathrm{E}(T(L^{\bullet,\bullet}))$ 总是正则的.

如果在复形 $K^\bullet$ 中, 除了一个 K^{i_0} 之外, 其他的 K^i 都等于 0, 则 $\mathbf{R}^nT(K^\bullet)$ 同构于 $\mathrm{R}^{n-i_0}T(K^{i_0})$, 这可由定义立知, 只需取 $K^\bullet$ 的一个满足下述条件的 Cartan-Eilenberg 消解 $L^{\bullet,\bullet}$ 即可: 当 $i\neq i_0$ 时总有 $L^{i,j}=0$.

若 $K^\bullet$ 和 $K'^\bullet$ 是 $\boldsymbol{C}$ 中的两个复形, f 和 g 是 $K^\bullet$ 到 $K'^\bullet$ 的两个态射, 并且是同伦的, 则由 f 和 g 所导出的两个态射 $\mathbf{R}^\bullet T(K^\bullet)\to\mathbf{R}^\bullet T(K'^\bullet)$ 是一样的, 并且在上同调谱序列之间的相应态射也是一样的.

命题 (11.4.5)① — *假设在 $\boldsymbol{C}'$ 中滤相归纳极限总是存在且正合的. 如果对于*

① 编注: 原文无编号 (11.4.4).

任意 $n>0$ 和 $i\in\mathbb{Z}$, 均有 $\mathrm{R}^nT(K^i)=0$, 则我们有一个函子性的同构

$$\mathbf{R}^iT(K^\bullet)\ \xrightarrow{\sim}\ \mathrm{H}^i(T(K^\bullet)). \tag{11.4.5.1}$$

事实上, 在第一谱序列 (11.4.3.1) 中, 不等于 0 的 E_2 项只有这些 ${}'E_2^{p,0}=\mathrm{H}^p(T(K^\bullet))$. 换句话说, 该序列是退化的. 由于它也是正则的 (11.4.3), 从而由 (11.1.6) 就可以推出结论.

(11.4.6) 现在设 $\boldsymbol{C},\boldsymbol{C}',\boldsymbol{C}''$ 是三个 Abel 范畴, 并考虑 (比如说) 从 $\boldsymbol{C}\times\boldsymbol{C}'$ 到 $\boldsymbol{C}''$ 的一个协变二元函子$(M,N)\mapsto T(M,N)$. 为简单起见, 假设 T 在每个变量上都是加性的, 并进而假设 $\boldsymbol{C}$ 和 $\boldsymbol{C}'$ 的对象都是内射对象的子对象, 而且在 $\boldsymbol{C}''$ 中, 滤相归纳极限是存在且正合的. 则可以定义 T 在 $\boldsymbol{C}$ 和 $\boldsymbol{C}''$ 中的复形 $K^\bullet$ 和 $K'^\bullet$ (都具有 +1 次的缀算子) 处的超上同调, 方法如下: 取 $K^\bullet$ (切转: $K'^\bullet$) 的一个内射 Cartan-Eilenberg 消解 $L^{\bullet,\bullet}$ (切转: $L'^{\bullet,\bullet}$), 则 $T(L^{\bullet,\bullet},L'^{\bullet,\bullet})$ 是 $\boldsymbol{C}''$ 中的一个四重复形, 如果规定 $T(L^{i,j},L'^{h,k})$ 的次数为 $(i+h,j+k)$, 则它是 $\boldsymbol{C}''$ 中的一个双复形. 于是 T 在 $K^\bullet$ 和 $K'^\bullet$ 处的超上同调就是上述双复形的上同调 $\mathrm{H}^\bullet(T(L^{\bullet,\bullet},L'^{\bullet,\bullet}))$ (换句话说, 它所对应的单复形的上同调), 记作 $\mathbf{R}^\bullet T(K^\bullet,K'^\bullet)$. 我们有两个谱序列都以它为目标, 它们的 E_2 项分别是

$${}'E_2^{p,q}\ =\ \mathrm{H}^p(\mathrm{R}^qT(K^\bullet,K'^\bullet)), \tag{11.4.6.1}$$

$${}''E_2^{p,q}\ =\ \sum_{q'+q''=q}\mathrm{R}^pT(\mathrm{H}^{q'}(K^\bullet),\mathrm{H}^{q''}(K'^\bullet)) \tag{11.4.6.2}$$

(参考 M, XVII, 2), 这里的 $\mathrm{R}^qT(K^\bullet,K'^\bullet)$ 是指双复形 $(\mathrm{R}^qT(K^i,K'^j))_{(i,j)\in\mathbb{Z}\times\mathbb{Z}}$, 且 (11.4.6.1) 的右边指的是把它看作单复形时的上同调.

进而, 第一谱序列总是正则的, 如果再假设对于某个整数 n 来说, $\boldsymbol{C}$ 和 $\boldsymbol{C}'$ 中的任何对象都具有长度 $\leqslant n$ 的内射消解, 或者假设 $K^\bullet$ 和 $K'^\bullet$ 都是下有界的, 则两个谱序列都是双正则的. 在后一个情形中, 还可以省去 $\boldsymbol{C}$ 和 $\boldsymbol{C}'$ 中存在归纳极限的条件.

若 $K_1^\bullet$ 和 $K'^\bullet_1$ 分别是 $\boldsymbol{C}$ 和 $\boldsymbol{C}'$ 中的另两个复形, f 和 g 是 $K^\bullet$ 到 $K_1^\bullet$ 的两个态射, 并且同伦, f' 和 g' 是 $K'^\bullet$ 到 $K'^\bullet_1$ 的两个态射, 并且也同伦, 则由 f 和 f' 所导出的态射 $\mathbf{R}^\bullet T(K^\bullet,K'^\bullet)\to\mathbf{R}^\bullet T(K_1^\bullet,K'^\bullet_1)$ 与由 g 和 g' 所导出的态射是一样的, 并且在超上同调的谱序列上的对应态射也是一样的.

上述结果可以很容易地推广到任何加性协变多元函子上.

命题 (11.4.7) — 假设对于 $\boldsymbol{C}$ 中的任意内射对象 I (切转: $\boldsymbol{C}'$ 中的任意内射对象 I'), 函子 $A'\mapsto T(I,A')$ (切转: $A\mapsto T(A,I')$) 都是正合的. 则在 (11.4.6) 的记

号下, 我们有一个典范同构

$$\textbf{(11.4.7.1)} \qquad \mathbf{R}^\bullet T(K^\bullet, K'^\bullet) \xrightarrow{\sim} \mathrm{H}^\bullet(T(L^{\bullet,\bullet}, K'^\bullet)) \xrightarrow{\sim} \mathrm{H}^\bullet(T(K^\bullet, L'^{\bullet,\bullet})),$$

后面两项分别是三重复形 $T(L^{\bullet,\bullet}, K'^\bullet)$ 和 $T(K^\bullet, L'^{\bullet,\bullet})$ 的总合单复形的上同调.

我们来定义比如说第一个同构. 可以把四重复形 $T(L^{\bullet,\bullet}, L'^{\bullet,\bullet})$ 看作一个双复形, 方法是取 $T(L^{i,j}, L'^{h,k})$ 的次数为 $i+j+h$ 和 k. 由于对每个 h, $L'^{h,\bullet}$ 都是 K'^h 的消解, 故由 T 上的条件知, 对于上述双复形来说, 当 $q \neq 0$ 时总有 $\mathrm{H}^q_{\mathrm{II}}(T(L^{\bullet,\bullet}, L'^{\bullet,\bullet})) = 0$, 并且 $\mathrm{H}^0_{\mathrm{II}}(T(L^{\bullet,\bullet}, L'^{\bullet,\bullet})) = T(L^{\bullet,\bullet}, K'^\bullet)$, 从而该双复形的第一谱序列总是退化的. 由于当 $k < 0$ 时总有 $L'^{hk} = 0$, 故知这个谱序列也是正则的 (11.3.3), 从而由 (11.1.6) 就可以推出结论.

对于 n 个变量的协变多元函子来说, 类似的结果也成立. 事实上, 在超上同调的计算中, 我们并不需要把所有的复形都换成它的 Cartan-Eilenberg 消解, 只需把其中的 $n-1$ 个换成 Cartan-Eilenberg 消解即可 (假设在任意指定的 $n-1$ 个变量处代入内射对象时, 该函子对于余下的那个变量总是正合的).

11.5 在超上同调中取归纳极限

引理 (11.5.1) — 设 $K^\bullet = (K^i)_{i\in\mathbb{Z}}$ 是 $\boldsymbol{C}$ 中的一个复形, 对任意整数 $r \in \mathbb{Z}$, 定义复形 $K^\bullet_{(r)}$ 如下: 当 $i < r$ 时, $K^i_{(r)} = 0$, 而当 $i \geqslant r$ 时, $K^i_{(r)} = K^i$. 设 T 是 $\boldsymbol{C}$ 到 $\boldsymbol{C}'$ 的一个加性协变函子, 并且与归纳极限可交换 (假设在 $\boldsymbol{C}$ 和 $\boldsymbol{C}'$ 中, 滤相归纳极限都是存在且正合的). 则 $\mathbf{R}^\bullet T(K^\bullet)$ 同构于归纳极限 $\varinjlim \mathbf{R}^\bullet T(K^\bullet_{(r)})$ (令 r 趋于 $-\infty$).

对每个 i 任取 $\mathrm{B}^i(K^\bullet)$ 的一个内射消解 $(X^{i,j}_{\mathrm{B}})_{j\geqslant 0}$ 和 $\mathrm{H}^i(K^\bullet)$ 的一个内射消解 $(X^{i,j}_{\mathrm{H}})_{j\geqslant 0}$, 则可以由此构造出 $K^\bullet$ 的一个内射 Cartan-Eilenberg 消解 (M, XVII, 1.2). 由这个构造方法知, K^i 的内射消解 $(L^{i,j})_{j\geqslant 0}$ 和缀算子 $L^{i,j} \to L^{i+1,j}$ 只依赖于消解 $(X^{i,\bullet}_{\mathrm{B}})$, $(X^{i,\bullet}_{\mathrm{H}})$ 和 $(X^{i+1,\bullet}_{\mathrm{H}})$. 易见对 $i \geqslant r+1$, 总有 $\mathrm{B}^i(K^\bullet_{(r)}) = \mathrm{B}^i(K^\bullet)$ 和 $\mathrm{H}^i(K^\bullet_{(r)}) = \mathrm{H}^i(K^\bullet)$. 另一方面, 对每个 r, 都有一个典范含入 $\varphi^\bullet_{r-1,r} : K^\bullet_{(r)} \to K^\bullet_{(r-1)}$, 并且在 $i \neq r-1$ 处, $\varphi^i_{r-1,r}$ 是恒同. 由前面所述知, 若 $L^{\bullet,\bullet} = (L^{i,j})$ 是 $K^\bullet$ 的一个内射 Cartan-Eilenberg 消解, 则对每个 r, 均可以定义出 $K^\bullet_{(r)}$ 的一个内射 Cartan-Eilenberg 消解 $L^{\bullet,\bullet}_{(r)} = (L^{i,j}_{(r)})$, 使得当 $i < r$ 时总有 $L^{i,j}_{(r)} = 0$, 并且当 $i \geqslant r+1$ 时总有 $L^{i,j}_{(r)} = L^{i,j}$. 另一方面, 可以定义一个与 $\varphi^\bullet_{r-1,r}$ 相对应的双复形态射 $\Phi^{\bullet,\bullet}_{r-1,r} : L^{\bullet,\bullet}_{(r)} \to L^{\bullet,\bullet}_{(r-1)}$, 并且由该态射的定义方法 (前引) 知, 可以让 $\Phi^{i,j}_{r-1,r}$ 在 $i \neq r$ 和 $i \neq r-1$ 时都是恒同. 这就定义出了 $\boldsymbol{C}$ 中的一个双复形的投影系 $(L^{\bullet,\bullet}_{(r)})$, 它的归纳极限 (令 r 趋于 $-\infty$) 显然是 $L^{\bullet,\bullet}$. 使用证明直和与归纳极限可交换的方

法, 可以类似地证明, $L^{\bullet,\bullet}$ 的总合单复形也是 $L^{\bullet,\bullet}_{(r)}$ 的总合单复形的归纳极限. 由于我们假设了 T 与归纳极限是可交换的, 从而上同调也与归纳极限可交换 (与函子 $\varinjlim$ 的正合性同理), 因而 $\mathrm{H}^\bullet(T(L^{\bullet,\bullet})) = \varinjlim \mathrm{H}^\bullet(T(L^{\bullet,\bullet}_{(r)}))$, 只差一个同构.

引理 (11.5.1) 使我们可以把对于下有界复形成立的性质通过取归纳极限而拓展到任意复形 $K^\bullet$ 上去, 作为第一个例子, 我们来证明:

命题 (11.5.2) — 关于 $\boldsymbol{C}$, $\boldsymbol{C}'$ 和 T 的前提条件与 (11.5.1) 相同, 则 $\mathbf{R}^\bullet T(K^\bullet)$ 是 $\boldsymbol{C}$ 的复形所组成的 *Abel* 范畴上的一个上同调函子.

首先证明, 可以限于考虑下有界的复形. 如果我们有复形的一个正合序列 $0 \to K'^\bullet \to K^\bullet \to K''^\bullet \to 0$, 则对于每个 r, 都可以由此导出一个正合序列 $0 \to K'^\bullet_{(r)} \to K^\bullet_{(r)} \to K''^\bullet_{(r)} \to 0$, 于是由前提条件知, 我们有正合序列

$$\cdots \longrightarrow \mathbf{R}^n T(K'^\bullet_{(r)}) \longrightarrow \mathbf{R}^n T(K^\bullet_{(r)}) \longrightarrow \mathbf{R}^n T(K''^\bullet_{(r)}) \xrightarrow{\partial} \mathbf{R}^{n+1} T(K'^\bullet_{(r)}) \longrightarrow \cdots.$$

这些正合序列构成一个归纳系, 故借助引理 (11.5.1) 以及函子 $\varinjlim$ 的正合性, 我们就得到正合序列

$$\cdots \longrightarrow \mathbf{R}^n T(K'^\bullet) \longrightarrow \mathbf{R}^n T(K^\bullet) \longrightarrow \mathbf{R}^n T(K''^\bullet) \xrightarrow{\partial} \mathbf{R}^{n+1} T(K'^\bullet) \longrightarrow \cdots.$$

对于下有界的复形, 还可以限于考虑满足下述条件的复形: 当 $i < 0$ 时总有 $K^i = 0$. 这样的复形显然构成一个 *Abel* 范畴 $\boldsymbol{K}$.

引理 (11.5.2.1) — 在 $\boldsymbol{K}$ 中, 设 $\mathfrak{I}$ 是由具有下述性质的复形 $Q^\bullet = (Q^i)_{i\in\mathbb{Z}}$ 所组成的集合: 1° 所有 Q^i 都是 $\boldsymbol{C}$ 中的内射对象, 2° 对任意 $i \geqslant 0$, 均有 $\mathrm{Z}^i(Q^\bullet) = \mathrm{B}^i(Q^\bullet)$, 并且 $\mathrm{Z}^i(Q^\bullet)$ 是 Q^i 的一个直和因子. 于是:

(i) 所有 $Q^\bullet \in \mathfrak{I}$ 都是 $\boldsymbol{K}$ 中的内射对象.

(ii) $\boldsymbol{K}$ 中的任何对象都同构于 $\mathfrak{I}$ 中的某个复形的子复形.

(i) 设 $A^\bullet = (A^i)$ 是 $\boldsymbol{K}$ 中的一个对象, $A'^\bullet = (A'^i)$ 是 $A^\bullet$ 的一个子对象, $Q^\bullet = (Q^i)$ 是 $\mathfrak{I}$ 中的一个对象, 并假设给了一个态射 $f = (f^i) : A'^\bullet \to Q^\bullet$, 则只需把它拓展为一个态射 $g = (g^i) : A^\bullet \to Q^\bullet$ 即可. 为了简单起见, 我们使用模范畴的语言 (参考 [27]).

把 Q^i 等同于 $\mathrm{B}^i(Q^\bullet) \oplus \mathrm{B}^{i+1}(Q^\bullet)$, 然后对 i 进行归纳, 假设对于 $j < i$, 已经定义好了那些 g^j, 它们与 $j < i-1$ 时的缀算子 $d^j : A^j \to A^{j+1}$ 和 $d'^j : Q^j \to Q^{j+1}$ 都是相容的, 并且还满足: 1° $g^{i-1}(\mathrm{Z}^{i-1}(A^\bullet)) \subseteq \mathrm{Z}^{i-1}(Q^\bullet)$, 2° 若对每个 j, 令 $C^j = (d^j)^{-1}(A'^{j+1})$, 则 $d'^{i-1} \circ g^{i-1}$ 和 $f^i \circ d^{i-1}$ 在 C^{i-1} 上是重合的. 把给定的态射 $f^i : A'^i \to Q^i$ 与投影进行合成, 就得到两个态射 $f'^i : A'^i \to \mathrm{B}^i(Q^\bullet)$ 和 $f''^i : A'^i \to \mathrm{B}^{i+1}(Q^\bullet)$. 由于 $d'^{i-1} \circ g^{i-1}$ 把 A^{i-1} 映到 $\mathrm{B}^i(Q^\bullet)$ 中, 并且在

$\mathrm{Z}^{i-1}(A^\bullet)$ 上为 0, 从而定义了一个态射 $h^i : \mathrm{B}^i(A^\bullet) \to \mathrm{B}^i(Q^\bullet)$, 又因为 $d'^{i-1} \circ g^{i-1}$ 与 $f^i \circ d^{i-1}$ 在 C^{i-1} 上是重合的, 故知 h^i 与 f'^i 在 $\mathrm{B}^i(A^\bullet) \cap A'^i$ 中是重合的. 由于 $\mathrm{B}^i(Q^\bullet)$ 作为 Q^i 的直和因子也是内射的, 故可找到一个态射 $g'^i : A^i \to \mathrm{B}^i(Q^\bullet)$, 它在 $\mathrm{B}^i(A^\bullet)$ 上与 h^i 是重合的, 并且在 A'^i 上与 f'^i 是重合的. 另一方面, 考虑态射 $f''^{i+1} \circ d^i : C^i \to \mathrm{B}^{i+1}(Q^\bullet)$, 它在 $\mathrm{Z}^i(A^\bullet)$ 上为 0, 由于 $\mathrm{B}^{i+1}(Q^\bullet)$ 是内射的, 从而可以找到态射 $g''^i : A^i \to \mathrm{B}^{i+1}(Q^\bullet)$, 它在 C^i 上与 $f''^{i+1} \circ d^i$ 是重合的, 并且在 $\mathrm{Z}^i(A^\bullet)$ 上为 0. 现在只要取 $g^i = g'^i + g''^i$ 就可以使归纳法得以继续.

(ii) 为了把 $A^\bullet = (A^i)$ 嵌入 $\mathfrak{J}$ 中的某个复形里, 我们对每个 $i \geqslant 1$ 都取 $\boldsymbol{C}$ 的一个内射对象 Q'^i 和一个含入 $f'^i : A^i \to Q'^i$. 对于 $i < 0$, 令 $Q^i = 0$, 然后令 $Q^0 = Q'^1$, 最后对于 $i \geqslant 1$, 令 $Q^i = Q'^i \oplus Q'^{i+1}$, 取自然的缀算子. 于是若令 $f^i = f'^i + (f'^{i+1} \circ d^i)$ (当 $i \leqslant 0$ 时, 取 $f'^i = 0$), 则易见对任意 i, f^i 都是单的, 并且这些 f^i 与缀算子是相容的.

推论 (11.5.2.2) — *$\boldsymbol{K}$ 中的任何对象 $K^\bullet$ 都具有一个由 $\mathfrak{J}$ 中的对象所组成的右消解. 若 $L^{\bullet,\bullet}$ 是这样的一个消解, 则对于 $K^\bullet$ 在 $\boldsymbol{K}$ 中的任意消解 $L'^{\bullet,\bullet}$, 我们都有一个与增殖态射相容的双复形态射 $F : L'^{\bullet,\bullet} \to L^{\bullet,\bullet}$, 并且两个这样的态射 F, F' 总是同伦的.*

这是把 (M, V, 1.1 a)) 应用到 Abel 范畴 $\boldsymbol{K}$ 上的结果.

(11.5.2.3) 有了上面的准备, 现在取 $K^\bullet$ 的一个内射 Cartan-Eilenberg 消解 $L'^{\bullet,\bullet}$ 和一个由 $\mathfrak{J}$ 中的对象所组成的消解 $L^{\bullet,\bullet}$, 我们来证明确实有同构 $\mathrm{H}^\bullet(T(L'^{\bullet,\bullet})) \xrightarrow{\sim} \mathrm{H}^\bullet(T(L^{\bullet,\bullet}))$. 事实上, 从 (11.5.2.2) 可以导出双复形的一个态射 $T(L'^{\bullet,\bullet}) \to T(L^{\bullet,\bullet})$, 由此又得到双复形的第一谱序列之间的态射 $'\mathrm{E}(T(L'^{\bullet,\bullet})) \to {}'\mathrm{E}(T(L^{\bullet,\bullet}))$. 由 (11.3.3) 知, 这些谱序列都是正则的, 从而只需 (11.1.5) 证明上述态射在 E_2 项处是同构即可, 也就是要证明 $\mathrm{H}^q_{\mathrm{II}}(T(L'^{i,\bullet}))$ 就等于 $\mathrm{R}^q T(K^i)$. 由于 $L'^{i,\bullet}$ 是 K^i 的右消解, 从而问题归结为证明

引理 (11.5.2.4) — *若 $L^\bullet = (L^i)_{i\in\mathbb{Z}}$ 是 $\boldsymbol{C}$ 中的对象 A 的一个右消解, 并满足下述条件: 对任意 $i \in \mathbb{Z}$ 和 $n > 0$, 均有 $\mathrm{R}^n T(L^i) = 0$, 则 $\mathrm{H}^\bullet T(L^\bullet) = \mathrm{R}^\bullet T(A)$.*

这是 (T, 2.5.2) 的一个特殊情形.

(11.5.2.5) 现在 (11.5.2) 的证明就已经很明显了, 因为 $L'^{\bullet,\bullet}$ 是 $K^\bullet$ 在 *Abel* 范畴 $\boldsymbol{K}$ 中的一个内射消解, 换句话说, $K^\bullet \mapsto \mathrm{H}^\bullet(T(L'^{\bullet,\bullet}))$ 恰好就是 T 在范畴 $\boldsymbol{K}$ 中的右导出上同调函子 (T, 2.3).

命题 (11.5.3) — *关于 $\boldsymbol{C}$, $\boldsymbol{C}'$ 和 T 的前提条件与 (11.5.1) 相同, 设 $L^{\bullet,\bullet} = (L^{i,j})$ 是一个双复形, 满足下述条件: 对于 $j < 0$, 总有 $L^{i,j} = 0$, 且对任意 i, $L^{i,\bullet}$*

都是 K^i 的一个消解. 再假设对任意一组 (i,j) 和任意 $n>0$, 均有 $\mathrm{R}^nT(L^{i,j})=0$. 则我们有一个函子性同构

(11.5.3.1)
$$\mathbf{R}^{\bullet}T(K^{\bullet}) \xrightarrow{\sim} \mathrm{H}^i(T(L^{\bullet,\bullet})).$$

设 $L^{\bullet,\bullet}_{(r)}=(L^{i,j}_{(r)})$ 是下面这个双复形: 对于 $i<r$, 总有 $L^{i,j}_{(r)}=0$, 而对于 $i\geqslant r$, 总有 $L^{i,j}_{(r)}=L^{i,j}$. 易见 $L^{\bullet,\bullet}$ 就是这些 $L^{\bullet,\bullet}_{(r)}$ 的归纳极限 (令 r 趋于 $-\infty$), 于是由 T 上的条件和 (11.5.1) 知, 只需证明 $K^{\bullet}$ 下有界的情形即可, 比如可设当 $i<0$ 时总有 $K^i=0$, 并可假设当 $i<0$ 时总有 $L^{i,j}=0$. 设 $L'^{\bullet,\bullet}=(L'^{i,j})$ 是 $K^{\bullet}$ 的一个由 $\mathfrak{I}$ 中的对象所组成的消解 (11.5.2.2), 则我们有一个与增殖态射相容的双复形态射 $L^{\bullet,\bullet}\to L'^{\bullet,\bullet}$, 从而又得到了第一谱序列之间的一个态射 $'\mathrm{E}(T(L^{\bullet,\bullet}))\to {}'\mathrm{E}(T(L'^{\bullet,\bullet}))$. 引理 (11.5.2.4) 表明 (和 (11.5.2.3) 一样), 这个态射是同构, 从而就得出了结论.

注解 (11.5.4) — 同理可证, 在不假设 T 与滤相归纳极限可交换的情况下, (11.5.2) 和 (11.5.3) 的结论对于下有界的复形 $K^{\bullet}$ 仍然是成立的. 进而, 如果只考虑范畴 $\boldsymbol{K}$ 中满足下述条件的复形 $K^{\bullet}$: 对于 $i<0$, 总有 $K^i=0$, 则由 $\mathbf{R}^{\bullet}T(K^{\bullet})$ 是 T 在 $\boldsymbol{K}$ 上的右导出函子的事实可知, 这个上同调函子是普适的 (T, 2.3).

仍然不对 T 附加任何条件, 则 (11.5.2) 的结论在下述情形下也是成立的: 可以找到一个正整数 m, 使得 $\boldsymbol{C}$ 中的任何对象都具有长度 $\leqslant m$ 的内射消解. 事实上, 在 (11.5.1) 的证明中, 可以把 $\boldsymbol{C}$ 中的对象的任何内射消解都取成长度 $\leqslant m$ 的. 从而当 r 充分大时, 双复形 $T(L^{\bullet,\bullet}_{(r)})$ 中的总次数为 n 的项与 $T(L^{\bullet,\bullet})$ 中的对应项是相同的, 并且只有有限个, 于是当 r 充分大时, 总有 $\mathrm{H}^n(T(L^{\bullet,\bullet}))=\mathrm{H}^n(T(L^{\bullet,\bullet}_{(r)}))$. 从而 (在 (11.5.2) 的记号下) 对于充分大的 r (依赖于 n), 总有 $\mathbf{R}^nT(K^{\bullet}_{(r)})=\mathbf{R}^nT(K^{\bullet})$, 对于 $K'^{\bullet}$ 和 $K''^{\bullet}$ 也有相同的结果, 从而就得出了结论. 同样地, (11.5.3) 的结论在不对 T 附加条件但是假设 $\boldsymbol{C}$ 满足上述条件并假设消解 $L^{i,\bullet}$ 的长度都 $\leqslant m$ 的情况下也是成立的.

(11.5.5) (11.5.2) 的结果可以推广到协变多元函子上. 比如考虑 (11.4.6) 的情形, 我们假设在 $\boldsymbol{C}$, $\boldsymbol{C}'$ 和 $\boldsymbol{C}''$ 中都存在滤相归纳极限, 并且都是正合的, 再假设 T 与归纳极限是可交换的, 则 $\mathbf{R}^{\bullet}T(K^{\bullet},K'^{\bullet})$ 是复形 $K^{\bullet}$ 和 $K'^{\bullet}$ 的上同调二元函子. 为了证明这个事实, 可以像 (11.5.2) 那样把问题归结到 $K^{\bullet}$ 和 $K'^{\bullet}$ 都下有界的情形, 然后取 $K^{\bullet}$ 和 $K'^{\bullet}$ 的一个如 (11.5.2.2) 中所说的那种内射消解, 从而就归结为 (M, V, 4.1) 中已经证明的一般性质.

(11.5.6) 同样地, (11.4.7) 和 (11.5.3) 的结果可以推广如下. 假设 (在 (11.5.5) 的前提下) 双复形 $L^{\bullet,\bullet}=(L^{i,j})$ 和 $L'^{\bullet,\bullet}=(L'^{i,j})$ 满足下面一些条件: 当 $j<0$ 时

总有 $L^{i,j}=0$ 和 $L'^{i,j}=0$, 并且对任意 i, $L^{i,\bullet}$ 都是 K^i 的消解, $L'^{i,\bullet}$ 也都是 K'^i 的消解, 最后, 对任意 $n>0$ 和任意一组指标 (i,j,h,k), 都有 $\mathrm{R}^nT(L^{i,j},L'^{h,k})=0$. 则我们有一个关于 $K^\bullet$ 和 $K'^\bullet$ 的函子性同构

(11.5.6.1) $$\mathbf{R}^\bullet T(K^\bullet,K'^\bullet)\ \xrightarrow{\sim}\ \mathrm{H}^\bullet(T(L^{\bullet,\bullet},L'^{\bullet,\bullet})).$$

证明与 (11.5.3) 相同, 首先归结到 $K^\bullet$ 和 $K'^\bullet$ 都是下有界的情形.

进而假设对任意一组 (i,j) 和 (h,k), 函子 $A\mapsto T(A,L'^{h,k})$ 和 $A'\mapsto T(L^{i,j},A')$ 都是正合的 (分别在 $\boldsymbol{C}$ 和 $\boldsymbol{C}'$ 中). 则我们还有一个函子性同构

(11.5.6.2) $$\mathbf{R}^\bullet T(K^\bullet,K'^\bullet)\ \xrightarrow{\sim}\ \mathrm{H}^\bullet(T(L^{\bullet,\bullet},K'^\bullet))\ \xrightarrow{\sim}\ \mathrm{H}^\bullet(T(K^\bullet,L'^{\bullet,\bullet})).$$

证明与 (11.4.7) 完全类似.

(11.5.7) 注意到 (11.5.5) 和 (11.5.6) 的结果在不假设 T 与归纳极限可交换, 而改为假设 $K^\bullet$ 和 $K'^\bullet$ 都是下有界的, 或者假设 $\boldsymbol{C}$ 和 $\boldsymbol{C}'$ 的任何对象都具有长度小于某个固定数的内射消解的情况下也是成立的, 对于 (11.5.6) 来说, 还需要假设双复形 $L^{\bullet,\bullet}$ 和 $L'^{\bullet,\bullet}$ 对于第二指标来说都是上有界的.

11.6 函子在复形 $K_\bullet$ 处的超同调

(11.6.1) 设 $\boldsymbol{C}$ 是一个 Abel 范畴, $K_\bullet=(K_i)_{i\in\mathbb{Z}}$ 是 $\boldsymbol{C}$ 中的一个复形, 具有 -1 次的缀算子. 则 $K_\bullet$ 的一个左 *Cartan-Eilenberg* 消解是指一个具有 -1 次缀算子的双复形 $L_{\bullet,\bullet}=(L_{ij})$, 并满足下面的条件: 当 $j<0$ 时, $L_{ij}=0$, 且有一个单复形的态射 $\varepsilon:L_{\bullet,0}\to K_\bullet$, 使得 (11.4.2) 中的那些条件在 "反转箭头" 以后都是成立的. 如果 $\boldsymbol{C}$ 中的任何对象都是投射对象的商对象, 则任何复形 $K_\bullet$ 都具有投射 Cartan-Eilenberg 消解, 也就是说, 它是由投射对象 L_{ij} 所构成的, 并满足与 (11.4.2) 相对应的条件. 进而, 若 $K_\bullet$ 是下有界的 (切转: 上有界的), 比如当 $i<i_0$ (切转: $i>i_0$) 时, 总有 $K_i=0$, 则可以假设当 $i<i_0$ (切转: $i>i_0$) 时, 也有 $L_{ij}=0$. 如果 $\boldsymbol{C}$ 中的任何对象都具有长度 $\leqslant n$ 的投射消解, 则可以假设当 $j>n$ 时, 总有 $L_{ij}=0$.

(11.6.2) 假设 T 是一个从 $\boldsymbol{C}$ 到某个 Abel 范畴 $\boldsymbol{C}'$ 的加性协变函子. 则 T 在复形 $K_\bullet$ 处的超同调 $\mathbf{L}_\bullet T(K_\bullet)$ 以及它的两个谱序列的定义都可以通过把 (11.4.3) 中的箭头 "反转" 而得到, 并且这两个谱序列的 E^2 项可以表达为

(11.6.2.1) $$'E^2_{p,q}\ =\ \mathrm{H}_p(\mathrm{L}_qT(K_\bullet)),$$

(11.6.2.2) $$''E^2_{p,q} = \mathrm{L}_pT(\mathrm{H}_q(K_\bullet)),$$

其中 L_pT 在 $p \geqslant 0$ 时是 T 的第 p 个导出函子, 而在 $p < 0$ 时是 0, 另外 $\mathrm{L}_qT(K_\bullet)$ 就是复形 $(\mathrm{L}_qT(K_i))_{i\in\mathbb{Z}}$.

超同调的许多性质都可由超上同调的相应性质"反转箭头"而得到 (至少是在我们对范畴 $\boldsymbol{C}'$ 附加了 T, 1.5 中的 AB5*) 型条件后), 不过在讨论上面两个谱序列的正则性条件时, 我们要用到 (11.3.4) 的判别法. 后者表明, 若我们假设在 $\boldsymbol{C}'$ 中, 滤相归纳极限是存在且正合的, 则由双复形 $T(L_{\bullet,\bullet})$ 所定义的复形是存在的, 且此时第二谱序列 $''\mathrm{E}(T(L_{\bullet,\bullet}))$ 是正则的. 如果假设 $K_\bullet$ 是下有界的, 或者假设对于某个整数 n 来说, $\boldsymbol{C}$ 中的任何对象都具有长度 $\leqslant n$ 的投射消解, 则超同调的两个谱序列都存在 (不必对 $\boldsymbol{C}'$ 附加任何条件), 并且都是双正则的.

命题 (11.6.3) — 设 $\boldsymbol{C}$, $\boldsymbol{C}'$ 是两个 *Abel* 范畴, T 是 $\boldsymbol{C}$ 到 $\boldsymbol{C}'$ 的一个加性协变函子. 则:

(i) 超同调 $\mathbf{L}_\bullet T(K_\bullet)$ 是 $\boldsymbol{C}$ 中的下有界复形的 *Abel* 范畴上的一个同调函子.

(ii) 设 $K_\bullet$ 是 $\boldsymbol{C}$ 中的一个下有界复形. 若对任意 $n > 0$ 和任意 $i \in \mathbb{Z}$, 均有 $L_nT(K_i) = 0$, 则我们有下面的函子性同构 (对任意 $i \in \mathbb{Z}$)

(11.6.3.1) $$\mathbf{L}_iT(K_\bullet) \xrightarrow{\sim} \mathrm{H}_i(T(K_\bullet)).$$

(iii) 设 $K_\bullet$ 是 $\boldsymbol{C}$ 中的一个下有界复形. 设 $L_{\bullet,\bullet} = (L_{ij})$ 是一个双复形, 满足下面的条件: 当 $j < 0$ 时总有 $L_{ij} = 0$, 并且对任意 i, $L_{i,\bullet}$ 都是 K_i 的一个消解. 再假设对任意一组 (i,j) 和任意 $n > 0$, 均有 $L_nT(L_{ij}) = 0$. 则我们有一个函子性同构

(11.6.3.2) $$\mathbf{L}_\bullet T(K_\bullet) \xrightarrow{\sim} \mathrm{H}_\bullet(T(L_{\bullet,\bullet})).$$

证明方法与 (11.5.2), (11.4.5) 和 (11.5.3) 在下有界复形的情况下是类似的. 我们把细节留给读者.

(11.6.4) 对于加性协变的多元函子也有类似的结果. 例如对一个二元函子 T, 可以得到超同调的两个谱序列, 其 E^2 项分别由下式给出

(11.6.4.1) $$'E^2_{p,q} = \mathrm{H}_p(\mathrm{L}_qT(K_\bullet, K'_\bullet)),$$

(11.6.4.2) $$''E^2_{p,q} = \sum_{q'+q''=q} \mathrm{L}_pT(\mathrm{H}_{q'}(K_\bullet), \mathrm{H}_{q''}(K'_\bullet)).$$

现在, 第二个谱序列是正则的, 并且如果复形 $K_\bullet$ 和 $K'_\bullet$ 都是下有界的, 或者两个 Abel 范畴中的任何对象都具有长度小于某个固定数的投射消解, 则上面两个谱序列都是双正则的.

进而:

命题 (11.6.5) — 设 $\boldsymbol{C}$, $\boldsymbol{C}'$, $\boldsymbol{C}''$ 是三个 *Abel* 范畴, T 是 $\boldsymbol{C}\times\boldsymbol{C}'$ 到 $\boldsymbol{C}''$ 的一个协变二元函子.

(i) $\mathbf{L}_\bullet T(K_\bullet, K'_\bullet)$ 是关于下有界复形 $K_\bullet$ 和 $K'_\bullet$ (分别由 $\boldsymbol{C}$ 中的对象和 $\boldsymbol{C}'$ 中的对象所组成) 的二元同调函子.

(ii) 假设 $K_\bullet$ 和 $K'_\bullet$ 都是下有界的. 设 $L_{\bullet,\bullet}=(L_{ij})$, $L'_{\bullet,\bullet}=(L'_{ij})$ 是两个双复形, 满足下面的条件: 当 $j<0$ 时总有 $L_{ij}=0$ 和 $L'_{ij}=0$, 并且对任意 i, $L_{i,\bullet}$ 都是 K_i 的消解, $L'_{i,\bullet}$ 都是 K'_i 的消解, 最后对任意 $n>0$ 和任意一组指标 (i,j,h,k), 均有 $L_nT(L_{ij},L'_{hk})=0$. 则我们有一个函子性同构

$$\text{(11.6.5.1)}\qquad \mathbf{L}_\bullet T(K_\bullet,K'_\bullet)\xrightarrow{\sim}\mathrm{H}_\bullet(T(L_{\bullet,\bullet},L'_{\bullet,\bullet})).$$

(iii) 进而假设对任意一组 (i,j) 和一组 (h,k), 函子 $A\mapsto T(A,L'_{hk})$ 和 $A'\mapsto T(L_{ij},A')$ 都是正合的 (分别在 $\boldsymbol{C}$ 和 $\boldsymbol{C}'$ 中). 则我们有下面的函子性同构

$$\text{(11.6.5.2)}\qquad \mathbf{L}_\bullet T(K_\bullet,K'_\bullet)\xrightarrow{\sim}\mathrm{H}_\bullet(T(L_{\bullet,\bullet},K'_\bullet))\xrightarrow{\sim}\mathrm{H}_\bullet(T(K_\bullet,L'_{\bullet,\bullet})).$$

证明与 (11.5.5) 和 (11.5.6) 类似.

11.7 函子在双复形 $K_{\bullet,\bullet}$ 处的超同调

(11.7.1) 设 $\boldsymbol{C}$ 是一个 Abel 范畴, 且它的任何对象都是投射对象的商对象. 设 $K_{\bullet,\bullet}=(K_{ij})$ 是由 $\boldsymbol{C}$ 中的对象所组成的一个双复形, 假设它关于两个指标都是下有界的, 我们总可以限于考虑当 $i<0$ 或 $j<0$ 时总有 $K_{ij}=0$ 的情形. 设 $\boldsymbol{K}$ 是由 $\boldsymbol{C}$ 上的 $\mathbb{N}$ 复形所组成的 Abel 范畴, 则我们可以把 $K_{\bullet,\bullet}$ 看作由 $\boldsymbol{K}$ 中的对象 $K_{i,\bullet}=(K_{ij})_{j\geqslant 0}$ 所组成的 (单) 复形. 由引理 (11.5.2.1) (或者应该说是通过"反转箭头"而得到的"对偶"引理) 以及 (M, V, 2.2) 知, $K_{\bullet,\bullet}$ 在范畴 $\boldsymbol{K}$ 中具有一个投射 *Cartan-Eilenberg* 消解, 这样的消解是 $\boldsymbol{C}$ 中的一个三重复形 $M_{\bullet,\bullet,\bullet}=(M_{ijk})$, 次数都是非负的, 各项都是投射对象, 并且对任意 i, $M_{i,\bullet,\bullet}$, $\mathrm{B}^{\mathrm{I}}_i(M_{\bullet,\bullet,\bullet})$, $\mathrm{Z}^{\mathrm{I}}_i(M_{\bullet,\bullet,\bullet})$, $\mathrm{H}^{\mathrm{I}}_i(M_{\bullet,\bullet,\bullet})$ 都分别构成 $K_{i,\bullet}$, $\mathrm{B}^{\mathrm{I}}_i(K_{\bullet,\bullet})$, $\mathrm{Z}^{\mathrm{I}}_i(K_{\bullet,\bullet})$, $\mathrm{H}^{\mathrm{I}}_i(K_{\bullet,\bullet})$ 在范畴 $\boldsymbol{K}$ 中的一个投射消解, 特别地, 对任意一组 (i,j), $M_{ij,\bullet}$ 都是 K_{ij} 在 $\boldsymbol{C}$ 中的一个投射消解.

命题 (11.7.2) — 设 T 是一个从 $\boldsymbol{C}$ 到某个 *Abel* 范畴 $\boldsymbol{C}'$ 的加性协变函子. 则在 (11.7.1) 的记号下, 三重复形 $T(M_{\bullet,\bullet,\bullet})$ 的总合单复形的同调 $\mathrm{H}_\bullet(T(M_{\bullet,\bullet,\bullet}))$ 典范同构于 $K_{\bullet,\bullet}$ 的总合单复形的超同调 $\mathbf{L}_\bullet T(K_{\bullet,\bullet})$ (11.6.2), 并且它们是六个双正则谱序列 ${}^{(t)}E$ $(t=a,b,a',b',c,d)$ 的共同目标, 这六个谱序列的 E^2 项分别由下式

给出

$$
\begin{aligned}
{}^{(a)}E^2_{p,q} &= \mathrm{L}_pT(\mathrm{H}_q(K_{\bullet,\bullet})),\\
{}^{(b)}E^2_{p,q} &= \mathrm{H}_p(\mathbf{L}^{\mathrm{II}}_qT(K_{\bullet,\bullet})),\\
{}^{(a')}E^2_{p,q} &= \mathbf{L}_pT(\mathrm{H}^{\mathrm{I}}_q(K_{\bullet,\bullet})),\\
{}^{(b')}E^2_{p,q} &= \mathrm{H}_p(\mathrm{L}_qT(K_{\bullet,\bullet})),\\
{}^{(c)}E^2_{p,q} &= \mathbf{L}_pT(\mathrm{H}^{\mathrm{II}}_q(K_{\bullet,\bullet})),\\
{}^{(d)}E^2_{p,q} &= \mathrm{H}_p(\mathbf{L}^{\mathrm{I}}_qT(K_{\bullet,\bullet})).
\end{aligned}
$$

(对于任意复形 $A_\bullet = (A_i)$, 我们总把复形 $(F(A_i))$ 记作 $F(A_\bullet)$, 例如 $\mathbf{L}^{\mathrm{II}}_qT(K_{\bullet,\bullet})$ 就是指复形 $(\mathbf{L}^{\mathrm{II}}_qT(K_{i,\bullet}))_{i\geqslant 0}$, 其中 $\mathbf{L}^{\mathrm{II}}_qT(K_{i,\bullet})$ 是函子 T 在单复形 $K_{i,\bullet}$ 处的第 q 个超同调.)

我们用 $L_\bullet$ 来记 $K_{\bullet,\bullet}$ 的总合单复形, 从而有 $L_i = \bigoplus_{r+s=i} K_{rs}$, 令 $N_{ij} = \bigoplus_{r+s=i} M_{rsj}$, 则易见对任意 i, $N_{i,\bullet}$ 都是 L_i 在 $\boldsymbol{C}$ 中的一个投射消解, 从而由 (11.6.3) 和 (11.6.4) 知, 我们有一个函子性同构 $\mathbf{L}_\bullet T(L_\bullet) \xrightarrow{\sim} \mathrm{H}_\bullet(T(N_{\bullet,\bullet}))$. 由于双复形 $T(N_{\bullet,\bullet})$ 的总合单复形和三重复形 $T(M_{\bullet,\bullet,\bullet})$ 的总合单复形是相同的, 这就证明了第一句话.

进而, T 在单复形 $L_\bullet$ 处的超同调的两个谱序列都以 $\mathbf{L}_\bullet T(L_\bullet)$ 为目标, 这两个谱序列恰好就是 ${}^{(b')}E$ 和 ${}^{(a)}E$.

现在把 $M_{\bullet,\bullet,\bullet}$ 看作一个双复形 $U_{\bullet,\bullet}$, 其中 $U_{ij} = \bigoplus_{r+s=j} M_{irs}$, 则 $\mathrm{H}_\bullet(T(M_{\bullet,\bullet,\bullet}))$ 也是双复形 $T(U_{\bullet,\bullet})$ 的那两个谱序列的目标. 对任意 i, $M_{i,\bullet,\bullet}$ 都是一个满足 (11.6.3) 中那些条件的双复形 (关于单复形 $K_{i,\bullet}$), 从而 $\mathrm{H}^{\mathrm{II}}_q(T(U_{i,\bullet})) = \mathbf{L}^{\mathrm{II}}_qT(K_{i,\bullet})$, 并且 $T(U_{\bullet,\bullet})$ 的第一谱序列恰好就是 ${}^{(b)}E$. 另一方面, 对任意 r, $M_{\bullet,r,\bullet}$ 总是单复形 $K_{\bullet,r}$ 的 Cartan-Eilenberg 消解, (M, XV, 2) 中的计算表明, $\mathrm{H}^{\mathrm{I}}_q(T(M_{\bullet,rs})) = T(\mathrm{H}^{\mathrm{I}}_q(M_{\bullet,rs}))$, 从而 $\mathrm{H}^{\mathrm{I}}_q(T(U_{\bullet,j})) = \bigoplus_{r+s=j} T(\mathrm{H}^{\mathrm{I}}_q(M_{\bullet,rs}))$. 换句话说, $\mathrm{H}^{\mathrm{I}}_q(T(U_{\bullet,\bullet}))$ 恰好就是双复形 $T(\mathrm{H}^{\mathrm{I}}_q(M_{\bullet,\bullet,\bullet}))$ 的总合单复形. 现在对任意 q, $\mathrm{H}^{\mathrm{I}}_q(M_{\bullet,\bullet,\bullet})$ 都是单复形 $\mathrm{H}^{\mathrm{I}}_q(K_{\bullet,\bullet})$ 在范畴 $\boldsymbol{K}$ 中的一个投射消解, 于是引用 (11.6.3) 就可得出

$$
\mathrm{H}^{\mathrm{II}}_p(T(\mathrm{H}^{\mathrm{I}}_q(M_{\bullet,\bullet,\bullet}))) = \mathbf{L}_\bullet T(\mathrm{H}^{\mathrm{I}}_q(K_{\bullet,\bullet})),
$$

从而得到谱序列 ${}^{(a')}E$. 最后, 谱序列 ${}^{(c)}E$ 和 ${}^{(d)}E$ 可由下面的方式得到: 在三重复形 $M_{\bullet,\bullet,\bullet}$ 的定义中交换指标 i 和 j 的位置, 并且对这个新的三重复形重复上面的推理.

我们把 $\mathbf{L}_\bullet T(K_{\bullet,\bullet})$ 称为 T 在双复形$K_{\bullet,\bullet}$ 处的超同调.

注解 (11.7.3) — (i) 由 (11.6.3) 知, $\mathbf{L}_\bullet T(K_{\bullet,\bullet})$ 是 $\boldsymbol{C}$ 中的双重下有界双复形 $K_{\bullet,\bullet}$ 的范畴上的一个同调函子.

(ii) 设 $M_{\bullet,\bullet,\bullet}$ 是 $\boldsymbol{C}$ 中的一个三重复形, 对每一组 (r,s), 设 $M_{rs,\bullet}$ 都是 K_{rs} 的一个消解, 并且对任意三元组 (i,j,k) 和任意 $n>0$, 均有 $L_nT(M_{ijk})=0$. 则我们有一个同构 $\mathbf{L}_\bullet T(K_{\bullet,\bullet}) \xrightarrow{\sim} \mathrm{H}_\bullet(T(M_{\bullet,\bullet,\bullet}))$. 事实上, 使用 (11.7.2) 的证明中的记号, $N_{i,\bullet}$ 是 L_i 的一个消解, 并且对任意 $n>0$ 和任意一组 (i,j), 均有 $L_nT(N_{ij})=0$, 从而只需引用 (11.6.3, (iii)) 即可.

(iii) (11.7.2) 的结果都可以很容易地推广到协变多元函子上. 例如, 设 $\boldsymbol{C}'$ 是另一个 Abel 范畴, 并且它的任何对象都是投射对象的商对象, 设 $K'_{\bullet,\bullet}$ 是 $\boldsymbol{C}'$ 中的一个双重下有界的双复形, 并且 T 是一个从 $\boldsymbol{C}\times\boldsymbol{C}'$ 到某个 Abel 范畴 $\boldsymbol{C}''$ 的加性协变二元函子 (* **(追加 $_{\text{III}}$, 23)** — 进而对于 $\boldsymbol{C}$ 的任意对象 P (切转: $\boldsymbol{C}'$ 的任意对象 P'), 函子 $A'\mapsto T(P,A')$ (切转: $A\mapsto T(A,P')$) 在 $\boldsymbol{C}'$ (切转: $\boldsymbol{C}$) 中都是正合的.*). 若 $L_\bullet$ 和 $L'_\bullet$ 分别是 $K_{\bullet,\bullet}$ 和 $K'_{\bullet,\bullet}$ 的总合单复形, 则可以定义 T 在两个双复形 $K_{\bullet,\bullet}$ 和 $K'_{\bullet,\bullet}$ 处的超同调为 $\mathbf{L}_\bullet T(L_\bullet, L'_\bullet)$, 再利用 (11.6.4) 和 (11.6.5), 就可以像 (11.7.2) 那样得到六个以上述超同调为目标的谱序列. 我们把细节留给读者.

11.8 关于单合复形上同调的补充

(11.8.1) 设 A 是一个有限集合, $\Sigma(A)$ 是由 A 中元素的有限序列 $\sigma=(\alpha_0,\dots,\alpha_h)$ (A 的 "单形") 所组成的集合, 且令 $|\sigma|=\{\alpha_0,\dots,\alpha_h\}$. 单合链复形 $\mathrm{C}_\bullet(A)$ 是指由 $\Sigma(A)$ 的元素所生成的自由分次 Abel 群, 其中 $(\alpha_0,\dots,\alpha_h)$ 是h 次的, 并且边缘算子的定义是 $d(\alpha_0,\dots,\alpha_h)=\sum_{j=0}^{h}(-1)^j(\alpha_0,\dots,\widehat{\alpha}_j,\dots,\alpha_h)$. 设 $\mathrm{D}_\bullet(A)$ 是 $\mathrm{C}_\bullet(A)$ 的这样一个子群, 它的生成元是所有至少有两个 α_j 相等的链 $\sigma=(\alpha_0,\dots,\alpha_h)$ 和所有的链 $\pi(\sigma)-\varepsilon_\pi.\sigma$, 其中 π 是任意置换, $\pi(\sigma)=(\alpha_{\pi(0)},\dots,\alpha_{\pi(h)})$, 而 ε_π 是 π 的正负号 (偶置换为正, 奇置换为负). 于是 $\mathrm{D}_\bullet(A)$ 是 $\mathrm{C}_\bullet(A)$ 的一个子复形, 我们把它里面的元素称为退化链. 令 $\mathrm{L}_\bullet(A)=\mathrm{C}_\bullet(A)/\mathrm{D}_\bullet(A)$, 则我们有一个自然的复形同态 $p:\mathrm{C}_\bullet(A)\to\mathrm{L}_\bullet(A)$. 另一方面, 还可以定义一个复形同态 $j:\mathrm{L}_\bullet(A)\to\mathrm{C}_\bullet(A)$, 方法如下: 取定 A 上的一个全序, 考虑单形 $\sigma=(\alpha_0,\dots,\alpha_h)$ 的模 $\mathrm{D}_\bullet(A)$ 等价类, 如果有两个 α_i 是相等的, 则让它对应到 0, 否则就让它对应到 $(\beta_0,\dots,\beta_h)$, 其中 β_i 是这些 α_i 按照递增顺序重新排列而得到的序列. 易见 $p\circ j$ 是 $\mathrm{L}_\bullet(A)$ 上的恒同.

(11.8.2) 设 B 是另一个有限集合. 若 d',d'' 分别是 $\mathrm{C}_\bullet(A)$ 和 $\mathrm{C}_\bullet(B)$ 的边缘算子, 则可以把张量积复形 $\mathrm{C}_\bullet(A)\otimes\mathrm{C}_\bullet(B)$ 看作由 $\Sigma(A)\times\Sigma(B)$ 的元素所生成的自由 Abel 群, 并且定义它的边缘算子就是 $d(\sigma,\tau)=(d'\sigma,\tau)+(-1)^{h+1}(\sigma,d''\tau)$, 其

中 $h+1=\mathrm{Card}|\sigma|$.

由自然同态 $\mathrm{C}_\bullet(A)\to\mathrm{L}_\bullet(A)$ 和 $\mathrm{C}_\bullet(B)\to\mathrm{L}_\bullet(B)$ 可以定义出一个同态 p : $\mathrm{C}_\bullet(A)\otimes\mathrm{C}_\bullet(B)\to\mathrm{L}_\bullet(A)\otimes\mathrm{L}_\bullet(B)$, 因为后面这个张量积同构于 $(\mathrm{C}_\bullet(A)\otimes\mathrm{C}_\bullet(B))/(\mathrm{C}_\bullet(A)\otimes\mathrm{D}_\bullet(B)+\mathrm{D}_\bullet(A)\otimes\mathrm{C}_\bullet(B))$. 同样地, 由 (11.8.1) 中所定义的同态 $\mathrm{L}_\bullet(A)\to\mathrm{C}_\bullet(A)$ 和 $\mathrm{L}_\bullet(B)\to\mathrm{C}_\bullet(B)$ (选定 A 和 B 上的全序) 可以定义出一个同态 j : $\mathrm{L}_\bullet(A)\otimes\mathrm{L}_\bullet(B)\to\mathrm{C}_\bullet(A)\otimes\mathrm{C}_\bullet(B)$, 并使得 $p\circ j$ 成为恒同.

在这些记号下:

命题 (11.8.3) — 我们有一个同伦 $h:\mathrm{C}_\bullet(A)\otimes\mathrm{C}_\bullet(B)\to\mathrm{C}_\bullet(A)\otimes\mathrm{C}_\bullet(B)$, 其中 $h(\sigma,\tau)$ 是这样一些单形组 (σ_i,τ_i) 的线性组合, 它们满足 $|\sigma_i|\subseteq|\sigma|$ 和 $|\tau_i|\subseteq|\tau|$, 并且对于 $f=j\circ p$, 我们有

(11.8.3.1) $$f-1 \;=\; h\circ d+d\circ h.$$

只需对每一组单形 (σ,τ) 定义出 h 即可, 我们对 σ 和 τ 的次数之和进行归纳, 若这个和是 0, 则可以取 $h=0$. 设 $\omega=f(\sigma,\tau)-(\sigma,\tau)-h(d(\sigma,\tau))$, 则由归纳假设和 d 的定义知, $\omega\in\mathrm{C}_\bullet(|\sigma|)\otimes\mathrm{C}_\bullet(|\tau|)$. 于是由 (11.8.3.1) 及归纳假设可以推出

$$d\omega \;=\; f(d(\sigma,\tau))-d(\sigma,\tau)-d(h(d(\sigma,\tau))) \;=\; h(d(d(\sigma,\tau))) \;=\; 0.$$

现在对于 $q>0$, 总有 $\mathrm{H}_q(\mathrm{C}_\bullet(A))=0$ (G, I, 3.7.4), 从而依照 Künneth 公式, 对于 $q>0$, 也有 $\mathrm{H}_q(\mathrm{C}_\bullet(A)\otimes\mathrm{C}_\bullet(B))=0$. 把 A 换成 $|\sigma|$ 并把 B 换成 $|\tau|$ 就可以推出, 我们能找到一个元素 $\omega'\in\mathrm{C}_\bullet(|\sigma|)\otimes\mathrm{C}_\bullet(|\tau|)$, 使得 $\omega=d\omega'$. 取 $h(\sigma,\tau)=\omega'$, 则可以对 (σ,τ) 验证 (11.8.3.1) 成立, 从而归纳得以继续.

(11.8.4) 记号与 (11.8.2) 相同, 我们用 $(\sigma,\tau)\leqslant(\sigma',\tau')$ 来表示 $|\sigma|\subseteq|\sigma'|$ 且 $|\tau|\subseteq|\tau'|$. 所谓 $\Sigma(A)\times\Sigma(B)$ 上的一个*系数系* $\mathscr{S}$, 是指一族 Abel 群 $(\Gamma_{\sigma,\tau})$, 其中 $\Gamma_{\sigma,\tau}$ 只依赖于集合 $|\sigma|$ 和 $|\tau|$, 和一族同态 $\Gamma_{\sigma,\tau}\to\Gamma_{\sigma',\tau'}$, 其中 $(\sigma,\tau)\leqslant(\sigma',\tau')$, 并且它们在这个近序关系下成为一个*归纳系*. 由此就可以定义一个*上链复形* $\mathrm{C}^\bullet(A,B;\mathscr{S})$, 它是由这样一些族 $\lambda=(\lambda(\sigma,\tau))$ 所组成的集合, 其中 (σ,τ) 跑遍 $\Sigma(A)\times\Sigma(B)$, 并且对任意一组 (σ,τ), 均有 $\lambda(\sigma,\tau)\in\Gamma_{\sigma,\tau}$. 这个复形的上边缘算子是用下面的方法给出的: 若 $d(\sigma,\tau)=\sum\limits_i\pm(\sigma_i,\tau_i)$, 则对所有 i, 都有 $|\sigma_i|\subseteq|\sigma|$, $|\tau_i|\subseteq|\tau|$, 此时我们令

$$d\lambda(\sigma,\tau) \;=\; \sum_i\pm\lambda_i(\sigma_i,\tau_i),$$

其中 $\lambda_i(\sigma_i,\tau_i)$ 是指 $\lambda(\sigma_i,\tau_i)$ 在 $\Gamma_{\sigma,\tau}$ 中的典范像.

所谓一个上链 $\lambda \in \mathrm{C}^\bullet(A,B;\mathscr{S})$ 是双交错的，是指只要两个单形 σ, τ 中有一个包含了相等的项，就有 $\lambda(\sigma,\tau)=0$, 并且对于指标的任意置换 π, π', 均有 $\lambda(\pi(\sigma),\tau)=\varepsilon_\pi\lambda(\sigma,\tau)$ 和 $\lambda(\sigma,\pi'(\tau))=\varepsilon_{\pi'}\lambda(\sigma,\tau)$. 易见这些上链生成了 $\mathrm{C}^\bullet(A,B;\mathscr{S})$ 的一个子复形 $\mathrm{L}^\bullet(A,B;\mathscr{S})$.

命题 (11.8.5) — 典范含入 $\mathrm{L}^\bullet(A,B;\mathscr{S})\to\mathrm{C}^\bullet(A,B;\mathscr{S})$ 在上同调上定义了一个同构.

注意到若 p 和 j 是 (11.8.2) 中所定义的映射，则映射 ${}^tp:\lambda\mapsto\lambda\circ p$ 和 ${}^tj:\lambda\mapsto\lambda\circ j$ 分别定义在 $\mathrm{L}^\bullet(A,B;\mathscr{S})$ 和 $\mathrm{C}^\bullet(A,B;\mathscr{S})$ 上，并且第一个映射恰好就是典范含入. 由于 ${}^tj\circ{}^tp$ 是恒同，故只需再证明 ${}^tp\circ{}^tj$ 同伦于恒同即可. 现在由 (11.8.3) 知，${}^th:\lambda\mapsto\lambda\circ h$ 定义在 $\mathrm{C}^\bullet(A,B;\mathscr{S})$ 上，从而把等式 (11.8.3.1) 取转置就可以得到所要的结果.

(11.8.6) 命题 (11.8.5) 把 $\mathrm{L}^\bullet(A,B;\mathscr{S})$ 的上同调的计算归结为 $\mathrm{C}^\bullet(A,B;\mathscr{S})$ 的上同调的计算. 另一方面，依照 Eilenberg-Zilber 定理 (G, I, 3.10.2), 后者又典范同构于下面这个上链复形的上同调：首先构造出链复形 $\mathrm{P}_\bullet(A,B)$, 它是由这样一些 $(\sigma,\tau)\in\Sigma(A)\times\Sigma(B)$ 的线性组合所构成的，其中 σ 与 τ 要具有相同的次数，这个复形的边缘算子就是 $d:(\sigma,\tau)\mapsto\sum\limits_{j,k}(-1)^{j+k}(\sigma_j,\tau_k)$, 其中 σ_j 和 τ_k 来自 $d\sigma=\sum\limits_j(-1)^j\sigma_j$ 和 $d\tau=\sum\limits_k(-1)^k\tau_k$. 此时我们有复形的两个典范同态

$$f\ :\ \mathrm{P}_\bullet(A,B)\longrightarrow\mathrm{C}_\bullet(A)\otimes\mathrm{C}_\bullet(B),\qquad g\ :\ \mathrm{C}_\bullet(A)\otimes\mathrm{C}_\bullet(B)\longrightarrow\mathrm{P}_\bullet(A,B).$$

并且可以证明 (前引), 我们能找到同伦 h 和 h', 使得

$$f\circ g-1\ =\ d\circ h+h\circ d\quad \text{且}\quad g\circ f-1\ =\ d\circ h'+h'\circ d.$$

进而，$f(\sigma,\tau)\in\mathrm{C}_\bullet(|\sigma|)\otimes\mathrm{C}_\bullet(|\tau|)$, $g(\sigma,\tau)\in\mathrm{P}_\bullet(|\sigma|,|\tau|)$, 并且可以选择同伦 h 和 h', 使得 $h(\sigma,\tau)\in\mathrm{C}_\bullet(|\sigma|)\otimes\mathrm{C}_\bullet(|\tau|)$ 且 $h'(\sigma,\tau)\in\mathrm{P}_\bullet(|\sigma|,|\tau|)$. 事实上，$h(\sigma,\tau)$ 和 $h'(\sigma,\tau)$ 可以通过对 σ 和 τ 的次数之和进行归纳来依次定义，并且当 $q>0$ 时，这些 $\mathrm{H}^q(\mathrm{C}_\bullet(|\sigma|)\otimes\mathrm{C}_\bullet(|\tau|))$ 和 $\mathrm{H}^q(\mathrm{P}_\bullet(|\sigma|,|\tau|))$ 都是 0 (前引), 于是由 (11.8.3) 的方法就可以推出结论.

现在定义 $\mathrm{P}^\bullet(A,B;\mathscr{S})$ 是这样一些族 $\lambda=(\lambda(\sigma,\tau))$ 所组成的集合，其中 (σ,τ) 跑遍下面这种二元组，它的两项具有相同的次数，并且 $\lambda(\sigma,\tau)\in\Gamma_{\sigma,\tau}$, 又因为 $d\sigma=\sum\limits_j(-1)^j\sigma_j\in\mathrm{C}_\bullet(|\sigma|)$ 以及 $d\tau=\sum\limits_k(-1)^k\tau_k\in\mathrm{C}_\bullet(|\tau|)$, 从而

$$d\lambda(\sigma,\tau)\ =\ \sum(-1)^{j+k}\lambda(\sigma_j,\tau_k)$$

是有定义的, 并且它就给出了复形 $\mathrm{P}^\bullet(A,B;\mathscr{S})$ 的上边缘算子. 在此基础上, 依照前面所述, 映射 ${}^t f:\lambda\mapsto\lambda\circ f$, ${}^t g:\lambda\mapsto\lambda\circ g$, ${}^t h:\lambda\mapsto\lambda\circ h$ 和 ${}^t h':\lambda\mapsto\lambda\circ h'$ 都是有定义的, 从而 ${}^t f\circ{}^t g$ 和 ${}^t g\circ{}^t f$ 都同伦于恒同, 由此就可以得到 $\mathrm{C}^\bullet(A,B;\mathscr{S})$ 和 $\mathrm{P}^\bullet(A,B;\mathscr{S})$ 的上同调之间的同构.

注解 (11.8.7) — 同样可以把 (11.8.3) 的方法应用到 $\mathrm{C}_\bullet(A)$ 和 $\mathrm{L}_\bullet(A)$ 上, 由此可知, 若 j 和 p 是 (11.8.1) 中定义的映射, 则 $f=j\circ p$ 仍满足 (11.8.3.1), 并且 $|h(\sigma)|\subseteq|\sigma|$, 从而可以像 (11.8.5) 那样导出一个从 $\mathrm{L}^\bullet(A;\mathscr{S})$ 的上同调到 $\mathrm{C}^\bullet(A;\mathscr{S})$ 的上同调的同构 (这两个复形的定义与前面类似). 这个结果的证明简述在 (G, I, 3.8.1) 中可以找到.

(11.8.8) 现在我们回到 (11.8.2) 的记号和前提条件, 考虑 $\Sigma(A)\times\Sigma(B)$ 上的系数系的一个复形 $\mathscr{S}^\bullet=(\mathscr{S}^k)$, 即对每一组 (σ,τ), 这些 $\Gamma^k_{\sigma,\tau}$ $(k\in\mathbb{Z})$ 都构成 Abel 群的一个复形, 并且我们有下面的交换图表

$$\begin{array}{ccc}\Gamma^k_{\sigma,\tau} & \longrightarrow & \Gamma^{k+1}_{\sigma,\tau}\\ \downarrow & & \downarrow\\ \Gamma^k_{\sigma',\tau'} & \longrightarrow & \Gamma^{k+1}_{\sigma',\tau'}\end{array},$$

其中 $(\sigma,\tau)\leqslant(\sigma',\tau')$. 由此易见, $\mathrm{C}^\bullet(A,B;\mathscr{S}^\bullet)=(\mathrm{C}^h(A,B;\mathscr{S}^k))_{(h,k)\in\mathbb{Z}\times\mathbb{Z}}$ 是 Abel 群的一个双复形, 并且 $\mathrm{L}^\bullet(A,B;\mathscr{S}^\bullet)=(\mathrm{L}^h(A,B;\mathscr{S}^k))$ 是它的一个子双复形.

命题 (11.8.9) — 典范含入 $\mathrm{L}^\bullet(A,B;\mathscr{S}^\bullet)\to\mathrm{C}^\bullet(A,B;\mathscr{S}^\bullet)$ 在两个双复形的上同调之间定义了一个同构.

为简单起见, 令 $C^{\bullet,\bullet}=\mathrm{C}^\bullet(A,B;\mathscr{S}^\bullet)$, $L^{\bullet,\bullet}=\mathrm{L}^\bullet(A,B;\mathscr{S}^\bullet)$, 由于当 $h<0$ 时总有 $C^{hk}=L^{hk}=0$, 故知这些双复形的第二谱序列是正则的 (11.3.3). 从而同态 $L^{\bullet,\bullet}\to C^{\bullet,\bullet}$ 给出了谱序列之间的一个态射 $''\mathrm{E}(L^{\bullet,\bullet})\to{}''\mathrm{E}(C^{\bullet,\bullet})$, 它在 E_2 项上就化归为

(11.8.9.1) $$\mathrm{H}^p_{\mathrm{II}}(\mathrm{H}^q_{\mathrm{I}}(L^{\bullet,\bullet}))\longrightarrow\mathrm{H}^p_{\mathrm{II}}(\mathrm{H}^q_{\mathrm{I}}(C^{\bullet,\bullet})).$$

然而根据 (11.8.5), 对任意 $k\in\mathbb{Z}$, 同态 $\mathrm{H}^q_{\mathrm{I}}(L^{\bullet,k})\to\mathrm{H}^q_{\mathrm{I}}(C^{\bullet,k})$ 都是一一的, 从而由 (11.1.5) 就可以推出结论.

(11.8.10) 同样地, 在 (11.8.6) 的记号下, 我们有双复形的典范同态 $\mathrm{C}^\bullet(A,B;\mathscr{S}^\bullet)\to\mathrm{P}^\bullet(A,B;\mathscr{S}^\bullet)$ (记号的含义自明), 并且利用 (11.8.9) 的方法可以证明, 这个同态在上同调上也能给出一个同构, 不过在这里就需要使用 (11.8.6) 的结果.

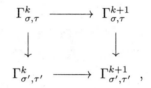

11.9 关于有限型复形的一个引理

命题 (11.9.1) — 设 $\boldsymbol{C}$ 是一个 *Abel* 范畴, $\boldsymbol{K}'$ 和 $\boldsymbol{K}''$ 是 $\boldsymbol{C}$ 的对象集合的两个子集, $\boldsymbol{K}' \subseteq \boldsymbol{K}''$, 并且满足下述条件:

(i) 对任意对象 $A' \in \boldsymbol{K}'$ 和 $\boldsymbol{C}$ 中的任意满态射 $u : A \to A'$, 均可找到一个对象 $B \in \boldsymbol{K}''$ 和一个态射 $v : B \to A$, 使得 uv 成为满态射.

(ii) 对任意对象 $A \in \boldsymbol{K}'$ 和 $B \in \boldsymbol{K}''$, 以及任意满态射 $u : A \to B$, $\mathrm{Ker}(u)$ 总落在 $\boldsymbol{K}'$ 中.

(iii) $\boldsymbol{K}''$ 中的两个对象的乘积也落在 $\boldsymbol{K}''$ 中.

设 $P_\bullet = (P_i)_{i\in\mathbb{Z}}$ 是 $\boldsymbol{C}$ 中的一个复形, 满足下面的条件: 对任意 i, 均有 $\mathrm{H}_i(P_\bullet) \in \boldsymbol{K}'$, 并且能找到整数 d, 使得当 $i < d$ 时总有 $\mathrm{H}_i(P_\bullet) = 0$. 则可以找到 $\boldsymbol{C}$ 中的一个复形 $Q_\bullet = (Q_i)_{i\in\mathbb{Z}}$ 和一个复形态射 $u : Q_\bullet \to P_\bullet$, 满足下面的条件: 对任意 i, 均有 $Q_i \in \boldsymbol{K}''$, 且对 $i < d$, 总有 $Q_i = 0$, 并且态射 $\mathrm{H}_\bullet(Q_\bullet) \to \mathrm{H}_\bullet(P_\bullet)$ 是一个同构.

首先来证明性质 (i) 的下述推论:

(i 改) 设 $u : C \to B$ 是 $\boldsymbol{C}$ 中的一个满态射, A 是 $\boldsymbol{K}'$ 的一个对象, $v : A \to B$ 是 $\boldsymbol{C}$ 中的一个态射, 则可以找到一个对象 $D \in \boldsymbol{K}''$, 一个满态射 $u' : D \to A$, 和一个态射 $v' : D \to C$, 使得下面的图表交换

(11.9.1.1)

$$\begin{array}{ccc} D & \xrightarrow{u'} & A \\ {\scriptstyle v'}\downarrow & & \downarrow{\scriptstyle v} \\ C & \xrightarrow[u]{} & B \end{array} .$$

事实上, 考虑 $\boldsymbol{C}$ 中的纤维积 $C\times_B A$ 和典范投影 $p : C\times_B A \to C$, $q : C\times_B A \to A$, 它们构成一个交换图表

(11.9.1.2)

$$\begin{array}{ccc} C\times_B A & \xrightarrow{q} & A \\ {\scriptstyle p}\downarrow & & \downarrow{\scriptstyle v} \\ C & \xrightarrow[u]{} & B \end{array} .$$

我们知道 ([27], p. 1-12) q 的余核就是 A 除以 $v^{-1}(u(C))$ 后的商. 由于 u 是一个满态射, 故知 $u(C) = B$ 且 $v^{-1}(u(C)) = A$, 从而 q 是一个满态射, 于是只需把 (i) 应用到满态射 $q : C \times_B A \to A$ 上即可, 因为由此我们得知, 可以找到一个对象 $D \in \boldsymbol{K}''$ 和一个态射 $w : D \to C \times_B A$, 使得 qw 成为满态射, 从而可以取 $u' = qw$, $v' = pw$.

在此基础上, 我们使用归纳法来证明命题的结论. 假设对于某个 $i \geqslant d-1$, 已经构造出了对象 Q_j $(j \leqslant i)$ 和态射 $d_j : Q_j \to Q_{j-1}$ 以及 $u_j : Q_j \to P_j$, 并且满足下面的条件: 当 $j < d$ 时总有 $Q_j = 0$, 而当 $j \leqslant i$ 时总有 $d_{j-1} \circ d_j = 0$ 和 $d_j \circ u_j = u_{j-1} \circ d_j$. 我们再假设下面的条件也是满足的:

($\mathrm{I_i}$) 对于 $j \leqslant i$, 总有 $Q_j \in \boldsymbol{K}''$, 并且对于 $j < i$, 总有 $\mathrm{B}_j(Q_\bullet) \in \boldsymbol{K}'$.

($\mathrm{II_i}$) 对于 $j < i$, 由族 $(u_k)_{k \leqslant i}$ 所导出的同态 $\mathrm{H}_j(Q_\bullet) \to \mathrm{H}_j(P_\bullet)$ 是一个同构.

($\mathrm{III_i}$) 合成态射 $v_i : \mathrm{Z}_i(Q_\bullet) \to \mathrm{Z}_i(P_\bullet) \to \mathrm{H}_i(P_\bullet)$ (第一个箭头是 u_i 的限制, 第二个箭头是典范态射) 是一个满态射.

由 (ii) 和条件 ($\mathrm{I_i}$) 知, 满态射 $Q_i \to \mathrm{B}_{i-1}(Q_\bullet)$ 的核落在 $\boldsymbol{K}'$ 中. 再由 (ii) 和条件 ($\mathrm{III_i}$) 知, $N_i = \mathrm{Ker}(v_i)$ 也落在 $\boldsymbol{K}'$ 中. 于是由 (i 改) 可以推出, 我们能找到一个 $Q'_{i+1} \in \boldsymbol{K}''$, 一个满态射 $d'_{i+1} : Q'_{i+1} \to N_i$, 和一个态射 $u'_{i+1} : Q'_{i+1} \to P_{i+1}$, 使得图表

(11.9.1.3)

$$\begin{array}{ccc} Q'_{i+1} & \xrightarrow{d'_{i+1}} & N_i \\ {\scriptstyle u'_{i+1}}\downarrow & & \downarrow{\scriptstyle u_i} \\ P_{i+1} & \xrightarrow[d_{i+1}]{} & \mathrm{B}_i(P_\bullet) \end{array}$$

成为交换的.

由于典范态射 $\mathrm{Z}_{i+1}(P_\bullet) \to \mathrm{H}_{i+1}(P_\bullet)$ 是一个满态射, 并且根据前提条件, $\mathrm{H}_{i+1}(P_\bullet) \in \boldsymbol{K}'$, 故由 (i) 知, 可以找到一个对象 $Q''_{i+1} \in \boldsymbol{K}''$ 和一个态射 $u''_{i+1} : Q''_{i+1} \to \mathrm{Z}_{i+1}(P_\bullet)$, 使得合成态射 $Q''_{i+1} \to \mathrm{Z}_{i+1}(P_\bullet) \to \mathrm{H}_{i+1}(P_\bullet)$ 成为满态射. 若令 $d''_{i+1} : Q''_{i+1} \to N_i$ 就是 0, 则图表

(11.9.1.4)

$$\begin{array}{ccc} Q''_{i+1} & \xrightarrow{d''_{i+1}} & N_i \\ {\scriptstyle u''_{i+1}}\downarrow & & \downarrow{\scriptstyle u_i} \\ \mathrm{Z}_{i+1}(P_\bullet) & \xrightarrow[d_{i+1}]{} & P_i \end{array}$$

是交换的, 因为下面的水平箭头是 0. 现在取 $Q_{i+1} = Q'_{i+1} \times Q''_{i+1}$ 和 $d_{i+1} = d'_{i+1} + d''_{i+1}$, $u_{i+1} = u'_{i+1} + u''_{i+1}$, 则由 (iii) 知, $Q_{i+1} \in \boldsymbol{K}''$. 由于 $d_{i+1}(Q_{i+1}) = d'_{i+1}(Q_{i+1}) = N_i \subseteq \mathrm{Z}_i(Q_\bullet)$, 故有 $d_{i+1} \circ d_i = 0$, 并且在通常记号下, $\mathrm{B}_i(Q_\bullet) = N_i$, 这就证明了 ($\mathrm{I_{i+1}}$). 图表 (11.9.1.3) 和 (11.9.1.4) 的交换性表明, $d_{i+1} \circ u_{i+1} = u_i \circ d_{i+1}$. 由 N_i 的定义知, 由这些 u_k $(k \leqslant i+1)$ 所导出的态射 $\mathrm{H}_i(Q_\bullet) = \mathrm{Z}_i(Q_\bullet)/N_i \to \mathrm{H}_i(P_\bullet)$ 就是 v_i 在商对象上所导出的态射, 从而是一个同构, 因为 v_i 是满态射,

这就证明了 ($\mathrm{II_{i+1}}$). 最后, 由定义知, $Q''_{i+1} \subseteq \mathrm{Z}_{i+1}(Q_\bullet)$. u''_{i+1} 的选择表明, 态射 $v_{i+1} : \mathrm{Z}_{i+1}(Q_\bullet) \to \mathrm{Z}_{i+1}(P_\bullet) \to \mathrm{H}_{i+1}(P_\bullet)$ 是一个满态射, 因为它在 Q''_{i+1} 上的限制已经是满态射, 从而得出了 ($\mathrm{III_{i+1}}$). 于是归纳法得以继续, 这就证明了命题的结论.

推论 (11.9.2) — 设 A 是一个 *Noether* 环 (未必交换), $P_\bullet = (P_i)_{i\in\mathbb{Z}}$ 是右 A 模的一个复形. 假设每个 $\mathrm{H}_i(P_\bullet)$ 都是有限型 A 模, 并且可以找到 d, 使得当 $i < d$ 时总有 $\mathrm{H}_i(P_\bullet) = 0$. 则我们有一个复形 $Q_\bullet = (Q_i)_{i\in\mathbb{Z}}$ 和一个同态 $u : Q_\bullet \to P_\bullet$, 满足下面的条件: 每个 Q_i 都是有限秩的自由右 A 模, 且当 $i < d$ 时总有 $Q_i = 0$, 进而 u 所定义的同态 $\mathrm{H}_\bullet(Q_\bullet) \to \mathrm{H}_\bullet(P_\bullet)$ 是一一的.

利用 (11.9.1), 取 $\boldsymbol{C}$ 是右 A 模的范畴, $\boldsymbol{K}$ (切转: $\boldsymbol{K}''$) 是有限型 A 模的集合 (切转: 有限秩自由 A 模的集合), 则 (11.9.1) 的条件 (i), (ii) 和 (iii) 显然满足, 因为 A 是 Noether 环.

注解 (11.9.3) — (i) 在 (11.9.2) 的条件下, 进而假设这些 P_i 都是平坦右 A 模. 则对于任意的左 A 模 M, 复形同态 $u \otimes 1 : Q_\bullet \otimes_A M \to P_\bullet \otimes_A M$ 也定义了同调上的一个同构 $\mathrm{H}_\bullet(Q_\bullet \otimes_A M) \xrightarrow{\sim} \mathrm{H}_\bullet(P_\bullet \otimes_A M)$, 我们将在第三章里用到这件事.

(ii) 如果没有假设 A 是 *Noether* 环, 那么 (11.9.2) 的结论未必成立. 事实上, 若取这样一个复形, 它只有一项不是 0, 则 (11.9.2) 的结论将表明, 任何有限型左 A 模都具有一个由有限型自由模所组成的消解, 然而这件事一般来说并不成立 (参考 Bourbaki, 《交换代数学》, I, §2, 习题 6).

尽管如此, 我们仍然可以把 A 是 Noether 环的条件换成只假设每个 $\mathrm{H}_i(P_\bullet)$ 都是 ∞ 级有限呈示的 (参考第四章).

11.10 有限长的模组成的复形的 Euler-Poincaré 示性数

(11.10.1) 设 A 是一个环 (未必交换),

(11.10.1.1)
$$M^\bullet \ :\ 0 \longrightarrow M^0 \longrightarrow M^1 \longrightarrow \cdots \longrightarrow M^n \longrightarrow 0$$

是一个由有限长的左 A 模所组成的复形. 则它的 *Euler-Poincaré* 示性数是指下面这个数

(11.10.1.2)
$$\chi(M^\bullet) = \sum_{i=0}^{n} (-1)^i \operatorname{long}(M^i).$$

命题 (11.10.2) — 对于任何一个由有限长的左 A 模所组成的有限复形 $M^\bullet$, 我们都有 $\chi(M^\bullet) = \chi(\mathrm{H}^\bullet(M^\bullet))$ (把 $\mathrm{H}^\bullet(M^\bullet)$ 看作具有平凡缀算子的复形). 特别地, 如果序列 (11.10.1.1) 是正合的, 则有 $\chi(M^\bullet) = 0$.

为简单起见, 令 $B^i = \mathrm{B}^i(M^\bullet)$, $Z^i = \mathrm{Z}^i(M^\bullet)$, $H^i = \mathrm{H}^i(M^\bullet) = Z^i/B^i$, 则这些 B^i, Z^i, H^i 都是有限长的. 于是由正合序列

$$0 \longrightarrow B^i \longrightarrow Z^i \longrightarrow H^i \longrightarrow 0,$$
$$0 \longrightarrow Z^i \longrightarrow M^i \longrightarrow B^{i+1} \longrightarrow 0$$

可以导出

$$\mathrm{long}(Z^i) = \mathrm{long}(H^i) + \mathrm{long}(B^i),$$
$$\mathrm{long}(M^i) = \mathrm{long}(Z^i) + \mathrm{long}(B^{i+1}),$$

从而

$$\mathrm{long}(M^i) - \mathrm{long}(H^i) = \mathrm{long}(B^{i+1}) + \mathrm{long}(B^i).$$

把上式乘以 $(-1)^i$, 再对所有 $0 \leqslant i \leqslant n$ 求和 (其中取 $B^0 = B^{n+1} = 0$), 就得到了所要的等式.

推论 (11.10.3) — 设 $E = (E_r^{p,q})$ 是环 A 上的模范畴中的一个谱序列. 假设 $E_2^{p,q}$ 都是有限长的 A 模, 并且只有有限组 (p,q) 使得 $E_2^{p,q} \neq 0$. 则所有复形 $E_r^{(\bullet)} = (E_r^{(n)})_{n\in\mathbb{Z}}$ (11.1.1) 的 *Euler-Poincaré* 示性数都是相等的. 进而, 若谱序列 E 是弱收敛的, 并设 $E_\infty^{(n)} = \bigoplus_{p+q=n} E_\infty^{p,q}$ (对任意 $n \in \mathbb{Z}$), 则有 $\chi(E_\infty^{(\bullet)}) = \chi(E_2^{(\bullet)})$, 这里我们把 $E_\infty^{(\bullet)} = (E_\infty^{(n)})_{n\in\mathbb{Z}}$ 看作具有平凡缀算子的复形.

首先注意到, 若 $E_2^{p,q} = 0$, 则对任意 $2 \leqslant r \leqslant +\infty$, 均有 $E_r^{p,q} = 0$, 从而所有的复形 $E_r^{(\bullet)}$ 都是有限的, 并且是由有限长的 A 模所组成的. 于是由 (11.10.2) 以及 $\mathrm{H}^\bullet(E_r^{(\bullet)})$ 与 $E_{r+1}^{(\bullet)}$ 的同构 (把两者都看作具有平凡缀算子的复形) 就可以推出, $\chi(E_r^{(\bullet)}) = \chi(E_{r+1}^{(\bullet)})$. 由于对任意 (p,q), $E_r^{p,q}$ 都是有限长的, 故知序列 $(\mathrm{B}_k(E_2^{p,q}))_{k\geqslant 2}$ 和 $(\mathrm{Z}_k(E_2^{p,q}))_{k\geqslant 2}$ 都是最终稳定的, 从而由 E 的弱收敛性以及除有限组 (p,q) 外总有 $E_2^{p,q} = 0$ 的事实得知, 可以找到整数 $r \geqslant 2$, 使得对任意 (p,q), 均有 $E_\infty^{p,q} = E_r^{p,q}$, 这就给出了关于 $\chi(E_\infty^{(\bullet)})$ 的结果.

§12. 关于层上同调的补充

12.1 环积空间上的模层的上同调

(12.1.1) 设 $(X, \mathscr{O}_X)$ 是一个环积空间, 还记得对于任何 $\mathscr{O}_X$ 模层 $\mathscr{F}$, 我们都定义了它的上同调 $\mathrm{H}^\bullet(X, \mathscr{F})$, 即左正合函子 $\mathscr{F} \mapsto \Gamma(X, \mathscr{F})$ 的导出函子, 这是一个

从 $\mathscr{O}_X$ 模层范畴 $\boldsymbol{C}(X)$ 到 Abel 群范畴的普适上同调函子 (T, 2.2). 函子 $\mathrm{H}^\bullet(X,\mathscr{F})$ 也同构于在 Abel 群层范畴上用同样方法定义出来的那个上同调函子在范畴 $\boldsymbol{C}(X)$ 上的限制 (G, II, 7.2.1).

(12.1.2) 令 $A=\Gamma(X,\mathscr{O}_X)$. 由于 A 中的任何元素都定义了 Abel 群 $\Gamma(X,\mathscr{F})$ 的自同态, 故由函子性知, 它也定义了绵延函子 $\mathrm{H}^\bullet(X,\mathscr{F})$ 的一个自同态. 这些自同态在每个 $\mathrm{H}^p(X,\mathscr{F})$ 上都定义了一个A 模结构, 并且连接算子 ∂ 是 A 线性的. 进而, 对任意两个整数 p,q 和任意两个 $\mathscr{O}_X$ 模层 $\mathscr{F},\mathscr{G}$, 我们都有一个 A 同态

(12.1.2.1) $$\mathrm{H}^p(X,\mathscr{F})\otimes_A\mathrm{H}^q(X,\mathscr{G})\longrightarrow\mathrm{H}^{p+q}(X,\mathscr{F}\otimes_{\mathscr{O}_X}\mathscr{G})$$

称为上积 (G, II, 6.6). 这些同态使全体 $\mathrm{H}^p(X,\mathscr{O}_X)$ $(p\geqslant 0)$ 的直和 S 成为一个反交换的分次 A 代数, 并且使全体 $\mathrm{H}^p(X,\mathscr{F})$ 的直和成为一个分次 S 模.

对于 X 的任何开覆盖 $\mathfrak{U}$, 我们将用 $\mathrm{C}^\bullet(\mathfrak{U},\mathscr{F})$ 来表示 $\mathfrak{U}$ 的经络上的以这些 $\Gamma(U_\sigma,\mathscr{F})$ 为系数的交错上链的复形 (这与 (G, II, 5.1) 不同). 易见 $\mathrm{C}^\bullet(\mathfrak{U},\mathscr{F})$ 是一个分次 A 模, 从而该复形的上同调群 $\mathrm{H}^p(\mathfrak{U},\mathscr{F})$ 也具有A 模结构, 进而, 典范映射 $\mathrm{H}^p(\mathfrak{U},\mathscr{F})\to\mathrm{H}^p(X,\mathscr{F})$ (G, II, 5.4) 都是A 线性的.

(12.1.3) 设 $(X',\mathscr{O}_{X'})$ 是另一个环积空间, 并设 $f=(\psi,\theta)$ 是 X' 到 X 的一个态射.

令 $A'=\Gamma(X',\mathscr{O}_{X'})$, 则 ψ 态射 θ 典范地定义了一个环同态 $A\to A'$. 设 $\mathscr{F}$ 是一个 $\mathscr{O}_X$ 模层, $\mathscr{F}'$ 是一个 $\mathscr{O}_{X'}$ 模层, 则对任意 f 态射 $u:\mathscr{F}\to\mathscr{F}'$ ($\mathbf{0}_\mathrm{I}$, 4.4.1) 和任意 $p\geqslant 0$, 我们都可以定义一个双重同态

(12.1.3.1) $$u_p\ :\ \mathrm{H}^p(X,\mathscr{F})\longrightarrow\mathrm{H}^p(X',\mathscr{F}').$$

事实上, 由于 ψ^* 在 X 上的 Abel 群层范畴上是正合的, 故知 $\mathscr{F}\mapsto\mathrm{H}^\bullet(X',\psi^*\mathscr{F})$ 是该范畴上的一个绵延函子, 且我们有绵延函子之间的一个典范同态

(12.1.3.2) $$\mathrm{H}^\bullet(X,\mathscr{F})\longrightarrow\mathrm{H}^\bullet(X',\psi^*\mathscr{F}),$$

它是由 0 次时的典范同态 $\Gamma(X,\mathscr{F})\to\Gamma(X',\psi^*\mathscr{F})$ 所唯一确定的 (T, 3.2.2). 进而, A 中的任何元素都确定了 $\Gamma(X,\mathscr{F})$ 的一个自同态 μ 和 $\Gamma(X',\psi^*\mathscr{F})$ 的一个自同态 μ', 并且使下面的图表成为交换的

(12.1.3.3) $$\begin{array}{ccc}\Gamma(X,\mathscr{F}) & \longrightarrow & \Gamma(X',\psi^*\mathscr{F})\\ {\scriptstyle\mu}\downarrow & & \downarrow{\scriptstyle\mu'}\\ \Gamma(X,\mathscr{F}) & \longrightarrow & \Gamma(X',\psi^*\mathscr{F})\end{array}\ .$$

根据普适上同调函子对于态射的唯一延拓性质 (T, 2.2), 可以把 μ 和 μ' 唯一地延拓到上同调上, 并且使与 (12.1.3.3) 类似的图表保持交换, 这表明 (12.1.3.2) 是一个 A 模同态. 现在 $f^*\mathscr{F} = \psi^*\mathscr{F} \otimes_{\psi^*\mathscr{O}_X} \mathscr{O}_{X'}$, 从而我们有一个从 $\psi^*\mathscr{O}_X$ 模层 $\psi^*\mathscr{F}$ 到 $\mathscr{O}_{X'}$ 模层 $f^*\mathscr{F}$ 的典范双重同态 $\psi^*\mathscr{F} \to f^*\mathscr{F}$. 根据函子性, 又可以由此导出一个函子性双重同态

(12.1.3.4) $$\mathrm{H}^p(X', \psi^*\mathscr{F}) \longrightarrow \mathrm{H}^p(X', f^*\mathscr{F}),$$

与之对应的环是 A 和 A'. 把这个双重同态与 (12.1.3.2) 合成, 就可以得到一个关于 $\mathscr{F}$ 的典范函子性双重同态

(12.1.3.5) $$\theta_p \ : \ \mathrm{H}^p(X, \mathscr{F}) \longrightarrow \mathrm{H}^p(X', f^*\mathscr{F}).$$

最后, 根据函子性, 由同态 $u^\sharp : f^*\mathscr{F} \to \mathscr{F}'$ 可以导出一个 A' 同态 $\mathrm{H}^p(X', f^*\mathscr{F}) \to \mathrm{H}^p(X', \mathscr{F})$, 把它与 (12.1.3.5) 合成, 就给出了 (12.1.3.1).

设 $f' = (\psi', \theta') : X'' \to X'$ 是另一个环积空间态射, $f'' = f \circ f'$ 是合成态射. 由函子 ψ'^* 与张量积的交换性 ($\mathbf{0}_{\mathrm{I}}$, 4.3.3) 知, 双重同态 $\mathrm{H}^p(X', f^*\mathscr{F}) \to \mathrm{H}^p(X'', f'^* f^*\mathscr{F})$ 与 (12.1.3.5) 的合成就是与 f'' 相对应的双重同态 $\mathrm{H}^p(X, \mathscr{F}) \to \mathrm{H}^p(X'', f''^*\mathscr{F})$.

(12.1.4) 也可以直接定义同态 (12.1.3.2) 如下: 取 $\mathscr{F}$ 的一个由 X 上的 Abel 群层所组成的内射消解 $\mathscr{L}^\bullet = (\mathscr{L}^i)$, 由于函子 ψ^* 是正合的, 故知 $\psi^*\mathscr{L}^\bullet$ 是 $\psi^*\mathscr{F}$ 的一个由 X' 上的层所组成的消解. 若 $\mathscr{L}'^\bullet = (\mathscr{L}'^i)$ 是 $\psi^*\mathscr{F}$ 在 X' 上的 Abel 群层范畴中的一个内射消解, 则我们有 Abel 群层复形之间的一个态射 $\psi^*\mathscr{L}^\bullet \to \mathscr{L}'^\bullet$, 它与两个增殖同态都相容 (M, V, 1.1.a)), 并且这样的态射在只差同伦的意义下是唯一确定的. 由此导出 Abel 群层复形之间的两个同态

$$\Gamma(X, \mathscr{L}^\bullet) \longrightarrow \Gamma(X', \psi^*\mathscr{L}^\bullet) \longrightarrow \Gamma(X', \mathscr{L}'^\bullet),$$

再对它们的合成取上同调就可以给出绵延函子之间的一个态射 $\mathrm{H}^\bullet(X, \mathscr{F}) \to \mathrm{H}^\bullet(X', \psi^*\mathscr{F})$. 由于它和 (12.1.3.2) 在 0 次项上是重合的, 从而两者相等 (T, 2.2).

现在考虑 X 的一个开覆盖 $\mathfrak{U} = (U_\alpha)$, 并设 $\mathfrak{U}' = (f^{-1}(U_\alpha))$ 是 X' 的由 $\mathfrak{U}$ 的逆像所给出的开覆盖. 则由 X 的各个开集 V 上的典范同态 $\Gamma(V, \mathscr{F}) \to \Gamma(f^{-1}(V), f^*\mathscr{F})$ 就可以导出 (参考 G, II, 5.1) 一个复形同态 $\mathrm{C}^\bullet(\mathfrak{U}, \mathscr{F}) \to \mathrm{C}^\bullet(\mathfrak{U}', f^*\mathscr{F})$, 从而得到典范同态

(12.1.4.1) $$\theta_p \ : \ \mathrm{H}^p(\mathfrak{U}, \mathscr{F}) \longrightarrow \mathrm{H}^p(\mathfrak{U}', f^*\mathscr{F}).$$

进而, 我们有交换图表

(12.1.4.2)

$$\begin{array}{ccc} \mathrm{H}^p(\mathfrak{U},\mathscr{F}) & \xrightarrow{\theta_p} & \mathrm{H}^p(\mathfrak{U}',f^*\mathscr{F}) \\ \downarrow & & \downarrow \\ \mathrm{H}^p(X,\mathscr{F}) & \xrightarrow[\theta_p]{} & \mathrm{H}^p(X',f^*\mathscr{F}) \end{array},$$

其中的竖直箭头都是典范同态 (G, II, 5.2). 为了证明 (12.1.4.2) 的交换性, 考虑 $\mathscr{F}$ 关于 $\mathfrak{U}$ 的 (交错) 上链层复形 $\mathscr{C}^\bullet(\mathfrak{U},\mathscr{F})$, 它满足 $\Gamma(X,\mathscr{C}^\bullet(\mathfrak{U},\mathscr{F}))=\mathrm{C}^\bullet(\mathfrak{U},\mathscr{F})$ (G, II, 5.2). 于是典范同态 $\Gamma(V,\mathscr{F})\to\Gamma(f^{-1}(V),\psi^*\mathscr{F})$ 定义了一个 ψ 态射 $\mathscr{C}^\bullet(\mathfrak{U},\mathscr{F})\to\mathscr{C}^\bullet(\mathfrak{U}',\psi^*\mathscr{F})$, 并且在前面的记号下, 我们有交换图表

$$\begin{array}{ccccc} \Gamma(X,\mathscr{C}^\bullet(\mathfrak{U},\mathscr{F})) & \longrightarrow & \Gamma(X',\mathscr{C}^\bullet(\mathfrak{U}',\psi^*\mathscr{F})) & & \\ \downarrow & & \downarrow & & \\ \Gamma(X,\mathscr{L}^\bullet) & \longrightarrow & \Gamma(X',\psi^*\mathscr{L}^\bullet) & \longrightarrow & \Gamma(X',\mathscr{L}'^\bullet) \end{array}.$$

取上同调, 又给出交换图表

$$\begin{array}{ccc} \mathrm{H}^p(\mathfrak{U},\mathscr{F}) & \longrightarrow & \mathrm{H}^p(\mathfrak{U}',\psi^*\mathscr{F}) \\ \downarrow & & \downarrow \\ \mathrm{H}^p(X,\mathscr{F}) & \longrightarrow & \mathrm{H}^p(X',\psi^*\mathscr{F}) \end{array},$$

其中的竖直箭头都是典范同态 (G, II, 5.2). 现在把上述交换图表与下面的交换图表进行合成, 就可以得到 (12.1.4.2) 的交换性

$$\begin{array}{ccc} \mathrm{H}^p(\mathfrak{U}',\psi^*\mathscr{F}) & \longrightarrow & \mathrm{H}^p(\mathfrak{U}',f^*\mathscr{F}) \\ \downarrow & & \downarrow \\ \mathrm{H}^p(X',\psi^*\mathscr{F}) & \longrightarrow & \mathrm{H}^p(X',f^*\mathscr{F}) \end{array},$$

这是基于同态 $\psi^*\mathscr{F}\to f^*\mathscr{F}$ 以及典范同态 (G, II, 5.2) 的函子特性.

注意到对于 $A=\Gamma(X,\mathscr{O}_X)$, $A'=\Gamma(X',\mathscr{O}_{X'})$, 同态 (12.1.4.1) 是环 A 和 A' 上的模之间的一个双重同态. 并且对于态射的合成来说, (12.1.4.1) 还具有传递性, 类似于 (12.1.3.5) 的传递性. 最后, 在前述定义中, 可以把 $\mathscr{F}$ 的内射消解 $\mathscr{L}^\bullet$ 换成一个满足下述条件的消解: 对任意 i 和任意 $p>0$, 均有 $\mathrm{H}^p(X,\mathscr{L}^i)=0$ (G, II, 4.7.1).

(12.1.5) 设 $\mathscr{F},\mathscr{G},\mathscr{K}$ 是三个 $\mathscr{O}_X$ 模层, 并设 $u:\mathscr{F}\otimes_{\mathscr{O}_X}\mathscr{G}\to\mathscr{K}$ 是一个 $\mathscr{O}_X$ 同态, 则由上积 (12.1.2.1) 可以导出上同调之间的一个同态

(12.1.5.1) $$\mathrm{H}^p(X,\mathscr{F})\otimes_A\mathrm{H}^q(X,\mathscr{G})\longrightarrow\mathrm{H}^{p+q}(X,\mathscr{K}).$$

下面来证明, 在 (12.1.3) 的记号和前提条件下, 我们有交换图表

(12.1.5.2) $$\begin{array}{ccc}\mathrm{H}^p(X,\mathscr{F})\otimes_A\mathrm{H}^q(X,\mathscr{G}) & \longrightarrow & \mathrm{H}^{p+q}(X,\mathscr{K})\\ \downarrow & & \downarrow\\ \mathrm{H}^p(X',f^*\mathscr{F})\otimes_{A'}\mathrm{H}^q(X',f^*\mathscr{G}) & \longrightarrow & \mathrm{H}^{p+q}(X',f^*\mathscr{K})\end{array},$$

其中的竖直箭头都来自典范同态 (12.1.3.5). 为此, 注意到 (12.1.5.1) 可由下面的方式给出, 即分别取 $\mathscr{F},\mathscr{G},\mathscr{K}$ 的典范消解 (G, II, 4.3) $\mathscr{L}^\bullet$, $\mathscr{M}^\bullet$, $\mathscr{N}^\bullet$ (它们都是由 $\mathscr{O}_X$ 模层所组成的), 然后由 u 导出 $\mathscr{O}_X$ 模层复形之间的一个线性映射 $\mathscr{L}^\bullet\otimes_{\mathscr{O}_X}\mathscr{M}^\bullet\to\mathscr{N}^\bullet$, 再由它得到 A 模复形之间的一个同态 $\Gamma(X,\mathscr{L}^\bullet)\otimes_A\Gamma(X,\mathscr{M}^\bullet)\to\Gamma(X,\mathscr{N}^\bullet)$, 取上同调就给出了同态 $\mathrm{H}^p(\Gamma(X,\mathscr{L}^\bullet))\otimes_A\mathrm{H}^q(\Gamma(X,\mathscr{M}^\bullet))\to\mathrm{H}^{p+q}(\Gamma(X,\mathscr{N}^\bullet))$ (G, II, 6.6). 现在我们显然有下面的交换图表

(12.1.5.3) $$\begin{array}{ccc}\Gamma(X,\mathscr{L}^\bullet)\otimes_A\Gamma(X,\mathscr{M}^\bullet) & \longrightarrow & \Gamma(X,\mathscr{N}^\bullet)\\ \downarrow & & \downarrow\\ \Gamma(X',\psi^*\mathscr{L}^\bullet)\otimes_{\Gamma(X',\psi^*\mathscr{O}_X)}\Gamma(X',\psi^*\mathscr{M}^\bullet) & \longrightarrow & \Gamma(X',\psi^*\mathscr{N}^\bullet).\end{array}$$

取上同调就给出下面的交换图表

(12.1.5.4)

$$\begin{array}{ccc}\mathrm{H}^p(X,\mathscr{F})\otimes_A\mathrm{H}^q(X,\mathscr{G}) & \longrightarrow & \mathrm{H}^{p+q}(X,\mathscr{K})\\ \downarrow & & \downarrow\\ \mathrm{H}^p(\Gamma(X',\psi^*\mathscr{L}^\bullet))\otimes_{\Gamma(X',\psi^*\mathscr{O}_X)}\mathrm{H}^q(\Gamma(X',\psi^*\mathscr{M}^\bullet)) & \longrightarrow & \mathrm{H}^{p+q}(\Gamma(X',\psi^*\mathscr{N}^\bullet)).\end{array}$$

而由于 $\psi^*\mathscr{L}^\bullet$, $\psi^*\mathscr{M}^\bullet$, $\psi^*\mathscr{N}^\bullet$ 分别是 $\psi^*\mathscr{F}$, $\psi^*\mathscr{G}$, $\psi^*\mathscr{K}$ 的消解, 故我们有交换图表 (G, II, 6.6.1)

(12.1.5.5)

$$\begin{array}{ccc}\mathrm{H}^p(\Gamma(X',\psi^*\mathscr{L}^\bullet))\otimes_{\Gamma(X',\psi^*\mathscr{O}_X)}\mathrm{H}^q(\Gamma(X',\psi^*\mathscr{M}^\bullet)) & \longrightarrow & \mathrm{H}^{p+q}(\Gamma(X',\psi^*\mathscr{N}^\bullet))\\ \downarrow & & \downarrow\\ \mathrm{H}^p(X',\psi^*\mathscr{F})\otimes_{\Gamma(X',\psi^*\mathscr{O}_X)}\mathrm{H}^q(X',\psi^*\mathscr{G}) & \longrightarrow & \mathrm{H}^{p+q}(X',\psi^*\mathscr{K}).\end{array}$$

最后, 由函子性知, 我们有下面的交换图表

$$
\text{(12.1.5.6)}\qquad
\begin{array}{ccc}
\mathrm{H}^p(X',\psi^*\mathscr{F})\otimes_{\Gamma(X',\psi^*\mathscr{O}_X)}\mathrm{H}^q(X',\psi^*\mathscr{G}) & \longrightarrow & \mathrm{H}^{p+q}(X',\psi^*\mathscr{K}) \\
\big\downarrow & & \big\downarrow \\
\mathrm{H}^p(X',f^*\mathscr{F})\otimes_{A'}\mathrm{H}^q(X',f^*\mathscr{G}) & \longrightarrow & \mathrm{H}^{p+q}(X',f^*\mathscr{K}).
\end{array}
$$

把三个交换图表 (12.1.5.4), (12.1.5.5) 和 (12.1.5.6) 结合起来, 就得到了所要的交换图表 (12.1.5.2).

注解 (12.1.6) — 在 (12.1.3) 的记号下, 假设给了下面的交换图表

$$
\text{(12.1.6.1)}\qquad
\begin{array}{ccccccccc}
0 & \longrightarrow & \mathscr{F} & \xrightarrow{r} & \mathscr{G} & \xrightarrow{s} & \mathscr{H} & \longrightarrow & 0 \\
 & & {\scriptstyle u}\big\downarrow & & {\scriptstyle v}\big\downarrow & & {\scriptstyle w}\big\downarrow & & \\
0 & \longrightarrow & \mathscr{F}' & \xrightarrow[r']{} & \mathscr{G}' & \xrightarrow[s']{} & \mathscr{H}' & \longrightarrow & 0\ ,
\end{array}
$$

其中 r, s 都是 $\mathscr{O}_X$ 模层同态, r', s' 都是 $\mathscr{O}_{X'}$ 模层同态, u, v, w 都是 f 态射, 并且两行都是正合的. 则可以由此导出一个交换图表

(12.1.6.2)

$$
\begin{array}{ccccccc}
\cdots & \longrightarrow & \mathrm{H}^p(X,\mathscr{F}) & \longrightarrow & \mathrm{H}^p(X,\mathscr{G}) & \longrightarrow & \\
 & & {\scriptstyle u_p}\big\downarrow & & {\scriptstyle v_p}\big\downarrow & & \\
\cdots & \longrightarrow & \mathrm{H}^p(X',\mathscr{F}') & \longrightarrow & \mathrm{H}^p(X',\mathscr{G}') & \longrightarrow &
\end{array}
$$

$$
\begin{array}{ccccccc}
\longrightarrow & \mathrm{H}^p(X,\mathscr{H}) & \xrightarrow{\partial} & \mathrm{H}^{p+1}(X,\mathscr{F}) & \longrightarrow & \cdots \\
 & {\scriptstyle w_p}\big\downarrow & & {\scriptstyle u_{p+1}}\big\downarrow & & \\
\longrightarrow & \mathrm{H}^p(X',\mathscr{H}') & \xrightarrow[\partial]{} & \mathrm{H}^{p+1}(X',\mathscr{F}') & \longrightarrow & \cdots\ .
\end{array}
$$

事实上, (12.1.6.1) 可以分解为

$$
\begin{array}{ccccccccc}
0 & \longrightarrow & \mathscr{F} & \longrightarrow & \mathscr{G} & \longrightarrow & \mathscr{H} & \longrightarrow & 0 \\
 & & \big\downarrow & & \big\downarrow & & \big\downarrow & & \\
0 & \longrightarrow & \psi^*\mathscr{F} & \longrightarrow & \psi^*\mathscr{G} & \longrightarrow & \psi^*\mathscr{H} & \longrightarrow & 0 \\
 & & \big\downarrow & & \big\downarrow & & \big\downarrow & & \\
0 & \longrightarrow & \mathscr{F}' & \longrightarrow & \mathscr{G}' & \longrightarrow & \mathscr{H}' & \longrightarrow & 0\ .
\end{array}
$$

中间一行也是正合的 ($\mathbf{0}_{\mathrm{I}}$, 3.7.2), 从而只需利用下面的事实即可: (12.1.3.2) 是绵延函子的同态, 并且这些 $\mathrm{H}^p(X', \mathscr{F}')$ 构成一个关于 $\mathscr{F}'$ 的绵延函子.

(12.1.7) 记号和前提条件与 (12.1.3) 相同, 现在考虑 $\mathscr{F} = f_*\mathscr{F}' = \psi_*\mathscr{F}'$ 的情形, 我们来证明, (12.1.3) 中的双重同态

(12.1.7.1) $$\mathrm{H}^p(X, f_*\mathscr{F}') \longrightarrow \mathrm{H}^p(X', \mathscr{F}')$$

实际上就是合成函子 $\mathscr{F}' \mapsto \Gamma(X', \psi_*\mathscr{F}')$ 的某个谱序列的边沿同态 (只差 $\mathrm{H}^p(X', \mathscr{F}')$ 的自同构) (T, 2.4). 根据 (12.1.4) 中所给出的关于同态 (12.1.7.1) 的描述, 这个同态也可由下面的方法导出, 即分别取 $\psi_*\mathscr{F}'$ 和 $\mathscr{F}'$ 的内射消解 $\mathscr{L}^\bullet$ 和 $\mathscr{L}'^\bullet$, 然后取典范同态 $\psi^*\psi_*\mathscr{F}' \to \mathscr{F}'$ "上" 的一个复形态射 $v : \psi^*\mathscr{L}^\bullet \to \mathscr{L}'^\bullet$, 注意到我们有 $\Gamma(X', \mathscr{L}'^\bullet) = \Gamma(X, \psi_*\mathscr{L}'^\bullet)$, 并且合成同态

$$\Gamma(X, \mathscr{L}^\bullet) \longrightarrow \Gamma(X', \psi^*\mathscr{L}^\bullet) \xrightarrow{\Gamma(v)} \Gamma(X', \mathscr{L}'^\bullet)$$

恰好就是

(12.1.7.2) $$\Gamma(v^\flat) \ : \ \Gamma(X, \mathscr{L}^\bullet) \longrightarrow \Gamma(X, \psi_*\mathscr{L}'^\bullet)$$

($\mathbf{0}_{\mathrm{I}}$, 3.7.1), 于是对 (12.1.7.2) 取上同调就可以得到 (12.1.7.1). 另一方面, 合成函子 $\mathscr{F}' \mapsto \Gamma(X, \psi_*\mathscr{F}')$ 的谱序列可由下面的方法导出, 即取复形 $\psi_*\mathscr{L}'^\bullet$ 在 X 上的 Abel 群层范畴中的一个内射 Cartan-Eilenberg 消解 $\mathscr{M}^{\bullet,\bullet} = (\mathscr{M}^{i,j})$, 则上述谱序列就是双复形 $\Gamma(X, \mathscr{M}^{\bullet,\bullet})$ 的谱序列 (它是双正则的, 因为当 $i < 0$ 或 $j < 0$ 时, 总有 $\mathscr{M}^{i,j} = 0$). 现在该双复形的第一谱序列是退化的, 因为层 $\psi_*\mathscr{L}'^i$ 都是松软的 (G, II, 3.1.1), 从而当 $q > 0$ 时, 总有 $\mathrm{H}^q_{\mathrm{II}}(\Gamma(X, \mathscr{M}^{i,\bullet})) = \mathrm{H}^q(\psi_*\mathscr{L}'^i) = 0$ (G, II, 4.4.3). 于是下面的边沿同态都是一一的 (11.1.6)

(12.1.7.3) $$'E_2^{i,0} = \mathrm{H}^i(\mathrm{H}^0_{\mathrm{II}}(\Gamma(X, \mathscr{M}^{\bullet,\bullet}))) \longrightarrow \mathrm{H}^i(\Gamma(X, \mathscr{M}^{\bullet,\bullet})).$$

并且由 (11.3.4) 知, 这些同态又等于对下述增殖同态取上同调而得到的同态

(12.1.7.4) $$\Gamma(X, \psi_*\mathscr{L}'^\bullet) \longrightarrow \Gamma(X, \mathscr{M}^{\bullet,\bullet}),$$

这个增殖同态本身又来自增殖同态 $\eta : \psi_*\mathscr{L}'^\bullet \to \mathscr{M}^{\bullet,\bullet}$. 另一方面, 对于第二谱序列, 边沿同态

(12.1.7.5) $$''E_2^{i,0} = \mathrm{H}^i(\mathrm{H}^0_{\mathrm{I}}(\Gamma(X, \mathscr{M}^{\bullet,\bullet}))) \longrightarrow \mathrm{H}^i(\Gamma(X, \mathscr{M}^{\bullet,\bullet}))$$

又等于 (11.3.4) 对复形同态 $\mathrm{Z}_{\mathrm{I}}^{0}(\Gamma(X,\mathscr{M}^{\bullet,\bullet}))\to\Gamma(X,\mathscr{M}^{\bullet,\bullet})$ 取上同调而得到的同态. 现在由于 ψ_* 是左正合的, 故知序列

$$0\longrightarrow\psi_*\mathscr{F}'\longrightarrow\psi_*\mathscr{L}'^0\longrightarrow\psi_*\mathscr{L}'^1$$

是正合的, 从而由 Cartan-Eilenberg 消解的定义 (11.4.2) 知, 可以取 $\mathrm{B}_{\mathrm{I}}^{0}(\mathscr{M}^{\bullet,\bullet})=0$, $\mathrm{Z}_{\mathrm{I}}^{0}(\mathscr{M}^{\bullet,\bullet})=\mathscr{L}^{\bullet}$. 由于图表

$$\begin{array}{ccc}\mathscr{L}^0 & \xrightarrow{\ i^0\ } & \mathscr{M}^{00}\\ {\scriptstyle\varepsilon}\uparrow & \nearrow{\scriptstyle\varepsilon''} & \uparrow{\scriptstyle\eta^0}\\ \psi_*\mathscr{F}' & \xrightarrow[\ \varepsilon'\ ]{} & \psi_*\mathscr{L}'^0\end{array}$$

是交换的, 故知复形含入 $i:\mathscr{L}^{\bullet}\to\mathscr{M}^{\bullet,\bullet}$ 与增殖同态 ε 和 ε'' 是相容的. 于是我们得到两个从 $\mathscr{L}^{\bullet}$ 到 $\mathscr{M}^{\bullet,\bullet}$ 的复形同态

$$\begin{array}{ccc}\mathscr{L}^{\bullet} & \xrightarrow{\qquad i\qquad} & \mathscr{M}^{\bullet,\bullet}\\ & {\scriptstyle v^{\flat}}\searrow\quad\nearrow{\scriptstyle\eta} & \\ & \psi_*\mathscr{L}'^{\bullet}, & \end{array}$$

它们都与增殖同态 ε 和 ε'' 相容. 由于 $\mathscr{L}^{\bullet}$ 是一个内射消解, 并且 $\mathscr{M}^{\bullet,\bullet}$ 是由内射层所组成的, 故由 (M, V, 1.1 a)) 知, 上面这两个同态是同伦的, 从而对应的两个同态 $\Gamma(X,\mathscr{L}^{\bullet})\to\Gamma(X,\mathscr{M}^{\bullet,\bullet})$ 也是同伦的, 因而取上同调后我们得到同一个同态. 换句话说, 边沿同态 (12.1.7.5) $\mathrm{H}^p(X,\psi_*\mathscr{F}')\to\mathrm{H}^p(\Gamma(X,\mathscr{M}^{\bullet,\bullet}))$ 可以通过取 (12.1.7.1) 和 (12.1.7.3) 的合成而得到, 这里要把后者写成 $\mathrm{H}^p(X',\mathscr{F}')\to\mathrm{H}^p(\Gamma(X,\mathscr{M}^{\bullet,\bullet}))$, 且我们已经知道它是一个同构, 这就推出了上述阐言.

12.2 高阶顺像

(12.2.1) 设 $(X,\mathscr{O}_X)$ 和 $(Y,\mathscr{O}_Y)$ 是两个环积空间, $f=(\psi,\theta)$ 是 X 到 Y 的一个态射, 它定义了顺像函子 $f_*:\boldsymbol{C}(X)\to\boldsymbol{C}(Y)$, 也就是把定义在 X 上的 Abel 群层范畴上的函子 ψ_* 限制到 $\boldsymbol{C}(X)$ 上而得到的函子. 由于函子 ψ_* 是加性且左正合的, 并且 X 上的任何 Abel 群层都同构于内射 Abel 群层的子层, 从而我们可以定义出函子 ψ_* 的右导出函子 $\mathscr{F}\mapsto\mathrm{R}^p\psi_*\mathscr{F}$, 这些 $\mathrm{R}^p\psi_*\mathscr{F}$ 都是 Y 上的 Abel 群层, 并且它们合起来构成一个普适上同调函子 (T, 2.3).

进而, 层 $\mathrm{R}^p\psi_*\mathscr{F}$ 就是预层 $V\mapsto\mathrm{H}^p(f^{-1}(V),\mathscr{F})$ 的拼续层 (T, 3.7.2). 现在我们假设 $\mathscr{F}$ 是一个 $\mathscr{O}_X$ 模层, 则 $\mathrm{H}^p(f^{-1}(V),\mathscr{F})$ 具有自然的 $\Gamma(f^{-1}(V),\mathscr{O}_X)$ 模结

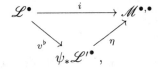

构, 从而也具有 $\Gamma(V,\psi_*\mathscr{O}_X)$ 模结构, 并且同态 $\theta:\mathscr{O}_Y\to\psi_*\mathscr{O}_X$ 又使它获得了一个 $\Gamma(V,\mathscr{O}_Y)$ 模结构. 对于这些结构来说, 易见开集 V 到 $V'\subseteq V$ 的限制定义了一个双重同态, 从而可以在每个 $\mathrm{R}^p\psi_*\mathscr{F}$ 上定义出一个 $\mathscr{O}_Y$ 模层结构, 我们把这个 $\mathscr{O}_Y$ 模层记作 $\mathrm{R}^pf_*\mathscr{F}$, 则 R^pf_* 是 $\boldsymbol{C}(X)$ 到 $\boldsymbol{C}(Y)$ 的一个加性函子. 进而, 这些 R^pf_* 构成一个绵延函子, 因为如果 $0\to\mathscr{F}'\to\mathscr{F}\to\mathscr{F}''\to 0$ 是 $\mathscr{O}_X$ 模层的正合序列, 则由上面对于 $\mathrm{R}^p\psi_*$ 的描述以及 $\mathrm{R}^p\psi_*\mathscr{F}$ 上的 $\mathscr{O}_Y$ 模层结构的定义知, 同态 $\partial:\mathrm{R}^p\psi_*\mathscr{F}''\to\mathrm{R}^{p+1}\psi_*\mathscr{F}'$ 是一个 $\mathscr{O}_Y$ 模层同态. 最后, 这些 R^pf_* 可以等同于 f_* 的右导出函子, 事实上, 任何 $\mathscr{O}_X$ 模层都具有由 $\mathscr{O}_X$ 模层所组成的内射消解, 并且由于这样的消解是由松软 Abel 群层 (G, II, 7.1) 所组成的, 从而可以用它来计算 $\mathrm{R}^p\psi_*\mathscr{F}$, 因为对任意松软层 $\mathscr{G}$ 和任意 $n\geqslant 1$, 我们都有 $\mathrm{R}^n\psi_*\mathscr{G}=0$ (T, 2.4.1, 注解 3 和命题 3.3.2 的推论). 由此我们得知, 这些 R^pf_* 就构成了一个从 $\boldsymbol{C}(X)$ 到 $\boldsymbol{C}(Y)$ 的普适上同调函子 (T, 2.3).

(12.2.2) 设 $\mathscr{F}$ 和 $\mathscr{G}$ 是两个 $\mathscr{O}_X$ 模层. 在 (12.2.1) 的记号下, 对于 Y 的任意开集 V, 我们都有一个上积同态 (12.1.2.1)

$$\mathrm{H}^p(f^{-1}(V),\mathscr{F})\otimes_{\Gamma(f^{-1}(V),\mathscr{O}_X)}\mathrm{H}^q(f^{-1}(V),\mathscr{G})\longrightarrow\mathrm{H}^{p+q}(f^{-1}(V),\mathscr{F}\otimes_{\mathscr{O}_X}\mathscr{G}).$$

并且由上积的定义 (G, II, 6.6) 易见, 这些同态与 V 到它的开子集 V' 的限制是可交换的. 另一方面, 由 θ 可以导出一个环同态

$$\Gamma(V,\mathscr{O}_Y)\longrightarrow\Gamma(V,\psi_*\mathscr{O}_X)=\Gamma(f^{-1}(V),\mathscr{O}_X),$$

这又给出了张量积之间的典范同态

$$\begin{aligned}&\mathrm{H}^p(f^{-1}(V),\mathscr{F})\otimes_{\Gamma(V,\mathscr{O}_Y)}\mathrm{H}^q(f^{-1}(V),\mathscr{G})\\&\qquad\longrightarrow\mathrm{H}^p(f^{-1}(V),\mathscr{F})\otimes_{\Gamma(f^{-1}(V),\mathscr{O}_X)}\mathrm{H}^q(f^{-1}(V),\mathscr{G}),\end{aligned}$$

并且它也与 V 到 V' 的限制是相容的. 把这些同态合成, 我们就得到一个 $\Gamma(V,\mathscr{O}_Y)$ 同态, 这些同态又定义了拼续层上的一个函子性 (关于 $\mathscr{F}$ 和 $\mathscr{G}$) 典范同态:

(12.2.2.1) $$\mathrm{R}^pf_*\mathscr{F}\otimes_{\mathscr{O}_Y}\mathrm{R}^qf_*\mathscr{G}\longrightarrow\mathrm{R}^{p+q}f_*(\mathscr{F}\otimes_{\mathscr{O}_X}\mathscr{G}).$$

注意到当 $p=q=0$ 时, 这个同态恰好就是 ($\mathbf{0_I}$, 4.2.2.1).

命题 (12.2.3) — *对任意 $\mathscr{O}_X$ 模层 $\mathscr{F}$ 和每个有限秩局部自由 $\mathscr{O}_Y$ 模层 $\mathscr{L}$, 我们都有下面的函子性典范同构*

(12.2.3.1) $$\mathrm{R}^pf_*\mathscr{F}\otimes_{\mathscr{O}_Y}\mathscr{L}\xrightarrow{\sim}\mathrm{R}^pf_*(\mathscr{F}\otimes_{\mathscr{O}_X}f^*\mathscr{L}).$$

同态 (12.2.3.1) 可以通过下面两个同态的合成而得到, 第一个是 (12.2.2.1) 的特殊情形:

$$\text{(12.2.3.2)} \qquad \mathrm{R}^p f_*\mathscr{F} \otimes_{\mathscr{O}_Y} f_*f^*\mathscr{L} \xrightarrow{\sim} \mathrm{R}^p f_*(\mathscr{F} \otimes_{\mathscr{O}_X} f^*\mathscr{L}).$$

第二个是由典范同态 ($\mathbf{0}_\mathrm{I}$, 4.4.3.2) 所导出的那个从 (12.2.3.1) 左边到 (12.2.3.2) 左边的同态. 为了证明当 $\mathscr{L}$ 局部自由时 (12.2.3.1) 是一个同构, 可以限于考虑 $\mathscr{L} = \mathscr{O}_Y$ 的情形, 因为问题在 Y 上是局部性的, 并且所考虑的函子对于 $\mathscr{L}$ 来说都是加性的. 此时, 由定义 (12.2.2.1) 知, 问题归结为验证对应的预层同态是一一的, 但这是显然的, 因为我们有 $f^*\mathscr{O}_Y = \mathscr{O}_X$.

(12.2.4) 设 $(Z, \mathscr{O}_Z)$ 是第三个环积空间, $g : Y \to Z$ 是一个环积空间态射. 则由 (G, II, 7.1 和 3.1.1) 知, 对任意内射 $\mathscr{O}_X$ 模层 $\mathscr{G}$, $f_*\mathscr{G}$ 都是松软 Abel 群层, 从而 (12.2.1) 对任意 $p > 0$, 我们都有 $\mathrm{R}^p g_* f_*\mathscr{G} = 0$. 现在可以把 (T, 2.4.1) 中关于合成函子的 *Leray* 谱序列理论应用到合成函子 g_*f_* 上, 由此得到一个双正则的谱序列, 以函子 $\mathrm{R}^\bullet h_*$ $(h = g \circ f)$ 为目标, 且它的 E_2 项是由下式给出的

$$\text{(12.2.4.1)} \qquad E_2^{p,q} = \mathrm{R}^p g_* \mathrm{R}^q f_* \mathscr{F}.$$

(12.2.5) 在 (12.2.4) 的条件下, 我们可以直接定义出 $\mathscr{O}_Z$ 模层之间的下述典范同态 (它们就相当于 Leray 谱序列的 "边沿同态", 参考 (12.1.7))

$$\text{(12.2.5.1)} \qquad \mathrm{R}^n g_* f_* \mathscr{F} \longrightarrow \mathrm{R}^n h_* \mathscr{F},$$

$$\text{(12.2.5.2)} \qquad \mathrm{R}^n h_* \mathscr{F} \longrightarrow g_* \mathrm{R}^n f_* \mathscr{F}.$$

只需在拼续出高阶顺像层的那些预层 (12.2.1) 上讨论即可, 为此考虑 Z 的任意开集 W 和它在 Y 中的逆像 $g^{-1}(W)$, 我们有下面的典范双重同态

$$\text{(12.2.5.3)} \qquad \mathrm{H}^n(g^{-1}(W), f_*\mathscr{F}) \longrightarrow \mathrm{H}^n(f^{-1}(g^{-1}(W)), f^*f_*\mathscr{F}),$$

对应的环分别是 $\Gamma(g^{-1}(W), \mathscr{O}_Y)$ 和 $\Gamma(h^{-1}(W), \mathscr{O}_X)$. 另一方面, 典范同态 ($\mathbf{0}_\mathrm{I}$, 4.4.3.3) 给出下面的典范同态 (根据函子性)

$$\text{(12.2.5.4)} \qquad \mathrm{H}^n(h^{-1}(W), f^*f_*\mathscr{F}) \longrightarrow \mathrm{H}^n(h^{-1}(W), \mathscr{F}),$$

并且它们都是 $\Gamma(h^{-1}(W), \mathscr{O}_X)$ 模同态. 借助环同态 $\Gamma(W, \mathscr{O}_Z) \to \Gamma(g^{-1}(W), \mathscr{O}_Y)$, 我们看到把 (12.2.5.4) 和 (12.2.5.3) 进行合成可以得到一个预层同态, 由此就给出了层同态 (12.2.5.1).

(12.2.5.2) 的定义更简单, 根据定义, $\mathrm{R}^n h_*\mathscr{F}$ 是预层 $W \mapsto \mathrm{H}^n(f^{-1}(g^{-1}(W)), \mathscr{F})$ 的拼续层, 而 $\mathrm{R}^n f_*\mathscr{F}$ 是预层 $V \mapsto \mathrm{H}^n(f^{-1}(V), \mathscr{F})$ 的拼续层, 从而我们有一个典范同态

$$\mathrm{H}^n(f^{-1}(g^{-1}(W)), \mathscr{F}) \longrightarrow \Gamma(g^{-1}(W), \mathrm{R}^n f_*\mathscr{F}).$$

易见这些同态定义了一个预层同态, 这就给出了 (12.2.5.2).

(12.2.6) 在 (12.2.4) 的前提条件下, 设 $\mathscr{F}, \mathscr{G}, \mathscr{K}$ 是三个 $\mathscr{O}_X$ 模层, 并且 $u : \mathscr{F} \otimes \mathscr{G} \to \mathscr{K}$ 是一个 $\mathscr{O}_X$ 同态. 则我们有交换图表

(12.2.6.1)
$$\begin{array}{ccc} (\mathrm{R}^p g_* f_*\mathscr{F}) \otimes_{\mathscr{O}_Z} \mathrm{R}^q g_* f_*\mathscr{G} & \longrightarrow & \mathrm{R}^{p+q} g_* f_*\mathscr{K} \\ \downarrow & & \downarrow \\ \mathrm{R}^p h_*\mathscr{F} \otimes_{\mathscr{O}_Z} \mathrm{R}^q h_*\mathscr{G} & \longrightarrow & \mathrm{R}^{p+q} h_*\mathscr{K} \end{array}$$

和

(12.2.6.2)
$$\begin{array}{ccc} \mathrm{R}^p h_*\mathscr{F} \otimes_{\mathscr{O}_Z} \mathrm{R}^q h_*\mathscr{G} & \longrightarrow & \mathrm{R}^{p+q} h_*\mathscr{K} \\ \downarrow & & \downarrow \\ (g_*\mathrm{R}^p f_*\mathscr{F}) \otimes_{\mathscr{O}_Z} g_*\mathrm{R}^q f_*\mathscr{G} & \longrightarrow & g_*\mathrm{R}^{p+q} f_*\mathscr{K} \end{array} ,$$

其中的水平箭头都来自 (12.2.2.1) (在第二个图表中还要结合 ($\mathbf{0_I}$, 4.2.2.1)), 竖直箭头分别是同态 (12.2.5.1) 和 (12.2.5.2).

只需在对应的预层同态上验证即可, 基于这些同态在 (12.2.2) 和 (12.2.5) 中的定义方法, (12.2.6.1) 可以立即归结为交换图表 (12.1.5.2), 而 (12.2.6.2) 的验证也非常简单.

12.3 关于层的 Ext 函子的补充

(12.3.1) 考虑一个环积空间 $(X, \mathscr{O}_X)$, 我们不再复习从 $\mathscr{O}_X$ 模层范畴到 $\Gamma(X, \mathscr{O}_X)$ 模范畴的二元函子 $\mathrm{Ext}^p_{\mathscr{O}_X}(X; \mathscr{F}, \mathscr{G})$ 的定义及其主要性质, 也不再复习 $\mathscr{O}_X$ 模层范畴到自身的二元函子 $\mathscr{E}xt^p_{\mathscr{O}_X}(\mathscr{F}, \mathscr{G})$, 以及双正则谱序列 $\mathrm{E}(\mathscr{F}, \mathscr{G})$ 等, 参考 (T, 4.2 和 G, II, 7.3).

(12.3.2) 我们可以采用 (M, XIV, 1) 中的方法来定义一个 $\mathscr{O}_X$ 模层 $\mathscr{F}$ 枕着另一个 $\mathscr{O}_X$ 模层 $\mathscr{G}$ 的扩充的概念, 以及扩充的等价类之间的合成法则, 因为那里对于模的讨论也适用于任何 Abel 范畴. 由于 (M, XIV, 1.1) 的第二个证明只用到了嵌入

内射对象的操作, 因而也适用于 $\mathscr{O}_X$ 模层范畴的情形, 这就表明, $\mathrm{Ext}^1_{\mathscr{O}_X}(X;\mathscr{F},\mathscr{G})$ 可以典范等同于$\mathscr{F}$ 枕着 $\mathscr{G}$ 的扩充类的 *Abel* 群.

命题 (12.3.3) — 设 $(X,\mathscr{O}_X)$ 是一个环积空间, 并且环层 $\mathscr{O}_X$ 是凝聚的. 则对于任意两个凝聚 $\mathscr{O}_X$ 模层 $\mathscr{F},\mathscr{G}$ 和任意 $p\geqslant 0$, $\mathscr{E}xt^p_{\mathscr{O}_X}(\mathscr{F},\mathscr{G})$ 总是一个凝聚 $\mathscr{O}_X$ 模层.

首先注意到, 这些 $\mathscr{E}xt^p_{\mathscr{O}_X}(\mathscr{F},\mathscr{G})$ 构成一个关于 $\mathscr{F}$ 的反变上同调函子. 由于 $\mathscr{F}$ 是凝聚的, 故对任意 p 和任意点 $x\in X$, 均可找到 x 在 X 中的一个开邻域 U 以及 $(\mathscr{O}_X|_U)$ 模层的一个正合序列

$$0\longrightarrow\mathscr{R}\longrightarrow\mathscr{L}_{p-1}\longrightarrow\cdots\longrightarrow\mathscr{L}_0\longrightarrow\mathscr{F}|_U\longrightarrow 0,$$

其中每个 $\mathscr{L}_i\,(0\leqslant i\leqslant p-1)$ 都同构于某个 $\mathscr{O}_X^{n_i}|_U$, 并且 $\mathscr{R}$ 是凝聚的, 这可以通过对 p 进行归纳来得到, 只需利用 ($\mathbf{0_I}$, 5.3.2) 和 ($\mathbf{0_I}$, 5.3.4) 以及 $\mathscr{O}_X$ 是凝聚层的条件.

现在对任意 $p\geqslant 1$ 和任意 $\mathscr{O}_X$ 模层 $\mathscr{L}$, 只要 $\mathscr{L}|_U$ 同构于 $\mathscr{O}_X^n|_U$, 就有 $\mathrm{Ext}^p_{\mathscr{O}_X|_U}(\mathscr{L}|_U,\mathscr{G}|_U)=0$ (T, 4.2.3), 从而 (M, V, 7.2) 中的方法可以应用到反变上同调函子 $\mathscr{F}\mapsto\mathrm{Hom}_{\mathscr{O}_X|_U}(\mathscr{F}|_U,\mathscr{G}|_U)$ 上, 这就给出了正合序列

$$\mathscr{H}om_{\mathscr{O}_X|_U}(\mathscr{L}_{p-1},\mathscr{G}|_U)\longrightarrow\mathscr{H}om_{\mathscr{O}_X|_U}(\mathscr{R},\mathscr{G}|_U)\longrightarrow\mathscr{E}xt^p_{\mathscr{O}_X|_U}(\mathscr{F}|_U,\mathscr{G}|_U)\longrightarrow 0,$$

且由于前面两项都是凝聚 $(\mathscr{O}_X|_U)$ 模层 ($\mathbf{0_I}$, 5.3.5), 故知第三项也是如此 ($\mathbf{0_I}$, 5.3.4).

命题 (12.3.4) — 设 $f:X\to Y$ 是环积空间的一个**平坦**态射, $\mathscr{F},\mathscr{G}$ 是两个 $\mathscr{O}_Y$ 模层.

(i) 我们有二元上同调函子之间的一个同态

$$f^*\mathscr{E}xt^\bullet_{\mathscr{O}_Y}(\mathscr{F},\mathscr{G})\longrightarrow\mathscr{E}xt^\bullet_{\mathscr{O}_X}(f^*\mathscr{F},f^*\mathscr{G}),\tag{12.3.4.1}$$

它在 0 次项上恰好就是典范同态 ($\mathbf{0_I}$, 4.4.6).

(ii) 我们有谱序列之间的一个典范态射

$$\mathrm{E}(\mathscr{F},\mathscr{G})\longrightarrow\mathrm{E}(f^*\mathscr{F},f^*\mathscr{G}),\tag{12.3.4.2}$$

它在 E_2 项上就是下面这个同态

$$\mathrm{H}^p(Y,\mathscr{E}xt^q_{\mathscr{O}_Y}(\mathscr{F},\mathscr{G}))\longrightarrow\mathrm{H}^p(X,\mathscr{E}xt^q_{\mathscr{O}_X}(f^*\mathscr{F},f^*\mathscr{G})),\tag{12.3.4.3}$$

这是由 (12.3.4.1) 和 (12.1.3.1) 所导出的.

(i) 由于 f^* 是 $\mathscr{O}_Y$ 模层范畴上的正合函子 ($\mathbf{0_I}$, 6.7.2), 故知函子 $\mathscr{G} \mapsto f^*\mathscr{H}om_{\mathscr{O}_Y}(\mathscr{F},\mathscr{G})$ 和 $\mathscr{G} \mapsto \mathscr{H}om_{\mathscr{O}_X}(f^*\mathscr{F}, f^*\mathscr{G})$ 都是左正合的, 于是由 ($\mathbf{0_I}$, 4.4.6) 可以典范地导出它们的导出函子之间的一个同态. 现在我们来计算这个同态, 取 $\mathscr{G}$ 的一个内射消解 $\mathscr{L}^\bullet = (\mathscr{L}^i)$, 则可以得到层复形的上同调之间的态射 $\mathscr{H}^p(f^*\mathscr{H}om_{\mathscr{O}_Y}(\mathscr{F},\mathscr{L}^\bullet)) \to \mathscr{H}^p(\mathscr{H}om_{\mathscr{O}_X}(f^*\mathscr{F}, f^*\mathscr{L}^\bullet))$. 而且根据定义以及 f^* 的正合性, 我们还有 $\mathscr{H}^p(f^*\mathscr{H}om_{\mathscr{O}_Y}(\mathscr{F},\mathscr{L}^\bullet)) = f^*(\mathscr{H}^p(\mathscr{H}om_{\mathscr{O}_Y}(\mathscr{F},\mathscr{L}^\bullet))) = f^*\mathscr{E}xt^p_{\mathscr{O}_Y}(\mathscr{F},\mathscr{G})$. 另一方面, f^* 的正合性也蕴涵着 $f^*\mathscr{L}^\bullet$ 是 $f^*\mathscr{G}$ 的一个消解, 若 $\mathscr{L}'^\bullet = (\mathscr{L}'^i)$ 是 $f^*\mathscr{G}$ 在 $\mathscr{O}_X$ 模层范畴中的一个内射消解, 则我们有复形之间的一个同态 $f^*\mathscr{L}^\bullet \to \mathscr{L}'^\bullet$, 它在只差同伦的意义下是唯一的, 因而可以定义出上同调之间的一个明确的同态. 把这个同态与前面的同态合成, 就可以得到 (12.3.4.1).

(ii) 在上述记号下, 我们有 $\mathscr{O}_X$ 模层复形之间的同态 $f^*\mathscr{H}om_{\mathscr{O}_Y}(\mathscr{F},\mathscr{L}^\bullet) \to \mathscr{H}om_{\mathscr{O}_X}(f^*\mathscr{F},\mathscr{L}'^\bullet)$. 设 $\mathscr{M}^{\bullet,\bullet}$ 是复形 $\mathscr{H}om_{\mathscr{O}_Y}(\mathscr{F},\mathscr{L}^\bullet)$ 在 $\mathscr{O}_Y$ 模层范畴中的一个内射 Cartan-Eilenberg 消解, 则由 f^* 的正合性知, $f^*\mathscr{M}^{\bullet,\bullet}$ 是复形 $f^*\mathscr{H}om_{\mathscr{O}_Y}(\mathscr{F},\mathscr{L}^\bullet)$ 的一个 Cartan-Eilenberg 消解. 若 $\mathscr{M}'^{\bullet,\bullet}$ 是复形 $\mathscr{H}om_{\mathscr{O}_X}(f^*\mathscr{F},\mathscr{L}'^\bullet)$ 的一个内射 Cartan-Eilenberg 消解, 则根据 (11.4.2) 我们有一个与前面所考虑的同态相容的同态 $f^*\mathscr{M}^{\bullet,\bullet} \to \mathscr{M}'^{\bullet,\bullet}$ (确定到只差同伦), 换句话说, 这是层双复形之间的一个 f 态射 $\mathscr{M}^{\bullet,\bullet} \to \mathscr{M}'^{\bullet,\bullet}$. 由此可以导出模双复形之间的一个双重同态 $\Gamma(Y,\mathscr{M}^{\bullet,\bullet}) \to \Gamma(X,\mathscr{M}'^{\bullet,\bullet})$, 确定到只差同伦, 进而导出谱序列之间的一个唯一确定的态射 (11.3.2), 这就是我们要找的态射 (12.3.4.2), 与 (12.3.4.3) 有关的陈述可由定义立得.

命题 (12.3.5) — 在 (12.3.4) 的前提条件下, 进而假设环层 $\mathscr{O}_Y$ 是凝聚的, 则对任意凝聚 $\mathscr{O}_Y$ 模层 $\mathscr{F}$, 典范同态 (12.3.4.1) 都是一一的.

问题在 Y 上是局部性的, 故可假设我们有一个正合序列 $0 \to \mathscr{R} \to \mathscr{O}_Y^n \to \mathscr{F} \to 0$, 此时 $\mathscr{R}$ 也是凝聚 $\mathscr{O}_Y$ 模层 ($\mathbf{0_I}$, 5.3.4). 下面我们来证明, 同态

$$f^*\mathscr{E}xt^p_{\mathscr{O}_Y}(\mathscr{F},\mathscr{G}) \longrightarrow \mathscr{E}xt^p_{\mathscr{O}_X}(f^*\mathscr{F}, f^*\mathscr{G})$$

都是一一的, 对 p 进行归纳, 若 $p=0$, 则结论可由 ($\mathbf{0_I}$, 6.7.6.1) 推出. 由于 $f^*\mathscr{O}_Y = \mathscr{O}_X$, 故我们有交换图表

$$\begin{array}{ccccc}
f^*\mathscr{E}xt^{p-1}_{\mathscr{O}_Y}(\mathscr{O}_Y^n,\mathscr{G}) & \longrightarrow & f^*\mathscr{E}xt^{p-1}_{\mathscr{O}_Y}(\mathscr{R},\mathscr{G}) & \xrightarrow{\partial} & \\
\downarrow & & \downarrow & & \\
\mathscr{E}xt^{p-1}_{\mathscr{O}_X}(\mathscr{O}_X^n, f^*\mathscr{G}) & \longrightarrow & \mathscr{E}xt^{p-1}_{\mathscr{O}_X}(f^*\mathscr{R}, f^*\mathscr{G}) & \xrightarrow{\partial} &
\end{array}$$

$$\begin{array}{ccc} \xrightarrow{\partial} f^*\mathscr{E}xt^p_{\mathscr{O}_Y}(\mathscr{F},\mathscr{G}) & \longrightarrow & f^*\mathscr{E}xt^p_{\mathscr{O}_Y}(\mathscr{O}_Y^n,\mathscr{G}) \\ \downarrow & & \downarrow \\ \xrightarrow{\partial} \mathscr{E}xt^p_{\mathscr{O}_X}(f^*\mathscr{F},f^*\mathscr{G}) & \longrightarrow & \mathscr{E}xt^p_{\mathscr{O}_X}(\mathscr{O}_X^n,f^*\mathscr{G}) \end{array}.$$

现在 f^* 是正合的, 故知上述图表的两行都是正合的. 进而, 对任意 $p>0$, 我们都有 $\mathscr{E}xt^p_{\mathscr{O}_Y}(\mathscr{O}_Y^n,\mathscr{G})=0$, 同样地, 对任意 $p>0$, 也都有 $\mathscr{E}xt^p_{\mathscr{O}_X}(\mathscr{O}_X^n,f^*\mathscr{G})=0$ (T, 4.2.3). 于是由归纳假设知, 左边两个竖直箭头都是同构, 并且最右边的项是 0, 从而 $f^*\mathscr{E}xt^p_{\mathscr{O}_Y}(\mathscr{F},\mathscr{G})\to\mathscr{E}xt^p_{\mathscr{O}_X}(f^*\mathscr{F},f^*\mathscr{G})$ 是一个同构.

12.4 顺像函子的超上同调

(12.4.1) 设 $(X,\mathscr{O}_X)$ 和 $(Y,\mathscr{O}_Y)$ 是两个环积空间, $f:X\to Y$ 是一个环积空间态射. 则 f_* 可以在任何一个 $\mathscr{O}_X$ 模层复形 $\mathscr{K}^\bullet=(\mathscr{K}^i)_{i\in\mathbb{Z}}$ 处取超上同调 (11.4.3), 这是因为, 在 $\mathscr{O}_Y$ 模层的 Abel 范畴中, 滤相归纳极限总是存在且正合的 (T, 3.1.1). 我们也把超上同调 $\mathscr{O}_Y$ 模层 $\mathbf{R}^p f_*\mathscr{K}^\bullet$ 记作 $\mathcal{H}^p(f,\mathscr{K}^\bullet)$ 或 $\mathcal{H}^p_f(\mathscr{K}^\bullet)$. 还记得 $\mathcal{H}^\bullet(f,\mathscr{K}^\bullet)$ 就是 $\mathscr{O}_Y$ 模层双复形 $f_*\mathscr{L}^{\bullet,\bullet}$ 的上同调, 其中 $\mathscr{L}^{\bullet,\bullet}$ 是指 $\mathscr{K}^\bullet$ 在 $\mathscr{O}_X$ 模层范畴中的一个内射 Cartan-Eilenberg 消解, 进而 $\mathcal{H}^\bullet(f,\mathscr{K}^\bullet)$ 还是两个谱序列 $'\mathscr{E}(f,\mathscr{K}^\bullet)$ 和 $''\mathscr{E}(f,\mathscr{K}^\bullet)$ 的目标, 它们的 E_2 项由下式给出

(12.4.1.1) $$'\mathscr{E}_2^{p,q} = \mathscr{H}^p(\mathscr{H}^q(f,\mathscr{K}^\bullet)),$$

(12.4.1.2) $$''\mathscr{E}_2^{p,q} = \mathscr{H}^p(f,\mathscr{H}^q(\mathscr{K}^\bullet)) \ \ (=\mathrm{R}^p f_*(\mathscr{H}^q(\mathscr{K}^\bullet))).$$

在上述公式中, 我们一般地使用记号 $T(A^\bullet)$ 来表示一个复形在函子作用下的结果 (11.2.1), 并且对于一个 $\mathscr{O}_X$ 模层 $\mathscr{F}$, 我们用 $\mathscr{H}^p(f,\mathscr{F})$ 来表示 $\mathrm{R}^p f_*\mathscr{F}$. 还记得谱序列 $'\mathscr{E}(f,\mathscr{K}^\bullet)$ 总是正则的, 并且若 $\mathscr{K}^\bullet$ 是下有界的, 或者能找到一个整数 m, 使得任何 $\mathscr{O}_X$ 模层都有长度 $\leqslant m$ 的松软消解 (11.4.3), 则这两个谱序列 $'\mathscr{E}(f,\mathscr{K}^\bullet)$ 和 $''\mathscr{E}(f,\mathscr{K}^\bullet)$ 都是双正则的.

(12.4.2) 同样地, 我们用 $\mathbf{H}^\bullet(X,\mathscr{K}^\bullet)$ 来记函子 Γ 在 $\mathscr{O}_X$ 模层复形 $\mathscr{K}^\bullet$ 处的超上同调, 从而这些 $\mathbf{H}^\bullet(X,\mathscr{K}^\bullet)$ 都是 $\Gamma(X,\mathscr{O}_X)$ 模. 也可以把 $\mathbf{H}^\bullet(X,\mathscr{K}^\bullet)$ 看作 $\mathcal{H}^\bullet(f,\mathscr{K}^\bullet)$ 的一个特殊情形, 即我们取 f 是 $(X,\mathscr{O}_X)$ 到单点空间的态射, 且这个单点空间上的环是 $\Gamma(X,\mathscr{O}_X)$.

对于 X 的任意开集 V, 我们总使用 $\mathbf{H}^\bullet(V,\mathscr{K}^\bullet)$ 来记 $\mathbf{H}^\bullet(V,\mathscr{K}^\bullet|_V)$.

命题 (12.4.3) — 对任意整数 $p \in \mathbb{Z}$, $\mathscr{O}_X$ 模层 $\mathcal{H}^p(f, \mathscr{K}^\bullet)$ 都典范同构于 Y 上的预层 $U \mapsto \mathbf{H}^p(f^{-1}(U), \mathscr{K}^\bullet)$ 的拼续层.

事实上, 在 (12.4.1) 的记号下, 上同调层 $\mathscr{H}^p(f_*\mathscr{L}^{\bullet,\bullet})$ 就是预层 $U \mapsto \mathrm{H}^p(\Gamma(U, f_*\mathscr{L}^{\bullet,\bullet})) = \mathrm{H}^p(\Gamma(f^{-1}(U), \mathscr{L}^{\bullet,\bullet}))$ 的拼续层. 易见 $\mathscr{L}^{\bullet,\bullet}|_{f^{-1}(U)}$ 是 $\mathscr{K}^\bullet|_{f^{-1}(U)}$ 的一个内射 Cartan-Eilenberg 消解 (T, 3.1.3), 从而由定义知, $\mathrm{H}^p(\Gamma(f^{-1}(U), \mathscr{L}^{\bullet,\bullet})) = \mathbf{H}^p(f^{-1}(U), \mathscr{K}^\bullet)$.

命题 (12.4.4) — 在下面的每一个情形下, 超上同调 $\mathcal{H}^\bullet(f, \mathscr{K}^\bullet)$ 都是关于 $\mathscr{K}^\bullet$ 的上同调函子:

a) $\mathscr{K}^\bullet$ 取在下有界复形的范畴中.

b) 可以找到一个整数 m, 使得任何 $\mathscr{O}_X$ 模层都有长度 $\leqslant m$ 的松软消解.

c) X 是 *Noether* 空间.

情形 a) 和 b) 是 (11.5.4) 的特殊情形. 另一方面, 情形 c) 可由 (11.5.2) 导出, 因为在该情形下, 函子 f_* 与归纳极限是可交换的 (G, II, 3.10.1).

(12.4.5) 现在取 X 的一个开覆盖 $\mathfrak{U} = (U_\alpha)$, 对于 X 上的任何一个预层复形 $\mathscr{K}^\bullet = (\mathscr{K}^j)$, 考虑双复形 $\mathrm{C}^\bullet(\mathfrak{U}, \mathscr{K}^\bullet)$, 它的指标为 (i, j) 的分量是 $\mathrm{C}^i(\mathfrak{U}, \mathscr{K}^j)$, 亦即 $\mathfrak{U}$ 的经络上的那些取值在 $\mathscr{K}^j$ 中的交错 i 阶上链的群 (G, II, 5.1). 我们把这个双复形的上同调称为覆盖 $\mathfrak{U}$ 的以 $\mathscr{K}^\bullet$ 为系数的超上同调, 并记作 $\mathbf{H}^\bullet(\mathfrak{U}, \mathscr{K}^\bullet) = \mathrm{H}^\bullet(\mathrm{C}^\bullet(\mathfrak{U}, \mathscr{K}^\bullet))$. 覆盖的 Leray 谱序列 (T, 3.8.1 和 G, II, 5.9.1) 可以通过下述方式推广到超上同调上:

命题 (12.4.6) — 设 $\mathscr{K}^\bullet = (\mathscr{K}^i)$ 是 $\mathscr{O}_X$ 模层的一个复形. 则我们有一个函子性 (关于 $\mathscr{K}^\bullet$) 的正则谱序列, 以超上同调 $\mathbf{H}^\bullet(X, \mathscr{K}^\bullet)$ 为目标, 并且它的 E_2 项由下式给出:

(12.4.6.1) $$E_2^{p,q} = \mathbf{H}^p(\mathfrak{U}, h^q(\mathscr{K}^\bullet)),$$

其中 $h^q(\mathscr{K}^\bullet)$ 是指 X 上的预层复形 $V \mapsto \mathrm{H}^q(V, \mathscr{K}^\bullet)$. 若 $\mathscr{K}^\bullet$ 是下有界的, 则这个谱序列还是双正则的.

取 $\mathscr{K}^\bullet$ 的一个内射 Cartan-Eilenberg 消解, 并考虑三重复形 $\mathrm{C}^\bullet(\mathfrak{U}, \mathscr{L}^{\bullet,\bullet}) = (\mathrm{C}^i(\mathfrak{U}, \mathscr{L}^{j,k}))$. 首先把这个三重复形看作以 i 和 $j+k$ 为次数的双复形, 由于 i 只取非负整数值, 故知该双复形的第二谱序列是正则的 (11.3.3), 因为由这些 $\mathscr{O}_X$ 模层 $\mathscr{L}^{j,k}$ 都是松软层可以推出, 当 $q > 0$ 时总有 $\mathrm{H}^q(\mathfrak{U}, \mathscr{L}^{j,k}) = 0$ (G, II, 5.2.3). 于是 (11.1.6) 我们有一个典范同构 $\mathrm{H}^n(\mathrm{C}^\bullet(\mathfrak{U}, \mathscr{L}^{\bullet,\bullet})) \xrightarrow{\sim} \mathrm{H}^n(\Gamma(X, \mathscr{L}^{\bullet,\bullet}))$ (基于 (G, II, 5.2.2)), 从而由定义 (12.4.2) 知, 我们有同构 $\mathrm{H}^n(\mathrm{C}^\bullet(\mathfrak{U}, \mathscr{L}^{\bullet,\bullet})) \xrightarrow{\sim} \mathbf{H}^n(X, \mathscr{K}^\bullet)$. 另一方面, 把三重复形 $\mathrm{C}^\bullet(\mathfrak{U}, \mathscr{L}^{\bullet,\bullet})$ 看作以 $i+j$ 和 k 为次数的双复形, 则由于 k 只

取非负整数值，故知该双复形的第一谱序列总是正则的. 并且如果当 $j < j_0$ 时总有 $\mathscr{L}^{j,k} = 0$, 也就是说 $\mathscr{K}^\bullet$ 是下有界的, 则它也是双正则的 (11.3.3), 这个谱序列就是我们要找的. 事实上, 对任意 j, $\mathscr{L}^{j,\bullet}$ 都是 $\mathscr{K}^j$ 的内射消解, 从而 $\mathrm{H}^q(\mathrm{C}^i(\mathfrak{U}, \mathscr{L}^{j,\bullet}))$ 恰好是由这些 $\mathrm{C}^i(\mathfrak{U}, h^q(\mathscr{K}^j))$ 所组成的上链复形, 这就完成了证明.

推论 (12.4.7) — 如果对于 $\mathfrak{U}$ 的经络上的任意单形 σ 和任意整数 i, 当 $q > 0$ 时总有 $\mathrm{H}^q(U_\sigma, \mathscr{K}^i) = 0$, 则我们有一个典范同构

(12.4.7.1)
$$\mathbf{H}^\bullet(\mathfrak{U}, \mathscr{K}^\bullet) \xrightarrow{\sim} \mathbf{H}^\bullet(X, \mathscr{K}^\bullet).$$

事实上, 由前提条件知, 当 $q > 0$ 时总有 $\mathrm{C}^\bullet(\mathfrak{U}, h^q(\mathscr{K}^j)) = 0$, 从而当 $q > 0$ 时总有 $E_2^{p,q} = 0$. 由于谱序列 (12.4.6.1) 是退化且正则的, 故由 $\mathbf{H}^\bullet(\mathfrak{U}, \mathscr{K}^\bullet)$ 的定义 (12.4.5) 以及 (11.1.6) 就可以推出结论.

(12.4.8) 设 $(X', \mathscr{O}_{X'})$ 是另一个环积空间, 并设 $f = (\psi, \theta)$ 是 X' 到 X 的一个态射. 使用与 (12.1.3) 和 (12.1.4) 相同的方法, 我们可以在 $\mathscr{O}_X$ 模层复形 $\mathscr{K}^\bullet$ 的超上同调上定义出一个双重同态

(12.4.8.1)
$$\mathbf{H}^p(X, \mathscr{K}^\bullet) \longrightarrow \mathbf{H}^p(X', f^*\mathscr{K}^\bullet).$$

事实上, 取 $\mathscr{K}^\bullet$ 的一个内射 Cartan-Eilenberg 消解 $\mathscr{L}^{\bullet,\bullet}$, 则由于 ψ^* 是正合的, 故知 $\psi^*\mathscr{L}^{\bullet,\bullet}$ 是 $\psi^*\mathscr{K}^\bullet$ 在 $\psi^*\mathscr{O}_X$ 模层范畴中的一个 Cartan-Eilenberg 消解. 于是我们有一个态射 $\psi^*\mathscr{L}^{\bullet,\bullet} \to \mathscr{L}'^{\bullet,\bullet}$, 其中 $\mathscr{L}'^{\bullet,\bullet}$ 是 $\psi^*\mathscr{K}^\bullet$ 的一个内射 Cartan-Eilenberg 消解, 并且由此可以导出上同调之间的一个态射: $\mathbf{H}^\bullet(X, \mathscr{K}^\bullet) \to \mathbf{H}^\bullet(X', \psi^*\mathscr{K}^\bullet)$. 把它与从 $\psi^*\mathscr{K}^\bullet \to f^*\mathscr{K}^\bullet$ 借助函子性所导出的态射合成, 就得到了我们所要的态射 (12.4.8.1).

从 (12.4.8.1) 和 (12.4.3) 出发, 对于两个环积空间态射 $f : X \to Y, g : Y \to Z$ 和一个 $\mathscr{O}_X$ 模层复形 $\mathscr{K}^\bullet$, 还可以使用 (12.2.5) 的方法定义出两个关于超上同调的同态

(12.4.8.2)
$$\mathcal{H}^n(g, f_*\mathscr{K}^\bullet) \longrightarrow \mathcal{H}^n(h, \mathscr{K}^\bullet),$$

(12.4.8.3)
$$\mathcal{H}^n(h, \mathscr{K}^\bullet) \longrightarrow g_*(\mathcal{H}^n(f, \mathscr{K}^\bullet)).$$

我们把细节留给读者.

§13. 同调代数中的投影极限

13.1 Mittag-Leffler 条件

(13.1.1) 设 $\boldsymbol{C}$ 是一个 Abel 范畴, 且容纳无限乘积 (T, 1.5 中的公理 AB 3*)), 于是 $\boldsymbol{C}$ 中的一个对象的任何一族子对象都有下确界, 并且 $\boldsymbol{C}$ 中对象的任何投影系都有投影极限, 进而这个投影极限是该投影系的左正合函子 (T, 1.8). 设 $(A_\alpha, f_{\alpha\beta})$ 是 $\boldsymbol{C}$ 中对象的一个投影系, 并假设它的指标集 I 是右滤相的. 设 $A = \varprojlim A_\alpha$, 并且对任意 $\alpha \in I$, 设 $f_\alpha : A \to A_\alpha$ 是典范态射. 对于每个 $\alpha \in I$, 这些 $f_{\alpha\beta}(A_\beta)$ $(\alpha \leqslant \beta)$ 都构成 A_α 的子对象的一个递减滤相族, 我们把 A_α 的子对象 $A'_\alpha = \inf_{\beta \geqslant \alpha} f_{\alpha\beta}(A_\beta)$ 称为 "公共像" 子对象. 易见 $f_\alpha(A) \subseteq A'_\alpha$, 并且对任意 $\alpha \leqslant \beta$, 均有 $f_{\alpha\beta}(A'_\beta) \subseteq A'_\alpha$, 从而 $(A'_\alpha, f_{\alpha\beta}|_{A'_\beta})$ 是一个投影系, 并且 $A = \varprojlim A'_\alpha$.

(13.1.2) 对于 $\boldsymbol{C}$ 中的一个投影系 $(A_\alpha, f_{\alpha\beta})$ 来说, 所谓 *Mittag-Leffler* 条件, 简称 (ML) 条件, 是指下面这个条件:

(ML) 对任意指标 α, 均可找到一个 $\beta \geqslant \alpha$, 使得当 $\gamma \geqslant \beta$ 时总有 $f_{\alpha\gamma}(A_\gamma) = f_{\alpha\beta}(A_\beta)$.

易见若 $f_{\alpha\beta}$ 都是满态射, 则 (ML) 条件能够满足. 反之, 若 (ML) 条件得到满足, 并且对所有 $\alpha \in I$, 设 A'_α 是 A_α 中的 "公共像" 子对象, 则 $f_{\alpha\beta}$ 在 A'_β 上的限制 $A'_\beta \to A'_\alpha$ 总是一个满态射 (对任意 $\alpha \leqslant \beta$), 事实上, 若取 $\gamma \geqslant \beta$ 使得当 $\delta \geqslant \gamma$ 时总有 $f_{\beta\delta}(A_\delta) = f_{\beta\gamma}(A_\gamma)$, 则必有 $A'_\beta = f_{\beta\gamma}(A_\gamma)$, 另一方面, 这也蕴涵着当 $\delta \geqslant \gamma$ 时总有 $f_{\alpha\delta}(A_\delta) = f_{\alpha\gamma}(A_\gamma)$, 从而 $A'_\alpha = f_{\alpha\gamma}(A_\gamma) = f_{\alpha\beta}(A'_\beta)$.

此外, 注意到如果 $\boldsymbol{C}$ 中的对象 A_α 都是 *Artin* 的, 也就是说, A_α 的任意一族子对象里都有极小元, 则 (ML) 条件也能得到满足. 事实上, A_α 的子对象的递减滤相族 $(f_{\alpha\beta}(A_\beta))$ 里的极小元必然也是该族的最小元.

注解 (13.1.3) — (ML) 条件也可以针对比如说 $\boldsymbol{C}$ 是集合范畴的情形来讨论, 从而此时我们可以定义 A_α 的 "公共像" 子集的概念, 并且 (13.1.1) 和 (13.1.2) 中所提到的那些结果仍然是成立的.

13.2 Abel 群上的 Mittag-Leffler 条件

命题 (13.2.1) — 设

$$0 \longrightarrow A_\alpha \xrightarrow{u_\alpha} B_\alpha \xrightarrow{v_\alpha} C_\alpha \longrightarrow 0$$

是 Abel 群投影系 (具有相同的滤相指标集 I) 的一个正合序列.

(i) 若 (B_α) 满足 (ML) 条件, 则 (C_α) 也满足 (ML) 条件.

(ii) 若 (A_α) 和 (C_α) 都满足 (ML) 条件, 则 (B_α) 也满足 (ML) 条件.

设 $(f_{\alpha\beta})$, $(g_{\alpha\beta})$, $(h_{\alpha\beta})$ 分别是投影系 (A_α), (B_α), (C_α) 中的那些传递同态.

(i) 假设对所有 $\lambda \geqslant \beta$, 均有 $g_{\alpha\beta}(B_\beta) = g_{\alpha\lambda}(B_\lambda)$, 则由于 v_β 和 v_λ 都是满的, 故知当 $\lambda \geqslant \beta$ 时, 总有 $h_{\alpha\beta}(C_\beta) = v_\alpha(g_{\alpha\beta}(B_\beta)) = v_\alpha(g_{\alpha\lambda}(B_\lambda)) = h_{\alpha\lambda}(C_\lambda)$.

(ii) 设 $\alpha \in I$, 并设 $\beta \geqslant \alpha$ 是这样一个指标, 它使得当 $\lambda \geqslant \beta$ 时总有 $f_{\alpha\beta}(A_\beta) = f_{\alpha\lambda}(A_\lambda)$, 另一方面, 设 $\gamma \geqslant \beta$ 是这样一个指标, 它使得当 $\lambda \geqslant \gamma$ 时总有 $h_{\beta\gamma}(C_\gamma) = h_{\beta\lambda}(C_\lambda)$. 现在设 y_α 是 $g_{\alpha\gamma}(B_\gamma)$ 中的一个元素, 则可以找到 $y_\gamma \in B_\gamma$, 使得 $y_\alpha = g_{\alpha\gamma}(y_\gamma)$. 令 $y_\beta = g_{\beta\gamma}(y_\gamma)$, 于是 $v_\beta(y_\beta) = h_{\beta\gamma}(v_\gamma(y_\gamma))$. 根据前提条件, 对任意 $\lambda \geqslant \gamma$, 均可找到 $y_\lambda \in B_\lambda$, 使得 $h_{\beta\gamma}(v_\gamma(y_\gamma)) = h_{\beta\lambda}(v_\lambda(y_\lambda)) = v_\beta(g_{\beta\lambda}(y_\lambda))$, 故有 $v_\beta(y_\beta - g_{\beta\lambda}(y_\lambda)) = 0$, 因而可以找到 $x_\beta \in A_\beta$, 使得 $y_\beta = g_{\beta\lambda}(y_\lambda) + u_\beta(x_\beta)$. 由此推出 $y_\alpha = g_{\alpha\lambda}(y_\lambda) + u_\alpha(f_{\alpha\beta}(x_\beta))$, 但我们有 $\lambda \geqslant \beta$, 故可找到 $x_\lambda \in A_\lambda$, 使得 $f_{\alpha\beta}(x_\beta) = f_{\alpha\lambda}(x_\lambda)$, 最终得到 $y_\alpha = g_{\alpha\lambda}(y_\lambda + u_\lambda(x_\lambda)) \in g_{\alpha\lambda}(B_\lambda)$, 这就完成了证明.

命题 (13.2.2) — 设 I 是一个滤相有序集, 并且它有一个**可数**子集与整个集合是共尾的. 设

$$0 \longrightarrow A_\alpha \xrightarrow{u_\alpha} B_\alpha \xrightarrow{v_\alpha} C_\alpha \longrightarrow 0$$

是 Abel 群投影系的一个正合序列, 以 I 为指标集. 若 (A_α) 满足 (ML) 条件, 则序列

$$0 \longrightarrow \varprojlim A_\alpha \longrightarrow \varprojlim B_\alpha \longrightarrow \varprojlim C_\alpha \longrightarrow 0$$

是正合的.

只需证明同态 $v = \varprojlim v_\alpha : \varprojlim B_\alpha \to \varprojlim C_\alpha$ 是满的即可. 设 $z = (z_\alpha)$ 是 $\varprojlim C_\alpha$ 的一个元素, 并且令 $E_\alpha = v_\alpha^{-1}(z_\alpha)$, 则易见这些 E_α 在把同态 $g_{\alpha\beta} : B_\beta \to B_\alpha$ 限制到其上后成为非空集合的投影系. 下面我们来证明, 这个投影系就满足 (ML) 条件, 首先把 A_α 通过 u_α 等同于 B_α 的一个子群, 于是对任意 $\alpha \in I$, 均可找到 $\beta \geqslant \alpha$, 使得当 $\lambda \geqslant \beta$ 时总有 $g_{\alpha\beta}(A_\beta) = g_{\alpha\lambda}(A_\lambda)$. 接下来我们要证明, 对于 $\lambda \geqslant \beta$, 也有 $g_{\alpha\beta}(E_\beta) = g_{\alpha\lambda}(E_\lambda)$. 事实上, 取一个 $y_\lambda \in E_\lambda$, 并且令 $y_\beta = g_{\beta\lambda}(y_\lambda)$, $y_\alpha = g_{\alpha\lambda}(y_\lambda)$, 设 $y'_\alpha \in g_{\alpha\beta}(E_\beta)$, 则可以找到 $y'_\beta \in E_\beta$, 使得 $y'_\alpha = g_{\alpha\beta}(y'_\beta)$, 于是 $y'_\beta - y_\beta = x_\beta \in A_\beta$, 并且由前提条件知, 可以找到 $x_\lambda \in A_\lambda$, 使得 $g_{\alpha\beta}(x_\beta) = g_{\alpha\lambda}(x_\lambda)$, 从而

$$y'_\alpha = g_{\alpha\beta}(y_\beta) + g_{\alpha\beta}(x_\beta) = g_{\alpha\lambda}(y_\lambda) + g_{\alpha\lambda}(x_\lambda) = g_{\alpha\lambda}(y_\lambda + x_\lambda) \in g_{\alpha\lambda}(E_\lambda),$$

这就证明了上述阐言. 在此基础上, 由 I 上的前提条件知 (Bourbaki, 《一般拓扑学》, II, 第 3 版, §3, 定理 1), 满足 (ML) 条件的非空集合的投影系总具有非空

的投影极限, 因而我们有一个点 $y=(y_\alpha)\in\varprojlim E_\alpha$, 再根据定义, 对所有 α, 均有 $v_\alpha(y_\alpha)=z_\alpha$, 故得 $z=v(y)$, 证明完毕.

命题 (13.2.3) — I 上的前提条件与 (13.2.2) 相同, 设 $(K_\alpha^\bullet)_{\alpha\in I}$ 是 *Abel* 群复形 $K_\alpha^\bullet=(K_\alpha^n)_{n\in\mathbb{Z}}$ 的一个投影系, 并且缀算子的次数是 $+1$. 则对每个 n, 我们都有一个函子性的典范同态

$$h_n\ :\ \mathrm{H}^n(\varprojlim K_\alpha^\bullet)\longrightarrow\varprojlim\mathrm{H}^n(K_\alpha^\bullet). \tag{13.2.3.1}$$

若对所有的 n, *Abel* 群的投影系 $(K_\alpha^n)_{\alpha\in I}$ 都满足 (ML) 条件, 则所有的同态 h_n 都是满的. 进而若对于次数 n, 投影系 $(\mathrm{H}^{n-1}(K_\alpha^\bullet))_{\alpha\in I}$ 满足 (ML) 条件, 则同态 h_n 是一一的.

对任意 n, 令 $K^n=\varprojlim K_\alpha^n$, 则这些同态 h_n 的定义可由下面的交换图表导出

$$\begin{array}{ccccccccc}
\cdots & \longrightarrow & K^{n-1} & \longrightarrow & K^n & \longrightarrow & K^{n+1} & \longrightarrow & \cdots\\
 & & \downarrow & & \downarrow & & \downarrow & & \\
\cdots & \longrightarrow & K_\alpha^{n-1} & \longrightarrow & K_\alpha^n & \longrightarrow & K_\alpha^{n+1} & \longrightarrow & \cdots,
\end{array}$$

因为 $K^\bullet$ 中的缀算子就是这些 $K_\alpha^\bullet$ 中的缀算子的投影极限.

考虑下面的正合序列

$$0\longrightarrow\mathrm{B}^n(K_\alpha^\bullet)\longrightarrow\mathrm{Z}^n(K_\alpha^\bullet)\longrightarrow\mathrm{H}^n(K_\alpha^\bullet)\longrightarrow 0, \tag{$*_n$}$$

$$0\longrightarrow\mathrm{Z}^{n-1}(K_\alpha^\bullet)\longrightarrow K_\alpha^{n-1}\longrightarrow\mathrm{B}^n(K_\alpha^\bullet)\longrightarrow 0. \tag{$**_n$}$$

前提条件和命题 (13.2.1, (i)) 表明, 对任意 n, 投影系 $(\mathrm{B}^n(K_\alpha^\bullet))_{\alpha\in I}$ 都满足 (ML) 条件, 从而由 (13.2.2) 知, 序列

$$0\longrightarrow\varprojlim_\alpha\mathrm{B}^n(K_\alpha^\bullet)\longrightarrow\varprojlim_\alpha\mathrm{Z}^n(K_\alpha^\bullet)\longrightarrow\varprojlim_\alpha\mathrm{H}^n(K_\alpha^\bullet)\longrightarrow 0 \tag{$***_n$}$$

是正合的. 易见 $\varprojlim\mathrm{B}^n(K_\alpha^\bullet)$ 可以等同于 K^{n+1} 的一个包含 $\mathrm{B}^n(K^\bullet)$ 的子群, 并且 $\varprojlim\mathrm{Z}^n(K_\alpha^\bullet)$ 可以等同于 $\mathrm{Z}^n(K^\bullet)$ 的一个子群, 因而 h_n 是满的. 现在如果进而假设投影系 $(\mathrm{H}^{n-1}(K_\alpha^\bullet))_{\alpha\in I}$ 满足 (ML) 条件, 则正合序列 $(*_{n-1})$ 和命题 (13.2.1, (ii)) 表明, 投影系 $(\mathrm{Z}^{n-1}(K_\alpha^\bullet))_{\alpha\in I}$ 满足 (ML) 条件, 于是可以把 (13.2.2) 应用到正合序列 $(**_n)$ 上, 这就证明了序列

$$0\longrightarrow\varprojlim_\alpha\mathrm{Z}^{n-1}(K_\alpha^\bullet)\longrightarrow K^{n-1}\xrightarrow{\ u\ }\varprojlim_\alpha\mathrm{B}^n(K_\alpha^\bullet)\longrightarrow 0$$

是正合的. 由于 $\varprojlim \mathrm{B}^n(K_\alpha^\bullet) \supseteq \mathrm{B}^n(K^\bullet)$, 并且含入 $\varprojlim \mathrm{B}^n(K_\alpha^\bullet) \to K^n$ 与 u 的合成就是缀算子 $K^{n-1} \to K^n$, 故由 u 是满映射的事实就可以推出 $\varprojlim \mathrm{B}^n(K_\alpha^\bullet) = \mathrm{B}^n(K^\bullet)$, 从而 h_n 是单的. 证明完毕.

注解 (13.2.4) — (i) 利用 (13.2.2) 的方法 (参考 Bourbaki, 前引) 还可以证明, 该命题的结论在下面的情况下也是成立的: 每个 A_α 都具有完备度量空间的结构, 传递映射都是连续映射, 定义投影系的那些传递映射 $f_{\alpha\beta} : A_\beta \to A_\alpha$ 对于上述距离来说都是一致连续的, 并且投影系 (A_α) 还满足下述条件

(ML′) 对任意指标 α, 均可找到 $\beta \geqslant \alpha$, 使得当 $\gamma \geqslant \beta$ 时, $f_{\alpha\gamma}(A_\gamma)$ 在 $f_{\alpha\beta}(A_\beta)$ 中总是稠密的.

由此又可以得到一个类似于 (13.2.3) 的结果: 假设当 $n < 0$ 时, 总有 $K_\alpha^n = 0$(对所有的 α), 并假设对于 $n \geqslant 0$, $(K_\alpha^n)_{\alpha\in I}$ 都满足 (ML) 条件, 进而假设这些 $A_\alpha = \mathrm{H}^0(K_\alpha^\bullet)$ 都被赋予了度量空间的结构, 且满足上述条件, 则对于 $n \geqslant 2$, (13.2.3) 的结论仍然成立, 并且 h_1 还是一一的, 因为 (13.2.2) 中的论证方法也能证明, $(\mathrm{B}^1(K_\alpha^\bullet))_{\alpha\in I}$ 满足 (ML) 条件, 并且序列 $(***_1)$ 是正合的, 进而依照上面所述, $\varprojlim \mathrm{B}^1(K_\alpha^\bullet) = \mathrm{B}^1(K^\bullet)$. 这样我们也就证明了 (T, 3.10.2) 中的那些阐言.

(ii) 如果我们引入函子 $\varprojlim$ 的一系列右导出函子 $\varprojlim^{(n)}$, 则可以得到比这里更为完整的结果 [28].

13.3 应用: 层的投影极限的上同调

命题 (13.3.1) — 设 X 是一个拓扑空间, $(\mathscr{F}_k)_{k\in\mathbb{N}}$ 是 X 上的 *Abel* 群层的一个投影系, 并设 $\mathscr{F} = \varprojlim \mathscr{F}_k$. 假设下面的条件得到满足:

(i) 可以找到 X 的一个拓扑基 $\mathfrak{B}$, 使得对任意 $U \in \mathfrak{B}$ 和任意 $i \geqslant 0$, 投影系 $(\mathrm{H}^i(U, \mathscr{F}_k))_{k\in\mathbb{N}}$ 都满足 (ML) 条件.

(ii) 对任意 $x \in X$ 和任意的 $i > 0$, 均有 $\varinjlim_U \big(\varprojlim_k \mathrm{H}^i(U, \mathscr{F}_k)\big) = 0$, 其中 U 跑遍 $\mathfrak{B}$ 中的那些包含 x 的集合.

(iii) 定义投影系 $(\mathscr{F}_k)$ 的那些传递同态 $u_{hk} : \mathscr{F}_k \to \mathscr{F}_h$ $(h \leqslant k)$ 都是满的.

则在这些条件下, 对任意 $i > 0$, 典范同态

$$h_i \ : \ \mathrm{H}^i(X, \mathscr{F}) \longrightarrow \varprojlim_k \mathrm{H}^i(X, \mathscr{F}_k)$$

都是满的. 进而若对于 i, 投影系 $(\mathrm{H}^{i-1}(X, \mathscr{F}_k))_{k\in\mathbb{N}}$ 满足 (ML) 条件, 则 h_i 是一一的.

a) 首先假设每个 $\mathscr{F}_k$ 以及每个 u_{hk} 的核 $\mathscr{N}_{hk}$ 都是松软的, 我们将证明条件

(iii) 蕴涵着对所有 $i>0$ 均有 $\mathrm{H}^i(X,\mathscr{F})=0$. 只需证明对于 X 的所有开集 U 以及 U 的任意开覆盖 $\mathfrak{U}$, 当 $i>0$ 时总有 $\mathrm{H}^i(\mathfrak{U},\mathscr{F})=0$ 即可. 因为由此就可以推出, 对于 Čech 上同调来说, 当 $i>0$ 时总有 $\check{\mathrm{H}}^i(U,\mathscr{F})=0$, 因而当 $i>0$ 时总有 $\mathrm{H}^i(X,\mathscr{F})=0$ (只需把 (G, II, 5.9.2) 应用到 X 的全体开集的集合上). 由于这些 $\mathscr{F}_k$ 都是松软的, 故知当 $i>0$ 时总有 $\mathrm{H}^i(\mathfrak{U},\mathscr{F}_k)=0$ (G, II, 5.2.3). 对每个 k, 考虑覆盖 $\mathfrak{U}$ 的经络上的交错上链的复形 $\mathrm{C}^\bullet(\mathfrak{U},\mathscr{F}_k)$ (G, II, 5.1), 它们显然构成 Abel 群复形的一个投影系. 下面我们来证明, 所有的映射 $\mathrm{C}^\bullet(\mathfrak{U},\mathscr{F}_k)\to\mathrm{C}^\bullet(\mathfrak{U},\mathscr{F}_h)$ $(h\leqslant k)$ 都是满的. 根据定义, 只需证明对于 X 的任意开集 V, 映射 $\Gamma(V,\mathscr{F}_k)\to\Gamma(V,\mathscr{F}_h)$ 都是满的即可, 然而由前提条件知, 序列 $0\to\mathscr{N}_{hk}\to\mathscr{F}_k\to\mathscr{F}_h\to 0$ 是正合的, 这就给出了上同调的正合序列

$$\Gamma(V,\mathscr{F}_k)\longrightarrow\Gamma(V,\mathscr{F}_h)\longrightarrow\mathrm{H}^1(V,\mathscr{N}_{hk})=0$$

(因为 $\mathscr{N}_{hk}$ 是松软的). 从而投影系 $(\mathrm{C}^\bullet(\mathfrak{U},\mathscr{F}_k))_{k\in\mathbb{N}}$ 满足 (ML) 条件, 此时对任意 $i\geqslant 0$, 投影系 $(\mathrm{H}^i(\mathfrak{U},\mathscr{F}_k))_{k\in\mathbb{N}}$ 也都满足 (ML) 条件, 因为当 $i>0$ 时这是显然的, 且由于 $\mathrm{H}^0(\mathfrak{U},\mathscr{F}_k)=\Gamma(U,\mathscr{F}_k)$ (G, II, 5.2.2), 故当 $i=0$ 时, (ML) 条件也得到满足 (根据前面所述). 从而我们可以使用 (13.2.3), 这就表明当 $i>0$ 时总有 $\mathrm{H}^i(\mathfrak{U},\mathscr{F})=\varprojlim_k \mathrm{H}^i(\mathfrak{U},\mathscr{F}_k)=0$.

b) 回到一般情形, 对每个 $k\in\mathbb{N}$, 考虑 $\mathscr{F}_k$ 的由松软层所组成的典范消解$\mathscr{C}^\bullet(X,\mathscr{F}_k)=(\mathscr{C}^i(X,\mathscr{F}_k))_{i\geqslant 0}$ (G, II, 4.3). 显然对每个 $i\geqslant 0$ 来说, $(\mathscr{C}^i(X,\mathscr{F}_k))_{k\in\mathbb{N}}$ 都是松软层的投影系, 我们来证明它就满足 a) 里的那些条件. 事实上, 对于 $h\leqslant k$, 设 $\mathscr{N}_{hk}$ 是 u_{hk} 的核, 则由 (iii) 知, 序列 $0\to\mathscr{N}_{hk}\to\mathscr{F}_k\to\mathscr{F}_h\to 0$ 是正合的, 从而由函子 $\mathscr{A}\mapsto\mathscr{C}^i(X,\mathscr{A})$ 的正合性 (G, II, 4.3) 就可以推出上述阐言. 设 $\mathscr{G}^i=\varprojlim_k\mathscr{C}^i(X,\mathscr{F}_k)$, 依照 a), 对任意 $j>0$ 和 $i\geqslant 0$, 均有 $\mathrm{H}^j(X,\mathscr{G}^i)=0$. 我们下面要证明, $\mathscr{G}^\bullet=(\mathscr{G}^i)_{i\geqslant 0}$ 是层 $\mathscr{F}$ 的一个消解, 此时由于当 $j>0$ 时总有 $\mathrm{H}^j(X,\mathscr{G}^\bullet)=0$, 从而上同调 $\mathrm{H}^\bullet(X,\mathscr{F})$ 就等于 $\mathrm{H}^\bullet(\Gamma(X,\mathscr{G}^\bullet))$ (G, II, 4.7.1).

通过对正合序列

$$0\longrightarrow\mathscr{F}_k\longrightarrow\mathscr{C}^0(X,\mathscr{F}_k)\longrightarrow\mathscr{C}^1(X,\mathscr{F}_k)\longrightarrow\cdots$$

取投影极限, 显然就得到了一个 Abel 群层复形

$$0\longrightarrow\mathscr{F}\longrightarrow\mathscr{G}^0\longrightarrow\mathscr{G}^1\longrightarrow\cdots.$$

为了证明上述阐言, 只需说明当 $i>0$ 时总有 $\mathscr{H}^i(\mathscr{G}^\bullet)=0$ 即可. 这个层就是预层 $U\mapsto\mathrm{H}^i(\Gamma(U,\mathscr{G}^\bullet))$ 的拼续层 (G, II, 4.1), 并且复形 $\Gamma(U,\mathscr{G}^\bullet)$ 是 Abel

群复形的投影系 $(\Gamma(U,\mathscr{C}^\bullet(X,\mathscr{F}_k)))_{k\in\mathbb{N}}$ 的投影极限 ($\mathbf{0_I}$, 3.2.6). 在 a) 中我们已经看到, 对每个 $i\geqslant 0$, 映射 $\Gamma(U,\mathscr{C}^i(X,\mathscr{F}_k))\to\Gamma(U,\mathscr{C}^i(X,\mathscr{F}_h))$ $(h\leqslant k)$ 都是满的, 另一方面, $\mathrm{H}^i(U,\mathscr{F}_k)=\mathrm{H}^i(\Gamma(U,\mathscr{C}^\bullet(X,\mathscr{F}_k)))$, 因为 $\mathscr{C}^\bullet(X,\mathscr{F}_k)$ 在 U 上的限制就是典范消解 $\mathscr{C}^\bullet(U,\mathscr{F}_k|_U)$. 依照条件 (i), 对每个 $U\in\mathfrak{B}$, 我们都可以把 (13.2.3) 应用到复形的投影系 $(\Gamma(U,\mathscr{C}^\bullet(X,\mathscr{F}_k)))_{k\in\mathbb{N}}$ 上, 从而对所有 $i\geqslant 0$, 我们都有 $\mathrm{H}^i(\Gamma(U,\mathscr{G}^\bullet))=\varprojlim_k \mathrm{H}^i(U,\mathscr{F}_k)$. 此时条件 (ii) 刚好表明, (根据定义) 当 $i>0$ 时, 层 $\mathscr{H}^i(\mathscr{G}^\bullet)$ 都是 0.

于是对所有 $i\geqslant 0$, 都有 $\mathrm{H}^i(X,\mathscr{F})=\mathrm{H}^i(\Gamma(X,\mathscr{G}^\bullet))$, 并且

$$\Gamma(X,\mathscr{G}^\bullet) \;=\; \varprojlim_k \Gamma(X,\mathscr{C}^\bullet(X,\mathscr{F}_k)),$$

故知映射 $\Gamma(X,\mathscr{C}^i(X,\mathscr{F}_k))\to\Gamma(X,\mathscr{C}^i(X,\mathscr{F}_h))$ $(h\leqslant k)$ 都是满的, 从而由 (13.2.3) 就可以推出结论.

注解 (13.3.2) — (i) (13.3.1) 中的阐言只在 $i>0$ 处是有意义的, 因为当 $i=0$ 时, h_i 总是一个同构, 不需要任何前提条件 ($\mathbf{0_I}$, 3.2.6).

(ii) 特别地, (13.3.1) 中的条件 (i) 和 (ii) 在下面的情形下能够得到满足: 对所有 k, 所有 $i>0$, 和所有 $U\in\mathfrak{B}$, 总有 $\mathrm{H}^i(U,\mathscr{F}_k)=0$, 并且对于 $U\in\mathfrak{B}$, 映射 $\Gamma(U,\mathscr{F}_k)\to\Gamma(U,\mathscr{F}_h)$ 都是满的. 这是 (13.3.1) 最常被使用的情形.

13.4 Mittag-Leffler 条件与投影系的衍生分次对象

(13.4.1) 设 $\mathbf{A}=(A_k,u_{kh})_{k\in\mathbb{Z}}$ 是 Abel 范畴 $\boldsymbol{C}$ 中的一个投影系, 如果能找到 k_0, 使得当 $k<k_0$ 时总有 $A_k=0$, 则我们说 $\mathbf{A}$ 是下有界的.

我们在每个 A_k 上都定义一个滤解 $(F^p(A_k))_{p\in\mathbb{Z}}$ 如下

(13.4.1.1)
$$\begin{cases} F^p(A_k) \;=\; \mathrm{Ker}(A_k\to A_{p-1}), & p\leqslant k+1, \\ F^p(A_k) \;=\; 0, & p\geqslant k+1. \end{cases}$$

于是由前提条件知, $F^{k_0}(A_k)=A_k$, 并且 $F^{k+1}(A_k)=0$, 换句话说, 上面这个滤解是有限的 (11.1.3). 该滤解的衍生分次对象是

$$\mathrm{gr}^p(A_k) \;=\; \mathrm{Ker}(A_k\to A_{p-1})/\mathrm{Ker}(A_k\to A_p),$$

从而 $\mathrm{gr}^p(A_k)$ 同构于 $\mathrm{Ker}(A_k\to A_{p-1})$ 在 $A_k\to A_p$ 下的像. 由于定义投影系的态射具有传递性, 故知

(13.4.1.2)
$$\mathrm{gr}^p(A_k) \;=\; \mathrm{Ker}(A_p\to A_{p-1})\bigcap \mathrm{Im}(A_k\to A_p).$$

然而依照 (13.4.1.1), 我们有 $\operatorname{Ker}(A_p \to A_{p-1}) = \operatorname{gr}^p(A_p)$, 从而也有

$$\textbf{(13.4.1.3)} \qquad \operatorname{gr}^p(A_k) = \operatorname{gr}^p(A_p) \bigcap \operatorname{Im}(A_k \to A_p).$$

进而, 上面的定义表明, 对于 $k \leqslant h$, 总有

$$u_{kh}(F^p(A_h)) \subseteq F^p(A_k),$$

从而对任意 $p \in \mathbb{Z}$, 这些 $\operatorname{gr}^p(u_{kh})$ 都定义了一个投影系$(\operatorname{gr}^p(A_k))_{k\in\mathbb{Z}}$.

(13.4.2) 所谓一个投影系 $\mathbf{A}$ 是本质常值的, 是指当 k 充分大时, 态射 $A_{k+1} \to A_k$ 都是同构. 所谓投影系 $\mathbf{A}$ 是严格的, 是指态射 $A_i \to A_j$ $(j \leqslant i)$ 都是满态射. 如果 $\mathbf{A}$ 是严格的, 则由 (13.4.1.3) 知, 当 $p \leqslant k \leqslant h$ 时, 典范态射 $\operatorname{gr}^p(A_h) \to \operatorname{gr}^p(A_k)$ 是一个同构, 换句话说, 投影系 $(\operatorname{gr}^p(A_k))_{k\in\mathbb{Z}}$ 是本质常值的. 我们把由这些对象 $\operatorname{gr}^p(A_p)$ (对每个 p, 它都可以等同于 $\varprojlim\limits_k \operatorname{gr}^p(A_k)$) 所构成的序列称为严格投影系 $\mathbf{A} = (A_k)$ 的衍生分次对象, 并记作 $\operatorname{gr}^\bullet(\mathbf{A})$.

现在我们假设 (下有界) 投影系 $\mathbf{A}$ 满足 (ML) 条件, 则由 (13.1.2) 知, 由 "公共像" 对象所组成的投影系 $\mathbf{A}' = (A'_k)$ 是严格的, 并且它也是下有界的. 此时我们也把 $\mathbf{A}'$ 的衍生分次对象 $\operatorname{gr}^\bullet(\mathbf{A}')$ 称为 $\mathbf{A}$ 的衍生分次对象, 并记作 $\operatorname{gr}^\bullet(\mathbf{A})$.

命题 (13.4.3) — 设 $\mathbf{A} = (A_k)_{k\in\mathbb{Z}}$ 是 *Abel* 范畴 $\boldsymbol{C}$ 中的一个下有界的投影系. 则下面两个条件是等价的:

a) $\mathbf{A}$ 满足 (ML) 条件.

b) 对任意 $p \in \mathbb{Z}$, 投影系 $(\operatorname{gr}^p(A_k))_{k\in\mathbb{Z}}$ 都是本质常值的.

进而, 如果这些条件得到满足, 则对任意 $p \in \mathbb{Z}$, 我们都有一个典范同构

$$\textbf{(13.4.3.1)} \qquad \operatorname{gr}^p(\mathbf{A}) \xrightarrow{\sim} \varprojlim_k \operatorname{gr}^p(A_k).$$

由 (13.4.1.2) 立知, a) 蕴涵 b), 把同样的公式应用到投影系 $\mathbf{A}'$ 上 (记号取自 (13.4.2)) 就给出了 (13.4.3.1) 的同构. 对于 $k \leqslant h$, 令 $A_{kh} = \operatorname{Im}(A_h \to A_k)$, 则对于 $k \leqslant h \leqslant j$, 总有 $A_{kj} \subseteq A_{kh} \subseteq A_k$. 我们给 A_{kh} 赋予 $(F^p(A_k))$ 所诱导的滤解, 则易见这个滤解也是 $(F^p(A_h))$ 的商滤解 (因为定义 $\mathbf{A}$ 的那些态射具有传递性), 因而我们有

$$\textbf{(13.4.3.2)} \qquad \operatorname{gr}^p(A_{kh}) = \operatorname{Im}(\operatorname{gr}^p(A_h) \to \operatorname{gr}^p(A_k)).$$

在此基础上, 假设 b) 得到满足, 则对任意 $p \in \mathbb{Z}$ 和任意 $k \geqslant p$, 均可找到一个整数 $L(p,k)$, 使得 (13.4.3.2) 的右边在 $h \geqslant L(p,k)$ 时成为常值的. 由于当

$p < k_0$ 时总有 $\mathrm{gr}^p(A_k) = 0$, 于是 (对于给定的 k) 当 p 跑遍 $\leqslant k$ 的整数的集合时, 只有有限个非零的 $L(p,k)$. 设 $L(k) = m$ 是这些整数中的最大者, 则对任意 $h \geqslant m$, 均有 $A_{kh} \subseteq A_{km}$, 并且由 m 的定义知, 典范含入 $A_{kh} \to A_{km}$ 定义了一个同构 $\mathrm{gr}^\bullet(A_{kh}) \xrightarrow{\sim} \mathrm{gr}^\bullet(A_{km})$. 由于这些滤解都是有限的, 从而上面那些含入本身就是一一的 (Bourbaki, 《交换代数学》, III, §2, ※8, 定理 1), 这就证明了 $\mathbf{A}$ 满足 (ML) 条件.

(13.4.4) 假设在 $\boldsymbol{C}$ 中投影极限 $A = \varprojlim A_k$ 是存在的. 则在定义 (13.4.1) 中, 可以把 A_k 换成 A, 并且这样定义出来的 A 上的滤解还满足

(13.4.4.1)
$$\mathrm{gr}^p(A) = \mathrm{gr}^p(A_p) \bigcap \mathrm{Im}(A \to A_p).$$

推论 (13.4.5) — 假设 $\boldsymbol{C}$ 是 *Abel* 群的范畴. 如果投影系 $\mathbf{A}$ 满足 (ML) 条件, 并且 $A = \varprojlim_k A_k$, 则对任意 $p \in \mathbb{Z}$, 我们都有一个典范同构

(13.4.5.1)
$$\mathrm{gr}^p(A) = \varprojlim_k \mathrm{gr}^p(A_k).$$

事实上, 当 k 充分大时, 总有 $\mathrm{Im}(A_k \to A_p) = \mathrm{Im}(A \to A_p)$ (Bourbaki, 《一般拓扑学》, II, 第 3 版, §3, ※5, 定理 1), 从而由 (13.4.1.3) 和 (13.4.4.1) 就可以推出结论.

13.5 滤体复形的谱序列的投影极限

(13.5.1) 设 $\boldsymbol{C}$ 是一个 Abel 范畴, $X^\bullet$ 是 $\boldsymbol{C}$ 中对象的一个复形, 并且具有一个滤解$(F^p(X^\bullet))_{p\in\mathbb{Z}}$, 假设可以找到一个指标 p_0, 使得 $F^{p_0}(X^\bullet) = X^\bullet$. 对每个 $k \in \mathbb{Z}$, 考虑复形 $X_k^\bullet = X^\bullet / F^{k+1}(X^\bullet)$, 则它上面具有一个典范的滤解, 它的定义是: 当 $p \leqslant k$ 时, $F^p(X_k^\bullet) = F^p(X^\bullet)/F^{k+1}(X^\bullet)$, 而当 $p \geqslant k+1$ 时, $F^p(X_k^\bullet) = 0$. 进而, 我们还有典范的态射 $X_{k+1}^\bullet \to X_k^\bullet$, 它们使 $\mathbf{X}^\bullet = (X_k^\bullet)_{k\in\mathbb{Z}}$ 成为一个由 $\boldsymbol{C}$ 中对象所组成的滤体复形的投影系. 注意到这个投影系是严格的, 并且当 $k < p_0$ 时总有 $X_k^\bullet = 0$.

(13.5.2) 一般地, 考虑一个由 $\boldsymbol{C}$ 中对象的下有界复形所组成的严格投影系 $\mathbf{X}^\bullet = (X_k^\bullet)_{k\in\mathbb{Z}}$. 对每个 $X_k^\bullet$, 利用 (13.4.1) 都可以定义出它的一个滤解 (在 $\boldsymbol{C}$ 中对象的下有界复形的 Abel 范畴中). 于是这些 $X_k^\bullet \to X_p^\bullet$ $(p \leqslant k)$ 都是具有有限滤解的滤体复形之间的态射. 由滤体复形的谱序列的函子性 (11.2.3) 知, 定义投影系 $\mathbf{X}^\bullet$ 的那些传递态射也给出了谱序列之间的态射, 并且使 $\mathrm{E}(\mathbf{X}^\bullet) = (\mathrm{E}(X_k^\bullet))$ 成为谱序列的投影系.

引理 (13.5.3) — 假设 $\mathbf{X}^\bullet = (X_k^\bullet)_{k\in\mathbb{Z}}$ 是 (13.5.2) 中所给出的滤体复形的投影系. 则:

a) 当 $r \geqslant p - p_0$ 时, 对任意 $k \in \mathbb{Z}$, 均有 $\mathrm{B}_r^{p,q}(X_k^\bullet) = \mathrm{B}_\infty^{p,q}(X_k^\bullet)$.

b) 当 $k+1 \leqslant p+r$ 时总有 $\mathrm{Z}_r^{p,q}(X_k^\bullet) = \mathrm{Z}_\infty^{p,q}(X_k^\bullet)$.

c) 当 $k+1 \geqslant p+r$ 时, 对任意 $h \geqslant k$, 态射 $\mathrm{Z}_r^{p,q}(X_h^\bullet) \to \mathrm{Z}_r^{p,q}(X_k^\bullet)$ 和 $\mathrm{B}_r^{p,q}(X_h^\bullet) \to \mathrm{B}_r^{p,q}(X_k^\bullet)$ 都是同构.

这三个性质都可以从定义 (11.2.2) 立得, 只需注意到当 $p - r < p_0$ 时总有 $F^{p-r+1}(X_k^\bullet) = X_k^\bullet$ 即可.

(13.5.4) 假设 (13.5.3) 的前提条件得到满足. 于是对于固定的 p, q, r (r 是有限的), 投影系 $(\mathrm{Z}_r^{p,q}(X_k^\bullet))_{k\in\mathbb{Z}}$, $(\mathrm{B}_r^{p,q}(X_k^\bullet))_{k\in\mathbb{Z}}$ 和 $(\mathrm{E}_r^{p,q}(X_k^\bullet))_{k\in\mathbb{Z}}$ 都是本质常值的, 我们把它们的投影极限分别记为 $\mathrm{Z}_r^{p,q}(\mathbf{X}^\bullet)$, $\mathrm{B}_r^{p,q}(\mathbf{X}^\bullet)$ 和 $\mathrm{E}_r^{p,q}(\mathbf{X}^\bullet) = \mathrm{Z}_r^{p,q}(\mathbf{X}^\bullet)/\mathrm{B}_r^{p,q}(\mathbf{X}^\bullet)$. 则这些 $\mathrm{Z}_r^{p,q}(\mathbf{X}^\bullet)$ 和 $\mathrm{B}_r^{p,q}(\mathbf{X}^\bullet)$ 都可以典范地等同于 $\mathrm{E}_1^{p,q}(\mathbf{X}^\bullet)$ 的子对象. 由 $d_r^{p,q}$ 的定义 (M, XV, 1) 知, 这些态射 (相对于 $X_k^\bullet$) 也都是本质常值的, 从而定义了态射

(13.5.4.1)
$$d_r^{p,q} \ :\ \mathrm{E}_r^{p,q}(\mathbf{X}^\bullet) \longrightarrow \mathrm{E}_r^{p+r,q-r+1}(\mathbf{X}^\bullet),$$

并满足 $d_r^{p+r,q-r+1} \circ d_r^{p,q} = 0$. 进而在 $\mathrm{Ker}(d_r^{p,q})$ 和 $\mathrm{Z}_{r+1}^{p,q}(\mathbf{X}^\bullet)/\mathrm{B}_r^{p,q}(\mathbf{X}^\bullet)$ 之间以及 $\mathrm{Im}(d_r^{p,q})$ 和 $\mathrm{B}_{r+1}^{p+r,q-r+1}(\mathbf{X}^\bullet)/\mathrm{B}_r^{p+r,q-r+1}(\mathbf{X}^\bullet)$ 之间我们都有典范同构.

引理 (13.5.5) — 在 (13.5.3) 的前提条件下, 对于 $s \geqslant r > p - p_0$, 我们有典范的单态射

(13.5.5.1)
$$i \ :\ \mathrm{E}_s^{p,q}(\mathbf{X}^\bullet) \longrightarrow \mathrm{E}_r^{p,q}(\mathbf{X}^\bullet)$$

和典范同构

(13.5.5.2)
$$j_r \ :\ \mathrm{E}_r^{p,q}(\mathbf{X}^\bullet) \xrightarrow{\ \sim\ } \mathrm{E}_\infty^{p,q}(X_{p+r-1}^\bullet),$$

并且下述图表是交换的

(13.5.5.3)
$$\begin{array}{ccc} \mathrm{E}_s^{p,q}(\mathbf{X}^\bullet) & \xrightarrow{\ j_s\ } & \mathrm{E}_\infty^{p,q}(X_{p+s-1}^\bullet) \\ {\scriptstyle i}\big\downarrow & & \big\downarrow \\ \mathrm{E}_r^{p,q}(\mathbf{X}^\bullet) & \xrightarrow[\ j_r\ ]{} & \mathrm{E}_\infty^{p,q}(X_{p+r-1}^\bullet) \end{array}$$

(右边的竖直箭头是由态射 $X_{p+s-1}^\bullet \to X_{p+r-1}^\bullet$ 所导出的).

i 的存在性是缘自下面这个事实: 若 $r > p - p_0$, 则有 $\mathrm{B}_r^{p,q}(X_k^\bullet) = \mathrm{B}_\infty^{p,q}(X_k^\bullet)$ (13.5.3, a)). 现在对于 $k+1 \leqslant p+r$, 我们有 $\mathrm{Z}_r^{p,q}(X_k^\bullet) = \mathrm{Z}_\infty^{p,q}(X_k^\bullet)$ (13.5.3, b)), 特别

地, $\mathrm{Z}_r^{p,q}(X_{p+r-1}^\bullet)=\mathrm{Z}_\infty^{p,q}(X_{p+r-1}^\bullet)$, 而另一方面, 依照 (13.5.3, c)), $\mathrm{Z}_r^{p,q}(X_{p+r-1}^\bullet)$ 和 $\mathrm{B}_r^{p,q}(X_{p+r-1}^\bullet)$ 可以典范等同于 $\mathrm{Z}_r^{p,q}(\mathbf{X}^\bullet)$ 和 $\mathrm{B}_r^{p,q}(\mathbf{X}^\bullet)$, 这就推出了 j_r 的存在性以及交换图表 (13.5.5.3).

推论 (13.5.6) — 在 (13.5.3) 的前提条件下, 若 $\varprojlim_r \mathrm{E}_r^{p,q}(\mathbf{X}^\bullet)$ 和 $\varprojlim_k \mathrm{E}_\infty^{p,q}(X_k^\bullet)$ 中有一个是存在的, 则另一个也是存在的, 并且我们有典范同构

(13.5.6.1)
$$j_\infty\ :\ \varprojlim_r \mathrm{E}_r^{p,q}(\mathbf{X}^\bullet)\ \xrightarrow{\sim}\ \varprojlim_k \mathrm{E}_\infty^{p,q}(X_k^\bullet).$$

进而, 为了使投影系 $(\mathrm{E}_r^{p,q}(\mathbf{X}^\bullet))_{r\in\mathbb{Z}}$ 是本质常值的, 必须且只需投影系 $(\mathrm{E}_\infty^{p,q}(X_k^\bullet))_{k\in\mathbb{Z}}$ 具有该性质.

(13.5.7) 我们用 $\mathrm{B}_\infty^{p,q}(\mathbf{X}^\bullet)$ 和 $\mathrm{Z}_\infty^{p,q}(\mathbf{X}^\bullet)$ 来记 $\mathrm{E}_1^{p,q}(\mathbf{X}^\bullet)$ 的这样两个子对象, 前者等于 $\mathrm{B}_r^{p,q}(\mathbf{X}^\bullet)$, 其中 $r>p-p_0$, 后者等于 $\inf_r \mathrm{Z}_r^{p,q}(\mathbf{X}^\bullet)$ (只要它存在), 从而 $\varprojlim_r \mathrm{E}_r^{p,q}(\mathbf{X}^\bullet)$ 可以典范等同于 $\mathrm{E}_\infty^{p,q}(\mathbf{X}^\bullet)=\mathrm{Z}_\infty^{p,q}(\mathbf{X}^\bullet)/\mathrm{B}_\infty^{p,q}(\mathbf{X}^\bullet)$. 注意到对象 $\mathrm{Z}_r^{p,q}(\mathbf{X}^\bullet)$, $\mathrm{B}_r^{p,q}(\mathbf{X}^\bullet)$, $\mathrm{E}_r^{p,q}(\mathbf{X}^\bullet)$ $(1\leqslant r\leqslant\infty)$ 和态射 $d_r^{p,q}$ 对于满足 (13.5.2) 中的限制条件的投影系 $\mathbf{X}^\bullet$ 来说都是函子性的, 并且 (13.5.5) 和 (13.5.6) 中所定义的那些态射也都是函子性的.

13.6 函子在具有有限滤解的对象处的谱序列

(13.6.1) 设 $\boldsymbol{C}$ 和 $\boldsymbol{C}'$ 是两个 Abel 范畴, $T:\boldsymbol{C}\to\boldsymbol{C}'$ 是一个协变加性函子. 假设 $\boldsymbol{C}$ 中的任何对象都同构于内射对象的子对象, 因而右导出函子 R^pT $(p\geqslant 0)$ 是存在的.

引理 (13.6.2) — 设 A 是 $\boldsymbol{C}$ 中的一个对象, 带有一个有限滤解 $(F^i(A))_{i\in\mathbb{Z}}$. 则可以找到 A 的一个内射消解 $X^\bullet=(X^j)_{j\geqslant 0}$ 和它的一个有限滤解 $(F^i(X^\bullet))_{i\in\mathbb{Z}}$, 使得当 $F^i(A)=A$ (切转: $F^i(A)=0$) 时总有 $F^i(X^\bullet)=X^\bullet$ (切转: $F^i(X^\bullet)=0$), 并且对任意 $i\in\mathbb{Z}$, $F^i(X^\bullet)$ 都是 $F^i(A)$ 的内射消解.

设 p (切转: $q>p$) 是使得 $F^i(A)=A$ 的最大指标 (切转: 使得 $F^i(A)=0$ 的最小指标). 我们对 $q-p$ 进行归纳, 当 $q-p=1$ 时, 引理显然成立. 现在先取 $A/F^{q-1}(A)$ 的一个满足上述条件的内射消解 $X''^\bullet$, 再取 $F^{q-1}(A)$ 的一个满足上述条件的内射消解 $X'^\bullet$, 考虑正合序列 $0\to F^{q-1}(A)\to A\to A/F^{q-1}(A)\to 0$, 则可以找到 A 的一个内射消解 $X^\bullet$, 使得它能够嵌入一个正合序列 $0\to X'^\bullet\to X^\bullet\to X''^\bullet\to 0$ 之中, 且与前一个正合序列是相容的 (M, V, 2.2), 显然这个 $X^\bullet$ 就是我们所要的.

推论 (13.6.3) — 设 B 是 $\boldsymbol{C}$ 中的另一个对象, 也带有一个有限滤解 $(F^i(B))_{i\in\mathbb{Z}}$,

s 是一个整数, $u : A \to B$ 是一个态射, 且满足下面的条件: 对任意 $i \in \mathbb{Z}$, 均有 $u(F^i(A)) \subseteq F^{i+s}(B)$. 若 $Y^\bullet = (Y^j)_{j\geqslant 0}$ 是 B 的一个内射消解, 带有一个滤解 $(F^i(Y^\bullet))_{i\in\mathbb{Z}}$, 且这个滤解具有 (13.6.2) 中所说的性质, 则可以找到一个态射 $v : X^\bullet \to Y^\bullet$, 它与 u 相容, 并且对任意 $i \in \mathbb{Z}$, 均有 $v(F^i(X^\bullet)) \subseteq F^{i+s}(Y^\bullet)$. 进而, 任何两个这样的态射 v, v' 都是同伦的.

通过对 $q - p$ 进行归纳, 并利用前面的构造以及 (M, V, 2.3) 的结果就可以推出结论.

(13.6.4) 在 (13.6.2) 的前提条件下, 现在我们考虑 $\boldsymbol{C}'$ 中的复形 $T(X^\bullet)$, 它显然能够成为一个滤体复形, 只要我们用这些复形 $T(F^i(X^\bullet))$ 来定义滤解即可, 因为 $F^i(X^\bullet)$ 是 $X^\bullet$ 的直和因子. 由 (13.6.3) 知, 在只差同构的意义下, 这个滤体复形的谱序列只依赖于滤体对象 A, 并且该谱序列的目标就是上同调 $\mathrm{R}^\bullet T(A)$, 以及它上面的滤解

(13.6.4.1)
$$F^p(\mathrm{R}^nT(A)) = \mathrm{Im}\big(\mathrm{R}^nT(F^p(A)) \to \mathrm{R}^nT(A)\big) = \mathrm{Ker}\big(\mathrm{R}^nT(A) \to \mathrm{R}^nT(A/F^p(A))\big)$$

(11.2.2), 它的 E_1 项则由下式给出

(13.6.4.2)
$$E_1^{p,q} = \mathrm{R}^{p+q}T(\mathrm{gr}^p(A)),$$

其中 $\mathrm{gr}^p(A)$ 就是指 $F^p(A)/F^{p+1}(A)$. 由 (11.2.2) 易见, 目标上的滤解是有限的, 并且对于给定的 p, q, 序列 $\mathrm{B}_r^{p,q}(A) = \mathrm{B}_r^{p,q}(T(X^\bullet))$ 和 $\mathrm{Z}_r^{p,q}(A) = \mathrm{Z}_r^{p,q}(T(X^\bullet))$ 都是最终稳定的, 从而上面的谱序列是双正则的 (11.1.3). 我们把这个谱序列记作 $\mathrm{E}(A) = (\mathrm{E}_r^{p,q}(A))$, 并且称之为函子 T 在滤体对象 A 处的谱序列.

(13.6.5) 现在我们假设 (13.6.3) 中的条件得到满足, 并且沿用那里的记号. 由于 $F^i(X^\bullet)$ (切转: $F^i(Y^\bullet)$) 是 $X^\bullet$ (切转: $Y^\bullet$) 的直和因子, 故对任意 $i \in \mathbb{Z}$, 均有 $(Tv)(T(F^i(X^\bullet))) \subseteq T(F^{i+s}(Y^\bullet))$. 此时 (11.2.2) 中的定义表明, 对所有 $1 \leqslant r \leqslant +\infty$, Tv 都定义了一个态射 $\mathrm{B}_r^{p,q}(T(X^\bullet)) \to \mathrm{B}_r^{p+s,q-s}(T(Y^\bullet))$ 和一个态射 $\mathrm{Z}_r^{p,q}(T(X^\bullet)) \to \mathrm{Z}_r^{p+s,q-s}(T(Y^\bullet))$, 从而我们得到一个态射

$$w_r : \mathrm{E}_r^{p,q}(A) \longrightarrow \mathrm{E}_r^{p+s,q-s}(B).$$

同样地, 在目标上我们也有一组态射 $u_n : \mathrm{R}^nT(A) \to \mathrm{R}^nT(B)$, 它们满足 $u_n(F^p\,(\mathrm{R}^nT(A))) \subseteq F^{p+s}(\mathrm{R}^nT(B))$.

进而, 由这些 $d_r^{p,q}$ 的定义 (M, XV, 1) 知, 下述图表是交换的

$$\begin{array}{ccc} \mathrm{E}_r^{p,q}(A) & \xrightarrow{d_r^{p,q}} & \mathrm{E}_r^{p+r,q-r+1}(A) \\ {\scriptstyle w_r}\downarrow & & \downarrow{\scriptstyle w_r} \\ \mathrm{E}_r^{p+s,q-s}(B) & \xrightarrow[d_r^{p+s,q-s}]{} & \mathrm{E}_r^{p+r+s,q-r-s+1}(B) \end{array} .$$

由此就可以导出一个关于同构 $\alpha_r^{p,q}$ 的交换图表, 细节留给读者. 最后 (前引), 我们还有一个关于目标的交换图表

$$\begin{array}{ccc} \mathrm{E}_\infty^{p,q}(A) & \xrightarrow{\beta^{p,q}} & \mathrm{gr}^p(\mathrm{R}^{p+q}T(A)) \\ {\scriptstyle w_\infty}\downarrow & & \downarrow{\scriptstyle u_{p+q}} \\ \mathrm{E}_\infty^{p+s,q-s}(B) & \xrightarrow[\beta^{p+s,q-s}]{} & \mathrm{gr}^{p+s}(\mathrm{R}^{p+q}T(B)) \end{array} .$$

(13.6.6) 特别地, 假设我们有一个环 S, 带有滤解$(F^i(S))_{i\in\mathbb{Z}}$, 并且有一个环同态

(13.6.6.1) $$h\ :\ S\ \longrightarrow\ \mathrm{Hom}_{\boldsymbol{C}}(A,A),$$

满足下面的条件: 对任意整数 i, j 和任意 $t\in F^j(S)$, 均有 $h_t(F^i(A))\subseteq F^{i+j}(A)$. 为简单起见, 此时我们说 A 具有一个在滤体环 S 上的 S-$\boldsymbol{C}$ 滤体模结构. 取它的衍生分次对象, 则对于 $t\in F^j(S)$, h_t 定义了 $\mathrm{gr}^\bullet(A)$ 的一个分次自同态 $\overline{h}_t$, 并且它是 j 次齐次的. 进而, 这个态射只依赖于 t 在 $\mathrm{gr}^j(S)$ 中的类, 于是我们就定义一个分次环同态

$$\overline{h}\ :\ \mathrm{gr}^\bullet(S)\ \longrightarrow\ \mathrm{Hom}^g_{\boldsymbol{C}}\big(\mathrm{gr}^\bullet(A),\mathrm{gr}^\bullet(A)\big),$$

右边是指 $\mathrm{gr}^\bullet(A)$ 的分次自同态环. 此时我们说 $\mathrm{gr}^\bullet(A)$ 具有一个 $\mathrm{gr}^\bullet(S)$-$\boldsymbol{C}$ 分次模的结构. 于是由 (13.6.5) 知, 对任意 $1\leqslant r\leqslant+\infty$, 每个 $\bar{t}\in\mathrm{gr}^j(S)$ 都典范地定义了双分次对象 $(\mathrm{B}_r^{p,q}(A))_{(p,q)\in\mathbb{Z}\times\mathbb{Z}}$, $(\mathrm{Z}_r^{p,q}(A))_{(p,q)\in\mathbb{Z}\times\mathbb{Z}}$ 和 $\mathrm{E}_r(A)=(\mathrm{E}_r^{p,q}(A))_{(p,q)\in\mathbb{Z}\times\mathbb{Z}}$ 的一个次数为 $(s,-s)$ 的双分次自同态. 对于 $\mathrm{E}_r(A)$ (r 有限) 来说, 这个自同态与那些 $d_r^{p,q}$ 所定义的双分次自同态是可交换的. 由于这些自同态满足结合律以及针对 $\mathrm{gr}^\bullet(S)$ 和上述双分次对象的加法运算的分配律, 故我们也把这些双分次对象简称为 $\mathrm{gr}^\bullet(S)$-$\boldsymbol{C}'$ 双分次模, 易见这些 $\alpha_r^{p,q}$ 对于这种结构来说定义了一个同构. 对任意整数 n, 我们用 $\mathrm{B}_r^{(n)}(A)$, $\mathrm{Z}_r^{(n)}(A)$, $\mathrm{E}_r^{(n)}(A)$ 来记由 $\mathrm{B}_r^{\bullet,\bullet}(A)$, $\mathrm{Z}_r^{\bullet,\bullet}(A)$, $\mathrm{E}_r^{\bullet,\bullet}(A)$ 中的那些满足 $p+q=n$ 的 $\mathrm{B}_r^{p,q}(A)$, $\mathrm{Z}_r^{p,q}(A)$, $\mathrm{E}_r^{p,q}(A)$ 所组成的分次子对象 $(1\leqslant r\leqslant\infty)$, 则易见它们都是 $\mathrm{gr}^\bullet(S)$-$\boldsymbol{C}'$ 分次模. 最后, 对所有 n, 任何 $\bar{t}\in\mathrm{gr}^j(S)$

都定义了分次对象 $\mathrm{gr}^\bullet(\mathrm{R}^nT(A))$ 的一个次数为 j 的分次自同态，这些分次对象也具有 $\mathrm{gr}^\bullet(S)$-$\boldsymbol{C}'$ 分次模的结构，并且这些 $\beta^{p,q}$ $(p+q=n)$ 定义了 $E^{(n)}(A)$ 和 $\mathrm{gr}^\bullet(\mathrm{R}^nT(A))$ 在这种结构下的一个同构.

注意到如果 $\boldsymbol{C}'$ 是 Abel 群的范畴，则 S-$\boldsymbol{C}'$ 模结构 (切转: $\mathrm{gr}^\bullet(S)$-$\boldsymbol{C}'$ 分次模结构，$\mathrm{gr}^\bullet(S)$-$\boldsymbol{C}'$ 双分次模结构) 恰好就是通常的 S 模结构 (切转: $\mathrm{gr}^\bullet(S)$ 分次模结构，$\mathrm{gr}^\bullet(S)$ 双分次模结构).

13.7 投影极限上的导出函子

(13.7.1) 设 $\boldsymbol{C}$ 和 $\boldsymbol{C}'$ 是两个 Abel 范畴，并假设 $\boldsymbol{C}$ 中的任何对象都是内射对象的子对象，再设 $T:\boldsymbol{C}\to\boldsymbol{C}'$ 是一个协变加性函子. 考虑 $\boldsymbol{C}$ 中的一个下有界的严格投影系 $\mathbf{A}=(A_k)_{k\in\mathbb{Z}}$，确切地说，我们假设当 $k<k_0$ 时总有 $A_k=0$. 我们用公式 (13.4.1.1) 给每个 A_k 都赋予一个滤解 $(F^p(A_k))_{k\in\mathbb{Z}}$，由于这个投影系是严格的，故当 $i\leqslant j\leqslant k+1$ 时，典范态射

$$F^i(A_h)/F^j(A_h)\longrightarrow F^i(A_k)/F^j(A_k)\qquad(h\geqslant k)\tag{13.7.1.1}$$

都是同构. 还记得对任意 k，我们还有 $F^{k_0}(A_k)=A_k$ 和 $F^{k+1}(A_k)=0$.

(13.7.2) 现在对每个 k，选取 A_k 的一个具有 (13.6.2) 中所说性质的内射消解 $X_k^\bullet=(X_k^j)_{j\geqslant 0}$. 则典范态射 $A_{k+1}\to A_k$ 使我们可以 (13.6.3) 定义出一个复形之间的态射 $X_{k+1}^\bullet\to X_k^\bullet$，并使它们与上述滤解相容，从而使 $\mathbf{X}^\bullet=(X_k^\bullet)_{k\in\mathbb{Z}}$ 成为一个复形投影系. 我们还可以假设这个投影系是严格的. 事实上，由 (13.7.1.1) 的同构知，A_k 同构于 $A_{k+1}/F^{k+1}(A_{k+1})$，从而在构造 $X_{k+1}^\bullet$ 时，可以取 $A_{k+1}/F^{k+1}(A_{k+1})$ 的内射消解就等于 $X_k^\bullet$，于是由 (M, V, 2.3) 知，可以构造出一个复形态射 $X_{k+1}^\bullet\to X_k^\bullet$，使得它在取商后给出同构 $X_{k+1}^\bullet/F^{k+1}(X_{k+1}^\bullet)\xrightarrow{\sim}X_k^\bullet$，并且与滤解是相容的，这就是 (13.5.1) 中的条件.

(13.7.3) 由上述构造知，复形 $T(X_k^\bullet)$ 的投影系 $T(\mathbf{X}^\bullet)$ 满足 (13.5.3) 的条件，从而 (13.5.4), (13.5.5) 和 (13.5.6) 中的结果都可以应用到谱序列 $\mathrm{E}(T(X_k^\bullet))=\mathrm{E}(A_k)$ 上. 对于 $1\leqslant r\leqslant+\infty$，我们也把 $\mathrm{E}_r^{p,q}(T(\mathbf{X}^\bullet))$ 记作 $\mathrm{E}_r^{p,q}(\mathbf{A})$ ($r=+\infty$ 的情况参考 (13.5.7))，其他的记号也作出类似的简化. 特别地，注意到基于 (13.6.4.2) 以及投影系 $(\mathrm{gr}^p(A_k))$ 是本质常值系的事实，我们有

$$\mathrm{E}_1^{p,q}(\mathbf{A})\;=\;\mathrm{R}^{p+q}T(\mathrm{gr}^p(\mathbf{A})).\tag{13.7.3.1}$$

由这些结果和 (13.4.3) 就可以推出下面的命题，它首先是由 Shih Weishu 用另外的方法所证明的 (未发表):

命题 (13.7.4) (Shih) — 设 n 是一个整数. 则以下诸条件是等价的:

a) 对任意一组满足 $p+q=n$ 的 (p,q), 投影系 $(\mathrm{E}_r^{p,q}(\mathbf{A}))_{r\geqslant 2}$ 都是本质常值的.

b) 投影系 $\mathrm{R}^nT(\mathbf{A})=(\mathrm{R}^nT(A_k))_{k\in\mathbb{Z}}$ 满足 (ML) 条件.

进而, 如果这些条件得到满足, 则对任意 $p\in\mathbb{Z}$, 我们都有典范同构

$$\mathrm{gr}^p(\mathrm{R}^nT(\mathbf{A}))\ \xrightarrow{\sim}\ \mathrm{E}_\infty^{p,n-p}(\mathbf{A}). \tag{13.7.4.1}$$

事实上, 依照 (13.5.6), 条件 a) 等价于投影系 $(\mathrm{E}_\infty^{p,q}(A_k))_{k\in\mathbb{Z}}$ 在 $p+q=n$ 时是本质常值的, 另一方面, $\mathrm{gr}^p(\mathrm{R}^nT(A_k))$ 典范同构于 $\mathrm{E}_\infty^{p,n-p}(A_k)$, 从而由 (13.4.3) 就可以推出 a) 和 b) 的等价性, 最后, 同构 (13.7.4.1) 恰好就是把 (13.5.6.1) 应用到现在的情形而得到的.

推论 (13.7.5) — 设 $\mathcal{F}=(\mathscr{F}_k)_{k\in\mathbb{N}}$ 是满足 (13.3.1) 中的条件 (i), (ii), (iii) 的一个 *Abel* 群层投影系, 并设 $\mathscr{F}=\varprojlim\mathscr{F}_k$. 假设在函子 $\mathscr{G}\mapsto\Gamma(X,\mathscr{G})$ 作用下, 投影系 $(\mathrm{E}_r^{p,q}(\mathcal{F}))_{r\in\mathbb{Z}}$ 对于所有满足 $p+q=n$ 或 $p+q=n+1$ 的 (p,q) 都是本质常值的. 考虑 $\mathrm{H}^{n+1}(X,\mathscr{F})$ 上所定义的滤解 $F^p(\mathrm{H}^{n+1}(X,\mathscr{F}))=\mathrm{Ker}(\mathrm{H}^{n+1}(X,\mathscr{F})\to\mathrm{H}^{n+1}(X,\mathscr{F}_{p-1}))$, 则对任意 $p\in\mathbb{Z}$, 我们都有典范同构

$$\mathrm{gr}^p(\mathrm{H}^{n+1}(X,\mathscr{F}))\ \xrightarrow{\sim}\ \mathrm{E}_\infty^{p,n-p+1}(\mathcal{F}).$$

把 (13.7.4) 应用到 $\boldsymbol{C}$ 是 X 上的 Abel 群层范畴, $\boldsymbol{C}'$ 是 Abel 群范畴, 且 $T=\Gamma$ 的情形, 从而我们得到一个典范同构 $\mathrm{gr}^p(\mathrm{R}^{n+1}\Gamma(\mathcal{F}))\xrightarrow{\sim}\mathrm{E}_\infty^{p,n-p+1}(\mathcal{F})$ (对任意 $p\in\mathbb{Z}$). 另一方面, 由 (13.7.4) 知, 投影系 $(\mathrm{H}^n(X,\mathscr{F}_k))_{k\in\mathbb{Z}}$ 满足 (ML) 条件, 从而由 (13.3.1) 又可以得到一个典范同构

$$\mathrm{H}^{n+1}(X,\mathscr{F})\ \xrightarrow{\sim}\ \varprojlim_k\mathrm{H}^{n+1}(X,\mathscr{F}_k). \tag{13.7.5.1}$$

依照 (13.7.4), 投影系 $\mathrm{R}^{n+1}\Gamma(\mathcal{F})$ 满足 (ML) 条件, 故我们有一个典范同构 $\mathrm{gr}^p(\mathrm{R}^{n+1}\Gamma(\mathcal{F}))\xrightarrow{\sim}\varprojlim_k\mathrm{gr}^p(\mathrm{H}^{n+1}(X,\mathscr{F}_k))$ (13.4.3) 和一个典范同构 $\varprojlim_k\mathrm{gr}^p(\mathrm{H}^{n+1}(X,\mathscr{F}_k))\xrightarrow{\sim}\mathrm{gr}^p(\varprojlim_k\mathrm{H}^{n+1}(X,\mathscr{F}_k))$ (13.4.5). 于是只要证明同构 (13.7.5.1) 与滤解是相容的即可, 然而这可由定义以及下述图表的交换性推出:

$$\begin{array}{ccc}
\mathrm{H}^{n+1}(X,\mathscr{F}) & \xrightarrow{\quad\sim\quad} & \varprojlim_k\mathrm{H}^{n+1}(X,\mathscr{F}_k)\\
& \searrow\qquad\swarrow & \\
& \mathrm{H}^{n+1}(X,\mathscr{F}_{p-1}) &
\end{array}$$

(对所有 p 都成立).

(13.7.6) 设 S 是一个环, 带有一个滤解 $(F^i(S))_{i\in\mathbb{Z}}$, 且满足 $F^0(S)=S$ (从而在 $i<0$ 时总有 $\mathrm{gr}^i(S)=0$). 假设每个 A_k 在 (13.7.1) 所定义的滤解下都是一个S-$\boldsymbol{C}$ 滤体模 (13.6.6), 并且态射 $A_h\to A_k$ $(k\leqslant h)$ 都是 S-$\boldsymbol{C}$ 滤体模结构之间的态射, 为简单起见, 此时我们也说 $\mathbf{A}$ 是一个S-$\boldsymbol{C}$ 滤体模投影系. 于是易见态射 $\mathrm{B}_r^{p,q}(A_h)\to\mathrm{B}_r^{p,q}(A_k)$ 和 $\mathrm{Z}_r^{p,q}(A_h)\to\mathrm{Z}_r^{p,q}(A_k)$ $(k\leqslant h,\ 1\leqslant r\leqslant+\infty)$ 都是$\mathrm{gr}^\bullet(S)$-$\boldsymbol{C}'$ 双分次模结构之间的态射 (13.6.5), 并且对于有限的 r, 族 $(\mathrm{Z}_r^{p,q}(\mathbf{A}))$, $(\mathrm{B}_r^{p,q}(\mathbf{A}))$, $(\mathrm{E}_r^{p,q}(\mathbf{A}))$ 都是 $\mathrm{gr}^\bullet(S)$-$\boldsymbol{C}'$ 双分次模, 前面两个还是 $(\mathrm{E}_1^{p,q}(\mathbf{A}))$ 的子模. 我们仍然以 $\mathrm{Z}_r^{(n)}(\mathbf{A})$, $\mathrm{B}_r^{(n)}(\mathbf{A})$, $\mathrm{E}_r^{(n)}(\mathbf{A})$ 分别来记上面各族中只取 $p+q=n$ 的项而得到的子对象, 则它们都是 $\mathrm{gr}^\bullet(S)$-$\boldsymbol{C}'$ 分次模.

若 $(\mathrm{E}_r^{p,q}(\mathbf{A}))_{r\in\mathbb{Z}}$ 是本质常值的, 则 $(\mathrm{E}_\infty^{p,q}(\mathbf{A}))$ 也是 $\mathrm{gr}^\bullet(S)$-$\boldsymbol{C}'$ 双分次模, 并且每个 $\mathrm{E}_\infty^{(n)}(\mathbf{A})$ 都是 $\mathrm{gr}^\bullet(S)$-$\boldsymbol{C}'$ 分次模. 进而, 对每个 k 来说, $\beta^{p,n-p}:\mathrm{E}_\infty^{p,n-p}(A_k)\xrightarrow{\sim}\mathrm{gr}^p(\mathrm{R}^nT(A_k))$ 都构成了 $\mathrm{E}_\infty^{(n)}(A_k)$ 和 $\mathrm{gr}^\bullet(\mathrm{R}^nT(A_k))$ 的 $\mathrm{gr}^\bullet(S)$-$\boldsymbol{C}'$ 分次模结构之间的同构, 从而在前述条件下, $\beta^{p,n-p}:\mathrm{E}_\infty^{(n)}(\mathbf{A})\xrightarrow{\sim}\varprojlim_k\mathrm{gr}^\bullet(\mathrm{R}^nT(A_k))$ 也是上述结构之间的同构, 并且易见典范同构 $\mathrm{gr}^\bullet(\mathrm{R}^nT(\mathbf{A}))\xrightarrow{\sim}\varprojlim_k\mathrm{gr}^\bullet(\mathrm{R}^nT(A_k))$ 也是如此, 从而 (13.7.4.1) 中的同构是$\mathrm{gr}^\bullet(S)$-$\boldsymbol{C}'$ 分次模结构之间的同构.

命题 (13.7.7) — *设 S 是一个 Noether 进制环, 且 $\mathfrak{I}$ 是一个定义理想. 假设 $\boldsymbol{C}$ 是一个 Abel 范畴, 且它的每个对象都同构于内射对象的子对象, 并设 T 是 $\boldsymbol{C}$ 到 Abel 群范畴的一个加性协变函子. 设 $\mathbf{A}=(A_k)_{k\in\mathbb{Z}}$ 是下有界的 S-$\boldsymbol{C}$ 滤体模 (关于 S 上的 $\mathfrak{I}$ 进滤解) 的一个严格投影系. 假设对于给定的整数 n, 下面这个条件得到满足:*

($\mathrm{F_n}$) *$\mathrm{gr}^\bullet(S)$ 分次模 $E_1^{(m)}(\mathbf{A})=(\mathrm{R}^mT(\mathrm{gr}^p(\mathbf{A})))_{p\in\mathbb{Z}}$ (13.7.3.1) 在 $m=n$ 和 $m=n+1$ 时是有限型的.*

则有:

(i) *投影系 $(\mathrm{R}^nT(A_k))_{k\in\mathbb{Z}}$ 和 $(\mathrm{R}^{n+1}T(A_k))_{k\in\mathbb{Z}}$ 满足 (ML) 条件.*

(ii) *若令 $\mathrm{R}'^mT(\mathbf{A})=\varprojlim_k\mathrm{R}^mT(A_k)$, 则 $\mathrm{R}'^nT(\mathbf{A})$ 和 $\mathrm{R}'^{n+1}T(\mathbf{A})$ 都是有限型 S 模.*

(iii) *在 $\mathrm{R}'^nT(\mathbf{A})$ 上由 $F^p(\mathrm{R}'^nT(\mathbf{A}))=\mathrm{Ker}(\mathrm{R}'^nT(\mathbf{A})\to\mathrm{R}^nT(A_{p-1}))$ $(p\in\mathbb{Z})$ 所定义的滤解是 $\mathfrak{I}$ 优良的 (也就是说, 对任意 p, 均有 $\mathfrak{I}F^p(\mathrm{R}'^nT(\mathbf{A}))\subseteq F^{p+1}(\mathrm{R}'^nT(\mathbf{A}))$, 并且在 p 充分大时, 该式成为等式). 特别地, 在 $\mathrm{R}'^nT(\mathbf{A})$ 上由该滤解所定义的拓扑与 $\mathfrak{I}$ 进拓扑是一致的.*

(iv) *对于 $p+q=n$, 投影系 $(\mathrm{E}_r^{p,q}(\mathbf{A}))_{r\in\mathbb{Z}}$ 是本质常值的, 从而 $\mathrm{E}_\infty^{p,q}(\mathbf{A})$ 有定义 (13.5.7), 并且对任意 $p\in\mathbb{Z}$, 我们都有 $\mathrm{gr}^\bullet(S)$ 分次模的典范同构*

$$\text{(13.7.7.1)} \qquad \operatorname{gr}^p(\mathrm{R}'^n T(\mathbf{A})) \xrightarrow{\sim} \mathrm{E}_\infty^{p,n-p}(\mathbf{A}).$$

将符号含义略加引申, 由于有了 (13.7.4.1) 中的同构, 因而同构 (13.7.7.1) 使我们能够把投影系 $\mathrm{R}^n T(\mathbf{A})$ 的投影极限 $\mathrm{R}'^n T(\mathbf{A})$ 直接记作 $\mathrm{R}^n T(\mathbf{A})$.

由于分次环 $\operatorname{gr}^\bullet(S)$ 是 Noether 的 (Bourbaki,《交换代数学》, III, §2, ¥9, 定理 2 的推论 5), 故当 $m=n$ 和 $m=n+1$ 时, $\mathrm{E}_1^{(m)}(\mathbf{A})$ 的分次 $\operatorname{gr}^\bullet(S)$ 子模的递增序列 $\mathrm{B}_r^{(m)}(\mathbf{A})$ 是最终稳定的, 从而 (11.1.10) 中的条件 b) 得到满足. 于是 (13.7.4) 中的条件 a) 在 n 处是成立的, 这就证明了 (i). 进而, (13.7.4) 的同构表明 (有见于 (13.7.6) 中的注解), $\operatorname{gr}^\bullet(\mathrm{R}^n T(\mathbf{A}))$ 是一个与 $\mathrm{E}_\infty^{(n)}(\mathbf{A}) = \mathrm{Z}_\infty^{(n)}(\mathbf{A})/\mathrm{B}_\infty^{(n)}(\mathbf{A})$ 同构的分次 $\operatorname{gr}^\bullet(S)$ 模, 由于 $\mathrm{Z}_\infty^{(n)}(\mathbf{A})$ 是 $\mathrm{E}_1^{(n)}(\mathbf{A})$ 的一个子模, 故知它是有限型的, 从而 $\mathrm{E}_\infty^{(n)}(\mathbf{A})$ 也是有限型的. 进而, 对于滤解 $(F^p(\mathrm{R}'^n T(\mathbf{A})))$ 来说, (13.4.5) 表明, $\operatorname{gr}^\bullet(\mathrm{R}^n T(\mathbf{A}))$ 与 $\operatorname{gr}^\bullet(\mathrm{R}'^n T(\mathbf{A}))$ 是同构的 $\operatorname{gr}^\bullet(S)$ 模, 这就证明了 (iv). 最后, (ii) 和 (iii) 可由下面的引理推出:

引理 (13.7.7.2) — 设 S 是一个 *Noether* 进制环, 且 $\mathfrak{J}$ 是一个定义理想, M 是一个 S 模, 带有一个余离散的滤解 $(F^p(M))_{p\in\mathbb{Z}}$, 并满足 $\mathfrak{J}F^p(M) \subseteq F^{p+1}(M)$ (这也相当于说, 在 $\mathfrak{J}$ 进滤解下, M 是滤体环 S 上的一个滤体模). 进而假设 M 在由滤解 $(F^p(M))$ 所定义的拓扑下是分离的. 则以下诸条件是等价的:

a) M 是有限型 S 模, 并且 $(F^p(M))$ 是一个 $\mathfrak{J}$ 优良的滤解.

b) $\operatorname{gr}^\bullet(M)$ 是有限型 $\operatorname{gr}^\bullet(S)$ 模.

c) 每个 $\operatorname{gr}^p(M)$ 都是有限型 S 模, 并且对于充分大的 p, 典范同态

$$\text{(13.7.7.3)} \qquad \mathfrak{J} \otimes_S \operatorname{gr}^p(M) \longrightarrow \operatorname{gr}^{p+1}(M)$$

都是满的 (这个同态是由 $\mathfrak{J} \otimes_S F^p(M) \to F^{p+1}(M)$ 所导出的, 并利用了合成同态 $\mathfrak{J} \otimes_S F^{p+1}(M) \to \mathfrak{J} \otimes_S F^p(M) \to F^{p+1}(M)$ 的像是 $\mathfrak{J}F^{p+1}(M) \subseteq F^{p+2}(M)$ 的事实).

证明见 Bourbaki,《交换代数学》, III, §3, ¥1, 命题 3.

(13.7.7.4) 为了能够使用引理 (13.7.7.2), 我们只需注意到, 在 $\mathrm{R}'^n T(\mathbf{A})$ 上由前述滤解所定义的拓扑使 $\mathrm{R}'^n T(\mathbf{A})$ 成为一个分离且完备的 S 模, 因为该拓扑就是离散群 $\mathrm{R}^n T(A_k)$ 的投影极限拓扑, 另一方面, 如果当 $k<k_0$ 时总有 $A_k=0$, 则当 $k<k_0$ 时也有 $\mathrm{R}^n T(A_k)=0$, 从而 $F^{k_0}(\mathrm{R}'^n T(\mathbf{A})) = \mathrm{R}'^n T(\mathbf{A})$, 于是引理的条件全都得到了满足.

推论 (13.7.8) — 如果条件 $(\mathrm{F_n})$ 得到满足, 则对任意元素 $f\in S$, 我们都有一

个典范同构

$$\textbf{(13.7.8.1)} \qquad \varprojlim_k ((\mathrm{R}^n T(A_k))_f) \xrightarrow{\sim} \mathrm{R}^n T(\mathbf{A}) \otimes_S S_{\{f\}}.$$

事实上, $\mathrm{R}^n T(\mathbf{A})$ 是一个有限型 S 模, $S_{\{f\}}$ 是一个 Noether 进制 S 代数 ($\mathbf{0_I}$, 7.6.11), 并且就是 S_f 在 $\mathfrak{J}$ 预进拓扑下的分离完备化 ($\mathbf{0_I}$, 7.6.2). 于是由 ($\mathbf{0_I}$, 7.7.8) 和 ($\mathbf{0_I}$, 7.7.1) 知, $\mathrm{R}^n T(\mathbf{A}) \otimes_S S_{\{f\}}$ 同构于 $\mathrm{R}^n T(\mathbf{A}) \otimes_S S_f$ 在 $\mathfrak{J}$ 预进拓扑下的分离完备化, 并且这些 $(\mathfrak{J}^p \mathrm{R}^n T(\mathbf{A})) \otimes_S S_f$ 是 0 的一个基本邻域组, 从而这些 $F^p(\mathrm{R}^n T(\mathbf{A})) \otimes_S S_f$ 也是 0 的一个基本邻域组. 后者就是典范映射 $(\mathrm{R}^n T(\mathbf{A}))_f \to (\mathrm{R}^n T(A_{p-1}))_f$ 的核, 因而 $\mathrm{R}^n T(\mathbf{A}) \otimes_S S_f$ 的分离化群可以等同于 $\varprojlim_k ((\mathrm{R}^n T(A_k))_f)$ 的一个子群 G. 然而投影系 $(\mathrm{R}^n T(A_k))_f$ 显然满足 (ML) 条件, 从而 $(\mathrm{R}^n T(\mathbf{A}))_f$ 在每个 $(\mathrm{R}^n T(A_k))_f$ 中的像都等于这些 $(\mathrm{R}^n T(A_h))_f$ 在 h 充分大时的共同的像. 由此立知, G 在 $\varprojlim_k ((\mathrm{R}^n T(A_k))_f)$ 中是处处稠密的, 而由于后面这个群是分离且完备的, 这就证明了推论.

第三章　凝聚层的上同调

概要

§1. 仿射概形的上同调.
§2. 射影态射的上同调性质.
§3. 紧合态射的有限性定理.
§4. 紧合态射的基本定理及其应用.
§5. 代数性凝聚层的一个存在性定理.
§6. 局部和整体的 Tor 和 Ext 函子、Künneth 公式.
§7. 模层上的协变同调函子在基变换下的变化情况.
§8. 射影丛上的对偶定理.
§9. 相对上同调和局部上同调、局部对偶.
§10. 射影上同调和局部上同调的关系、沿着除子的形式完备化的技术.
§11. 整体和局部 Picard 群①.

本章给出凝聚层上同调理论的一些基本定理, 但不包括留数理论 (对偶理论), 我们把它留到后面的章节. 这里本质上有六个基本定理, 它们分别构成本章前六节的主题. 这些结果在以后都是很重要的工具, 甚至可以用来处理某些与上同调没有直接关系的问题, 在 §4 中就会讨论一些与此有关的例子. §7 给出了一些更为技术性的结果, 它们在实际应用中也经常出现. 最后, 在 §8 到 §11 中, 我们将探讨一些

① 第四章并不会使用 §8 到 §11 的结果, 所以比它们先发表 (译注: §8 到 §11 并未写成, 但可以参考 SGA2).

与凝聚层的对偶理论有关的结果, 它们在应用中极为重要, 这部分内容可以放在关于留数的一般理论之前来进行讨论.

§1 和 §2 中的结果都来自 J.-P. Serre, 读者会发现我们是完全按照 (FAC) 的方式来展开的. 同样地, §8 和 §9 中的讨论也起源于 (FAC) (尽管从那里的语言环境过渡到这里需要做出一些必要的努力). 最后, (我们在引论中已经提到) 可以把 §4 看成是用现代语言来转述 Zariski 的 "形式全纯函数理论" 中非常重要的那个 "不变性定理".

最后, 3.4 小节中的诸结果 (连同 (**0**, 13.4 到 13.7) 的那些预备性命题) 在第三章后续的内容中将不会被用到, 所以在初次阅读时可以跳过.

§1. 仿射概形的上同调

1.1 关于外代数复形的复习

(1.1.1) 设 A 是一个环, $\mathbf{f}=(f_i)_{1\leqslant i\leqslant r}$ 是 A 中的一个序列, 由 r 个元素组成. 则由 $\mathbf{f}$ 所产生的外代数复形 (也被称为 Koszul 复形) $\mathrm{K}_\bullet(\mathbf{f})$ 是指下面这个链复形 (G, I, 2.2): 作为分次 A 模, $\mathrm{K}_\bullet(\mathbf{f})$ 就是外代数 $\bigwedge(A^r)$, 并按照通常的方式来分次, 边缘算子则是与 $\mathbf{f}$ 取切入积的运算 $i_{\mathbf{f}}$ (这里把 $\mathbf{f}$ 看作对偶 $(A^r)^\vee$ 中的元素). 还记得 $i_{\mathbf{f}}$ 是 $\bigwedge(A^r)$ 的一个 -1 次反导射, 它的定义是这样的: 若 $(\mathbf{e}_i)_{1\leqslant i\leqslant r}$ 是 A^r 的典范基底, 则 $i_{\mathbf{f}}(\mathbf{e}_i)=f_i$. 很容易验证 $i_{\mathbf{f}}\circ i_{\mathbf{f}}=0$.

下面是一个等价的定义, 即我们先对于每个 i, 定义复形 $\mathrm{K}_\bullet(f_i)$ 如下: $\mathrm{K}_0(f_i)=\mathrm{K}_1(f_i)=A$, 其他的 $\mathrm{K}_n(f_i)$ 都是 0, 边缘算子 $d_1:A\to A$ 就是乘以 f_i 的运算. 然后取 $\mathrm{K}_\bullet(\mathbf{f})$ 是张量积复形 $\mathrm{K}_\bullet(f_1)\otimes\mathrm{K}_\bullet(f_2)\otimes\cdots\otimes\mathrm{K}_\bullet(f_r)$ (G, I, 2.7), 并以总次数来定义分次结构. 很容易验证, 这个复形与上面所定义的复形是同构的.

(1.1.2) 对任何一个 A 模 M, 我们再定义链复形

(1.1.2.1) $$\mathrm{K}_\bullet(\mathbf{f},M)=\mathrm{K}_\bullet(\mathbf{f})\otimes_A M$$

和上链复形 (G, I, 2.2)

(1.1.2.2) $$\mathrm{K}^\bullet(\mathbf{f},M)=\mathrm{Hom}_A(\mathrm{K}_\bullet(\mathbf{f}),M).$$

设 g 是后一复形中的一个 k 阶上链, 再令

$$g(i_1,\ldots,i_k)=g(\mathbf{e}_{i_1}\wedge\cdots\wedge\mathbf{e}_{i_k}),$$

则 g 可以等同于 $[1,r]^k$ 到 M 的一个交错映射, 且由前述定义知, 我们有

(1.1.2.3) $$d^k g(i_1,i_2,\dots,i_{k+1}) = \sum_{h=1}^{k+1}(-1)^{h-1} f_{i_h} g(i_1,\dots,\widehat{i_h},\dots,i_{k+1}).$$

(1.1.3) 和通常一样, 我们可以对上述复形取同调 A 模和上同调 A 模 (G, I, 2.2)

(1.1.3.1) $$\mathrm{H}_\bullet(\mathbf{f},M) = \mathrm{H}_\bullet(\mathrm{K}_\bullet(\mathbf{f},M)),$$

(1.1.3.2) $$\mathrm{H}^\bullet(\mathbf{f},M) = \mathrm{H}^\bullet(\mathrm{K}^\bullet(\mathbf{f},M)).$$

我们还可以定义一个 A 同构 $\mathrm{K}_\bullet(\mathbf{f},M) \xrightarrow{\sim} \mathrm{K}^\bullet(\mathbf{f},M)$, 方法是把任何一个链 $z = \sum(\mathbf{e}_{i_1}\wedge\cdots\wedge\mathbf{e}_{i_k})\otimes z_{i_1\cdots i_k}$ 都对应到这样一个上链 g_z, 它的定义是 $g_z(j_1,\dots,j_{r-k}) = \varepsilon z_{i_1\cdots i_k}$, 其中 $(j_h)_{1\leqslant h\leqslant r-k}$ 是由 $(i_h)_{1\leqslant h\leqslant k}$ 在 $[1,r]$ 中的补集所形成的严格递增序列, 并且 $\varepsilon = (-1)^\nu$, 其中 ν 是 $i_1,\dots,i_k,j_1,\dots,j_{r-k}$ 到 $[1,r]$ 的置换数. 可以证明, $g_{dz} = \pm d(g_z)$, 从而这就给出了一个同构

(1.1.3.3) $$\mathrm{H}^i(\mathbf{f},M) \xrightarrow{\sim} \mathrm{H}_{r-i}(\mathbf{f},M)$$

(对任意 $0\leqslant i\leqslant r$).

在本章中, 我们主要考虑上同调模 $\mathrm{H}^i(\mathbf{f},M)$.

对于给定的 $\mathbf{f}$, 易见 (G, I, 2.1) $M\mapsto \mathrm{H}^\bullet(\mathbf{f},M)$ 是一个从 A 模范畴到分次 A 模范畴的上同调函子 (T, II, 2.1), 并且在次数 <0 和次数 $>r$ 处都是 0. 进而我们有

(1.1.3.4) $$\mathrm{H}^0(\mathbf{f},M) = \mathrm{Hom}_A(A/(\mathbf{f}),M),$$

其中 $(\mathbf{f})$ 是 A 的由 $f_1,\dots,f_r$ 所生成的理想, 这可以由 (1.1.2.3) 立得, 并且易见 $\mathrm{H}^0(\mathbf{f},M)$ 可以等同于 M 的这样一个子模, 它是由那些可被 $(\mathbf{f})$ 零化的元素所组成的. 同样由 (1.1.2.3) 知, 我们还有

(1.1.3.5) $$\mathrm{H}^r(\mathbf{f},M) = M\Big/\Big(\sum_{i=1}^r f_iM\Big) = (A/(\mathbf{f}))\otimes_A M.$$

我们需要用到下面这个熟知的结果, 为了完整起见, 我们先给出它的一个证明.

命题 (1.1.4) — 设 A 是一个环, $\mathbf{f}=(f_i)_{1\leqslant i\leqslant r}$ 是一个由 A 中元素所组成的有限族, M 是一个 A 模. 若对所有 $1\leqslant i\leqslant r$, f_i 在 $M_{i-1} = M/(f_1M+\cdots+f_{i-1}M)$ 上所定义的同筋 $z\mapsto f_i.z$ 都是单的, 则对所有 $i\neq r$, 我们都有 $\mathrm{H}^i(\mathbf{f},M)=0$.

根据 (1.1.3.3), 只需证明当 $i>0$ 时 $\mathrm{H}_i(\mathbf{f},M)=0$ 即可. 我们对 r 进行归纳, $r=0$ 的情形是显然的. 令 $\mathbf{f}'=(f_i)_{1\leqslant i\leqslant r-1}$, 这族元素当然满足上述条件, 从而如果令 $L_\bullet=\mathrm{K}_\bullet(\mathbf{f}',M)$, 则当 $i>0$ 时总有 $\mathrm{H}_i(L_\bullet)=0$, 并且 $\mathrm{H}_0(L_\bullet)=M_{r-1}$ ((1.1.3.3) 和 (1.1.3.5)). 令 $K_\bullet=\mathrm{K}_\bullet(f_r)=K_0\oplus K_1$, 其中 $K_0=K_1=A$, 并且 $d_1:K_0\to K_1$ 是乘以 f_r 的运算, 则由定义 (1.1.1) 知, $\mathrm{K}_\bullet(\mathbf{f},M)=K_\bullet\otimes_A L_\bullet$. 现在我们有下面的引理:

引理 (1.1.4.1) — *设 $K_\bullet$ 是一个由自由 A 模所组成的链复形, 并且在 0 维和 1 维之外均为 0. 则对任意 A 模链复形 $L_\bullet$, 我们都有下面的正合序列*

$$0\longrightarrow \mathrm{H}_0(K_\bullet\otimes \mathrm{H}_p(L_\bullet))\longrightarrow \mathrm{H}_p(K_\bullet\otimes L_\bullet)\longrightarrow \mathrm{H}_1(K_\bullet\otimes \mathrm{H}_{p-1}(L_\bullet))\longrightarrow 0,$$

其中 p 可以是任何一个指标.

这是 Künneth 谱序列在低次项处所导出的正合序列的一个特殊情形 (M, XVII, 5.2 a) 和 G, I, 5.5.2), 也可以直接证明如下: 把 K_0 和 K_1 都看成是链复形 (分别在 0 维和 1 维之外为 0), 则我们有复形的正合序列

$$0\longrightarrow K_0\otimes L_\bullet\longrightarrow K_\bullet\otimes L_\bullet\longrightarrow K_1\otimes L_\bullet\longrightarrow 0.$$

从它引出同调长正合序列就得到

$$\begin{aligned}\cdots\longrightarrow \mathrm{H}_{p+1}&(K_1\otimes L_\bullet)\\ &\xrightarrow{\partial}\mathrm{H}_p(K_0\otimes L_\bullet)\longrightarrow \mathrm{H}_p(K_\bullet\otimes L_\bullet)\longrightarrow \mathrm{H}_p(K_1\otimes L_\bullet)\\ &\qquad\qquad\qquad\qquad\xrightarrow{\partial}\mathrm{H}_{p-1}(K_0\otimes L_\bullet)\longrightarrow\cdots.\end{aligned}$$

显然有 $\mathrm{H}_p(K_0\otimes L_\bullet)=K_0\otimes \mathrm{H}_p(L_\bullet)$ 和 $\mathrm{H}_p(K_1\otimes L_\bullet)=K_1\otimes \mathrm{H}_{p-1}(L_\bullet)$ (对任意 p), 进而易见算子 $\partial:K_1\otimes \mathrm{H}_p(L_\bullet)\to K_0\otimes \mathrm{H}_p(L_\bullet)$ 恰好就是 $d_1\otimes 1$, 从而由上述正合序列以及 $\mathrm{H}_0(K_\bullet\otimes \mathrm{H}_p(L_\bullet))$ 和 $\mathrm{H}_1(K_\bullet\otimes \mathrm{H}_{p-1}(L_\bullet))$ 的定义就可以推出引理的结论.

在这个引理的基础上, (1.1.4) 的证明就很容易了. 首先由归纳假设和引理 (1.1.4.1) 推出, 对所有 $p\geqslant 2$, 都有 $\mathrm{H}_p(K_\bullet\otimes L_\bullet)=0$. 进而, 若已经证明了 $\mathrm{H}_1(K_\bullet,\mathrm{H}_0(L_\bullet))=0$, 则由引理 (1.1.4.1) 就可以推出 $\mathrm{H}_1(K_\bullet\otimes L_\bullet)=0$, 然而根据定义, $\mathrm{H}_1(K_\bullet,\mathrm{H}_0(L_\bullet))$ 恰好就是 M_{r-1} 的自同态 $z\mapsto f_r.z$ 的核, 而由前提条件知, 这个核等于 0, 这就完成了证明.

(1.1.5) 设 $\mathbf{g}=(g_i)_{1\leqslant i\leqslant r}$ 是 A 中的另外 r 个元素的序列, 令 $\mathbf{fg}=(f_ig_i)_{1\leqslant i\leqslant r}$. 此时我们可以定义出复形之间的一个典范同态

(1.1.5.1) $$\varphi_{\mathbf{g}}\ :\ \mathrm{K}_\bullet(\mathbf{fg})\longrightarrow \mathrm{K}_\bullet(\mathbf{f}),$$

方法是把 A^r 到自身的 A 线性映射 $(x_1,\ldots,x_r)\mapsto(g_1x_1,\ldots,g_rx_r)$ 典范地扩展到外代数 $\bigwedge(A^r)$ 上. 为了证明这是一个复形同态, 只需注意到在一般情况下, 若 $u:E\to F$ 是一个 A 线性映射, $\mathbf{x}\in F^{\vee}$, $\mathbf{y}={}^tu(\mathbf{x})\in E^{\vee}$, 则我们有公式

(1.1.5.2) $$(\wedge u)\circ i_{\mathbf{y}} = i_{\mathbf{x}}\circ(\wedge u).$$

事实上, 两边都是 $\bigwedge F$ 的反导射, 从而只需证明它们在 F 上是一致的即可, 而这可以从定义直接验证.

若把 $\mathrm{K}_\bullet(\mathbf{f})$ 等同于这些 $\mathrm{K}_\bullet(f_i)$ 的张量积 (1.1.1), 则 $\varphi_{\mathbf{g}}$ 就是这些 φ_{g_i} 的张量积, 其中 φ_{g_i} 在 0 次元上是恒同, 而在 1 次元上则是乘以 g_i 的运算.

(1.1.6) 特别地, 对于两个满足 $0\leqslant n\leqslant m$ 的整数 m, n, 我们有一个复形同态

(1.1.6.1) $$\varphi_{\mathbf{f}^{m-n}} : \mathrm{K}_\bullet(\mathbf{f}^m) \longrightarrow \mathrm{K}_\bullet(\mathbf{f}^n).$$

由此又可以得到两个同态

(1.1.6.2) $$\varphi_{\mathbf{f}^{m-n}} : \mathrm{K}^\bullet(\mathbf{f}^n,M) \longrightarrow \mathrm{K}^\bullet(\mathbf{f}^m,M),$$

(1.1.6.3) $$\varphi_{\mathbf{f}^{m-n}} : \mathrm{H}^\bullet(\mathbf{f}^n,M) \longrightarrow \mathrm{H}^\bullet(\mathbf{f}^m,M).$$

后面这两个同态显然满足传递条件 $\varphi_{\mathbf{f}^{m-p}}=\varphi_{\mathbf{f}^{m-n}}\circ\varphi_{\mathbf{f}^{n-p}}$ (对任意 $p\leqslant n\leqslant m$), 因而它们定义了两个 A 模归纳系, 我们令

(1.1.6.4) $$\mathrm{C}^\bullet((\mathbf{f}),M) = \varinjlim \mathrm{K}^\bullet(\mathbf{f}^n,M),$$

(1.1.6.5) $$\mathrm{H}^\bullet((\mathbf{f}),M) = \mathrm{H}^\bullet(\mathrm{C}^\bullet((\mathbf{f}),M)) = \varinjlim \mathrm{H}^\bullet(\mathbf{f}^n,M),$$

最后的等号是由于归纳极限与函子 $\mathrm{H}^\bullet$ 是可交换的 (G, I, 2.1). 我们在后面 (1.4.3) 将会证明, $\mathrm{H}^\bullet((\mathbf{f}),M)$ 实际上只依赖于 A 的理想 $(\mathbf{f})$ (或者说, 只依赖于 A 上的 $(\mathbf{f})$ 预进拓扑), 从而这个记号是合理的.

易见 $M\mapsto \mathrm{C}^\bullet((\mathbf{f}),M)$ 是一个 A 线性的正合函子, 并且 $M\mapsto \mathrm{H}^\bullet((\mathbf{f}),M)$ 是一个上同调函子.

(1.1.7) 设 $\mathbf{f}=(f_i)\in A^r$, $\mathbf{g}=(g_i)\in A^r$, 再设 $e_{\mathbf{g}}$ 是在外代数 $\bigwedge(A^r)$ 上左乘以向量 $\mathbf{g}\in A^r$ 的运算, 则在 A 模 A^r 中, 我们有下面的同伦公式

(1.1.7.1) $$i_{\mathbf{f}}e_{\mathbf{g}} + e_{\mathbf{g}}i_{\mathbf{f}} = \langle\mathbf{g},\mathbf{f}\rangle 1$$

(1 是指 $\bigwedge(A^r)$ 的恒同自同构). 这个公式又表明, 在复形 $\mathrm{K}_\bullet(\mathbf{f})$ 中, 我们有

(1.1.7.2) $$de_{\mathbf{g}} + e_{\mathbf{g}}d = \langle\mathbf{g},\mathbf{f}\rangle 1.$$

若理想 (**f**) 就等于 A, 则可以找到 $\mathbf{g} \in A^r$, 使得 $\langle \mathbf{g}, \mathbf{f} \rangle = \sum_{i=1}^{r} g_i f_i = 1$. 从而 (G, I, 2.4) 我们得到:

命题 (1.1.8) — 假设由这些 f_i 所生成的理想 (**f**) 就等于 A. 则复形 $\mathrm{K}_\bullet(\mathbf{f})$ 是同伦平凡的, 并且对任意 A 模 M, 复形 $\mathrm{K}_\bullet(\mathbf{f}, M)$ 和 $\mathrm{K}^\bullet(\mathbf{f}, M)$ 也都是同伦平凡的.

推论 (1.1.9) — 若 $(\mathbf{f}) = A$, 则对任意 A 模 M, 我们都有 $\mathrm{H}^\bullet(\mathbf{f}, M) = 0$ 和 $\mathrm{H}^\bullet((\mathbf{f}), M) = 0$.

因为对任意 n, 都有 $(\mathbf{f}^n) = A$.

注解 (1.1.10) — 在上述记号下, 设 $X = \operatorname{Spec} A$, 并设 Y 是 X 的由理想 (**f**) 所定义的闭子概形. 我们将在 §9 中证明, $\mathrm{H}^\bullet((\mathbf{f}), M)$ 就同构于 $\mathrm{H}^\bullet_Y(X, \widetilde{M})$, 这是指支集为 Φ 的上同调, 其中 Φ 是由 Y 的全体闭子集所组成的反滤子 (T, 3.2). 我们还将证明, 命题 (1.2.3) 就是上同调的长正合序列

$$\cdots \longrightarrow \mathrm{H}^p_Y(X, \mathscr{F}) \longrightarrow \mathrm{H}^p(X, \mathscr{F}) \longrightarrow \mathrm{H}^p(X \smallsetminus Y, \mathscr{F}) \longrightarrow \mathrm{H}^{p+1}_Y(X, \mathscr{F}) \longrightarrow \cdots$$

在 $X = \operatorname{Spec} A$ 和 $\mathscr{F} = \widetilde{M}$ 时的特殊情形.

1.2　开覆盖的 Čech 上同调

(1.2.1) 记号 — 在本节中, 我们固定使用下面一些记号:

X 是一个概形,

$\mathscr{F}$ 是一个拟凝聚 $\mathscr{O}_X$ 模层,

$A = \Gamma(X, \mathscr{O}_X)$, $M = \Gamma(X, \mathscr{F})$,

$\mathbf{f} = (f_i)_{1 \leqslant i \leqslant r}$ 是 A 中元素的一个有限序列,

$U_i = X_{f_i}$ 是由所有满足 $f_i(x) \neq 0$ 的点 $x \in X$ 所组成的开集 ($\mathbf{0_I}$, 5.5.2),

$U = \bigcup_{i=1}^{r} U_i$,

$\mathfrak{U}$ 是 U 的覆盖 $(U_i)_{1 \leqslant i \leqslant r}$.

(1.2.2) 假设 X 是具有 *Noether* 底空间的概形或者是拟紧分离概形. 则由 (**I**, 9.3.3) 知, $\Gamma(U_i, \mathscr{F}) = M_{f_i}$. 我们令

$$U_{i_0 i_1 \cdots i_p} = \bigcap_{k=0}^{p} U_{i_k} = X_{f_{i_0} f_{i_1} \cdots f_{i_p}}$$

($\mathbf{0_I}$, 5.5.3), 则有

(1.2.2.1)
$$\Gamma(U_{i_0 i_1 \cdots i_p}, \mathscr{F}) = M_{f_{i_0} f_{i_1} \cdots f_{i_p}}.$$

由 ($\mathbf{0_I}$, 1.6.1) 知, $M_{f_{i_0}f_{i_1}\cdots f_{i_p}}$ 可以等同于归纳极限 $\varinjlim M^{(n)}_{i_0i_1\cdots i_p}$, 其中的归纳系是这样定义的: $M^{(n)}_{i_0i_1\cdots i_p}=M$, 并且同态 $\varphi_{nm}:M^{(m)}_{i_0i_1\cdots i_p}\to M^{(n)}_{i_0i_1\cdots i_p}$ 就是乘以 $(f_{i_0}f_{i_1}\cdots f_{i_p})^{n-m}$ 的运算 $(m\leqslant n)$. 我们用 $\mathrm{C}^p_n(M)$ 来记全体从 $[1,r]^{p+1}$ 到 M 的交错映射的集合 (对任何 n), 这些 A 模在同态 φ_{nm} 下也构成一个归纳系. 设 $\mathrm{C}^p(\mathfrak{U},\mathscr{F})$ 是覆盖 $\mathfrak{U}$ 的系数为 $\mathscr{F}$ 的交错p 阶 Čech 上链群 (G, II, 5.1), 则由上面所述知, 我们有

(1.2.2.2) $$\mathrm{C}^p(\mathfrak{U},\mathscr{F})\ =\ \varinjlim \mathrm{C}^p_n(M).$$

在 (1.1.2) 的记号下, $\mathrm{C}^p_n(M)$ 可以等同于 $\mathrm{K}^{p+1}(\mathbf{f}^n,M)$, 并且映射 φ_{nm} 可以等同于映射 $\varphi_{\mathbf{f}^{n-m}}$ (1.1.6). 于是对任意 $p\geqslant 0$, 我们都有函子性 (关于 $\mathscr{F}$) 的典范同构

(1.2.2.3) $$\mathrm{C}^p(\mathfrak{U},\mathscr{F})\ \xrightarrow{\sim}\ \mathrm{C}^{p+1}((\mathbf{f}),M).$$

进而, 由公式 (1.1.2.3) 以及覆盖上同调的定义 (G, II, 5.1) 可以推出, 同构 (1.2.2.3) 与上边缘算子是相容的.

命题 (1.2.3) — *若 X 是具有 Noether 底空间的概形或者拟紧分离概形, 则我们有函子性 (关于 $\mathscr{F}$) 的典范同构*

(1.2.3.1) $$\mathrm{H}^p(\mathfrak{U},\mathscr{F})\ \xrightarrow{\sim}\ \mathrm{H}^{p+1}((\mathbf{f}),M)\qquad 对于\ p\geqslant 1$$

和函子性 (关于 $\mathscr{F}$) 的正合序列

(1.2.3.2) $$0\longrightarrow \mathrm{H}^0((\mathbf{f}),M)\longrightarrow M\longrightarrow \mathrm{H}^0(\mathfrak{U},\mathscr{F})\longrightarrow \mathrm{H}^1((\mathbf{f}),M)\longrightarrow 0.$$

事实上, 关系式 (1.2.3.1) 可由 (1.2.2) 立得. 另一方面, $\mathrm{C}^0(\mathfrak{U},\mathscr{F})=\mathrm{C}^1((\mathbf{f}),M)$, 从而 $\mathrm{H}^0(\mathfrak{U},\mathscr{F})$ 可以等同于 $\mathrm{C}^1((\mathbf{f}),M)$ 的 1 阶上圈子群. 由于 $M=\mathrm{C}^0((\mathbf{f}),M)$, 故由上同调群 $\mathrm{H}^0((\mathbf{f}),M)$ 和 $\mathrm{H}^1((\mathbf{f}),M)$ 的定义立得正合序列 (1.2.3.2).

推论 (1.2.4) — *假设这些 X_{f_i} 都是拟紧的, 并可找到元素 $g_i\in\Gamma(U,\mathscr{O}_X)$, 使得 $\sum_i g_i(f_i|_U)=1|_U$. 则对任意拟凝聚 $(\mathscr{O}_X|_U)$ 模层 $\mathscr{F}$ 和任意 $p>0$, 我们都有 $\mathrm{H}^p(\mathfrak{U},\mathscr{F})=0$. 进而若 $U=X$, 则典范同态 (1.2.3.2) $M\to\mathrm{H}^0(\mathfrak{U},\mathscr{F})$ 是一一的.*

由于这些 $U_i=X_{f_i}$ 都是拟紧的, 故知 U 也是拟紧的, 从而可以限于考虑 $U=X$ 的情形. 此时前提条件表明, 对任意 $p\geqslant 0$, 我们都有 $\mathrm{H}^p((\mathbf{f}),M)=0$ (1.1.9). 从而由 (1.2.3.1) 和 (1.2.3.2) 就可以得出结论.

注意到 $\mathrm{H}^0(\mathfrak{U},\mathscr{F})=\mathrm{H}^0(U,\mathscr{F})$ (G, II, 5.2.2), 从而我们由此就给出了 (**I**, 1.3.7) 的一个新的证明.

注解 (1.2.5) — 假设 X 是仿射概形, 则 $U_i = X_{f_i} = D(f_i)$ 都是仿射开集, 并且 $U_{i_0 i_1 \cdots i_p}$ 也是如此 (然而 U 未必是仿射的). 在这种情况下, 函子 $\Gamma(X, \mathscr{F})$ 与 $\Gamma(U_{i_0 i_1 \cdots i_p}, \mathscr{F})$ 都是正合的 (关于 $\mathscr{F}$) (**I**, 1.3.11). 若 $0 \to \mathscr{F}' \to \mathscr{F} \to \mathscr{F}'' \to 0$ 是拟凝聚 $\mathscr{O}_X$ 模层的一个正合序列, 则复形的序列

$$0 \longrightarrow \mathrm{C}^\bullet(\mathfrak{U}, \mathscr{F}') \longrightarrow \mathrm{C}^\bullet(\mathfrak{U}, \mathscr{F}) \longrightarrow \mathrm{C}^\bullet(\mathfrak{U}, \mathscr{F}'') \longrightarrow 0$$

也是正合的, 从而可以由此引出上同调的长正合序列

$$\cdots \longrightarrow \mathrm{H}^p(\mathfrak{U}, \mathscr{F}') \longrightarrow \mathrm{H}^p(\mathfrak{U}, \mathscr{F}) \longrightarrow \mathrm{H}^p(\mathfrak{U}, \mathscr{F}'') \xrightarrow{\partial} \mathrm{H}^{p+1}(\mathfrak{U}, \mathscr{F}') \longrightarrow \cdots.$$

另一方面, 若令 $M' = \Gamma(X, \mathscr{F}')$, $M'' = \Gamma(X, \mathscr{F}'')$, 则序列 $0 \to M' \to M \to M'' \to 0$ 是正合的, 由于 $\mathrm{C}^\bullet((\mathbf{f}), M)$ 是 M 的正合函子, 从而这也给出一个上同调长正合序列

$$\cdots \longrightarrow \mathrm{H}^p((\mathbf{f}), M') \longrightarrow \mathrm{H}^p((\mathbf{f}), M) \longrightarrow \mathrm{H}^p((\mathbf{f}), M'') \xrightarrow{\partial} \mathrm{H}^{p+1}((\mathbf{f}), M') \longrightarrow \cdots.$$

在此基础上, 由于图表

$$\begin{array}{ccccccccc}
0 & \longrightarrow & \mathrm{C}^\bullet(\mathfrak{U}, \mathscr{F}') & \longrightarrow & \mathrm{C}^\bullet(\mathfrak{U}, \mathscr{F}) & \longrightarrow & \mathrm{C}^\bullet(\mathfrak{U}, \mathscr{F}'') & \longrightarrow & 0 \\
 & & \downarrow & & \downarrow & & \downarrow & & \\
0 & \longrightarrow & \mathrm{C}^\bullet((\mathbf{f}), M') & \longrightarrow & \mathrm{C}^\bullet((\mathbf{f}), M) & \longrightarrow & \mathrm{C}^\bullet((\mathbf{f}), M'') & \longrightarrow & 0
\end{array}$$

是交换的, 从而下面的图表也是交换的

$$\textbf{(1.2.5.1)} \qquad \begin{array}{ccc}
\mathrm{H}^p(\mathfrak{U}, \mathscr{F}'') & \xrightarrow{\partial} & \mathrm{H}^{p+1}(\mathfrak{U}, \mathscr{F}') \\
\downarrow & & \downarrow \\
\mathrm{H}^{p+1}((\mathbf{f}), M'') & \xrightarrow[\partial]{} & \mathrm{H}^{p+2}((\mathbf{f}), M')
\end{array}$$

(对任意 p) (G, I, 2.1.1).

1.3 仿射概形的上同调

定理 (1.3.1) — 设 X 是一个仿射概形. 则对任意拟凝聚 $\mathscr{O}_X$ 模层 $\mathscr{F}$ 和任意正整数 p, 我们都有 $\mathrm{H}^p(X, \mathscr{F}) = 0$.

设 $\mathfrak{U}$ 是 X 的由这样一组仿射开集 $X_{f_i} = D(f_i)\,(1 \leqslant i \leqslant r)$ 所组成的有限覆盖, 则这些 f_i 在 $A = \Gamma(X, \mathscr{O}_X)$ 中生成的理想就等于 A 本身. 从而由 (1.2.4) 知,

对任意正整数 p, 我们都有 $\mathrm{H}^p(\mathfrak{U},\mathscr{F})=0$. 由于 X 的这种有限仿射开覆盖可以足够精细 (**I**, 1.1.10), 从而由 Čech 上同调的定义就可以推出, 对任意正整数 p, 均有 $\check{\mathrm{H}}^p(X,\mathscr{F})=0$. 这个结果也适用于所有的概形 X_f $(f\in A)$ (**I**, 1.3.6), 从而对任意正整数 p, 我们都有 $\check{\mathrm{H}}^p(X_f,\mathscr{F})=0$. 又因为 $X_f\cap X_g=X_{fg}$, 故对任意正整数 p, 均有 $\mathrm{H}^p(X,\mathscr{F})=0$ (G, II, 5.9.2).

推论 (1.3.2) — 设 Y 是一个概形, $f:X\to Y$ 是一个仿射态射 (**II**, 1.6.1). 则对任意拟凝聚 $\mathscr{O}_X$ 模层 $\mathscr{F}$ 和任意正整数 q, 我们都有 $\mathrm{R}^q f_*\mathscr{F}=0$.

事实上, 由定义知, $\mathrm{R}^q f_*\mathscr{F}$ 是预层 $U\mapsto \mathrm{H}^q(f^{-1}(U),\mathscr{F})$ 的拼续 $\mathscr{O}_Y$ 模层, 其中 U 跑遍 Y 的开集. 然而仿射开集构成 Y 的一个拓扑基, 并且对任意仿射开集 $U\subseteq Y$, $f^{-1}(U)$ 也都是仿射的 (**II**, 1.3.2), 从而 $\mathrm{H}^q(f^{-1}(U),\mathscr{F})=0$ (1.3.1), 这就证明了推论.

推论 (1.3.3) — 设 Y 是一个概形, $f:X\to Y$ 是一个仿射态射. 则对任意拟凝聚 $\mathscr{O}_X$ 模层 $\mathscr{F}$ 和任意 p, 典范同态 $\mathrm{H}^p(Y,f_*\mathscr{F})\to\mathrm{H}^p(X,\mathscr{F})$ (**0**, 12.1.3.1) 总是一一的.

事实上, 根据 (**0**, 12.1.7), 只需证明合成函子 Γf_* 的第二谱序列的边沿同态 $''E_2^{p,0}=\mathrm{H}^p(Y,f_*\mathscr{F})\to\mathrm{H}^p(X,\mathscr{F})$ 都是一一的即可. 然而这个谱序列的 E_2 项是 $''E_2^{p,q}=\mathrm{H}^p(Y,\mathrm{R}^p f_*\mathscr{F})$ (G, II, 4.17.1), 从而由 (1.3.2) 知, 当 $q>0$ 时总有 $''E_2^{p,q}=0$, 因而该谱序列是退化的, 这就证明了上述阐言 (**0**, 11.1.6).

推论 (1.3.4) — 设 $f:X\to Y$ 是一个仿射态射, $g:Y\to Z$ 是任意态射. 则对任意拟凝聚 $\mathscr{O}_X$ 模层 $\mathscr{F}$ 和任意 p, 典范同态 $\mathrm{R}^p g_* f_*\mathscr{F}\to\mathrm{R}^p(g\circ f)_*\mathscr{F}$ (**0**, 12.2.5.1) 都是一一的.

只需注意到下面的事实即可: 根据 (1.3.3), 对于 Z 的任意仿射开集 W, 典范同态 $\mathrm{H}^p(g^{-1}(W),f_*\mathscr{F})\to\mathrm{H}^p(f^{-1}(g^{-1}(W)),\mathscr{F})$ 都是一一的. 这就表明给出典范同态 $\mathrm{R}^p g_* f_*\mathscr{F}\to\mathrm{R}^p(g\circ f)_*\mathscr{F}$ 的那个预层同态是一一的 (**0**, 12.2.5).

1.4 应用到任意概形的上同调上

命题 (1.4.1) — 设 X 是一个分离概形, $\mathfrak{U}=(U_\alpha)$ 是 X 的一个仿射开覆盖. 则对任意拟凝聚 $\mathscr{O}_X$ 模层 $\mathscr{F}$, 上同调模 $\mathrm{H}^\bullet(X,\mathscr{F})$ 与 $\mathrm{H}^\bullet(\mathfrak{U},\mathscr{F})$ (作为环 $\Gamma(X,\mathscr{O}_X)$ 上的模) 总是典范同构的.

事实上, X 是分离概形的条件表明, 覆盖 $\mathfrak{U}$ 中的任何有限个开集的交集 V 都是仿射的 (**I**, 5.5.6), 从而依照 (1.3.1), 当 $q\geqslant 1$ 时总有 $\mathrm{H}^q(V,\mathscr{F})=0$. 于是命题可由 Leray 定理推出 (G, II, 5.4.1).

注解 (1.4.2) — 注意到即使 X 未必是分离的, 只要有限个 U_α 的交集还是仿射开集, 那么 (1.4.1) 的结论就仍然有效.

推论 (1.4.3) — 设 X 是一个拟紧分离概形, $A = \Gamma(X, \mathscr{O}_X)$, $\mathbf{f} = (f_i)_{1\leqslant i\leqslant r}$ 是 A 中元素的一个有限序列, 并且在 (1.2.1) 的记号下, 这些 X_{f_i} 都是仿射开集. 则对任意拟凝聚 $\mathscr{O}_X$ 模层 $\mathscr{F}$, 我们都有一个函子性 (关于 $\mathscr{F}$) 的典范同构

$$\textbf{(1.4.3.1)} \qquad \mathrm{H}^q(U, \mathscr{F}) \xrightarrow{\sim} \mathrm{H}^{q+1}((\mathbf{f}), M) \qquad 对于\ q \geqslant 1$$

和一个函子性 (关于 $\mathscr{F}$) 的正合序列

$$\textbf{(1.4.3.2)} \quad 0 \longrightarrow \mathrm{H}^0((\mathbf{f}), M) \longrightarrow M \longrightarrow \mathrm{H}^0(U, \mathscr{F}) \longrightarrow \mathrm{H}^1((\mathbf{f}), M) \longrightarrow 0.$$

这可由 (1.4.1) 和 (1.2.3) 立得.

(1.4.4) 若 X 是仿射概形, 则由 (1.2.5) 和 (1.4.1) 可以推出, 对任意 $q \geqslant 0$, 图表

$$\textbf{(1.4.4.1)} \qquad \begin{array}{ccc} \mathrm{H}^q(U, \mathscr{F}'') & \xrightarrow{\partial} & \mathrm{H}^{q+1}(U, \mathscr{F}') \\ \downarrow & & \downarrow \\ \mathrm{H}^{q+1}((\mathbf{f}), M'') & \xrightarrow[\partial]{} & \mathrm{H}^{q+2}((\mathbf{f}), M') \end{array}$$

(来自拟凝聚 $\mathscr{O}_X$ 模层的正合序列 $0 \to \mathscr{F}' \to \mathscr{F} \to \mathscr{F}'' \to 0$, 并使用 (1.2.5) 中的记号) 总是交换的.

命题 (1.4.5) — 设 X 是一个拟紧分离概形, $\mathscr{L}$ 是一个可逆 $\mathscr{O}_X$ 模层, 再定义分次环 $A_* = \Gamma_*(\mathscr{L})$ ($\mathbf{0_I}$, 5.4.6), 则 $\mathrm{H}^\bullet(\mathscr{F}, \mathscr{L}) = \bigoplus_{n\in\mathbb{Z}} \mathrm{H}^\bullet(X, \mathscr{F} \otimes \mathscr{L}^{\otimes n})$ 是一个分次 A_* 模, 并且对任意 $f \in A_n$, 我们都有 $(A_*)_{(f)}$ 模的一个典范同构

$$\textbf{(1.4.5.1)} \qquad \mathrm{H}^\bullet(X_f, \mathscr{F}) \xrightarrow{\sim} (\mathrm{H}^\bullet(\mathscr{F}, \mathscr{L}))_{(f)}.$$

由于 X 是拟紧分离概形, 故可取 X 的一个有限仿射开覆盖 $\mathfrak{U} = (U_i)$, 使得 $\mathscr{L}$ 在每个 U_i 上的限制 $\mathscr{L}|_{U_i}$ 都同构于 $\mathscr{O}_X|_{U_i}$, 然后使用这个覆盖来计算 $\mathscr{O}_X$ 模层 $\mathscr{F} \otimes \mathscr{L}^{\otimes n}$ 的上同调 (1.4.1). 易见 $U_i \cap X_f$ 也都是仿射开集 (**I**, 1.3.6), 从而也可以使用覆盖 $\mathfrak{U}|_{X_f} = (U_i \cap X_f)$ 来计算上同调 $\mathrm{H}^\bullet(X_f, \mathscr{F} \otimes \mathscr{L}^{\otimes n})$ (1.4.1). 对每个 $f \in A_n$, 乘以 f 的运算都定义了一个同态 $\mathrm{C}^\bullet(\mathfrak{U}, \mathscr{F} \otimes \mathscr{L}^{\otimes m}) \to \mathrm{C}^\bullet(\mathfrak{U}, \mathscr{F} \otimes \mathscr{L}^{\otimes (m+n)})$, 从而我们得到一个同态 $\mathrm{H}^\bullet(\mathfrak{U}, \mathscr{F} \otimes \mathscr{L}^{\otimes m}) \to \mathrm{H}^\bullet(\mathfrak{U}, \mathscr{F} \otimes \mathscr{L}^{\otimes (m+n)})$, 这就证明了第一句话. 另一方面, 对于给定的 $f \in A_n$, 由 (**I**, 9.3.2) 知, 我们有一个 $(A_*)_{(f)}$ 模复形的

同构

$$\mathrm{C}^\bullet(\mathfrak{U}|_{X_f},\mathscr{F}) \xrightarrow{\sim} \Big(\mathrm{C}^\bullet\Big(\mathfrak{U},\bigoplus_{n\in\mathbb{Z}}\mathscr{F}\otimes\mathscr{L}^{\otimes n}\Big)\Big)_{(f)}$$

(**I**, 1.3.9, (ii)). 取这两个复形的上同调, 就导出了同构 (1.4.5.1), 因为函子 $M\mapsto M_{(f)}$ 是分次 A_* 模范畴上的正合函子.

推论 (1.4.6) — 假设 (1.4.5) 的条件得到满足, 并进而假设 $\mathscr{L}=\mathscr{O}_X$. 若令 $A=\Gamma(X,\mathscr{O}_X)$, 则对任意 $f\in A$, 我们都有一个典范的 A_f 模同构 $\mathrm{H}^\bullet(X_f,\mathscr{F})\xrightarrow{\sim}(\mathrm{H}^\bullet(X,\mathscr{F}))_f$.

推论 (1.4.7) — 设 X 是一个拟紧分离概形, f 是 $\Gamma(X,\mathscr{O}_X)$ 中的一个元素.

(i) 假设 X_f 是仿射开集. 则对任意拟凝聚 $\mathscr{O}_X$ 模层 $\mathscr{F}$、任意正整数 i 和任意 $\xi\in\mathrm{H}^i(X,\mathscr{F})$, 均可找到一个正整数 n, 使得 $f^n\xi=0$.

(ii) 反过来, 假设 X_f 是拟紧的, 并且对于 $\mathscr{O}_X$ 的任意拟凝聚理想层 $\mathscr{J}$ 和任意 $\zeta\in\mathrm{H}^1(X,\mathscr{J})$, 均可找到一个正整数 n, 使得 $f^n\zeta=0$. 则 X_f 是仿射开集.

(i) 若 X_f 是仿射开集, 则对任意 $i>0$, 均有 $\mathrm{H}^i(X_f,\mathscr{F})=0$ (1.3.1), 从而由 (1.4.6) 立得结论.

(ii) 根据 Serre 判别法 (**II**, 5.2.1), 只需证明对于 $\mathscr{O}_X|_{X_f}$ 的任何拟凝聚理想层 $\mathscr{K}$ 均有 $\mathrm{H}^1(X_f,\mathscr{K})=0$ 即可. 由于 X_f 是拟紧分离概形 X 中的一个拟紧开集, 故可找到 $\mathscr{O}_X$ 的一个拟凝聚理想层 $\mathscr{J}$, 使得 $\mathscr{K}=\mathscr{J}|_{X_f}$ (**I**, 9.4.2). 依照 (1.4.6), 我们有 $\mathrm{H}^1(X_f,\mathscr{K})=(\mathrm{H}^1(X,\mathscr{J}))_f$, 前提条件又表明, 等号右边是 0, 这就证明了结论.

注解 (1.4.8) — 注意到 (1.4.7, (i)) 给出了关系式 (**II**, 4.5.13.2) 的一个更简单的证明.

引理 (1.4.9) — 设 X 是一个拟紧分离概形, $\mathfrak{U}=(U_i)_{1\leqslant i\leqslant n}$ 是 X 的一个有限仿射开覆盖, $\mathscr{F}$ 是一个拟凝聚 $\mathscr{O}_X$ 模层. 则覆盖 $\mathfrak{U}$ 所定义的层复形 $\mathscr{C}^\bullet(\mathfrak{U},\mathscr{F})$ (G, II, 5.2) 是一个拟凝聚 $\mathscr{O}_X$ 模层.

由 (G, II, 5.2) 中的定义知, $\mathscr{C}^p(\mathfrak{U},\mathscr{F})$ 就是这些 $\mathscr{F}|_{U_{i_0\cdots i_p}}$ 在典范含入 $U_{i_0\cdots i_p}\to X$ 下的顺像层的直和. 由于 X 是分离概形, 故这些含入都是仿射态射 (**I**, 5.5.6), 从而 $\mathscr{C}^p(\mathfrak{U},\mathscr{F})$ 都是拟凝聚的 (**II**, 1.2.6).

命题 (1.4.10) — 设 $u:X\to Y$ 是一个拟紧分离态射. 则对任意拟凝聚 $\mathscr{O}_X$ 模层 $\mathscr{F}$, 每个 $\mathrm{R}^q u_*\mathscr{F}$ 都是拟凝聚 $\mathscr{O}_Y$ 模层.

问题在 Y 上是局部性的, 故可假设 Y 是仿射的. 此时 X 是有限个仿射开集 $U_i\,(1\leqslant i\leqslant n)$ 的并集, 设 $\mathfrak{U}$ 就是覆盖 (U_i). 进而, 由于 Y 是分离概形, 故由 (**I**,

5.5.10) 知, 对任意仿射开集 $V \subseteq Y$, 典范含入 $u^{-1}(V) \to X$ 总是一个仿射态射, 于是由 (1.4.1) 和 (G, II, 5.2) 知, 我们有典范同构

$$\textbf{(1.4.10.1)} \qquad \mathrm{H}^q(u^{-1}(V), \mathscr{F}) \xrightarrow{\sim} \mathrm{H}^q(\Gamma(V, \mathscr{K}^\bullet)),$$

其中, $\mathscr{K}^\bullet = u_*(\mathscr{C}^\bullet(\mathfrak{U}, \mathscr{F}))$. 依照 (1.4.9) 和 (**I**, 9.2.2), $\mathscr{K}^\bullet$ 是一个拟凝聚 $\mathscr{O}_Y$ 模层, 而且构成一个层复形, 因为 $\mathscr{C}^\bullet(\mathfrak{U}, \mathscr{F})$ 是层复形. 于是由上同调层 $\mathscr{H}^q(\mathscr{K}^\bullet)$ 的定义 (G, II, 4.1) 知, 它们也都是拟凝聚 $\mathscr{O}_Y$ 模层 (**I**, 4.1.1). 由于 (对于 Y 的仿射开集 V 来说) 函子 $\Gamma(V, \mathscr{G})$ 是拟凝聚 $\mathscr{O}_Y$ 模层范畴上的一个正合函子 (关于 $\mathscr{G}$), 故 (G, II, 4.1) 我们有

$$\textbf{(1.4.10.2)} \qquad \mathrm{H}^q(\Gamma(V, \mathscr{K}^\bullet)) = \Gamma(V, \mathscr{H}^q(\mathscr{K}^\bullet)).$$

最后我们注意到, 由 (G, II, 5.2) 中所给出的典范同态

$$\mathrm{H}^q(\mathfrak{U}, \mathscr{F}) \longrightarrow \mathrm{H}^q(X, \mathscr{F})$$

的定义知, 若 $V' \subseteq V$ 是 Y 的两个仿射开集, 则图表

$$\begin{array}{ccc} \mathrm{H}^q(u^{-1}(V), \mathscr{F}) & \xrightarrow{\sim} & \mathrm{H}^q(\Gamma(V, \mathscr{K}^\bullet)) \\ \downarrow & & \downarrow \\ \mathrm{H}^q(u^{-1}(V'), \mathscr{F}) & \xrightarrow{\sim} & \mathrm{H}^q(\Gamma(V', \mathscr{K}^\bullet)) \end{array}$$

是交换的. 从而由上面的结果就可以推出, 同构 (1.4.10.1) 定义了一个 $\mathscr{O}_Y$ 模层同构

$$\textbf{(1.4.10.3)} \qquad \mathrm{R}^q u_* \mathscr{F} \xrightarrow{\sim} \mathscr{H}^q(\mathscr{K}^\bullet),$$

因而 $\mathrm{R}^q u_* \mathscr{F}$ 是拟凝聚的. 进而由 (1.4.10.3), (1.4.10.2) 和 (1.4.10.1) 还可以得知:

推论 (1.4.11) — 在 (1.4.10) 的前提条件下, 对于 Y 的任意仿射开集 V 和任意 $q \geqslant 0$, 典范同态

$$\textbf{(1.4.11.1)} \qquad \mathrm{H}^q(u^{-1}(V), \mathscr{F}) \longrightarrow \Gamma(V, \mathrm{R}^q u_* \mathscr{F})$$

都是同构.

推论 (1.4.12) — 假设 (1.4.10) 的前提条件得到满足, 再假设 Y 是拟紧的. 则可以找到一个正整数 r, 使得对任意拟凝聚 $\mathscr{O}_X$ 模层 $\mathscr{F}$ 和任意整数 $q > r$, 我们都

有 $\mathrm{R}^q u_* \mathscr{F} = 0$. 若 Y 还是仿射的, 则可以取 r 就是 X 的某个仿射开覆盖中的开集个数.

我们可以把 Y 用有限个仿射开集覆盖起来, 因而依照 (1.4.11), 只需证明第二句话. 现在设 $\mathfrak{U}$ 是 X 的一个仿射开覆盖, 由 r 个仿射开集所组成, 则当 $q > r$ 时总有 $\mathrm{H}^q(\mathfrak{U}, \mathscr{F}) = 0$, 因为 $\mathrm{C}^q(\mathfrak{U}, \mathscr{F})$ 中的上链是交错的. 于是由 (1.4.1) 立得结论.

推论 (1.4.13) — 假设 (1.4.10) 的条件得到满足, 并进而假设 $Y = \operatorname{Spec} A$. 则对任意拟凝聚 $\mathscr{O}_X$ 模层 $\mathscr{F}$ 和任意 $f \in A$, 我们都有

$$\Gamma(Y_f, \mathrm{R}^q u_* \mathscr{F}) \;=\; (\Gamma(Y, \mathrm{R}^q u_* \mathscr{F}))_f,$$

只差一个典范同构.

事实上, 这是因为 $\mathrm{R}^q u_* \mathscr{F}$ 是一个拟凝聚 $\mathscr{O}_Y$ 模层 (**I**, 1.3.7).

命题 (1.4.14) — 设 $f : X \to Y$ 是一个拟紧分离态射, $g : Y \to Z$ 是一个仿射态射. 则对任意拟凝聚 $\mathscr{O}_X$ 模层 $\mathscr{F}$ 和任意 p, 典范同态 $\mathrm{R}^p(g \circ f)_* \mathscr{F} \to g_* \mathrm{R}^p f_* \mathscr{F}$ (**0**, 12.2.5.2) 都是一一的.

事实上, 对于 Z 的任意仿射开集 W, $g^{-1}(W)$ 都是 Y 的仿射开集. 从而依照 (1.4.11), 定义出典范同态

$$\mathrm{R}^p(g \circ f)_* \mathscr{F} \;\longrightarrow\; g_* \mathrm{R}^p f_* \mathscr{F}$$

(**0**, 12.2.5) 的那个预层同态是一一的.

命题 (1.4.15) — 设 $u : X \to Y$ 是一个拟紧分离态射, $v : Y' \to Y$ 是一个平坦态射 ($\mathbf{0}_\mathbf{I}$, 6.7.1), 再设 $u' = u_{(Y')}$, 故我们有下面的交换图表

(1.4.15.1)
$$\begin{array}{ccc} X & \xleftarrow{\;v'\;} & X' = X_{(Y')} \\ {\scriptstyle u}\downarrow & & \downarrow{\scriptstyle u'} \\ Y & \xleftarrow[\;v\;]{} & Y' \end{array}.$$

此时对任意拟凝聚 $\mathscr{O}_X$ 模层 $\mathscr{F}$ 和任意 $q \geqslant 0$, 若令 $\mathscr{F}' = v'^* \mathscr{F} = \mathscr{F} \otimes_{\mathscr{O}_Y} \mathscr{O}_{Y'}$, 则 $\mathrm{R}^q u'_*(\mathscr{F}')$ 总是与 $\mathrm{R}^q u_* \mathscr{F} \otimes_{\mathscr{O}_Y} \mathscr{O}_{Y'} = v^* \mathrm{R}^q u_* \mathscr{F}$ 典范同构.

基于函子性, 典范同态 $\rho : \mathscr{F} \to v'_* v'^* \mathscr{F}$ ($\mathbf{0}_\mathbf{I}$, 4.4.3.2) 定义了一个同态

(1.4.15.2)
$$\mathrm{R}^q u_* \mathscr{F} \;\longrightarrow\; \mathrm{R}^q u_* v'_* \mathscr{F}'.$$

另一方面, 令 $w = u \circ v' = v \circ u'$, 则我们有典范同态 (**0**, 12.2.5.1 和 12.2.5.2)

(1.4.15.3)
$$\mathrm{R}^q u_* v'_* \mathscr{F}' \;\longrightarrow\; \mathrm{R}^q w_* \mathscr{F}' \;\longrightarrow\; v_* \mathrm{R}^q u'_* \mathscr{F}'.$$

把 (1.4.15.2) 与 (1.4.15.3) 合成, 就得到了下面的同态

$$\psi\ :\ \mathrm{R}^q u_*\mathscr{F} \longrightarrow v_*\mathrm{R}^q u'_*\mathscr{F}',$$

由此就可以导出典范同态 (它的定义不需要对 v 做出任何假设)

(1.4.15.4) $$\psi^\sharp\ :\ v^*\mathrm{R}^q u_*\mathscr{F} \longrightarrow \mathrm{R}^q u'_*\mathscr{F}'.$$

只需再证明, 如果 v 是平坦的, 则这是一个同构. 易见问题在 Y 和 Y' 上都是局部性的, 从而可以假设 $Y=\operatorname{Spec} A, Y'=\operatorname{Spec} B$. 我们要使用下面的

引理 (1.4.15.5) — 设 $\varphi: A\to B$ 是一个环同态, $Y=\operatorname{Spec} A$, $X=\operatorname{Spec} B$, $f: X\to Y$ 是 φ 所对应的态射, M 是一个 B 模. 则为了使 $\mathscr{O}_X$ 模层 $\widetilde{M}$ 是 f 平坦的 ($\mathbf{0}_\mathbf{I}$, 6.7.1), 必须且只需 M 是平坦 A 模. 特别地, 为了使态射 f 是平坦的, 必须且只需 B 是平坦 A 模.

事实上, 有见于 (**I**, 1.3.4), 这可由定义 ($\mathbf{0}_\mathbf{I}$, 6.7.1) 和 ($\mathbf{0}_\mathbf{I}$, 6.3.3) 推出.

在此基础上, 由 (1.4.11.1) 以及同态 (1.4.15.3) 的定义 (参考 **0**, 12.2.5) 知, ψ 对应着合成同态

$$\mathrm{H}^q(X,\mathscr{F}) \xrightarrow{\rho_q} \mathrm{H}^q(X,v'_*v'^*\mathscr{F}) \xrightarrow{\theta_q} \mathrm{H}^q(X',v'^*v'_*v'^*\mathscr{F}) \xrightarrow{\sigma_q} \mathrm{H}^q(X',v'^*\mathscr{F}),$$

其中 ρ_q 和 σ_q 是典范态射 ρ 和 $\sigma: v'^*v'_*\mathscr{G}'\to\mathscr{G}'$ 所对应的同态, 而 θ_q 是与 $\mathscr{O}_X$ 模层 $v'_*(v'^*\mathscr{F})$ 相关联的 φ 同态 (**0**, 12.1.3.1). 根据 θ_q 的函子性, 我们有交换图表

$$\begin{array}{ccc}
\mathrm{H}^q(X,\mathscr{F}) & \xrightarrow{\rho_q} & \mathrm{H}^q(X,v'_*v'^*\mathscr{F}) \\
{\scriptstyle\theta_q}\downarrow & & \downarrow{\scriptstyle\theta_q} \\
\mathrm{H}^q(X',v'^*\mathscr{F}) & \xrightarrow[v'^*(\rho_q)]{} & \mathrm{H}^q(X',v'^*v'_*v'^*\mathscr{F})
\end{array}.$$

并且由定义 ($\mathbf{0}_\mathbf{I}$, 4.4.3) 知, $v'^*(\rho)$ 就是 σ 的逆, 从而前面考虑的合成同态恰好就是 θ_q, 因而 $\psi^\sharp$ 就是它所导出的 B 同态 $\mathrm{H}^q(X,\mathscr{F})\otimes_A B\to\mathrm{H}^q(X',\mathscr{F}')$. 由于 u 是拟紧的, 故知 X 是有限个仿射开集 $U_i\ (1\leqslant i\leqslant r)$ 的并集, 设 $\mathfrak{U}$ 是覆盖 (U_i). 另一方面, v 是仿射态射, 从而 v' 也是仿射的 (**II**, 1.6.2, (iii)), 并且这些 $U'_i=v'^{-1}(U_i)$ 构成 X' 的一个仿射开覆盖 $\mathfrak{U}'$. 于是由 (**0**, 12.1.4.2) 知, 图表

$$\begin{array}{ccc}
\mathrm{H}^q(\mathfrak{U},\mathscr{F}) & \xrightarrow{\theta_q} & \mathrm{H}^q(\mathfrak{U}',\mathscr{F}') \\
\downarrow & & \downarrow \\
\mathrm{H}^q(X,\mathscr{F}) & \xrightarrow[\theta_q]{} & \mathrm{H}^q(X',\mathscr{F}')
\end{array}$$

是交换的, 并且其中的竖直箭头都是同构, 因为 X 和 X' 都是分离概形 (1.4.1). 从而我们只需证明, 由典范 φ 同态 $\theta_q:\mathrm{H}^q(\mathfrak{U},\mathscr{F})\to\mathrm{H}^q(\mathfrak{U}',\mathscr{F}')$ 所导出的 B 同态

$$\mathrm{H}^q(\mathfrak{U},\mathscr{F})\otimes_A B \longrightarrow \mathrm{H}^q(\mathfrak{U}',\mathscr{F}')$$

是一个同构. 对任何序列 $\mathbf{s}=(i_k)_{0\leqslant k\leqslant p}$, 其中 i_k 都是 $[1,r]$ 中的元素, 令 $U_{\mathbf{s}}=\bigcap_{k=0}^{p}U_{i_k}$, $U'_{\mathbf{s}}=\bigcap_{k=0}^{p}U'_{i_k}=v'^{-1}(U_{\mathbf{s}})$, $M_{\mathbf{s}}=\Gamma(U_{\mathbf{s}},\mathscr{F})$, $M'_{\mathbf{s}}=\Gamma(U'_{\mathbf{s}},\mathscr{F}')$. 则典范映射 $M_{\mathbf{s}}\otimes_A B\to M'_{\mathbf{s}}$ 是一个同构 (**I**, 1.6.5), 从而典范映射 $\mathrm{C}^p(\mathfrak{U},\mathscr{F})\otimes_A B\to\mathrm{C}^p(\mathfrak{U}',\mathscr{F}')$ 是一个同构, 在此同构下 $d\otimes 1$ 就等同于缀算子 $\mathrm{C}^p(\mathfrak{U}',\mathscr{F}')\to\mathrm{C}^{p+1}(\mathfrak{U}',\mathscr{F}')$. 由于 B 是平坦 A 模, 故由上同调模的定义知, 典范映射 $\mathrm{H}^q(\mathfrak{U},\mathscr{F})\otimes_A B\to\mathrm{H}^q(\mathfrak{U}',\mathscr{F}')$ 是一个同构 ($\mathbf{0_I}$, 6.1.1). 这个结果将在后面 (§6) 得到推广.

推论 (1.4.16) — 设 A 是一个环, X 是一个拟紧分离 A 概形, B 是一个忠实平坦 A 代数. 则为了使 X 是仿射的, 必须且只需 $X\otimes_A B$ 是仿射的.

条件显然是必要的 (**I**, 3.2.2), 下面证明它也是充分的. 由于 X 在 A 上是拟紧分离的, 并且态射 $\operatorname{Spec}B\to\operatorname{Spec}A$ 是平坦的, 故由 (1.4.15) 知, 对任意 $i\geqslant 0$ 和任意拟凝聚 $\mathscr{O}_X$ 模层 $\mathscr{F}$, 我们都有

(1.4.16.1) $$\mathrm{H}^i(X\otimes_A B,\mathscr{F}\otimes_A B)=\mathrm{H}^i(X,\mathscr{F})\otimes_A B.$$

若 $X\otimes_A B$ 是仿射的, 则 (1.4.16.1) 的左边在 $i=1$ 时等于 0, 从而 $\mathrm{H}^1(X,\mathscr{F})$ 也是 0, 因为 B 是忠实平坦 A 模. 现在 X 是拟紧分离概形, 故由 Serre 判别法 (**II**, 5.2.1) 立得结论.

命题 (1.4.17) — 设 X 是一个概形, $0\to\mathscr{F}\xrightarrow{u}\mathscr{G}\xrightarrow{v}\mathscr{H}\to 0$ 是 $\mathscr{O}_X$ 模层的一个正合序列. 若 $\mathscr{F}$ 和 $\mathscr{H}$ 都是拟凝聚的, 则 $\mathscr{G}$ 也是拟凝聚的.

问题在 X 上是局部性的, 故可假设 $X=\operatorname{Spec}A$, 此时只需证明 $\mathscr{G}$ 满足 (**I**, 1.4.1) 的条件 d1) 和 d2)(取 $V=X$) 即可. d1) 是显然的, 因为若 $t\in\Gamma(X,\mathscr{G})$ 在 $D(f)$ 上的限制是 0, 则它的像 $v(t)\in\Gamma(X,\mathscr{H})$ 也具有此性质. 从而可以找到 $m>0$, 使得 $f^m v(t)=v(f^m t)=0$ (**I**, 1.4.1), 又因为 Γ 是左正合的, 故有 $f^m t=u(s)$, 其中 $s\in\Gamma(X,\mathscr{F})$. 由于 u 是单的, 故知 u 在 $D(f)$ 上的限制是 0, 从而可以找到一个正整数 n, 使得 $f^n s=0$, 最终得到 $f^{m+n}t=u(f^n s)=0$.

下面来证明 d2), 设 $t'\in\Gamma(D(f),\mathscr{G})$, 由于 $\mathscr{H}$ 是拟凝聚的, 故可找到正整数 m, 使得 $f^m v(t')=v(f^m t')$ 能够延拓为一个截面 $z\in\Gamma(X,\mathscr{H})$ (**I**, 1.4.1). 把 (1.3.1) (或 (**I**, 5.1.9.2)) 应用到拟凝聚 $\mathscr{O}_X$ 模层 $\mathscr{F}$ 上就得到正合序列 $\Gamma(X,\mathscr{G})\to\Gamma(X,\mathscr{H})\to 0$, 从而可以找到 $t\in\Gamma(X,\mathscr{G})$, 使得 $z=v(t)$, 故有 $v'(f^m t'-t'')=0$, 其中 t'' 是

t 在 $D(f)$ 上的限制, 因而 $f^m t' - t'' = u(s')$, 其中 $s' \in \Gamma(D(f), \mathscr{F})$. 现在 $\mathscr{F}$ 是拟凝聚的, 故可找到正整数 n, 使得 $f^n s'$ 能够延拓为一个截面 $s \in \Gamma(X, \mathscr{F})$, 由于 $f^{m+n}t' - f^n t'' = u(f^n s')$, 故知 $f^{m+n}t'$ 也是截面 $f^n t + u(f^n s) \in \Gamma(X, \mathscr{G})$ 在 $D(f)$ 上的限制, 这就完成了证明.

§2. 射影态射的上同调性质

2.1 某些上同调群的具体计算

(2.1.1) 设 X 是一个概形, $\mathscr{L}$ 是一个可逆 $\mathscr{O}_X$ 模层, 我们定义分次环 ($\mathbf{0_I}$, 5.4.6)

(2.1.1.1) $$S = \Gamma_*(X, \mathscr{L}) = \bigoplus_{n \in \mathbb{Z}} \Gamma(X, \mathscr{L}^{\otimes n}).$$

设 $(f_i)_{1 \leqslant i \leqslant r}$ 是 S 的一个由齐次元所组成的有限族, 其中 $f_i \in S_{d_i}$, 我们令 $U_i = X_{f_i}$, $U = \bigcup_i U_i$, 再把 U 的覆盖 (U_i) 记作 $\mathfrak{U}$. 对任意拟凝聚 $\mathscr{O}_X$ 模层 $\mathscr{F}$, 令

(2.1.1.2) $$\mathrm{H}^\bullet(U, \mathscr{F}(*)) = \bigoplus_{n \in \mathbb{Z}} \mathrm{H}^\bullet(U, \mathscr{F} \otimes \mathscr{L}^{\otimes n}),$$

(2.1.1.3) $$\mathrm{H}^\bullet(\mathfrak{U}, \mathscr{F}(*)) = \bigoplus_{n \in \mathbb{Z}} \mathrm{H}^\bullet(\mathfrak{U}, \mathscr{F} \otimes \mathscr{L}^{\otimes n}).$$

Abel 群 (2.1.1.2) 和 (2.1.1.3) 都是双分次的, 其中 (2.1.1.2) 的分次结构是这样定义的:

$$(\mathrm{H}^\bullet(U, \mathscr{F}(*)))_{m,n} = \mathrm{H}^m(U, \mathscr{F} \otimes \mathscr{L}^{\otimes n}),$$

(2.1.1.3) 有类似的定义方法. 易见这些群在第二分次指标下成为一个分次 A 模, 因为 $\mathscr{F} \mapsto \mathrm{H}^m(U, \mathscr{F})$ 和 $\mathscr{F} \mapsto \mathrm{H}^m(\mathfrak{U}, \mathscr{F})$ 都是函子.

(2.1.2) 现在我们来考虑分次 S 模 ($\mathbf{0_I}$, 5.4.6)

(2.1.2.1) $$M = \Gamma_*(\mathscr{L}, \mathscr{F}) = \mathrm{H}^0(X, \mathscr{F}(*)) = \bigoplus_{n \in \mathbb{Z}} \Gamma(X, \mathscr{F} \otimes \mathscr{L}^{\otimes n}).$$

若 X 是底空间为 Noether 空间的概形, 或者是拟紧分离概形, 则由 ($\mathbf{I}$, 9.3.1) 知, 若依然令 $U_{i_0 i_1 \cdots i_p} = \bigcap_{k=0}^{p} U_{i_k}$, 则我们有

$$\Gamma(U_{i_0 i_1 \cdots i_p}, \mathscr{F}(*)) = \mathrm{H}^0(U_{i_0 i_1 \cdots i_p}, \mathscr{F}(*)) = M_{f_{i_0} f_{i_1} \cdots f_{i_p}},$$

只差一个典范同构.

同样地, 在 (1.2.2) 的记号下, 可以把 $M_{f_{i_0}f_{i_1}\cdots f_{i_p}}$ 等同于 $\varinjlim_n M^{(n)}_{i_0i_1\cdots i_p}$. 这个等同是分次 S 模的同构, 只要齐次元 $z\in\varinjlim_n M^{(n)}_{i_0i_1\cdots i_p}$ 的次数是用下面的方式定义出来的: 若 z 是 $M^{(n)}_{i_0i_1\cdots i_p}=M$ 中的某个 m 次齐次元 x 的典范像, 则我们定义 z 的次数就是 $m-n(d_{i_0}+d_{i_1}+\cdots+d_{i_p})$. 由同态 $\varphi_{kh}:M^{(h)}_{i_0i_1\cdots i_p}\to M^{(k)}_{i_0i_1\cdots i_p}$ 的定义 (1.2.2) 知, 这个对于 z 的次数的定义并不依赖于 "代表元" x 的选择. 与 (1.2.2) 一样, 我们用 $\mathrm{C}^p_n(M)$ 来表示由所有从 $[1,r]^{p+1}$ 到 M 的交错映射所组成的集合 (对任意 n), 并且用与上面相同的方法给 $\varinjlim_n \mathrm{C}^p_n(M)$ 定义出一个分次 S 模的结构. 于是和 (1.2.2) 一样, 我们有

(2.1.2.2) $$\mathrm{C}^p(\mathfrak{U},\mathscr{F}(*)) = \varinjlim_n \mathrm{C}^p_n(M),$$

并且这个同构保持次数. 从而我们还有

(2.1.2.3) $$\mathrm{C}^p(\mathfrak{U},\mathscr{F}(*)) = \mathrm{C}^{p+1}((\mathbf{f}),M) = \varinjlim_n \mathrm{K}^{p+1}(\mathbf{f}^n,M).$$

这个同构保持次数, 原因是 $\varinjlim_n \mathrm{K}^{p+1}(\mathbf{f}^n,M)$ 中的一个元素总是这样一个上链 $g\in \mathrm{K}^{p+1}(\mathbf{f}^n,M)$ 的典范像, 其中 g 的取值 $g(i_0,\dots,i_p)$ 都落在 M 的同一个齐次分支 M_m 中, 此时上述元素的次数就等于 $m-n(d_{i_0}+\cdots+d_{i_p})$, 并且这个定义并不依赖于上链代表元 g 的选择.

由于上述同构都是与缀算子相容的, 故与 (1.2.2) 一样, 我们得到:

命题 (2.1.3) — *设 X 是一个具有 Noether 底空间的概形或者拟紧分离概形. 则我们有函子性 (关于 $\mathscr{F}$) 的典范同构*

(2.1.3.1) $$\mathrm{H}^p(\mathfrak{U},\mathscr{F}(*)) \xrightarrow{\sim} \mathrm{H}^{p+1}((\mathbf{f}),M) \qquad \text{对于 } p\geqslant 1$$

和函子性 (关于 $\mathscr{F}$) 的正合序列

(2.1.3.2)
$$0\longrightarrow \mathrm{H}^0((\mathbf{f}),M)\longrightarrow M\longrightarrow \mathrm{H}^0(\mathfrak{U},\mathscr{F}(*))\longrightarrow \mathrm{H}^1((\mathbf{f}),M)\longrightarrow 0.$$

进而, 上面所有的同态对于分次 S 模结构来说都是 0 次的 (S 是 (2.1.1.1) 中的环).

推论 (2.1.4) — *若 X 是一个拟紧分离概形, 并且这些 $U_i=X_{f_i}$ 都是仿射的, 则我们有一个 0 次的函子性 (关于 $\mathscr{F}$) 典范同构*

(2.1.4.1) $$\mathrm{H}^p(U,\mathscr{F}(*)) \xrightarrow{\sim} \mathrm{H}^{p+1}((\mathbf{f}),M) \qquad \text{对于 } p\geqslant 1$$

和一个函子性 (关于 $\mathscr{F}$) 的正合序列

(2.1.4.2)

$$0 \longrightarrow \mathrm{H}^0((\mathbf{f}), M) \longrightarrow M \longrightarrow \mathrm{H}^0(U, \mathscr{F}(*)) \longrightarrow \mathrm{H}^1((\mathbf{f}), M) \longrightarrow 0,$$

其中的所有同态都是 0 次的.

事实上, 只需把 (1.4.1) 应用到 (2.1.3) 的结果上即可.

与 (2.1.3) 类似, 我们还有下面的“局部”结果:

命题 (2.1.5) — 设 S 是一个 $\mathbb{N}$ 分次环, f_i 是 S_+ 中的一个 d_i 次齐次元 $(1 \leqslant i \leqslant r)$, M 是一个分次 S 模. 设 $X = \operatorname{Proj} S$ 是 S 的齐次素谱, 并设 $U_i = D_+(f_i)$, $U = \bigcup_i U_i$, $\mathrm{H}^\bullet(U, \widetilde{M}(*)) = \bigoplus_{n \in \mathbb{Z}} \mathrm{H}^\bullet(U, (M(n))^{\sim})$. 则我们有一个函子性 (关于 M) 的典范同构

$$\mathrm{H}^p(U, \widetilde{M}(*)) \xrightarrow{\sim} \mathrm{H}^{p+1}((\mathbf{f}), M) \qquad \text{对于 } p \geqslant 1 \tag{2.1.5.1}$$

和一个函子性 (关于 M) 的正合序列

(2.1.5.2)

$$0 \longrightarrow \mathrm{H}^0((\mathbf{f}), M) \longrightarrow M \longrightarrow \mathrm{H}^0(U, \widetilde{M}(*)) \longrightarrow \mathrm{H}^1((\mathbf{f}), M) \longrightarrow 0.$$

并且上面的所有同态对于分次 S 模结构来说都是 0 次的.

事实上, 由定义 (**II**, 2.5.2) 知, $\Gamma(U_{i_0 i_1 \cdots i_p}, (M(n))^{\sim}) = (M_{f_{i_0} f_{i_1} \cdots f_{i_p}})_n$, 从而 $\Gamma(U_{i_0 i_1 \cdots i_p}, \widetilde{M}(*)) = M_{f_{i_0} f_{i_1} \cdots f_{i_p}}$. 接下来的证明过程与 (2.1.4) 一样, 因为这里的 X 是一个分离概形.

注解 (2.1.6) — (i) 在 (2.1.5) 的条件下, 函子 $\Gamma(U_{i_0 i_1 \cdots i_p}, \widetilde{M}(*))$ 对于 M 来说都是正合的 ($\mathbf{0}_{\mathbf{I}}$, 1.3.2), 从而使用 (1.2.5) 中的方法可以推出: 若 $0 \to M' \to M \to M'' \to 0$ 是分次 S 模的一个正合序列 (其中的同态都是 0 次的), 则对任意 $p \geqslant 0$, 我们都有交换图表

$$\begin{array}{ccc} \mathrm{H}^p(U, \widetilde{M}''(*)) & \xrightarrow{\partial} & \mathrm{H}^{p+1}(U, \widetilde{M}'(*)) \\ \big\downarrow & & \big\downarrow \\ \mathrm{H}^{p+1}((\mathbf{f}), M'') & \xrightarrow[\partial]{} & \mathrm{H}^{p+2}((\mathbf{f}), M') \end{array} \quad . \tag{2.1.6.1}$$

(ii) 命题 (2.1.5) 的一个最有用的特殊情形就是当 S 是 Noether 环 A 上的一个可由有限个 1 次元所生成的 $\mathbb{N}$ 分次代数的情形. 事实上, 在这种情形下, 所有的拟凝聚 $\mathscr{O}_X$ 模层都具有 $\widetilde{M}$ 的形状 (**II**, 2.7.7).

(2.1.7) 现在我们把 (2.1.5) 应用到 $S = A[T_0, \ldots, T_r]$ 的情形, 其中 A 是任意环, T_i 是未定元, 并设 $M = S$ 和 $f_i = T_i$. 此时问题本质上归结为对于 $\mathrm{H}^\bullet((\mathbf{T}), S)$ 的计算, 其中 $\mathbf{T} = (T_i)_{0 \leqslant i \leqslant r}$.

引理 (2.1.8) — 若 $S = A[T_0, \ldots, T_r]$, 则对于 $\mathbf{T} = (T_i)_{0 \leqslant i \leqslant r}$, 我们有下面的结果:

(2.1.8.1) $$\mathrm{H}^q(\mathbf{T}^n, S) = 0 \qquad (q \neq r+1),$$

(2.1.8.2) $$\mathrm{H}^{r+1}(\mathbf{T}^n, S) = S/(\mathbf{T}^n).$$

从而 A 模 $\mathrm{H}^{r+1}(\mathbf{T}^n, S)$ 具有这样一个基底, 它是由全体单项式 $\mathbf{T}_\mathbf{p} = T_0^{p_0} \cdots T_r^{p_r}$ 的模 $(\mathbf{T}^n)$ 剩余类所组成的, 其中 $\mathbf{p} = (p_0, \ldots, p_r)$, 而且 $0 \leqslant p_i < n$ (对任意 i).

这可由 (1.1.3.5) 和命题 (1.1.4) 立得, 其中的条件显然是满足的.

(2.1.9) 对 n 取归纳极限, 则可由 (2.1.8.1) 推出: 当 $q \neq r+1$ 时, $\mathrm{H}^q((\mathbf{T}), S) = 0$. 对于 $q = r+1$, 该归纳系是由这些 $S/(\mathbf{T}^n)$ 和同态 $\varphi_{nm} : S/(\mathbf{T}^n) \to S/(\mathbf{T}^m)$ $(0 \leqslant n \leqslant m)$ 所组成的, 其中 φ_{nm} 就是乘以 $(T_0 \cdots T_r)^{m-n}$ 的运算. 对于 $n \geqslant \sup\limits_{0 \leqslant i \leqslant r} p_i$, 我们用 $\xi_\mathbf{p}^{(n)} = \xi_{p_0 \cdots p_r}^{(n)}$ 来记 $T_0^{n-p_0} \cdots T_r^{n-p_r}$ 的模 $(\mathbf{T}^n)$ 剩余类, 则有 $\varphi_{nm}(\xi_\mathbf{p}^{(n)}) = \xi_\mathbf{p}^{(m)}$, 并且这些元素在归纳极限 $\mathrm{H}^{r+1}((\mathbf{T}), S)$ 中具有相同的典范像 $\xi_\mathbf{p} = \xi_{p_0 \cdots p_r}$. 依照 (2.1.2) 中所给出的次数的定义, $\xi_\mathbf{p}$ 的次数是 $-|\mathbf{p}| = -(p_0 + p_1 + \cdots + p_r)$. 易见这些 $\xi_\mathbf{p}^{(n)}$(其中 $0 < p_i \leqslant n$ 且 $0 \leqslant i \leqslant r$) 构成 $S/(\mathbf{T}^n)$ 的一个基底. 从而由 (2.1.8) 立即导出:

推论 (2.1.10) — 在 (2.1.8) 的记号下, 对于 $q \neq r+1$, 我们有

(2.1.10.1) $$\mathrm{H}^q((\mathbf{T}), S) = 0,$$

并且 $\mathrm{H}^{r+1}((\mathbf{T}), S)$ 是一个自由 A 模, 它有这样一个基底, 由元素 $\xi_{p_0 \cdots p_r}$ 所组成, 其中对任意 $0 \leqslant i \leqslant r$, 均有 $p_i \geqslant 0$.

注解 (2.1.11) — 设 N 是任意 A 模, 并设 $M = S \otimes_A N$, 则使用 (2.1.8) 的方法还可以证明一个更一般的结果:

(2.1.11.1) 对于 $q \neq r+1$, 总有 $\mathrm{H}^q(\mathbf{T}^n, M) = 0$, 并且

(2.1.11.2) $$\mathrm{H}^{r+1}(\mathbf{T}^n, M) = S/(\mathbf{T}^n) \otimes_A N.$$

最后一个公式可由 (1.1.3.5) 立得, 另一方面, 易见 $M/(T_0^n M+\cdots+T_{i-1}^n M)$ 可以等同于张量积 $(S/(T_0^n S+\cdots+T_{i-1}^n S))\otimes_A N$, 因为理想 $T_0^n S+\cdots+T_{i-1}^n S$ 是 A 模 S 的一个直和因子. 因而可以把 (1.1.4) 应用到 M 上, 这就得到了 (2.1.11.1).

结合 (2.1.10) 和 (2.1.5) 的结果, 我们又可以得到:

命题 (2.1.12) — 设 A 是一个环, r 是一个正整数, $X=\mathbf{P}_A^r$ (**II**, 4.1.1). 则:

(i) 对于 $q\neq 0,\ r$, 总有 $\mathrm{H}^q(X,\mathscr{O}_X(*))=0$.

(ii) 典范同态 $\alpha: S\to \mathrm{H}^0(X,\mathscr{O}_X(*))$(**II**, 2.6.2) 是一一的.

(iii) $\mathrm{H}^r(X,\mathscr{O}_X(*))$ 是一个自由 A 模, 它有这样一个基底, 由元素 $\xi_{p_0\cdots p_r}$ 所组成, 其中 $p_i>0$ (对所有 $0\leqslant i\leqslant r$), $\xi_{p_0\cdots p_r}$ 的次数是 $-|\mathbf{p}|=-(p_0+\cdots+p_r)$, 并且乘积 $T_i\xi_{p_0\cdots p_r}$ 就等于 $\xi_{p_0,\cdots,p_i-1,\cdots,p_r}$.

事实上, 把正合序列 (2.1.5.2) 应用到

$$M \;=\; S \;=\; A[T_0,\ldots,T_r]$$

上, 则根据 (2.1.10.1), 我们有 $\mathrm{H}^0((\mathbf{T}),S)=0$ 和 $\mathrm{H}^1((\mathbf{T}),S)=0$, 而且命题 (2.1.5) 可以应用到 $U=X$ 上, 因为 X 是这些 $D_+(T_i)$ 的并集 (**II**, 2.3.14). 接下来只需在正合序列 (2.1.5.2) 中的映射 $S\to \mathrm{H}^0(X,\mathscr{O}_X(*))$ 和典范映射 α 之间建立等同即可, 然而这可由 $\mathrm{H}^0(U,\mathscr{O}_X(*))$ 和 $\mathrm{H}^0(\mathfrak{U},\mathscr{O}_X(*))$ 之间的典范等同而导出.

推论 (2.1.13) — 使 $\mathrm{H}^q(X,\mathscr{O}_X(n))\neq 0$ 成立的 (q,n) 恰好是下面这些数值: $q=0$ 并且 $n\geqslant 0$, 或者 $q=r$ 并且 $n\leqslant -(r+1)$.

注意到若 $A\neq 0$, 则对于 (2.1.13) 中所列举的数值来说, 确实有 $\mathrm{H}^i(X,\mathscr{O}_X(n))\neq 0$, 这可由 (2.1.12) 得出, 因为对所有次数 $n\geqslant 0$, 都有 $S_n\neq 0$.

在本章的各种应用中, 我们通常只会使用到下面这个不太精确的结果:

推论 (2.1.14) — A 模 $\mathrm{H}^q(X,\mathscr{O}_X(n))$ 都是有限型自由模, 并且若 $q>0$, 则它们在 $n>0$ 时都是 0.

命题 (2.1.15) — 设 Y 是一个概形, $\mathscr{E}$ 是一个秩为 $r+1$ 的局部自由 $\mathscr{O}_Y$ 模层, $X=\mathbf{P}(\mathscr{E})$ 是由 $\mathscr{E}$ 所定义的射影丛, $f:X\to Y$ 是结构态射. 则使 $\mathrm{R}^q f_*(\mathscr{O}_X(n))\neq 0$ 成立的 (q,n) 恰好是下面这些数值: $q=0$ 并且 $n\geqslant 0$, 或者 $q=r$ 并且 $n\leqslant -(r+1)$. 进而, 典范同态 (**II**, 3.3.2)

$$\alpha\;:\;\mathbf{S}_{\mathscr{O}_Y}(\mathscr{E})\;\longrightarrow\;\mathbf{\Gamma}_*(\mathscr{O}_X)\;=\;\mathrm{R}^0 f_*(\mathscr{O}_X(*))\;=\;\bigoplus_{n\in\mathbb{Z}} f_*(\mathscr{O}_X(n))$$

是一个同构.

问题在 Y 上是局部性的, 故可假设 Y 是仿射的, 环为 A, 并可假设 $\mathscr{E}=\widetilde{E}$, 其中 $E=A^{r+1}$. 此时问题立即归结为 (2.1.12) 的情形, 因为我们有 (1.4.11).

注解 (2.1.16) — 后面我们将证明一个比 (2.1.15) 更为完整的结果, 即下面这个命题: 令 $\omega = f^*\big(\bigwedge^{r+1}\mathscr{E}\big)(-r-1)$, 这是一个可逆 $\mathscr{O}_X$ 模层. 则:

(i) 我们有典范同构

(2.1.16.1) $$\rho\ :\ \mathrm{R}^r f_*\omega \xleftarrow{\sim} \mathscr{O}_Y.$$

(ii) 上积配对 (**0**, 12.2.2)

(2.1.16.2) $$\mathrm{R}^r f_*(\mathscr{O}_X(n)) \times \mathrm{R}^0 f_*(\omega(-n)) \longrightarrow \mathrm{R}^r f_*\omega$$

与同构 ρ^{-1} 的合成定义了一个从 $\mathrm{R}^r f_*(\mathscr{O}_X(n))$ 到局部自由 $\mathscr{O}_Y$ 模层

$$\mathrm{R}^0 f_*(\omega(-n)) \ =\ \big(\bigwedge^{r+1}\mathscr{E}\big)\otimes_{\mathscr{O}_Y}(\mathbf{S}_{\mathscr{O}_Y}(\mathscr{E}))_{-n}$$

的对偶上的同构.

2.2 射影态射的基本定理

定理 (2.2.1) (Serre) — 设 Y 是一个 *Noether* 概形, $f: X\to Y$ 是一个紧合态射, $\mathscr{L}$ 是一个可逆 $\mathscr{O}_X$ 模层, 并且是 f 丰沛的. 对于每个 $\mathscr{O}_X$ 模层 $\mathscr{F}$ 和每个整数 n, 我们令 $\mathscr{F}(n) = \mathscr{F}\otimes_{\mathscr{O}_X}\mathscr{L}^{\otimes n}$, 则对任意凝聚 $\mathscr{O}_X$ 模层 $\mathscr{F}$, 均有:

(i) $\mathrm{R}^q f_*\mathscr{F}$ 都是凝聚 $\mathscr{O}_Y$ 模层.

(ii) 可以找到一个整数 N, 使得当 $n\geqslant N$ 时, 对所有 $q>0$, 均有 $\mathrm{R}^q f_*(\mathscr{F}(n)) = 0$.

(iii) 可以找到一个整数 N, 使得当 $n\geqslant N$ 时, 典范同态 $f^*f_*(\mathscr{F}(n))\to\mathscr{F}(n)$ 都是满的.

首先注意到下面的事实: 如果对于某个 $\mathscr{L}^{\otimes d}$ $(d>0)$ 来说结论是成立的, 则对于 $\mathscr{L}$ 来说结论也是成立的. 事实上, $\mathscr{F}(n) = (\mathscr{F}\otimes\mathscr{L}^{\otimes r})\otimes\mathscr{L}^{\otimes hd}$, 其中 $h>0$ 并且 $0\leqslant r<d$, 由前提条件知, 对于每个 r, 都可以找到一个整数 N_r, 使得当 $h>N_r$ 时, 性质 (ii) 和 (iii) 对于 $\mathscr{O}_X$ 模层 $\mathscr{F}\otimes\mathscr{L}^{\otimes r}$ 都是成立的, 取 N 是这些 dN_r 中的最大者, 则 (ii) 和 (iii) 对于 $n\geqslant N$ 都是成立的. 于是我们可以假设 $\mathscr{L}$ 是 f 极丰沛的 (**II**, 4.4.7), 从而我们有一个笼罩性 Y 开浸入 $i: X\to P$, 其中 $P=\operatorname{Proj}\mathscr{S}$, 这个 $\mathscr{S}$ 是一个拟凝聚的 $\mathbb{N}$ 分次 $\mathscr{O}_Y$ 代数层, 由 $\mathscr{S}_1$ 所生成, 并且 $\mathscr{S}_1$ 是有限型的, 进而, $\mathscr{L}$ 同构于 $i^*(\mathscr{O}_P(1))$ (**II**, 4.4.7). 由于 f 是紧合的, 故知 i 也是紧合的 (**II**, 5.4.4), 从而 i 是一个同构 $X\xrightarrow{\sim}P$. 于是问题归结到 $X=\operatorname{Proj}\mathscr{S}$ 且 $\mathscr{L}=\mathscr{O}_X(1)$ 的情形. 此时定理 (2.2.1) 可由下面的命题推出:

命题 (2.2.2) — 设 A 是一个 *Noether* 环, S 是一个 $\mathbb{N}$ 分次 A 代数, 可由 S_1 生成, 并且 S_1 作为 A 模可由 $r+1$ 个元素生成. 设 $X = \operatorname{Proj} S$. 则对任意凝聚 $\mathscr{O}_X$ 模层 $\mathscr{F}$:

(i) A 模 $\mathrm{H}^q(X, \mathscr{F})$ 都是有限型的.

(ii) 对于 $q > r$, 总有 $\mathrm{H}^q(X, \mathscr{F}) = 0$.

(iii) 可以找到一个整数 N, 使得当 $n \geqslant N$ 时, 对所有 $q > 0$, 均有 $\mathrm{H}^q(X, \mathscr{F}(n)) = 0$.

(iv) 可以找到一个整数 N, 使得当 $n \geqslant N$ 时, $\mathscr{F}(n)$ 总可由它的整体截面所生成.

首先证明 (2.2.2) 蕴涵 (2.2.1), 在 (2.2.1) 中 (已经归结到 $X = \operatorname{Proj} \mathscr{S}$ 的情形), Y 是拟紧的, 从而可被有限个仿射开集 U_α (它们的环都是 Noether 环) 所覆盖, 并使得 $\mathscr{S}_1$ 在每个 U_α 上的限制都是由 $\mathscr{S}_1$ 在 U_α 上的有限个截面所生成的. 如果 (2.2.2) 已经成立, 则在 (2.2.1) 的性质 (ii) 和 (iii) 中, 只需取 N 就是各个 U_α 所对应的整数中的最大者即可 (利用 (1.4.11) 和 (**II**, 3.4.7)).

为了证明 (2.2.2), 首先注意到 X 可以等同于 $P = \mathbf{P}_A^r$ 的一个闭子概形 (**II**, 3.6.2). 进而, 若 $j : X \to P$ 是典范含入, 则 $j_* \mathscr{F}$ 是一个凝聚 $\mathscr{O}_P$ 模层, 并且 $j_*(\mathscr{F}(n)) = (j_* \mathscr{F})(n)$ (**II**, 3.4.5 和 3.5.2). 于是由 (G, II, 定理 4.9.1 的推论) 知, 问题归结为对 $X = \mathbf{P}_A^r$ 和 $S = A[T_0, \ldots, T_r]$ 来证明 (2.2.2) 成立. 由于 X 可被 $r+1$ 个仿射开集 $D_+(T_i)$ 所覆盖, 从而 (ii) 可由 (1.4.12) 推出. 另一方面, 注意到 (iv) 已经在 (**II**, 2.7.9) 中得到了证明.

现在我们同时来证明 (i) 和 (iii). 注意到命题对于 $\mathscr{F} = \mathscr{O}_X(m)$ 总是成立的 (2.1.13), 从而对于有限个形如 $\mathscr{O}_X(m_j)$ 的 $\mathscr{O}_X$ 模层的直和也是成立的. 另一方面, 由 (ii) 知, (i) 和 (iii) 对于 $q > r$ 总是成立的. 我们现在对 q 进行递降归纳. 我们知道 $\mathscr{F}$ 总可以同构于有限个 $\mathscr{O}_X(m_j)$ 的直和 $\mathscr{E}$ 的商层 (**II**, 2.7.10), 换句话说, 我们有一个正合序列 $0 \to \mathscr{R} \to \mathscr{E} \to \mathscr{F} \to 0$, 其中 $\mathscr{R}$ 是凝聚的 ($\mathbf{0_I}$, 5.3.3), 并且 $\mathscr{E}$ 满足 (i) 和 (iii). 由于 $\mathscr{F}(n)$ 是 $\mathscr{F}$ 的正合函子, 从而对所有 $n \in \mathbb{Z}$, 我们都有正合序列

$$0 \longrightarrow \mathscr{R}(n) \longrightarrow \mathscr{E}(n) \longrightarrow \mathscr{F}(n) \longrightarrow 0.$$

由此就导出了上同调的正合序列

$$\mathrm{H}^{q-1}(X, \mathscr{E}(n)) \longrightarrow \mathrm{H}^{q-1}(X, \mathscr{F}(n)) \longrightarrow \mathrm{H}^q(X, \mathscr{R}(n)).$$

由于 $\mathscr{E}(n)$ 是这些 $\mathscr{O}_X(n + m_j)$ 的直和 (**II**, 2.5.14), 故知 $\mathrm{H}^{q-1}(X, \mathscr{E}(n))$ 是有限型的, 并且由归纳假设知, $\mathrm{H}^q(X, \mathscr{R}(n))$ 也是有限型的, 又因为 A 是 Noether

环, 从而对所有 $n\in\mathbb{Z}$, $\mathrm{H}^{q-1}(X,\mathscr{F}(n))$ 都是有限型的, 特别地, $n=0$ 时结论是成立的. 另一方面, 由归纳假设知, 可以找到一个整数 N, 使得当 $n\geqslant N$ 时, 总有 $\mathrm{H}^q(X,\mathscr{R}(n))=0$, 且可以选择 N 使得当 $n\geqslant N$ 时 $\mathrm{H}^{q-1}(X,\mathscr{E}(n))=0$ 也成立, 因为 $\mathscr{E}$ 满足 (iii). 由此得知, 当 $n\geqslant N$ 时总有 $\mathrm{H}^{q-1}(X,\mathscr{F}(n))=0$, 这就完成了证明.

推论 (2.2.3) — 在 (2.2.1) 的前提条件下, 设 $\mathscr{F}\to\mathscr{G}\to\mathscr{H}$ 是凝聚 $\mathscr{O}_X$ 模层的一个正合序列. 则可以找到一个整数 N, 使得当 $n\geqslant N$ 时, 序列

$$f_*(\mathscr{F}(n))\longrightarrow f_*(\mathscr{G}(n))\longrightarrow f_*(\mathscr{H}(n))$$

总是正合的.

设 $\mathscr{F}'$, $\mathscr{G}'$, $\mathscr{H}''$ 分别是 $\mathscr{F}\to\mathscr{G}$ 的核、像和余核, 则 $\mathscr{G}'$ 和 $\mathscr{G}''$ 也分别是 $\mathscr{G}\to\mathscr{H}$ 的核与像, 再设 $\mathscr{H}''$ 是后一同态的余核, 则所有这些 $\mathscr{O}_X$ 模层都是凝聚的 ($\mathbf{0_I}$, 5.3.4). 由于 $\mathscr{F}(n)$ 是 $\mathscr{F}$ 的正合函子, 故我们只需证明, 对于充分大的 n, 下述序列

$$\begin{aligned}
&0\longrightarrow f_*(\mathscr{F}'(n))\longrightarrow f_*(\mathscr{F}(n))\longrightarrow f_*(\mathscr{G}'(n))\longrightarrow 0,\\
&0\longrightarrow f_*(\mathscr{G}'(n))\longrightarrow f_*(\mathscr{G}(n))\longrightarrow f_*(\mathscr{G}''(n))\longrightarrow 0,\\
&0\longrightarrow f_*(\mathscr{G}''(n))\longrightarrow f_*(\mathscr{H}(n))\longrightarrow f_*(\mathscr{H}''(n))\longrightarrow 0
\end{aligned}$$

都是正合的. 于是可以假设 $0\to\mathscr{F}\to\mathscr{G}\to\mathscr{H}\to 0$ 是正合的, 由此得到上同调的正合序列

$$0\longrightarrow f_*(\mathscr{F}(n))\longrightarrow f_*(\mathscr{G}(n))\longrightarrow f_*(\mathscr{H}(n))\longrightarrow \mathrm{R}^1 f_*(\mathscr{F}(n))\longrightarrow\cdots,$$

从而由 (2.2.1, (ii)) 就可以得出结论.

推论 (2.2.4) — 设 Y 是一个 *Noether* 概形, $f:X\to Y$ 是一个有限型态射, $\mathscr{L}$ 是一个 f 丰沛的可逆 $\mathscr{O}_X$ 模层. 对每个 $\mathscr{O}_X$ 模层 $\mathscr{F}$ 和每个整数 n, 我们令 $\mathscr{F}(n)=\mathscr{F}\otimes_{\mathscr{O}_X}\mathscr{L}^{\otimes n}$. 设 $\mathscr{F}\to\mathscr{G}\to\mathscr{H}$ 是凝聚 $\mathscr{O}_X$ 模层的一个正合序列, 并设 $\mathscr{F}$ 和 $\mathscr{H}$ 的支集在 Y 上都是紧合的 (**II**, 5.4.10). 则可以找到一个整数 N, 使得当 $n\geqslant N$ 时, 序列

$$f_*(\mathscr{F}(n))\longrightarrow f_*(\mathscr{G}(n))\longrightarrow f_*(\mathscr{H}(n))$$

都是正合的.

与 (2.2.1) 的方法类似, 若这个推论对于某个 $\mathscr{L}^{\otimes d}$ $(d>0)$ 是成立的, 则它对于 $\mathscr{L}$ 也是成立的, 从而可以限于考虑 $\mathscr{L}$ 是 f 极丰沛层的情形 (**II**, 4.6.11), 于是我们可以把 X 等同于 Y 概形 $Z=\operatorname{Proj}\mathscr{S}$ 的一个开集, 其中 $\mathscr{S}$ 是一个拟凝聚的 $\mathbb{N}$ 分次 $\mathscr{O}_Y$ 代数层, 由 $\mathscr{S}_1$ 所生成, 并且 $\mathscr{S}_1$ 是有限型的, 从而 $\mathscr{L}=i^*(\mathscr{O}_Z(1))$,

其中 i 是典范浸入 $X \to Z$ (**II**, 4.4.7). 由于 $\operatorname{Supp}\mathscr{G}$ 在 X 中是闭的, 并且包含在 $\operatorname{Supp}\mathscr{F} \cap \operatorname{Supp}\mathscr{H}$ 中, 从而它在 Y 上是紧合的, 于是 $\mathscr{F},\mathscr{G},\mathscr{H}$ 的支集在 Z 中都是闭的 (**II**, 5.4.10), 从而 $\mathscr{F}' = i_*\mathscr{F}$, $\mathscr{G}' = i_*\mathscr{G}$, $\mathscr{H}' = i_*\mathscr{H}$ 都是凝聚 $\mathscr{O}_Z$ 模层, 并且序列 $\mathscr{F}' \to \mathscr{G}' \to \mathscr{H}'$ 是正合的. 进而, 若 $g : Z \to Y$ 是结构态射, 则有 $f = g \circ i$, 并且易见 $\mathscr{F}'(n) = i_*(\mathscr{F}(n))$, 对于 $\mathscr{G}'$ 和 $\mathscr{H}'$ 也有类似等式, 从而把 (2.2.3) 应用到 $\mathscr{F}'$, $\mathscr{G}'$, $\mathscr{H}'$ 上就可以得出结论.

* **(追加 III, 26)** — 若在前提条件中把 "设 $\mathscr{F}$ 和 $\mathscr{H}$ 的支集在 Y 上都是紧合的" 改为 "设 $\operatorname{Im}(\mathscr{F} \to \mathscr{H})$ 的支集在 Y 上是紧合的", 则证明过程中需要把 "由于 $\operatorname{Supp}\mathscr{G}$ 在 X 中是闭的 ······" 修改成下面的论述:

令 $\mathscr{G}_1 = \operatorname{Im}(\mathscr{F} \to \mathscr{G}) = \operatorname{Ker}(\mathscr{G} \to \mathscr{H})$, 则它是凝聚的. 由正合序列 $0 \to \mathscr{G}_1(n) \to \mathscr{G}(n) \to \mathscr{H}(n)$ 和函子 f_* 的左正合性得知, 序列 $0 \to f_*(\mathscr{G}_1(n)) \to f_*(\mathscr{G}(n)) \to f_*(\mathscr{H}(n))$ 对任意 n 都是正合的, 从而只需证明当 n 充分大时序列 $f_*(\mathscr{F}(n)) \to f_*(\mathscr{G}_1(n)) \to 0$ 是正合的即可. 换句话说, 可以限于考虑 $\mathscr{H} = 0$ 并且 $\mathscr{G}$ 的支集在 Y 上是紧合的 (从而在 Z 中是闭的 (**II**, 5.4.10)) 这个情形. 此时 $\mathscr{G}' = i_*\mathscr{G}$ 是一个凝聚 $\mathscr{O}_Z$ 模层, 并且 $\mathscr{G}'|_X = \mathscr{G}$. 由 (**I**, 9.4.3) 知, 我们能找到一个凝聚 $\mathscr{O}_Z$ 模层 $\mathscr{F}'$, 使得 $\mathscr{F}'|_X = \mathscr{F}$. 进而由于 X 在 Z 中是开的, 并且 $\operatorname{Supp}\mathscr{G}$ 在 Z 中是闭的, 故可定义出一个层满同态 $u' : \mathscr{F}' \to \mathscr{G}'$, 使得 $u'|_X$ 就是给定的满同态 $u : \mathscr{F} \to \mathscr{G}$, 这只需在 Z 的与 $\operatorname{Supp}\mathscr{G}$ 不相交的开集 U 上定义 $u'|_U = 0$, 而在开集 $U \subseteq X$ 上定义 $u'|_U = u|_U$ 即可. 此时根据 (2.2.2) 的证明之前的讨论, 可以限于考虑 Y 是仿射概形的情形, 从而只需证明, 当 n 充分大时, 同态 $\Gamma(u) : \Gamma(X, \mathscr{F}(n)) \to \Gamma(X, \mathscr{G}(n))$ 都是满的. 考虑交换图表

$$\begin{array}{ccc} \Gamma(Z, \mathscr{F}'(n)) & \xrightarrow{\Gamma(u')} & \Gamma(Z, \mathscr{G}'(n)) \\ {\scriptstyle v}\downarrow & & \downarrow{\scriptstyle w} \\ \Gamma(X, \mathscr{F}(n)) & \xrightarrow[\Gamma(u)]{} & \Gamma(X, \mathscr{G}(n)) \end{array} ,$$

其中 v 和 w 都是限制同态. 由 $\mathscr{G}'$ 的定义还可以推出 w 是一一的, 再由 (2.2.3) 知, 当 n 充分大时, $\Gamma(u')$ 总是满的, 从而 $\Gamma(u)$ 也是如此. *

注解 (2.2.5) — (i) (2.2.1) 中的条目 (i) 可以扩展到 Y 是局部 *Noether* 概形的情形. 事实上, 该性质显然在 Y 上是局部性的, 另一方面, 由 (2.2.1) 的前提条件知, 对任何开集 $U \subseteq Y$, f 在 $f^{-1}(U)$ 上的限制总是一个射影态射 $f^{-1}(U) \to U$ (**II**, 5.5.5, (iii)), 并且 $\mathscr{L}|_{f^{-1}(U)}$ 相对于这个态射是丰沛的 (**II**, 4.6.4).

(ii) (2.2.1) 中的条目 (iii) 可以扩展到 X 是拟紧分离概形或者具有 Noether

底空间的概形并且 $f: X \to Y$ 是拟紧态射的情形 (**II**, 4.6.8). 然而需要注意的是, 即使我们假设 Y 是域 K 的谱并且 f 是拟射影的, (2.2.1) 中的条目 (ii) 还是有可能不成立. 例如, 设 $X' = \operatorname{Spec} K[T_0, \dots, T_r]$, 并设 X 是 X' 的这样一些仿射开集 $D(T_i)$ $(0 \leqslant i \leqslant r)$ 的并集, 则由于浸入 $X \to X'$ 是拟紧的, 故知结构态射 $f: X \to Y$ 是拟仿射的 (**II**, 5.1.10), 从而 $\mathscr{O}_X$ 是 f 极丰沛的 (**II**, 5.1.6). 然而环 $\Gamma(X, \mathscr{O}_X)$ 可以等同于这些分式环 $(K[T_0, \dots, T_r])_{T_i}$ $(0 \leqslant i \leqslant r)$ 的交集 (**I**, 8.2.1.1), 也就是说, 可以等同于 $K[T_0, \dots, T_r]$. 从而由公式 (1.4.3.1) 和 (1.1.3.5) 知, 对所有 n, 我们都有 $\mathrm{H}^r(X, \mathscr{O}_X^{\otimes n}) = \mathrm{H}^r(X, \mathscr{O}_X) = A \neq 0$.

* **(追加 $_{\text{III}}$, 27)** — (iii) 在 (2.2.4) 中对于 X, Y, f 和 $\mathscr{L}$ 所作的假设下, 易见若 $\mathscr{H}$ 是一个支集在 Y 上紧合的凝聚 $\mathscr{O}_X$ 模层, 则利用 (2.2.4) 的方法还能够证明: 可以找到一个整数 N, 使得当 $n \geqslant N$ 时, 对所有 $i > 0$, 均有 $\mathrm{R}^i f_*(\mathscr{H}(n)) = 0$. 由此再利用上同调长正合序列就可以推出: 若 $u: \mathscr{F} \to \mathscr{G}$ 是凝聚 $\mathscr{O}_X$ 模层的一个同态, 并且 $\operatorname{Ker}(u)$ 和 $\operatorname{Coker}(u)$ 的支集在 Y 上都是紧合的, 则可以找到 N, 使得当 $n \geqslant N$ 时, 相应的同态 $\mathrm{R}^i f_*(\mathscr{F}(n)) \to \mathrm{R}^i f_*(\mathscr{G}(n))$ 对所有 $i > 0$ 都是一一的. *

2.3 应用到分次代数层和分次模层上

定理 (2.3.1) — *设 Y 是一个 Noether 概形, $\mathscr{S}$ 是一个 $\mathbb{N}$ 分次的 $\mathscr{O}_Y$ 代数层, 并且是拟凝聚和有限型的, $X = \operatorname{Proj} \mathscr{S}$, $q: X \to Y$ 是结构态射, $\mathscr{M}$ 是一个拟凝聚的分次 $\mathscr{S}$ 模层, 并且满足* **(TF)** *条件. 则可以找到一个整数 N, 使得当 $n \geqslant N$ 时, 典范同态* (**II**, 8.14.5.1)

$$\alpha_n \ : \ \mathscr{M}_n \longrightarrow q_*\big(\mathscr{P}roj_0(\mathscr{M}(n))\big) \ = \ q_*\big((\mathscr{P}roj\ \mathscr{M})_n\big)$$

都是一一的. 换句话说, 典范同态

$$\alpha \ : \ \mathscr{M} \longrightarrow \mathbf{\Gamma}_*(\mathscr{P}roj\ \mathscr{M})$$

是一个 **(TN)** *同构.*

可以限于考虑 $\mathscr{M}$ 是有限型 $\mathscr{S}$ 模层的情形 (**II**, 3.4.2).

由于 Y 是拟紧的, 故可找到一个正整数 d, 使得 $\mathscr{S}^{(d)}$ 可由拟凝聚 $\mathscr{O}_Y$ 模层 $\mathscr{S}_d$ 所生成, 并且后者还是有限型的 (**II**, 3.1.10), 从而是凝聚的 (因为 Y 是 Noether 的). 注意到 $\mathscr{M}$ 就是这些 $\mathscr{M}^{(d,k)}$ $(0 \leqslant k < d)$ 的直和, 并且每个 $\mathscr{M}^{(d,k)}$ 都是有限型的拟凝聚 $\mathscr{S}^{(d)}$ 模层, 这可由 (**II**, 2.1.6, (iii)) 得出, 因为问题在 Y 上是局部性的. 现在只需证明每个典范同态 $\alpha: \mathscr{M}^{(d,k)} \to \mathbf{\Gamma}_*((\mathscr{P}roj\ \mathscr{M})^{(d,k)})$ 都是 **(TN)** 同构即

可. 由 (**II**, 8.14.13) (特别是图表 (8.14.13.4)) 知, 问题可以归结到 $\mathscr{S}$ 可由 $\mathscr{S}_1$ 生成并且 $\mathscr{S}_1$ 是凝聚 $\mathscr{O}_Y$ 模层的情形. 由于 Y 是 Noether 的, 从而由 (2.2.2) 的证明之前的讨论知, 可以限于考虑 $Y = \operatorname{Spec} A$, $\mathscr{S} = \widetilde{S}$, $\mathscr{M} = \widetilde{M}$ 的情形, 其中 A 是一个 Noether 环, S_1 是一个有限型 A 模, 并且 M 是一个有限型分次 S 模. 此时我们只需证明 $M = S$ 的情形即可, 这是因为, 在一般情况下, 可以找到一个正合序列 $L' \to L \to M \to 0$, 其中 L' 和 L 都是形如 $S(m)$ 的分次模的直和. 如果定理的结论对于 $M = S$ 成立, 则对于 $M = S(m)$ 也成立, 从而对于 L 和 L' 都成立. 考虑交换图表

$$\begin{array}{ccccccc}
\widetilde{L}'_n & \longrightarrow & \widetilde{L}_n & \longrightarrow & \widetilde{M}_n & \longrightarrow & 0 \\
\downarrow{\scriptstyle \alpha_n} & & \downarrow{\scriptstyle \alpha_n} & & \downarrow{\scriptstyle \alpha_n} & & \\
q_*(\widetilde{L}'(n)) & \longrightarrow & q_*(\widetilde{L}(n)) & \longrightarrow & q_*(\widetilde{M}(n)) & \longrightarrow & 0
\end{array},$$

由 (2.2.3) 知, 当 n 充分大时, 第二行是正合的, 由于第一行也是正合的, 并且左边的两个竖直箭头都是同构, 从而第三个也是同构.

在此基础上, 为了证明 $M = S$ 时的结论, 首先假设 $S = A[T_0, \ldots, T_r]$ (T_i 是未定元), 此时上述阐言恰好就是 (2.1.11, (ii)). 在一般情形下, S 可以等同于某个环 $S' = A[T_0, \ldots, T_r]$ 除以一个分次理想后的商环, 从而 X 可以等同于 $X' = \mathbf{P}^r_A$ 的一个闭子概形 (**II**, 2.9.2). 若 j 是典范含入 $X \to X'$, 则 $j_*(\widetilde{S}(n))$ 恰好就是 $\mathscr{O}_{X'}$ 模层 $(\mathscr{P}roj\ \widetilde{S})(n)$ (这里是把 S 看作一个分次 S' 模), 这可由 (**II**, 2.8.7) 立得. 由于 $j_*(\widetilde{S}(n))$ 是一个满足 **(TF)** 条件的 $\mathscr{O}_{X'}$ 模层, 故当 n 充分大时, 典范同态 $\alpha_n : S_n \to \Gamma(X', j_*(\widetilde{S}(n)))$ 都是一一的, 这可由前面的结果得出, 由此就完成了证明, 因为 $\Gamma(X', j_*(\widetilde{S}(n))) = \Gamma(X, \widetilde{S}(n))$.

推论 (2.3.2) — *在 (2.3.1) 的前提条件下, 设* $\mathscr{S}_X = \bigoplus_{n\in\mathbb{Z}} \mathscr{O}_X(n)$, *并设* $\mathscr{F}$ *是一个有限型的拟凝聚分次* $\mathscr{O}_X$ *模层. 则* $\mathbf{\Gamma}_*(\mathscr{F})$ *满足* **(TF)** *条件.*

注意到在 (2.3.1) 的证明中, X 同构于 $\operatorname{Proj} \mathscr{S}^{(d)}$ (**II**, 3.1.8), 从而在 Y 上是有限型的 (**II**, 3.4.1). 于是由 (**II**, 8.14.9) 知, $\mathscr{F}$ 同构于一个形如 $\mathscr{P}roj\ \mathscr{M}$ 的分次 $\mathscr{S}_X$ 模层, 其中 $\mathscr{M}$ 是一个有限型的拟凝聚分次 $\mathscr{S}$ 模层. 根据 (2.3.1), $\mathbf{\Gamma}_*(\mathscr{F})$ 与 $\mathscr{M}$ 是 **(TN)** 同构的, 从而满足 **(TF)** 条件.

添注 (2.3.3) — 设 Y 是一个 Noether 概形, $\mathscr{S}$ 是一个 $\mathbb{N}$ 分次的 $\mathscr{O}_Y$ 代数层, 满足 (2.3.1) 中的条件, 并且 $X = \operatorname{Proj} \mathscr{S}$. 设 $\boldsymbol{K}_{\mathscr{S}}$ 是由满足 **(TF)** 条件的拟凝聚分次 $\mathscr{S}$ 模层所组成的 Abel 范畴, $\boldsymbol{K}'_{\mathscr{S}}$ 是由 $\boldsymbol{K}_{\mathscr{S}}$ 中满足 **(TN)** 条件的 $\mathscr{S}$ 模层所组成的子范畴, 最后, 设 $\boldsymbol{K}_X$ 是有限型拟凝聚分次 $\mathscr{S}_X$ 模层的范畴 (这相当于说

$\mathscr{F}_i$ 都是凝聚 $\mathscr{O}_X$ 模层, 因为 $\mathscr{S}_X$ 是周期性的 (**II**, 8.14.4 和 8.14.12)). 此时由 (**II**, 8.14.8 和 8.14.10) 和 (2.3.2) 知, $\boldsymbol{K}_{\mathscr{S}}$ 上的函子 $\mathscr{M} \mapsto \mathscr{P}roj\ \mathscr{M}$ 和 $\boldsymbol{K}_X$ 上的函子 $\mathscr{F} \mapsto \boldsymbol{\Gamma}_*(\mathscr{F})$ 合起来定义了商范畴 $\boldsymbol{K}_{\mathscr{S}}/\boldsymbol{K}'_{\mathscr{S}}$ (T, I, 1.11) 与范畴 $\boldsymbol{K}_X$ 的一个等价 (T, I, 1.2). 如果 $\mathscr{S}$ 是由 $\mathscr{S}_1$ 所生成的, 则 $\boldsymbol{K}_X$ 也可以换成凝聚 $\mathscr{O}_X$ 模层的范畴 (**II**, 8.14.12).

命题 (2.3.4) — 设 Y 是一个 *Noether* 概形.

(i) 设 $\mathscr{S}$ 是一个 $\mathbb{N}$ 分次的 $\mathscr{O}_Y$ 代数层, 并且是有限型且拟凝聚的. 设 $X = \operatorname{Proj}\mathscr{S}$, 并设 $\mathscr{S}_X = \mathscr{P}roj\ \mathscr{S} = \bigoplus_{n\in\mathbb{Z}} \mathscr{O}_X(n)$. 则 $\mathscr{S}_X$ 是一个周期性的分次 $\mathscr{O}_X$ 代数层 (**II**, 8.14.12), 它的齐次分量 $(\mathscr{S}_X)_n = \mathscr{O}_X(n)$ 都是凝聚 $\mathscr{O}_X$ 模层, 并且如果 $d>0$ 是 $\mathscr{S}_X$ 的一个周期, 则 $(\mathscr{S}_X)_d = \mathscr{O}_X(d)$ 是 Y 丰沛的可逆 $\mathscr{O}_X$ 模层. 进而, 典范同态 $\alpha : \mathscr{S} \to \boldsymbol{\Gamma}_*(\mathscr{S}_X)$ 是一个 **(TN)** 同构.

(ii) 反之, 设 $q : X \to Y$ 是一个射影态射, 并设 $\mathscr{S}'$ 是一个分次 $\mathscr{O}_X$ 代数层, 它的齐次分量 $\mathscr{S}'_n$ $(n\in\mathbb{Z})$ 都是凝聚 $\mathscr{O}_X$ 模层, 并且能找到一个周期 $d>0$, 使得 $\mathscr{S}'_d$ 是 q 丰沛的可逆 $\mathscr{O}_X$ 模层. 于是 $\mathscr{S} = \bigoplus_{n\geqslant 0} q_*\mathscr{S}'_n$ 是有限型且拟凝聚的 $\mathbb{N}$ 分次 $\mathscr{O}_Y$ 代数层, 并且可以找到一个 Y 同构 $r : Y \xrightarrow{\sim} \operatorname{Proj}\mathscr{S}$, 使得 $r^*(\mathscr{P}roj\ \mathscr{S})$ (作为分次 $\mathscr{O}_X$ 代数层) 同构于 $\mathscr{S}'$.

(i) 事实上, 所有的阐言都已经在前面得到了证明, 最后一句话是 (2.3.2) 的特殊情形. $\mathscr{S}_X$ 的周期性缘自 (**II**, 8.14.14), 能够找到周期 $d>0$ 使得 $\mathscr{O}_X(d)$ 是 Y 丰沛的可逆层的事实恰好就是 (**II**, 4.6.18). 最后, 对于 $0\leqslant k<d$, $(\mathscr{S}_X)^{(d,k)}$ 是有限型 $(\mathscr{S}_X)^{(d)}$ 模层 (**II**, 8.14.14), 从而每个 $(\mathscr{S}_X)_n$ 都是有限型拟凝聚 $\mathscr{O}_X$ 模层, 这是基于 (**II**, 2.1.6, (ii)), 因为问题是局部性的. 由于 $\mathscr{O}_X$ 是凝聚的, 从而 $(\mathscr{S}_X)_n$ 也是凝聚的.

(ii) 把周期 d 换成它的一个倍数, 则可以假设 $\mathscr{L} = \mathscr{S}'_d$ 是 q 极丰沛的 $\mathscr{O}_X$ 模层 (**II**, 4.6.11), 进而根据前提条件, 我们有 $\mathscr{S}'^{(d)} = \bigoplus_{n\in\mathbb{Z}} \mathscr{L}^{\otimes n}$, 从而 $\mathscr{S}^{(d)} = \bigoplus_{n\geqslant 0} q_*(\mathscr{L}^{\otimes n})$, 且依照 (**II**, 3.1.8 和 3.2.9), 我们有一个从 $X' = \operatorname{Proj}\mathscr{S}$ 到 $X'' = \operatorname{Proj}\mathscr{S}^{(d)}$ 的 Y 同构 s, 使得 $s^*(\mathscr{O}_{X''}(n)) = \mathscr{O}_{X'}(nd)$. 从而只要我们证明了下面的命题, 也就证明了 Y 同构 $X \xrightarrow{\sim} X'$ 的存在性.

命题 (2.3.4.1) — 设 Y 是一个 *Noether* 概形, $q : X \to Y$ 是一个射影态射, $\mathscr{L}$ 是一个 q 极丰沛的可逆 $\mathscr{O}_X$ 模层. 则 $\mathscr{S} = \bigoplus_{n\geqslant 0} q_*(\mathscr{L}^{\otimes n})$ 是有限型的拟凝聚 $\mathscr{O}_Y$ 代数层, 且对于充分大的 n, 总有 $\mathscr{S}_n = \mathscr{S}_1^n$, 进而我们有一个 Y 同构 $r : X \xrightarrow{\sim} P = \operatorname{Proj}\mathscr{S}$, 使得 $\mathscr{L} = r^*(\mathscr{O}_P(1))$.

由于 q 是射影态射, 故由 (**II**, 5.4.4 和 4.4.7) 知, 我们有一个 Y 同构 $r' : X \xrightarrow{\sim} P' = \operatorname{Proj} \mathscr{T}$, 其中 $\mathscr{T}$ 是一个拟凝聚的 $\mathbb{N}$ 分次 $\mathscr{O}_Y$ 代数层, 由有限型 $\mathscr{O}_Y$ 模层 $\mathscr{T}_1$ 所生成, 并且 $\mathscr{L} = r'^*(\mathscr{O}_{P'}(1))$. 此时 $\mathscr{S} = \bigoplus_{n \geqslant 0} q'_*(\mathscr{O}_{P'}(n))$, 其中 $q' : P' \to X$ 是结构态射, 并且由 (2.3.1) 知, 对于充分大的 n, 典范同态 $\alpha_n : \mathscr{T}_n \to \mathscr{S}_n = q_*(\mathscr{L}^{\otimes n})$ 总是一一的. 由于 $\mathscr{T}_n = \mathscr{T}_1^n$, 故对于充分大的 n, 总有 $\mathscr{S}_n = \mathscr{S}_1^n$. 进而由于分次 $\mathscr{O}_Y$ 代数层的典范同态 $\alpha : \mathscr{T} \to \mathscr{S}$ 是一个 (**TN**) 同构, 故知 $\Phi = \operatorname{Proj} \alpha : \operatorname{Proj} \mathscr{S} \to \operatorname{Proj} \mathscr{T}$ 是一个同构 (**II**, 3.6.1), 并且 $\Phi_*(\widetilde{\mathscr{S}(n)}) = (\mathscr{S}(n))_{[\alpha]}^{\sim}$ (**II**, 3.5.2). 然而分次 $\mathscr{T}$ 模层 $(\mathscr{S}(n))_{[\alpha]}$ 和 $\mathscr{T}(n)$ 是 (**TN**) 同构的, 故对所有 n, 均有 $\Phi_*(\mathscr{O}_P(n)) = \mathscr{O}_{P'}(n)$ (**II**, 3.4.2), 现在只需再证明 $\mathscr{S}$ 是一个有限型 $\mathscr{O}_Y$ 代数层即可. 由 (2.2.1) 知, 每个 $\mathscr{S}_n = q'_*(\mathscr{O}_{P'}(n))$ 都是凝聚$\mathscr{O}_Y$ 模层, 又因为对于 $n \geqslant n_0$, 总有 $\mathscr{S}_1^n = \mathscr{S}_n$, 故知 $\mathscr{S}$ 是由 $\bigoplus_{i \leqslant n_0} \mathscr{S}_i$ 所生成的, 并且是凝聚的, 这就证明了上述阐言 (**I**, 9.6.2).

回到 (2.3.4) 的证明中来, 我们已经证明了能找到一个 Y 同构 $r'' : X \xrightarrow{\sim} X''$, 使得 $r''_*(\mathscr{L}^{\otimes n}) = \mathscr{O}_{X''}(n)$ (对任意 $n \in \mathbb{Z}$). 设 $q'' : X'' \to Y$ 是结构态射. 注意到 $\mathscr{S}'$ 就是这些分次 $\mathscr{S}'^{(d)}$ 模层 $\mathscr{S}'^{(d,k)}$ 的直和, 并且它们都是有限型的拟凝聚 $\mathscr{S}'^{(d)}$ 模层, 这是因为 $\mathscr{S}'$ 是周期的, 并且这些 $\mathscr{S}'_n$ 都是有限型的 $\mathscr{O}_X$ 模层 (**II**, 8.14.12). 令 $\mathscr{F}^{(k)} = r''_*(\mathscr{S}'^{(d,k)})$, 则这些 $\mathscr{F}^{(k)}$ 都是有限型且拟凝聚的分次 $\mathscr{S}_{X''}$ 模层, 从而 (**II**, 8.14.8) 典范同态 $\beta : \mathscr{P}roj\, \mathbf{\Gamma}_*(\mathscr{F}^{(k)}) \to \mathscr{F}^{(k)}$ 是一个 $\mathscr{S}_{X''}$ 模层的同构. 然而 $q''_*((\mathscr{F}^{(k)})_n) = q_*((\mathscr{S}'^{(d,k)})_n)$, 并且对于 $n \geqslant 0$, 后面这个 $\mathscr{O}_Y$ 模层就等于 $(\mathscr{S}^{(d,k)})_n$ (来自定义). 换句话说, 典范含入 $\mathscr{S}^{(d,k)} \to \mathbf{\Gamma}_*(\mathscr{F}^{(k)})$ 是一个 (**TN**) 同构, 从而 (**II**, 3.4.2) $\mathscr{P}roj\, \mathscr{S}^{(d,k)} = \mathscr{P}roj\, \mathbf{\Gamma}_*(\mathscr{F}^{(k)})$, 因而 $r''^*(\mathscr{P}roj\, \mathscr{S}^{(d,k)}) = \mathscr{S}'^{(d,k)}$. 注意到在只差一个典范同构的意义下, $\mathscr{P}roj\, \mathscr{S}^{(d,k)} = s_*((\mathscr{P}roj\, \mathscr{S})^{(d,k)})$ (**II**, 8.14.13.1), 这就证明了 $r^*(\mathscr{P}roj\, \mathscr{S})$ 与 $\mathscr{S}'$ 是同构的. 最后, 由 (2.3.2) 知, 每个 $\mathbf{\Gamma}_*(\mathscr{F}^{(k)})$ 都满足 (**TF**) 条件, 从而每个 $\mathscr{S}^{(d,k)}$ 也满足 (**TF**) 条件. 进而, 由于这些 $\mathscr{S}'_n$ 都是凝聚的, 从而 $\mathscr{S}_n = q_*\mathscr{S}'_n$ 也都是凝聚的 (2.2.1), 由此立知, 这些 $\mathscr{S}^{(d,k)}$ 都是有限型的 $\mathscr{S}^{(d)}$ 模层. 我们在 (2.3.4.1) 中已经看到, $\mathscr{S}^{(d)}$ 是有限型 $\mathscr{O}_Y$ 代数层, 从而 $\mathscr{S}$ 也是有限型 $\mathscr{O}_Y$ 代数层.

命题 (2.3.5) — *设 Y 是一个 Noether 整概形, X 是一个整概形, $f : X \to Y$ 是一个*射影双有理*态射. 则可以找到一个凝聚分式理想层 $\mathscr{J} \subseteq \mathscr{R}(Y)$ (**II**, 8.1.2), 使得 X 与 $\mathscr{J}$ 所产生的暴涨概形是 Y 同构的 (**II**, 8.1.3). 进而, 可以找到 Y 的一个开集 U, 使得 f 在 $f^{-1}(U)$ 上的限制是一个从 $f^{-1}(U)$ 到 U 的同构 (参考 **I**, 6.5.5), 并且使 $\mathscr{J}|_U$ 成为可逆的.*

由于我们有一个 f 极丰沛的可逆 $\mathscr{O}_X$ 模层 $\mathscr{L}$ (**II**, 4.4.2 和 5.3.2), 故可使用 (2.3.4.1), 于是 X 可以等同于 $\operatorname{Proj}\mathscr{S}$, 其中 $\mathscr{S}=\bigoplus_{n\geqslant 0} f_*(\mathscr{L}^{\otimes n})$. 进而这些 $f_*(\mathscr{L}^{\otimes n})$ 都是无挠 $\mathscr{O}_Y$ 模层 (**I**, 7.4.5), 从而 $\mathscr{S}$ 也是无挠 $\mathscr{O}_Y$ 模层, 于是 $\mathscr{S}$ 可以典范等同于 $\mathscr{S}\otimes_{\mathscr{O}_Y}\mathscr{R}(Y)$ 的一个 $\mathscr{O}_Y$ 子模层 (**I**, 7.4.1). 然而 $\mathscr{S}\otimes_{\mathscr{O}_Y}\mathscr{R}(Y)$ 是一个常值层 (**I**, 7.3.6), 从而可被它在任何非空开集上的限制所唯一确定, 例如可以取开集 $U'\subseteq U$ 使得 $\mathscr{L}|_{f^{-1}(U')}$ 同构于 $\mathscr{O}_X|_{f^{-1}(U')}$. 则由前提条件知, 每个 $f_*(\mathscr{L}^{\otimes n})|_{U'}$ 都同构于 $\mathscr{O}_Y|_{U'}$, 从而 $\mathscr{S}\otimes_{\mathscr{O}_Y}\mathscr{R}(Y)$ 是一个同构于 $\mathscr{R}(Y)[T]$ 的 $\mathscr{R}(Y)$ 模层, 其中 T 是未定元, 并且 $\mathscr{S}$ 与那个由 $f_*\mathscr{L}$ 的典范像在 $\mathscr{S}\otimes_{\mathscr{O}_Y}\mathscr{R}(Y)$ 中所生成的 $\mathscr{O}_Y$ 子代数层是 **(TN)** 同构的 (2.3.4.1). 如果把 $\mathscr{S}\otimes_{\mathscr{O}_Y}\mathscr{R}(Y)$ 等同于 $\mathscr{R}(Y)[T]$, 则 $f_*\mathscr{L}$ 的像就可以等同于 $\mathscr{J}.T$, 其中 $\mathscr{J}$ 是 $\mathscr{R}(Y)$ 的一个凝聚 $\mathscr{O}_Y$ 子模层, 并且该子模层在 U' 上的限制同构于 $\mathscr{O}_Y|_{U'}$, 从而 $\mathscr{J}|_U$ 是可逆的. 于是我们看到 $\mathscr{S}$ 与 $\bigoplus_{n\geqslant 0}\mathscr{J}^{\otimes n}$ 是 **(TN)** 同构的, 这就完成了证明.

推论 (2.3.6) — 在 (2.3.5) 的前提条件下, 进而假设对于 $\mathscr{R}(Y)$ 的任何一个凝聚 $\mathscr{O}_Y$ 子模层 $\mathscr{J}\neq 0$, 均可找到一个可逆 $\mathscr{O}_Y$ 模层 $\mathscr{L}$, 使得 $\Gamma(Y,\mathscr{L}\otimes_{\mathscr{O}_Y}\mathscr{H}om(\mathscr{J},\mathscr{O}_Y))\neq 0$, 则在 (2.3.5) 的结论中, 可以取 $\mathscr{J}$ 是 $\mathscr{O}_Y$ 的一个理想层. 如果在 Y 上能找到一个丰沛 $\mathscr{O}_Y$ 模层, 则上述追加条件总是成立的.

事实上, 由 ($\mathbf{0_I}$, 5.4.2) 知

$$\mathscr{L}\otimes\mathscr{H}om(\mathscr{J},\mathscr{O}_Y)=\mathscr{H}om(\mathscr{L}^{-1},\mathscr{H}om(\mathscr{J},\mathscr{O}_Y))=\mathscr{H}om(\mathscr{J}\otimes\mathscr{L}^{-1},\mathscr{O}_Y),$$

从而上述条件表明, 我们有一个非零同态 $u:\mathscr{J}\otimes\mathscr{L}^{-1}\to\mathscr{O}_Y$. 由于对任意 $y\in Y$, $(\mathscr{J}\otimes\mathscr{L}^{-1})_y$ 都可以等同于 $\mathscr{O}_y$ 的分式域 $(\mathscr{R}(Y))_y$ 的一个 $\mathscr{O}_y$ 子模 (**I**, 7.1.5), 故知 u_y 必然是一个单映射, 从而 u 是一个从 $\mathscr{J}\otimes\mathscr{L}^{-1}$ 到 $\mathscr{O}_Y$ 的某个理想层 $\mathscr{J}'$ 的同构. 然而 $\operatorname{Proj}(\bigoplus_{n\geqslant 0}\mathscr{J}^n)$ 与

$$\operatorname{Proj}\Big(\bigoplus_{n\geqslant 0}(\mathscr{J}\otimes\mathscr{L}^{-1})^n\Big)$$

是 Y 同构的 (**II**, 3.1.8), 这就证明了第一句话. 为了证明第二句话, 注意到 $\mathscr{F}=\mathscr{H}om_{\mathscr{O}_Y}(\mathscr{J},\mathscr{O}_Y)$ 是凝聚的, 并且不等于 0, 因为可以找到 Y 的一个开集 U, 使得 $\mathscr{J}|_U$ 成为可逆的. 若 $\mathscr{L}$ 是一个丰沛 $\mathscr{O}_Y$ 模层, 则可以找到正整数 n, 使得 $\mathscr{F}(n)=\mathscr{F}\otimes\mathscr{L}^{\otimes n}$ 可由它的整体截面所生成 (**II**, 4.5.5), 从而 $\Gamma(Y,\mathscr{F}(n))\neq 0$, 这就给出了结论.

推论 (2.3.7) — 设 X 和 Y 是域 k 上的两个射影概形, 并且都是整的, 再设

$f : X \to Y$ 是一个双有理 k 态射. 则 X 可以 k 同构于 Y 沿着某个闭子概形 Y' (未必既约) 的暴涨 Y 概形.

事实上, 由于 f 是射影的 (**II**, 5.5.5, (v)), 并且 Y 在 k 上是射影的, 故知 (2.3.6) 的条件已得到满足, 从而只需取 Y' 就是由推论 (2.3.6) 中的凝聚理想层 $\mathscr{J}$ 所定义的闭子概形即可.

注解 (2.3.8) — 在第四章研究除子的时候, 我们将会看到, 如果在 (2.3.5) 中假设局部环 $\mathscr{O}_y$ $(y \in Y)$ 都是解因子整环 (比如当 Y 正则的时候), 则 X 可以通过让 Y 沿着某个闭子概形 Y' 进行暴涨而得到, 并可要求 Y' 的底空间包含在 $Y \smallsetminus U$ 中.

2.4 基本定理的一个推广

定理 (2.4.1) — 设 Y 是一个 *Noether* 概形, $\mathscr{S}$ 是一个有限型拟凝聚 $\mathscr{O}_Y$ 代数层, $f : X \to Y$ 是一个射影态射, $\mathscr{S}' = f^*\mathscr{S}$, $\mathscr{M}$ 是一个有限型拟凝聚 $\mathscr{S}'$ 模层. 则:

(i) 对任意 $p \in \mathbb{Z}$, $\mathrm{R}^p f_* \mathscr{M}$ 都是有限型 $\mathscr{S}$ 模层.

(ii) 设 $\mathscr{L}$ 是一个 f 丰沛的可逆 $\mathscr{O}_X$ 模层, 并且对每个整数 n, 我们令 $\mathscr{M}(n) = \mathscr{M} \otimes \mathscr{L}^{\otimes n}$. 则可以找到一个整数 N, 使得当 $n \geqslant N$ 时, 对所有 $p > 0$, 均有

(2.4.1.1) $$\mathrm{R}^p f_*(\mathscr{M}(n)) \;=\; 0,$$

并且典范同态 $f^* f_*(\mathscr{M}(n)) \to \mathscr{M}(n)$ ($\mathbf{0_I}$, 4.4.3) 都是满的.

令 $Y' = \operatorname{Spec} \mathscr{S}$, $X' = \operatorname{Spec} \mathscr{S}'$, 从而 $X' = X \times_Y Y'$ (**II**, 1.5.5). 设 $g : Y' \to Y$ 和 $g' : X' \to X$ 是结构态射, 由定义知, 它们都是仿射的, 再设 $f' = f_{(Y')} : X' \to Y'$, 从而我们有一个交换图表

$$\begin{array}{ccc} X & \xleftarrow{\;g'\;} & X' \\ {\scriptstyle f}\downarrow & \swarrow{\scriptstyle h} & \downarrow{\scriptstyle f'} \\ Y & \xleftarrow[\;g\;]{} & Y' \end{array} \quad ,$$

并且态射 f' 是射影的 (**II**, 5.5.5, (iii)), 令 $h = f \circ g' = g \circ f'$.

(i) 设 $\widetilde{\mathscr{M}}$ 是拟凝聚 $\mathscr{S}'$ 模层 $\mathscr{M}$ 的伴生 $\mathscr{O}_{X'}$ 模层, 这里我们是把 X' 看作一个仿射 X 概形 (**II**, 1.4.3), 从而 $\mathscr{M} = g'_*(\widetilde{\mathscr{M}})$. 由于 $\mathscr{M}$ 是有限型 $\mathscr{S}'$ 模层, 故知 $\widetilde{\mathscr{M}}$ 是有限型 $\mathscr{O}_{X'}$ 模层 (**II**, 1.4.5). 现在 h 是有限型的 (因为 g 和 f' 都是有限型的 (**II**, 1.3.7 和 **I**, 6.3.4, (ii))), 故知 X' 是 Noether 的 (**I**, 6.3.7), 从而 $\widetilde{\mathscr{M}}$ 是凝聚

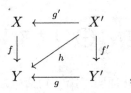

的. 在此基础上, 由于 g' 是仿射的, 故知典范同态 $\mathrm{R}^p f_* \mathscr{M} \to \mathrm{R}^p h_* \widetilde{\mathscr{M}}$ 是一一的 (1.3.4). 进而, 这个同态还是一个 $\mathscr{S}$ 模层同态. 事实上, 典范同态

$$\textbf{(2.4.1.2)} \qquad (g'_* \mathscr{O}_{X'}) \otimes_{\mathscr{O}_X} (g'_* \widetilde{\mathscr{M}}) \longrightarrow g'_* \widetilde{\mathscr{M}}$$

在 $\mathscr{M}$ 上定义了一个 $\mathscr{S}'$ 模层的结构 (因为 $\mathscr{S}' = g'_* \mathscr{O}_{X'}$), 由此可以典范地导出一个同态

$$(f_* g'_* \mathscr{O}_{X'}) \otimes (\mathrm{R}^p f_* g'_* \widetilde{\mathscr{M}}) \longrightarrow \mathrm{R}^p f_* g'_* \widetilde{\mathscr{M}}$$

(**0**, 12.2.2), 又因为 (2.4.1.2) 本身也可以由定义 $\widetilde{\mathscr{M}}$ 的 $\mathscr{O}_{X'}$ 模层结构的同态 $\mathscr{O}_{X'} \otimes \widetilde{\mathscr{M}} \to \widetilde{\mathscr{M}}$ 所导出 (通过 ($\mathbf{0_I}$, 4.2.2.1)), 从而下述图表

$$\begin{array}{ccc} (f_* g'_* \mathscr{O}_{X'}) \otimes (\mathrm{R}^p f_* g'_* \widetilde{\mathscr{M}}) & \longrightarrow & \mathrm{R}^p f_* g'_* \widetilde{\mathscr{M}} \\ \downarrow & & \downarrow \\ (h_* \mathscr{O}_{X'}) \otimes (\mathrm{R}^p h_* \widetilde{\mathscr{M}}) & \longrightarrow & \mathrm{R}^p h_* \widetilde{\mathscr{M}} \end{array}$$

是交换的 (**0**, 12.2.6). 把两个水平箭头与典范同态 $\mathscr{S} \to f_* f^* \mathscr{S} = f_* \mathscr{S}' = f_* g'_* \mathscr{O}_{X'} = h_* \mathscr{O}_{X'}$ 所导出的同态合成, 就得到了我们的阐言. 另一方面, 因为 g 是仿射的, 并且 f' 是拟紧分离的, 故知典范同态 $\mathrm{R}^p h_* \widetilde{\mathscr{M}} \to g_* \mathrm{R}^p f'_* \widetilde{\mathscr{M}}$ 是一一的 (1.4.14), 于是借助与上面相同的方法可知, 它还是 $\mathscr{S}$ 模层的同构 (这一次要使用 (**0**, 12.2.6.2) 的交换性). 现在 f' 是射影的, 并且 $\widetilde{\mathscr{M}}$ 是凝聚的, 从而由 (2.2.1) 知, $\mathrm{R}^p f'_* \widetilde{\mathscr{M}}$ 是凝聚 $\mathscr{O}_{Y'}$ 模层, 因而 $g_* \mathrm{R}^p f'_* \widetilde{\mathscr{M}}$ 是有限型 $\mathscr{S}$ 模层 (**II**, 1.4.5).

(ii) 设 $\mathscr{L}' = g'^* \mathscr{L}$, 它是一个可逆 $\mathscr{O}_{X'}$ 模层, 对任意 $n \in \mathbb{Z}$, 我们都有 $g'_*(\widetilde{\mathscr{M}} \otimes \mathscr{L}'^{\otimes n}) = (g'_* \widetilde{\mathscr{M}}) \otimes (\mathscr{L}^{\otimes n}) = \mathscr{M}(n)$ ($\mathbf{0_I}$, 5.4.10), 只差一个同构, 于是可以把 (i) 中针对 $\widetilde{\mathscr{M}}$ 的论证过程应用到 $\widetilde{\mathscr{M}} \otimes \mathscr{L}'^{\otimes n}$ 上, 这就证明了 $\mathrm{R}^p f_* g'_*(\widetilde{\mathscr{M}} \otimes \mathscr{L}'^{\otimes n})$ 同构于 $g_* \mathrm{R}^p f'_*(\widetilde{\mathscr{M}} \otimes \mathscr{L}'^{\otimes n})$. 现在 $\mathscr{L}'$ 是 f' 丰沛的 (**II**, 4.6.13, (iii)), 从而由 (2.2.1) 知, 可以找到一个整数 N, 使得当 $n \geqslant N$ 时, 对所有 p, 均有 $\mathrm{R}^p f'_*(\widetilde{\mathscr{M}} \otimes \mathscr{L}'^{\otimes n}) = 0$, 这就证明了 (2.4.1.1). 最后, 仍由 (2.2.1) 知, 可以取到这样一个 N, 使得当 $n \geqslant N$ 时, 典范同态 $f'^* f'_*(\widetilde{\mathscr{M}} \otimes \mathscr{L}'^{\otimes n}) \to \widetilde{\mathscr{M}} \otimes \mathscr{L}'^{\otimes n}$ 都是满的. 由于 g'_* 是一个正合函子 (**II**, 1.4.4), 从而对应的同态

$$g'_* f'^* f'_*(\widetilde{\mathscr{M}} \otimes \mathscr{L}'^{\otimes n}) \longrightarrow g'_*(\widetilde{\mathscr{M}} \otimes \mathscr{L}'^{\otimes n}) = \mathscr{M}(n)$$

也是满的. 现在我们有 $g'_* f'^* f'_*(\widetilde{\mathscr{M}} \otimes \mathscr{L}'^{\otimes n}) = f^* g_* f'_*(\widetilde{\mathscr{M}} \otimes \mathscr{L}'^{\otimes n})$ (**II**, 1.5.2), 并且 $g_* \circ f'_* = f_* \circ g'_*$, 从而最终得到

$$g'_* f'^* f'_*(\widetilde{\mathscr{M}} \otimes \mathscr{L}'^{\otimes n}) = f^* f_* g'_*(\widetilde{\mathscr{M}} \otimes \mathscr{L}'^{\otimes n}) = f^* f_*(\mathscr{M}(n)),$$

这就完成了证明.

(2.4.2) 特别地, 我们将把 (2.4.1) 应用到 $\mathscr{S}$ 是$\mathbb{N}$ 分次$\mathscr{O}_Y$ 代数层并且 $\mathscr{M} = \bigoplus_{k\in\mathbb{Z}} \mathscr{M}_k$ 是分次 $\mathscr{S}'$ 模层的情形. 此时 (在关于 $\mathscr{S}$ 和 $\mathscr{M}$ 的有限性条件下) 由 (2.4.1) 可以推出: 对所有 p, $\bigoplus_{k\in\mathbb{Z}} \mathrm{R}^p f_*\mathscr{M}_k$ 都是有限型$\mathscr{S}$ 模层, 并且 (在 (2.4.1, (ii)) 的前提条件下) 可以找到一个整数 N, 使得当 $n \geqslant N$ 时, 对所有 $p > 0$ 和所有$k \in \mathbb{Z}$, 均有 $\mathrm{R}^p f_*(\mathscr{M}_k(n)) = 0$, 并且对所有$k \in \mathbb{Z}$, 典范同态 $f^*f_*(\mathscr{M}_k(n)) \to \mathscr{M}_k(n)$ 都是满的.

2.5 Euler-Poincaré 示性数和 Hilbert 多项式

(2.5.1) 设 A 是一个 *Artin* 环, X 是一个 A 概形, 且在 $Y = \operatorname{Spec} A$ 上是射影的. 对任意凝聚 $\mathscr{O}_X$ 模层 $\mathscr{F}$, A 模 $\mathrm{H}^i(X,\mathscr{F})$ $(i \geqslant 0)$ 都是有限型的 (2.2.1), 从而也都是有限长的, 因为 A 是 Artin 环. 进而, 由 (2.2.1) 还可以推出: 除了有限个 $i \geqslant 0$ 之外, 总有 $\mathrm{H}^i(X,\mathscr{F}) = 0$, 从而对任意凝聚 $\mathscr{O}_X$ 模层 $\mathscr{F}$, 都可以定义出下面的整数

(2.5.1.1)
$$\chi_A(\mathscr{F}) \;=\; \sum_{i=0}^{\infty}(-1)^i \operatorname{long}(\mathrm{H}^i(X,\mathscr{F})).$$

如果 A 是 *Artin* 局部环, 则我们说 $\chi_A(\mathscr{F})$ 是 $\mathscr{F}$ 的 *Euler-Poincaré* 示性数 (相对于环 A). 对于 $\mathscr{F} = \mathscr{O}_X$, 我们把 $\chi_A(\mathscr{O}_X)$ 称为X 的算术亏格 (相对于 A).

命题 (2.5.2) — 设 $0 \to \mathscr{F}' \to \mathscr{F} \to \mathscr{F}'' \to 0$ 是凝聚 $\mathscr{O}_X$ 模层的一个正合序列, 则有

(2.5.2.1)
$$\chi_A(\mathscr{F}) \;=\; \chi_A(\mathscr{F}') + \chi_A(\mathscr{F}'').$$

由于除了有限个之外, $\mathscr{F}$, $\mathscr{F}'$, $\mathscr{F}''$ 的上同调模都是 0, 故可找到正整数 r, 使得上同调长正合序列具有下面的形状

$$\begin{aligned}0 \longrightarrow \mathrm{H}^0(X,\mathscr{F}') \longrightarrow \mathrm{H}^0(X,\mathscr{F}) \longrightarrow \mathrm{H}^0(X,\mathscr{F}'') \longrightarrow \mathrm{H}^1(X,\mathscr{F}') \longrightarrow \cdots\\ \cdots \longrightarrow \mathrm{H}^r(X,\mathscr{F}') \longrightarrow \mathrm{H}^r(X,\mathscr{F}) \longrightarrow \mathrm{H}^r(X,\mathscr{F}'') \longrightarrow 0.\end{aligned}$$

我们知道在一个由有限长的 A 模所组成的正合序列中, 各个模的长度的交错和是 0 (**0**, 11.10.1), 由此立得公式 (2.5.2.1).

注意到 (2.5.2) 的结果在下面的一般条件下就是成立的: X 是一个拟紧分离 A 概形, 并且对任意凝聚 $\mathscr{O}_X$ 模层 $\mathscr{F}$, A 模 $\mathrm{H}^i(X,\mathscr{F})$ 都是有限型的 (1.4.12).

定理 (2.5.3) — 设 A 是一个 *Artin* 局部环, X 是 $Y = \operatorname{Spec} A$ 上的一个射影概形, $\mathscr{L}$ 是一个 Y 极丰沛的可逆 $\mathscr{O}_X$ 模层, $\mathscr{F}$ 是一个凝聚 $\mathscr{O}_X$ 模层. 对每个整数 n, 我们令 $\mathscr{F}(n) = \mathscr{F} \otimes_{\mathscr{O}_X} \mathscr{L}^{\otimes n}$.

(i) 可以找到唯一一个多项式 $P \in \mathbb{Q}[T]$, 使得对任意 $n \in \mathbb{Z}$, 均有 $\chi_A(\mathscr{F}(n)) = P(n)$ (我们把 P 称为 $\mathscr{F}$ 相对于 A 的 *Hilbert* 多项式).

(ii) 对于充分大的 n, 总有 $\chi_A(\mathscr{F}) = \operatorname{long}_A \Gamma(X, \mathscr{F}(n))$.

(iii) 只要 $\mathscr{F} \neq 0$, $\chi_A(\mathscr{F}(n))$ 的最高次项的系数就是正的.

顺便指出, 在第四章讨论维数概念的段落里, 我们还将证明, $\chi_A(\mathscr{F}(n))$ 的次数就等于 $\mathscr{F}$ 的支集的维数.

由于对任意 $i > 0$, 当 n 充分大时总有 $\mathrm{H}^i(X, \mathscr{F}(n)) = 0$ (2.2.1), 故对于充分大的 n, 总有 $\chi_A(\mathscr{F}(n)) = \operatorname{long}\mathrm{H}^0(X, \mathscr{F}(n)) = \operatorname{long}\Gamma(X, \mathscr{F}(n))$, 从而就得到了 (ii). 这也表明当 n 充分大时, 只要 $\mathscr{F} \neq 0$, 就有 $\chi_A(\mathscr{F}(n)) > 0$, 从而 (iii) 可由 (i) 推出. 由于 (i) 中的唯一性是显然的, 故只需证明多项式 P 的存在性即可.

我们首先来说明, 总可以假设 $\mathfrak{m}\mathscr{F} = 0$, 其中 $\mathfrak{m}$ 是 A 的极大理想. 事实上, 对于某个正整数 s 来说, $\mathfrak{m}^s = 0$, 从而 $\mathscr{F}(n)$ 具有一个有限滤解

$$\mathscr{F}(n) \supsetneq \mathfrak{m}\mathscr{F}(n) \supsetneq \cdots \supsetneq \mathfrak{m}^{s-1}\mathscr{F}(n) \supsetneq 0.$$

使用归纳法可由 (2.5.2.1) 推出

$$\chi_A(\mathscr{F}) = \sum_{k=1}^{s} \chi_A\big(\mathfrak{m}^{k-1}\mathscr{F}(n)/\mathfrak{m}^k\mathscr{F}(n)\big),$$

由于 $\mathfrak{m}^{k-1}\mathscr{F}(n)/\mathfrak{m}^k\mathscr{F}(n) = \mathscr{F}_k(n)$, 其中 $\mathscr{F}_k = \mathfrak{m}^{k-1}\mathscr{F}/\mathfrak{m}^k\mathscr{F}$, 这就证明了上述阐言.

下面我们假设 $\mathfrak{m}\mathscr{F} = 0$. 若 X' 是结构态射 $X \to \operatorname{Spec} A$ 下 $\operatorname{Spec} A$ 的唯一闭点在 X 中的逆像闭子概形, 并设 $j : X' \to X$ 是典范含入, 则我们有 $\mathscr{F} = j_*\mathscr{F}'$, 其中 $\mathscr{F}'$ 是一个凝聚 $\mathscr{O}_{X'}$ 模层. 现在 X' 是 $\operatorname{Spec} K$ 上的一个射影概形, 其中 $K = A/\mathfrak{m}$. 若 $\mathscr{L}' = j^*\mathscr{L}$, 则 $\mathscr{L}'$ 是 $\operatorname{Spec} K$ 极丰沛的 (**II**, 4.4.10), 并且 $\mathscr{F}(n) = j_*(\mathscr{F}'(n))$, 其中 $\mathscr{F}'(n) = \mathscr{F}' \otimes_{\mathscr{O}_{X'}} \mathscr{L}'^{\otimes n}$ ($\mathbf{0}_\mathbf{I}$, 5.4.10). 由此得知 $\chi_A(\mathscr{F}(n)) = \chi_K(\mathscr{F}'(n))$ (G, II, 4.9.1), 从而问题归结到了 A 是域的情形.

我们可以把 X 看作某个 $P = \mathbf{P}_A^r$ 的闭子概形 (**II**, 5.5.4, (ii)), 若 $i : X \to P$ 是典范含入, 则由前面的结果知, $\chi_A(\mathscr{F}(n)) = \chi_A(i_*\mathscr{F}(n))$, 从而可以限于考虑 $X = \mathbf{P}_A^r = \operatorname{Proj} S$ 的情形, 这里 $S = A[T_0, \ldots, T_r]$, 并且 A 是一个域.

在此基础上, $\mathscr{F} = \widetilde{M}$, 其中 M 是一个有限型分次 S 模 (**II**, 2.7.8), 因而 M 有一个由有限型自由分次 S 模所组成的有限消解

$$0 \longrightarrow L_q \longrightarrow L_{q-1} \longrightarrow \cdots \longrightarrow L_1 \longrightarrow M \longrightarrow 0,$$

这是基于 Hilbert 合冲定理 (M, VIII, 6.5). 由于 $\widetilde{M}$ 是 M 的正合函子 (**II**, 2.5.4), 故知下面的序列也是正合的

$$0 \longrightarrow \widetilde{L}_q \longrightarrow \widetilde{L}_{q-1} \longrightarrow \cdots \longrightarrow \widetilde{L}_1 \longrightarrow \widetilde{M} \longrightarrow 0.$$

从而对所有 $n \in \mathbb{Z}$, 序列

$$0 \longrightarrow \widetilde{L}_q(n) \longrightarrow \widetilde{L}_{q-1}(n) \longrightarrow \cdots \longrightarrow \widetilde{L}_1(n) \longrightarrow \widetilde{M}(n) \longrightarrow 0$$

都是正合的. 使用命题 (2.5.2) 并对 q 进行归纳, 就可以推出

$$\chi_A(\widetilde{M}(n)) = \sum_{j=1}^{q}(-1)^{j+1}\chi_A(\widetilde{L}_j(n)).$$

于是 (i) 的证明可以归结为 M 是有限型自由分次模的情形, 从而归结到了 $M = S(h)$ 的情形, 其中 $h \in \mathbb{Z}$. 此时 $\widetilde{\mathscr{M}}(n) = (M(n))^{\sim} = (S(n+h))^{\sim}$ (**II**, 2.5.15), 从而定理的结论可由下述引理推出:

引理 (2.5.3.1) — 设 A 是一个域, r 是一个正整数, 并且 $X = \mathbf{P}_A^r$, 则对任意 $n \in \mathbb{Z}$, 我们都有 $\chi_A(\mathscr{O}_X(n)) = \binom{n+r}{r}$.

事实上, 对于 $n \geqslant 0$, 总有 $\chi_A(\mathscr{O}_X(n)) = \operatorname{long}\mathrm{H}^0(X, \mathscr{O}_X(n))$, 并且它就等于这些 T_i 的总次数为 n 的单项式的个数, 也就是说, 等于 $\binom{n+r}{r}$ (2.1.12). 对于 $n \leqslant -r-1$, 同样有 $\chi_A(\mathscr{O}_X(n)) = (-1)^r \operatorname{long}\mathrm{H}^r(X, \mathscr{O}_X(n))$. 若 $n = -r-h$, 则 $\mathrm{H}^r(X, \mathscr{O}_X(n))$ 在 A 上的维数就等于满足 $\sum\limits_{i=0}^{r} p_i = r+h$ 的正整数序列 $(p_i)_{0 \leqslant i \leqslant r}$ 的个数 (2.1.12), 或者说, 就等于满足 $\sum\limits_{i=0}^{r} q_i = h-1$ 的非负整数序列 $(q_i)_{0 \leqslant i \leqslant r}$ 的个数, 从而就是 $\binom{h+r-1}{r} = (-1)^r\binom{n+r}{r}$. 最后, 对于 $-r \leqslant n < 0$, 我们有 $\binom{n+r}{r} = 0$, 而另一方面, 对所有 $i \geqslant 0$, 我们都有 $\mathrm{H}^i(X, \mathscr{O}_X(n)) = 0$ (2.1.12), 这就证明了引理.

推论 (2.5.4) — 设 A 是一个 *Artin* 局部环, S 是一个可由 S_1 生成的有限型 $\mathbb{N}$ 分次 A 代数, M 是一个有限型分次 S 模, $X = \operatorname{Spec} S$. 则对于充分大的 n, 我们都有 $\chi_A(\widetilde{M}(n)) = \operatorname{long} M_n$.

事实上, 当 n 充分大时, M_n 与 $\Gamma(X, \widetilde{M}(n))$ 是同构的 (2.3.1).

2.6 应用: 丰沛性判别法

命题 (2.6.1) — 设 Y 是一个 *Noether* 概形, $f : X \to Y$ 是一个紧合态射, $\mathscr{L}$ 是一个可逆 $\mathscr{O}_X$ 模层. 则以下诸条件是等价的:

a) $\mathscr{L}$ 是 f 丰沛的.

b) 对任意凝聚 $\mathscr{O}_X$ 模层 $\mathscr{F}$, 均可找到一个整数 N, 使得当 $n \geqslant N$ 时, 对所有

$q>0$, 总有 $\mathrm{R}^q f_*(\mathscr{F}\otimes\mathscr{L}^{\otimes n})=0$.

c) 对于 $\mathscr{O}_X$ 的任意凝聚理想层 $\mathscr{J}$, 均可找到一个整数 N, 使得当 $n\geqslant N$ 时, 总有 $\mathrm{R}^1 f_*(\mathscr{J}\otimes\mathscr{L}^{\otimes n})=0$.

我们已经知道 a) 蕴涵 b) (2.2.1, (ii)). b) 蕴涵 c) 是显然的, 故只需再证明 c) 蕴涵 a) 即可. 可以限于考虑 Y 是仿射概形的情形 (**II**, 4.6.4), 并且只需证明 $\mathscr{L}$ 是丰沛的. 这归结为证明当 h 跑遍各个 $\mathscr{L}^{\otimes n}$ $(n>0)$ 的整体截面的集合时, 这些 X_h 中的仿射开集构成 X 的一个开覆盖 (**II**, 4.5.2). 为此只需证明对于 X 的任意闭点 x 和它的任意仿射开邻域 U, 均可找到正整数 n 和截面 $h\in\Gamma(X,\mathscr{L}^{\otimes n})$, 使得 $x\in X_h\subseteq U$ 即可, 因为这样的 X_h 必然都是仿射的 (**I**, 1.3.6), 而且它们的并集是 X 的一个开集, 还包含了 X 的所有闭点, 从而就是 X 自身, 因为 X 是 Noether 的 (**I**, 6.3.7 和 $\mathbf{0_I}$, 2.1.3). 设 $\mathscr{J}$ (切转: $\mathscr{J}'$) 是 $\mathscr{O}_X$ 的这样一个拟凝聚理想层, 即它所定义的既约闭子概形以 $X\smallsetminus U$ (切转: $(X\smallsetminus U)\cup\{x\}$) 为底空间 (**I**, 5.2.1), 则易见 $\mathscr{J}$ 和 $\mathscr{J}'$ 都是凝聚的 (**I**, 6.1.1), $\mathscr{J}'\subseteq\mathscr{J}$, 并且 $\mathscr{J}''=\mathscr{J}/\mathscr{J}'$ 是一个凝聚 $\mathscr{O}_X$ 模层 ($\mathbf{0_I}$, 5.3.3), 支集为 $\{x\}$, 进而 $\mathscr{J}''_x=\boldsymbol{k}(x)$. 由于 $\mathscr{L}$ 是局部自由的, 从而对所有整数 n, 序列 $0\to\mathscr{J}'\otimes\mathscr{L}^{\otimes n}\to\mathscr{J}\otimes\mathscr{L}^{\otimes n}\to\mathscr{J}''\otimes\mathscr{L}^{\otimes n}\to 0$ 都是正合的, 且由前提条件知, 可以找到充分大的 n, 使得 $\mathrm{H}^1(X,\mathscr{J}'\otimes\mathscr{L}^{\otimes n})=0$, 故由上同调的正合序列知, 同态 $\Gamma(X,\mathscr{J}\otimes\mathscr{L}^{\otimes n})\to\Gamma(X,\mathscr{J}''\otimes\mathscr{L}^{\otimes n})$ 是满的. 从而 $\mathscr{J}''\otimes\mathscr{L}^{\otimes n}$ 的任何满足 $g(x)\neq 0$ 的整体截面 g 都是某个截面 $h\in\Gamma(X,\mathscr{J}\otimes\mathscr{L}^{\otimes n})\subseteq\Gamma(X,\mathscr{L}^{\otimes n})$ 的像 (因为依照 ($\mathbf{0_I}$, 5.4.1), $\mathscr{J}\otimes\mathscr{L}^{\otimes n}$ 是 $\mathscr{L}^{\otimes n}$ 的一个 $\mathscr{O}_X$ 子模层). 根据定义, $h(x)\neq 0$, 并且对于 $z\notin U$, 总有 $h(z)=0$, 这就完成了证明.

命题 (2.6.2) — *设 Y 是一个 Noether 概形, $f:X\to Y$ 是一个有限型态射, $g:X'\to X$ 是一个有限映满态射, $\mathscr{L}$ 是一个可逆 $\mathscr{O}_X$ 模层, 并且 $\mathscr{L}'=g^*\mathscr{L}$. 再假设下面这个条件得到满足: 可以找到 X 的一个子集 Z, 它在 Y 上是紧合的 (**II**, 5.4.10), 并且对任意 $x\in X\smallsetminus Z$, 要么 X 在点 x 处是正规的, 要么 $(g_*\mathscr{O}_{X'})_x$ 是自由 $\mathscr{O}_x$ 模. 则为了使 $\mathscr{L}$ 是 f 丰沛的, 必须且只需 $\mathscr{L}'$ 是 $f\circ g$ 丰沛的.*

(2.6.2.1) 因为 g 是仿射的, 故知条件是必要的 (**II**, 5.1.12). 为了证明条件的充分性, 可以假设 Y 是仿射的 (**II**, 4.6.4). 进而我们可以限于考虑 X 是既约概形的情形. 事实上, 设 $j:X_{\mathrm{red}}\to X$ 是典范含入, 并设 $X_1=X_{\mathrm{red}}$, $X'_1=X'\otimes_X X_1$, 则我们有一个交换图表

(2.6.2.2)
$$\begin{array}{ccc} X' & \xleftarrow{\;j'\;} & X'_1 \\ {\scriptstyle g}\big\downarrow & & \big\downarrow{\scriptstyle g_1} \\ X & \xleftarrow[\;j\;]{} & X_1 \end{array}\ .$$

此时态射 $f\circ j$ 是有限型的 (**I**, 6.3.4), 并且 g_1 是有限态射 (**II**, 6.1.5, (iii)). 若 $\mathscr{L}'$ 是 $f\circ g$ 丰沛的, 则 $j'^*\mathscr{L}'$ 是 $f\circ g\circ j'$ 丰沛的, 因为 j' 是闭浸入 (**II**, 5.1.12 和 **I**, 4.3.2). 令 $Z_1=j^{-1}(Z)$, 则 Z_1 在 Y 上是紧合的 (**II**, 5.4.10), 另一方面, 若 X 在点 x 处是正规的, 则易见 X_{red} 在该点处也是正规的, 而若 $(g_*\mathscr{O}_{X'})_x$ 是自由 $\mathscr{O}_x$ 模, 则由 (**II**, 1.5.2) 立知, $((g_1)_*(\mathscr{O}'_{X_1}))_x$ 是自由 $\mathscr{O}_{X_1,x}$ 模. 最后, 由于 X 是 Noether 的 (**I**, 6.3.7), 因而如果 $j_*\mathscr{L}$ 是丰沛的, 则 $\mathscr{L}$ 也是丰沛的 (**II**, 4.5.14), 且由于 $j'^*\mathscr{L}'=g_1^*j^*\mathscr{L}$, 这就证明了上述阐言. 从现在起, 我们将假设 Y 是仿射的, 并且X 是既约的.

此时 (**II**, 6.6.11) 的条件是成立的, 故可找到一个既约 Y 概形 X_2 和一个 Y 态射 $h: X_2\to X$, 满足下面的条件: 态射 h 是有限且双有理的, 它在 $h^{-1}(X\smallsetminus Z)$ 上的限制是一个映到 $X\smallsetminus Z$ 的同构, 并且 $h^*\mathscr{L}$ 是丰沛的. 于是若把 X' 换成 X_2, 则问题归结为证明命题的这样一个特殊情形, 即 g 具有我们刚才针对 h 所说的那些性质的情形. 取 X 的一个以 Z 为底空间的子概形, 把它仍记为 Z, 则它在 Y 上是紧合的 (**II**, 5.4.10).

(2.6.2.3) 现在设 X_1 是 X 的一个闭子概形, $j: X_1\to X$ 是典范含入, $X_1'=g^{-1}(X_1)=X'\times_X X_1$ 是它的逆像, $j': X_1'\to X'$ 是典范含入, 从而可以得到交换图表 (2.6.2.2). 令 $\mathscr{L}_1=j^*\mathscr{L}$, $\mathscr{L}_1'=j'^*\mathscr{L}'=g_1^*\mathscr{L}_1$, 则 $\mathscr{L}_1'$ 相对于 $f\circ g\circ j'$ 是丰沛的 (**II**, 5.1.12), 再令 $Z_1=j^{-1}(Z)$, 则 X_1 的闭子概形 Z_1 在 Y 上是紧合的 (**II**, 5.4.2, (ii)). 换句话说, (2.6.2) 中的条件对于 $X_1,\mathscr{L}_1,g_1$ 和 Z_1 是成立的.

这就使我们能够使用 *Noether* 归纳法来证明 (2.6.2) 的一个特殊情形, 即要求 g 在 $g^{-1}(X\smallsetminus Z)$ 上的限制是一个 (映到 $X\smallsetminus Z$ 的) 同构 (这对于我们来说就足够了, 原因在 (2.6.2.2) 的下边已经说过). 于是只需证明, 若对于 X 的任何一个底空间不是整个 X 的闭子概形 X_1 来说, (2.6.2) 的结论对于层 $\mathscr{L}_1$ 都是成立的, 则 (2.6.2) 对于层 $\mathscr{L}$ 也是成立的.

(2.6.2.4) 现在设 $\mathscr{A}=\mathscr{O}_X,\mathscr{B}=g_*\mathscr{O}_X$, 则 $\mathscr{B}$ 是 $\mathscr{R}(X)$ 的一个 $\mathscr{A}$ 子代数层, 并且是凝聚 $\mathscr{A}$ 模层, 进而, $\mathscr{B}|_{(X\smallsetminus Z)}$ 就等于 $\mathscr{A}|_{(X\smallsetminus Z)}$. 设 $\mathscr{K}$ 是 $\mathscr{B}$ 在 $\mathscr{A}$ 中的导子, 也就是说, 它是 $\mathscr{A}$ 的那个满足 $\mathscr{B}.\mathscr{K}\subseteq\mathscr{A}$ 的最大 $\mathscr{A}$ 子模层 (或者说, 它是 $\mathscr{A}$ 模层 $\mathscr{B}/\mathscr{A}$ 的零化子), 这表明 $\mathscr{B}.\mathscr{K}=\mathscr{K}$. 如果点 x 具有这样一个邻域 W_x, 它使得 g 在 $g^{-1}(W_x)$ 上的限制是一个映到 W_x 的同构, 则易见 $\mathscr{K}_x=\mathscr{A}_x$, 特别地, 这个等式对于 $X\smallsetminus Z$ 中的所有点来说都是成立的, 并且在 X 的任何不可约分支的一般点的某邻域上也是成立的. 现在设 $Z_1=\mathrm{Spec}\,(\mathscr{A}/\mathscr{K})$ 是 X 的由 $\mathscr{K}$ 所定义的闭子概形, 则 Z_1 在 Y 上也是紧合的, 因为 Z_1 是 Z 的闭子空间 (**II**, 5.4.10). 进而, 由 $\mathscr{K}$ 的定义知, $\mathscr{B}|_{(X\smallsetminus Z_1)}=\mathscr{A}|_{(X\smallsetminus Z_1)}$, 从而可以限于考虑 $Z=\mathrm{Spec}\,(\mathscr{A}/\mathscr{K})$

的情形, 又因为 $X \smallsetminus Z_1$ 是 X 的一个非空开集, 因而我们总可以假设 Z 的底空间不是整个 X.

(2.6.2.5) 把 X' 写成 $\operatorname{Spec}\mathscr{B}$ 的形状 (因为 g 是仿射的), 并设 $\mathscr{K}'=\widetilde{\mathscr{K}}$, 则它是 $\mathscr{O}_{X'}$ 的一个凝聚理想层, 且满足 $g_*\mathscr{K}'=\mathscr{K}$ (**II**, 1.4.1), 此时 X' 的由 $\mathscr{K}'$ 所定义的闭子概形 $Z'=g^{-1}(Z)=Z\times_X X'$ 就等于 $\operatorname{Spec}(\mathscr{B}/\mathscr{K})$ (**II**, 1.4.10). 由于 $h: Z'\to Z$ 是一个有限态射 (**II**, 6.1.5, (iii)), 故知 Z' 在 Y 上是紧合的 (**II**, 6.1.11 和 5.4.2, (ii)).

在此基础上, 我们要证明, 对任意 $x\in X$ 和 x 的任意开邻域 U, 均可找到某个 $\mathscr{L}^{\otimes n}$ $(n>0)$ 的一个整体截面 s, 使得 $x\in X_s\subseteq U$ (**II**, 4.5.2). 分为两种情形:

1° $x\in X\smallsetminus Z$. 此时显然还可以假设 $U\subseteq X\smallsetminus Z$, 从而开集 $U'=g^{-1}(U)$ 与 Z' 不相交. 由于 $\mathscr{L}'$ 是丰沛的, 故可找到一个正整数 n 和 $\mathscr{L}'^{\otimes n}$ 在 X' 上的一个截面 s', 使得 $x'=g^{-1}(x)\in X'_{s'}\subseteq g^{-1}(U)$ (**II**, 4.5.2). 进而, 可以假设 $\mathscr{K}'\otimes\mathscr{L}'^{\otimes n}$ 是由它在 X' 上的截面所生成的 (**II**, 4.5.5), 从而由 $\mathscr{K}'_{x'}=\mathscr{O}_{x'}$ 知, 我们能找到 $\mathscr{K}'\otimes\mathscr{L}'^{\otimes n}$ 在 X' 上的一个截面 s'', 满足 $s''(x')\neq 0$, 把它与 s' 相乘 (这相当于把 n 换成 $2n$), 从而又可以假设 $x'\in X'_{s''}\subseteq g^{-1}(U)$. 在此基础上, 由 ($\mathbf{0_I}$, 5.4.10) 知, 我们有一个典范同构

$$\Gamma(X,\mathscr{K}\otimes\mathscr{L}^{\otimes n}) \xrightarrow{\sim} \Gamma(X',\mathscr{K}'\otimes\mathscr{L}'^{\otimes n}).$$

s'' 在这个同构下所对应的那个 $\mathscr{K}\otimes\mathscr{L}^{\otimes n}$ 的截面 s 显然就具有所需要的性质.

2° $x\in Z$. 设 $\mathscr{J}$ 是 $\mathscr{O}_X$ 的这样一个凝聚理想层, 即它所定义的那个既约闭子概形的底空间就是 $X\smallsetminus U$, 在 $\mathscr{B}$ 中考虑凝聚理想层 $\mathscr{J}\mathscr{B}$ 和 $\mathscr{J}\mathscr{K}=\mathscr{J}(\mathscr{K}\mathscr{B})=\mathscr{K}(\mathscr{J}\mathscr{B})$, 则我们有包含关系的图表

$$\begin{array}{ccc} \mathscr{J}\mathscr{B} & \hookrightarrow & \mathscr{B} \\ \uparrow & & \uparrow \\ \mathscr{J} & \hookrightarrow & \mathscr{A} \\ \uparrow & & \uparrow \\ \mathscr{J}\mathscr{K}\mathscr{B}=\mathscr{J}\mathscr{K} & \hookrightarrow & \mathscr{K} \end{array} \qquad (2.6.2.6)$$

设 $\mathscr{J}'$ 是 $\mathscr{O}_{X'}$ 的凝聚理想层 $(\mathscr{J}\mathscr{B})^{\sim}$, 则有 $\mathscr{J}\mathscr{B} = g_*\mathscr{J}'$, $\mathscr{J}'\mathscr{K}' = (\mathscr{J}\mathscr{K}\mathscr{B})^{\sim}$, 从而 $\mathscr{J}'/\mathscr{J}'\mathscr{K}' = (\mathscr{J}\mathscr{B}/\mathscr{J}\mathscr{K}\mathscr{B})^{\sim}$ (**II**, 1.4.4). 由于对任何与 Z 不相交的开集 V, 我们都有 $\mathscr{J}|_V = \mathscr{J}\mathscr{K}|_V$, 因而 $\mathscr{J}'/\mathscr{J}'\mathscr{K}'$ 的支集包含在 Z' 中. 由于 Z' 在 Y 上是紧合的, 故我们可以应用 (2.2.4), 从而对于充分大的 n, 典范映射

$$\Gamma(X', \mathscr{J}' \otimes \mathscr{L}'^{\otimes n}) \longrightarrow \Gamma(X', (\mathscr{J}'/\mathscr{J}'\mathscr{K}') \otimes \mathscr{L}'^{\otimes n})$$

都是满的.

依照 ($\mathbf{0_I}$, 5.4.10), 由此就可以推出典范映射

$$\Gamma(X, \mathscr{J}\mathscr{B} \otimes \mathscr{L}^{\otimes n}) \longrightarrow \Gamma(X, (\mathscr{J}\mathscr{B}/\mathscr{J}\mathscr{K}\mathscr{B}) \otimes \mathscr{L}^{\otimes n})$$

都是满的.

在此基础上, 设 $i : Z \to X$ 和 $i' : Z' \to X'$ 都是典范含入, 则我们有交换图表

$$\begin{array}{ccc} X' & \xleftarrow{\ i'\ } & Z' \\ {\scriptstyle g}\big\downarrow & & \big\downarrow{\scriptstyle h} \\ X & \xleftarrow[\ i\ ]{} & Z \end{array} .$$

设 $\mathscr{M} = i^*\mathscr{L}$, $\mathscr{M}' = i'^*\mathscr{L}'$, 由于 $\mathscr{L}'$ 是丰沛的, 故知 $\mathscr{M}'$ 也是丰沛的 (**II**, 5.1.12), 另一方面, $\mathscr{M}' = h^*\mathscr{M}$, 从而由 Noether 归纳假设可以推出 $\mathscr{M}$ 是丰沛的 (因为 $Z \neq X$). 因而对于充分大的 n 来说, $i^*(\mathscr{J}/\mathscr{J}\mathscr{K}) \otimes \mathscr{M}^{\otimes n}$ 总可由它在 Z 上的截面所生成 (**II**, 4.5.5). 由于 $\mathscr{J}/\mathscr{J}\mathscr{K} = i_*i^*(\mathscr{J}/\mathscr{J}\mathscr{K})$, 故由 ($\mathbf{0_I}$, 5.4.10) 又能推出, (对于某个充分大的 n) 可以找到 $(\mathscr{J}/\mathscr{J}\mathscr{K}) \otimes \mathscr{L}^{\otimes n}$ 的一个整体截面 s, 满足 $s(x) \neq 0$, 因为我们有 $\mathscr{J}_x = \mathscr{A}_x$ (根据 $\mathscr{J}$ 的定义) 和 $\mathscr{K}_x \neq \mathscr{A}_x$ (根据前提条件). 现在图表 (2.6.2.6) 表明, s 也是 $(\mathscr{J}\mathscr{B}/\mathscr{J}\mathscr{K}\mathscr{B}) \otimes \mathscr{L}^{\otimes n}$ 的一个整体截面, 从而 s 是 $(\mathscr{J}\mathscr{B}) \otimes \mathscr{L}^{\otimes n}$ 的某个整体截面 t 的逆像. 然而由定义知, t 模 $(\mathscr{J}\mathscr{K}\mathscr{B}) \otimes \mathscr{L}^{\otimes n}$ 后的典范像 s 落在 $(\mathscr{J} \otimes \mathscr{L}^{\otimes n})/(\mathscr{J}\mathscr{K}\mathscr{B} \otimes \mathscr{L}^{\otimes n})$ 中, 从而依照 (2.6.2.6), 这意味着 t 是 $\mathscr{J} \otimes \mathscr{L}^{\otimes n}$ 的一个整体截面, 自然也是 $\mathscr{L}^{\otimes n}$ 的一个截面. 由上面所述知, $t(x) \neq 0$, 从而 $x \in X_t$, 再由 $\mathscr{J}$ 的定义知, 在 $X \smallsetminus U$ 上, 也就是说在 $\mathscr{O}_X/\mathscr{J}$ 的支集上, 我们总有 $t(y) = 0$, 从而 $X_t \subseteq U$, 这就完成了证明.

注解 (2.6.3) — 如果 X 在 Y 上是紧合的, 则 (2.6.2) 的证明可以更简单, 只要采用与 Chevalley 定理 (**II**, 6.7.1) 相同的论证方法, 并借助 (2.6.1) 和引理 (**II**, 6.7.1.1) 即可.

§3. 紧合态射的有限性定理

3.1 拆解引理

定义 (3.1.1) — 设 $\boldsymbol{K}$ 是一个 *Abel* 范畴. 所谓 $\boldsymbol{K}$ 中对象的一个子集 $\boldsymbol{K}'$ 是正合的，是指 $0 \in \boldsymbol{K}'$, 并且对于 $\boldsymbol{K}$ 中的任何一个正合序列 $0 \to A' \to A \to A'' \to 0$, 只要 A', A, A'' 中有两个对象落在 $\boldsymbol{K}'$ 中, 第三个对象就也落在 $\boldsymbol{K}'$ 中.

定理 (3.1.2) — 设 X 是一个 *Noether* 概形, 我们用 $\boldsymbol{K}$ 来记由全体凝聚 $\mathscr{O}_X$ 模层所构成的 *Abel* 范畴. 设 $\boldsymbol{K}'$ 是 $\boldsymbol{K}$ 的一个正合子集, X' 是 X 的底空间的一个闭子集. 假设对于 X' 的任何一个不可约闭子集 Y, 以及它的一般点 y, 均可找到一个 $\mathscr{O}_Y$ 模层 $\mathscr{G} \in \boldsymbol{K}'$ (这里把 Y 看成 X 的既约闭子概形), 它满足下面的条件: $\mathscr{G}_y$ 是 $\boldsymbol{k}(y)$ 上的 1 维向量空间. 则任何一个支集包含在 X' 中的凝聚 $\mathscr{O}_X$ 模层都落在 $\boldsymbol{K}'$ 中 (特别地, 如果 $X' = X$, 则我们有 $\boldsymbol{K}' = \boldsymbol{K}$).

考虑下面这个关于 X' 的闭子集 Y 的性质 $\boldsymbol{P}(Y)$: 任何支集包含在 Y 中的凝聚 $\mathscr{O}_X$ 模层都落在 $\boldsymbol{K}'$ 中. 根据 Noether 归纳法 ($\mathbf{0}_{\mathbf{I}}$, 2.2.2), 我们只需证明, 若 Y 是 X' 的一个闭子集, 并且对于 Y 的任意真闭子集 Y', $\boldsymbol{P}(Y')$ 都成立, 则 $\boldsymbol{P}(Y)$ 成立.

不妨设 $\mathscr{F} \in \boldsymbol{K}$ 的支集就等于 Y, 我们来证明 $\mathscr{F} \in \boldsymbol{K}'$. 仍以 Y 来记 X 的那个以 Y 为底空间的既约闭子概形 (**I**, 5.2.1), 它对应着 $\mathscr{O}_X$ 的一个凝聚理想层 $\mathscr{J}$. 由 (**I**, 9.3.4) 知, 可以找到一个正整数 n, 使得 $\mathscr{J}^n\mathscr{F} = 0$. 对于 $1 \leqslant k \leqslant n$, 我们有凝聚 $\mathscr{O}_X$ 模层的正合序列

$$0 \longrightarrow \mathscr{J}^{k-1}\mathscr{F}/\mathscr{J}^k\mathscr{F} \longrightarrow \mathscr{F}/\mathscr{J}^k\mathscr{F} \longrightarrow \mathscr{F}/\mathscr{J}^{k-1}\mathscr{F} \longrightarrow 0$$

($\mathbf{0}_{\mathbf{I}}$, 5.3.6 和 5.3.3). 由于 $\boldsymbol{K}'$ 是正合的, 故通过对 k 进行归纳时, 我们只需证明每个 $\mathscr{F}_k = \mathscr{J}^{k-1}\mathscr{F}/\mathscr{J}^k\mathscr{F}$ 都落在 $\boldsymbol{K}'$ 中即可. 从而归结为在 $\mathscr{J}\mathscr{F} = 0$ 的辅助条件下来证明 $\mathscr{F} \in \boldsymbol{K}'$. 这也相当于假设 $\mathscr{F} = j_*j^*\mathscr{F}$, 其中 j 是典范含入 $Y \to X$. 分为两种情形:

a) Y 是可约的. 设 $Y = Y' \cup Y''$, 其中 Y' 和 Y'' 是 Y 的两个真闭子集, 并且我们仍然用 Y' 和 Y'' 来表示 X 的分别以 Y', Y'' 为底空间的既约闭子概形, 并设它们是由 $\mathscr{O}_X$ 的凝聚理想层 $\mathscr{J}'$ 和 $\mathscr{J}''$ 所定义的. 令 $\mathscr{F}' = \mathscr{F} \otimes_{\mathscr{O}_X} (\mathscr{O}_X/\mathscr{J}')$, $\mathscr{F}'' = \mathscr{F} \otimes_{\mathscr{O}_X} (\mathscr{O}_X/\mathscr{J}'')$, 则典范同态 $\mathscr{F} \to \mathscr{F}'$, $\mathscr{F} \to \mathscr{F}''$ 定义了一个同态 $u : \mathscr{F} \to \mathscr{F}' \oplus \mathscr{F}''$. 我们来证明, 对任意 $z \notin Y' \cap Y''$, 同态 $u_z : \mathscr{F}_z \to \mathscr{F}'_z \oplus \mathscr{F}''_z$ 都是一一的. 事实上, 我们有 $\mathscr{J}' \cap \mathscr{J}'' = \mathscr{J}$, 因为问题是局部性的, 故这个等式缘自 (**I**, 5.2.1 和 1.1.5). 如果 $z \notin Y''$, 则有 $\mathscr{J}'_z = \mathscr{J}_z$, 从而 $\mathscr{F}'_z = \mathscr{F}_z$ 且 $\mathscr{F}''_z = 0$, 这就证

明了此情形下的结论, 同理可以证明 $z \notin Y'$ 时的结论. 因而 u 的核及余核 (它们都落在 $\boldsymbol{K}$ 中 ($\mathbf{0_I}$, 5.3.4)) 的支集都包含在 $Y' \cap Y''$ 中, 从而两者都落在 $\boldsymbol{K}'$ 中 (根据归纳假设). 基于同样的理由, $\mathscr{F}'$ 和 $\mathscr{F}''$ 也都落在 $\boldsymbol{K}'$ 中, 从而 $\mathscr{F}' \oplus \mathscr{F}''$ 落在 $\boldsymbol{K}'$ 中, 因为 $\boldsymbol{K}'$ 是正合的. 这样一来, 由下面两个正合序列

$$0 \longrightarrow \operatorname{Im} u \longrightarrow \mathscr{F}' \oplus \mathscr{F}'' \longrightarrow \operatorname{Coker} u \longrightarrow 0,$$
$$0 \longrightarrow \operatorname{Ker} u \longrightarrow \mathscr{F} \longrightarrow \operatorname{Im} u \longrightarrow 0$$

以及 $\boldsymbol{K}'$ 是正合的这个条件就可以推出 $\mathscr{F}$ 落在 $\boldsymbol{K}'$ 中.

b) Y 是不可约的, 因而 X 的子概形 Y 是整的. 设 y 是它的一般点, 则有 $(\mathscr{O}_Y)_y = \boldsymbol{k}(y)$, 并且由于 $j^*\mathscr{F}$ 是一个凝聚 $\mathscr{O}_Y$ 模层, 故知 $\mathscr{F}_y = (j^*\mathscr{F})_y$ 是有限维的 $\boldsymbol{k}(y)$ 向量空间, 设它的维数是 m. 根据前提条件, 可以找到一个凝聚 $\mathscr{O}_Y$ 模层 $\mathscr{G} \in \boldsymbol{K}'$, 使得 $\mathscr{G}_y$ 是 $\boldsymbol{k}(y)$ 上的 1 维向量空间 ($\mathscr{G}$ 的支集必然等于 Y). 因而我们有一个 $\boldsymbol{k}(y)$ 同构 $(\mathscr{G}_y)^m \xrightarrow{\sim} \mathscr{F}_y$, 它也是一个 $\mathscr{O}_Y$ 同构, 并且由于 $\mathscr{G}^m$ 和 $\mathscr{F}$ 都是凝聚的, 故可找到 y 在 X 中的一个开邻域 W 和一个同构 $\mathscr{G}^m|_W \xrightarrow{\sim} \mathscr{F}|_W$ ($\mathbf{0_I}$, 5.2.7). 设 $\mathscr{H}$ 是这个同构的图像, 它是 $(\mathscr{G}^m \oplus \mathscr{F})|_W$ 的一个凝聚 $\mathscr{O}_X|_W$ 子模层, 并且典范同构于 $\mathscr{G}^m|_W$ 和 $\mathscr{F}|_W$, 从而可以找到 $\mathscr{G}^m \oplus \mathscr{F}$ 的一个凝聚 $\mathscr{O}_X$ 子模层 $\mathscr{H}_0$, 它在 W 上的稼入层是 $\mathscr{H}$, 并且在 $X \smallsetminus Y$ 上等于 0, 这是因为 $\mathscr{G}^m$ 和 $\mathscr{F}$ 的支集都等于 Y (**I**, 9.4.7). 此时 $\mathscr{G}^m \oplus \mathscr{F}$ 的两个典范投影的限制 $v : \mathscr{H}_0 \to \mathscr{G}^m$ 和 $w : \mathscr{H}_0 \to \mathscr{F}$ 都是凝聚 $\mathscr{O}_X$ 模层之间的同态, 并且在 W 和 $X \smallsetminus Y$ 上都是同构, 换句话说, v 和 w 的核及余核的支集都包含在 Y 的真闭子集 $Y \smallsetminus (Y \cap W)$ 之中, 从而这两个核及余核都落在 $\boldsymbol{K}'$ 中. 另一方面, $\mathscr{G}^m \in \boldsymbol{K}'$, 因为 $\mathscr{G} \in \boldsymbol{K}'$, 并且 $\boldsymbol{K}'$ 是正合的. 于是根据 $\boldsymbol{K}'$ 的正合性就可以首先推出 $\mathscr{H}_0 \in \boldsymbol{K}'$, 进而推出 $\mathscr{F} \in \boldsymbol{K}'$. 证明完毕.

推论 (3.1.3) — 假设 $\boldsymbol{K}$ 的这个正合子集 $\boldsymbol{K}'$ 还具有下面的性质: 任何一个凝聚 $\mathscr{O}_X$ 模层 $\mathscr{M} \in \boldsymbol{K}'$ 的任何凝聚直和因子都仍然落在 $\boldsymbol{K}'$ 中. 则 (3.1.2) 中的条件 "$\mathscr{G}_y$ 是 $\boldsymbol{k}(y)$ 上的 1 维向量空间" 可以换成条件 "$\mathscr{G}_y \neq 0$" (这也等价于 $\operatorname{Supp} \mathscr{G} = Y$).

事实上, 在 (3.1.2) 的证明中, 只有情形 b) 需要修改, 此时 $\mathscr{G}_y$ 是一个维数为 $q > 0$ 的 $\boldsymbol{k}(y)$ 向量空间, 因而我们有一个 $\mathscr{O}_Y$ 同构 $(\mathscr{G}_y)^m \xrightarrow{\sim} (\mathscr{F}_y)^q$, 从而 (3.1.2) 的证明方法可以给出 $\mathscr{F}^q \in \boldsymbol{K}'$, 再利用上面关于 $\boldsymbol{K}'$ 的附加条件, 就可以推出 $\mathscr{F} \in \boldsymbol{K}'$.

3.2 有限性定理: 通常概形的情形

定理 (3.2.1) — 设 Y 是一个局部 *Noether* 概形, $f : X \to Y$ 是一个紧合态

射. 则对任意凝聚 $\mathscr{O}_X$ 模层 $\mathscr{F}$ 和任意整数 $q \geqslant 0$, $\mathscr{O}_Y$ 模层 $\mathrm{R}^q f_* \mathscr{F}$ 都是凝聚的.

问题在 Y 上是局部性的, 故可假设 Y 是 Noether 的, 从而 X 也是 Noether 的 (**I**, 6.3.7). 此时满足定理 (3.2.1) 结论的那些凝聚 $\mathscr{O}_X$ 模层 $\mathscr{F}$ 就构成了凝聚 $\mathscr{O}_X$ 模层范畴 $\boldsymbol{K}$ 中的一个正合子集. 事实上, 若 $0 \to \mathscr{F}' \to \mathscr{F} \to \mathscr{F}'' \to 0$ 是凝聚 $\mathscr{O}_X$ 模层的一个正合序列, 比如假设 $\mathscr{F}'$ 和 $\mathscr{F}''$ 都落在 $\boldsymbol{K}'$ 中, 则我们有上同调的正合序列

$$\mathrm{R}^{q-1} f_* \mathscr{F}'' \xrightarrow{\partial} \mathrm{R}^q f_* \mathscr{F}' \longrightarrow \mathrm{R}^q f_* \mathscr{F} \longrightarrow \mathrm{R}^q f_* \mathscr{F}'' \xrightarrow{\partial} \mathrm{R}^{q+1} f_* \mathscr{F}'.$$

且由前提条件知, 两边的四项都是凝聚的, 从而中间这一项 $\mathrm{R}^q f_* \mathscr{F}$ 也是凝聚的 ($\mathbf{0}_{\mathrm{I}}$, 5.3.4 和 5.3.3). 同理可证, 如果 $\mathscr{F}$ 和 $\mathscr{F}'$ (切转: $\mathscr{F}$ 和 $\mathscr{F}''$) 都落在 $\boldsymbol{K}'$ 中, 则 $\mathscr{F}''$ (切转: $\mathscr{F}'$) 也落在 $\boldsymbol{K}'$ 中. 进而, 一个 $\mathscr{O}_X$ 模层 $\mathscr{F} \in \boldsymbol{K}'$ 的任何凝聚直和因子$\mathscr{O}_X$ 模层 $\mathscr{F}'$ 都仍然落在 $\boldsymbol{K}'$ 中. 事实上, 此时 $\mathrm{R}^q f_* \mathscr{F}'$ 是 $\mathrm{R}^q f_* \mathscr{F}$ 的一个直和因子 (G, II, 4.4.4), 从而是有限型的, 又因为它是拟凝聚的 (1.4.10), 从而是凝聚的 (因为 Y 是 Noether 的). 依照 (3.1.3), 问题归结为证明, 如果 X 是不可约的, 一般点为 x, 则可以找到一个落在 $\boldsymbol{K}'$ 中的凝聚 $\mathscr{O}_X$ 模层 $\mathscr{F}$, 使得 $\mathscr{F}_x \neq 0$. 事实上, 如果这件事已经得到证明, 则可以把它应用到 X 的每个不可约闭子集 Z 上, 因为若 $j : Z \to X$ 是典范含入, 则 $f \circ j$ 是紧合的 (**II**, 5.4.2), 并且如果 $\mathscr{G}$ 是一个支集为 Z 的凝聚 $\mathscr{O}_Z$ 模层, 则 $j_* \mathscr{G}$ 是一个凝聚 $\mathscr{O}_X$ 模层, 且使得 $\mathrm{R}^q (f \circ j)_* \mathscr{G} = \mathrm{R}^q f_* j_* \mathscr{G}$ (G, II, 4.9.1), 从而 (3.1.3) 的条件都得到了满足.

现在依照 Chow 引理 (**II**, 5.6.2), 可以找到一个不可约概形 X' 和一个射影且映满的态射 $g : X' \to X$, 使得 $f \circ g$ 成为射影的. 于是我们有一个 g 丰沛的 $\mathscr{O}_{X'}$ 模层 $\mathscr{L}$ (**II**, 5.3.1), 把射影态射的基本定理 (2.2.1) 应用到 $g : X' \to X$ 和 $\mathscr{L}$ 上, 则可以找到一个整数 n, 使得 $\mathscr{F} = g_*(\mathscr{O}_{X'}(n))$ 是凝聚 $\mathscr{O}_X$ 模层, 并且对所有 $q > 0$, 均有 $\mathrm{R}^q g_*(\mathscr{O}_{X'}(n)) = 0$, 进而, 由于当 n 充分大时, $g^* g_*(\mathscr{O}_{X'}(n)) \to \mathscr{O}_{X'}(n)$ 总是满的 (2.2.1), 故我们可以假设在 X 的一般点 x 处有 $\mathscr{F}_x \neq 0$ (**II**, 3.4.7). 另一方面, 由于 $f \circ g$ 是射影的, 并且 Y 是 Noether 的, 故知 $\mathrm{R}^p (f \circ g)_*(\mathscr{O}_{X'}(n))$ 都是凝聚的 (2.2.1). 现在 $\mathrm{R}^* (f \circ g)_*(\mathscr{O}_{X'}(n))$ 是 Leray 谱序列的目标, 且这个谱序列的 E_2 项是 $E_2^{p,q} = \mathrm{R}^p f_*(\mathrm{R}^q g_*(\mathscr{O}_{X'}(n)))$, 上面的分析表明, 这个谱序列是退化的, 且我们知道 (**0**, 11.1.6), $E_2^{p,0} = \mathrm{R}^p f_* \mathscr{F}$ 同构于 $\mathrm{R}^p (f \circ g)_*(\mathscr{O}_{X'}(n))$, 这就完成了证明.

推论 (3.2.2) — 设 Y 是一个局部 *Noether* 概形. 则对于一个紧合态射 $f : X \to Y$ 来说, 任何凝聚 $\mathscr{O}_X$ 模层在 f 下的顺像都是凝聚 $\mathscr{O}_Y$ 模层.

推论 (3.2.3) — 设 A 是一个 *Noether* 环, X 是一个紧合 A 概形, 则对任意凝聚 $\mathscr{O}_X$ 模层 $\mathscr{F}$, A 模 $\mathrm{H}^p(X, \mathscr{F})$ 都是有限型的, 并可找到一个正整数 r, 使得当

$p > r$ 时, 对任意凝聚 $\mathscr{O}_X$ 模层 $\mathscr{F}$, 均有 $\mathrm{H}^p(X, \mathscr{F}) = 0$.

第二句话在 (1.4.12) 中已经得到证明, 第一句话则缘自有限性定理 (3.2.1) 和 (1.4.11).

特别地, 若 X 是域 k 上的一个紧合概形, 则对任意凝聚 $\mathscr{O}_X$ 模层 $\mathscr{F}$, $\mathrm{H}^p(X, \mathscr{F})$ 都是 k 上的有限维向量空间.

推论 (3.2.4) — 设 Y 是一个局部 *Noether* 概形, $f : X \to Y$ 是一个有限型态射. 如果一个凝聚 $\mathscr{O}_X$ 模层 $\mathscr{F}$ 的支集在 Y 上是紧合的 (**II**, 5.4.10), 则 $\mathscr{O}_Y$ 模层 $\mathrm{R}^q f_* \mathscr{F}$ 都是凝聚的.

问题在 Y 上是局部性的, 故可假设 Y 是 Noether 的, 从而 X 也是 Noether 的 (**I**, 6.3.7). 根据前提条件, X 的任何以 $\mathrm{Supp}\,\mathscr{F}$ 为底空间的闭子概形 Z 在 Y 上都是紧合的, 换句话说, 若 $j : Z \to X$ 是典范含入, 则 $f \circ j : Z \to Y$ 是紧合的. 我们可以取适当的 Z, 使得 $\mathscr{F} = j_* \mathscr{G}$, 其中 $\mathscr{G} = j^* \mathscr{F}$ 是一个凝聚 $\mathscr{O}_Z$ 模层 (**I**, 9.3.5). 由于 $\mathrm{R}^q f_* \mathscr{F} = \mathrm{R}^q (f \circ j)_* \mathscr{G}$ (1.3.4), 从而由 (3.2.1) 立得结论.

3.3 (通常概形的) 有限性定理的推广

命题 (3.3.1) — 设 Y 是一个 *Noether* 概形, $\mathscr{S}$ 是一个 $\mathbb{N}$ 分次的 $\mathscr{O}_Y$ 代数层, 并且是拟凝聚且有限型的, $Y' = \mathrm{Proj}\,\mathscr{S}$, $g : Y' \to Y$ 是其结构态射. 设 $f : X \to Y$ 是一个紧合态射, $\mathscr{S}' = f^* \mathscr{S}$, $\mathscr{M} = \bigoplus_{k \in \mathbb{Z}} \mathscr{M}_k$ 是一个有限型的拟凝聚分次 $\mathscr{S}'$ 模层. 则对任意 p, $\mathrm{R}^p f_* \mathscr{M} = \bigoplus_{k \in \mathbb{Z}} \mathrm{R}^p f_* \mathscr{M}_k$ 都是有限型分次 $\mathscr{S}$ 模层. 进而假设 $\mathscr{S}$ 是由 $\mathscr{S}_1$ 所生成的, 则对于每个 $p \in \mathbb{Z}$, 均可找到一个整数 k_p, 使得当 $k \geqslant k_p$ 且 $r \geqslant 0$ 时, 总有

(**3.3.1.1**) $$\mathrm{R}^p f_* \mathscr{M}_{k+r} = \mathscr{S}_r \mathrm{R}^p f_* \mathscr{M}_k.$$

第一句话与 (2.4.1, (i)) 几乎完全一样, 只是把 "射影态射" 换成了 "紧合态射". 在 (2.4.1, (i)) 的证明中, f 是射影态射的条件只是为了证明 (在那里的记号下) $\mathrm{R}^p f'_* (\widetilde{\mathscr{M}})$ 是一个凝聚 $\mathscr{O}_{Y'}$ 模层. 而在 (3.3.1) 的前提条件下, f' 是紧合的 (**II**, 5.4.2, (iii)), 从而可以原封不动地套用 (2.4.1, (i)) 的证明, 因为我们可以利用有限性定理 (3.2.1).

至于第二句话, 注意到对于 Y 的一个有限仿射开覆盖 (U_i) 来说, (3.3.1.1) 的两边在各个 U_i 上的限制都相等 (对于 $k \geqslant k_{p,i}$) (**II**, 2.1.6, (ii)), 故只需取 k_p 就是这些 $k_{p,i}$ 中的最大者即可.

推论 (3.3.2) — 设 A 是一个 *Noether* 环, $\mathfrak{m}$ 是 A 的一个理想, X 是一个紧

合 A 概形, $\mathscr{F}$ 是一个凝聚 $\mathscr{O}_X$ 模层. 则对任意 $p \geqslant 0$, 直和 $\bigoplus_{k\geqslant 0} \mathrm{H}^p(X, \mathfrak{m}^k\mathscr{F})$ 都是环 $S = \bigoplus_{k\geqslant 0} \mathfrak{m}^k$ 上的有限型模. 特别地, 可以找到一个整数 $k_p \geqslant 0$, 使得当 $k \geqslant k_p$ 和 $r \geqslant 0$ 时, 总有

$$\textbf{(3.3.2.1)} \qquad \mathrm{H}^p(X, \mathfrak{m}^{k+r}\mathscr{F}) = \mathfrak{m}^r \mathrm{H}^p(X, \mathfrak{m}^k\mathscr{F}).$$

有见于 (1.4.11), 只需把 (3.3.1) 应用到 $Y = \operatorname{Spec} A$, $\mathscr{S} = \widetilde{S}$, $\mathscr{M}_k = \mathfrak{m}^k\mathscr{F}$ 上即可.

注意到 $\bigoplus_{k\geqslant 0} \mathrm{H}^p(X, \mathfrak{m}^k\mathscr{F})$ 上的 S 模结构是由下面的方法得到的: 对每个 $a \in \mathfrak{m}^r$, 乘以 a 的映射 $\mathfrak{m}^k\mathscr{F} \to \mathfrak{m}^{k+r}\mathscr{F}$ 在上同调群上就定义了一个映射 $\mathrm{H}^p(X, \mathfrak{m}^k\mathscr{F}) \to \mathrm{H}^p(X, \mathfrak{m}^{k+r}\mathscr{F})$ (2.4.1).

3.4 有限性定理: 形式概形的情形

(3.4.1) 设 $\mathfrak{X}$ 和 $\mathfrak{S}$ 是两个局部 Noether 形式概形 (**I**, 10.4.2), $f : \mathfrak{X} \to \mathfrak{S}$ 是一个形式概形态射. 所谓 f 是紧合态射, 是指下面的条件得到满足:

1° f 是有限型态射 (**I**, 10.13.3).

2° 若 $\mathscr{K}$ 是 $\mathfrak{S}$ 的一个定义理想层, 并设 $\mathscr{J} = (f^*\mathscr{K})\mathscr{O}_{\mathfrak{X}}$, $X_0 = (\mathfrak{X}, \mathscr{O}_{\mathfrak{X}}/\mathscr{J})$, $S_0 = (\mathfrak{S}, \mathscr{O}_{\mathfrak{S}}/\mathscr{K})$, 则由 f 所导出的态射 $f_0 : X_0 \to S_0$(**I**, 10.5.6) 是紧合的.

易见这个定义不依赖于 $\mathfrak{S}$ 的定义理想层 $\mathscr{K}$ 的选择. 事实上, 若 $\mathscr{K}'$ 是另一个定义理想层, 满足 $\mathscr{K}' \subseteq \mathscr{K}$, 并设 $\mathscr{J}' = (f^*\mathscr{K}')\mathscr{O}_{\mathfrak{X}}$, $X_0' = (\mathfrak{X}, \mathscr{O}_{\mathfrak{X}}/\mathscr{J}')$, $S_0' = (\mathfrak{S}, \mathscr{O}_{\mathfrak{S}}/\mathscr{K}')$, 则由 f 所导出的态射 $f_0' : X_0' \to S_0'$ 可以嵌入下面的交换图表之中

$$\begin{array}{ccc} X_0 & \xrightarrow{f_0} & S_0 \\ {\scriptstyle i}\downarrow & & \downarrow{\scriptstyle j} \\ X_0' & \xrightarrow[f_0']{} & S_0' \end{array},$$

其中 i 和 j 都是映满的浸入. 从而 f_0 紧合与 f_0' 紧合是等价的 (**II**, 5.4.5).

如果对每个 $n \geqslant 0$, 设 $X_n = (\mathfrak{X}, \mathscr{O}_{\mathfrak{X}}/\mathscr{J}^{n+1})$, $S_n = (\mathfrak{S}, \mathscr{O}_{\mathfrak{S}}/\mathscr{K}^{n+1})$, 则由 f 所导出的态射 $f_n : X_n \to S_n$ (**I**, 10.5.6) 对于所有的 n 都是紧合的, 只要它对于 $n = 0$ 是紧合的 (**II**, 5.4.6).

设 $g : Y \to Z$ 是局部 Noether 通常概形之间的一个紧合态射, Z' 是 Z 的一个闭子集, Y' 是 Y 的一个满足 $g(Y') \subseteq Z'$ 的闭子集, 则 g 在完备化上的延拓

$\widehat{g}: Y_{/Y'} \to Z_{/Z'}$ (**I**, 10.9.1) 是形式概形之间的一个紧合态射, 这可由定义和 (**II**, 5.4.5) 推出.

设 $\mathfrak{X}$ 和 $\mathfrak{S}$ 是两个局部 Noether 形式概形, $f: \mathfrak{X} \to \mathfrak{S}$ 是一个有限型态射 (**I**, 10.13.3). 在上面的记号下, 所谓 $\mathfrak{X}$ 的底空间的一个子集 Z 在 $\mathfrak{S}$ 上是紧合的 (或者说, Z 对于 f 来说是紧合的), 是指 Z 作为 X_0 的子集在 S_0 上是紧合的 (**II**, 5.4.10). 由这个定义可知, 任何在 (**II**, 5.4.10) 中对于通常概形的紧合子集成立的性质对于形式概形的紧合子集来说也是成立的.

定理 (3.4.2) — 设 $\mathfrak{X}$, $\mathfrak{Y}$ 是两个局部 *Noether* 形式概形, $f: \mathfrak{X} \to \mathfrak{Y}$ 是一个紧合态射. 则对于任意凝聚 $\mathscr{O}_{\mathfrak{X}}$ 模层 $\mathscr{F}$ 和任意 $q \geqslant 0$, $\mathscr{O}_{\mathfrak{Y}}$ 模层 $\mathrm{R}^q f_* \mathscr{F}$ 都是凝聚的.

设 $\mathscr{J}$ 是 $\mathfrak{Y}$ 的一个定义理想层, $\mathscr{K} = (f^* \mathscr{J})\mathscr{O}_{\mathfrak{X}}$, 我们来考虑 $\mathscr{O}_{\mathfrak{X}}$ 模层

(3.4.2.1) $$\mathscr{F}_k = \mathscr{F} \otimes_{\mathscr{O}_{\mathfrak{Y}}} (\mathscr{O}_{\mathfrak{Y}}/\mathscr{J}^{k+1}) = \mathscr{F}/\mathscr{K}^{k+1}\mathscr{F} \qquad (k \geqslant 0),$$

它们显然构成拓扑 $\mathscr{O}_{\mathfrak{X}}$ 模层的一个投影系, 并且 $\mathscr{F} = \varprojlim_k \mathscr{F}_k$ (**I**, 10.11.3). 另一方面, 由 (3.4.2) 知, 每个 $\mathrm{R}^q f_* \mathscr{F}$ 都是凝聚的, 并且自然地具有一个拓扑 $\mathscr{O}_{\mathfrak{Y}}$ 模层的结构 (**I**, 10.11.6), 同样, $\mathrm{R}^q f_* \mathscr{F}_k$ 也是如此. 典范同态 $\mathscr{F} \to \mathscr{F}_k = \mathscr{F}/\mathscr{K}^{k+1}\mathscr{F}$ 可以典范地定义出下面的同态

$$\mathrm{R}^q f_* \mathscr{F} \longrightarrow \mathrm{R}^q f_* \mathscr{F}_k.$$

这些同态在上述拓扑 $\mathscr{O}_{\mathfrak{Y}}$ 模层的结构下必然是连续的 (**I**, 10.11.6), 并且构成一个投影系, 从而取极限可以得到一个函子性的典范同态

(3.4.2.2) $$\mathrm{R}^q f_* \mathscr{F} \longrightarrow \varprojlim_k \mathrm{R}^q f_* \mathscr{F}_k,$$

这也是拓扑 $\mathscr{O}_{\mathfrak{Y}}$ 模层的连续同态. 现在我们将同时来证明 (3.4.2) 和下面的

推论 (3.4.3) — (3.4.2.2) 中的每个同态都是拓扑同构. 进而, 若 $\mathfrak{Y}$ 是 *Noether* 的, 则投影系 $(\mathrm{R}^q f_*(\mathscr{F}/\mathscr{K}^{k+1}\mathscr{F}))_{k \geqslant 0}$ 满足 (ML) 条件 (**0**, 13.1.1).

我们首先在 $\mathfrak{Y}$ 是 Noether 仿射形式概形 (**I**, 10.4.1) 的情形下来证明 (3.4.2) 和 (3.4.3).

推论 (3.4.4) — 在 (3.4.2) 的前提条件下, 进而假设 $\mathfrak{Y} = \mathrm{Spf}\, A$, 其中 A 是一个 *Noether* 进制环. 设 $\mathfrak{I}$ 是 A 的一个定义理想, 并设 $\mathscr{F}_k = \mathscr{F}/\mathfrak{I}^{k+1}\mathscr{F}$ (对任意 $k \geqslant 0$). 则这些 $\mathrm{H}^n(\mathfrak{X}, \mathscr{F})$ 都是有限型 A 模, 并且对任意 n, 投影系 $(\mathrm{H}^n(\mathfrak{X}, \mathscr{F}_k))_{k \geqslant 0}$ 都满足 (ML) 条件. 若令

(3.4.4.1) $$N_{n,k} = \mathrm{Ker}\big(\mathrm{H}^n(\mathfrak{X}, \mathscr{F}) \to \mathrm{H}^n(\mathfrak{X}, \mathscr{F}_k)\big)$$

(它也等于 $\mathrm{Im}(\mathrm{H}^n(\mathfrak{X},\mathfrak{I}^{k+1}\mathscr{F})\to\mathrm{H}^n(\mathfrak{X},\mathscr{F}))$, 这是来自上同调的正合序列), 则这些 $N_{n,k}$ 在 $\mathrm{H}^n(\mathfrak{X},\mathscr{F})$ 上定义了一个 $\mathfrak{I}$ 优良的滤解 (**0**, 13.7.7). 最后, 典范同态

$$\textbf{(3.4.4.2)}\qquad \mathrm{H}^n(\mathfrak{X},\mathscr{F})\longrightarrow\varprojlim_k\mathrm{H}^n(\mathfrak{X},\mathscr{F}_k)$$

对所有 n 都是拓扑同构 (左边被赋予了 $\mathfrak{I}$ 预进拓扑, $\mathrm{H}^n(\mathfrak{X},\mathscr{F}_k)$ 则被赋予了离散拓扑).

令

$$\textbf{(3.4.4.3)}\quad S=\mathrm{gr}(A)=\bigoplus_{k\geqslant0}\mathfrak{I}^k/\mathfrak{I}^{k+1},\qquad \mathscr{M}=\mathrm{gr}(\mathscr{F})=\bigoplus_{k\geqslant0}\mathfrak{I}^k\mathscr{F}/\mathfrak{I}^{k+1}\mathscr{F}.$$

我们知道 $\mathfrak{I}^{\triangle}$ 是 $\mathfrak{Y}$ 的一个定义理想层 (**I**, 10.3.1), 设 $\mathscr{K}=f^*(\mathfrak{I}^{\triangle})\mathscr{O}_{\mathfrak{X}}$, $X_0=(\mathfrak{X},\mathscr{O}_{\mathfrak{X}}/\mathscr{K})$, $Y_0=(\mathfrak{Y},\mathscr{O}_{\mathfrak{Y}}/\mathfrak{I}^{\triangle})=\mathrm{Spec}\,A_0$, 其中 $A_0=A/\mathfrak{I}$. 则易见这些 $\mathscr{M}_k=\mathfrak{I}^k\mathscr{F}/\mathfrak{I}^{k+1}\mathscr{F}$ 都是凝聚 $\mathscr{O}_{X_0}$ 模层 (**I**, 10.11.3). 另一方面, 考虑拟凝聚的 $\mathbb{N}$ 分次 $\mathscr{O}_{X_0}$ 代数层

$$\textbf{(3.4.4.4)}\qquad \mathscr{S}=\mathscr{O}_{X_0}\otimes_{A_0}S=\mathrm{gr}(\mathscr{O}_{\mathfrak{X}})=\bigoplus_{k\geqslant0}\mathscr{K}^k/\mathscr{K}^{k+1}.$$

$\mathscr{F}$ 是有限型 $\mathscr{O}_{\mathfrak{X}}$ 模层的条件蕴涵着 $\mathscr{M}$ 是一个有限型分次 $\mathscr{S}$ 模层. 事实上, 问题在 $\mathfrak{X}$ 上是局部性的, 故可假设 $\mathfrak{X}=\mathrm{Spf}\,B$, 其中 B 是一个 Noether 进制环, 并且 $\mathscr{F}=N^{\triangle}$, 其中 N 是一个有限型 B 模 (**I**, 10.10.5). 进而, $X_0=\mathrm{Spec}\,B_0$, 其中 $B_0=B/\mathfrak{I}B$, 并且拟凝聚 $\mathscr{O}_{X_0}$ 模层 $\mathscr{S}$ 和 $\mathscr{M}$ 分别就等于 $\widetilde{S'}$ 和 $\widetilde{M'}$, 其中 $S'=\bigoplus_{k\geqslant0}((\mathfrak{I}^k/\mathfrak{I}^{k+1})\otimes_{A_0}B_0)$ 并且 $M'=\bigoplus_{k\geqslant0}((\mathfrak{I}^k/\mathfrak{I}^{k+1})\otimes_{A_0}N_0)$, 此处 $N_0=N/\mathfrak{I}N$. 从而易见 $M'=S'\otimes_{B_0}N_0$, 并且由于 N_0 是有限型 B_0 模, 从而 M' 是有限型 S' 模, 这就证明了上述阐言 (**I**, 1.3.13).

由于态射 $f_0:X_0\to Y_0$ 是紧合的, 故我们可以把 (3.3.2) 应用到 $\mathscr{S},\mathscr{M}$ 和态射 f_0 上, 再利用 (1.4.11) 就可以推出: 对所有$n\geqslant0$, $\bigoplus_{k\geqslant0}\mathrm{H}^n(X_0,\mathscr{M}_k)$ 都是有限型的分次 S 模. 于是若我们考虑 X_0 上的 Abel 群层的严格投影系 $(\mathscr{F}/\mathfrak{I}^k\mathscr{F})_{k\geqslant0}$, 且给每一项都赋予自然的 "滤体 A 模" 结构, 则 (**0**, 13.7.7) 中的 (F_n) 条件对所有 $n\geqslant0$ 都是成立的. 从而可以应用 (**0**, 13.7.7), 这就证明了:

1° 投影系 $(\mathrm{H}^n(\mathfrak{X},\mathscr{F}_k))_{k\geqslant0}$ 满足 (ML) 条件.

2° 令 $H'^n=\varprojlim_k\mathrm{H}^n(\mathfrak{X},\mathscr{F}_k)$, 则它是有限型 A 模.

3° 在 H'^n 上由各个典范同态 $H'^n\to\mathrm{H}^n(\mathfrak{X},\mathscr{F}_k)$ 的核所定义的这个滤解是 $\mathfrak{I}$ 优良的.

另一方面, 若令 $X_k = (\mathfrak{X}, \mathscr{O}_{\mathfrak{X}}/\mathscr{K}^{k+1})$, 则 $\mathscr{F}_k$ 是一个凝聚 $\mathscr{O}_{X_k}$ 模层 (**I**, 10.11.3), 并且如果 U 是 X_0 的一个仿射开集, 则 U 也是每个 X_k 的仿射开集 (**I**, 5.1.9), 从而对任意 $n > 0$ 和任意 k, 均有 $\mathrm{H}^n(U, \mathscr{F}_k) = 0$ (1.3.1), 并且对于 $h \leqslant k$, 同态 $\mathrm{H}^0(U, \mathscr{F}_k) \to \mathrm{H}^0(U, \mathscr{F}_h)$ 都是满的 (**I**, 1.3.9). 这样一来 (**0**, 13.3.2) 中的条件都得到了满足, 应用 (**0**, 13.3.1) 就表明, H'^n 可以典范等同于 $\mathrm{H}^n(\mathfrak{X}, \varprojlim_k \mathscr{F}_k) = \mathrm{H}^n(\mathfrak{X}, \mathscr{F})$, 这就完成了 (3.4.4) 的证明.

(3.4.5) 现在我们回到 (3.4.2) 和 (3.4.3) 的证明中来. 首先证明在 $\mathfrak{Y} = \operatorname{Spf} A$ 的情形 (3.4.4) 下命题是成立的, 为此, 对任意 $g \in A$, 我们把 (3.4.4) 应用到 $\mathfrak{Y}$ 在开集 $\mathfrak{Y}_g = \mathfrak{D}(g)$ 上所诱导的 Noether 仿射形式概形 ($= \operatorname{Spf} A_{\{g\}}$) 以及 $\mathfrak{X}$ 在 $f^{-1}(\mathfrak{Y}_g)$ 上所诱导的形式概形上, 则由于 $\mathfrak{Y}_g$ 也是概形 $Y_k = (\mathfrak{Y}, \mathscr{O}_{\mathfrak{Y}}/(\mathfrak{I}^{\triangle})^{k+1})$ 的一个仿射开集, 并且 $\mathscr{F}_k$ 是一个凝聚 $\mathscr{O}_{X_k}$ 模层, 从而依照 (1.4.11), 对任意 $k \geqslant 0$, 我们都有

$$\mathrm{H}^n(f^{-1}(\mathfrak{Y}_g), \mathscr{F}_k) = \Gamma(\mathfrak{Y}_g, \mathrm{R}^n f_* \mathscr{F}_k).$$

现在典范同态

$$\mathrm{H}^n(f^{-1}(\mathfrak{Y}_g), \mathscr{F}) \longrightarrow \varprojlim_k \Gamma(\mathfrak{Y}_g, \mathrm{R}^n f_* \mathscr{F}_k)$$

是一个同构, 且由 ($\mathbf{0}_{\mathbf{I}}$, 3.2.6) 知,

$$\varprojlim_k \Gamma(\mathfrak{Y}_g, \mathrm{R}^n f_* \mathscr{F}_k) = \Gamma(\mathfrak{Y}_g, \varprojlim_k \mathrm{R}^n f_* \mathscr{F}_k).$$

又因为层 $\mathrm{R}^n f_* \mathscr{F}$ 是预层 $\mathfrak{Y}_g \mapsto \mathrm{H}^n(f^{-1}(\mathfrak{Y}_g), \mathscr{F})$ 的拼续层 ($\mathbf{0}_{\mathbf{I}}$, 3.2.1), 这就证明了同态 (3.4.2.2) 是一一的. 下面我们来证明 $\mathrm{R}^n f_* \mathscr{F}$ 是一个凝聚 $\mathscr{O}_{\mathfrak{Y}}$ 模层, 更具体地说

(3.4.5.1) $$\mathrm{R}^n f_* \mathscr{F} = (\mathrm{H}^n(\mathfrak{X}, \mathscr{F}))^{\triangle}.$$

在前述记号下, 由于 $\mathscr{F}_k$ 是凝聚 $\mathscr{O}_{X_k}$ 模层, 故知 (1.4.13)

$$\Gamma(\mathfrak{Y}_g, \mathrm{R}^n f_* \mathscr{F}_k) = (\Gamma(\mathfrak{Y}, \mathrm{R}^n f_* \mathscr{F}_k))_g = (\mathrm{H}^n(\mathfrak{X}, \mathscr{F}_k))_g.$$

这些 $\mathrm{H}^n(\mathfrak{X}, \mathscr{F}_k)$ 构成一个满足 (ML) 条件的投影系, 并且它的投影极限 $\mathrm{H}^n(\mathfrak{X}, \mathscr{F})$ 是一个有限型 A 模. 从而由 (**0**, 13.7.8) 可以导出

$$\varprojlim_k ((\mathrm{H}^n(\mathfrak{X}, \mathscr{F}_k))_g) = \mathrm{H}^n(\mathfrak{X}, \mathscr{F}) \otimes_A A_{\{g\}} = \Gamma(\mathfrak{Y}_g, (\mathrm{H}^n(\mathfrak{X}, \mathscr{F}))^{\triangle}),$$

这只要把 (**I**, 10.10.8) 应用到 A 和 $A_{\{g\}}$ 上即可, 这就证明了 (3.4.5.1), 因为 $\Gamma(\mathfrak{Y}_g, \mathrm{R}^n f_* \mathscr{F}) = \varprojlim_k \Gamma(\mathfrak{Y}_g, \mathrm{R}^n f_* \mathscr{F}_k)$.

由于现在 (3.4.2.2) 是凝聚 $\mathscr{O}_{\mathfrak{Y}}$ 模层的一个同构, 从而必然是一个拓扑同构 (**I**, 10.11.6). 最后, 由关系式 $\mathrm{R}^n f_*\mathscr{F}_k = (\mathrm{H}^n(X, \mathscr{F}_k))^{\triangle}$ 知, 投影系 $(\mathrm{R}^n f_*\mathscr{F}_k)_{k\geqslant 0}$ 满足 (ML) 条件 (**I**, 10.10.2).

在 $\mathfrak{Y}$ 是 Noether 仿射形式概形的情形下证明了 (3.4.2) 和 (3.4.3) 之后, 一般情形下 (3.4.2) 以及 (3.4.3) 的第一句话就很明显了, 因为它们都是 $\mathfrak{Y}$ 上的局部问题. 至于 (3.4.3) 的第二句话, 由于 $\mathfrak{Y}$ 是 Noether 的, 故只需取 $\mathfrak{Y}$ 的一个由 Noether 仿射开集 U_i 所组成的有限开覆盖, 并注意到投影系 $(\mathrm{R}^q f_*\mathscr{F}_k)$ 在每个 U_i 上的限制均满足 (ML) 条件即可.

在这个过程中, 我们也证明了:

推论 (3.4.6) — 在 (3.4.4) 的前提条件下, 典范同态

(3.4.6.1) $$\mathrm{H}^q(\mathfrak{X}, \mathscr{F}) \longrightarrow \Gamma(\mathfrak{Y}, \mathrm{R}^q f_*\mathscr{F})$$

是一一的.

§4. 紧合态射的基本定理及其应用

4.1 基本定理

(4.1.1) 设 X, Y 是两个通常的 Noether 概形, $f: X \to Y$ 是一个紧合态射, Y' 是 Y 的一个闭子集, X' 是它的逆像 $f^{-1}(Y')$. 我们分别用 $\widehat{X}$ 和 $\widehat{Y}$ 来记 X 和 Y 沿着 X' 和 Y' 的完备化形式概形 $X_{/X'}$ 和 $Y_{/Y'}$ (**I**, 10.8.5), 并且用 $\widehat{f}$ 来记 f 在完备化上的延拓 (**I**, 10.9.1), 则它是形式概形之间的一个态射 $\widehat{X} \to \widehat{Y}$. 对任意凝聚 $\mathscr{O}_X$ 模层 $\mathscr{F}$, 我们用 $\widehat{\mathscr{F}}$ 来记它沿着 X' 的完备化 $\mathscr{F}_{/X'}$ (**I**, 10.8.4), 则 $\widehat{\mathscr{F}}$ 是一个凝聚 $\mathscr{O}_{\widehat{X}}$ 模层 (**I**, 10.8.8).

(4.1.2) 设 $\mathscr{J}$ 是 $\mathscr{O}_Y$ 的一个凝聚理想层, 且满足 $\mathrm{Supp}(\mathscr{O}_Y/\mathscr{J}) = Y'$ (**I**, 5.2.1), 则我们知道 (**I**, 4.4.5), $\mathscr{K} = (f^*\mathscr{J})\mathscr{O}_X$ 是 $\mathscr{O}_X$ 的一个凝聚理想层, 并满足

$$\mathrm{Supp}(\mathscr{O}_X/\mathscr{K}) = X'.$$

对于每个 $k \geqslant 0$, 我们来考察凝聚 $\mathscr{O}_X$ 模层

$$\mathscr{F}_k = \mathscr{F} \otimes_{\mathscr{O}_Y} (\mathscr{O}_Y/\mathscr{J}^{k+1}) = \mathscr{F}/\mathscr{K}^{k+1}\mathscr{F}.$$

对所有 n, $\mathscr{O}_Y$ 模层 $\mathrm{R}^n f_*\mathscr{F}$ 和 $\mathrm{R}^n f_*\mathscr{F}_k$ 都是凝聚的 (3.2.1). 基于函子性, 对

任意 $k \geqslant 0$ 和任意 n, 典范同态 $\mathscr{F} \to \mathscr{F}_k$ 都定义了一个同态

(4.1.2.1) $$\mathrm{R}^n f_* \mathscr{F} \longrightarrow \mathrm{R}^n f_* \mathscr{F}_k.$$

进而, 由于 $\mathscr{F}_k$ 是一个 $\mathscr{O}_X/\mathscr{K}^{k+1}$ 模层, 故知 (**0**, 12.2.1) $\mathrm{R}^n f_* \mathscr{F}_k$ 是一个 $\mathscr{O}_Y/\mathscr{J}^{k+1}$ 模层, 从而由 (4.1.2.1) 又可以导出一个同态

(4.1.2.2) $$\mathrm{R}^n f_* \mathscr{F} \otimes_{\mathscr{O}_Y} (\mathscr{O}_Y/\mathscr{J}^{k+1}) \longrightarrow \mathrm{R}^n f_* \mathscr{F}_k.$$

(4.1.2.2) 的左右两项分别构成投影系, 并且左边的投影极限恰好就是完备化 $(\mathrm{R}^n f_* \mathscr{F})_{/Y'}$, 我们把它记为 $(\mathrm{R}^n f_* \mathscr{F})\widehat{\ }$. 进而, 易见同态 (4.1.2.2) 也构成投影系, 从而取极限就给出了典范同态

(4.1.2.3) $$\varphi_n \ : \ (\mathrm{R}^n f_* \mathscr{F})\widehat{\ } \longrightarrow \varprojlim_k \mathrm{R}^n f_* \mathscr{F}_k.$$

此外 (4.1.2.2) 还是一个 $(\mathscr{O}_Y/\mathscr{J}^{k+1})$ 模层同态, 因而 (**I**, 10.8.3) 可以把它看作伪离散拓扑 $\mathscr{O}_{\widehat{Y}}$ 模层 ($\mathbf{0_I}$, 3.8.1) 之间的一个连续同态. 从而同态 φ_n 是拓扑 $\mathscr{O}_Y$ 模层之间的连续同态.

(4.1.3) 设 $i : \widehat{X} \to X$ 是 (**I**, 10.8.7) 中所定义的环积空间的典范态射, 从而我们有交换图表

(4.1.3.1) $$\begin{array}{ccc} X_k & \xrightarrow{\ h_k\ } & \widehat{X} \\ & \searrow^{i_k} & \downarrow{\scriptstyle i} \\ & & X \end{array},$$

其中 X_k 是 X 的由理想层 $\mathscr{K}^{k+1}$ 所定义的闭子概形, i_k 是典范含入, 并且 h_k 是由底空间上的恒同以及典范同态 $\mathscr{O}_{\widehat{X}} \to \mathscr{O}_X/\mathscr{K}^{k+1}$ 所给出的环积空间态射 (**I**, 10.5.2). 进而我们有 $\widehat{\mathscr{F}} = i^* \mathscr{F}$ (**I**, 10.8.8), 只差一个典范同构. 我们知道

(4.1.3.2) $$\mathrm{H}^n(X_k, i_k^* \mathscr{F}_k) = \mathrm{H}^n(X, \mathscr{F}_k),$$

只差一个典范同构, 因为 $\mathscr{F}_k = (i_k)_* i_k^* \mathscr{F}_k$ (G, II, 4.9.1). 从而典范同态 $\mathrm{H}^n(\widehat{X}, \widehat{\mathscr{F}}) \to \mathrm{H}^n(X_k, h_k^* \widehat{\mathscr{F}})$ (**0**, 12.1.3.5) 也可以写成

(4.1.3.3) $$\mathrm{H}^n(\widehat{X}, \widehat{\mathscr{F}}) \longrightarrow \mathrm{H}^n(X, \mathscr{F}_k).$$

并且这些同态显然构成一个投影系, 故通过取极限就给出了一个典范同态

(4.1.3.4) $$\psi_{n,X} \ : \ \mathrm{H}^n(\widehat{X}, \widehat{\mathscr{F}}) \longrightarrow \varprojlim_k \mathrm{H}^n(X, \mathscr{F}_k).$$

若把 X 换成一个形如 $f^{-1}(V)$ 的开集, 其中 V 是 Y 的一个仿射开集, 则由 (1.4.11) 知, 我们也有同态

(4.1.3.5) $$\psi_{n,V}\ :\ \mathrm{H}^n(\widehat{X}\cap f^{-1}(V),\widehat{\mathscr{F}})\ \longrightarrow\ \varprojlim_k \Gamma(V,\mathrm{R}^n f_*\mathscr{F}_k).$$

这些同态显然与 V 到更小的仿射开集上的限制运算是交换的, 从而最终定义出层的一个典范同态

(4.1.3.6) $$\psi_n\ :\ \mathrm{R}^n\widehat{f}_*\widehat{\mathscr{F}}\ \longrightarrow\ \varprojlim_k \mathrm{R}^n f_*\mathscr{F}_k.$$

(4.1.4) 最后, 设 $j:\widehat{Y}\to Y$ 是环积空间的典范态射 (**I**, 10.8.7), 则由于 $\mathrm{R}^n f_*\mathscr{F}$ 是凝聚 $\mathscr{O}_Y$ 模层 (3.2.1), 故知 $j^*\mathrm{R}^n f_*\mathscr{F}=(\mathrm{R}^n f_*\mathscr{F})\widehat{\ }$, 只差一个典范同构 (**I**, 10.8.8), 从而我们有一个典范同态

(4.1.4.1) $$\rho_n\ :\ (\mathrm{R}^n f_*\mathscr{F})\widehat{\ }=j^*\mathrm{R}^n f_*\mathscr{F}\ \longrightarrow\ \mathrm{R}^n\widehat{f}_*i^*\mathscr{F}=\mathrm{R}^n\widehat{f}_*\widehat{\mathscr{F}},$$

它对于一般的环积空间都是有定义的 (见 (1.4.15) 的证明). 下面我们来证明, 图表

(4.1.4.2) $$\begin{array}{ccc}(\mathrm{R}^n f_*\mathscr{F})\widehat{\ } & \xrightarrow{\ \rho_n\ } & \mathrm{R}^n\widehat{f}_*\widehat{\mathscr{F}}\\ & {}_{\varphi_n}\searrow\quad\swarrow_{\psi_n} & \\ & \varprojlim_k \mathrm{R}^n f_*\mathscr{F}_k & \end{array}$$

是交换的. 显然只需证明相应的预层同态图表是交换的即可, 从而可以限于考虑 Y 是仿射概形的情形, 于是归结为证明图表

(4.1.4.3) $$\begin{array}{ccc}(\mathrm{H}^n(X,\mathscr{F}))\widehat{\ } & \xrightarrow{\ \rho_n\ } & \mathrm{H}^n(\widehat{X},\widehat{\mathscr{F}})\\ & {}_{\varphi_n}\searrow\quad\swarrow_{\psi_{n,X}} & \\ & \varprojlim_k \mathrm{H}^n(X,\mathscr{F}_k) & \end{array}$$

是交换的. 然而由 (4.1.3.1) 的交换性以及 (4.1.3) 中所看到的那些关于上同调群的关系可以立即得到下面的交换图表

$$\begin{array}{ccc}\mathrm{H}^n(X,\mathscr{F}) & \longrightarrow & \mathrm{H}^n(\widehat{X},\widehat{\mathscr{F}})\ =\ \mathrm{H}^n(\widehat{X},i^*\mathscr{F})\\ & \searrow\quad\swarrow & \\ & \mathrm{H}^n(X,\mathscr{F}_k)\ =\ \mathrm{H}^n(X_k,i_k^*\mathscr{F}) & \end{array}$$

由此也就立即给出了 (4.1.4.3) 的交换性.

定理 (4.1.5) — 设 $f: X \to Y$ 是 *Noether* 概形之间的一个紧合态射, Y' 是 Y 的一个闭子集, $X' = f^{-1}(Y')$. 则对任意凝聚 $\mathscr{O}_X$ 模层 $\mathscr{F}$, $\mathrm{R}^n\widehat{f}_*\widehat{\mathscr{F}}$ 都是凝聚 $\mathscr{O}_{\widehat{X}}$ 模层, 并且图表 (4.1.4.2) 中的同态 $\varphi_n, \psi_n, \rho_n$ 都是拓扑同构.

显然只需证明这些 φ_n 和 ψ_n 都是同构即可. 由于 $\mathrm{R}^n f_*\mathscr{F}$ 是凝聚的 (3.2.1), 故知 $(\mathrm{R}^n f_*\mathscr{F})^\wedge$ 是凝聚的 (**I**, 10.8.8), 因而 $\varphi_n, \psi_n, \rho_n$ 的双向连续性自动成立 (**I**, 10.11.6).

注解 (4.1.6) — (i) 若令 $\mathscr{F}_k = \widehat{\mathscr{F}} \big/ \widehat{\mathscr{K}}^{k+1}\widehat{\mathscr{F}}$, 则易见 $\mathscr{F}_k = i_*\widehat{\mathscr{F}_k}$, 并且典范同态 (4.1.3.6) 恰好就是 (3.4.2.2) 中所定义的同态

$$\mathrm{R}^n\widehat{f}_*\widehat{\mathscr{F}} \longrightarrow \varprojlim_k \mathrm{R}^n\widehat{f}_*\widehat{\mathscr{F}_k}, \tag{4.1.6.1}$$

因而 ψ_n 是同构这件事就是 (3.4.3) 的一个特殊情形. 不过我们下面要给出它的一个直接的证明, 避免使用谱序列的投影极限之类的精细手法 (**0**, 13.7), 但一般定理 (3.4.3) 则必须使用这样的工具.

(ii) 由于这些 ψ_n 都是同构, 故知 "φ_n 是同构" 与 "$\rho_n = \psi_n^{-1} \circ \varphi_n$ 是同构" 是等价的. 定理 (4.1.5) 也表达了这样的事实, 即 $\mathrm{R}^n f_*$ 的构成格式与完备化是可交换的, 我们可以把这称为 "代数" 理论与 "形式" 理论之间的第一比较定理.

我们首先来证明 (4.1.5) 的仿射形式:

推论 (4.1.7) — 在 (4.1.5) 的前提条件下, 进而假设 $Y = \operatorname{Spec} A$, 其中 A 是 *Noether* 环, 并设 $\mathscr{J} = \widetilde{\mathfrak{J}}$, 其中 $\mathfrak{J}$ 是 A 的一个理想, 从而 $\mathscr{F}_k = \mathscr{F}/\mathfrak{J}^{k+1}\mathscr{F}$. 则典范同态

$$\varphi_n : (\mathrm{H}^n(X, \mathscr{F}))^\wedge \longrightarrow \varprojlim_k \mathrm{H}^n(X, \mathscr{F}_k) \tag{4.1.7.1}$$

(其中左边一项是 $\mathrm{H}^n(X, \mathscr{F})$ 在 $\mathfrak{J}$ 预进拓扑下的分离完备化) 是一个同构. 对每个 n, 投影系 $(\mathrm{H}^n(X, \mathscr{F}_k))_{k \geqslant 0}$ 都满足 (ML) 条件, 并且典范同态

$$\psi_n : \mathrm{H}^n(\widehat{X}, \widehat{\mathscr{F}}) \longrightarrow \varprojlim_k \mathrm{H}^n(X, \mathscr{F}_k) \tag{4.1.7.2}$$

是一个同构. 最后, 在 $\mathrm{H}^n(X, \mathscr{F})$ 上由各个典范同态 $\mathrm{H}^n(X, \mathscr{F}) \to \mathrm{H}^n(X, \mathscr{F}_k)$ 的核所定义的滤解是 $\mathfrak{J}$ 优良的 (**0**, 13.7.7), 并且 φ_n 是一个拓扑同构①.

在整个证明中, 我们都固定一个整数 $n \geqslant 0$, 并且为了简单起见, 令

$$H = \mathrm{H}^n(X, \mathscr{F}), \quad H_k = \mathrm{H}^n(X, \mathscr{F}_k), \tag{4.1.7.3}$$

① 这里给出的证明 (比原始证明简化很多) 以及与 $\mathrm{H}^n(X, \mathscr{F})$ 的滤解相关的补充都是 J.-P. Serre 告诉我们的.

(4.1.7.4) $$R_k = \mathrm{Ker}(H \to H_k),$$

R_k 是 H 的一个 A 子模.

上同调长正合序列

$$\cdots \longrightarrow \mathrm{H}^n(X, \mathfrak{J}^{k+1}\mathscr{F}) \longrightarrow \mathrm{H}^n(X, \mathscr{F}) \longrightarrow \mathrm{H}^n(X, \mathscr{F}_k) \xrightarrow{\partial} \mathrm{H}^{n+1}(X, \mathfrak{J}^{k+1}\mathscr{F}) \longrightarrow \mathrm{H}^{n+1}(X, \mathscr{F}) \longrightarrow \cdots$$

又表明 $R_k = \mathrm{Im}(\mathrm{H}^n(X, \mathfrak{J}^{k+1}\mathscr{F}) \to \mathrm{H}^n(X, \mathscr{F}))$, 我们令

(4.1.7.5) $$\begin{aligned} Q_k &= \mathrm{Ker}\big(\mathrm{H}^{n+1}(X, \mathfrak{J}^{k+1}\mathscr{F}) \to \mathrm{H}^{n+1}(X, \mathscr{F})\big) \\ &= \mathrm{Im}\big(\mathrm{H}^n(X, \mathscr{F}_k) \to \mathrm{H}^{n+1}(X, \mathfrak{J}^{k+1}\mathscr{F})\big), \end{aligned}$$

从而有正合序列

(4.1.7.6) $$0 \longrightarrow R_k \longrightarrow H \longrightarrow H_k \longrightarrow Q_k \longrightarrow 0.$$

(4.1.7.7) 设 x 是 $\mathfrak{J}^m$ $(m \geqslant 0)$ 的一个元素, 则在 $\mathfrak{J}^k\mathscr{F}$ 上乘以 x 的运算是一个同态 $\mathfrak{J}^k\mathscr{F} \to \mathfrak{J}^{k+m}\mathscr{F}$, 从而又给出了一个同态

(4.1.7.8) $$\mu_{x,m} : \mathrm{H}^n(X, \mathfrak{J}^k\mathscr{F}) \longrightarrow \mathrm{H}^n(X, \mathfrak{J}^{k+m}\mathscr{F}).$$

若我们用 S 来记分次 A 代数 $\bigoplus_{k\geqslant 0} \mathfrak{J}^k$, 则这些乘法 $\mu_{x,m}$ 在 $E = \bigoplus_{k\geqslant 0} \mathrm{H}^n(X, \mathfrak{J}^k\mathscr{F})$ 上定义了分次环 S 上的一个有限型分次模的结构 (3.3.2), 并且 S 是 *Noether* 的 (**II**, 2.1.5).

引理 (4.1.7.9) — *H 的这些子模 R_k 在 H 上定义了一个 $\mathfrak{J}$ 优良的滤解.*

首先我们来证明

(4.1.7.10) $$\mathfrak{J}^m R_k \subseteq R_{k+m},$$

此时元素 $x \in \mathfrak{J}^m$ 在 $H = \mathrm{H}^n(X, \mathscr{F})$ 中所定义的乘法就是映射 $\mu_{x,0}$.

对任意 $x \in \mathfrak{J}^m$, 图表

$$\begin{array}{ccc} \mathfrak{J}^{k+1}\mathscr{F} & \xrightarrow{\ x\ } & \mathfrak{J}^{k+m+1}\mathscr{F} \\ \downarrow & & \downarrow \\ \mathscr{F} & \xrightarrow[\ x\ ]{} & \mathscr{F} \end{array}$$

(其中水平箭头都是乘以 x 的运算, 而竖直箭头都是典范含入) 都是交换的, 从而对应的图表

(4.1.7.11)
$$\begin{array}{ccc} \mathrm{H}^n(X,\mathfrak{J}^{k+1}\mathscr{F}) & \xrightarrow{\mu_{x,m}} & \mathrm{H}^n(X,\mathfrak{J}^{k+m+1}\mathscr{F}) \\ \downarrow & & \downarrow \\ \mathrm{H}^n(X,\mathscr{F}) & \xrightarrow[\mu_{x,0}]{} & \mathrm{H}^n(X,\mathscr{F}) \end{array}$$

也都是交换的, 通过把 R_k 解释成 $\mathrm{H}^n(X,\mathfrak{J}^{k+1}\mathscr{F}) \to \mathrm{H}^n(X,\mathscr{F})$ 的像, 这就证明了 (4.1.7.10), 进而也证明了分次 S 模 $R = \bigoplus_{k\geqslant 0} R_k$ 是 E 的 S 子模 $M = \bigoplus_{k\geqslant 0} \mathrm{H}^n(X,\mathfrak{J}^{k+1}\mathscr{F})$ 的一个商模, 从而由上面所述知, R 是一个有限型 S 模, 然而这就等价于 (4.1.7.9) (Bourbaki, 《交换代数学》, III, §3, ¥1, 定理 1).

(4.1.7.12) 现在我们来考虑 (4.1.7.8) 中所定义的分次 S 模 $N = \bigoplus_{k\geqslant 0} \mathrm{H}^{n+1}(X,\mathfrak{J}^{k+1}\mathscr{F})$. 由 (3.3.2) 知, 它也是一个有限型$S$ 模, 根据 (4.1.7.5), 对每个 k, 都有 $Q_k \subseteq N_k$, 因而在图表 (4.1.7.11) 中把 n 换成 $n+1$ 就可以证明 $S_m Q_k = \mathfrak{J}^m Q_k \subseteq Q_{k+m}$. 换句话说, Q 是 N 的一个分次 S 子模, 从而是有限型的.

(4.1.7.13) 我们用 α_m 来记典范含入 $\mathfrak{J}^m \to A$, 也可以把它写成 $S_m \to S_0$. 由于 $\mathfrak{J}^{k+1}\mathscr{F}_k = 0$, 故知 A 模 $\mathrm{H}^n(X,\mathscr{F}_k)$ 可被 $\mathfrak{J}^{k+1}$ 所零化, 由于 Q_k 是 A 同态 $\mathrm{H}^n(X,\mathscr{F}_k) \to \mathrm{H}^{n+1}(X,\mathfrak{J}^{k+1}\mathscr{F})$ 的像, 从而 Q_k 作为 A 模也可被 $\mathfrak{J}^{k+1}$ 所零化, 这就表明在S 模Q 中, 我们有

(4.1.7.14)
$$\alpha_{k+1}(S_{k+1})Q_k \;=\; 0.$$

由于 Q 是有限型 S 模, 故可找到一个整数 k_0 和一个整数 h, 使得当 $k \geqslant k_0$ 时总有 $Q_{k+h} = S_h Q_k$ (**II**, 2.1.6, (ii)), 由这个关系式以及 (4.1.7.14) 又推出, 可以找到一个正整数 r, 使得

(4.1.7.15)
$$\alpha_r(S_r)Q \;=\; 0.$$

(4.1.7.16) 现在注意到典范含入 $\mathfrak{J}^{k+m}\mathscr{F} \to \mathfrak{J}^k\mathscr{F}$ 在上同调上给出了一个 A 同态

(4.1.7.17)
$$\nu_m \;:\; \mathrm{H}^{n+1}(X,\mathfrak{J}^{k+m}\mathscr{F}) \longrightarrow \mathrm{H}^{n+1}(X,\mathfrak{J}^k\mathscr{F}),$$

并且对每个 $x \in \mathfrak{J}^m$, 我们显然有分解

(4.1.7.18)
$$\mu_{x,0} \;:\; \mathrm{H}^{n+1}(X,\mathfrak{J}^k\mathscr{F}) \xrightarrow{\mu_{x,m}} \mathrm{H}^{n+1}(X,\mathfrak{J}^{k+m}\mathscr{F}) \xrightarrow{\nu_m} \mathrm{H}^{n+1}(X,\mathfrak{J}^k\mathscr{F}).$$

由此得知, 对于 $\mathrm{H}^{n+1}(X,\mathfrak{J}^k\mathscr{F})$ 的任意 A 子模 P, 在 S 模 N 中我们总有

(4.1.7.19)
$$\nu_m(S_mP) = \alpha_m(S_m)P.$$

引理 (4.1.7.20) — 可以找到一个正整数 m, 使得当 $k \geqslant k_0$ 时总有 $\nu_m(Q_{k+m}) = 0$.

事实上, 我们只需取 m 是 h 的一个比 r 大的倍数即可, 因为对于 $k \geqslant k_0$, 我们有 $Q_{k+m} = S_mQ_k$, 故依照 (4.1.7.19) 和 (4.1.7.15), 当 $k \geqslant k_0$ 时总有 $\nu_m(Q_{k+m}) = \alpha_m(S_m)Q_k \subseteq \alpha_r(S_r)Q_k = 0$.

(4.1.7.21) 注意到我们有交换图表

$$\begin{array}{ccccccc}
\mathrm{H}^n(X,\mathscr{F}) & \longrightarrow & \mathrm{H}^n(X,\mathscr{F}_k) & \xrightarrow{\partial} & \mathrm{H}^{n+1}(X,\mathfrak{J}^{k+1}\mathscr{F}) & \longrightarrow & \mathrm{H}^{n+1}(X,\mathscr{F}) \\
\uparrow & & \uparrow & & \uparrow & & \uparrow \\
\mathrm{H}^n(X,\mathscr{F}) & \longrightarrow & \mathrm{H}^n(X,\mathscr{F}_{k+m}) & \xrightarrow[\partial]{} & \mathrm{H}^{n+1}(X,\mathfrak{J}^{k+m+1}\mathscr{F}) & \longrightarrow & \mathrm{H}^{n+1}(X,\mathscr{F}),
\end{array}$$

它是由下面的交换图表所导出的

$$\begin{array}{ccccccccc}
0 & \longrightarrow & \mathfrak{J}^{k+1}\mathscr{F} & \longrightarrow & \mathscr{F} & \longrightarrow & \mathscr{F}_k & \longrightarrow & 0 \\
 & & \uparrow & & \uparrow & & \uparrow & & \\
0 & \longrightarrow & \mathfrak{J}^{k+m+1}\mathscr{F} & \longrightarrow & \mathscr{F} & \longrightarrow & \mathscr{F}_{k+m} & \longrightarrow & 0,
\end{array}$$

其中竖直箭头都是典范映射, 于是可以得到交换图表

$$\begin{array}{ccccccccccc}
0 & \longrightarrow & R_k & \longrightarrow & H & \longrightarrow & H_k & \longrightarrow & Q_k & \longrightarrow & 0 \\
 & & \uparrow & & \uparrow{\scriptstyle \mathrm{id}} & & \uparrow & & \uparrow{\scriptstyle \nu_m} & & \\
0 & \longrightarrow & R_{k+m} & \longrightarrow & H & \longrightarrow & H_{k+m} & \longrightarrow & Q_{k+m} & \longrightarrow & 0,
\end{array}$$

它的两行都是正合的. 由于当 $k \geqslant k_0$ 时, 最右边的竖直箭头是 0 (4.1.7.20), 故知 H_{k+m} 在 H_k 中的像包含在 $\mathrm{Ker}(H_k \to Q_k) = \mathrm{Im}(H \to H_k)$ 中, 然而根据图表的交换性, 它又包含了 $\mathrm{Im}(H \to H_k)$, 从而两者是相等的. 因而对于 $k' \geqslant k+m$, $H_{k'}$ 在 H_k 中的像也是如此, 这就表明投影系 $(H_k)_{k\geqslant 0}$ 满足 (ML) 条件. 进而, 对于 X 的任意仿射开集 U, 当 $i > 0$ 时总有 $\mathrm{H}^i(U,\mathscr{F}_k) = 0$ (1.3.1), 并且当 $m > 0$ 时, 映射 $\mathrm{H}^0(U,\mathscr{F}_{k+m}) \to \mathrm{H}^0(U,\mathscr{F}_k)$ 总是满的 (**I**, 1.3.9). 从而我们可以应用 (**0**, 13.3.1), 于是对任意 $n \geqslant 0$, 典范同态 $\mathrm{H}^n(\widehat{X},\widehat{\mathscr{F}}) \to \varprojlim_k \mathrm{H}^n(X,\mathscr{F}_k)$ 总是一一的.

由于投影系 $(H/R_k)_{k\geqslant 0}$ 是严格的, 故我们可以对正合序列

$$(\mathbf{4.1.7.22})\qquad 0 \longrightarrow H/R_k \longrightarrow H_k \longrightarrow Q_k \longrightarrow 0$$

取投影极限 (**0**, 13.2.2), 又因为 $\nu_m(Q_{k+m})=0$, 故有 $\varprojlim_k Q_k=0$, 这就得到了一个拓扑同构 $\varprojlim_k(H/R_k)\xrightarrow{\sim}\varprojlim_k H_k$. 然而 H 的滤解 (R_k) 是 $\mathfrak{I}$ 优良的, 故它在 H 上定义了 $\mathfrak{I}$ 预进拓扑, 从而 $\varprojlim_k(H/R_k)$ 是 H 在 $\mathfrak{I}$ 预进拓扑下的分离完备化, 这就完成了 (4.1.7) 的证明.

(4.1.8) 最后我们来看 (4.1.5) 的证明, 对于 Y 的任意仿射开集 V, $\Gamma(V,(\mathrm{R}^n f_*\mathscr{F})\widehat{\ })$ 都是 $\Gamma(V,\mathrm{R}^n f_*\mathscr{F})$ 在 $\mathfrak{I}$ 预进拓扑 (设 $\mathscr{J}|_V=\widetilde{\mathfrak{I}}$) 下的分离完备化, 这是因为, $\mathrm{R}^n f_*\mathscr{F}$ 是一个凝聚 $\mathscr{O}_Y$ 模层 (**I**, 10.8.4), 并且 $\Gamma(V,\varprojlim_k \mathrm{R}^n f_*\mathscr{F}_k)$ 等于 $\varprojlim_k \Gamma(V,\mathrm{R}^n f_*\mathscr{F}_k)$ ($\mathbf{0_I}$, 3.2.6), 从而由 (4.1.7) 和 (1.4.11) 就可以推出 φ_n 是拓扑同构的事实. 另一方面 (仍然借助 (1.4.11)), 由 (4.1.7) 知, (4.1.3.3) 中的同态 $\psi_{n,V}$ 是一个同构, 从而由 $\mathrm{R}^n\widehat{f}_*\widehat{\mathscr{F}}$ 的定义知, ψ_n 是一个同构.

推论 (4.1.9) — 在 (4.1.4) 的前提条件下, 对于 Y 的任意仿射开集 V, 典范同态

$$\mathrm{H}^n\big(\widehat{X}\cap f^{-1}(V),\widehat{\mathscr{F}}\big) \longrightarrow \Gamma\big(\widehat{Y}\cap V,\mathrm{R}^n\widehat{f}_*\widehat{\mathscr{F}}\big)$$

都是一一的.

注解 (4.1.10) — 设 $f:X\to Y$ 是 Noether (通常) 概形之间的一个有限型态射, $\mathscr{F}$ 是一个凝聚 $\mathscr{O}_X$ 模层, 并假设它的支集在 Y 上是紧合的 (**II**, 5.4.10). 此时由 (3.2.4) 知, 对任意 $n\geqslant 0$, $\mathrm{R}^n f_*\mathscr{F}$ 都是凝聚 $\mathscr{O}_Y$ 模层. 进而, 我们总可以假设 $\mathscr{F}=u_*\mathscr{G}$, 其中 $\mathscr{G}=u^*\mathscr{F}$ 是一个凝聚 $\mathscr{O}_Z$ 模层, Z 是指 X 的某个适当的闭子概形, 底空间是 $\operatorname{Supp}\mathscr{F}$, 并且 $u:Z\to X$ 是典范含入 (**I**, 9.3.5). 令 $\mathscr{G}_k=\mathscr{G}\otimes_{\mathscr{O}_Y}(\mathscr{O}_Y/\mathscr{J}^{k+1})$, 则我们有 $\mathscr{G}_k=u^*\mathscr{F}_k$, $\mathrm{R}^n f_*\mathscr{F}_k=\mathrm{R}^n(f\circ u)_*\mathscr{G}_k$, $\mathrm{R}^n f_*\mathscr{F}=\mathrm{R}^n(f\circ u)_*\mathscr{G}$ (1.3.4), 最后, 有见于 (**I**, 10.9.5), 我们还有

$$\mathrm{R}^n\widehat{f}_*\widehat{\mathscr{F}} \;=\; \mathrm{R}^n(f\circ u)\widehat{_*}(\widehat{\mathscr{G}}),$$

于是可以把 (4.1.5) 应用到 $\mathscr{G}$ 和紧合态射 $f\circ u$ 上, 从而在这样的前提条件下, (4.1.5) 的那些结果对于 $\mathscr{F}$ 和 f 也是成立的.

4.2 特殊情形以及变化形

第一比较定理 (4.1.5) 的一个最常用的形式就是下面的:

命题 (4.2.1) — 设 Y 是一个局部 *Noether* 概形, $f : X \to Y$ 是一个紧合态射, $\mathscr{F}$ 是一个凝聚 $\mathscr{O}_X$ 模层. 则对任意 $y \in Y$ 和任意 p, $(\mathrm{R}^p f_* \mathscr{F})_y$ 都是有限型 $\mathscr{O}_y$ 模, 从而在 $\mathfrak{m}_y$ 预进拓扑下是分离的, 并且我们有典范的拓扑同构

$$\textbf{(4.2.1.1)} \qquad \big((\mathrm{R}^p f_* \mathscr{F})_y\big)^\wedge \xrightarrow{\sim} \varprojlim_k \mathrm{H}^p\big(f^{-1}(y), \mathscr{F} \otimes_{\mathscr{O}_Y} (\mathscr{O}_y/\mathfrak{m}_y^k)\big),$$

其中左边一项是 $(\mathrm{R}^p f_* \mathscr{F})_y$ 在 $\mathfrak{m}_y$ 预进拓扑下的完备化, 而在右边一项中, $f^{-1}(y)$ 是被理解为概形 $X \times_Y \operatorname{Spec}(\mathscr{O}_y/\mathfrak{m}_y^k)$ 的底空间 (对任意 $k \geqslant 0$) (**I**, 3.6.1).

由于 $\mathscr{O}_y$ 是 Noether 局部环, 并且 $(\mathrm{R}^p f_* \mathscr{F})_y$ 是有限型 $\mathscr{O}_y$ 模 (3.2.1), 故知 $(\mathrm{R}^p f_* \mathscr{F})_y$ 的 $\mathfrak{m}_y$ 预进拓扑是分离的 ($\mathbf{0_I}$, 7.3.5). 当 Y 是 Noether 概形并且 y 是闭点时, 由 (4.1.7) 就可以推出其余的结论, 只需把 Y 换成 y 的一个仿射开邻域, 并取 $Y' = \{y\}$ 即可, 参考 (G, II, 4.9.1). 在一般情况下, 令 $Y_1 = \operatorname{Spec} \mathscr{O}_y$, $X_1 = X \times_Y Y_1$, $\mathscr{F}_1 = \mathscr{F} \otimes_{\mathscr{O}_Y} \mathscr{O}_{Y_1}$, 并设 $f_1 = f \times 1_{Y_1} : X_1 \to Y_1$, 则 Y_1 是 Noether 的, f_1 是紧合的 (**II**, 5.4.2, (iii)), 并且 $\mathscr{F}_1$ 是凝聚的 ($\mathbf{0_I}$, 5.3.11). 设 y_1 是 Y_1 的唯一闭点, 则命题对于 $f_1, \mathscr{F}_1$ 和 y_1 是成立的. 我们有 $\mathscr{O}_{y_1} = \mathscr{O}_y$, $f_1^{-1}(y_1) = f^{-1}(y)$ (**I**, 3.6.5), 这里是把概形 $X \times_Y \operatorname{Spec}(\mathscr{O}_y/\mathfrak{m}_y^k)$ 典范等同于 $X_1 \times_{Y_1} \operatorname{Spec}(\mathscr{O}_y/\mathfrak{m}_y^k)$ (**I**, 3.3.9). 进而, $\mathscr{F}_1 \otimes_{\mathscr{O}_{Y_1}} (\mathscr{O}_y/\mathfrak{m}_y^k)$ 可以等同于 $\mathscr{F} \otimes_{\mathscr{O}_Y} (\mathscr{O}_y/\mathfrak{m}_y^k)$ (**I**, 9.1.6). 只需再说明 $\mathrm{R}^p f_{1*} \mathscr{F}_1$ 典范同构于 $\mathrm{R}^p f_* \mathscr{F} \otimes_{\mathscr{O}_Y} \mathscr{O}_{Y_1}$ 即可, 而这可由 (1.4.15) 得出, 因为局部态射 $\operatorname{Spec} \mathscr{O}_y \to Y$ 是平坦的 ($\mathbf{0_I}$, 6.7.1 和 **I**, 2.4.2).

使用维数理论 (第四章) 中的概念还可以写出下面的推论, 这个结果我们在第四章之前不会使用.

推论 (4.2.2) — 设 Y 是一个局部 *Noether* 概形, $f : X \to Y$ 是一个紧合态射, y 是 Y 的一点, r 是 $f^{-1}(y)$ 的维数. 则对任意凝聚 $\mathscr{O}_X$ 模层 $\mathscr{F}$, 只要 $p > r$, 层 $\mathrm{R}^p f_* \mathscr{F}$ 就在 y 的某个邻域上等于 0.

事实上, 对任意 k, 我们都有 $\mathrm{H}^p(f^{-1}(y), \mathscr{F} \otimes (\mathscr{O}_y/\mathfrak{m}_y^k)) = 0$ (G, II, 4.15.2), 从而 (4.2.1) $(\mathrm{R}^p f_* \mathscr{F})_y$ 在 $\mathfrak{m}_y$ 预进拓扑下的分离完备化是 0, 由于该拓扑是分离的, 从而也有 $(\mathrm{R}^p f_* \mathscr{F})_y = 0$, 故得结论, 因为 $\mathrm{R}^p f_* \mathscr{F}$ 是凝聚的 ($\mathbf{0_I}$, 5.2.2).

(4.2.3) (4.2.1) 的结果最常被用到的情形是 $p = 0$, 即下面这个推论:

推论 (4.2.4) — 在 (4.2.1) 的前提条件下, 我们有典范的拓扑同构

$$\big((f_* \mathscr{F})_y\big)^\wedge \xrightarrow{\sim} \varprojlim_k \Gamma\big(f^{-1}(y), \mathscr{F}_y/\mathfrak{m}_y^k \mathscr{F}_y\big).$$

4.3 Zariski 连通性定理

本节和下节的结果推广了熟知的 Zariski 诸定理, 且都可由 (4.2.4) 导出. 它们全是下述定理的推论:

定理 (4.3.1) (连通性定理) — 设 Y 是一个局部 *Noether* 概形, $f : X \to Y$ 是一个紧合态射, 从而 $\mathscr{A}(X) = f_*\mathscr{O}_X$ 是凝聚 $\mathscr{O}_Y$ 代数层. 设 Y' 是这样一个有限型分离 Y 概形, 它满足 $\mathscr{A}(Y') = \mathscr{A}(X)$, 这个 Y' 在只差 Y 同构的意义下是唯一确定的 (**II**, 1.3.1 和 6.1.3). 若 $f' = \mathscr{A}(e)$ 是由恒同同构 $e : \mathscr{A}(Y') \to \mathscr{A}(X)$ 所导出的 Y 态射 $X \to Y'$ (**II**, 1.2.7), 则 f' 是紧合的, $f'_*\mathscr{O}_X$ 同构于 $\mathscr{O}_{Y'}$, 并且对任意 $y' \in Y'$, 态射 f' 的纤维 $f'^{-1}(y')$ 都是连通且非空的.

设 $g : Y' \to Y$ 是结构态射. 为了证明在态射 f' 的定义中所用到的同态 $\theta : \mathscr{O}_{Y'} \to f'_*\mathscr{O}_X$ 是一一的, 只需证明 (因为 Y' 在 Y 上是仿射的) $g_*(\theta) : g_*\mathscr{O}_{Y'} \to g_*f'_*\mathscr{O}_X = f_*\mathscr{O}_X$ 是恒同即可 (**II**, 1.4.2). 然而这可由定义得出, 因为 $g_*\mathscr{O}_{Y'} = \mathscr{A}(Y')$ 且 $f_*\mathscr{O}_X = \mathscr{A}(X)$. $\mathscr{A}(X)$ 是凝聚层这件事是有限性定理 (3.2.1) 的一个特殊情形. 由于 f 是紧合的, 且 g 是分离的, 从而 f' 是紧合的 (**II**, 5.4.3, (i)). 现在为了完成 (4.3.1) 的证明, 只需再证明下面的

推论 (4.3.2) — 在 (4.3.1) 的前提条件下, 进而假设 $f_*\mathscr{O}_X$ 同构于 $\mathscr{O}_Y$. 则对任意 $y \in Y$, 纤维 $f^{-1}(y)$ 都是连通且非空的.

$f_*\mathscr{O}_X$ 同构于 $\mathscr{O}_Y$ 的条件表明, f 是笼罩性的, 从而也是映满的, 因为 f 是闭映射. 与 (4.2.1) 一样, 可以把问题归结到 y 是 Y 的闭点的情形, 由于 $f^{-1}(y)$ 是一个 Noether 空间, 故它只有有限个连通分支, 并且它是 X 沿着 $f^{-1}(y)$ 的完备化 $\widehat{X}$ 的底空间. 若 $Z_i\,(1 \leqslant i \leqslant n)$ 是这些连通分支, 则易见 $\Gamma(\widehat{X}, \mathscr{O}_{\widehat{X}})$ 是这些环 $\Gamma(Z_i, \mathscr{O}_{\widehat{X}})$ 的直合, 并且每个分量都不是 0, 因为单位元截面在 $\widehat{X}$ 的每一点处都不等于 0. 现在我们把 (4.1.5) 应用到 $\mathscr{F} = \mathscr{O}_X$ 上, 它沿着 $f^{-1}(y)$ 的完备化就是 $\mathscr{O}_{\widehat{X}}$, 故知 $\Gamma(\widehat{X}, \mathscr{O}_{\widehat{X}})$ 同构于局部环 $\mathscr{O}_y$ 在 $\mathfrak{m}_y$ 预进拓扑下的分离完备化, 从而它也是局部环, 自然不能表示成多个非零环的直合 (否则它就会有多个极大理想). 因而 $n = 1$, 这就证明了推论.

推论 (4.3.3) — 在 (4.3.1) 的前提条件下, 令 $g : Y' \to Y$ 是结构态射, 则对任意 $y \in Y$, 纤维 $f^{-1}(y)$ 的连通分支都一一对应着纤维 $g^{-1}(y)$ 的有限个点 (换句话说, 一一对应着 $(f_*\mathscr{O}_X)_y$ 的有限个极大理想).

事实上, Y' 在 Y 上是有限的, 从而 $g^{-1}(y)$ 是一个有限离散空间 (**II**, 6.1.7). 由于 $f^{-1}(y) = f'^{-1}(g^{-1}(y))$, 故由 (4.3.1) 就可以推出结论.

这样我们就得到了 (4.3.1) 中所定义的 Y 概形 Y' 的一个很重要的解释. 紧合

态射 f 的上述分解 $f = g \circ f'$ 非常类似于 K. Stein 对于解析空间的全纯映射所得到的那个分解，因此我们也把这个分解称为 f 的 *Stein* 分解.

注解 (4.3.4) — 设 k 是域 $\boldsymbol{k}(y)$ 的一个扩张, 若概形 $f^{-1}(y) \otimes_{\boldsymbol{k}(y)} k = X \times_Y \operatorname{Spec} k$ 是连通的, 则 $f^{-1}(y)$ 也是如此, 因为它就是投影态射的像 (**I**, 3.4.7). 对于一个概形态射 $f : X \to Y$ 和一点 $y \in Y$ 来说, 所谓纤维 $f^{-1}(y)$ 是几何连通的，是指对于 $\boldsymbol{k}(y)$ 的任意扩张 k, 概形 $f^{-1}(y) \otimes_{\boldsymbol{k}(y)} k = X \times_Y \operatorname{Spec} k$ 都是连通的. 于是在 (4.3.2) 的前提条件下, 我们可以把结论加强为: 这些纤维 $f^{-1}(y)$ 实际上都是几何连通的. 为了证明这件事, 注意到对于 $\boldsymbol{k}(y)$ 的任意扩张 k, 均可找到一个 Noether 局部环 A 和一个局部同态 $\varphi : \mathscr{O}_y \to A$, 使得 A 成为一个平坦$\mathscr{O}_y$ 模, 并使得 A 的剩余类域在 $\boldsymbol{k}(y)$ 上同构于 k (**0**, 10.3.1). 设 $Y_1 = \operatorname{Spec} A$, 并设 $h : Y_1 \to Y$ 是 φ 所对应的局部态射, 它把 Y_1 的唯一闭点 y_1 映到 y 上 (**I**, 2.4.1). 令 $X_1 = X \times_Y Y_1$ 和 $f_1 = f \times 1_{Y_1}$, 则 f_1 是紧合的 (**II**, 5.4.2, (iii)), 并且 $f_1^{-1}(y_1)$ 作为 $\boldsymbol{k}(y_1)$ 概形同构于 $X \times_Y \operatorname{Spec} k$. 从而问题归结为证明 $(f_1)_*(\mathscr{O}_{X_1}) = \mathscr{O}_{Y_1}$, 因为这样就可以把 (4.3.2) 应用到 f_1 上. 现在由 (**I**, 2.4.2) 和 (1.4.15.5) 知, g 是一个平坦态射, 从而依照 (1.4.15) (取 $q = 0$), 我们有 $(f_1)_*(\mathscr{O}_{X_1}) = h^* f_* \mathscr{O}_X = h^* \mathscr{O}_Y = \mathscr{O}_{Y_1}$.

在 (4.3.1) 的一般情况下, 同样的论证表明, (仍使用 (4.3.1) 的记号) $(f_1)_*(\mathscr{O}_{X_1}) = h^* g_* \mathscr{O}_{Y'}$, 并且 f_1 的 Stein 分解 $f_1 = g_1 \circ f_1'$ 满足 $g_1 = g \times 1_{Y_1}$ (**II**, 1.5.2), 对应的有限 Y_1 概形是 $Y_1' = Y' \times_Y Y_1$. 于是由纤维的传递性 (**I**, 3.6.4) 知, ${f_1}^{-1}(y_1)$ 的连通分支的个数 (利用 (4.3.3)) 就等于 ${g_1}^{-1}(y_1) = g^{-1}(y) \otimes_{\boldsymbol{k}(y)} k$ 的元素个数. 若我们取 k 是 $\boldsymbol{k}(y)$ 的一个代数闭扩张, 则这个数字并不依赖于所考虑的代数闭扩张, 并且也等于$g^{-1}(y)$ 的几何点的个数 (**I**, 6.4.7), 或者说, 等于各个可分秩 $[\boldsymbol{k}(y_i') : \boldsymbol{k}(y)]_s$ 的和, 其中 y_i' 跑遍有限集合 $g^{-1}(y)$. 我们也把这个数值称为 $f^{-1}(y)$ 的连通分支的几何个数. 再注意到 $\boldsymbol{k}(y_i')$ 恰好就是半局部环 $(f_* \mathscr{O}_X)_y$ 的那些剩余类域.

命题 (4.3.5) — 设 X 和 Y 是两个局部 *Noether* 整概形, $f : X \to Y$ 是一个笼罩性的紧合态射. 则对每个 $y \in Y$, $f^{-1}(y)$ 的连通分支的个数最多等于 $\mathscr{O}_y$ 在有理函数域 $\mathrm{R}(X)$ 中的整闭包 $\mathscr{O}_y'$ 的极大理想的个数.

事实上, 对于 Y 的任意开集 U, $\Gamma(U, f_* \mathscr{O}_X) = \Gamma(f^{-1}(U), \mathscr{O}_X)$ 都等于满足 $x \in f^{-1}(U)$ 的那些局部环 $\mathscr{O}_x$ 的交集 (**I**, 8.2.1.1). 由此立知, 茎条 $(f_* \mathscr{O}_X)_y$ 是 $\mathrm{R}(X)$ 的一个包含 $\mathscr{O}_y$ 的子环. 进而, 由于 $f_* \mathscr{O}_X$ 是凝聚 $\mathscr{O}_Y$ 模层, 故知 $(f_* \mathscr{O}_X)_y$ 是有限型 $\mathscr{O}_y$ 模. 从而包含在 $\mathscr{O}_y'$ 中. 我们知道 ([13], vol. I, p. 257 和 259) 这样的一个环 A 的所有极大理想都是 $\mathscr{O}_y'$ 的极大理想与 A 的交集, 故得命题的结论.

定义 (4.3.6) — 所谓一个整局部环是独枝的，是指它的整闭包仍然是一个局部环. 所谓一个整概形 Y 在点 y 处是独枝的, 是指局部环 $\mathscr{O}_y$ 是独枝的 (特别地,

若 Y 在点 y 处是正规的, 则显然也是独枝的).

设 A 是一个整局部环, 并设 K 是它的分式域, 为了使 A 是独枝的, 必须且只需 K 的任何有限 A 子代数 A_1 都是局部环. 事实上, 设 A' 是 A 的整闭包, 则由 Cohen-Seidenberg 第一定理 (Bourbaki,《交换代数学》, V, §2, ¥1, 定理 1) 知, A_1 的任何极大理想都是 A' 的极大理想与 A_1 的交集, 从而若 A' 是局部环, 则 A_1 也是如此. 反之, A' 是它的有限 A 子代数 A_α 的递增滤相族的归纳极限, 若每个 A_α 都是局部环, 则由前面所述知, 对任意 $A_\alpha \subseteq A_\beta$ 来说, A_α 的极大理想总是 A_β 的极大理想与 A_α 的交集. 从而 A' 是一个局部环 (**0**, 10.3.1.3).

注意到如果一个 *Noether* 局部环 A 的完备化是整的 (此时我们也说 A 是解析整的), 则 A 是独枝的. 事实上, 设 A 的极大理想是 $\mathfrak{m}$, 且 K 是它的分式域, K' 是 $\widehat{A}$ 的分式域, 则我们有 $K' \supseteq K \otimes_A \widehat{A}$. 设 A'_F 是 K 的一个有限 A 子代数, 则 K' 的由 $\widehat{A}$ 和 A'_F 所生成的子环 B_F 就同构于 $A'_F \otimes_A \widehat{A}$, 这个子环是一个有限型 $\widehat{A}$ 模, 并且是 A'_F 在 $\mathfrak{m}$ 预进拓扑下的完备化 ($\mathbf{0_I}$, 7.3.3 和 7.3.6). 由于 A'_F 是半局部环 (Bourbaki,《交换代数学》, IV, §2, ¥5, 命题 9 的推论 3), 并且它的完备化是整的, 故知 A'_F 只能有一个极大理想 $\mathfrak{m}'_F$, 并且 $\mathfrak{m}'_F \cap A = \mathfrak{m}$, 从而就得到上述阐言.

推论 (4.3.7) — 在 (4.3.5) 的前提条件下, 再假设 $\mathrm{R}(Y)$ 在 $\mathrm{R}(X)$ 中的代数闭包具有可分次数 n, 并且 Y 在 y 处是独枝的. 则纤维 $f^{-1}(y)$ 至多有 n 个连通分支. 特别地, 若 $\mathrm{R}(Y)$ 在 $\mathrm{R}(X)$ 中的代数闭包在 $\mathrm{R}(Y)$ 上是紧贴的, 则 $f^{-1}(y)$ 是连通的.

事实上, 设 $\mathscr{O}''_y$ 是 $\mathscr{O}_y$ 的整闭包, 则 $\mathscr{O}_y$ 在 $\mathrm{R}(X)$ 中的整闭包 $\mathscr{O}'_y$ 也是 $\mathscr{O}''_y$ 在 $\mathrm{R}(X)$ 中的整闭包. 然而若 $\mathscr{O}''_y$ 是一个局部环, 则 $\mathscr{O}'_y$ 是半局部环, 并且它的极大理想的个数至多等于 n ([13], vol. I, p. 289, 定理 22).

这个推论本质上就是 Zariski 对于域上的有限型概形所给出的 "连通性定理" 的形式.

注解 (4.3.8) — 如果在 (4.3.7) 的前提条件上再追加假设 Y 在点 y 处是正规的, 则纤维 $f^{-1}(y)$ 是几何连通的, 因为 (在 (4.3.4) 的记号下) $g^{-1}(y)$ 只含一个点 y', 并且 $\boldsymbol{k}(y')$ 在 $\boldsymbol{k}(y)$ 上是紧贴的.

定义 (4.3.9) — 给了一个局部 *Noether* 概形 Y, 所谓一个**有限型**态射 $f : X \to Y$ 是*广泛开的*, 是指对任意不可约局部 *Noether* 概形 Y' 和任意笼罩性态射 $g : Y' \to Y$, $X' = X \times_Y Y'$ 的每个不可约分支都笼罩了 Y'.

若 Y 是不可约的, 且 Y 和 Y' 的一般点分别是 η, η' (于是 $g(\eta') = \eta$), 再令 $f' = f_{(Y')}$, 则上述定义相当于说, X' 的每个不可约分支都与 ${f'}^{-1}(\eta')$ 有交点 ($\mathbf{0_I}$, 2.1.8), 从而此时对于 Y 的任意开集 U, f 的限制态射 $f^{-1}(U) \to U$ 都是广泛开的.

推论 (4.3.10) — 设 X, Y 是两个局部 *Noether* 整概形. $f: X \to Y$ 是一个笼罩性的紧合广泛开态射. 若 $\mathrm{R}(Y)$ 在 $\mathrm{R}(X)$ 中的代数闭包在 $\mathrm{R}(Y)$ 上是紧贴的, 则所有纤维 $f^{-1}(y)$ $(y \in Y)$ 都是几何连通的.

可以限于考虑 $Y = \operatorname{Spec} B$ 的情形, 其中 B 是一个 Noether 整环. 此时由 (**II**, 7.1.7) 知, 可以找到一个整闭 *Noether* 局部环 A, 以 $\mathrm{R}(Y)$ 为其分式域, 并且托举着 $\mathscr{O}_y$. 设 $Y' = \operatorname{Spec} A$, 并设 $h: Y' \to Y$ 是典范含入 $B \to A$ 所对应的态射, 它是双有理的 (从而是笼罩性的). 进而, 若 y' 是 Y' 的唯一闭点, 则有 $h(y') = y$. 设 $X' = X \times_Y Y'$, $f' = f \times 1_{Y'}$, 并且分别用 η, η', ξ 来标记 Y, Y', X 的一般点, 则有 $f(\xi) = \eta$ 和 $h^{-1}(\eta) = \{\eta'\}$, 进而, $\boldsymbol{k}(\eta) = \boldsymbol{k}(\eta') = \mathrm{R}(Y)$, 从而 $f'^{-1}(\eta')$ 同构于 $f^{-1}(\eta)$ (**I**, 3.6.4), 特别地, 由于 ξ 是 $f^{-1}(\eta)$ 的一般点 ($\mathbf{0_I}$, 2.1.8), 从而 $f'^{-1}(\eta')$ 只有一个一般点. 然而由前提条件知, X' 的任何不可约分支的一般点都落在 $f'^{-1}(\eta')$ 中, 从而 X' 必须是不可约的, 并且它的一般点 ξ' 也是 $f'^{-1}(\eta')$ 的一般点, 且有 $\boldsymbol{k}(\xi') = \boldsymbol{k}(\xi)$. 令 $X'' = X'_{\mathrm{red}}$, $f'' = f'_{\mathrm{red}}$, 则 X'' 是 Noether 整概形, f'' 是紧合的 (**II**, 5.4.6), 并且纤维 $f'^{-1}(y')$ 和 $f''^{-1}(y')$ 具有相同的底空间. 进而, $\mathrm{R}(X'') = \boldsymbol{k}(\xi') = \mathrm{R}(X)$, 从而 f'' 满足 (4.3.8) 的前提条件, 因而 $f''^{-1}(y')$ 是几何连通的. 现在设 k 是 $\boldsymbol{k}(y)$ 的任何一个扩张, 则可以找到 $\boldsymbol{k}(y)$ 的一个扩张 k_1, 使得 $\boldsymbol{k}(y')$ 和 k 都能看作它的子扩张 (Bourbaki,《代数学》, V, §4, 命题 2). 根据前提条件, $f''^{-1}(y') \times_{Y'} \operatorname{Spec} k_1$ 是连通的, 并且它与 $f'^{-1}(y') \times_{Y'} \operatorname{Spec} k_1$ 具有相同的既约化概形 (**I**, 5.1.8), 从而后者也是连通的, 又因为它同构于 $f^{-1}(y) \times_Y \operatorname{Spec} k_1$ (**I**, 3.6.4), 故知最后这个概形也是连通的. 于是由 (4.3.4) 的开头部分的讨论得知, $f^{-1}(y) \times_Y \operatorname{Spec} k$ 也是连通的, 这就完成了证明.

注解 (4.3.11) — (i) 上述论证本质上来源于 Zariski [20], 只是在那里直接取 A 就是 $\mathscr{O}_y$ 的整闭包, 因为对于古典代数几何中的局部环来说, 这个整闭包总是一个 Noether 环. 另一方面, Zariski 还证明了, 若 Y 是域 k 上的射影空间 $\mathbf{P}_k^r$ 的 Chow 多样体, 并设 X 是 $\mathbf{P}_k^r \times_k Y$ 的这样一个闭子集, 它定义了 $\mathbf{P}_k^r$ 和 Y 之间的 Chow 照合, 则投影 $X \to Y$ 是一个广泛开态射 (前引, p. 82, 引理). 这似乎就是在某些应用中我们唯一需要用到的 "Chow 坐标" 的性质, 而且有必要把 "射影空间中的轮圈的特殊化" 这种古典说法转换成 "紧合态射的纤维" 这样的语言 (可能还要假设广泛开的条件或者满足某些与局部正则性相类似的条件).

(ii) 在第四章的 (14.3.2) 中, 我们将证明, 广泛开态射 $f: X \to Y$ 也能用下面的方式来定义 (这也解释了该术语的来历): 对任意态射 $Z \to Y$, 态射 $f_{(Z)}: X_{(Z)} \to Z$ 总是开的. 进而可以证明, 若 f 满足 (4.3.10) 的前提条件, 则对于 Y 中的两个点 y, y' 来说, 如果 y 是 y' 的特殊化, 则 $f^{-1}(y)$ 的连通分支的几何个数最多等于

$f^{-1}(y')$ 的连通分支的几何个数.

推论 (4.3.12) — 在 (4.3.5) 的前提条件下, 进而假设 $\mathrm{R}(Y)$ 在 $\mathrm{R}(X)$ 中是代数闭的, 并设 y 是 Y 的一个正规点. 则 $f^{-1}(y)$ 是几何连通的, 并且可以找到 y 在 Y 中的一个开邻域 U, 使得 $f_*(\mathscr{O}_X|_{f^{-1}(U)})$ 同构于 $\mathscr{O}_Y|_U$. 特别地, 若假设 Y 是正规的 (并且 $\mathrm{R}(Y)$ 在 $\mathrm{R}(X)$ 中是代数闭的), 则 $f_*\mathscr{O}_X$ 同构于 $\mathscr{O}_Y$.

关于 $f^{-1}(y)$ 的第一句话是 (4.3.8) 的一个特殊情形. 由此可知, 若 $f: X \xrightarrow{f'} Y' \xrightarrow{g} Y$ 是 f 的 Stein 分解 (4.3.3), 则 $g^{-1}(y)$ 只含一点 y'. 进而, 我们有 $\mathscr{O}_y \subseteq \mathscr{O}_{y'} = (f_*\mathscr{O}_X)_y \subseteq \mathrm{R}(X)$, 且由于 $\mathscr{O}_{y'}$ 在 $\mathscr{O}_y$ 上是有限的 (从而在 $\mathrm{R}(Y)$ 上是有限的), 故知 $\mathscr{O}_{y'} = \mathscr{O}_y$. 由此得知, g 在点 y' 近旁是一个局部同构 (**I**, 6.5.4), 这就证明了推论的第一部分. 第二部分可由第一部分得出, 因为追加的条件表明, g 是一一的, 并且在 Y 的任何点的近旁都是局部同构, 从而它就是一个同构.

推论 (4.3.7) 对于分离概形成立这件事具有很多应用, 比如下面的:

命题 (4.3.13) — 设 A 是一个独枝的 *Noether* 局部环, $\mathfrak{a}$ 是 A 的一个定义理想, $A_0 = A/\mathfrak{a}$, $S = \mathrm{gr}_{\mathfrak{a}}(A)$ 是 A 在 $\mathfrak{a}$ 预进滤解下的衍生分次环, 它是一个可由 S_1 生成的 $\mathbb{N}$ 分次 A_0 代数, 并且 S_1 是一个有限型 A_0 模. 则 $\mathrm{Proj}\, S$ 是一个连通的分离 A_0 概形.

设 $\mathfrak{m}$ 是 A 的极大理想, 则 $Y = \mathrm{Spec}\, A$ 是一个整分离概形, 并且 $\mathfrak{m}$ 所对应的点 y 是它的唯一闭点. 由前提条件知, 对某个正整数 p, 我们有 $\mathfrak{m}^p \subseteq \mathfrak{a} \subseteq \mathfrak{m}$, 从而 $V(\mathfrak{a}) = \{\mathfrak{m}\}$. 设 $S' = \bigoplus_{n\geqslant 0} \mathfrak{a}^n$, 并设 $X = \mathrm{Proj}\, S'$, 它是理想 $\mathfrak{a}$ 所产生的暴涨 Y 概形. 现在 X 是整的, 结构态射 $f: X \to Y$ 是双有理的 (**II**, 8.1.4), 而且显然也是射影的, 从而可以应用 (4.3.7), 这表明 $f^{-1}(y)$ 是连通的. 然而空间 $f^{-1}(y)$ 就是 $\mathrm{Proj}(S' \otimes_A A_0)$ 的底空间 (**I**, 3.6.1 和 **II**, 2.8.10), 并且由定义知 $S' \otimes_A A_0 = S$, 这就证明了命题.

4.4 Zariski "主定理"

命题 (4.4.1) — 设 Y 是一个局部 *Noether* 概形, $f: X \to Y$ 是一个紧合态射. 设 X' 是由满足条件 "x 是纤维 $f^{-1}(f(x))$ 中的孤立点" 的那些点 $x \in X$ 所组成的集合. 则集合 X' 在 X 中是开的, 并且若 $f = g \circ f'$ 是 f 的 *Stein* 分解 (4.3.3), 则 f' 在 X' 上的限制给出了从 X' 到 Y' 的某个开子概形 U 的同构, 且我们有 $X' = f'^{-1}(U)$.

由于 $g^{-1}(f(x))$ 是有限且离散的 (4.3.3 和 **II**, 6.1.7), 故为了使 x 在 $f^{-1}(f(x))$ 中是孤立的, 必须且只需它在 $f'^{-1}(f'(x))$ 中是孤立的, 从而可以限于考虑 $f' = f$

的情形, 此时 $f_*\mathscr{O}_X=\mathscr{O}_Y$. 现在若 $x\in X'$, 则 $f^{-1}(f(x))$ 是连通的 (4.3.2), 从而只含一点 x. 由于 f 是闭的, 故对于 x 在 X 中的任意开邻域 V, $f(X\smallsetminus V)$ 在 Y 中都是闭的, 并且不包含 $y=f(x)$, 因为 $f^{-1}(y)=\{x\}$. 若 U 是 $f(X\smallsetminus V)$ 在 Y 中的补集, 则我们有 $f^{-1}(U)\subseteq V$, 由此可知, y 的一个基本开邻域组在 f 下的逆像可以组成 x 的一个基本开邻域组. 于是由 $f_*\mathscr{O}_X=\mathscr{O}_Y$ 的条件以及层的顺像的定义 ($\mathbf{0_I}$, 3.4.1 和 4.2.1) 得知, 若 $f=(\psi,\theta)$, 则同态 $\theta_y^\sharp:\mathscr{O}_y\to\mathscr{O}_x$ 是一个同构. 因而我们可以找到 x 的一个邻域 V 和 y 的一个邻域 U, 使得 f 在 V 上的限制是一个从 V 到 U 的同构 (**I**, 6.5.4). 进而由前面所述知, 可以假设 $f^{-1}(U)=V$, 此时由定义立知, $V\subseteq X'$, 这就完成了证明.

下面这个命题是 Chevalley 所证明的, 但只是针对域上的有限型分离概形.

命题 (4.4.2) — *设 Y 是一个局部 Noether 概形, $f:X\to Y$ 是一个态射. 则以下诸条件是等价的:*

a) f 是有限的.

b) f 是仿射且紧合的.

c) f 是紧合的, 并且对任意 $y\in Y$, $f^{-1}(y)$ 都是有限集合.

我们已经知道 a) 蕴涵 b) (**II**, 6.1.2 和 6.1.11). 若 f 是仿射且紧合的, 则态射 $f^{-1}(y)\to\operatorname{Spec}\boldsymbol{k}(y)$ 也是如此 (**II**, 1.6.2, (iii) 和 5.4.2, (iii)), 因而把有限性定理 (3.2.1) 应用到 $f^{-1}(y)$ 的结构层上就可以推出 $f^{-1}(y)=\operatorname{Spec}A$, 其中 A 是一个有限 $\boldsymbol{k}(y)$ 代数, 从而 $f^{-1}(y)$ 是有限集合 (**II**, 6.1.7), 这就证明了 b) 蕴涵 c). 最后, 由于 $f^{-1}(y)$ 是 $\boldsymbol{k}(y)$ 上的有限型概形, 故由点集 $f^{-1}(y)$ 是有限集合的条件知, 空间 $f^{-1}(y)$ 是离散的 (**I**, 6.4.4). 从而在 (4.4.1) 的记号下, 我们有 $X'=X$, 并且 $f':X\to Y'$ 是一个同构. 而由于 g 是一个有限态射, 故知 c) 蕴涵 a).

定理 (4.4.3) (Zariski"主定理") — *设 Y 是一个 Noether 概形, $f:X\to Y$ 是一个拟射影态射, X' 是由满足 "x 是纤维 $f^{-1}(f(x))$ 中的孤立点" 的那些点 $x\in X$ 所组成的集合. 则 X' 是 X 的一个开子集, 并且 X 在 X' 上所诱导的子概形同构于某个有限 Y 概形 Y' 的开子概形.*

由前提条件知, 我们能找到一个射影 Y 概形 Z, 使得 X 可以 Y 同构于 Z 在它的某个开集上所诱导的子概形 (**II**, 5.3.2 和 5.5.1). 从而问题归结为在 f 是射影态射的条件下来证明定理, 但此时 f 是紧合的 (**II**, 5.5.3), 因而由 (4.4.1) 立得结论.

注解 (4.4.4) — 若 X 是既约的 (切转: 若 X 是不可约的, 且 X' 是非空的), 则可以在 (4.4.3) 的陈述中要求 Y' 也是既约的 (切转: 不可约的). 事实上, 我们总可以把 Y' 换成 X' 在 Y' 中的概闭包子概形 $\overline{X'}$ (**I**, 9.5.11 和 **II**, 6.1.5, (i) 和 (ii)), 且我们知道若 X' 是既约的, 则 $\overline{X'}$ 也是如此 (**I**, 9.5.9, (i)). 此外, 若 X' 不是空的,

则当 X 不可约时, X' 也是不可约的, 从而 $\overline{X'}$ 同样是不可约的.

推论 (4.4.5) — 设 Y 是一个局部 *Noether* 分离概形, $f: X \to Y$ 是一个有限型态射, x 是 X 的一点, 并且在它的纤维 $f^{-1}(f(x))$ 中是孤立的. 则可以找到 x 在 X 中的一个开邻域, 它同构于某个有限 Y 概形的开子概形.

事实上, 设 $y = f(x)$, U 是 y 在 Y 中的一个仿射开邻域, V 是 x 在 X 中的一个仿射开邻域, 且包含在 $f^{-1}(U)$ 中. 则由于 Y 是分离的, 故知含入 $U \to X$ 是仿射的 (**II**, 1.6.3), 并且由于 V 在 U 上是仿射的, 故知 f 在 V 上的限制是一个仿射态射 $V \to Y$ (**II**, 1.6.2, (ii)), 从而也是拟射影态射, 因为它是有限型的 (**I**, 6.3.5 和 **II**, 5.3.4, (i)). 我们只需把定理 (4.4.3) 应用到这个限制上即可.

推论 (4.4.5) 也可以表达成交换代数的语言:

推论 (4.4.6) — 设 A 是一个 *Noether* 环, B 是一个有限型 A 代数, $\mathfrak{q}$ 是 B 的一个素理想, $\mathfrak{p}$ 是 $\mathfrak{q}$ 在 A 中的逆像. 假设 $\mathfrak{q}$ 在 B 的所有以 $\mathfrak{p}$ 为逆像的素理想的集合中既是极大的又是极小的. 则可以找到一个 $g \in B \smallsetminus \mathfrak{q}$、一个有限 A 代数 A' 和一个元素 $f' \in A$, 使得 A 代数 B_g 和 $A'_{f'}$ 是同构的.

事实上, 只需把 (4.4.5) 应用到 $Y = \operatorname{Spec} A$ 和 $X = \operatorname{Spec} B$ 上即可, 此时 $\mathfrak{q}$ 上的条件刚好就意味着它在纤维中是孤立的 (**I**, 1.1.7).

由此可以导出下面这个结果, 表面看来没有前面的结果那么普遍:

推论 (4.4.7) — 设 A 是一个 *Noether* 局部环, B 是一个有限型 A 代数, $\mathfrak{n}$ 是 B 的一个素理想, 且它在 A 中的逆像是极大理想 $\mathfrak{m}$. 假设 $\mathfrak{n}$ 在 B 中是极大的, 并且在 B 的所有以 $\mathfrak{m}$ 为逆像的素理想的集合中还是极小的 (这也表明 $B\mathfrak{m}$ 是 $\mathfrak{n}$ 准素的). 则可以找到一个有限 A 代数 A' 和 A' 的一个极大理想 $\mathfrak{m}'$ (它在 A 中的逆像就是 $\mathfrak{m}$), 使得 $B_{\mathfrak{n}}$ 同构于 A 代数 $A'_{\mathfrak{m}'}$.

(4.4.7) 的下面这个特殊情形有时也被称为 "主定理":

推论 (4.4.8) — 在 (4.4.7) 的条件下, 进而假设 A 和 B 都是整的, 并且具有相同的分式域 K. 于是若 A 是整闭的, 则必有 $B = A$.

事实上, **注解 (4.4.4)** 表明, 在使用 (4.4.7) 时, 可以假设 A' 是整的, 并且以 K 为它的分式域. 此时 A 上的条件就说明 $A' = A$, 从而 $B_{\mathfrak{n}} = A$. 由于我们有 $A \subseteq B \subseteq B_{\mathfrak{n}}$, 这就推出了 $A = B$.

(4.4.8) 的陈述就是 Zariski 最初所给的 "主定理" 的形式 (这里我们已经把它扩展到了任意的 Noether 整局部环上).

上面这些推论都是 (4.4.3) 的一些局部性的表达方式, 而 (4.4.3) 本身则是整体性的. 现在我们来给出 (4.4.3) 的一个整体性的推论:

推论 (4.4.9) — 设 Y 是一个局部 *Noether* 整概形, $f: X \to Y$ 是一个双有理的有限型分离态射. 再假设 Y 是正规的, 并且对任意 $y \in Y$, 纤维 $f^{-1}(y)$ 的底集合都是有限的. 则 f 是一个开浸入. 进而若 f 是闭的 (特别地, 若 f 是紧合的), 则 f 是一个同构.

* **(追加 III, 28)** — 可以把 "设 Y 是一个局部 Noether 整概形" 换成 "设 X 和 Y 是两个局部 Noether 整概形", 并把 "有限型" 改成 "局部有限型", 证明本质上不用改变, 因为由 $f^{-1}(y)$ 在 $\boldsymbol{k}(y)$ 上是局部有限型的仍可推出它是离散的.*

事实上, 设 $x \in X$, 并且令 $y = f(x)$. 则由于 $f^{-1}(y)$ 是 $\boldsymbol{k}(y)$ 上的有限型分离概形, 并且由前提条件知它是有限的, 故它是离散的 (**I**, 6.4.4). 进而 $\mathscr{O}_y$ 是整闭的, 并且 $\mathscr{O}_x$ 与 $\mathscr{O}_y$ 具有相同的分式域 (**I**, 7.1.5). 从而我们可以应用 (4.4.8), 于是若 $f = (\psi, \theta)$, 则同态 $\theta_y^\sharp : \mathscr{O}_y \to \mathscr{O}_x$ 是一一的, 由此可知 (**I**, 6.5.4), f 是一个局部同构. 然而 f 是分离的, 并且 X 是整的, 故知 f 是一个开浸入 (**I**, 8.2.8). 最后一句话可由 f 是笼罩性态射的事实推出.

命题 (4.4.10) — 设 Y 是一个局部 *Noether* 概形, $f: X \to Y$ 是一个局部有限型态射. 设集合 X' 是由满足条件 "x 是它的纤维 $f^{-1}(f(x))$ 中的孤立点" 的那些点 $x \in X$ 所组成的, 则 X' 在 X 中是开的.

问题在 X 和 Y 上都是局部性的, 故可假设 X 和 Y 都是 Noether 且仿射的, 并且 f 是有限型的. 此时 f 是一个有限型仿射态射, 从而是拟射影的 (**II**, 5.3.4, (i)), 故只需应用 (4.4.3) 即可.

推论 (4.4.11) — 设 Y 是一个局部 *Noether* 概形, $f: X \to Y$ 是一个紧合态射, U 是由满足 "$f^{-1}(y)$ 是离散空间" 的那些点 $y \in Y$ 所组成的集合, 则 U 在 Y 中是开的, 并且 f 的限制态射 $f^{-1}(U) \to U$ 是有限的. 特别地, 紧合拟有限态射 $X \to Y$ 总是有限的.

事实上, 依照 (4.4.10), U 在 Y 中的补集就是闭集 $X \setminus X'$ 在 f 下的像. 由于 f 是闭映射, 故知 U 是开的. 进而, 由 (**II**, 6.2.2) 知, 对任意 $y \in U$, $f^{-1}(y)$ 都是有限的. 由于 f 的限制态射 $f^{-1}(U) \to U$ 也是紧合的 (**II**, 5.4.1), 故依照 (4.4.2), 它是有限的.

注解 (4.4.12) — (i) 在 (**II**, 6.2.7) 中已经提到, 我们将在第四章的 (8.11.2) 中证明, 若 Y 是局部 Noether 的, 则任何拟有限的分离态射 $f: X \to Y$ 都是拟仿射的, 从而也是拟射影的. 由此得知, 在主定理 (4.4.3) 中, 如果只假设 f 是有限型分离的, 则结论仍然成立. 事实上, 由 (4.4.10) 知, X' 在 X 中是开的, 并且由于 X 是局部 Noether 的, 故知 f 在 X' 上的限制仍然是有限型的 (**I**, 6.3.5), 从而由 X'

的定义知, 该限制是拟有限的, 并且显然也是分离的, 从而可以把 (4.4.3) 应用到这个限制上, 这就推出了结论.

(ii) 我们将在第四章中给出 (4.4.10) 的一个更为初等的证明, 这需要使用维数理论.

4.5 同态模的完备化

命题 (4.5.1) — 设 A 是一个 *Noether* 环, $\mathfrak{I}$ 是 A 的一个理想, X 是一个有限型 A 概形, $\mathscr{F},\mathscr{G}$ 是两个凝聚 $\mathscr{O}_X$ 模层, 并且它们的支集的交集在 $Y=\operatorname{Spec}A$ 上是紧合的 (**II**, 5.4.10). 则对任意整数 $n\geqslant 0$, $\operatorname{Ext}^n_{\mathscr{O}_X}(X;\mathscr{F},\mathscr{G})$ 都是有限型 A 模, 并且它在 $\mathfrak{I}$ 预进拓扑下的分离完备化可以典范等同于 (在 (4.1.7) 的记号下) $\operatorname{Ext}^n_{\mathscr{O}_{\widehat{X}}}(\widehat{X};\widehat{\mathscr{F}},\widehat{\mathscr{G}})$.

我们知道 (T, 4.2), 有一个以 $\operatorname{Ext}_{\mathscr{O}_X}(X;\mathscr{F},\mathscr{G})$ 为目标的双正则谱序列 $\mathrm{E}(\mathscr{F},\mathscr{G})$, 它的 E_2 项由下式给出: $E_2^{p,q}=\mathrm{H}^p(X,\mathscr{E}xt^q_{\mathscr{O}_X}(\mathscr{F},\mathscr{G}))$. 每个 $\mathscr{E}xt^q_{\mathscr{O}_X}(\mathscr{F},\mathscr{G})$ 都是凝聚 $\mathscr{O}_X$ 模层 (**0**, 12.3.3), 且它的支集包含在 $\mathscr{F}$ 和 $\mathscr{G}$ 的支集的交集之中 (T, 4.2.2), 从而在 Y 上是紧合的 (**II**, 5.4.10). 因而由 (3.2.4) 知, $E_2^{p,q}$ 都是有限型 A 模, 从而 (**0**, 11.1.8) 这个谱序列的所有项 $E_r^{p,q}$ 以及它的目标都是有限型 A 模. 另一方面, 若 $i:\widehat{X}\to X$ 是典范态射, 则 $\widehat{\mathscr{F}}$ 和 $\widehat{\mathscr{G}}$ 可以典范等同于 $i^*\mathscr{F}$ 和 $i^*\mathscr{G}$, 并且 i 是平坦的 (**I**, 10.8.8 和 10.8.9). 于是由 (**0**, 12.3.4) 知, 对任意 $q\geqslant 0$, 我们都有一个典范 i 态射 $u_q:\mathscr{E}xt^q_{\mathscr{O}_X}(\mathscr{F},\mathscr{G})\to\mathscr{E}xt^q_{\mathscr{O}_{\widehat{X}}}(\widehat{\mathscr{F}},\widehat{\mathscr{G}})$, 且对应的 $\mathscr{O}_{\widehat{X}}$ 同态 $u^\sharp:i^*\mathscr{E}xt^q_{\mathscr{O}_X}(\mathscr{F},\mathscr{G})\to\mathscr{E}xt^q_{\mathscr{O}_{\widehat{X}}}(\widehat{\mathscr{F}},\widehat{\mathscr{G}})$ 是一个同构 (**0**, 12.3.5). 换句话说 (**I**, 10.8.8), $\mathscr{E}xt^q_{\mathscr{O}_{\widehat{X}}}(\widehat{\mathscr{F}},\widehat{\mathscr{G}})$ 可以典范等同于完备化 $(\mathscr{E}xt^q_{\mathscr{O}_X}(\mathscr{F},\mathscr{G}))^\wedge$ (在 (4.1.7) 的记号下). 从而由比较定理 (4.1.10) 知, 对任意 $p\geqslant 0$, $\mathrm{H}^p(\widehat{X},\mathscr{E}xt^q_{\mathscr{O}_{\widehat{X}}}(\widehat{\mathscr{F}},\widehat{\mathscr{G}}))$ 都可以典范等同于 $\mathrm{H}^p(X,\mathscr{E}xt^q_{\mathscr{O}_X}(\mathscr{F},\mathscr{G}))$ 在 $\mathfrak{I}$ 预进拓扑下的分离完备化. 于是若我们把 (T, 4.2) 中所定义的那个关于 $\widehat{\mathscr{F}}$ 和 $\widehat{\mathscr{G}}$ 的双正则谱序列记作 $\mathrm{E}(\widehat{\mathscr{F}},\widehat{\mathscr{G}})$, 并且令 $\widehat{A}$ 是 A 在 $\mathfrak{I}$ 预进拓扑下的分离完备化, 则在只差典范同构的意义下, 总有 $\mathrm{E}_2^{p,q}(\widehat{\mathscr{F}},\widehat{\mathscr{G}})=\mathrm{E}_2^{p,q}(\mathscr{F},\mathscr{G})\otimes_A\widehat{A}$ (**$\mathbf{0}_\mathbf{I}$**, 7.3.3).

在此基础上, 由平坦态射 i 可以定义出谱序列之间的一个典范同态

$$\varphi:\ \mathrm{E}(\mathscr{F},\mathscr{G})\longrightarrow\mathrm{E}(\widehat{\mathscr{F}},\widehat{\mathscr{G}})=\mathrm{E}(i^*\mathscr{F},i^*\mathscr{G}),$$

且它在 E_2 项 (切转: 目标) 上归结为同态

$$\varphi_2^{p,q}:\ \mathrm{H}^p(X,\mathscr{E}xt^q_{\mathscr{O}_X}(\mathscr{F},\mathscr{G}))\longrightarrow\mathrm{H}^p(\widehat{X},\mathscr{E}xt^q_{\mathscr{O}_{\widehat{X}}}(\widehat{\mathscr{F}},\widehat{\mathscr{G}})$$

$$(\text{切转: }\varphi^n:\ \operatorname{Ext}^n_{\mathscr{O}_X}(X;\mathscr{F},\mathscr{G})\longrightarrow\operatorname{Ext}^n_{\mathscr{O}_{\widehat{X}}}(\widehat{X};\widehat{\mathscr{F}},\widehat{\mathscr{G}})),$$

这是由 u_q (切转: u_0) 通过函子性而导出的同态 (**0**, 12.3.4). 把它们与 $\widehat{A}$ 取张量积, 则这些 $\varphi_r^{p,q}$ 和 φ^n 就给出了下面的 $\widehat{A}$ 同态

$$\psi_r^{p,q} \ : \ \mathrm{E}_r^{p,q}(\mathscr{F},\mathscr{G}) \otimes_A \widehat{A} \longrightarrow \mathrm{E}_r^{p,q}(\widehat{\mathscr{F}},\widehat{\mathscr{G}}),$$
$$\psi^n \ : \ \mathrm{Ext}^n_{\mathscr{O}_X}(X;\mathscr{F},\mathscr{G}) \otimes_A \widehat{A} \longrightarrow \mathrm{Ext}^n_{\mathscr{O}_{\widehat{X}}}(\widehat{X};\widehat{\mathscr{F}},\widehat{\mathscr{G}}).$$

由于 $\widehat{A}$ 是平坦 A 模 ($\mathbf{0_I}$, 7.3.3), 故这些 $\widehat{A}$ 模 $\mathrm{E}_r^{p,q}(\mathscr{F},\mathscr{G}) \otimes_A \widehat{A}$ 构成一个以 $\mathrm{Ext}^n_{\mathscr{O}_X}(X;\mathscr{F},\mathscr{G}) \otimes_A \widehat{A}$ 为目标的双正则谱序列, 并且这些 $\psi_r^{p,q}$ 和 ψ^n 构成谱序列的态射. 由于 $\psi_2^{p,q}$ 都是同构, 故知 ψ^n 也都是同构 (**0**, 11.1.5).

推论 (4.5.2) — 在 (4.5.1) 的前提条件下, 进而假设 A 是一个 *Noether* 进制环, $\mathfrak{J}$ 是一个定义理想. 则对任意整数 $n \geqslant 0$, $\mathrm{Ext}^n_{\mathscr{O}_X}(X;\mathscr{F},\mathscr{G})$ 都可以典范等同于 $\mathrm{Ext}^n_{\mathscr{O}_{\widehat{X}}}(\widehat{X};\widehat{\mathscr{F}},\widehat{\mathscr{G}})$.

只需注意到 $\mathrm{Ext}^n_{\mathscr{O}_X}(X;\mathscr{F},\mathscr{G})$ 是一个有限型 A 模, 从而在 $\mathfrak{J}$ 预进拓扑下是分离且完备的 ($\mathbf{0_I}$, 7.3.6) 即可.

在 (4.5.1) 中令 $n=0$, 就给出了下面的结果:

推论 (4.5.3) — 在 (4.5.1) 的前提条件下, 若对任意同态 $u:\mathscr{F}\to\mathscr{G}$, 都用 $\widehat{u}$ 来记它的完备化同态 $\widehat{\mathscr{F}}\to\widehat{\mathscr{G}}$ (**I**, 10.8.4), 则我们有一个典范同构

(4.5.3.1) $$(\mathrm{Hom}_{\mathscr{O}_X}(\mathscr{F},\mathscr{G}))^{\wedge} \xrightarrow{\sim} \mathrm{Hom}_{\mathscr{O}_X}(\widehat{\mathscr{F}},\widehat{\mathscr{G}}),$$

其中左边一项是 A 模 $\mathrm{Hom}_{\mathscr{O}_X}(\mathscr{F},\mathscr{G})$ 在 $\mathfrak{J}$ 预进拓扑下的分离完备化, 这个同构是通过对同态 $u\mapsto\widehat{u}$ 取分离完备化而得到的.

4.6 形式态射与通常态射之间的联系

命题 (4.6.1) — 设 Y 是一个局部 *Noether* 概形, $f:X\to Y$ 是一个紧合态射, $\mathscr{F}$ 是一个凝聚 $\mathscr{O}_X$ 模层, 并且是 f 平坦的, y 是 Y 的一点. 假设对于整数 n 来说, 我们有 $\mathrm{H}^n(f^{-1}(y),\mathscr{F}\otimes_{\mathscr{O}_Y}\boldsymbol{k}(y))=0$. 则可以找到 y 在 Y 中的一个邻域 U, 使得 $\mathrm{R}^n f_*\mathscr{F}|_U=0$, 并且对任意整数 $p\geqslant 0$, 典范同态

$$\big(\mathrm{R}^{n-1}f_*\mathscr{F}\big)_y \longrightarrow \mathrm{H}^{n-1}\big(f^{-1}(y),\mathscr{F}\otimes_{\mathscr{O}_Y}(\mathscr{O}_y/\mathfrak{m}_y^{p+1})\big)$$

(4.2.1.1) 都是满的.

由于 $\mathrm{R}^n f_*\mathscr{F}$ 是凝聚 $\mathscr{O}_Y$ 模层 (3.2.1), 故只要我们能证明 $(\mathrm{R}^n f_*\mathscr{F})_y=0$, 就可以由此推出命题的第一句话 ($\mathbf{0_I}$, 5.2.2), 且依照 (4.2.1), 只需证明对任意 p, 均有 $\mathrm{H}^n(f^{-1}(y),\mathscr{F}\otimes_{\mathscr{O}_Y}(\mathscr{O}_y/\mathfrak{m}_y^{p+1}))=0$ 即可. 根据前提条件, 当 $p=0$ 时, 这是成立的,

我们来对 p 进行归纳. 令 $X_p = X \times_Y \operatorname{Spec}(\mathscr{O}_y/\mathfrak{m}_y^{p+1})$, 则 X_{p-1} 是 X_p 的闭子概形, 且它们具有相同的底空间 (**I**, 3.6.1), 从而由归纳假设 $\mathrm{H}^n(X_{p-1}, \mathscr{F} \otimes_{\mathscr{O}_Y} (\mathscr{O}_y/\mathfrak{m}_y^p)) = 0$ 知, $\mathrm{H}^n(X_p, \mathscr{F} \otimes_{\mathscr{O}_Y} (\mathscr{O}_y/\mathfrak{m}_y^p)) = 0$. 另一方面, 从 $\mathscr{O}_{X_p}$ 模层的正合序列

$$0 \longrightarrow \mathfrak{m}_y^p\mathscr{F}/\mathfrak{m}_y^{p+1}\mathscr{F} \longrightarrow \mathscr{F}/\mathfrak{m}_y^{p+1}\mathscr{F} \longrightarrow \mathscr{F}/\mathfrak{m}_y^p\mathscr{F} \longrightarrow 0$$

引出上同调的正合序列, 这给出一个正合序列

$$\mathrm{H}^n(X_p, \mathfrak{m}_y^p\mathscr{F}/\mathfrak{m}_y^{p+1}\mathscr{F}) \longrightarrow \mathrm{H}^n(X_p, \mathscr{F}/\mathfrak{m}_y^{p+1}\mathscr{F}) \longrightarrow \mathrm{H}^n(X_p, \mathscr{F}/\mathfrak{m}_y^p\mathscr{F}).$$

因而只需证明

(4.6.1.1) $$\mathrm{H}^n(X_p, \mathfrak{m}_y^p\mathscr{F}/\mathfrak{m}_y^{p+1}\mathscr{F}) = 0,$$

因为这样一来 $\mathrm{H}^n(X_p, \mathscr{F}/\mathfrak{m}_y^{p+1}\mathscr{F})$ 就是 $\mathrm{H}^n(X_p, \mathscr{F}/\mathfrak{m}_y^p\mathscr{F})$ 的一个子模, 从而依照归纳假设, 它等于 0.

现在注意到纤维 $Z = f^{-1}(y) = X \times_Y \operatorname{Spec} \boldsymbol{k}(y)$ 是 X_p 的闭子概形, 并且 $\mathfrak{m}_y^p\mathscr{F}/\mathfrak{m}_y^{p+1}\mathscr{F}$ 可被 $\mathfrak{m}_y$ 所零化, 从而可以把它看作一个 $\mathscr{O}_Z$ 模层, 且有 $\mathrm{H}^n(Z, \mathfrak{m}_y^p\mathscr{F}/\mathfrak{m}_y^{p+1}\mathscr{F}) = \mathrm{H}^n(X_p, \mathfrak{m}_y^p\mathscr{F}/\mathfrak{m}_y^{p+1}\mathscr{F})$. 在此基础上, 我们来证明典范 $\mathscr{O}_Z$ 同态

(4.6.1.2) $$(\mathscr{F}/\mathfrak{m}_y\mathscr{F}) \otimes_{\boldsymbol{k}(y)} (\mathfrak{m}_y^p/\mathfrak{m}_y^{p+1}) \longrightarrow \mathfrak{m}_y^p\mathscr{F}/\mathfrak{m}_y^{p+1}\mathscr{F}$$

是一一的, 如果这件事成立, 则由于 $\mathfrak{m}_y^p/\mathfrak{m}_y^{p+1}$ 是自由 $\boldsymbol{k}(y)$ 模, 故可由此得到

$$\mathrm{H}^n(Z, \mathfrak{m}_y^p\mathscr{F}/\mathfrak{m}_y^{p+1}\mathscr{F}) = \mathrm{H}^n(Z, \mathscr{F}/\mathfrak{m}_y\mathscr{F}) \otimes_{\boldsymbol{k}(y)} (\mathfrak{m}_y^p/\mathfrak{m}_y^{p+1}) = 0$$

(**0**, 12.2.3) (因为由前提条件知 $\mathrm{H}^n(Z, \mathscr{F}/\mathfrak{m}_y\mathscr{F}) = 0$), 这就推出了 (4.6.1.1). 从而为了证明命题的第一句话, 我们只需证明 (4.6.1.2) 是一一的即可. 由于问题在 X 上是逐点的, 并且由前提条件知, 对任意 $x \in f^{-1}(y)$, $\mathscr{F}_x$ 都是平坦$\mathscr{O}_y$ 模, 故只需应用 (**0**, 10.2.1, c)) 即可, 因为 $\mathscr{F}_x/\mathfrak{m}_y\mathscr{F}_x$ 总是域 $\boldsymbol{k}(y) = \mathscr{O}_y/\mathfrak{m}_y$ 上的平坦模.

下面来证明 (4.6.1) 的第二句话, 与 (4.2.1) 一样, 问题可以立即归结到 Y 是仿射概形并且 y 是闭点的情形. 使用类似的论证方法, 可以从 (4.6.1.1) 得出下面的关系式

(4.6.1.3) $$\mathrm{H}^n(X_{k+1}, \mathfrak{m}_y^k\mathscr{F}/\mathfrak{m}_y^{k+p+1}\mathscr{F}) = 0 \qquad \text{对任意 } k > 0,$$

由此借助 (4.2.1) 又可以导出

(4.6.1.4) $$(\mathrm{R}^n f_*(\mathfrak{m}_y^k\mathscr{F}))_y = 0.$$

在此基础上, 上同调的正合序列就给出了下面的正合序列

$$(\mathrm{R}^{n-1}f_*\mathscr{F})_y \longrightarrow (\mathrm{R}^{n-1}f_*(\mathscr{F}/\mathfrak{m}_y^p\mathscr{F}))_y \longrightarrow (\mathrm{R}^n f_*(\mathfrak{m}_y^p\mathscr{F}))_y \longrightarrow 0,$$

并且由于 y 是闭点且 Y 是仿射的, 故得 (1.4.11)

$$\mathrm{R}^{n-1}f_*(\mathscr{F}/\mathfrak{m}_y^p\mathscr{F}) = \big(\mathrm{H}^{n-1}(X,\mathscr{F}/\mathfrak{m}_y^p\mathscr{F})\big)^{\sim} = \big(\mathrm{H}^{n-1}(f^{-1}(y),\mathscr{F}/\mathfrak{m}_y^p\mathscr{F})\big)^{\sim}$$

(G, II, 4.9.1). 现在 $\mathrm{H}^{n-1}(f^{-1}(y),\mathscr{F}/\mathfrak{m}_y^p\mathscr{F})$ 是一个 $(\mathscr{O}_y/\mathfrak{m}_y^p)$ 模, 故知

$$\big(\mathrm{R}^{n-1}f_*(\mathscr{F}/\mathfrak{m}_y^p\mathscr{F})\big)_y = \mathrm{H}^{n-1}\big(f^{-1}(y),\mathscr{F}/\mathfrak{m}_y^p\mathscr{F}\big),$$

这就完成了 (4.6.1) 的证明.

推论 (4.6.2) — 设 Y 是一个局部 *Noether* 概形, $f: X \to Y$ 是一个紧合平坦态射, $\mathscr{F},\mathscr{G}$ 是两个局部自由 $\mathscr{O}_X$ 模层, y 是 Y 的一点. 令 $X_y = f^{-1}(y) = X \otimes_Y \boldsymbol{k}(y)$, $\mathscr{F}_y = \mathscr{F} \otimes_{\mathscr{O}_Y} \boldsymbol{k}(y)$, $\mathscr{G}_y = \mathscr{G} \otimes_{\mathscr{O}_Y} \boldsymbol{k}(y)$, 并假设

(4.6.2.1) $$\mathrm{H}^1(X_y, \mathscr{H}om_{\mathscr{O}_{X_y}}(\mathscr{F}_y,\mathscr{G}_y)) = 0.$$

则对任意同态 $u_0: \mathscr{F}_y \to \mathscr{G}_y$, 均可找到 Y 的一个开邻域 U 和一个同态 $u: \mathscr{F}|_{f^{-1}(U)} \to \mathscr{G}|_{f^{-1}(U)}$, 使得 u_0 就等于同态 $u \otimes 1$.

事实上, 根据前提条件, 我们可以把 (4.6.1) 应用到凝聚 $\mathscr{O}_X$ 模层 $\mathscr{H} = \mathscr{H}om_{\mathscr{O}_X}(\mathscr{F},\mathscr{G})$ 和 $n = 1$, $p = 0$ 上, 因为 $\mathscr{H}$ 是局部自由的, 从而是 f 平坦的, 并且 $\mathscr{O}_{X_y}$ 模层 $\mathscr{H} \otimes_{\mathscr{O}_Y} \boldsymbol{k}(y)$ 可以等同于 $\mathscr{H}om_{\mathscr{O}_{X_y}}(\mathscr{F}_y,\mathscr{G}_y)$ ($\mathbf{0_I}$, 6.2.2). 可以假设 $Y = \operatorname{Spec} A$ 是仿射的, 因而 (1.4.11) $\mathrm{R}^0 f_*\mathscr{H} = (\mathrm{Hom}_{\mathscr{O}_X}(\mathscr{F},\mathscr{G}))^{\sim}$, 从而 $(\mathrm{R}^0 f_*\mathscr{H})_y = \mathrm{Hom}_{\mathscr{O}_X}(\mathscr{F},\mathscr{G}) \otimes_A \mathscr{O}_y$. 由 (4.6.1) 知, 典范同态

$$\mathrm{Hom}_{\mathscr{O}_X}(\mathscr{F},\mathscr{G}) \otimes_A \mathscr{O}_y \longrightarrow \mathrm{Hom}_{\mathscr{O}_{X_y}}(\mathscr{F}_y,\mathscr{G}_y)$$

是满的, 这就证明了推论, 因为 $\mathrm{Hom}_{\mathscr{O}_X}(\mathscr{F},\mathscr{G}) \otimes_A \mathscr{O}_y$ 中的任何元素都可以写成 $u \otimes (1/s)$ 的形状, 其中 $s \notin \mathfrak{m}_y$ 是 A 的一个元素.

这个推论还可以进一步完善如下:

推论 (4.6.3) — 在 (4.6.2) 的前提条件下, 若 u_0 是单的 (切转: 满的, 一一的), 则可以要求 u 也是单的 (切转: 满的, 一一的).

可以限于考虑 $U = Y$ 的情形, 并且我们只需证明, 若 u_0 是单的 (切转: 满的), 则对任何 $x \in f^{-1}(y)$, 均有 $\operatorname{Ker} u_x = 0$ (切转: $\operatorname{Coker} u_x = 0$). 这是因为, $\operatorname{Ker} u$ 和 $\operatorname{Coker} u$ 都是凝聚 $\mathscr{O}_X$ 模层 ($\mathbf{0_I}$, 5.3.4), 从而可以找到 $f^{-1}(y)$ 在 X 中的一个邻域

V, 使得 $\operatorname{Ker} u$ (切转: $\operatorname{Coker} u$) 在 V 上的限制是 0 ($\mathbf{0_I}$, 5.2.2), 由于 f 是闭的, 故可找到 y 的一个邻域 $U' \subseteq U$, 使得 $f^{-1}(U') \subseteq V$, 这就证明了 (4.6.3). 现在根据前提条件, $u_x \otimes 1 : \mathscr{F}_x \otimes_{\mathscr{O}_y} \boldsymbol{k}(y) \to \mathscr{G}_x \otimes_{\mathscr{O}_y} \boldsymbol{k}(y)$ 是单的 (切转: 满的), $\mathscr{F}_x$ 和 $\mathscr{G}_x$ 都是有限型自由 $\mathscr{O}_x$ 模, 并且 $\mathscr{O}_x$ 是平坦 $\mathscr{O}_y$ 模. 若 $u_x \otimes 1$ 是单的, 则由 ($\mathbf{0}$, 10.2.4) 就可以推出 u_x 是单的. 若 $u_x \otimes 1$ 是满的, 则它在商模上导出的同态 $\mathscr{F}_x/\mathfrak{m}_x\mathscr{F}_x \to \mathscr{G}_x/\mathfrak{m}_x\mathscr{G}_x$ 也是满的, 由于 $\mathscr{G}_x$ 是一个有限型 $\mathscr{O}_x$ 模, 并且 $\mathscr{O}_x$ 是极大理想为 $\mathfrak{m}_x$ 的局部环, 故由 Nakayama 引理 (Bourbaki,《代数学》, VIII, §6, ¥3, 命题 6 的推论 4) 就可以推出结论.

特别地, 由 (4.6.3) 又可以推出:

推论 (4.6.4) — 设 Y 是一个局部 *Noether* 概形, $f : X \to Y$ 是一个紧合平坦态射, y 是 Y 的一点, $X_y = X \otimes_Y \boldsymbol{k}(y)$. 设 $\mathscr{E}_0$ 是一个局部自由 $\mathscr{O}_{X_y}$ 模层, 并满足

(4.6.4.1) $$\mathrm{H}^1(X_y, \mathscr{H}om_{\mathscr{O}_{X_y}}(\mathscr{E}_0, \mathscr{E}_0)) = 0.$$

设 $\mathscr{F}, \mathscr{G}$ 是两个局部自由 $\mathscr{O}_X$ 模层, 并且 $\mathscr{F}_y$ 和 $\mathscr{G}_y$ (在 (4.6.2) 的记号下) 都同构于 $\mathscr{E}_0$. 则可以找到 y 的一个开邻域 U, 使得 $\mathscr{F}|_{f^{-1}(U)}$ 和 $\mathscr{G}|_{f^{-1}(U)}$ 是同构的.

更特别地:

推论 (4.6.5) — 在 (4.6.4) 中关于 f, X, Y 的前提条件下, 再假设 $\mathrm{H}^1(X_y, \mathscr{O}_{X_y}) = 0$. 若 $\mathscr{F}$ 和 $\mathscr{G}$ 是两个可逆 $\mathscr{O}_X$ 模层, 并且 $\mathscr{F}_y$ 与 $\mathscr{G}_y$ 是同构的, 则可以找到 y 的一个开邻域 U, 使得 $\mathscr{F}|_{f^{-1}(U)}$ 和 $\mathscr{G}|_{f^{-1}(U)}$ 是同构的.

只需把 (4.6.4) 应用到模层 $\mathscr{F}^{-1} \otimes \mathscr{G}$ 和 $\mathscr{O}_X$ 上即可.

注解 (4.6.6) — (i) 利用 (4.6.5), 我们可以在后面建立射影丛上的可逆层的分类定理, 这个结果的陈述已经出现在 (**II**, 4.2.7) 中.

(ii) (4.6.1) 的结果也是 §7 中的某些更一般的命题的直接推论.

命题 (4.6.7) — 设 Z 是一个局部 *Noether* 概形, X, Y 是两个 Z 概形, 并且结构态射 $g : X \to Z$, $h : Y \to Z$ 都是紧合的. 设 $f : X \to Y$ 是一个 Z 态射, z 是 Z 的一点, 并设 $f_z = f \times_Z 1 : X \otimes_Z \boldsymbol{k}(z) \to Y \otimes_Z \boldsymbol{k}(z)$.

(i) 若 f_z 是有限态射 (切转: 闭浸入), 则可以找到 z 的一个开邻域 U, 使得 f 的限制态射 $g^{-1}(U) \to h^{-1}(U)$ 是有限态射 (切转: 闭浸入).

(ii) 进而假设 g 是平坦态射. 于是若 f_z 是同构, 则可以找到 z 的一个开邻域 U, 使得 f 的限制态射 $g^{-1}(U) \to h^{-1}(U)$ 是同构.

在这两种情形下, 我们只需证明, 对任意 $y \in h^{-1}(z)$, 均可找到 y 的一个邻域 V_y, 使得 f 的限制 $f^{-1}(V_y) \to V_y$ 是有限态射 (切转: 闭浸入, 同构). 事实上, 由此

可知, 若取 V 就是这些 V_y 的并集, 则 f 的限制 $f^{-1}(V)\to V$ 是有限态射 (切转: 闭浸入, 同构) (**II**, 6.1.1 和 **I**, 4.2.4). 由于 h 是闭态射, 故可找到 z 的一个开邻域 U, 使得 $h^{-1}(U)\subseteq V$, 这就证明了命题.

(i) 首先注意到 f 是紧合态射 (**II**, 5.4.3). 假设 f_z 是有限的, 则由 (4.4.11) 就可以推出, 对任意 $y\in h^{-1}(z)$, 均可找到它的一个邻域 V_y, 使得 $f^{-1}(V_y)\to V_y$ 是有限的. 对于 f_z 是闭浸入的情形, 可以假设态射 f 已经是有限的, 从而 $X=\operatorname{Spec}\mathscr{B}$, 其中 $\mathscr{B}$ 是一个凝聚 $\mathscr{O}_Y$ 代数层, 并且态射 f 与典范同态 $u:\mathscr{O}_Y\to\mathscr{B}$ 相对应 (**II**, 1.2.7). 如果我们能够证明, 对于 $y\in h^{-1}(z)$, 同态 $u_y:\mathscr{O}_y\to\mathscr{B}_y$ 是满的, 那么就可以找到 y 的一个邻域 V_y, 使得 $u|_{V_y}$ 是满的, 因为层 Coker u 是凝聚的 ($\mathbf{0_I}$, 5.3.4 和 5.2.2). 现在有限态射 f 对应着同态 $v=u\otimes 1:\mathscr{O}_Y\otimes_{\mathscr{O}_Z}\boldsymbol{k}(z)\to\mathscr{B}\otimes_{\mathscr{O}_Z}\boldsymbol{k}(z)$, 并且由 f_z 是闭浸入的条件可以推出, 同态 $u_y\otimes 1:\mathscr{O}_y\otimes_{\mathscr{O}_Z}\boldsymbol{k}(z)\to\mathscr{B}_y\otimes_{\mathscr{O}_Z}\boldsymbol{k}(z)$ 是满的. 由于 $\mathscr{B}_y$ 是一个有限型 $\mathscr{O}_y$ 模, 并且 $\mathscr{O}_y$ 是 Noether 局部环, 从而由 Nakayama 引理就可以推出结论 (与 (4.6.3) 一样).

(ii) 使用与上面相同的方法还可以说明, 我们只需证明, 若 $u_y\otimes 1$ 是一一的, 则 u_y 也是一一的.

这件事可由下面的引理推出来:

引理 (4.6.7.1) — *设 A,B 是两个 Noether 局部环, $\rho:A\to B$ 是一个局部同态, $u:N\to M$ 是一个 B 同态. 假设 M 是一个平坦 A 模, N 是一个有限型 B 模, 并且 $u\otimes 1:N\otimes_A k\to M\otimes_A k$ (其中 k 是 A 的剩余类域) 是单的. 则 N 是一个平坦 A 模, 并且 u 是单的.*

为了证明第一句话, 我们需要说明, 对任意两个有限型A 模 P, Q 和任意 A 单同态 $v:P\to Q$, $1_N\otimes v:N\otimes_A P\to N\otimes_A Q$ 都是单的. 现在我们有下面的交换图表

$$\begin{array}{ccc} N\otimes_A P & \xrightarrow{1_N\otimes v} & N\otimes_A Q \\ {\scriptstyle u\otimes 1_P}\downarrow & & \downarrow{\scriptstyle u\otimes 1_Q} \\ M\otimes_A P & \xrightarrow[1_M\otimes v]{} & M\otimes_A Q \end{array} \quad ,$$

并且由前提条件知 $1_M\otimes v$ 是单的, 从而只需证明 $u\otimes 1_P$ 也是单的. 设 $\mathfrak{m}$ 是 A 的极大理想, 则 A 模 $N\otimes_A P$ 上的 $\mathfrak{m}$ 预进滤解也是它作为 B 模时的 $\mathfrak{m}B$ 预进滤解, 从而这个滤解所定义的拓扑是分离的, 因为 B 是 Noether 环, $\mathfrak{m}B$ 包含在 B 的根中, 并且 $N\otimes_A P$ 是有限型 B 模 (已知 N 是有限型 B 模且 P 是有限型 A 模) ($\mathbf{0_I}$, 7.3.5). 从而只需证明同态 $\operatorname{gr}(u\otimes 1_P):\operatorname{gr}_\bullet(N\otimes_A P)\to\operatorname{gr}_\bullet(M\otimes_A P)$ (其中的分次模都是相对于 $\mathfrak{m}$ 预进滤解的) 是单的 (Bourbaki, 《交换代数学》, III, §2, Ⅹ8, 定

理1的推论1). 注意到 M 是一个平坦 A 模, 故知同态 $M\otimes_A(\mathfrak{m}^nP)\to\mathfrak{m}^n(M\otimes_AP)$ 都是一一的, 从而典范同态

$$\varphi_M\ :\ \mathrm{gr}_0(M)\otimes_A\mathrm{gr}_\bullet(P)\ \longrightarrow\ \mathrm{gr}_\bullet(M\otimes_AP)$$

也是一一的.

现在我们有交换图表

$$\begin{array}{ccc}\mathrm{gr}_0(N)\otimes_A\mathrm{gr}_\bullet(P) & \xrightarrow{\mathrm{gr}_0(u)\otimes 1} & \mathrm{gr}_0(M)\otimes_A\mathrm{gr}_\bullet(P)\\ {\scriptstyle\varphi_N}\big\downarrow & & \big\downarrow{\scriptstyle\varphi_M}\\ \mathrm{gr}_\bullet(N\otimes_AP) & \xrightarrow[\mathrm{gr}(u\otimes 1)]{} & \mathrm{gr}_\bullet(M\otimes_AP),\end{array}$$

其中 φ_M 是一一的, φ_N 是满的, 进而由前提条件知, $\mathrm{gr}_0(u)$ 是单的, 且由于 $\mathrm{gr}_0(N)\otimes_A\mathrm{gr}_\bullet(P)=\mathrm{gr}_0(N)\otimes_k\mathrm{gr}_\bullet(P)$, $\mathrm{gr}_0(M)\otimes_A\mathrm{gr}_\bullet(P)=\mathrm{gr}_0(M)\otimes_k\mathrm{gr}_\bullet(P)$, 故知 $\mathrm{gr}_0(u)\otimes 1$ 也是单的. 由此得知, $\mathrm{gr}(u\otimes 1)$ 是单的, 这就证明了第一句话. 第二句话也可以从上述方法得出来, 只要取 $P=A$ 即可.

命题 (4.6.8) — *设 Z 是一个局部 Noether 概形, X,Y 是两个 Z 概形, 并且结构态射 $g:X\to Z$, $h:Y\to Z$ 都是紧合的, Z' 是 Z 的一个闭子集, $X'=g^{-1}(Z'),Y'=h^{-1}(Z')$ 是它的逆像, $f:X\to Y$ 是一个 Z 态射, $\widehat{f}:\widehat{X}\to\widehat{Y}$ 是它到完备化上的延拓. 则为了使 $\widehat{f}$ 是一个同构 (切转: 闭浸入), 必须且只需能找到 Z' 的一个开邻域 U, 使得 f 的限制态射 $g^{-1}(U)\to h^{-1}(U)$ 是一个同构 (切转: 闭浸入).*

条件的充分性是显然的 (**I**, 10.14.7). 为了证明必要性, 只需证明对任意 $y\in Y'$, 均可找到 y 的一个开邻域 V_y, 使得 f 的限制 $f^{-1}(V_y)\to V_y$ 是一个同构 (切转: 闭浸入) 即可, 理由与 (4.6.7) 相同. 于是问题归结到了 $Y=Z$ 并且 $Y=\mathrm{Spec}\,A$ 是 Noether 仿射概形的情形. 由前提条件知 (**I**, 10.9.1 和 10.14.2), 对于 $y\in Y'$, 纤维 $f^{-1}(y)$ 只含一点, 从而由 f 是紧合态射 (**II**, 5.4.3) 的条件知, 可以找到 y 的一个开邻域 U, 使得 f 的限制 $f^{-1}(U)\to U$ 是一个有限态射 (4.4.11). 故我们可以假设 f 已经是有限态射, 从而 $X=\mathrm{Spec}\,B$, 其中 B 是一个有限 A 代数. 若 $Y'=V(\mathfrak{J})$, 则我们有 $\widehat{Y}=\mathrm{Spf}\,\widehat{A}$, $\widehat{X}=\mathrm{Spf}\,\widehat{B}$, 其中 $\widehat{A}$ 是 A 在 $\mathfrak{J}$ 预进拓扑下的分离完备化, $\widehat{B}$ 是 B 在 $\mathfrak{J}B$ 预进拓扑下的分离完备化, 或等价地, $\widehat{B}$ 是 A 模 B 在 $\mathfrak{J}$ 预进拓扑下的分离完备化. 进而, $\widehat{f}$ 作为仿射形式概形之间的一个态射, 对应着典范环同态 $\varphi:A\to B$ 的连续延拓 $\widehat{\varphi}:\widehat{A}\to\widehat{B}$, 而前提条件是说, $\widehat{\varphi}$ 是满的 (切转: 一一的) (**I**, 10.14.2). 现在 $\widehat{\varphi}$ 也是 φ 作为 A 模同态的连续延拓, 从而由 (**I**, 10.8.14) 知, 可以找到 Y' 的一个开邻域 U, 使得 $\mathscr{O}_Y$ 模层同态 $\widetilde{\varphi}:\widetilde{A}\to\widetilde{B}$ 在 U 上的限制是满的 (切转: 一一的), 这就完成了证明.

4.7 丰沛性判别法

定理 (4.7.1) — 设 Y 是一个局部 *Noether* 概形, $f: X \to Y$ 是一个紧合态射, $\mathscr{L}$ 是一个可逆 $\mathscr{O}_X$ 模层, y 是 Y 的一点, $X_y = X \otimes_Y \boldsymbol{k}(y) = f^{-1}(y)$, g 是 X_y 到 X 的投影. 若 $\mathscr{L}_y = g^*\mathscr{L} = \mathscr{L} \otimes_{\mathscr{O}_Y} \boldsymbol{k}(y)$ 在 X_y 上是丰沛的, 则可以找到 y 在 Y 中的一个开邻域 U, 使得 $\mathscr{L}|_{f^{-1}(U)}$ 相对于 f 在 $f^{-1}(U)$ 上的限制是丰沛的.

I) 令 $Y' = \operatorname{Spec} \mathscr{O}_y$, $X' = X \times_Y Y'$, 并设 $\mathscr{L}' = \mathscr{L} \otimes_{\mathscr{O}_Y} \mathscr{O}_y$. 我们首先来证明 $\mathscr{L}'$ 相对于 $f' = f_{(Y')}$ 是丰沛的. 考虑下面的交换图表

$$\begin{array}{ccccc} X & \longleftarrow & X' & \longleftarrow & X_y \\ {\scriptstyle f}\big\downarrow & & {\scriptstyle f'}\big\downarrow & & {\scriptstyle f_y}\big\downarrow \\ Y & \longleftarrow & Y' & \longleftarrow & \operatorname{Spec} \boldsymbol{k}(y) \end{array} .$$

由于 f' 是紧合的 (**II**, 5.4.2, (iii)), 并且 $\mathscr{O}_y$ 是 Noether 的, 故我们可以限于考虑 $Y = Y' = \operatorname{Spec} \mathscr{O}_y$ 的情形, 从而 $X = X'$, 假设 $\mathscr{L}_y$ 是 f_y 丰沛的, 则需要证明 $\mathscr{L}$ 是 f 丰沛的 (**II**, 4.6.6). 我们要使用 (2.6.1, c)) 的判别法, 于是问题归结为证明, 对任意凝聚 $\mathscr{O}_X$ 模层 $\mathscr{F}$, 均可找到一个整数 N, 使得当 $n \geqslant N$ 时总有 $\mathrm{H}^1(X, \mathscr{F}(n)) = 0$, 其中 $\mathscr{F}(n) = \mathscr{F} \otimes \mathscr{L}^{\otimes n}$. 注意到 y 就是 Y 中与 $\mathscr{O}_y$ 的极大理想 $\mathfrak{m}$ 相对应的闭点, 从而 X_y 是 X 的闭子概形, 由 $\mathscr{O}_X$ 的凝聚理想层 $\mathscr{J} = (f^*\widetilde{\mathfrak{m}})\mathscr{O}_X = \mathfrak{m}\mathscr{O}_X$ 所定义 (**I**, 4.4.5), 并且 g 是典范含入. 现在考虑分次 $\boldsymbol{k}(y)$ 代数 $S = \operatorname{gr}(\mathscr{O}_y) = \bigoplus_{j \geqslant 0} \mathfrak{m}^j/\mathfrak{m}^{j+1}$, 它是有限型的, 因为 $\mathscr{O}_y$ 是 Noether 的, 从而 $\mathscr{O}_X$ 代数层 $\mathscr{S} = f^*\widetilde{S}$ 是有限型拟凝聚的, 并且它显然可被 $\mathscr{J}$ 所零化, 从而若令 $\mathscr{S}_y = g^*\mathscr{S}$, 则 $\mathscr{S}_y$ 是一个有限型拟凝聚 $\mathscr{O}_{X_y}$ 代数层, 并且 $\mathscr{S} = g_*\mathscr{S}_y$. 另一方面, 令 $\mathscr{M}_j = \mathfrak{m}^j\mathscr{F}/\mathfrak{m}^{j+1}\mathscr{F}$ 和 $\mathscr{M} = \bigoplus_{j \geqslant 0} \mathscr{M}_j = \operatorname{gr}(\mathscr{F})$, 则由于 $\mathscr{F}$ 是凝聚的, 故知 $\mathscr{M}$ 是一个有限型拟凝聚 $\mathscr{S}$ 模层 (**0**, 10.1.1), 并且也可被 $\mathscr{J}$ 所零化, 因而若令 $\mathscr{M}'_j = g^*\mathscr{M}_j$, 则 $\mathscr{M}' = g^*\mathscr{M} = \bigoplus_{j \geqslant 0} \mathscr{M}'_j$ 是一个有限型拟凝聚分次 $\mathscr{S}_y$ 模层, 并满足 $\mathscr{M} = g_*\mathscr{M}'$. 进而, 令 $\mathscr{M}'_j(n) = \mathscr{M}'_j \otimes \mathscr{L}_y^{\otimes n}$, 则我们有 $\mathscr{M}'_j(n) = g^*(\mathscr{M}_j(n))$. 在此基础上, f_y 是紧合的 (**II**, 5.4.2, (iii)), 且 $\mathscr{L}_y$ 是丰沛的, 从而 f_y 是射影的 (**II**, 5.5.4 和 4.6.11), 故我们可以把定理 (2.4.1, (ii)) 应用到 $\operatorname{Spec} \boldsymbol{k}(y)$, f_y, $\mathscr{S}_y$, $\mathscr{L}_y$ 和 $\mathscr{M}'$ 上, 由此得知, 可以找到一个整数 N, 使得当 $n \geqslant N$ 时, 对所有 $q > 0$ 和所有j, 均有 $\mathrm{H}^q(X_y, \mathscr{M}'_j(n)) = 0$. 从而对所有 $q > 0$ 和所有 j, 我们也有 $\mathrm{H}^q(X, \mathscr{M}_j(n)) = 0$ (G, II, 4.9.1). 令 $\mathscr{F}(n)_j = \mathscr{F}(n)/\mathfrak{m}^{j+1}\mathscr{F}(n)$, 则对于 $j \geqslant 1$, 总有 $\mathscr{F}(n)_{j-1} = \mathscr{F}(n)_j/\mathscr{M}_j(n)$, 并且 $\mathscr{F}(n)_0 = \mathscr{M}_0(n)$. 现在 $\mathrm{H}^1(X, \mathscr{F}(n)_0) = 0$, 并且由上同调的

正合序列知, 对任意 $j \geqslant 1$, 均有 $\mathrm{H}^1(X, \mathscr{F}(n)_j) = \mathrm{H}^1(X, \mathscr{F}(n)_{j-1})$, 从而对任意 $j \geqslant 0$, 均有 $\mathrm{H}^1(X, \mathscr{F}(n)_j) = 0$. 因而由 (4.2.1) 得知, $\mathrm{H}^1(X, \mathscr{F}(n)) = 0$, 这就证明了上述阐言.

II) 回到证明开始处的记号, 并注意到我们总可以假设 $Y = \operatorname{Spec} A$, 由于 f' 是有限型的, 并且 $\mathscr{L}'$ 是 f' 丰沛的, 故可找到一个正整数 m, 使得 $\mathscr{L}'^{\otimes m}$ 是 f' 极丰沛的 (**II**, 4.6.11). 必要时把 $\mathscr{L}$ 换成 $\mathscr{L}^{\otimes m}$, 则可以限于考虑 $\mathscr{L}'$ 是 f' 极丰沛的这个情形, 并且只需证明 $\mathscr{L}|_{f^{-1}(U)}$ 是 f 极丰沛的即可. 由于 f' 是紧合的, 故可找到一个闭浸入 $j : X' \to P = \mathbf{P}^r_{Y'}$ (其中 r 是适当选取的正整数), 使得 $\mathscr{L}'$ 同构于 $j^*(\mathscr{O}_P(1))$ (**II**, 5.5.4, (ii)). 这个浸入典范地对应着一个 $\mathscr{O}_{X'}$ 满同态 $u : \mathscr{O}^{r+1}_{X'} \to \mathscr{L}'$ (**II**, 4.2.3), 后者又相当于 ($\mathbf{0}_\mathbf{I}$, 5.1.1) 给出了 $\mathscr{L}'$ 在 X' 上的 $r+1$ 个截面 $s'_i\,(0 \leqslant i \leqslant r)$, 并且要求这些截面能够生成该 $\mathscr{O}_{X'}$ 模层. 根据定义, 这些截面也是 $f'_*(\mathscr{L}')$ 在 Y' 上的截面. 我们有 $f'_*(\mathscr{L}') = (f_*\mathscr{L}) \otimes_{\mathscr{O}_Y} \mathscr{O}_{Y'}$ ($\mathbf{0}_\mathbf{I}$, 5.4.10), Y 是仿射的, 并且 $\mathscr{O}_y$ 是 A 在素理想 $\mathfrak{j}_y$ 处的局部环, 从而 $s'_i = s''_i/t_i$, 其中 s''_i 是 $f_*\mathscr{L}$ 在 Y 上的截面, 并且 $t_i \in A$ 没有落在 $\mathfrak{j}_y$ 中. 由此得知, 可以找到 y 在 Y 中的一个仿射开邻域 V 以及 $(f_*\mathscr{L})|_V$ 的一些截面 s_i, 使得 $s'_i = s_i/1$ (注意到空间 Y' 包含在 V 中, 参考 **I**, 2.4.2). 于是这些 s_i 都是 $\mathscr{L}$ 在 $f^{-1}(V)$ 上的截面, 从而定义了一个同态 $v : (\mathscr{O}_X|_{f^{-1}(V)})^{r+1} \to \mathscr{L}|_{f^{-1}(V)}$, 并且由前提条件知, 该同态在 $f^{-1}(y)$ 的任意点处都是满的. 由于 $\operatorname{Coker}(v)$ 是凝聚的 ($\mathbf{0}_\mathbf{I}$, 5.3.4), 故它的支集是闭的 ($\mathbf{0}_\mathbf{I}$, 5.2.2), 从而可以找到 $f^{-1}(y)$ 的一个开邻域 $W \subseteq f^{-1}(V)$, 使得 v 在 W 上的限制是一个满同态. 现在态射 f 是闭的, 从而我们可以假设 W 具有 $f^{-1}(U)$ 的形状, 其中 U 是 y 的一个开邻域, 此时由 (**II**, 4.2.3) 就可以推出结论.

4.8 形式概形的有限态射

命题 (4.8.1) — 设 $\mathfrak{Y}$ 是一个局部 *Noether* 形式概形, $\mathscr{K}$ 是 $\mathfrak{Y}$ 的一个定义理想层, $f : \mathfrak{X} \to \mathfrak{Y}$ 是一个形式概形态射. 则以下诸条件是等价的:

a) $\mathfrak{X}$ 是局部 *Noether* 的, f 是一个进制态射 (**I**, 10.12.1), 并且若令 $\mathscr{J} = (f^*\mathscr{K})\mathscr{O}_\mathfrak{X}$, 则由 f 所导出的态射 $f_0 : (\mathfrak{X}, \mathscr{O}_\mathfrak{X}/\mathscr{J}) \to (\mathfrak{Y}, \mathscr{O}_\mathfrak{Y}/\mathscr{K})$ 是有限的.

b) $\mathfrak{X}$ 是局部 *Noether* 的, 并且是某个进制 (Y_n) 归纳系 (X_n) 的归纳极限, 其中的态射 $X_0 \to Y_0$ 是有限的.

c) $\mathfrak{Y}$ 的任何点都具有这样一个 *Noether* 仿射形式开邻域 V, 它使得 $f^{-1}(V)$ 是一个仿射形式开集, 并使得 $\Gamma(f^{-1}(V), \mathscr{O}_\mathfrak{X})$ 是一个有限型 $\Gamma(V, \mathscr{O}_\mathfrak{Y})$ 模.

由 (**I**, 10.12.3) 立知, a) 蕴涵 b). 为了证明 b) 蕴涵 c), 我们可以假设 $\mathfrak{Y} = \operatorname{Spf} B$, 其中 B 是一个 Noether 进制环, 并且 $\mathscr{K} = \mathfrak{K}^{\Delta}$, 其中 $\mathfrak{K}$ 是 B 的一个定义理想. 由前提条件知, X_0 是一个仿射概形, 并且它的环 A_0 是一个有限型 $B/\mathfrak{K}$ 模 (**II**, 6.1.3). 于是依照 (**I**, 5.1.9), 每个 X_n 都是仿射概形, 并且如果设 A_n 是它的环, 则条件 b) 表明, 对任意 $m \leqslant n$, A_m 都同构于 $A_n/\mathfrak{K}^{m+1}A_n$. 由此可知, $\mathfrak{X}$ 同构于 $\operatorname{Spf} A$, 其中 $A = \varprojlim\limits_{k} A_n$, 从而借助 ($\mathbf{0_I}$, 7.2.9) 就可以推出结论. 最后, 为了证明 c) 蕴涵 a), 仍然可以限于考虑 $\mathfrak{Y} = \operatorname{Spf} B$, $\mathfrak{X} = \operatorname{Spf} A$ 的情形, 其中 A 是一个有限 B 代数. 此时 $A/\mathfrak{K}A$ 是一个有限 $B/\mathfrak{K}$ 代数, 故由 (**I**, 10.10.9) 就可以推出条件 a) 是成立的.

定义 (4.8.2) — 如果 (4.8.1) 中的等价性质 a), b), c) 是成立的, 则我们说态射 f 是有限的, 或者说 $\mathfrak{X}$ 是一个有限 $\mathfrak{Y}$ 形式概形, 又或者说 $\mathfrak{X}$ 在 $\mathfrak{Y}$ 上是有限的.

命题 (4.8.3) — (i) 局部 *Noether* 形式概形之间的闭浸入都是有限态射.

(ii) 局部 *Noether* 形式概形的两个有限态射的合成也是有限态射.

(iii) 设 $\mathfrak{X}$, $\mathfrak{Y}$, $\mathfrak{S}$ 是三个局部 *Noether* 形式概形, $f : \mathfrak{X} \to \mathfrak{S}$ 是有限态射, $g : \mathfrak{Y} \to \mathfrak{S}$ 是任意态射, 则态射 $\mathfrak{X} \times_{\mathfrak{S}} \mathfrak{Y} \to \mathfrak{Y}$ 是有限的.

(iv) 设 $\mathfrak{S}$ 是一个局部 *Noether* 形式概形, $\mathfrak{X}'$, $\mathfrak{Y}'$ 是两个局部 *Noether* $\mathfrak{S}$ 形式概形, 并且 $\mathfrak{X}' \times_{\mathfrak{S}} \mathfrak{Y}'$ 也是局部 *Noether* 的. 若 $\mathfrak{X}$, $\mathfrak{Y}$ 是另外两个局部 *Noether* $\mathfrak{S}$ 形式概形, $f : \mathfrak{X} \to \mathfrak{X}'$, $g : \mathfrak{Y} \to \mathfrak{Y}'$ 是两个有限 $\mathfrak{S}$ 态射, 则 $f \times_{\mathfrak{S}} g$ 也是有限态射.

(v) 设 $f : \mathfrak{X} \to \mathfrak{Y}, g : \mathfrak{Y} \to \mathfrak{Z}$ 是局部 *Noether* 形式概形的两个态射, 并且 g 是有限型分离的, 于是若 $g \circ f$ 是有限态射, 则 f 也是有限态射.

(i) 是显然的, 并且借助 (4.8.1) 的判别法 a), 其他的阐言都可以归结为与通常概形的态射有关的相应命题 (**II**, 6.1.5), 我们把细节留给读者, 参照 (**I**, 10.13.5) 的作法.

推论 (4.8.4) — 在 (**I**, 10.9.9) 的前提条件下, 若 f 是一个有限态射, 则它在完备化上的延拓 $\widehat{f}$ 也是一个有限态射.

推论 (4.8.5) — 若 $\mathfrak{X}$ 是一个有限 $\mathfrak{Y}$ 形式概形, $f : \mathfrak{X} \to \mathfrak{Y}$ 是其结构态射, 则对任意开集 $U \subseteq \mathfrak{Y}$, $f^{-1}(U)$ 在 U 上总是有限的.

命题 (4.8.6) — 若 $f : \mathfrak{X} \to \mathfrak{Y}$ 是局部 *Noether* 形式概形之间的一个有限态射, 则 $f_*\mathscr{O}_{\mathfrak{X}}$ 是一个凝聚 $\mathscr{O}_{\mathfrak{Y}}$ 代数层.

可以把 f 看作由一族态射 $f_n : X_n \to Y_n$ 所组成的归纳系 (f_n) 的归纳极限, 下面我们来证明, 这些 f_n 都是有限的, 并且 $f_*\mathscr{O}_{\mathfrak{X}}$ 同构于这些 $(f_n)_*(\mathscr{O}_{X_n})$ 的投影极限, 由此就能推出上述阐言 (**I**, 10.10.5). 可以限于考虑 $\mathfrak{Y} = \operatorname{Spf} B$, $\mathfrak{X} = \operatorname{Spf} A$ 的

情形, 并只需注意到, 若 $\mathfrak{K}$ 是 B 的一个定义理想, 并且 A 是一个有限型 B 模, 则 $A/\mathfrak{K}^{n+1}A$ 是一个有限型 $B/\mathfrak{K}^{n+1}B$ 模, 并且 A 就是这些 $A/\mathfrak{K}^{n+1}A$ 的投影极限.

反之:

命题 (4.8.7) — 设 $\mathfrak{Y}$ 是一个局部 *Noether* 形式概形, $\mathscr{A}$ 是一个凝聚 $\mathscr{O}_{\mathfrak{Y}}$ 代数层. 则我们有一个有限 $\mathfrak{Y}$ 形式概形 $\mathfrak{X}$, 满足 $f_*\mathscr{O}_{\mathfrak{X}} = \mathscr{A}$, 其中 $f : \mathfrak{X} \to \mathfrak{Y}$ 是结构态射, 并且这个 $\mathfrak{X}$ 在只差唯一 $\mathfrak{Y}$ 同构的意义下是唯一的.

设 $\mathscr{K}$ 是 $\mathfrak{Y}$ 的一个定义理想层, 并且令 $Y_n = (\mathfrak{Y}, \mathscr{O}_{\mathfrak{Y}}/\mathscr{K}^{n+1})$ 和 $\mathscr{A}_n = \mathscr{A}/\mathscr{K}^{n+1}\mathscr{A}$, 则易见 $\mathscr{A}_n$ 是一个有限 $\mathscr{O}_{Y_n}$ 代数层, 从而定义了一个有限 Y_n 概形 $X_n = \operatorname{Spec}\mathscr{A}_n$ (**II**, 6.1.3). 对于 $m \leqslant n$, 典范满同态 $h_{mn} : \mathscr{A}_n \to \mathscr{A}_m$ 定义了一个态射 $u_{mn} : X_m \to X_n$, 且使得图表

$$\begin{array}{ccc} X_n & \xleftarrow{u_{mn}} & X_m \\ {\scriptstyle f_n}\downarrow & & \downarrow{\scriptstyle f_m} \\ Y_n & \longleftarrow & Y_m \end{array}$$

(f_n 是结构态射) 成为交换的, 进而它可以把 X_m 等同于纤维积 $X_n \times_{Y_n} X_m$, 这可由 (**II**, 1.4.6) 立得. 于是形式概形 X, 作为归纳系 (X_n) 的归纳极限, 是局部 Noether 的, 并且结构态射 $f : X \to Y$, 作为归纳系 (f_n) 的归纳极限, 是有限的 (4.8.1 和 **II**, 10.12.3.1). 进而我们从 (4.8.6) 的证明过程里已经看到, $f_*\mathscr{O}_X$ 就是这些 $\mathscr{A}_n$ 的投影极限, 从而就等于 $\mathscr{A}$ (**I**, 10.10.6). 至于唯一性的部分, 它可由下面的一般性结果推出:

命题 (4.8.8) — 设 $\mathfrak{Y}$ 是一个局部 *Noether* 形式概形, $\mathfrak{X}$, $\mathfrak{X}'$ 是两个有限 $\mathfrak{Y}$ 形式概形, $f : \mathfrak{X} \to \mathfrak{Y}$, $f' : \mathfrak{X}' \to \mathfrak{Y}$ 是结构态射. 则我们有一个从 $\operatorname{Hom}_{\mathfrak{Y}}(\mathfrak{X}, \mathfrak{X}')$ 到 $\operatorname{Hom}_{\mathscr{O}_{\mathfrak{Y}}}(f'_*\mathscr{O}_{\mathfrak{X}'}, f_*\mathscr{O}_{\mathfrak{X}})$ 的典范一一映射.①

映射 $h \mapsto \mathscr{A}(h)$ 的定义与 (**II**, 1.1.2) 中的定义相同, 为了证明它是一一的, 可以限于考虑 $\mathfrak{Y} = \operatorname{Spf} B$ 是 Noether 仿射形式概形的情形. 于是 $\mathfrak{X} = \operatorname{Spf} A$, $\mathfrak{X}' = \operatorname{Spf} A'$, 其中 A 和 A' 是两个有限 B 代数, 并且 $f_*\mathscr{O}_{\mathfrak{X}} = A^{\Delta}$, $f'_*\mathscr{O}_{\mathfrak{X}'} = A'^{\Delta}$. 此时一方面在 $\mathfrak{Y}$ 态射 $\mathfrak{X} \to \mathfrak{X}'$ 和 B 同态 (必然是连续的) $A' \to A$ 之间有一个一一对应 (**I**, 10.2.2), 另一方面在 B 模同态 $A' \to A$ 与 $\mathscr{O}_{\mathfrak{Y}}$ 模层同态 $A'^{\Delta} \to A^{\Delta}$ 之间也有一个一一对应 (**I**, 10.10.2.3), 这就给出了结论.

推论 (4.8.9) — 在 (4.8.8) 所定义的一一对应下, 闭浸入 $\mathfrak{X} \to \mathfrak{X}'$ 对应着 $\mathscr{O}_{\mathfrak{Y}}$ 代数层的满同态 $f'_*\mathscr{O}_{\mathfrak{X}'} \to f_*\mathscr{O}_{\mathfrak{X}}$.

---

① 后一项是指 $\mathscr{O}_{\mathfrak{Y}}$ 代数层的同态 $f'_*\mathscr{O}_{\mathfrak{X}'} \to f_*\mathscr{O}_{\mathfrak{X}}$ 的集合.

问题在 $\mathfrak{Y}$ 上是局部性的, 从而可以归结到局部 Noether 形式概形的闭浸入的定义 (**I**, 10.14.2) 上.

推论 (4.8.10) — 记号和前提条件与 (4.8.1) 相同, 则为了使进制态射 f 是闭浸入, 必须且只需 f_0 是 (通常概形的) 闭浸入.

这可由 (4.8.9) 以及使凝聚 $\mathscr{O}_{\mathfrak{Y}}$ 模层的同态成为满同态的条件 (**I**, 10.11.5) 立得.

命题 (4.8.11) — 为了使局部 *Noether* 形式概形之间的一个态射 $f:\mathfrak{X}\to\mathfrak{Y}$ 是有限的, 必须且只需它是紧合的, 并且它的纤维 $f^{-1}(y)$ 都是有限的 (对所有 $y\in\mathfrak{Y}$).

根据定义 (3.4.1 和 3.4.2), 问题可以立即归结为关于 f_0 (在 (4.8.1) 的记号下) 的相应命题, 而这恰好就是 (4.4.2).

§5. 代数性凝聚层的一个存在性定理

5.1 定理的陈述

(5.1.1) 设 A 是一个 *Noether* 进制环, $\mathfrak{J}$ 是 A 的一个定义理想, 于是 A 在 $\mathfrak{J}$ 预进拓扑下是分离且完备的. 若 $Y=\operatorname{Spec}A$, 则仿射形式概形 $\operatorname{Spf}A$ 可以等同于 Y 沿着闭子集 $Y'=V(\mathfrak{J})$ 的完备化$\widehat{Y}$ (**I**, 10.10.1). 设 X 是一个有限型 (通常) Y 概形, $f:X\to Y$ 是其结构态射. 我们用 $\widehat{X}$ 来记 X 沿着闭子集 $X'=f^{-1}(Y')$ 的完备化, 也就是说, 它是 $\widehat{Y}$ 形式概形 $X\times_Y\widehat{Y}$, 再用 $\widehat{f}:\widehat{X}\to\widehat{Y}$ 来记 f 在完备化上的延拓, 最后, 对任意凝聚 $\mathscr{O}_X$ 模层 $\mathscr{F}$, 我们用 $\widehat{\mathscr{F}}$ 来记它的完备化 $\mathscr{F}_{/X'}$, 这是一个凝聚 $\mathscr{O}_{\widehat{X}}$ 模层.

命题 (5.1.2) — 在 (5.1.1) 的记号和前提条件下, 设 $\mathscr{F}$ 是一个凝聚 $\mathscr{O}_X$ 模层, 并假设它的支集在 Y 上是紧合的 (**II**, 5.4.10). 则典范同态 (4.1.4)

$$\rho_i\ :\ \mathrm{H}^i(X,\mathscr{F})\ \longrightarrow\ \mathrm{H}^i(\widehat{X},\widehat{\mathscr{F}})$$

都是同构.

由于 $\mathrm{H}^i(X,\mathscr{F})$ 是一个有限型 A 模 (3.2.4), 从而可以等同于它在 $\mathfrak{J}$ 预进拓扑下的分离完备化 ($\mathbf{0}_{\mathbf{I}}$, 7.3.6), 故命题归结为 (4.1.10) 的一个特殊情形.

注意到对于凝聚 $\mathscr{O}_X$ 模层的任何正合序列 $0\to\mathscr{F}'\to\mathscr{F}\to\mathscr{F}''\to0$, 典范同构 ρ_i 都与连接同态可交换 ((**0**, 12.1.6) 和 (**I**, 10.8.9)).

推论 (5.1.3) — 设 $\mathscr{F},\mathscr{G}$ 是两个凝聚 $\mathscr{O}_X$ 模层, 并假设它们的支集的交集在 Y 上是紧合的. 则典范同态

$$\text{(5.1.3.1)} \qquad \operatorname{Hom}_{\mathscr{O}_X}(\mathscr{F},\mathscr{G}) \longrightarrow \operatorname{Hom}_{\mathscr{O}_{\widehat{X}}}(\widehat{\mathscr{F}},\widehat{\mathscr{G}})$$

是一个同构, 这个同态是把同态 $u:\mathscr{F}\to\mathscr{G}$ 映到它的完备化 $\widehat{u}:\widehat{\mathscr{F}}\to\widehat{\mathscr{G}}$ 上. 进而, 若态射 f 是闭的, 则为了使 $\widehat{u}$ 是单的 (切转: 满的), 必须且只需 u 是单的 (切转: 满的).

第一句话是 (4.5.3) 的一个特殊情形, 这仍然是因为, (5.1.3.1) 的左边是一个有限型 A 模, 从而可以等同于它的分离完备化. 为了证明第二句话, 我们首先注意到, 依照 (**I**, 10.8.14), 为了使 $\widehat{u}$ 是单的 (切转: 满的), 必须且只需能找到 X' 的一个邻域, 使得 u 在它上面是单的 (切转: 满的).

从而这个推论缘自下面的引理:

引理 (5.1.3.1)[①] — 在 (5.1.1) 的前提条件下, 若进而假设态射 f 是闭的, 则 X' 在 X 中的邻域只有一个, 就是 X 本身.

首先, 我们可以限于考虑 $f(X)=Y$ 的情形. 事实上, 根据前提条件, $f(X)$ 是 Y 的一个闭子集 Z, 进而可以把 f 换成 f_{red} (**I**, 6.3.4), 故可假设 X 和 Y 都是既约的, 此时又可以把 Y 换成以 Z 为底空间的既约闭子概形 (**I**, 5.2.2), 因为 A 的理想都是闭的, 从而 A 的商环都是 Noether 进制环. 现在我们有 $f(X')=Y'$, 若 V 是 X' 在 X 中的一个开邻域, 则由前提条件知, $f(X\smallsetminus V)$ 在 Y 中是闭的, 并且与 Y' 不相交. 但这是不可能的, 除非 $X\smallsetminus V$ 是空集, 因为 $\mathfrak{J}$ 包含在 A 的根之中 (**I**, 1.1.15 和 $\mathbf{0_I}$, 7.1.10), 这就推出了结论.

如果我们限于考虑那些支集在 Y 上紧合的凝聚 $\mathscr{O}_X$ 模层, 则 (5.1.3) 也可以借用范畴的语言来表述如下: 函子 $\mathscr{F}\mapsto\widehat{\mathscr{F}}$ 是从这种 $\mathscr{O}_X$ 模层的范畴到凝聚 $\mathscr{O}_{\widehat{X}}$ 模层的范畴的完全忠实函子, 从而建立了前一范畴与后一范畴的某个完全子范畴的一个等价 (**0**, 8.1.6). 下面的存在性定理是要说明, 如果 X 在 Y 上是紧合的, 则这个子范畴实际上就是所有凝聚 $\mathscr{O}_{\widehat{X}}$ 模层的范畴. 更确切地说:

定理 (5.1.4) — 设 A 是一个 *Noether* 进制环, $Y=\operatorname{Spec}A$, $\mathfrak{J}$ 是 A 的一个定义理想, $Y'=V(\mathfrak{J})$, $f:X\to Y$ 是一个有限型分离态射, $X'=f^{-1}(Y')$. 设 $\widehat{Y}=Y_{/Y'}=\operatorname{Spf}A$ 和 $\widehat{X}=X_{/X'}$ 分别是 Y 和 X 沿着 Y' 和 X' 的完备化, $\widehat{f}:\widehat{X}\to\widehat{Y}$ 是 f 到完备化上的延拓, 则函子 $\mathscr{F}\mapsto\mathscr{F}_{/X'}=\widehat{\mathscr{F}}$ 是支集在 $\operatorname{Spec}A$ 上紧合的凝聚 $\mathscr{O}_X$ 模层的范畴到支集在 $\operatorname{Spf}A$ 上紧合的凝聚 $\mathscr{O}_{\widehat{X}}$ 模层的范畴的一个等价.

① 编注: 这里出现了公式 (5.1.3.1) 和引理 (5.1.3.1), 原文如此.

换句话说, 有见于 (5.1.3):

推论 (5.1.5) — 为了使一个 $\mathscr{O}_{\widehat{X}}$ 模层同构于某个支集在 Spec A 上紧合的凝聚 $\mathscr{O}_X$ 模层的完备化, 必须且只需它是凝聚的, 并且它的支集在 Spf A 上是紧合的.

其中最重要的情形是:

推论 (5.1.6) — 假设 X 在 $Y=\operatorname{Spec} A$ 上是紧合的. 则函子 $\mathscr{F}\mapsto\widehat{\mathscr{F}}$ 是凝聚 $\mathscr{O}_X$ 模层范畴到凝聚 $\mathscr{O}_{\widehat{X}}$ 模层范畴的一个等价.

添注 (5.1.7) — 考虑到形式概形上的凝聚层的特征描述 (**I**, 10.11.3), 我们看到在 (5.1.1) 的条件下, 给出一个支集在 Spec A 上紧合的凝聚 $\mathscr{O}_X$ 模层就等价于 (令 $Y_n=\operatorname{Spec}(A/\mathfrak{I}^{n+1})$, $X_n=X\times_Y Y_n$) 给出一个凝聚 $\mathscr{O}_{X_n}$ 模层的投影系 $(\mathscr{F}_n)$, 并要求对于 $m\leqslant n$ 总有 $\mathscr{F}_m=\mathscr{F}_n\otimes_{Y_n}\mathscr{O}_{Y_m}$ (或等价地, $\mathscr{F}_m=\mathscr{F}_n/\mathfrak{I}^{n+1}\mathscr{F}_n$), 并且 $\mathscr{F}_0$ 的支集是 X_0 的一个在 Y_0 上紧合的子集. 同样地, 利用 (**I**, 10.11.4) 还可以把凝聚 $\mathscr{O}_X$ 模层之间的同态解释为凝聚 $\mathscr{O}_{X_n}$ 模层投影系之间的同态.

在已知的所有应用中, A 实际上是一个 Noether 进制局部环, 从而这些 Y_n 都是 *Artin* 局部环的谱, 于是本节和前面几节的结果把 Noether 进制局部环上的代数几何在很大程度上归结为了 Artin 局部环上的代数几何.

推论 (5.1.8) — 在 (5.1.4) 的条件下, 映射 $Z\mapsto\widehat{Z}=Z_{/(Z\cap X')}$ 是从 X 的在 Y 上紧合的闭子概形 Z 的集合到 $\widehat{X}$ 的在 $\widehat{Y}$ 上紧合的闭形式子概形的集合的一个一一映射.

事实上, $\widehat{X}$ 的闭形式子概形都具有 $(T,(\mathscr{O}_{\widehat{X}}/\mathscr{A})|_T)$ 的形状, 其中 $\mathscr{A}$ 是 $\mathscr{O}_{\widehat{X}}$ 的一个凝聚理想层 (**I**, 10.14.2). 若 T 在 $\widehat{Y}$ 上是紧合的, 则由 (5.1.4) 知, $\mathscr{O}_{\widehat{X}}/\mathscr{A}$ 同构于某个形如 $\widehat{\mathscr{F}}$ 的 $\mathscr{O}_{\widehat{X}}$ 模层, 其中 $\mathscr{F}$ 是一个支集在 Y 上紧合的凝聚 $\mathscr{O}_X$ 模层. 进而, 由 (5.1.3) 知, 典范同态 $\mathscr{O}_{\widehat{X}}\to\mathscr{O}_{\widehat{X}}/\mathscr{A}$ 具有 $\widehat{u}$ 的形状, 其中 $u:\mathscr{O}_X\to\mathscr{F}$ 是一个 $\mathscr{O}_X$ 模层的满同态. 从而 $\mathscr{F}$ 具有 $\mathscr{O}_X/\mathscr{N}$ 的形状, 其中 $\mathscr{N}$ 是 $\mathscr{O}_X$ 的一个凝聚理想层, 并且 $\mathscr{A}=\widehat{\mathscr{N}}$ (**I**, 10.8.8), 故得结论 (**I**, 10.14.7).

5.2 存在性定理的证明: 射影和拟射影的情形

(5.2.1) 在 (5.1.4) 的条件下, 我们有时也把能够与某个支集在 Y 上紧合的凝聚 $\mathscr{O}_X$ 模层 $\mathscr{F}$ 的完备化 $\widehat{\mathscr{F}}$ 同构的那种 $\mathscr{O}_{\widehat{X}}$ 模层称为可代数化的.

引理 (5.2.2) — 设 $\mathscr{F}'$, $\mathscr{G}'$ 是两个可代数化的 $\mathscr{O}_{\widehat{X}}$ 模层. 则对任意同态 $u:\mathscr{F}'\to\mathscr{G}'$, $\operatorname{Ker}(u)$, $\operatorname{Im}(u)$ 和 $\operatorname{Coker}(u)$ 也都是可代数化的.

事实上, 若 $\mathscr{F}'=\widehat{\mathscr{F}}$, $\mathscr{G}'=\widehat{\mathscr{G}}$, 其中 $\mathscr{F},\mathscr{G}$ 是两个支集在 Y 上紧合的凝聚 $\mathscr{O}_X$ 模层, 则有 $u=\widehat{v}$, 其中 $v:\mathscr{F}\to\mathscr{G}$ 是一个同态 (5.1.3). 基于函子 $\mathscr{F}\mapsto\widehat{\mathscr{F}}$ 的正合

性, $\operatorname{Ker}(\widehat{v})$ 同构于 $(\operatorname{Ker}(v))^{\wedge}$, 并且由于 $\operatorname{Ker}(v)$ 的支集包含在 $\mathscr{F}$ 的支集之中, 故知 $\operatorname{Ker}(u)$ 是可代数化的, 同理可证 $\operatorname{Im}(u)$ 和 $\operatorname{Coker}(u)$ 的情形.

命题 (5.2.3) — *设 A 是一个 Noether 进制环, $\mathfrak{I}$ 是 A 的一个定义理想, $\mathfrak{Y}=\operatorname{Spf}A$, $f:\mathfrak{X}\to\mathfrak{Y}$ 是一个形式概形的紧合态射. 我们令 $Y_k=\operatorname{Spec}(A/\mathfrak{I}^{k+1})$, $X_k=\mathfrak{X}\times_{\mathfrak{Y}}Y_k$, 并且对任意 $\mathscr{O}_{\mathfrak{X}}$ 模层 $\mathscr{F}$, 令 $\mathscr{F}_k=\mathscr{F}\otimes_{\mathscr{O}_{\mathfrak{X}}}\mathscr{O}_{X_k}=\mathscr{F}/\mathfrak{I}^{k+1}\mathscr{F}$. 设 $\mathscr{L}$ 是一个可逆 $\mathscr{O}_{\mathfrak{X}}$ 模层, 并假设 $\mathscr{L}_0=\mathscr{L}/\mathfrak{I}\mathscr{L}$ 是一个丰沛 $\mathscr{O}_{X_0}$ 模层, 对任意 $\mathscr{O}_{\mathfrak{X}}$ 模层 $\mathscr{F}$ 和任意整数 n, 令 $\mathscr{F}(n)=\mathscr{F}\otimes\mathscr{L}^{\otimes n}$. 则对任意凝聚 $\mathscr{O}_{\mathfrak{X}}$ 模层 $\mathscr{F}$, 均可找到一个整数 n_0, 使得当 $n\geqslant n_0$ 时, 以下两个性质总是成立的:*

(i) 对任意 $k\geqslant 0$, 典范同态 $\mathrm{H}^0(\mathfrak{X},\mathscr{F}(n))\to\mathrm{H}^0(\mathfrak{X},\mathscr{F}_k(n))$ 都是满的.

(ii) 对任意 $q>0$, 均有 $\mathrm{H}^q(\mathfrak{X},\mathscr{F}(n))=0$.

我们知道 $\mathfrak{X}$ 和 X_0 的底空间是相同的, 又由于这些层 $\mathscr{M}_k=\mathfrak{I}^k\mathscr{F}/\mathfrak{I}^{k+1}\mathscr{F}$ 都可被 $\mathfrak{I}$ 所零化, 从而可以把它们都看作凝聚 $\mathscr{O}_{X_0}$ 模层 (**0**$_{\mathbf{I}}$, 5.3.10). 进而, 若令 $\mathscr{M}_k(n)=\mathscr{M}_k\otimes_{\mathscr{O}_{X_0}}\mathscr{L}_0^{\otimes n}$, 则易见 $\mathscr{M}_k(n)=\mathfrak{I}^k\mathscr{F}(n)/\mathfrak{I}^{k+1}\mathscr{F}(n)$. 注意到由于 $\mathscr{L}_0$ 相对于 $f_0:X_0\to Y_0$ 是丰沛的, 并且 f_0 是紧合的, 从而 f_0 是射影的 (**II**, 5.5.4). 设 S 是 A 在 $\mathfrak{I}$ 进滤解下的衍生分次 A 代数 $\bigoplus_{k\geqslant 0}\mathfrak{I}^k/\mathfrak{I}^{k+1}$, 它是有限型的, 因为 A 是 Noether 环, 我们令 $\mathscr{S}'=f_0^*\widetilde{S}$, 则 $\mathscr{S}'$ 是有限型的拟凝聚 $\mathscr{O}_{X_0}$ 代数层, 并且 $\mathscr{M}=\bigoplus_{k\geqslant 0}\mathscr{M}_k$ 是有限型的拟凝聚 $\mathscr{S}'$ 模层 (因为 $\mathscr{F}_0$ 是凝聚的, 并且可以生成 $\mathscr{S}'$ 模层 $\mathscr{M}$). 于是可以应用定理 (2.4.1, (ii)), 即我们能找到整数 n_0, 使得当 $n\geqslant n_0$ 时, 对所有k, 均有

(5.2.3.1)
$$\mathrm{H}^q(X_0,\mathscr{M}_k(n))\ =\ 0\qquad\qquad (q>0).$$

从而当 $q>0$ 且 $n\geqslant n_0$ 时, 也有 $\mathrm{H}^q(\mathfrak{X},\mathscr{M}_k(n))=0$, 这里我们是把 $\mathscr{M}_k(n)$ 看作 $\mathscr{O}_{\mathfrak{X}}$ 模层. 对序列

$$0\longrightarrow\mathfrak{I}^k\mathscr{F}(n)/\mathfrak{I}^{k+1}\mathscr{F}(n)\longrightarrow\mathfrak{I}^h\mathscr{F}(n)/\mathfrak{I}^{k+1}\mathscr{F}(n)\longrightarrow\mathfrak{I}^h\mathscr{F}(n)/\mathfrak{I}^k\mathscr{F}(n)\longrightarrow 0$$

引出上同调的正合序列又得知, 对于 $0\leqslant h<k$, $n\geqslant n_0$ 和 $q>0$, 总有

(5.2.3.2)
$$\mathrm{H}^q\big(\mathfrak{X},\mathfrak{I}^h\mathscr{F}(n)/\mathfrak{I}^k\mathscr{F}(n)\big)\ =\ 0$$

(对 $h-k$ 进行归纳), 特别地, 对于 $h=0$, 我们有

(5.2.3.3)
$$\mathrm{H}^q(\mathfrak{X},\mathscr{F}_k(n))\ =\ 0\qquad\qquad (n\geqslant n_0,\ k\geqslant 0,\ q>0).$$

另一方面, 对于 $h=0$, 上同调的正合序列还可以给出下面的正合序列

(5.2.3.4) $$\mathrm{H}^0(\mathfrak{X},\mathscr{F}_{k+1}(n)) \longrightarrow \mathrm{H}^0(\mathfrak{X},\mathscr{F}_k(n)) \longrightarrow \mathrm{H}^1(\mathfrak{X},\mathfrak{J}^k\mathscr{F}(n)/\mathfrak{J}^{k+1}\mathscr{F}(n)) = 0.$$

由此得知, 对于 $h\leqslant k$, 典范映射

(5.2.3.5) $$\mathrm{H}^0(\mathfrak{X},\mathscr{F}_k(n)) \longrightarrow \mathrm{H}^0(\mathfrak{X},\mathscr{F}_h(n))$$

总是满的. 从而对所有q, 投影系 $(\mathrm{H}^q(\mathfrak{X},\mathscr{F}_k(n)))_{k\geqslant 0}$ (其中 $n\geqslant n_0$) 都满足 (ML) 条件. 此外, $\mathfrak{X}$ 的任何仿射形式开集 U 也是每个 X_k 的仿射开集 (**I**, 10.5.2), 从而对任意 $q>0$, 我们都有 $\mathrm{H}^q(U,\mathscr{F}_k(n))=0$ (1.3.1), 并且对于 $h\leqslant k$, 映射 $\mathrm{H}^0(U,\mathscr{F}_k(n))\to\mathrm{H}^0(U,\mathscr{F}_h(n))$ 总是满的 (**I**, 1.3.9). 于是可以应用 (**0**, 13.3.1), 由此得知, 当 $n\geqslant n_0$ 时,

1° 对任意 $q>0$, $\mathrm{H}^q(\mathfrak{X},\mathscr{F}(n))\to\varprojlim_k \mathrm{H}^q(\mathfrak{X},\mathscr{F}_k(n))$ 总是一一的, 从而依照 (5.2.3.3), $\mathrm{H}^q(\mathfrak{X},\mathscr{F}(n))=0$.

2° 同态 $\mathrm{H}^0(\mathfrak{X},\mathscr{F}(n))\to\varprojlim_k \mathrm{H}^0(\mathfrak{X},\mathscr{F}_k(n))$ 是一一的, 此外, 由于 (5.2.3.5) 都是满的, 从而每个同态

$$\varprojlim_k \mathrm{H}^0(\mathfrak{X},\mathscr{F}_k(n)) \longrightarrow \mathrm{H}^0(\mathfrak{X},\mathscr{F}_k(n))$$

都是满的, 这就完成了证明.

推论 (5.2.4) — 前提条件与 (5.2.3) 相同, 则对任意凝聚 $\mathscr{O}_{\mathfrak{X}}$ 模层 $\mathscr{F}$, 均可找到一个整数 N, 使得当 $n\geqslant N$ 时, $\mathscr{F}(n)$ 都是由它在 $\mathfrak{X}$ 上的截面所生成的. 换句话说, $\mathscr{F}$ 同构于某个形如 $(\mathscr{O}_{\mathfrak{X}}(-n))^k$ 的 $\mathscr{O}_{\mathfrak{X}}$ 模层的商模层.

由于 X_0 是 Noether 的, 故由 $\mathscr{L}_0$ 上的条件以及 (**II**, 4.5.5) 知, 可以找到 n_0, 使得当 $n\geqslant n_0$ 时, $\mathscr{F}_0(n)$ 都是由它在 $\mathfrak{X}$ 上的截面所生成的. 此外, 我们可以取 n_0 充分大, 以使得当 $n\geqslant n_0$ 时, 同态 $\Gamma(\mathfrak{X},\mathscr{F}(n))\to\Gamma(\mathfrak{X},\mathscr{F}_0(n))$ 都是满的 (5.2.3). 从而可以找到有限个截面 $s_i\in\Gamma(\mathfrak{X},\mathscr{F}(n))$, 使得它们在 $\Gamma(\mathfrak{X},\mathscr{F}_0(n))$ 中的像生成了 $\mathscr{F}_0(n)$ ($\mathbf{0}_{\mathbf{I}}$, 5.2.3). 由于 $\mathfrak{J}$ 包含在 $\mathfrak{X}$ 的每个点的局部环的极大理想中, 从而把 Nakayama 引理用到这些局部环上就可以推出, 这些 s_i 就生成了 $\mathscr{F}(n)$ ($\mathbf{0}_{\mathbf{I}}$, 5.1.1).

(5.2.5) 存在性定理的证明: 射影的情形

记号与 (5.1.4) 相同, 假设 f 是射影的, 则我们有一个丰沛的 $\mathscr{O}_X$ 模层 $\mathscr{L}$ (**II**, 5.5.4). 根据定义, $X_n=\widehat{X}\times_{\widehat{Y}}Y_n$ 就等于 X 的闭子概形 $X_n\times_Y Y_n=f^{-1}(Y_n)$. 若 $\mathscr{L}'$ 是 $\mathscr{L}$ 的完备化 $\mathscr{L}\otimes_{\mathscr{O}_X}\mathscr{O}_{\widehat{X}}$, 则作为 $\mathscr{O}_{X_0}$ 模层, $\mathscr{L}'_0=\mathscr{L}/\mathfrak{J}\mathscr{L}$, 且我们知道 $\mathscr{L}'_0$ 是丰沛的 (**II**, 4.6.13, (i 改)). 从而可以把推论 (5.2.4) 应用到 $\mathscr{L}'$ 和任意凝聚 $\mathscr{O}_{\widehat{X}}$

模层 $\mathscr{F}$ 上, 这就表明 $\mathscr{F}$ 同构于某个 $\mathscr{G}=(\mathscr{L}'^{\otimes(-n)})^k$ 的商模层 (对于适当的正整数 n 和 k). 易见 $\mathscr{G}$ 是 $(\mathscr{L}^{\otimes(-n)})^k$ 的完备化 (**I**, 10.8.10), 从而是可代数化的. 我们再来考虑典范满同态 $u:\mathscr{G}\to\mathscr{F}$, 设 $\mathscr{H}=\mathrm{Ker}(u)$, 它是一个凝聚 $\mathscr{O}_{\widehat{X}}$ 模层 ($\mathbf{0_I}$, 5.3.4). 因而同样可以找到一个可代数化的 $\mathscr{O}_{\widehat{X}}$ 模层 $\mathscr{K}$ 和一个同态 $v:\mathscr{K}\to\mathscr{G}$, 使得 $\mathscr{H}=\mathrm{Im}(v)$. 此时我们有 $\mathscr{F}=\mathrm{Coker}(v)$, 故依照 (5.2.2), $\mathscr{F}$ 是可代数化的.

(5.2.6) 存在性定理的证明: 拟射影的情形

记号仍然与 (5.1.4) 相同, 现在假设 f 是拟射影的. 则我们有一个射影态射 $g:Z\to Y$, 使得 X 可以等同于 Z 在某个开集上所诱导的 Y 概形 (**II**, 5.3.2). 令 $Z'=g^{-1}(Y')$, 则有 $X'=X\cap Z'$, 从而完备化 $\widehat{X}=X_{/X'}$ 可以等同于完备化 $\widehat{Z}=Z_{/Z'}$ 在它的开集 $X\cap Z'$ 上所诱导的形式概形 (**I**, 10.8.5). 设 $\mathscr{F}'$ 是一个凝聚 $\mathscr{O}_{\widehat{X}}$ 模层, 并假设它的支集 T' 在 $\widehat{Y}$ 上是紧合的, 根据定义, 这意味着可以找到 X' 的一个闭子概形, 它以 $T'\subseteq X'$ 为底空间, 且使得 f 的限制 $T'\to Y'$ 成为紧合的. 这表明 T' 在 Y 上是紧合的, 从而在 Z' 中是闭的 (**II**, 5.4.10). 由此可知, $\mathscr{F}'$ 是这样一个 $\mathscr{O}_{\widehat{Z}}$ 模层 $\mathscr{G}'$ 在 $\widehat{X}$ 上的稼入层, 这个 $\mathscr{G}'$ 是由 $\mathscr{F}'$ (定义在 $\widehat{Z}$ 的开集 $\widehat{X}$ 上) 和 $\widehat{Z}$ 的开集 $\widehat{Z}\smallsetminus T'$ 上的零层黏合而成的, 这两个层在公共开集 $\widehat{X}\cap T'$ 上显然重合. 易见 $\mathscr{G}'$ 是凝聚的, 故由 (5.2.5) 知, 可以找到一个凝聚 $\mathscr{O}_Z$ 模层 $\mathscr{G}$, 使得 $\mathscr{G}'=\widehat{\mathscr{G}}$. 设 T 是 $\mathscr{G}$ 的支集, 则 $T'=T\cap Z'$ (**I**, 10.8.12), 从而若 h 是 g 在 Z 的以 T 为底空间的那个既约闭子概形上的限制, 则我们有 $T'=h^{-1}(Y')=T\cap g^{-1}(Y')$, 因而 $X\cap T$ 是 T 的一个包含 T' 的开集. 由于 h 是紧合的 (**II**, 5.4.2), 从而是闭的, 故由 (5.1.3.1) 知, $X\cap T=T$, 换句话说 $T\subseteq X$, 并且由于 T 在 Z 中是闭的, 故它在 Y 上是紧合的. 取 $\mathscr{F}$ 是 $\mathscr{G}$ 在 X 上的稼入层, 则它的完备化 $\widehat{\mathscr{F}}$ 是 $\widehat{\mathscr{G}}$ 在 $\widehat{X}$ 上的稼入层 (**I**, 10.8.4), 从而等于 $\mathscr{F}'$, 这就完成了证明.

5.3 存在性定理的证明: 一般情形

引理 (5.3.1) — 在 (5.1.4) 的条件下, 若 $0\to\mathscr{H}\to\mathscr{F}\to\mathscr{G}\to 0$ 是凝聚 $\mathscr{O}_{\widehat{X}}$ 模层的一个正合序列, 并且 $\mathscr{G}$ 和 $\mathscr{H}$ 都是可代数化的, 则 $\mathscr{F}$ 也是可代数化的.

事实上, 假设 $\mathscr{G}=\widehat{\mathscr{B}}$, $\mathscr{H}=\widehat{\mathscr{C}}$, 其中 $\mathscr{B}$ 和 $\mathscr{C}$ 是两个支集在 Y 上紧合的凝聚 $\mathscr{O}_X$ 模层, 则 $\mathscr{F}$ 典范地定义了 A 模 $\mathrm{Ext}^1_{\mathscr{O}_{\widehat{X}}}(\widehat{X};\widehat{\mathscr{B}},\widehat{\mathscr{C}})$ 中的一个元素 (**0**, 12.3.2), 并且前提条件表明, 这个 A 模典范同构于 $\mathrm{Ext}^1_{\mathscr{O}_X}(X;\mathscr{B},\mathscr{C})$ (4.5.2). 从而可以找到凝聚 $\mathscr{O}_X$ 模层的一个正合序列 $0\to\mathscr{C}\to\mathscr{A}\to\mathscr{B}\to 0$, 使得 $\mathscr{A}$ 在 $\mathrm{Ext}^1_{\mathscr{O}_X}(X;\mathscr{B},\mathscr{C})$ 中所对应的那个元素的典范像恰好就是 $\mathscr{F}$ 在 $\mathrm{Ext}^1_{\mathscr{O}_{\widehat{X}}}(\widehat{X};\widehat{\mathscr{B}},\widehat{\mathscr{C}})$ 中所对应的那个元素. 然而根据定义, 且有见于 (**I**, 10.8.8, (ii)), 这就意味着 $\mathscr{F}$ 同构于 $\widehat{\mathscr{A}}$, 故得引理,

因为 Supp $\mathscr{A}$ 包含在 Supp $\mathscr{B}$ 和 Supp $\mathscr{C}$ 的并集之中, 从而在 Y 上是紧合的.

推论 (5.3.2) — 在 (5.1.1) 的条件下, 设 $u:\mathscr{F}\to\mathscr{G}$ 是凝聚 $\mathscr{O}_{\widehat{X}}$ 模层之间的一个同态, 若 $\mathscr{G}$, $\mathrm{Ker}(u)$ 和 $\mathrm{Coker}(u)$ 都是可代数化的, 则 $\mathscr{F}$ 也是如此.

事实上, 把引理 (5.2.2) 应用到同态 $\mathscr{G}\to\mathrm{Coker}(u)$ 上就可以推出, $\mathrm{Im}(u)$ 是可代数化的, 只需再把引理 (5.3.1) 应用到正合序列 $0\to\mathrm{Ker}(u)\to\mathscr{F}\to\mathrm{Im}(u)\to 0$ 上即可.

引理 (5.3.3) — 在 (5.1.1) 的条件下, 设 $h:Z\to Y$ 是一个有限型态射, $\widehat{Z}$ 是 Z 沿着 $Z'=h^{-1}(Y')$ 的完备化, $g:Z\to X$ 是一个紧合 Y 态射, $\widehat{g}:\widehat{Z}\to\widehat{X}$ 是 g 到完备化上的延拓. 则对任意可代数化的 $\mathscr{O}_{\widehat{Z}}$ 模层 $\mathscr{F}'$, $\widehat{g}_*\mathscr{F}'$ 都是可代数化的 $\mathscr{O}_{\widehat{X}}$ 模层.

事实上, 若 $\mathscr{F}$ 是一个凝聚 $\mathscr{O}_Z$ 模层, 且满足 $\mathscr{F}'=\widehat{\mathscr{F}}$, 则由第一比较定理 (4.1.5) 知, $\widehat{g}_*\widehat{\mathscr{F}}$ 就同构于 $g_*\mathscr{F}$ 的完备化.

引理 (5.3.4) — 设 X 是一个 (通常的) *Noether* 分离概形, X' 是 X 的一个闭子集, $f:Z\to X$ 是一个紧合态射, $Z'=f^{-1}(X')$, $\widehat{X}=X_{/X'}$, $\widehat{Z}=Z_{/Z'}$, $\widehat{f}:\widehat{Z}\to\widehat{X}$ 是 f 到完备化上的延拓. 设 $\mathscr{M}$ 是 $\mathscr{O}_X$ 的一个凝聚理想层, 并且对于 $U=X\smallsetminus\mathrm{Supp}(\mathscr{O}_X/\mathscr{M})$, f 的限制 $f^{-1}(U)\to U$ 是一个同构. 则对任意凝聚 $\mathscr{O}_{\widehat{X}}$ 模层 $\mathscr{F}$, 均可找到一个正整数 n, 使得典范同态 $\rho_{\mathscr{F}}:\mathscr{F}\to\widehat{f}_*\widehat{f}^*\mathscr{F}$ ($\mathbf{0_I}$, 4.4.3) 的核及余核都可被 $\widehat{\mathscr{M}^n}$ 所零化.

可以限于考虑 $X=\mathrm{Spec}\,B$ 的情形, 其中 B 是一个 Noether 环, 从而 $X'=V(\mathfrak{K})$, 其中 $\mathfrak{K}$ 是 B 的一个理想. 我们先来证明, 问题可以归结到 B 是 Noether 进制环并且 $\mathfrak{K}$ 是它的定义理想的情形. 事实上, 设 B_1 是 B 在 $\mathfrak{K}$ 预进拓扑下的分离完备化, 若令 $\mathfrak{K}_1=\mathfrak{K}B_1$, 则 B_1 是 Noether 进制环, 并且 $\mathfrak{K}_1$ 是它的一个定义理想. 令 $X_1=\mathrm{Spec}\,B_1$, 并设 $h:X_1\to X$ 是典范同态 $B\to B_1$ 所对应的态射, 于是若 $X_1'=h^{-1}(X')$, 则有 $X_1'=V(\mathfrak{K}_1)$. 最后, 令 $Z_1=Z\times_X X_1=Z_{(X_1)}$, $f_1=f_{(X_1)}:Z_1\to X_1$, 后者是一个紧合态射 (**II**, 5.4.2), 我们用 $\widehat{X}_1$ 来记 X_1 沿着 X_1' 的完备化, 并且用 $\widehat{Z}_1=Z_1\times_{X_1}\widehat{X}_1$ 来记 Z_1 沿着 $Z_1'=f_1^{-1}(X_1')$ 的完备化, 再用 $\widehat{f}_1$ 来记 f_1 到完备化上的延拓. 易见 h 到完备化上的延拓 $\widehat{h}:\widehat{X}_1\to\widehat{X}$ 是一个同构, 并且与 B_1 上的恒同映射相对应 (**I**, 10.9.1), 由此可知, 与之相应的态射 $\widehat{Z}_1\to\widehat{Z}$ 也是一个同构, 这些同构把 $\widehat{f}_1$ 等同于 $\widehat{f}$. 最后, $\mathscr{M}_1=h^*\mathscr{M}$ 是 $\mathscr{O}_{X_1}$ 的一个凝聚理想层, 并且 $\mathrm{Supp}(\mathscr{O}_{X_1}/\mathscr{M}_1)=h^{-1}(\mathrm{Supp}(\mathscr{O}_X/\mathscr{M}))$ (**I**, 9.1.13), 从而若令 $U_1=X_1\smallsetminus\mathrm{Supp}(\mathscr{O}_{X_1}/\mathscr{M}_1)$, 则我们有 $U_1=h^{-1}(U)$, 由此立知, f_1 的限制 $f_1^{-1}(U_1)\to U_1$ 是一个同构 (**I**, 3.2.7). 进而, $\widehat{h}$ 把完备化 $\widehat{\mathscr{M}}$ 等同于 $\widehat{\mathscr{M}_1}$ (**I**, 10.9.5). 从而 (5.3.4) 中的所有前提条件对于 X_1, X_1', f_1 和 $\mathscr{M}_1$ 都是成立的, 故我们可以假

设 B 已经是 Noether 进制环, 并且 $\mathfrak{K}$ 是 B 的一个定义理想. 此时 $\widehat{X} = \operatorname{Spf} B$, 并且 $\mathscr{F} = N^{\Delta}$, 其中 N 是一个有限型 B 模, 故得 $\mathscr{F} = \widehat{\mathscr{G}}$, 其中 $\mathscr{G}$ 是凝聚 $\mathscr{O}_X$ 模层 $\widetilde{N}$ (**I**, 10.10.5), 从而 $\widehat{f}^*\mathscr{F} = (f^*\mathscr{G})\widehat{}$ (**I**, 10.9.5). 进而, 依照第一比较定理 (4.1.5), $\widehat{f}_*((f^*\mathscr{G})\widehat{})$ 可以典范等同于 $(f_*f^*\mathscr{G})\widehat{}$, 并且由 (5.1.3) 知, 典范同态 $\rho_{\mathscr{F}}$ 恰好就是 $\widehat{\rho}_{\mathscr{G}}$. 现在 $\rho_{\mathscr{G}} : \mathscr{G} \to f_*f^*\mathscr{G}$ 的核 $\mathscr{P}$ 及余核 $\mathscr{R}$ 都是凝聚 $\mathscr{O}_X$ 模层, 并且根据前提条件, 它们在 U 上的限制显然是 0. 从而可以找到一个正整数 n, 使得 $\mathscr{M}^n\mathscr{P} = \mathscr{M}^n\mathscr{R} = 0$ (**I**, 9.3.4), 由此就得到了 $\widehat{\mathscr{M}^n}\widehat{\mathscr{P}} = \widehat{\mathscr{M}^n}\widehat{\mathscr{R}} = 0$ (**I**, 10.8.8 和 10.8.10).

(5.3.5) 存在性定理的证明的完结

前提条件与 (5.1.4) 相同, 我们将使用 Noether 归纳法 ($\mathbf{0_I}$, 2.2.2), 从而可以假设定理对于 X 的所有底空间不等于 X 的闭子概形 T 都已经成立 ($\widehat{T}$ 是指 T 沿着 $T \cap X'$ 的完备化). 可以假设 X 不是空的. 由于 f 是有限型分离的, 故可引用 Chow 引理 (**II**, 5.6.1), 从而可以找到一个分离 Y 概形 Z 和一个 Y 态射 $g : Z \to X$, 使得结构态射 $h : Z \to Y$ 是拟射影的, 态射 g 是射影且映满的, 并且能找到 X 的一个非空开集 U, 使得限制态射 $g^{-1}(U) \to U$ 是一个同构. 设 $\mathscr{M}$ 是 $\mathscr{O}_X$ 的这样一个凝聚理想层, 它定义了一个底空间为 $X \smallsetminus U$ 的闭子概形 (**I**, 5.2.2), 再设 $\mathscr{F}$ 是一个凝聚 $\mathscr{O}_{\widehat{X}}$ 模层, 且它的支集 E 在 Y 上是紧合的. 我们用 $\widehat{Z}$ 来记 Z 沿着 $h^{-1}(Y')$ 的完备化, 并且用 $\widehat{g} : \widehat{Z} \to \widehat{X}$ 来记 g 到完备化上的延拓, 则 $\widehat{g}^*\mathscr{G}$ 是一个凝聚 $\mathscr{O}_{\widehat{Z}}$ 模层, 它的支集包含在 $g^{-1}(E)$ 中, 从而在 Y 上是紧合的 (因为 g 是射影的, 从而是紧合的 (**II**, 5.4.6)). 由于 h 是拟射影的, 故依照 (5.2.6), $\widehat{g}^*\mathscr{F}$ 是可代数化的. 由此得知, $\widehat{g}_*\widehat{g}^*\mathscr{F}$ 是一个可代数化的 $\mathscr{O}_{\widehat{X}}$ 模层 (5.3.3), 因为 g 是紧合的. 现在我们可以把 (5.2.4) 的结果应用到 $\mathscr{F}$ 和 g 上, 于是同态 $\rho_{\mathscr{F}} : \mathscr{F} \to \widehat{g}_*\widehat{g}^*\mathscr{F}$ 的核 $\mathscr{P}$ 及余核 $\mathscr{R}$ 都可以被某个方幂 $\widehat{\mathscr{M}^n}$ 所零化. 设 T 是由 $\mathscr{M}^n$ 所定义的 X 的闭子概形, 它以 $X \smallsetminus U$ 为底空间, 设 $j : T \to X$ 是典范含入, 它到完备化上的延拓 $\widehat{j} : \widehat{T} \to \widehat{X}$ 也是典范含入 (**I**, 10.14.7). 从而我们有 $\mathscr{P} = \widehat{j}_*\widehat{j}^*\mathscr{P}$ 和 $\mathscr{R} = \widehat{j}_*\widehat{j}^*\mathscr{R}$, 并且由于 U 不是空的, 故由归纳假设知, $\widehat{j}^*\mathscr{P}$ 和 $\widehat{j}^*\mathscr{R}$ 都是可代数化的 $\mathscr{O}_{\widehat{T}}$ 模层, 依照 (5.3.3), $\mathscr{P}$ 和 $\mathscr{R}$ 都是可代数化的, 于是又可以使用 (5.3.2), 这就最终证明了 $\mathscr{F}$ 是可代数化的. 证明完毕.

5.4 应用: 通常的概形态射与形式概形态射的比较, 可代数化的形式概形

定理 (5.4.1) — *设 A 是一个 Noether 进制环, $\mathfrak{J}$ 是 A 的一个定义理想, $S = \operatorname{Spec} A$, $S' = V(\mathfrak{J})$. 设 $u : X \to S$ 是一个紧合态射, $v : Y \to S$ 是一个有限型*

分离态射, 并设 $\widehat{S}$, $\widehat{X}$, $\widehat{Y}$ 分别是 S, X, Y 沿着 S', $u^{-1}(S')$, $v^{-1}(S')$ 的完备化. 若对任意 S 态射 $f: X \to Y$, 我们都用 $\widehat{f}: \widehat{X} \to \widehat{Y}$ 来记 f 到完备化上的延拓, 则映射 $f \mapsto \widehat{f}$ 是一个一一映射

$$\mathrm{Hom}_S(X,Y) \xrightarrow{\sim} \mathrm{Hom}_{\widehat{S}}(\widehat{X},\widehat{Y}).$$

我们首先来证明 $f \mapsto \widehat{f}$ 是单的. 事实上, 假设两个从 X 到 Y 的 S 态射 f, g 满足 $\widehat{f} = \widehat{g}$. 则由 (**I**, 10.9.4) 知, 可以找到 $X' = u^{-1}(S')$ 的一个开邻域 V, 使得 f 和 g 在它上面是重合的. 由于 u 是一个闭映射, 故有 $V = X$ (5.1.3.1), 从而 $f = g$.

现在我们来证明 $f \mapsto \widehat{f}$ 是满的, 设 h 是一个 $\widehat{S}$ 态射 $\widehat{X} \to \widehat{Y}$. 对于 $Z = X \times_S Y$, 我们用 $p: Z \to X$ 和 $q: Z \to Y$ 来记它的典范投影, 则 Z 在 S 上是有限型的 (**I**, 6.3.4), 从而它是 Noether 的. 我们用 $\widehat{Z}$ 来记 Z 沿着 $Z' = p^{-1}(u^{-1}(S'))$ 的完备化, 则 $\widehat{Z}$ 可以典范等同于 $\widehat{X} \times_{\widehat{S}} \widehat{Y}$, 且投影 $\widehat{Z} \to \widehat{X}$ 和 $\widehat{Z} \to \widehat{Y}$ 可以等同于 p 和 q 的延拓 $\widehat{p}$ 和 $\widehat{q}$ (**I**, 10.9.7). 由于 Y 在 S 上是分离的, 故知 $\widehat{Y}$ 在 $\widehat{S}$ 上是分离的 (**I**, 10.15.7), 从而图像态射 $\Gamma_h = (1_{\widehat{X}}, h): \widehat{X} \to \widehat{Z}$ 是一个闭浸入 (**I**, 10.15.4). 设 $\mathfrak{T}$ 是与这个浸入伴生的 $\widehat{Z}$ 的闭形式子概形, 并设 $j: \mathfrak{T} \to \widehat{Z}$ 是典范含入, 则有 $\Gamma_h = j \circ w$, 其中 $w: \widehat{X} \to \mathfrak{T}$ 是一个同构 (**I**, 10.14.3), 并且它的逆同构就是 $\widehat{p} \circ j$. 进而, $\mathfrak{T}$ 在 $\widehat{S}$ 上显然是紧合的, 因为 $\widehat{X}$ 就是如此, 由此得知 (5.1.8), 我们能找到 Z 的一个闭子概形 T, 使得 $\mathfrak{T} = \widehat{T} = T_{/(T \cap Z')}$, 并且 $j = \widehat{i}$, 其中 i 是典范含入 $T \to Z$ (**I**, 10.14.7). 此时 $p \circ i: T \to X$ 是一个同构, 这是因为, 根据前提条件, $(p \circ i)\widehat{} = \widehat{p} \circ \widehat{i}$ 是一个同构, 从而只需应用 (4.6.8) 即可, 因为我们在前面已经看到, S 是 S' 在 S 中的唯一邻域. 设 $g: X \to T$ 是 $p \circ i$ 的逆同构, 令 $f = q \circ i \circ g$, 它是一个态射 $X \to Y$, 并且根据定义, 它的图像就是 $\Gamma_f = i \circ g$. 由于 $\widehat{g}$ 是 $(p \circ i)\widehat{} = w$ 的逆同构, 故有 $(\Gamma_f)\widehat{} = \widehat{i} \circ \widehat{g} = j \circ w = \Gamma_h$. 但我们知道 $(\Gamma_f)\widehat{} = \Gamma_{\widehat{f}}$ (**I**, 10.9.8), 从而最终得到 $h = \widehat{f}$, 这就完成了证明.

借用范畴的语言我们可以说, 对任意 Noether 进制环 A, 函子 $X \mapsto \widehat{X}$ 都是一个从紧合 Spec A 概形范畴到紧合 Spf A 形式概形范畴的完全忠实函子 (**0**, 8.1.5). 从而它是从前一范畴到后一范畴的某个子范畴的一个等价, 我们把这个子范畴的对象称为*可代数化的形式概形*. 对于这样一个形式概形 $\mathfrak{X}$ 来说, 我们可以找到一个通常的紧合 Spec A 概形 X, 使得 $\mathfrak{X}$ 同构于 $\widehat{X}$, 并且 X 在只差唯一同构的意义下是唯一确定的.

添注 (5.4.2) — 在 (5.4.1) 的记号下, 令 $S_n = \mathrm{Spec}\,(A/\mathfrak{I}^{n+1})$, $X_n = X \times_S S_n, Y_n = Y \times_S S_n$. 则由 (5.4.1) 和 (**I**, 10.12.3) 知, 给出一个 S 态射 $f: X \to Y$ 就等价于给出一个由 S_n 态射 $f_n: X_n \to Y_n$ 所组成的进制 (S_n) 归纳系 (**I**, 10.12.2).

注解 (5.4.3) — 与存在性定理 (5.1.6) 所说的情况相反，可以找到不可代数化的紧合 Spf A 形式概形 (正如我们能找到并非来自复多样体的紧解析空间那样). 在后面的 “局部参模理论” 中，我们就会遇到这种形式概形，这个理论 (假设基域是 $\mathbb{C}$) 是要具体找出一个紧合多样体的复结构的所有无穷小形变，这样的形变确实有可能制造出非代数的解析空间.

命题 (5.4.4) — 设 A 是一个 *Noether* 进制环，$\mathfrak{S} = \operatorname{Spf} A$，再设 $g : \mathfrak{X} \to \mathfrak{S}$，$h : \mathfrak{Y} \to \mathfrak{S}$ 是形式概形之间的两个紧合态射，$f : \mathfrak{X} \to \mathfrak{Y}$ 是一个 $\mathfrak{S}$ 态射. 若 f 是有限的，并且 $\mathfrak{Y}$ 是可代数化的，则 $\mathfrak{X}$ 也是可代数化的.

注意到 g 和 h 上的前提条件已经蕴涵着 f 是紧合的 (3.4.1)，故为了使 f 成为有限的，只需对任意 $y \in \mathfrak{Y}$，纤维 $f^{-1}(y)$ 都是有限的即可 (4.8.11). 前提条件表明，$\mathscr{B} = f_*\mathscr{O}_{\mathfrak{X}}$ 是一个凝聚 $\mathscr{O}_{\mathfrak{Y}}$ 代数层 (4.8.6)，从而由存在性定理知，若令 $\mathfrak{Y} = \widehat{Y}$ 且 $h = \widehat{w}$，其中 $w : Y \to \operatorname{Spec} A$ 是通常概形的一个紧合态射，则可以找到一个凝聚 $\mathscr{O}_Y$ 代数层 $\mathscr{C}$，使得 $\mathscr{B} = \widehat{\mathscr{C}}$. 设 $X = \operatorname{Spec} \mathscr{C}$，并设 $u : X \to Y$ 是结构态射，则由 $\mathfrak{X}$ 的定义方式 (4.8.7) 立知，$\mathfrak{X}$ 典范同构于 $\widehat{X}$，并且 f 可以等同于 $\widehat{u}$ (只需考虑 Y 是仿射概形的情形即可).

注意到 (5.1.8) 是 (5.4.4) 的一个特殊情形.

定理 (5.4.5) — 设 A 是一个 *Noether* 进制环，$\mathfrak{I}$ 是 A 的一个定义理想，$S = \operatorname{Spec} A$，$\mathfrak{S} = \widehat{S} = \operatorname{Spf} A$，$f : \mathfrak{X} \to \mathfrak{S}$ 是一个形式概形的紧合态射. 令 $S_k = \operatorname{Spec}(A/\mathfrak{I}^{k+1})$，$X_k = \mathfrak{X} \times_{\mathfrak{S}} S_k$，并且对任意 $\mathscr{O}_{\mathfrak{X}}$ 模层 $\mathscr{F}$，令 $\mathscr{F}_k = \mathscr{F} \otimes_{\mathscr{O}_{\mathfrak{X}}} \mathscr{O}_{X_k} = \mathscr{F}/\mathfrak{I}^{k+1}\mathscr{F}$. 设 $\mathscr{L}$ 是一个可逆 $\mathscr{O}_{\mathfrak{X}}$ 模层，并假设 $\mathscr{L}_0 = \mathscr{L}/\mathfrak{I}\mathscr{L}$ 是丰沛 $\mathscr{O}_{X_0}$ 模层. 则 $\mathfrak{X}$ 是可代数化的，并且若取 X 是一个紧合 S 概形，使得 $\mathfrak{X}$ 同构于 $\widehat{X}$，则可以找到一个丰沛 $\mathscr{O}_X$ 模层 $\mathscr{M}$，使得 $\mathscr{L}$ 同构于 $\widehat{\mathscr{M}}$ (这表明 X 在 S 上是射影的).

我们把 (5.2.3) 应用到 $\mathscr{F} = \mathscr{O}_{\mathfrak{X}}$ 上，则可以找到一个整数 n_0，使得当 $n \geqslant n_0$ 时，典范同态 $\Gamma(\mathfrak{X}, \mathscr{L}^{\otimes n}) \to \Gamma(X_0, \mathscr{L}_0^{\otimes n})$ 总是满的. 取 $n \geqslant n_0$ 充分大，还能够使 $\mathscr{L}_0^{\otimes n}$ 成为 S_0 极丰沛的 (**II**, 4.5.10). 由于态射 $f_0 : X_0 \to S_0$ 是紧合的，故知 $\Gamma(X_0, \mathscr{L}_0^{\otimes n})$ 是有限型 A 模 (3.2.1)，从而可以找到 $\Gamma(\mathfrak{X}, \mathscr{L}^{\otimes n})$ 的一个有限型 A 子模 E，使得它在 $\Gamma(X_0, \mathscr{L}_0^{\otimes n})$ 中的像就是后者本身. 在此基础上，对任意 $k \geqslant 0$，考虑由典范含入 $E \to \Gamma(\mathfrak{X}, \mathscr{L}^{\otimes n})$ 所导出的同态 $u_k : E/\mathfrak{I}^{k+1}E \to \Gamma(X_k, \mathscr{L}_k^{\otimes n})$. 注意到 $(f_k)_*(\mathscr{L}_k^{\otimes n})$ 是拟凝聚的，并且由 $\Gamma(S_k, (f_k)_*(\mathscr{L}_k^{\otimes n})) = \Gamma(X_k, \mathscr{L}_k^{\otimes n})$ 知，u_k 定义了一个同态 $\widetilde{u}_k : (E/\mathfrak{I}^{k+1}E)^{\sim} \to (f_k)_*(\mathscr{L}_k^{\otimes n})$，因而也定义了一个同态 $\widetilde{u}_k^{\sharp} : f_k^*((E/\mathfrak{I}^{k+1}E)^{\sim}) \to \mathscr{L}_k^{\otimes n}$. 此外，若我们令 $\mathscr{G}_k = f_k^*((E/\mathfrak{I}^{k+1}E)^{\sim})$，则有 $\mathscr{G}_0 = \mathscr{G}_k/\mathfrak{I}\mathscr{G}_k$ (**I**, 9.1.5)，从而 $\widetilde{u}_0^{\sharp} : \mathscr{G}_k/\mathfrak{I}\mathscr{G}_k \to \mathscr{L}_k^{\otimes n}/\mathfrak{I}\mathscr{L}_k^{\otimes n}$ 可由 $\widetilde{u}_k^{\sharp}$ 取商而得到. 现在由 E 的定义知，$\widetilde{u}_0^{\sharp}$ 恰好就是典范同态 $\sigma : f_0^*(f_0)_*(\mathscr{L}_0^{\otimes n}) \to \mathscr{L}_0^{\otimes n}$，并且 $\mathscr{L}_0^{\otimes n}$ 是

极丰沛层的条件表明, $\widetilde{u}_0^\sharp$ 是满的 (**II**, 4.4.3). 于是由 Nakayama 引理知, 每个 $\widetilde{u}_k^\sharp$ 也都是满的. 从而每个 $\widetilde{u}_k^\sharp$ 都定义了一个 S_k 态射 $g_k : X_k \to P_k = \mathbf{P}(E/\mathfrak{I}^{k+1}E)$, 并且由于当 $h \leqslant k$ 时总有 $P_h = P_k \times_{S_h} S_k$ (**II**, 4.1.3), 故知 (g_k) 是一个进制 (S_k) 归纳系 (**I**, 10.12.2), 这是基于诸 $\widetilde{u}_k^\sharp$ 之间的关系以及 (**II**, 4.2.10). 从而这些 g_k 定义了形式概形之间的一个 $\mathfrak{S}$ 态射 $g : \mathfrak{X} \to \mathfrak{P}$, 其中 $\mathfrak{P}$ 是归纳系 (P_k) 的归纳极限, 也就是完备化 $\widehat{P}$, 其中 $P = \mathbf{P}(E)$. 进而, $\mathscr{L}_0^{\otimes n}$ 是极丰沛层的条件表明, g_0 是闭浸入 (**II**, 4.4.3), 由此得知, g 是形式概形的闭浸入 (4.8.10), 从而 $\mathfrak{X}$ 是可代数化的 (5.1.8). 此时由存在性定理 (5.1.6) 就可以推出, $\mathscr{L}$ 同构于某个可逆 $\mathscr{O}_X$ 模层的完备化 $\widehat{\mathscr{M}}$. 进而, $\mathscr{L}^{\otimes n}$ 就是 $\mathscr{M}^{\otimes n}$ 的完备化 (**I**, 10.8.10), 并且这些同态 $\widetilde{u}_k^\sharp$ 定义了一个完全确定的同态 $v : f^*\widetilde{E} \to \mathscr{M}^{\otimes n}$ (5.1.7). 此外, 由于 $\widetilde{u}_0^\sharp$ 是满的, 故知 $\widehat{v}$ 也是满的 (**I**, 10.11.5), 从而 v 同样是满的 (5.1.3). 现在由 v 所定义的态射 $r : X \to P$ (**II**, 4.2.2) 在完备化上的延拓就是 g, 并且由于 g 是闭浸入, 故知 r 也是闭浸入 (根据 (5.1.8) 和 (5.4.1)), 由此推出 $\mathscr{M}^{\otimes n}$ 是极丰沛的 (**II**, 4.4.6), 从而 $\mathscr{M}$ 是丰沛的 (**II**, 4.5.10).

注解 (5.4.6) — 设 A 是一个 Noether 进制环, $\mathfrak{S} = \operatorname{Spf} A$, $f : \mathfrak{X} \to \mathfrak{S}$ 是一个形式概形的紧合态射. 设 $\mathscr{N}$ 是 $\mathscr{O}_{\mathfrak{X}}$ 的这样一个凝聚理想层, 即在 $\mathfrak{X}$ 的任何仿射形式开集 U 上, $\Gamma(U, \mathscr{N})$ 都等于 $\Gamma(U, \mathscr{O}_{\mathfrak{X}})$ 的诣零根. 这个理想层的存在性可由 (**I**, 10.10.2) 以及下述事实立得: 任何环同态 $B \to C$ 都把 B 的诣零根映到 C 的诣零根中. 设 $\mathfrak{X}'$ 是 $\mathfrak{X}$ 的由 $\mathscr{N}$ 所定义的闭形式子概形 (**I**, 10.14.2), 我们想知道, 当 $\mathfrak{X}'$ 可代数化时, $\mathfrak{X}$ 自身是否也可代数化. 毫无疑问, 这就涉及对 (通常概形或形式概形的) 结构层 $\mathscr{O}_{\mathfrak{X}}$ 枕着初等幂零理想层的扩充进行分类的问题 (比如说使用某些上同调性质的不变量), 换句话说, 就是要对所有满足下述条件的 $\mathscr{O}_{\mathfrak{X}}$ 代数层 $\mathscr{A}$ 进行分类: $\mathscr{A}$ 具有一个初等幂零理想层 $\mathscr{J}$, 并且 $\mathscr{A}/\mathscr{J}$ 同构于 $\mathscr{O}_{\mathfrak{X}}$.

5.5 某些概形的分解

命题 (5.5.1) — *设 A 是一个 Noether 进制环, $\mathfrak{I}$ 是 A 的一个定义理想, $Y = \operatorname{Spec} A$, $f : X \to Y$ 是一个有限型分离态射. 令 $Y_0 = \operatorname{Spec}(A/\mathfrak{I})$, $X_0 = X \times_Y Y_0 = f^{-1}(Y_0)$. 设 Z_0 是 X_0 的一个开子集, 它在 Y_0 上是紧合的, 则可以找到 X 的一个既开又闭的子集 Z, 它在 Y 上是紧合的, 并且 $Z \cap X_0 = Z_0$.*

由前提条件知, 可以找到 X 的一个开集 T, 使得 $T \cap X_0 = Z_0$. 设 $\widehat{T}$ 是 X 的开子概形 T 沿着 Z_0 的完备化, 由于 $\mathscr{O}_{\widehat{T}}$ 的支集是 Z_0, 并且它在 Y_0 上是紧合的, 故知 $\widehat{T}$ 在 $\widehat{Y} = \operatorname{Spf} A$ 上是紧合的 (3.4.1). 于是由 (5.1.8) 知, 可以找到 T 的一个

闭子概形 Z, 它在 Y 上是紧合的, 并且如果 $i: Z \to T$ 是典范含入, 则 $\widehat{i}: \widehat{Z} \to \widehat{T}$ 是一个同构 (其中 $\widehat{Z}$ 是 Z 沿着 Z_0 的完备化). 因而 (4.6.8) 可以找到 Z_0 在 T 中的一个开邻域 V, 使得 i 的限制 $i^{-1}(V) \to V$ 是一个同构. 然而 $i^{-1}(V)$ 是 Z_0 在 Z 中的一个邻域, 从而必然就等于 Z (5.1.3.1). 故知 Z 在 T 中是开的, 从而在 X 中也是开的, 这就完成了证明.

推论 (5.5.2) — 若 X_0 在 Y_0 上是紧合的, 则 X 是两个不相交的开集 Z 和 Z' 的并集, 其中 Z 在 Y 上是紧合的, 并且包含 X_0. 进而, X 的任何一个在 Y 上紧合的闭子集 P 都包含在 Z 之中.

最后一句话是由于 $P \cap Z'$ 在 P 中是闭的, 从而在 Y 上是紧合的. 假如 $P \cap Z'$ 不是空的, 则 $f(P \cap Z')$ 在 Y 中也不是空的, 并且它还是闭的, 从而就会与 Y_0 有交点 (5.1.3.1), 这与 Z 的定义矛盾.

§6. 局部和整体的 "Tor" 函子, Künneth 公式

6.1 引论

(6.1.1) 设 $f: X \to Y$ 是一个概形态射, $\mathscr{F}$ 是一个拟凝聚 $\mathscr{O}_X$ 模层. 为了理解 "高阶顺像" $\mathrm{R}^n f_* \mathscr{F}$, 我们可以考虑下面这个一般问题: 给了一个 "基变换" 态射 $g: Y' \to Y$, 令 $X' = X_{(Y')} = X \times_Y Y'$, $\mathscr{F}' = \mathscr{F} \otimes_Y \mathscr{O}_{Y'}$, $f' = f_{(Y')}: X' \to Y'$, 我们希望了解这些高阶顺像 $\mathrm{R}^n f'_*(\mathscr{F}')$ 的情况 (假设已经知道了 $\mathrm{R}^n f_* \mathscr{F}$). 容易看出 (比如参考 (7.7.2)), 这可以归结为考察 $\mathrm{R}^n f_*(\mathscr{F} \otimes_{\mathscr{O}_Y} \mathscr{G})$ 随着 $\mathscr{G}$ 的变化, 其中 $\mathscr{G}$ 是一个拟凝聚$\mathscr{O}_Y$ 模层, 换句话说, 可以归结为考察函子 $\mathscr{G} \mapsto \mathrm{R}^n f_*(\mathscr{F} \otimes_{\mathscr{O}_Y} \mathscr{G})$. 若 $\mathscr{F}$ 在 Y 上是平坦的, 则函子 $\mathscr{G} \mapsto \mathscr{F} \otimes_{\mathscr{O}_Y} \mathscr{G}$ 是正合的 ($\mathbf{0_I}$, 6.7.4), 从而合成函子 $\mathscr{G} \mapsto \mathrm{R}^n f_*(\mathscr{F} \otimes_{\mathscr{O}_Y} \mathscr{G})$ 仍然是一个上同调函子. 然而在一般情况下事情并不总是这样的, 为了能够应用上同调的方法, 我们有必要把 $\mathscr{G} \mapsto \mathrm{R}^n f_*(\mathscr{F} \otimes_{\mathscr{O}_Y} \mathscr{G})$ 换成另外一些函子, 这些新的函子将总是上同调函子. 它们是模理论中的 "Tor" 函子的推广, 我们将在 ¥6.3 到 6.7 中给出这些函子的定义, 而且这样的推广有两种, 一种是 "局部" 的, 一种是 "整体" 的, 它们可以通过谱序列联系起来, 这件事将在 ¥6.7 中讨论. 作为这些谱序列的应用, 在某些条件下我们可以得到一个 "Künneth 公式", 它能够把 $\mathrm{R}^n(f_1 \times f_2)_*(\mathscr{F}_1 \otimes_Y \mathscr{F}_2)$ 用高阶顺像 $\mathrm{R}^p f_{1*} \mathscr{F}_1$ 和 $\mathrm{R}^q f_{2*} \mathscr{F}_2$ 表达出来. 我们还有另外一些谱序列 (6.8), 它们推广了模的 "Tor" 函子谱序列, 最后, 与基变换有关的问题也可以化归到谱序列上 (6.9).

(6.1.2) 进而我们将看到 (6.10), 上面所定义的上同调函子 $\mathscr{G} \mapsto \mathscr{T}_\bullet(\mathscr{G})$ (在 Y 上) 局部地具有 $\mathscr{G} \mapsto \mathscr{H}_\bullet(\mathscr{L}_\bullet \otimes_Y \mathscr{G})$ 的形状, 其中 $\mathscr{L}_\bullet$ 是某个由局部自由 $\mathscr{O}_Y$ 模层所组成的复形 (确定到只差同伦), $\mathscr{H}_\bullet$ 是指层复形的同调. 我们不妨先忘记函子 $\mathscr{T}_\bullet$ 的特殊来源, 一般地来考察一下具有上述形状 $\mathscr{G} \mapsto \mathscr{H}_\bullet(\mathscr{L}_\bullet \otimes_Y \mathscr{G})$ 的函子 (在必要时给 $\mathscr{L}_i$ 或 $\mathscr{H}_i(\mathscr{L}_\bullet)$ 附加上适当的有限性条件), 这就是 §7 的内容, 这一节本质上与 §6 相互独立. 这类函子的最值得关注的性质是, $\mathscr{T}_\bullet$ 的单个分量 $\mathscr{T}_i$ 是不是正合的? 我们将给出能使这个性质成立的各种判别法. 作为应用, 我们将得到一些能保证 (在 (6.1.1) 的记号下) 函子 $\mathscr{G} \mapsto \mathrm{R}^n f_*(\mathscr{F} \otimes_{\mathscr{O}_Y} \mathscr{G})$ 正合的条件 (此时我们说 $\mathscr{F}$ 在 Y 上是 n 维上同调平坦的). 关于 $\mathscr{T}_\bullet(\mathscr{G}) = \mathscr{H}_\bullet(\mathscr{L}_\bullet \otimes_Y \mathscr{G})$ 的各个分量 $\mathscr{T}_i$ 的另一个重要性质是函数 $y \mapsto \dim_{\boldsymbol{k}(y)} T_i(\boldsymbol{k}(y))$ 的半连续性, 当 $\mathscr{T}_i$ 正合时, 该性质还可以改进为连续性, 此外, 如果 Y 是既约的, 则逆命题也成立, 这是 Grauert 的结果 (7.8.4).

(6.1.3) 在 §6 和 §7 中, 我们将系统地使用超上同调的工具, 把讨论都建立在层的复形上, 而不是单个的层上, 采取这种视角的必要性在以后的章节里才会显现出来. 此外, 在后面的某一章里, 我们将系统地讨论凝聚层的上同调函子的完整代数结构, 包括对偶理论, 这将使我们能够更加清晰地理解本章所讨论的这些上同调技术. 不过这已经超出了本章的框架.

(6.1.4) 给了一个 Abel 范畴 $\boldsymbol{C}$ 和它里面的两个复形 $K^\bullet$, $K'^\bullet$, 为简单起见, 对于一个复形态射 $f : K^\bullet \to K'^\bullet$ 来说, 如果能找到一个态射 $g : K'^\bullet \to K^\bullet$, 使得合成态射 $f \circ g$ 和 $g \circ f$ 都同伦于恒同, 则我们说 f 是一个同伦 (将词义略加引申, 如果这样的一个同伦确实存在, 则我们也说 $K^\bullet$ 和 $K'^\bullet$ 是同伦的). 对于一个从 $\boldsymbol{C}$ 到另一个 Abel 范畴 $\boldsymbol{C}'$ 的协变加性函子 T 来说, 如果它在 $\boldsymbol{C}$ 的所有复形处的超上同调都是有定义的 (**0**, 11.4.3), 则易见由 $\boldsymbol{C}$ 中复形之间的一个同伦 $K^\bullet \to K'^\bullet$ 可以典范地定义出超上同调之间的一个同构 $\mathbf{R}^\bullet T(K^\bullet) \to \mathbf{R}^\bullet T(K'^\bullet)$ (前引).

6.2 概形上的模层复形的超上同调

(6.2.1) 设 X 是一个概形, $\mathscr{K}^\bullet = (\mathscr{K}^i)_{i \in \mathbb{Z}}$ 是 $\mathscr{O}_X$ 模层的一个复形, 其中的缀算子是 $+1$ 次的. 则对任意概形态射 $f : X \to Y$ 和任意 $n \in \mathbb{Z}$, 我们都可以定义 (**0**, 12.4.1) 超上同调 $\mathscr{O}_Y$ 模层 $\mathcal{H}^n(f, \mathscr{K}^\bullet)$ (也记作 $\mathcal{H}^n_f(\mathscr{K}^\bullet)$ 或 $\mathbf{R}^n f_* \mathscr{K}^\bullet$). 这些超上同调 $\mathcal{H}^n(f, \mathscr{K}^\bullet)$ 是两个谱函子 $'\mathscr{E}(f, \mathscr{K}^\bullet)$ 和 $''\mathscr{E}(f, \mathscr{K}^\bullet)$ 的目标 [1], 它们的 E_2

[1] 译注: 谱函子就是指取值在谱序列范畴中的函子.

项分别由下式给出

(6.2.1.1) $'\mathscr{E}_2^{p,q} = \mathscr{H}^p(\mathscr{H}^q(f,\mathscr{K}^\bullet))$,

(6.2.1.2) $''\mathscr{E}_2^{p,q} = \mathscr{H}^p(f,\mathscr{H}^q(\mathscr{K}^\bullet)) = \mathrm{R}^p f_*(\mathscr{H}^q(\mathscr{K}^\bullet))$,

其中 $\mathscr{H}^q(f,\mathscr{K}^\bullet)$ 是这样一个复形, 它的 i 次分量是 $\mathscr{H}^q(f,\mathscr{K}^i) = \mathrm{R}^q f_*\mathscr{K}^i$ (前引). 还记得如果 Y 只是一个点, 则对应的超上同调也被记为 $\mathbf{H}^\bullet(X,\mathscr{K}^\bullet)$ (它们都是 $\Gamma(X,\mathscr{O}_X)$ 上的模, 并且不依赖于单点概形 Y 的选择). 如果 $Y = X$ 且 $f = 1_X$, 则我们有 $\mathcal{H}^n(f,\mathscr{K}^\bullet) = \mathscr{H}^n(\mathscr{K}^\bullet)$ (复形 $\mathscr{K}^\bullet$ 的上同调). 如果在 $i \neq i_0$ 时都有 $\mathscr{K}^i = 0$, 则

$$\mathcal{H}^n(f,\mathscr{K}^\bullet) = \mathrm{R}^{n-i_0} f_*\mathscr{K}^{i_0}.$$

谱序列 $'\mathscr{E}(f,\mathscr{K}^\bullet)$ 总是正则的, 并且当 $\mathscr{K}^\bullet$ 下有界时, 这两个谱序列都是双正则的 (**0**, 12.4.1).

$\mathscr{O}_X$ 模层复形之间的任何一个同伦 $h : \mathscr{K}^\bullet \to \mathscr{K}'^\bullet$ 都给出了超上同调之间的一个同构 $\mathcal{H}^\bullet(f,\mathscr{K}^\bullet) \xrightarrow{\sim} \mathcal{H}^\bullet(f,\mathscr{K}'^\bullet)$. 如果我们只假设 $\mathscr{H}^\bullet(h) : \mathscr{H}^\bullet(\mathscr{K}^\bullet) \to \mathscr{H}^\bullet(\mathscr{K}'^\bullet)$ 是一个同构, 并且 $\mathscr{K}^\bullet$ 和 $\mathscr{K}'^\bullet$ 都是下有界的, 则也有相同的结果, 这可由 (**0**, 11.1.5) 立得 (应用到谱序列 (6.2.1.2) 以及 $\mathscr{K}'^\bullet$ 的对应谱序列上). 最后, 对于 X 的任意开覆盖 $\mathfrak{U} = (U_\alpha)$, 我们还可以用双复形 $\mathrm{C}^\bullet(\mathfrak{U},\mathscr{K}^\bullet)$ (其中指标为 (i,j) 的分量是 $\mathrm{C}^i(\mathfrak{U},\mathscr{K}^j)$) 的上同调来定义超上同调 $\mathbf{H}^\bullet(\mathfrak{U},\mathscr{K}^\bullet)$, 这些 $\mathbf{H}^n(\mathfrak{U},\mathscr{K}^\bullet)$ 也都是 $\Gamma(X,\mathscr{O}_X)$ 上的模.

命题 (6.2.2) — *设 X 是一个分离概形, $\mathfrak{U} = (U_\alpha)$ 是 X 的一个由仿射开集所组成的覆盖. 则对于拟凝聚 $\mathscr{O}_X$ 模层的任意复形 $\mathscr{K}^\bullet$, 超上同调模 $\mathbf{H}^\bullet(X,\mathscr{K}^\bullet)$ 和 $\mathbf{H}^\bullet(\mathfrak{U},\mathscr{K}^\bullet)$ 都是典范同构的.*

事实上, 覆盖 $\mathfrak{U}$ 中的任意有限个开集的交集 V 都是仿射的 (**I**, 5.5.6), 从而对任意 i 和任意 $q > 0$, 我们都有 $\mathrm{H}^q(V,\mathscr{K}^i) = 0$ (1.3.1), 于是这个命题是 (**0**, 12.4.7) 的一个特殊情形.

命题 (6.2.3) — *设 $f : X \to Y$ 是概形的一个拟紧分离态射. 则对于拟凝聚 $\mathscr{O}_X$ 模层的任意复形 $\mathscr{K}^\bullet$, 这些 $\mathscr{O}_Y$ 模层 $\mathcal{H}^n(f,\mathscr{K}^\bullet)$ 都是拟凝聚的.*

由于 $\mathscr{H}^q(f,\mathscr{K}^i) = \mathrm{R}^q f_*\mathscr{K}^i$ 都是拟凝聚 $\mathscr{O}_Y$ 模层 (1.4.10), 故知 $'\mathscr{E}_2^{p,q}$ 也都是拟凝聚的, 因为根据 (6.2.1.1), 它们都是凝聚模层的同态核除以同态像之后而得到的商模层 (**I**, 4.1.1). 同理可知, 第一谱序列中的所有 $\mathscr{O}_Y$ 模层 $'\mathscr{E}_r^{p,q}$, $\mathrm{B}_k('\mathscr{E}_r^{p,q})$, $\mathrm{Z}_k('\mathscr{E}_r^{p,q})$ 都是拟凝聚的. 谱序列 $'\mathscr{E}(f,\mathscr{K}^\bullet)$ 的正则性表明, $\mathrm{Z}_\infty('\mathscr{E}_2^{p,q})$ 就等于某个 $\mathrm{Z}_k('\mathscr{E}_2^{p,q})$, 从而它是拟凝聚的, 对于 $\mathrm{B}_\infty('\mathscr{E}_2^{p,q}) = \varinjlim_k \mathrm{B}_k('\mathscr{E}_2^{p,q})$ 我们也有相同的结果

(**0**, 11.2.4 和 **I**, 4.1.1), 从而 ${}'\mathscr{E}_\infty^{p,q}$ 也都是拟凝聚的. 由于上述谱序列是正则的, 故知滤解 $F^p(\mathcal{H}^n(f,\mathscr{K}^\bullet))$ 是离散且无遗漏的. 换句话说, $\mathscr{O}_Y$ 模层 $\mathcal{H}^n(f,\mathscr{K}^\bullet)$ 是某个 $\mathscr{O}_Y$ 模层递增序列 $(\mathscr{G}_k)_{k\geqslant 0}$ 的并集, 其中 $\mathscr{G}_0=0$, 并且每个 $\mathscr{G}_k/\mathscr{G}_{k-1}$ 都等于某个 $\mathscr{O}_Y$ 模层 ${}'\mathscr{E}_\infty^{p,q}$, 从而是拟凝聚的. 对 k 进行归纳就可以证明, 这些 $\mathscr{G}_k$ 都是拟凝聚的 (1.4.17), 又因为 $\mathcal{H}^n(f,\mathscr{K}^\bullet)=\varinjlim \mathscr{G}_k$, 这就证明了命题 (**I**, 4.1.1).

推论 (6.2.4) — 在 (6.2.3) 的前提条件下, 对于 Y 的任意仿射开集 V 和任意整数 n, 典范同态

$$\mathbf{H}^n(f^{-1}(V),\mathscr{K}^\bullet) \longrightarrow \Gamma(V,\mathcal{H}^n(f,\mathscr{K}^\bullet)) \tag{6.2.4.1}$$

都是一一的.

证明方法与 (1.4.11) 相同, 只需使用 (6.2.2), 并把 $\mathscr{F}$ 换成 $\mathscr{K}^\bullet$, 把 $\mathscr{K}^\bullet$ 换成 $f_*(\mathscr{C}^\bullet(\mathfrak{U},\mathscr{K}^\bullet))$, 把 $\mathscr{H}^\bullet(\mathscr{K}^\bullet)$ 换成 $\mathcal{H}^\bullet(f,\mathscr{K}^\bullet)$, 再注意到最后这个 $\mathscr{O}_Y$ 模层是拟凝聚的 (6.2.3) 即可.

命题 (6.2.5) — 设 Y 是一个局部 *Noether* 概形, $f:X\to Y$ 是一个紧合态射, $\mathscr{K}^\bullet$ 是 $\mathscr{O}_X$ 模层的一个复形, 并且 $\mathscr{O}_X$ 模层 $\mathscr{H}^q(\mathscr{K}^\bullet)$ 都是凝聚的, 则这些 $\mathscr{O}_Y$ 模层 $\mathcal{H}^n(f,\mathscr{K}^\bullet)$ 也都是凝聚的.

问题在 Y 上是局部性的, 故可限于考虑 Y 是 Noether 仿射概形的情形, 此时依照 (6.2.4), 只需证明这些 $\mathbf{H}^n(X,\mathscr{K}^\bullet)$ 都是有限型 $\Gamma(Y,\mathscr{O}_Y)$ 模. 现在我们有 $\mathbf{H}^\bullet(X,\mathscr{K}^\bullet)=\mathbf{H}^\bullet(\mathfrak{U},\mathscr{K}^\bullet)$ (6.2.2), 并且可以假设 $\mathfrak{U}$ 是有限的, 因为 X 是拟紧的. 根据定义, 复形 $\mathrm{C}^\bullet(\mathfrak{U},\mathscr{K}^j)$ 中的链都是交错的, 故可找到一个正整数 r, 使得当 $i<0$ 和 $i>r$ 时均有 $\mathrm{C}^i(\mathfrak{U},\mathscr{K}^j)=0$, 由此可知 (**0**, 11.3.3), 双复形 $\mathrm{C}^\bullet(\mathfrak{U},\mathscr{K}^\bullet)$ 的两个谱序列都是双正则的. 由于 $\mathfrak{U}$ 中的有限个开集的交集仍然是仿射开集 (**I**, 5.5.6), 故知每个函子 $\mathscr{F}\mapsto \mathrm{C}^i(\mathfrak{U},\mathscr{F})$ 在拟凝聚 $\mathscr{O}_X$ 模层范畴上都是正合的, 从而 $\mathrm{H}_{\mathrm{I}}^q(\mathrm{C}^i(\mathfrak{U},\mathscr{K}^\bullet))=\mathrm{C}^i(\mathfrak{U},\mathscr{H}^q(\mathscr{K}^\bullet))$, 并且依照 (1.4.1), $\mathrm{C}^\bullet(\mathfrak{U},\mathscr{K}^\bullet)$ 的第二谱序列的 E_2 项可由下式给出 (**0**, 11.3.2)

$$''E_2^{p,q} = \mathrm{H}^p(\mathrm{C}^\bullet(\mathfrak{U},\mathscr{H}^q(\mathscr{K}^\bullet))) = \mathrm{H}^p(\mathfrak{U},\mathscr{H}^q(\mathscr{K}^\bullet)) = \mathrm{H}^p(X,\mathscr{H}^q(\mathscr{K}^\bullet)),$$

现在 f 是紧合的, 故知它们都是有限型 $\Gamma(Y,\mathscr{O}_Y)$ 模 (3.2.1). 又因为谱序列 $''\mathrm{E}(\mathrm{C}^\bullet(\mathfrak{U},\mathscr{K}^\bullet))$ 是双正则的, 从而 $\mathbf{H}^n(X,\mathscr{K}^\bullet)$ 也都是有限型 $\Gamma(Y,\mathscr{O}_Y)$ 模 (**0**, 11.1.8).

特别地, 若 $\mathscr{K}^\bullet$ 是由凝聚 $\mathscr{O}_X$ 模层所组成的一个复形, 则在 (6.2.5) 中对于 Y 和 f 所作的假设下, $\mathscr{O}_Y$ 模层 $\mathcal{H}^n(f,\mathscr{K}^\bullet)$ 都是凝聚的 ($\mathbf{0}_\mathbf{I}$, 5.3.4).

(6.2.6) 超上同调 $\mathcal{H}^\bullet(f,\mathscr{K}^\bullet)$ 是下有界 $\mathscr{O}_X$ 模层复形范畴上的一个上同调函子 (**0**, 12.4.4). 如果 f 是拟紧的, 并且 X 的底空间是局部 *Noether* 的, 则它是全体

$\mathscr{O}_X$ 模层复形的范畴上的一个上同调函子. 事实上, 由 (G, II, 3.10.1) 知, f_* 与归纳极限可交换 (问题在 Y 上是局部性的), 因而可以应用 (**0**, 11.5.2).

最后, 若 f 是分离的, 则 $\mathcal{H}^\bullet(f,\mathscr{K}^\bullet)$ 是拟凝聚 $\mathscr{O}_X$ 模层复形的范畴上的一个上同调函子. 当 Y 是仿射概形时这是比较容易的, 因为此时 X 是分离概形, 从而根据典范同构 (6.2.2), 问题归结为证明 $\mathscr{K}^\bullet \mapsto \mathbf{H}^\bullet(\mathfrak{U},\mathscr{K}^\bullet)$ 是拟凝聚 $\mathscr{O}_X$ 模层复形范畴上的一个上同调函子, 而这是显然的, 因为函子 $\mathscr{K}^\bullet \mapsto \mathrm{C}^\bullet(\mathfrak{U},\mathscr{K}^\bullet)$ 在该范畴上是正合的 (**I**, 1.3.7). 在一般情况下, 对于 Y 的任意仿射开集 V, $f^{-1}(V)$ 都是分离概形, 为了利用上述结果, 我们只需证明, 对于拟凝聚 $\mathscr{O}_X$ 模层复形的一个正合序列 $0 \to \mathscr{K}'^\bullet \to \mathscr{K}^\bullet \to \mathscr{K}''^\bullet \to 0$, 同态 $\partial : \mathcal{H}^n(f,\mathscr{K}''^\bullet)|_V \to \mathcal{H}^{n+1}(f,\mathscr{K}'^\bullet)|_V$ 并不依赖于定义它时所选择的那个 $f^{-1}(V)$ 的仿射开覆盖 $\mathfrak{U}$. 然而若 $\mathfrak{U}'$ 是一个比 $\mathfrak{U}$ 更精细的仿射开覆盖, 则典范同构的图表

$$\begin{array}{ccc} \mathbf{H}^\bullet(\mathfrak{U},\mathscr{K}^\bullet) & & \\ & \overset{\sim}{\searrow} & \\ \Big\downarrow\wr & & \mathbf{H}^\bullet(f^{-1}(V),\mathscr{K}^\bullet) \\ & \overset{\sim}{\nearrow} & \\ \mathbf{H}^\bullet(\mathfrak{U}',\mathscr{K}^\bullet) & & \end{array}$$

是交换的, 并且图表

$$\begin{array}{ccc} \mathbf{H}^n(\mathfrak{U},\mathscr{K}''^\bullet) & \xrightarrow{\partial} & \mathbf{H}^{n+1}(\mathfrak{U},\mathscr{K}'^\bullet) \\ \wr\Big\downarrow & & \wr\Big\downarrow \\ \mathbf{H}^n(\mathfrak{U}',\mathscr{K}''^\bullet) & \xrightarrow[\partial]{} & \mathbf{H}^{n+1}(\mathfrak{U}',\mathscr{K}'^\bullet) \end{array}$$

也是交换的, 从而就得出了结论.

如果上述条件之一得到满足, 并且 $\mathscr{K}^\bullet \to \mathscr{K}'^\bullet$ 是一个同伦 (6.1.4), 则对应的同构 $\mathcal{H}^\bullet(f,\mathscr{K}^\bullet) \xrightarrow{\sim} \mathcal{H}^\bullet(f,\mathscr{K}'^\bullet)$ 是绵延函子的同构 (**0**, 11.4.4).

(6.2.7) 上面所有的结果都可以不加变更 (除记号之外) 地适用于缀算子为 -1 次的拟凝聚 $\mathscr{O}_X$ 模层复形 $\mathscr{K}_\bullet$, 因为我们只需考虑复形 $\mathscr{K}^\bullet = (\mathscr{K}^i)$, 其中 $\mathscr{K}^i = \mathscr{K}_{-i}$ $(i \in \mathbb{Z})$.

6.3 两个模复形的超挠

(6.3.1) 设 A 是一个交换环, $P_\bullet$, $Q_\bullet$ 是两个 A 模复形, 它们的缀算子都是 -1 次的. 设 $L_{\bullet,\bullet}$ (切转: $M_{\bullet,\bullet}$) 是 $P_\bullet$ (切转: $Q_\bullet$) 的一个投射 Cartan-Eilenberg 消解 (**0**,

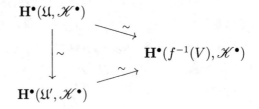

11.6.1), 则 $L_{\bullet,\bullet} \otimes_A M_{\bullet,\bullet}$ 是一个双复形 (第一次数相加, 第二次数也相加), 缀算子都是 -1 次的, 并且同调模 $\mathrm{H}_\bullet(L_{\bullet,\bullet} \otimes_A M_{\bullet,\bullet})$ 并不依赖于 Cartan-Eilenberg 消解 $L_{\bullet,\bullet}$, $M_{\bullet,\bullet}$ 的选择, 从而它就是关于 $P_\bullet$ 和 $Q_\bullet$ 的二元函子 $P_\bullet \otimes_A O_\bullet$ 的超同调 (**0**, 11.6.5). 我们定义

$$\mathbf{Tor}_n^A(P_\bullet, Q_\bullet) = \mathrm{H}_n(L_{\bullet,\bullet} \otimes_A M_{\bullet,\bullet}), \tag{6.3.1.1}$$

并且把这个 A 模称为复形 $P_\bullet$, $Q_\bullet$ 的指标为 n 的超挠, 或者称为第 n 个超挠. 我们知道在下有界的 A 模复形的范畴上, 这些 $\mathbf{Tor}_n^A(P_\bullet, Q_\bullet)$ 构成 $P_\bullet$, $Q_\bullet$ 的一个二元同调函子 (**0**, 11.6.5). 进而:

命题 (6.3.2) — 二元函子 $\mathbf{Tor}_\bullet^A(P_\bullet, Q_\bullet)$ 是两个二元谱函子 $'\mathrm{E}(P_\bullet, Q_\bullet)$, $''\mathrm{E}(P_\bullet, Q_\bullet)$ 的目标, 它们的 E^2 项分别是

$$'E^2_{p,q} = \mathrm{H}_p(\mathrm{Tor}_q^A(P_\bullet, Q_\bullet)), \tag{6.3.2.1}$$

$$''E^2_{p,q} = \bigoplus_{q'+q''=q} \mathrm{Tor}_p^A(\mathrm{H}_{q'}(P_\bullet), \mathrm{H}_{q''}(Q_\bullet)), \tag{6.3.2.2}$$

其中 $\mathrm{Tor}_q^A(P_\bullet, Q_\bullet)$ 是指由 A 模 $\mathrm{Tor}_q^A(P_i, Q_j)$ 所组成的双复形. 谱序列 (6.3.2.2) 总是正则的, 若 $P_\bullet$ 和 $Q_\bullet$ 是下有界的, 或者 A 的上同调维数是有限的, 则这两个谱序列 (6.3.2.1) 和 (6.3.2.2) 都是双正则的.

这是缘自 (**0**, 11.6.5), 因为当 A 的上同调维数是有限数 n 时, 任何 A 模都具有长度为 n 的投射消解 (M, VI, 2.1).

推论 (6.3.3) — 设 $P'_\bullet$, $Q'_\bullet$ 是两个 A 模复形, $u : P_\bullet \to P'_\bullet$, $v : Q_\bullet \to Q'_\bullet$ 是两个复形同态. 如果分别由 u 和 v 所导出的同态 $\mathrm{H}_\bullet(u) : \mathrm{H}_\bullet(P_\bullet) \to \mathrm{H}_\bullet(P'_\bullet)$, $\mathrm{H}_\bullet(v) : \mathrm{H}_\bullet(Q_\bullet) \to \mathrm{H}_\bullet(Q'_\bullet)$ 都是一一的, 则由 u 和 v 所导出的同态 $\mathbf{Tor}_\bullet^A(P_\bullet, Q_\bullet) \to \mathbf{Tor}_\bullet^A(P'_\bullet, Q'_\bullet)$ 是一一的.

事实上, 此时由 u 和 v 所导出的谱序列同态 $''\mathrm{E}(P_\bullet, Q_\bullet) \to {''\mathrm{E}}(P'_\bullet, Q'_\bullet)$ 在 E^2 项上是同构, 从而由这些谱序列的正则性 (6.3.2) 就可以推出结论 (**0**, 11.1.5).

命题 (6.3.4) — 设 $P_\bullet$, $Q_\bullet$ 是两个下有界的 A 模复形. 设 $L_{\bullet,\bullet}$ (切转: $M_{\bullet,\bullet}$) 是由平坦 A 模所组成的一个双复形, 并且对任意 i, $L_{i,\bullet}$ (切转: $M_{i,\bullet}$) 都是 P_i (切转: Q_i) 的一个消解. 则我们有典范同构

$$\begin{aligned}\mathbf{Tor}_\bullet^A(P_\bullet, Q_\bullet) &\xrightarrow{\sim} \mathrm{H}_\bullet(L_{\bullet,\bullet} \otimes_A Q_\bullet) \\ &\xrightarrow{\sim} \mathrm{H}_\bullet(P_\bullet \otimes_A M_{\bullet,\bullet}) \xrightarrow{\sim} \mathrm{H}_\bullet(L_{\bullet,\bullet} \otimes_A M_{\bullet,\bullet}).\end{aligned} \tag{6.3.4.1}$$

这是缘自 (**0**, 11.6.5, (ii) 和 (iii)) 以及平坦 A 模的定义.

注解 (6.3.5) — (i) 在 (6.3.1) 的记号下, 双复形 $L_{\bullet,\bullet}\otimes_A M_{\bullet,\bullet}$ 和 $M_{\bullet,\bullet}\otimes_A L_{\bullet,\bullet}$ 是典范同构的, 从而我们有一个典范同构 $\mathbf{Tor}_\bullet^A(P_\bullet,Q_\bullet)\xrightarrow{\sim}\mathbf{Tor}_\bullet^A(Q_\bullet,P_\bullet)$.

(ii) 若 F 和 G 是两个 A 模, $P_\bullet$ 和 $Q_\bullet$ 是这样两个 A 模复形, 它们在 0 次的位置上分别是 F 和 G 而在其他位置上都是 0, 于是若 $L_\bullet$ 和 $M_\bullet$ 分别是 F 和 G 的投射消解, 则也可以把它们看作 $P_\bullet$ 和 $Q_\bullet$ 的 Cartan-Eilenberg 消解 (用 0 去补全), 从而此时我们有 $\mathbf{Tor}_\bullet^A(P_\bullet,Q_\bullet)=\mathrm{Tor}_\bullet^A(F,G)$.

命题 (6.3.6) — 设 $(P_\bullet^\lambda)$, $(Q_\bullet^\mu)$ 是两个由 A 模复形所组成的滤相归纳系, 则我们有一个典范同构

(6.3.6.1)
$$\varinjlim_{\lambda,\mu}\mathbf{Tor}_\bullet^A(P_\bullet^\lambda,Q_\bullet^\mu)\xrightarrow{\sim}\mathbf{Tor}_\bullet^A\Big(\varinjlim_\lambda P_\bullet^\lambda,\varinjlim_\mu Q_\bullet^\mu\Big).$$

令 $P_\bullet=\varinjlim P_\bullet^\lambda$, $Q_\bullet=\varinjlim Q_\bullet^\mu$, 则根据函子性, 这些 $\mathbf{Tor}_\bullet^A(P_\bullet^\lambda,Q_\bullet^\mu)$ 显然构成一个归纳系, 并且由典范映射 $P_\bullet^\lambda\to P_\bullet$, $Q_\bullet^\mu\to Q_\bullet$ 所导出的映射 $\mathbf{Tor}_\bullet^A(P_\bullet^\lambda,Q_\bullet^\mu)\to\mathbf{Tor}_\bullet^A(P_\bullet,Q_\bullet)$ 构成同态的归纳系, 由此就得到了典范同态 (6.3.6.1), 并且可以更一般地得到一个典范同态 $\varinjlim{}''\mathrm{E}(P_\bullet^\lambda,Q_\bullet^\mu)\to{}''\mathrm{E}(P_\bullet,Q_\bullet)$, 使得 (6.3.6.1) 就是它的目标同态. 进而, 谱序列 $''\mathrm{E}(P_\bullet,Q_\bullet)$ 是正则的 (6.3.2), 而且谱序列 $\varinjlim{}''\mathrm{E}(P_\bullet^\lambda,Q_\bullet^\mu)$ 也是正则的, 这可由定义 (**0**, 11.1.7) 以及 (**0**, 11.3.3) 的证明得知, 从而为了证明 (6.3.6.1) 是一一的, 只需 (**0**, 11.1.5) 证明同态

(6.3.6.2)
$$\varinjlim{}''\mathrm{E}(P_\bullet^\lambda,Q_\bullet^\mu)\longrightarrow{}''\mathrm{E}(P_\bullet,Q_\bullet)$$

在 E^2 项上是一一的即可. 由于函子 $\mathrm{H}_\bullet$ 与模复形的归纳极限运算是可交换的, 从而最终归结为证明, 对于 A 模的任意两个滤相归纳系 (F^λ), (G^μ), 典范同态

$$\varinjlim_{\lambda,\mu}(\mathrm{Tor}_\bullet^A(F^\lambda,G^\mu))\longrightarrow\mathrm{Tor}_\bullet^A\Big(\varinjlim_\lambda F^\lambda,\varinjlim_\mu G^\mu\Big)$$

总是一一的. 为此我们考虑每个 F^λ 的典范自由消解

$$L_\bullet^\lambda\ :\ \cdots\longrightarrow L_{i+1}^\lambda\longrightarrow L_i^\lambda\longrightarrow\cdots\longrightarrow L_1^\lambda\longrightarrow L_0^\lambda\longrightarrow 0,$$

其中 L_0^λ 是由 F^λ 的全体元素的形式线性组合所组成的 A 模, 并且 L_{i+1}^λ 是由 $\mathrm{Ker}(L_i^\lambda\to L_{i-1}^\lambda)$ 的全体元素的形式线性组合所组成的 A 模. 易见这些 $L_\bullet^\lambda$ 构成复形的归纳系, 并且如果令 $F=\varinjlim_\lambda F^\lambda$, $L_i=\varinjlim_\lambda L_i^\lambda$, 则这些 L_i 构成 F 的一个消解$L_\bullet$, 因为函子 $\varinjlim$ 是正合的. 进而, 这些 L_i 作为自由 A 模的归纳极限是平坦的 ($\mathbf{0_I}$, 6.1.2). 同样地, 对每个 μ, 考虑 G^μ 的典范自由消解 $M_\bullet^\mu$, 则 $M_\bullet=\varinjlim M_\bullet^\mu$ 是 $G=\varinjlim G^\mu$ 的一个平坦消解. 于是依照 (6.3.5) 和 (6.3.4), $\mathrm{Tor}_\bullet^A(\varinjlim F^\lambda,\varinjlim G^\mu)=$

$\mathrm{H}_\bullet(L_\bullet \otimes_A M_\bullet)$, 然而 $\mathrm{H}_\bullet(L_\bullet \otimes_A M_\bullet) = \varinjlim_{\lambda,\mu} \mathrm{H}_\bullet(L_\bullet^\lambda \otimes_A M_\bullet^\mu)$, 因为 $\mathrm{H}_\bullet$ 与模复形的归纳极限运算是可交换的. 由于 $\mathrm{H}_\bullet(L_\bullet^\lambda \otimes_A M_\bullet^\mu) = \mathrm{Tor}_\bullet^A(F^\lambda, G^\mu)$, 这就完成了证明.

如果假设能找到一个 i_0, 使得当 $i < i_0$ 时总有 $P_i^\lambda = Q_i^\mu = 0$ (对任意 λ 和 μ), 则可以同样地证明, 典范同态

(6.3.6.3) $$\varinjlim {}'\mathrm{E}(P_\bullet^\lambda, Q_\bullet^\mu) \longrightarrow {}'\mathrm{E}(P_\bullet, Q_\bullet)$$

是一一的.

命题 (6.3.7) — *假设 $P_\bullet$ 和 $Q_\bullet$ 都是下有界的. 于是若复形 $P_\bullet$ 是由平坦 A 模所组成的, 则我们有 $Q_\bullet$ 的绵延函子之间的一个典范 A 同构*

(6.3.7.1) $$\mathbf{Tor}_\bullet^A(P_\bullet, Q_\bullet) \xrightarrow{\sim} \mathrm{H}_\bullet(P_\bullet \otimes_A Q_\bullet).$$

事实上, 谱序列 (6.3.2.1) 是双正则的, 并且是退化的, 于是由 (**0**, 11.1.6) 就可以推出同构 (6.3.7.1) 的存在性. 进而, 若取 $P_\bullet$ 的一个投射 Cartan-Eilenberg 消解来计算超挠 (6.3.4), 则易见上面所定义的同构是 $Q_\bullet$ 的绵延函子之间的同构.

(6.3.8) 设 $\rho : A \to A'$ 是一个环同态. 我们现在从 ρ 出发来典范地定义一个函子性 A 同态

(6.3.8.1) $$\rho_{P_\bullet,Q_\bullet} \ :\ \mathbf{Tor}_\bullet^A(P_\bullet, Q_\bullet) \longrightarrow \mathbf{Tor}_\bullet^{A'}(P_\bullet \otimes_A A', Q_\bullet \otimes_A A').$$

为此, 取 $P_\bullet$ 的一个投射 Cartan-Eilenberg 消解 $L_{\bullet,\bullet}$, 再取 $P_\bullet \otimes_A A'$ 的一个投射 Cartan-Eilenberg 消解 $L'_{\bullet,\bullet}$. 我们来说明, 可以定义出复形的一个 A' 同态 $L_{\bullet,\bullet} \otimes_A A' \to L'_{\bullet,\bullet}$, 并且能确定到只差一个同伦. 事实上, 只要对每个 i 都 (任意) 给出 $\mathrm{B}_i(P_\bullet)$ 的一个投射消解 $(X_{ij}^B)_{j\geqslant 0}$ 和 $\mathrm{H}_i(P_\bullet)$ 的一个投射消解 $(X_{ij}^H)_{j\geqslant 0}$, 并要求它们分别等于 $\mathrm{B}_i^{\mathrm{I}}(L_{\bullet,\bullet})$ 和 $\mathrm{H}_i^{\mathrm{I}}(L_{\bullet,\bullet})$, 那么这个 $L_{\bullet,\bullet}$ 就被完全确定了, 由此又可以依次推出 $\mathrm{Z}_i^{\mathrm{I}}(L_{\bullet,\bullet}) = \mathrm{H}_i^{\mathrm{I}}(L_{\bullet,\bullet}) \oplus \mathrm{B}_i^{\mathrm{I}}(L_{\bullet,\bullet})$ 和 $L_{i,\bullet} = \mathrm{Z}_i^{\mathrm{I}}(L_{\bullet,\bullet}) \oplus \mathrm{B}_{i-1}^{\mathrm{I}}(L_{\bullet,\bullet})$. 现在 $X_{i,\bullet}^B \otimes_A A'$ 一般来说并不是 $P_i \otimes_A A'$ 的消解, 不过它仍然是一个由投射 A' 模所组成的复形, 从而我们有一个与增殖相容的 A' 同态 $X_{i,\bullet}^B \otimes_A A' \to \mathrm{B}_i^{\mathrm{I}}(L'_{\bullet,\bullet})$, 并且它在只差同伦的意义下是唯一确定的 (M, V, 1.1). 同样地, 我们有一个 A' 同态 $X_{i,\bullet}^H \otimes_A A' \to \mathrm{H}_i^{\mathrm{I}}(L'_{\bullet,\bullet})$, 确定到只差同伦, 从而由上面的构造过程知, 对任意 i, 我们都可以导出一个 A' 同态 $L_{i,\bullet} \otimes_A A' \to L'_{i,\bullet}$, 并且这些同态 (对于 $i \in \mathbb{Z}$) 与缀算子 $L_{i,\bullet} \to L_{i-1,\bullet}$ 以及 $L'_{\bullet,\bullet}$ 上的类似算子是相容的 (基于构造方法), 从而就得到了所要的 A' 同态 $L_{\bullet,\bullet} \otimes_A A' \to L'_{\bullet,\bullet}$.

于是为了定义 (6.3.8.1), 只需同样地构造出 $Q_\bullet$ (切转: $Q_\bullet \otimes_A A'$) 的一个投射 Cartan-Eilenberg 消解 $M_{\bullet,\bullet}$ (切转: $M'_{\bullet,\bullet}$) 和一个 A' 同态 $M_{\bullet,\bullet} \otimes_A A' \to M'_{\bullet,\bullet}$, 然

后由这些同态导出一个 A' 同态 $(L_{\bullet,\bullet}\otimes_A A')\otimes_{A'}(M_{\bullet,\bullet}\otimes_A A')\to L'_{\bullet,\bullet}\otimes_{A'}M'_{\bullet,\bullet}$, 再通过合成得到一个双复形的 A 同态 $L_{\bullet,\bullet}\otimes_A M_{\bullet,\bullet}\to L'_{\bullet,\bullet}\otimes_{A'}M'_{\bullet,\bullet}$, 最后取同调就可以得出 (6.3.8.1), 这个定义是含义明确的, 因为定义它所用的那个复形态射在只差同伦的意义下是唯一确定的.

若 $\rho' : A'\to A''$ 是另一个环同态, 并且 $\rho'' : A\to A''$ 是合成同态 $\rho'\circ\rho$, 则易见 $\rho''_{P_\bullet,Q_\bullet}=\rho'_{P'_\bullet,Q'_\bullet}\circ\rho_{P_\bullet,Q_\bullet}$, 其中

$$P'_\bullet\ =\ P_\bullet\otimes_A A',\quad Q'_\bullet\ =\ Q_\bullet\otimes_A A'.$$

另外注意到, 由上述双复形态射 $L_{\bullet,\bullet}\otimes_A M_{\bullet,\bullet}\to L'_{\bullet,\bullet}\otimes_{A'}M'_{\bullet,\bullet}$ 还可以定义出谱序列之间的两个函子性 (关于 $P_\bullet$ 和 $Q_\bullet$) 态射

$$'\mathrm{E}^r_{p,q}(P_\bullet,Q_\bullet)\ \longrightarrow\ '\mathrm{E}^r_{p,q}(P_\bullet\otimes_A A',Q_\bullet\otimes_A A')$$

和

$$''\mathrm{E}^r_{p,q}(P_\bullet,Q_\bullet)\ \longrightarrow\ ''\mathrm{E}^r_{p,q}(P_\bullet\otimes_A A',Q_\bullet\otimes_A A').$$

它们都不依赖于 Cartan-Eilenberg 消解的选择, 并且也具有上面所说的传递性.

命题 (6.3.9) — 设 $\rho : A\to A'$ 是一个环同态, 并且使 A' 成为一个平坦 A 模. 则我们有函子性的典范同构

(6.3.9.1) $$\mathbf{Tor}^{A'}_\bullet(P_\bullet\otimes_A A',Q_\bullet\otimes_A A')\ \xrightarrow{\sim}\ \mathbf{Tor}^A_\bullet(P_\bullet,Q_\bullet)\otimes_A A',$$

(6.3.9.2) $$\begin{cases} '\mathrm{E}(P_\bullet\otimes_A A',Q_\bullet\otimes_A A')\ \xrightarrow{\sim}\ '\mathrm{E}(P_\bullet,Q_\bullet)\otimes_A A'\ ; \\ ''\mathrm{E}(P_\bullet\otimes_A A',Q_\bullet\otimes_A A')\ \xrightarrow{\sim}\ ''\mathrm{E}(P_\bullet,Q_\bullet)\otimes_A A'. \end{cases}$$

事实上, 由于函子 $M\otimes_A A'$ 对于 M 是正合的, 故知 $L_{\bullet,\bullet}\otimes_A A'$ 和 $M_{\bullet,\bullet}\otimes_A A'$ 分别是 $P_\bullet\otimes_A A'$ 和 $Q_\bullet\otimes_A A'$ 的投射 Cartan-Eilenberg 消解, 这就给出了结论.

(6.3.10) 设 $\rho : A\to A'$ 是一个环同态, 则对任意 A' 模复形 $P'_\bullet$, $P'_{\bullet[\rho]}$ 都是一个 A 模复形, 进而, 我们可以把恒同映射 $P'_{\bullet[\rho]}\to P'_\bullet$ 看作下述典范映射的合成

$$P'_{\bullet[\rho]}\ \longrightarrow\ P'_{\bullet[\rho]}\otimes_A A'\ \xrightarrow{\mu}\ P'_\bullet,$$

其中 μ 是 A' 同态 $\mu(x\otimes a')=a'x$. 若 $Q'_\bullet$ 是另一个 A' 模复形, 则我们有一个 0 次的函子性典范同态

(6.3.10.1) $$\mathbf{Tor}^A_\bullet(P'_{\bullet[\rho]},Q'_{\bullet[\rho]})\ \longrightarrow\ \mathbf{Tor}^{A'}_\bullet(P'_{\bullet[\rho]}\otimes_A A',Q'_{\bullet[\rho]}\otimes_A A')\\ \longrightarrow\ \mathbf{Tor}^{A'}_\bullet(P'_\bullet,Q'_\bullet),$$

其中第一个箭头是 (6.3.8) 中所定义的 A 同态, 第二个则是由 A' 同态 $P'_{\bullet[\rho]} \otimes_A A' \to P'_\bullet$ 和 $Q'_{\bullet[\rho]} \otimes_A A' \to Q'_\bullet$ 函子性地导出的同态. 对于 (6.3.2) 中的谱序列我们也有类似的同态, 并且它们显然也具有传递性, 细节留给读者.

命题 (6.3.11) — 设 $\rho : A \to A'$ 是一个环同态, 并使 A' 成为一个平坦 A 模. 则对任意 A' 模复形 $P'_\bullet$ 和任意的下有界 A 模复形 $Q_\bullet$, 我们都有一个函子性的典范同构

(6.3.11.1)
$$\mathbf{Tor}^A_\bullet(P'_{\bullet[\rho]}, Q_\bullet) \xrightarrow{\sim} \mathbf{Tor}^{A'}_\bullet(P'_\bullet, Q_\bullet \otimes_A A').$$

事实上, 若 $M_{\bullet,\bullet}$ 是 $Q_\bullet$ 的一个投射 Cartan-Eilenberg 消解, 则 $M_{\bullet,\bullet} \otimes_A A'$ 是 $Q_\bullet \otimes_A A'$ 的一个投射 Cartan-Eilenberg 消解, 并且在只差典范同构的意义下, $P'_{\bullet[\rho]} \otimes_A M_{\bullet,\bullet} = P'_\bullet \otimes_{A'} (M_{\bullet,\bullet} \otimes_A A')$, 于是由 (6.3.4) 就可以推出结论.

注解 (6.3.12) — 设 (A^λ) 是环的一个滤相归纳系, 并设 $(P^\lambda_\bullet)$, $(Q^\lambda_\bullet)$ 是 (A^λ) 模复形的两个归纳系, 则我们有一个典范同构 ((6.3.6.1) 的推广)

(6.3.12.1)
$$\varinjlim \mathbf{Tor}^{A^\lambda}_\bullet(P^\lambda_\bullet, Q^\lambda_\bullet) \xrightarrow{\sim} \mathbf{Tor}^A_\bullet(P_\bullet, Q_\bullet),$$

其中 $A = \varinjlim A^\lambda$, $P_\bullet = \varinjlim P^\lambda_\bullet$, $Q_\bullet = \varinjlim Q^\lambda_\bullet$. 这只要先借助 (6.3.10) 定义出同态

$$\mathbf{Tor}^{A^\lambda}_\bullet(P^\lambda_\bullet, Q^\lambda_\bullet) \longrightarrow \mathbf{Tor}^{A^\mu}_\bullet(P^\mu_\bullet, Q^\mu_\bullet) \quad (\text{对任意 } \lambda \leqslant \mu),$$

接下来的证明就与 (6.3.6) 是完全相同的.

命题 (6.3.13) — 设 S 是 A 的一个乘性子集, $P_\bullet$ 和 $Q_\bullet$ 是两个 A 模复形, 并且 S 的任何元素在这些 A 模上所定义的同筋都是一一的, 从而若 $A' = S^{-1}A$, 则 $P_\bullet$ 和 $Q_\bullet$ 都是由 A' 模所组成的. 此时我们有一个典范同构 $\mathbf{Tor}^A_\bullet(P_\bullet, Q_\bullet) \xrightarrow{\sim} \mathbf{Tor}^{A'}_\bullet(P_\bullet, Q_\bullet)$.

事实上, 前提条件表明, 典范同态 $P_\bullet \to P_\bullet \otimes_A A'$, $Q_\bullet \to Q_\bullet \otimes_A A'$ 都是一一的. 另一方面, 由超挠的函子性知, 任何 $s \in S$ 在 $\mathrm{Tor}^A_\bullet(P_\bullet, Q_\bullet)$ 上所定义的同筋都是一一的, 从而

$$\mathbf{Tor}^A_\bullet(P_\bullet, Q_\bullet) \longrightarrow \mathbf{Tor}^A_\bullet(P_\bullet, Q_\bullet) \otimes_A A'$$

也是一个一一同态. 由于 A' 是一个平坦 A 模, 故由 (6.3.9) 就可以推出结论, 并且我们同样有谱序列之间的典范同构.

6.4 拟凝聚模层复形上的局部超挠函子: 仿射概形的情形

(6.4.1) 设 S 是一个仿射概形, 环为 A, X, Y 是两个仿射 S 概形, 环分别为 B, C, 则 B 和 C 都是 A 上的代数. 任何拟凝聚 $\mathscr{O}_X$ 模层复形 $\mathscr{P}_\bullet$ (切转: 拟凝聚

$\mathscr{O}_Y$ 模层复形 $\mathscr{Q}_\bullet$) 都具有 $\widetilde{P}_\bullet$ (切转: $\widetilde{Q}_\bullet$) 的形状, 其中 $P_\bullet$ (切转: $Q_\bullet$) 是一个 B 模复形 (切转: C 模复形) (**I**, 1.3.7 和 1.3.8). 我们显然可以把 $P_\bullet$ 和 $Q_\bullet$ 都看作 A 模复形, 并构造出 $\mathbf{Tor}_n^A(P_\bullet, Q_\bullet)$, 进而由于 $\mathbf{Tor}_n^A(P_\bullet, Q_\bullet)$ 是二元函子, 故知 A 代数 B 和 C 都可以作用在这个 A 模上, 并且这些作用使它成为一个 (B, C) 双模, 或等价地, 成为 $B \otimes_A C = \mathrm{A}(X \times_S Y)$ 上的一个模. 从而我们可以定义出一个拟凝聚 $\mathscr{O}_{X\times_S Y}$ 模层

$$\textbf{(6.4.1.1)}\qquad \mathcal{T}or_n^{\mathscr{O}_S}(\mathscr{P}_\bullet, \mathscr{Q}_\bullet) = (\mathbf{Tor}_n^A(P_\bullet, Q_\bullet))^\sim,$$

称为复形 $\mathscr{P}_\bullet$ 和 $\mathscr{Q}_\bullet$ 的指标为 n 的局部超挠, 或者称为第 n 个局部超挠, 也记作 $\mathcal{T}or_n^S(\mathscr{P}_\bullet, \mathscr{Q}_\bullet)$.

引理 (6.4.2) — 在 (6.4.1) 的记号下, 假设环 A 具有 $R^{-1}A'$ 的形状, 其中 A' 是一个环, R 是 A' 的一个乘性子集. 设 $S' = \operatorname{Spec} A'$, 并把 X 和 Y 都看作 S' 概形, 因而 $X \times_{S'} Y = X \times_S Y$ (**I**, 1.6.2 和 3.2.4). 则我们有 $\mathcal{T}or_\bullet^{S'}(\mathscr{P}_\bullet, \mathscr{Q}_\bullet) = \mathcal{T}or_\bullet^S(\mathscr{P}_\bullet, \mathscr{Q}_\bullet)$.

这是缘自公式 (6.4.1.1) 以及 (6.3.13),

(6.4.3) 在 (6.4.1) 的记号和前提条件下, 设 $\mathscr{F} = \widetilde{F}$ 是一个拟凝聚 $\mathscr{O}_X$ 模层, $\mathscr{G} = \widetilde{G}$ 是一个拟凝聚 $\mathscr{O}_Y$ 模层, 且把 $\mathscr{F}$ 和 $\mathscr{G}$ 都看作模层复形, 再用 $\mathscr{T}or_n^{\mathscr{O}_S}(\mathscr{F}, \mathscr{G})$ 或 $\mathscr{T}or_n^S(\mathscr{F}, \mathscr{G})$ 来记它们的第 n 个局部超挠, 则由 (6.3.5, (ii)) 知,

$$\textbf{(6.4.3.1)}\qquad \mathscr{T}or_n^{\mathscr{O}_S}(\mathscr{F}, \mathscr{G}) = (\mathrm{Tor}_n^A(F, G))^\sim.$$

现在我们回到 $\mathscr{P}_\bullet$, $\mathscr{Q}_\bullet$ 是两个拟凝聚模层复形的一般情形. 有见于命题 (6.3.2), 公式 (6.4.1.1) 和 (6.4.3.1) 表明, $\mathcal{T}or_\bullet^S(\mathscr{P}_\bullet, \mathscr{Q}_\bullet)$ 是两个谱序列 ${}'\mathscr{E}(\mathscr{P}_\bullet, \mathscr{Q}_\bullet)$, ${}''\mathscr{E}(\mathscr{P}_\bullet, \mathscr{Q}_\bullet)$ 的目标, 它们的 E^2 项分别由下式给出

$$\textbf{(6.4.3.2)}\qquad {}'\mathscr{E}_{p,q}^2 = \mathrm{H}_p(\mathscr{T}or_q^S(\mathscr{P}_\bullet, \mathscr{Q}_\bullet)),$$

$$\textbf{(6.4.3.3)}\qquad {}''\mathscr{E}_{p,q}^2 = \bigoplus_{q'+q''=q} \mathscr{T}or_p^S(\mathscr{H}_{q'}(\mathscr{P}_\bullet), \mathscr{H}_{q''}(\mathscr{Q}_\bullet)),$$

其中 $\mathscr{T}or_q^S(\mathscr{P}_\bullet, \mathscr{Q}_\bullet)$ 就是由这些拟凝聚 $\mathscr{O}_{X\times_S Y}$ 模层 $\mathscr{T}or_q^S(\mathscr{P}_i, \mathscr{Q}_j)$ 所组成的双复形.

(6.4.4) 现在我们再引入另外两个仿射概形 $X^{(1)} = \operatorname{Spec} B^{(1)}, Y^{(1)} = \operatorname{Spec} C^{(1)}$, 其中 $B^{(1)}$ 和 $C^{(1)}$ 都是 A 代数, 假设给了两个 S 态射 $u : X^{(1)} \to X, v : Y^{(1)} \to Y$, 分别对应着 A 同态 $\varphi : B \to B^{(1)}$, $\psi : C \to C^{(1)}$. 考虑 $\mathscr{O}_{X^{(1)}}$ 模层复形 $u^*\mathscr{P}_\bullet = (\mathscr{P}_\bullet \otimes_B B^{(1)})^\sim$ 和 $\mathscr{O}_{Y^{(1)}}$ 模层复形 $v^*\mathscr{Q}_\bullet = (\mathscr{Q}_\bullet \otimes_C C^{(1)})^\sim$, 则由典

范 A 同态

$$P_\bullet \longrightarrow P_\bullet \otimes_B B^{(1)}, \quad Q_\bullet \longrightarrow Q_\bullet \otimes_C C^{(1)}$$

可以借助函子性给出一个 A 同态

$$\mathbf{Tor}_\bullet^A(P_\bullet, Q_\bullet) \longrightarrow \mathbf{Tor}_\bullet^A\big(P_\bullet \otimes_B B^{(1)}, Q_\bullet \otimes_C C^{(1)}\big).$$

进而, 仍然由函子性知, 该同态实际上是一个 $(B \otimes_A C)$ 同态, 这样我们就定义了一个 $(u \times_S v)$ 态射

(6.4.4.1) $$\theta \;:\; \mathcal{T}or_\bullet^S(\mathscr{P}_\bullet, \mathscr{Q}_\bullet) \longrightarrow \mathcal{T}or_\bullet^S\big(u^*\mathscr{P}_\bullet, v^*\mathscr{Q}_\bullet\big),$$

从而也定义了一个 $\mathscr{O}_{X^{(1)} \times_S Y^{(1)}}$ 模层同态

(6.4.4.2) $$\theta^\sharp \;:\; (u \times_S v)^*\big(\mathcal{T}or_\bullet^S(\mathscr{P}_\bullet, \mathscr{Q}_\bullet)\big) \longrightarrow \mathcal{T}or_\bullet^S\big(u^*\mathscr{P}_\bullet, v^*\mathscr{Q}_\bullet\big),$$

它显然是下有界的拟凝聚模层复形上的二元绵延函子之间的一个态射.

同态 (6.4.4.2) 未必是一一的, 尽管如此:

引理 (6.4.5) — 在 (6.4.4) 的记号下, 假设 u 和 v 都是开浸入, 则同态 (6.4.4.2) 是一一的.

我们把 $X^{(1)}$ (切转: $Y^{(1)}$) 等同于 X (切转: Y) 的一个开集, 则 $X^{(1)}$ (切转: $Y^{(1)}$) 是一些形如 $D(f)$ (切转: $D(g)$) 的开集的并集, 其中 $f \in B$ (切转: $g \in C$), 并且开子概形 $D(\varphi(f))$ 和 $D(f)$ (切转: $D(\psi(g))$ 和 $D(g)$) 是同构的. 我们只需对 $X^{(1)}$ (切转: $Y^{(1)}$) 就是 $D(f)$ (切转: $D(g)$) 的情形来证明引理即可. 事实上, 如果这种特殊情形已经得到证明, 那么在一般情形下, 问题归结为证明 $\theta^\sharp$ 在每个开集 $D(f) \times_S D(g)$ 上的限制都是同构. 现在若 $u_1 : D(f) \to X^{(1)}$, $v_1 : D(g) \to Y^{(1)}$ 是典范含入, 则上述限制恰好就是 $(u_1 \times_S v_1)^*(\theta^\sharp)$, 然而由定义 (6.4.4) 以及 ($\mathbf{0_I}$, 4.4.8) 易见, 若把它与典范同态 (令 $u' = u \circ u_1$, $v' = v \circ v_1$)

(6.4.5.1) $$(u_1 \times_S v_1)^*\big(\mathcal{T}or_\bullet^S(u^*\mathscr{P}_\bullet, v^*\mathscr{Q}_\bullet)\big) \longrightarrow \mathcal{T}or_\bullet^S\big(u'^*\mathscr{P}_\bullet, v'^*\mathscr{Q}_\bullet\big)$$

进行合成, 则可以得到典范同态

(6.4.5.2) $$(u' \times_S v')^*\big(\mathcal{T}or_\bullet^S(\mathscr{P}_\bullet, \mathscr{Q}_\bullet)\big) \longrightarrow \mathcal{T}or_\bullet^S\big(u'^*\mathscr{P}_\bullet, v'^*\mathscr{Q}_\bullet\big).$$

从而只要 (6.4.5.1) 和 (6.4.5.2) 都是同构, 就可以推出 $(u_1 \times_S v_1)^*(\theta^\sharp)$ 也是同构.

现在我们可以假设 $X^{(1)} = D(f)$ 和 $Y^{(1)} = D(g)$, 从而 $B^{(1)} = B_f$, $C^{(1)} = C_g$, 此时 $u^*\mathscr{P}_\bullet$ (切转: $v^*\mathscr{Q}_\bullet$) 可以等同于 $(P_\bullet)_f^\sim$ (切转: $(Q_\bullet)_g^\sim$). 另一方面, $X^{(1)} \times_S Y^{(1)}$

可以等同于 $X \times_S Y = \operatorname{Spec}(B \otimes_S C)$ 的开子概形 $D(f \otimes g)$ (**II**, 4.3.2.4), 从而问题归结为证明, 由典范同态 $P_\bullet \to (P_\bullet)_f$, $Q_\bullet \to (Q_\bullet)_g$ 通过函子性所导出的同态

$$\text{(6.4.5.3)} \qquad \big(\mathbf{Tor}^A_\bullet(P_\bullet, Q_\bullet)\big)_{f\otimes g} \longrightarrow \mathbf{Tor}^A_\bullet\big((P_\bullet)_f, (Q_\bullet)_g\big)$$

是一一的. 现在由 ($\mathbf{0}_\mathrm{I}$, 1.6.1) 知, $(P_\bullet)_f = \varinjlim P^{(n)}_\bullet$, 其中 $P^{(n)}_\bullet$ 都是与 $P_\bullet$ 完全一样的 B 模复形, 但对于 $m \leqslant n$, 映射 $P^{(m)}_\bullet \to P^{(n)}_\bullet$ 是乘以 f^{n-m} 的运算, 对于 $Q_\bullet$ 我们也有相应的结果 (把 f 换成 g). 另一方面, 由定义易见, 同态 $P^{(m)}_\bullet \to P^{(n)}_\bullet$ 和 $Q^{(m)}_\bullet \to Q^{(n)}_\bullet$ 所对应的同态

$$\mathbf{Tor}^A_\bullet\big(P^{(m)}_\bullet, Q^{(m)}_\bullet\big) \longrightarrow \mathbf{Tor}^A_\bullet\big(P^{(n)}_\bullet, Q^{(n)}_\bullet\big)$$

就是乘以 $(f \otimes g)^{n-m}$ 的运算. 于是把 ($\mathbf{0}_\mathrm{I}$, 1.6.1) 应用到 (6.4.5.3) 的第一项上并利用 (6.3.6) 就可以推出结论.

(6.4.6) 在 (6.4.4) 的记号下, 我们同样可以定义谱函子之间的下述典范同态

$$\text{(6.4.6.1)} \qquad \begin{cases} (u \times_S v)^*({}'\mathscr{E}(\mathscr{P}_\bullet, \mathscr{Q}_\bullet)) \longrightarrow {}'\mathscr{E}(u^*\mathscr{P}_\bullet, v^*\mathscr{Q}_\bullet), \\ (u \times_S v)^*({}''\mathscr{E}(\mathscr{P}_\bullet, \mathscr{Q}_\bullet)) \longrightarrow {}''\mathscr{E}(u^*\mathscr{P}_\bullet, v^*\mathscr{Q}_\bullet), \end{cases}$$

并且 (6.4.5) 中的方法也表明, 若 u 和 v 都是开浸入, 则 (6.4.6.1) 中的同态都是一一的. 事实上, 有见于 (6.3.6.2) 和 (6.3.6.3), 上述方法证明了它们在 E^2 项上是一个同构, 并且 (6.4.5) 又表明它们在目标上也是一个同构, 从而借助 (**0**, 11.1.2) 和 (**0**, 11.2.4) 就可以推出结论.

6.5 拟凝聚模层复形上的局部超挠函子: 一般情形

(6.5.1) 现在我们来考虑任意概形 S 以及任意两个 S 概形 X, Y, 并设 $\mathscr{P}_\bullet$ (切转: $\mathscr{Q}_\bullet$) 是一个拟凝聚 $\mathscr{O}_X$ 模层复形 (切转: 拟凝聚 $\mathscr{O}_Y$ 模层复形). 令 $Z = X \times_S Y$, 下面我们来定义 $\mathscr{P}_\bullet$ 和 $\mathscr{Q}_\bullet$ 的局部超挠, 它们是一些拟凝聚 $\mathscr{O}_Z$ 模层 $\mathcal{T}or^S_n(\mathscr{P}_\bullet, \mathscr{Q}_\bullet)$, 并且在 S, X, Y 都是仿射概形时就归结为 (6.4) 中所定义的那些函子.

如果 $\mathscr{P}_\bullet$ 和 $\mathscr{Q}_\bullet$ 都只有 0 次项, 分别是 $\mathscr{F}$ 和 $\mathscr{G}$ (其他各项都是 0), 则我们也用 $\mathscr{T}or^S_n(\mathscr{F}, \mathscr{G})$ 来记 $\mathcal{T}or^S_n(\mathscr{P}_\bullet, \mathscr{Q}_\bullet)$.

(6.5.2) 首先假设 S 是仿射的, 并设 (X_λ), (Y_μ) 分别是 X 和 Y 的一个由仿射开集所组成的覆盖, 则这些 $Z_{\lambda\mu} = X_\lambda \times_S Y_\mu$ 构成 Z 的一个仿射开覆盖. 令 $\mathscr{P}_{\lambda\bullet} = \mathscr{P}_\bullet|_{X_\lambda}$, $\mathscr{Q}_{\mu\bullet} = \mathscr{Q}_\bullet|_{Y_\mu}$, 则对于每一对 (λ, μ), 我们都有一个拟凝聚 $\mathscr{O}_{Z_{\lambda\mu}}$ 模

层 $\mathscr{F}_{\lambda\mu} = \mathcal{T}or_n^S(\mathscr{P}_{\lambda\bullet}, \mathscr{Q}_{\mu\bullet})$, 问题是要证明这些 $\mathscr{F}_{\lambda\mu}$ 满足黏合条件 ($\mathbf{0_I}$, 3.3.1). 为此我们只需证明, 对任意仿射开集 $U \subseteq X_\lambda \cap X_{\lambda'}$ (切转: $V \subseteq Y_\mu \cap Y_{\mu'}$), $\mathscr{F}_{\lambda\mu}$ 和 $\mathscr{F}_{\lambda'\mu'}$ 在 $U \times_S V$ 上的限制都是典范同构的, 然而这可由从这些限制到 $\mathcal{T}or_n^S(\mathscr{P}_\bullet|_U, \mathscr{Q}_\bullet|_V)$ 的典范同构 (6.4.5) 的存在性立得. 进而, 由这个定义以及 (6.4.5) 易见, 这样定义出来的 $\mathscr{O}_Z$ 模层并不依赖于开覆盖 (X_λ), (Y_μ) 的选择 (只差同构), 我们把它记为 $\mathcal{T}or_n^S(\mathscr{P}_\bullet, \mathscr{Q}_\bullet)$. 最后, 由 (6.4.5) 知, 对于 X (切转: Y) 的任意开子集 U (切转: V), $\mathcal{T}or_n^S(\mathscr{P}_\bullet, \mathscr{Q}_\bullet)$ 在 $U \times_S V$ 上的限制都典范同构于 $\mathcal{T}or_n^S(\mathscr{P}_\bullet|_U, \mathscr{Q}_\bullet|_V)$.

(6.5.3) 现在我们回到 S 是任意概形的情形, 设 (S_α) 是 S 的一个由仿射开集所组成的覆盖, 并且用 X_α (切转: Y_α) 来记 S_α 在 X (切转: Y) 中的逆像, 则问题是要证明, 这些层 $\mathcal{T}or_n^{S_\alpha}(\mathscr{P}_\bullet|_{X_\alpha}, \mathscr{Q}_\bullet|_{Y_\alpha}) = \mathscr{G}_\alpha$ 满足黏合条件. 我们只需对包含在 $S_\alpha \cap S_\beta$ 中的任意仿射开集 T (设 U 和 V 分别是 T 在 X 和 Y 中的逆像) 定义出从 $\mathscr{G}_\alpha$ 和 $\mathscr{G}_\beta$ 在 $U \times_S V$ 上的限制到 $\mathcal{T}or_n^T(\mathscr{P}_\bullet|_U, \mathscr{Q}_\bullet|_V)$ 的典范同构即可. 可以限于考虑 T 能够同时写成 $D(f_\alpha)$ 和 $D(f_\beta)$ 的形状的情形, 其中 f_α (切转: f_β) 是 $\mathscr{O}_S$ 在 S_α (切转: S_β) 上的一个截面, 此时由 (6.4.2) 知, 一方面 $\mathcal{T}or_n^T(\mathscr{P}_\bullet|_U, \mathscr{Q}_\bullet|_V)$ 典范同构于 $\mathcal{T}or_n^{S_\alpha}(\mathscr{P}_\bullet|_U, \mathscr{Q}_\bullet|_V)$, 另一方面, 它又典范同构于 $\mathcal{T}or_n^{S_\beta}(\mathscr{P}_\bullet|_U, \mathscr{Q}_\bullet|_V)$. 由于我们已经定义了 $\mathscr{G}_\alpha$ 到 $\mathcal{T}or_n^{S_\alpha}(\mathscr{P}_\bullet|_U, \mathscr{Q}_\bullet|_V)$ 的典范同构以及 $\mathscr{G}_\beta$ 到 $\mathcal{T}or_n^{S_\beta}(\mathscr{P}_\bullet|_U, \mathscr{Q}_\bullet|_V)$ 的典范同构 (6.5.2), 这就最终定义出了 $\mathscr{O}_Z$ 模层 $\mathcal{T}or_n^S(\mathscr{P}_\bullet, \mathscr{Q}_\bullet)$. 进而, 对于 X (切转: Y) 的任意开子集 U (切转: V), $\mathcal{T}or_n^S(\mathscr{P}_\bullet|_U, \mathscr{Q}_\bullet|_V)$ 都典范同构于 $\mathcal{T}or_n^S(\mathscr{P}_\bullet, \mathscr{Q}_\bullet)$ 在 $U \times_S V$ 上的限制.

易见这样定义出来的 $\mathcal{T}or_\bullet^S(\mathscr{P}_\bullet, \mathscr{Q}_\bullet)$ (它定义在下有界的拟凝聚模层复形的范畴上) 是一个取值在 $\mathscr{O}_Z$ 模层范畴中的二元绵延函子, 这是因为, 问题在 X, Y 和 S 上显然都是局部性的, 再借助 (6.4.5) 并注意到 (6.4.4.2) 是二元绵延函子之间的态射即可. 我们再指出, 依照 (6.4.1.1), 若 $\mathscr{P}_\bullet$ 和 $\mathscr{Q}_\bullet$ 分别只具有 0 次项 $\mathscr{F}$ 和 $\mathscr{G}$, 则 $\mathscr{T}or_0^S(\mathscr{F}, \mathscr{G})$ 恰好就是 (**I**, 9.1.2) 中所定义的外部张量积 $\mathscr{F} \otimes_S \mathscr{G}$. 事实上, 这是缘自 (**I**, 9.1.3).

(6.5.4) 由上述构造过程以及 (6.4.6) 中的注解可知, $\mathcal{T}or_\bullet^S(\mathscr{P}_\bullet, \mathscr{Q}_\bullet)$ 是两个谱函子 $'\mathscr{E}(\mathscr{P}_\bullet, \mathscr{Q}_\bullet)$, $''\mathscr{E}(\mathscr{P}_\bullet, \mathscr{Q}_\bullet)$ 的目标, 它们的 E^2 项分别是

(6.5.4.1)
$$'\mathscr{E}_{p,q}^2 = \mathscr{H}_p\big(\mathscr{T}or_q^S(\mathscr{P}_\bullet, \mathscr{Q}_\bullet)\big),$$

(6.5.4.2)
$$''\mathscr{E}_{p,q}^2 = \bigoplus_{q'+q''=q} \mathscr{T}or_p^S\big(\mathscr{H}_{q'}(\mathscr{P}_\bullet), \mathscr{H}_{q''}(\mathscr{Q}_\bullet)\big).$$

谱序列 (6.5.4.2) 总是正则的, 并且如果 $\mathscr{P}_\bullet$ 和 $\mathscr{Q}_\bullet$ 都是下有界的, 则这两个谱序列都是双正则的. 另外一个能够使这两个谱序列都双正则的情形是下面这个

情况:

(6.5.5) 所谓拓扑空间 T 上的一个环层 $\mathscr{A}$ 的上同调维数 $\leqslant n$, 是指对任意 $t \in T$, 环 $\mathscr{A}_t$ 的上同调维数都 $\leqslant n$, 此时我们也说环积空间 $(T, \mathscr{A})$ 的上同调维数 $\leqslant n$. 所谓一个环层 (切转: 一个环积空间) 具有有限的上同调维数, 是指可以找到一个整数 n, 使得该空间的上同调维数 $\leqslant n$. 注意到若每个 $\mathscr{A}_t$ 都是 *Noether* (交换) 局部环, 则它们的上同调维数都 $\leqslant n$ 就等价于它们都是正则的, 并且 (Krull) 维数 $\leqslant n$ ($\mathbf{0_{IV}}$,17.3.1). 使用第四章的维数理论中的术语来说, 一个局部 *Noether* 概形 T 的上同调维数 $\leqslant n$ 就等价于它是正则的 ($\mathbf{0_I}$, 4.1.4), 并且维数 $\leqslant n$. 这也意味着对于 T 的任意仿射开集 U, 环 $\Gamma(U, \mathscr{O}_T)$ 的上同调维数都 $\leqslant n$ ($\mathbf{0_{IV}}$, 17.2.6). 在此基础上, 由上面所述以及 (6.3.2) 可以证明, 若 S 是局部 *Noether* 的, 并且具有有限的上同调维数, 则谱序列 $'\mathscr{E}(\mathscr{P}_\bullet, \mathscr{Q}_\bullet)$ 和 $''\mathscr{E}(\mathscr{P}_\bullet, \mathscr{Q}_\bullet)$ 都是双正则的.

易见在 $X \times_S Y$ 到 $Y \times_S X$ 的典范同构下, $\mathcal{T}or^S_\bullet(\mathscr{P}_\bullet, \mathscr{Q}_\bullet)$ 将变为 $\mathcal{T}or^S_\bullet(\mathscr{Q}_\bullet, \mathscr{P}_\bullet)$ (只差同构).

命题 (6.5.6) — 设 $(\mathscr{P}_{\alpha\bullet})$ 是拟凝聚 $\mathscr{O}_X$ 模层复形的一个滤相归纳系, 则我们有一个典范同构

$$\textbf{(6.5.6.1)} \qquad \varinjlim \left(\mathcal{T}or^S_\bullet(\mathscr{P}_{\alpha\bullet}, \mathscr{Q}_\bullet)\right) \xrightarrow{\sim} \mathcal{T}or^S_\bullet\left(\varinjlim \mathscr{P}_{\alpha\bullet}, \mathscr{Q}_\bullet\right).$$

问题在 S, X 和 Y 上都是局部性的, 故可假设 S, X, Y 都是仿射的, 从而命题归结为 (6.3.6).

注解 (6.5.7) — (i) 我们来考虑一个特殊情形, 即 $S = X = Y$ 的情形, 此时 $\mathscr{P}_\bullet$ 和 $\mathscr{Q}_\bullet$ 就是拟凝聚 $\mathscr{O}_S$ 模层的两个复形, 从而 $\mathcal{T}or^S_n(\mathscr{P}_\bullet, \mathscr{Q}_\bullet)$ 都是拟凝聚 $\mathscr{O}_S$ 模层, 进而由 (6.5.6) 知, 对任意点 $z \in S$, 我们都有一个典范同构

$$\textbf{(6.5.7.1)} \qquad \left(\mathcal{T}or^S_n(\mathscr{P}_\bullet, \mathscr{Q}_\bullet)\right)_z \xrightarrow{\sim} \mathbf{Tor}^{\mathscr{O}_z}_n\left((\mathscr{P}_\bullet)_z, (\mathscr{Q}_\bullet)_z\right),$$

因为问题是局部性的, 再借助 (6.4.1.1) 就可以归结到模的情形.

(ii) 我们还可以把超挠的定义推广到同一个环积空间 $(X, \mathscr{O}_X)$ 上的两个 $\mathscr{O}_X$ 模层复形 $\mathscr{P}_\bullet$, $\mathscr{Q}_\bullet$ 的情形. 事实上, 对于 X 的任意开集 U, 令 $A(U) = \Gamma(U, \mathscr{O}_X)$, $P_\bullet(U) = \Gamma(U, \mathscr{P}_\bullet)$, $Q_\bullet(U) = \Gamma(U, \mathscr{Q}_\bullet)$, 则这些 $A(U)$ 模 $\mathbf{Tor}^{A(U)}_n(P_\bullet(U), Q_\bullet(U))$ 构成 X 上的一个预层, 我们用 $\mathcal{T}or^X_n(\mathscr{P}_\bullet, \mathscr{Q}_\bullet)$ 来记它的拼续 $\mathscr{O}_X$ 模层. 如果 X 是概形, 则由 (6.3.12) 知, 这个 $\mathscr{O}_X$ 模层就典范同构于前面所定义的超挠. 我们将不再对这个推广作出进一步的讨论.

命题 (6.5.8) — 设 X, Y 是两个 S 概形, $\mathscr{F}$ (切转: $\mathscr{G}$) 是一个拟凝聚 $\mathscr{O}_X$ 模层 (切转: 拟凝聚 $\mathscr{O}_Y$ 模层). 若 $\mathscr{F}$ 或 $\mathscr{G}$ 是 S 平坦的, 则对于 $n \neq 0$, 总有 $\mathscr{T}or^S_n(\mathscr{F}, \mathscr{G}) = 0$.

问题在 X 和 Y 上都是局部性的, 故可假设 X, Y 和 S 都是仿射的, 环分别是 B, C, A, 并且 $\mathscr{F} = \widetilde{M}$, $\mathscr{G} = \widetilde{N}$, 其中 M (切转: N) 是一个 B 模 (切转: C 模). 假设比如说 $\mathscr{F}$ 是 S 平坦的, 则对任意 $s \in S$, M_s 都是平坦 A_s 模 ($\mathbf{0_I}$, 6.7.1), 从而 M 是一个平坦 A 模 ($\mathbf{0_I}$, 6.3.3), 于是对任意 C 模 N 和正整数 n, 我们都有 $\operatorname{Tor}_n^A(M, N) = 0$ ($\mathbf{0_I}$, 6.1.1), 再由 (6.4.1.1) 就可以推出结论.

推论 (6.5.9) — 设 X, Y 是两个 S 概形, $\mathscr{P}_\bullet$ (切转: $\mathscr{Q}_\bullet$) 是一个下有界的拟凝聚 $\mathscr{O}_X$ 模层复形 (切转: 下有界的拟凝聚 $\mathscr{O}_Y$ 模层复形). 假设所有 $\mathscr{P}_i$ 都是 S 平坦的. 则我们有一个典范同构 (作为 $\mathscr{Q}_\bullet$ 的绵延函子):

$$\mathbf{(6.5.9.1)} \qquad \mathcal{T}or_\bullet^S(\mathscr{P}_\bullet, \mathscr{Q}_\bullet) \xrightarrow{\sim} \mathscr{H}_\bullet(\mathscr{P}_\bullet \otimes_S \mathscr{Q}_\bullet).$$

当 S, X, Y 都是仿射概形时, 这其实就是 (6.3.7), 再利用 (6.5.2) 和 (6.5.3) 的方法就可以过渡到一般情形.

推论 (6.5.10) — 假设 X 在 S 上是平坦的 ($\mathbf{0_I}$, 6.7.1), $\mathscr{P}_\bullet$ 和 $\mathscr{Q}_\bullet$ 都是下有界的, 并且所有 $\mathscr{P}_i$ 都是局部自由的 $\mathscr{O}_X$ 模层 (但未必是有限型的). 则同态 (6.5.9.1) 是一一的.

事实上, (6.5.9) 的条件得到了满足, 因为根据定义, 平坦性在 X 上是一个逐点性质, 并且平坦模的任意直和都是平坦模 ($\mathbf{0_I}$, 6.1.2).

命题 (6.5.11) — 设 X', Y' 是两个 S 概形, $f : X \to X'$, $g : Y \to Y'$ 是两个仿射的 S 态射. 设 $\mathscr{P}_\bullet$ (切转: $\mathscr{Q}_\bullet$) 是一个拟凝聚 $\mathscr{O}_X$ 模层复形 (切转: 拟凝聚 $\mathscr{O}_Y$ 模层复形), 则我们有一个函子性的典范同构

$$\mathbf{(6.5.11.1)} \qquad (f \times_S g)_*(\mathcal{T}or_\bullet^S(\mathscr{P}_\bullet, \mathscr{Q}_\bullet)) \xrightarrow{\sim} \mathcal{T}or_\bullet^S(f_*\mathscr{P}_\bullet, g_*\mathscr{Q}_\bullet).$$

由于 f 和 g 都是仿射的, 故知 $f_*\mathscr{P}_\bullet$ 和 $g_*\mathscr{Q}_\bullet$ 都是拟凝聚模层的复形 (**II**, 1.2.6), 并且若令 $Z' = X' \times_S Y'$, 则 (6.5.11.1) 的左右两边都是拟凝聚 $\mathscr{O}_{Z'}$ 模层 (6.5.1). 易见问题可以归结到 S, X' 和 Y' 都是仿射概形的情形, 此时由前提条件知, X 和 Y 也是仿射的, 从而由 (6.4.1.1) 和 (**I**, 1.6.3) 立得结论.

注解 (6.5.12) — 设 X', Y' 是两个 S 概形, 并假设 X' 是S 平坦的. 设 X 是 X' 的一个闭子概形, $i : X \to X'$ 是典范含入, $\mathscr{P}_\bullet$ (切转: $\mathscr{Q}_\bullet$) 是一个下有界的拟凝聚 $\mathscr{O}_X$ 模层复形 (切转: 下有界的拟凝聚 $\mathscr{O}_{Y'}$ 模层复形). 最后, 设 $\mathscr{L}'_{\bullet,\bullet}$ 是 $i_*\mathscr{P}_\bullet$ 的一个由局部自由 $\mathscr{O}_{X'}$ 模层所组成的消解, 并假设 X' 的任意点都具有一个仿射开邻域 U, 使得对任意 j, $\mathscr{L}'_{j,\bullet}|_U$ 都是 $(i_*\mathscr{P}_j)|_U$ 的一个自由消解. 则我们有一个典范同构

$$\mathbf{(6.5.12.1)} \qquad (i \times_S 1)_*(\mathcal{T}or_\bullet^S(\mathscr{P}_\bullet, \mathscr{Q}_\bullet)) \xrightarrow{\sim} \mathscr{H}_\bullet(\mathscr{L}'_{\bullet,\bullet} \otimes_S \mathscr{Q}_\bullet).$$

若 S, X', Y' 都是仿射的, 并且对任意 j, $\mathscr{L}'_{j,\bullet}$ 都是 $i_*\mathscr{P}_j$ 的一个自由消解, 则依照 (6.5.11), 问题可以归结到 $X' = X$ 是 S 平坦的这个情形, 并且只需引用 (6.3.4) 即可. 在一般情形下, 我们可以首先局部地定义出同构 (6.5.12.1), 然后验证它们能给出一个整体的同构. 为此就需要回顾一下 (6.3.4.1) 中的第一个同构的定义, 它是由谱序列之间的一个同构所导出的 (**0**, 11.6.5 和 11.5.3), 后者又来自于双复形之间的一个态射 $L_{\bullet,\bullet} \to L'_{\bullet,\bullet}$, 其中 $L_{\bullet,\bullet}$ 是上面已经给出的 $P_\bullet$ 的消解, 而 $L'_{\bullet,\bullet}$ 则是 $P_\bullet$ 在下有界的 A 模复形范畴中的一个投射消解 (参考 (**0**, 11.5.2.2)). 由于同构 (6.3.4.1) 并不依赖于投射消解 $L'_{\bullet,\bullet}$ 的选择 (两个这样的消解之间总有一个同伦 (M, V, 1.2)), 这就推出了上述阐言.

命题 (6.5.13) — *设 X, Y 是两个 S 概形, 假设下列条件之一得到满足:*

(i) X 和 $Z = X \times_S Y$ 都是局部 Noether 的, 并且 X 在 S 上是平坦的.

(ii) S 和 X 都是局部 Noether 的, 并且 Y 在 S 上是有限型的.

设 $\mathscr{P}_\bullet$ (切转: $\mathscr{Q}_\bullet$) 是一个下有界的拟凝聚 $\mathscr{O}_X$ 模层复形 (切转: 下有界的拟凝聚 $\mathscr{O}_Y$ 模层复形). 进而假设对任意 n, $\mathscr{H}_n(\mathscr{P}_\bullet)$ (切转: $\mathscr{H}_n(\mathscr{Q}_\bullet)$) 都是有限型 $\mathscr{O}_X$ 模层 (切转: 有限型 $\mathscr{O}_Y$ 模层). 则这些 $\mathcal{T}or_n^S(\mathscr{P}_\bullet, \mathscr{Q}_\bullet)$ 都是凝聚 $\mathscr{O}_Z$ 模层.

由于 $\mathscr{P}_\bullet$ 和 $\mathscr{Q}_\bullet$ 都是下有界的, 故知谱序列 $''\mathscr{E}(\mathscr{P}_\bullet, \mathscr{Q}_\bullet)$ 是双正则的 (6.5.4), 于是依照 (**0**, 11.1.8), 只需证明 (因为在 (i), (ii) 的任何一种情形下, Z 都是局部 Noether 的)$''\mathscr{E}^2_{p,q}$ 都是凝聚的即可. 根据 $\mathscr{H}_n(\mathscr{P}_\bullet)$ 和 $\mathscr{H}_n(\mathscr{Q}_\bullet)$ 上的前提条件, 以及 $''\mathscr{E}^2_{p,q}$ 的表达式 (6.5.4.2), 命题等价于它的一个特殊情形, 即 $\mathscr{P}_\bullet$ 和 $\mathscr{Q}_\bullet$ 都只有 0 次项的情形, 换句话说, 等价于下面的

推论 (6.5.14) — *假设 (6.5.13) 中的条件 (i), (ii) 之一得到满足, 并设 $\mathscr{F}$ (切转: $\mathscr{G}$) 是一个有限型拟凝聚 $\mathscr{O}_X$ 模层 (切转: 有限型拟凝聚 $\mathscr{O}_Y$ 模层), 则这些 $\mathscr{T}or_n^S(\mathscr{F}, \mathscr{G})$ 都是凝聚 $\mathscr{O}_Z$ 模层.*

问题在 X 和 Y 上都是局部性的, 故可假设 S, X, Y 都是仿射的.

(i) 在 (i) 的前提条件下, S, X 和 Y 都是 Noether 的, 从而可以找到 $\mathscr{F}$ 的一个由有限型 $\mathscr{O}_X$ 模层所组成的局部自由消解 $\mathscr{L}_\bullet$ (**I**, 1.3.7). 由于 X 在 S 上是平坦的, 故由 (6.3.4) 知, $\mathscr{T}or_n^S(\mathscr{F}, \mathscr{G}) = \mathscr{H}_n(\mathscr{L}_\bullet \otimes_S \mathscr{G})$, 现在这些 $\mathscr{L}_i \otimes_S \mathscr{G}$ 都是有限型的拟凝聚 $\mathscr{O}_Z$ 模层 (**I**, 9.1.1), 从而是凝聚的. 由此可知, $\mathscr{H}_n(\mathscr{L}_\bullet \otimes_S \mathscr{G})$ 也是凝聚的 ($\mathbf{0}_{\mathbf{I}}$, 5.3.4).

(ii) 现在我们假设 (ii) 的条件得到满足. 由于环 A(Y) 是某个具有有限个未定元的多项式 A(S) 代数的商代数 (**I**, 6.3.3), 故知 Y 是某个仿射 S 概形 Y' 的闭 S 子概形, 并且这个 Y' 在 S 上是有限型平坦的. 由于 Y' 是 Noether 的 (**I**, 6.3.7), 故可找到 $j_*\mathscr{G}$ 的一个由有限型 $\mathscr{O}_{Y'}$ 模层所组成的局部自由消解 $\mathscr{M}_\bullet$($j : Y \to Y'$

是典范含入), 依照 (6.5.12), $\mathscr{T}or_n^S(\mathscr{F},\mathscr{G})$ 就是 $\mathscr{O}_{Z'}$ 模层 $\mathscr{H}_n(\mathscr{F}\otimes_S\mathscr{M}_\bullet)$ (这里 $Z'=X\times_S Y'$) 在 $1\times j$ 下的逆像. 我们可以像 (i) 那样证明 $\mathscr{F}\otimes_S\mathscr{M}_j$ 都是凝聚 $\mathscr{O}_{Z'}$ 模层, 从而仍然由 ($\mathbf{0_I}$, 5.3.4) 就可以推出结论.

(6.5.15) 上面对于两个 S 概形 X,Y 上的两个拟凝聚层复形 $\mathscr{P}_\bullet$, $\mathscr{Q}_\bullet$ 所陈述的理论可以很容易地推广到有限个 S 概形 $X^{(i)}\,(1\leqslant i\leqslant m)$ 以及每个 $X^{(i)}$ 上都给出了拟凝聚 $\mathscr{O}_{X^{(i)}}$ 模层复形 $\mathscr{P}_\bullet^{(i)}$ 的情形. 若取 $Z=X^{(1)}\times_S X^{(2)}\times_S\cdots\times_S X^{(m)}$, 则这就定义了一个拟凝聚 $\mathscr{O}_Z$ 模层 $\mathcal{T}or_q^S(\mathscr{P}_\bullet^{(1)},\mathscr{P}_\bullet^{(2)},\cdots,\mathscr{P}_\bullet^{(m)})$. 我们把一般情形下的讨论过程留给读者, 这里为了便于后面引用, 只写出以 $\mathcal{T}or_q^S(\mathscr{P}_\bullet^{(1)}, \mathscr{P}_\bullet^{(2)}, \cdots, \mathscr{P}_\bullet^{(m)})$ 为目标的第二谱序列 (正则) 的 E^2 项:

(6.5.15.1)
$$''\mathscr{E}_{p,q}^2 = \bigoplus_{q_1+q_2+\cdots+q_m=q}\mathscr{T}or_p^S\big(\mathscr{H}_{q_1}(\mathscr{P}_\bullet^{(1)}),\cdots,\mathscr{H}_{q_m}(\mathscr{P}_\bullet^{(m)})\big).$$

我们将在 (6.8) 中考察由多个复形的超挠函子所产生的拼合谱序列.

6.6 拟凝聚模层复形上的整体超挠函子和 Künneth 谱序列: 仿射基概形的情形

(6.6.1) 考虑一个仿射概形 $S=\operatorname{Spec}A$ 和两个拟紧分离 S 概形 $X^{(i)}$ $(i=1,2)$, 设 $\mathscr{P}_\bullet^{(i)}$ 是一个下有界的拟凝聚 $\mathscr{O}_{X^{(i)}}$ 模层复形, 具有 -1 次的缀算子 $(i=1,2)$. 另一方面, 各取 $X^{(i)}$ 的一个由仿射开集所组成的有限覆盖 $\mathfrak{U}^{(i)}=(U_\alpha^{(i)})$, 设 $X=X^{(1)}\times_S X^{(2)}$, 它是一个拟紧分离 S 概形 (**I**, 5.5.1 和 6.6.4), 再设 $\mathfrak{U}=\mathfrak{U}^{(1)}\times_S\mathfrak{U}^{(2)}$ 是由这些仿射开集 $U_\alpha^{(1)}\times_S U_\beta^{(2)}$ 所组成的 X 的覆盖. 对于任意两个整数 $p\leqslant 0$, $q\in\mathbb{Z}$, 覆盖 $\mathfrak{U}^{(i)}$ 的以层 $\mathscr{P}_q^{(i)}$ 为系数的交错 $(-p)$ 阶上链群 $\mathrm{C}^{-p}(\mathfrak{U}^{(i)},\mathscr{P}_q^{(i)})$ (G, II, 5.1) 都是一个 A 模, 对于 $p>0$, 我们令 $\mathrm{C}^p(\mathfrak{U}^{(i)},\mathscr{P}_q^{(i)})=0$, 这就定义了一个 A 模的双复形 $\mathrm{C}^\bullet(\mathfrak{U}^{(i)},\mathscr{P}_\bullet^{(i)})$, 它的两个缀算子都是 -1 次的. 由定义 ($\mathbf{0}$, 12.1.2) 知, 这个双复形 (看作关于总次数的单复形) 的同调 A 模 $\mathrm{H}_n(\mathrm{C}^\bullet(\mathfrak{U}^{(i)},\mathscr{P}_\bullet^{(i)}))$ 恰好就是超上同调 A 模 $\mathbf{H}^{-n}(\mathfrak{U}^{(i)},\mathscr{P}^{(i)\bullet})$, 其中 $\mathscr{P}^{(i)\bullet}$ 是指这样一个复形, 它具有 $+1$ 次的缀算子, 且它的 q 次项是 $\mathscr{P}_{-q}^{(i)}$, 将符号含义略加引申, 我们也把它记为 $\mathbf{H}^{-n}(\mathfrak{U}^{(i)},\mathscr{P}_\bullet^{(i)})$. 于是由 (6.2.2) 知, 这个 A 模典范同构于超上同调 A 模 $\mathbf{H}^{-n}(X^{(i)},\mathscr{P}^{(i)\bullet})$, 我们把它也记为 $\mathbf{H}^{-n}(X^{(i)},\mathscr{P}_\bullet^{(i)})$, 从而它不依赖于有限覆盖 $\mathfrak{U}^{(i)}$ 的选择.

(6.6.2) 我们现在要把函子在双复形处的超同调的一般理论 ($\mathbf{0}$, 11.7.4) 应用到两个 A 模的双复形

$$L_{\bullet,\bullet}^{(i)} = \mathrm{C}^\bullet(\mathfrak{U}^{(i)},\mathscr{P}_\bullet^{(i)}) \qquad (i=1,2)$$

以及这两个双复形的协变二元函子 $L_{\bullet,\bullet}^{(1)}\otimes_A L_{\bullet,\bullet}^{(2)}$ 上. 由于所考虑的上链都是交错的, 并且覆盖 $\mathfrak{U}^{(i)}$ 都是有限的, 故这些模 $\mathrm{C}^{-p}(\mathfrak{U}^{(i)},\mathscr{P}_q^{(i)})$ 只在有限个 (不依赖

于 q 的) 指标 p 处不等于 0, 特别地, 每个 $L_{\bullet,\bullet}^{(i)}$ 关于它的两个次数都是下有界的. 我们用 $\mathbf{Tor}_n^A(L_{\bullet,\bullet}^{(1)}, L_{\bullet,\bullet}^{(2)})$ 或 $\mathbf{Tor}_n^S(\mathfrak{U}^{(1)}, \mathfrak{U}^{(2)}; \mathscr{P}_\bullet^{(1)}, \mathscr{P}_\bullet^{(2)})$ 来记 $L_{\bullet,\bullet}^{(1)} \otimes_A L_{\bullet,\bullet}^{(2)}$ 的第 n 个超同调模, 并且称之为 $\mathscr{P}_\bullet^{(1)}$ 和 $\mathscr{P}_\bullet^{(2)}$ 的相对于覆盖 $\mathfrak{U}^{(1)}$ 和 $\mathfrak{U}^{(2)}$ 的指标为 n 的超挠, 或者称为第 n 个超挠. 如果 $\mathscr{P}_\bullet^{(1)}$ 和 $\mathscr{P}_\bullet^{(2)}$ 都只含 0 次项 $\mathscr{F}^{(1)}$ 和 $\mathscr{F}^{(2)}$, 则我们也用 $\mathscr{T}or_n^S(\mathfrak{U}^{(1)}, \mathfrak{U}^{(2)}; \mathscr{F}^{(1)}, \mathscr{F}^{(2)})$ 来记它们的超挠. 按照通常的约定, $\mathscr{T}or_n^S(\mathfrak{U}^{(1)}, \mathfrak{U}^{(2)}; \mathscr{P}_\bullet^{(1)}, \mathscr{P}_\bullet^{(2)})$ 是指这样一个双复形, 它的指标为 (j,k) 的分量就是 $\mathscr{T}or_n^S(\mathfrak{U}^{(1)}, \mathfrak{U}^{(2)}; \mathscr{P}_j^{(1)}, \mathscr{P}_k^{(2)})$.

由于 $L_{\bullet,\bullet}^{(i)}$ 是 $\mathscr{P}_\bullet^{(i)}$ 的一个正合函子 (因为 $\mathfrak{U}^{(i)}$ 中的有限个开集的交集仍然是仿射的 (**I**, 5.5.6 和 1.3.11)), 故知 $\mathbf{Tor}_n^S(\mathfrak{U}^{(1)}, \mathfrak{U}^{(2)}; \mathscr{P}_\bullet^{(1)}, \mathscr{P}_\bullet^{(2)})$ 是 $\mathscr{P}_\bullet^{(1)}$ 和 $\mathscr{P}_\bullet^{(2)}$ 的一个协变二元绵延函子, 取值在 A 模范畴中 (**0**, 11.7.3). 进而, 由 (**0**, 11.7.2) 知, 这个二元函子是六个双正则谱函子的共同目标, 我们把这六个谱函子用记号 ${}^{(t)}E^S(\mathfrak{U}^{(1)}, \mathfrak{U}^{(2)}; \mathscr{P}_\bullet^{(1)}, \mathscr{P}_\bullet^{(2)})$ 或者 ${}^{(t)}E(\mathfrak{U}^{(1)}, \mathfrak{U}^{(2)}; \mathscr{P}_\bullet^{(1)}, \mathscr{P}_\bullet^{(2)})$ 来表示, 其中 t 取字母 a, b, a', b', c, d 中的一个, 这六个谱函子的 E^2 项如下:

$$
\begin{aligned}
{}^{(a)}E_{p,q}^2 &= \bigoplus_{q_1+q_2=q} \operatorname{Tor}_p^A\big(\mathrm{H}_{q_1}(L_{\bullet,\bullet}^{(1)}), \mathrm{H}_{q_2}(L_{\bullet,\bullet}^{(2)})\big),\\
{}^{(b)}E_{p,q}^2 &= \mathrm{H}_p\big(\mathbf{Tor}_q^{A,\mathrm{II}}(L_{\bullet,\bullet}^{(1)}, L_{\bullet,\bullet}^{(2)})\big),\\
{}^{(a')}E_{p,q}^2 &= \bigoplus_{q_1+q_2=q} \mathbf{Tor}_p^A\big(\mathrm{H}_{q_1}^{\mathrm{I}}(L_{\bullet,\bullet}^{(1)}), \mathrm{H}_{q_2}^{\mathrm{I}}(L_{\bullet,\bullet}^{(2)})\big),\\
{}^{(b')}E_{p,q}^2 &= \mathrm{H}_p\big(\operatorname{Tor}_q^A(L_{\bullet,\bullet}^{(1)}, L_{\bullet,\bullet}^{(2)})\big),\\
{}^{(c)}E_{p,q}^2 &= \bigoplus_{q_1+q_2=q} \mathbf{Tor}_p^A\big(\mathrm{H}_{q_1}^{\mathrm{II}}(L_{\bullet,\bullet}^{(1)}), \mathrm{H}_{q_2}^{\mathrm{II}}(L_{\bullet,\bullet}^{(2)})\big),\\
{}^{(d)}E_{p,q}^2 &= \mathrm{H}_p\big(\mathbf{Tor}_q^{A,\mathrm{I}}(L_{\bullet,\bullet}^{(1)}, L_{\bullet,\bullet}^{(2)})\big),
\end{aligned}
$$

其中的记号与超同调的一般理论保持一致. 下面我们就来对它们作出更为清晰的描述.

(6.6.3) 谱序列 (a) 和 (a'). 我们在 (6.6.1) 中已经看到, 双复形 $L_{\bullet,\bullet}^{(i)}$ 的同调模 $\mathrm{H}_n(L_{\bullet,\bullet}^{(i)})$ 就等于 $\mathbf{H}^{-n}(X^{(i)}, \mathscr{P}_\bullet^{(i)})$, 从而

$$
{}^{(a)}E_{p,q}^2 = \bigoplus_{q_1+q_2=q} \operatorname{Tor}_p^A\big(\mathbf{H}^{-q_1}(X^{(1)}, \mathscr{P}_\bullet^{(1)}), \mathbf{H}^{-q_2}(X^{(2)}, \mathscr{P}_\bullet^{(2)})\big).
$$

根据定义, 复形 $\mathrm{H}_n^{\mathrm{I}}(L_{\bullet,\bullet}^{(i)})$ 的 k 次项就是同调模 $\mathrm{H}_n(\mathrm{C}^\bullet(\mathfrak{U}^{(i)}, \mathscr{P}_k^{(i)}))$, 换句话说, 就是上同调模 $\mathrm{H}^{-n}(\mathfrak{U}^{(i)}, \mathscr{P}_k^{(i)})$. 由 (1.4.1) 知, 这个模典范同构于 $\mathrm{H}^{-n}(X^{(i)}, \mathscr{P}_k^{(i)})$,

从而

$$ {}^{(a')}E_{p,q}^{2} = \bigoplus_{q_1+q_2=q} \mathbf{Tor}_p^A\big(\mathrm{H}^{-q_1}(X^{(1)},\mathscr{P}_\bullet^{(1)}),\mathrm{H}^{-q_2}(X^{(2)},\mathscr{P}_\bullet^{(2)})\big). $$

(6.6.4) 谱序列 (b) 和 (b'). 根据定义, $\mathbf{Tor}_q^{A,\mathrm{II}}(L_{\bullet,\bullet}^{(1)},L_{\bullet,\bullet}^{(2)})$ 是这样一个双复形, 它的次数为 (h,k) 的项就是 A 模

$$ \mathbf{Tor}_q^A\big(\mathrm{C}^{-h}(\mathfrak{U}^{(1)},\mathscr{P}_\bullet^{(1)}),\mathrm{C}^{-k}(\mathfrak{U}^{(2)},\mathscr{P}_\bullet^{(2)})\big). $$

设 $\Phi^{(i)}$ 是 $\mathfrak{U}^{(i)}$ 的指标集, 根据定义, 模复形 $\mathrm{C}^r(\mathfrak{U}^{(i)},\mathscr{P}_\bullet^{(i)})$ $(r\geqslant 0)$ 就是这些复形 $\Gamma(U_\rho^{(i)},\mathscr{P}_\bullet^{(i)})$ 的直和, 其中 $U_\rho^{(i)}$ 是指 $U_\xi^{(i)}$ $(\xi\in\rho)$ 的交集, 而 ρ 跑遍 $\mathfrak{P}(\Phi^{(i)})$, 从而 A 模

$$ \mathbf{Tor}_q^A\big(\mathrm{C}^{-h}(\mathfrak{U}^{(1)},\mathscr{P}_\bullet^{(1)}),\mathrm{C}^{-k}(\mathfrak{U}^{(2)},\mathscr{P}_\bullet^{(2)})\big) $$

就是这些 A 模 $\mathbf{Tor}_q^A(\Gamma(U_\sigma^{(1)},\mathscr{P}_\bullet^{(1)}),\Gamma(U_\tau^{(2)},\mathscr{P}_\bullet^{(2)}))$ 的直和, 其中 σ (切转: τ) 跑遍 $\mathfrak{P}(\Phi^{(1)})$ (切转: $\mathfrak{P}(\Phi^{(2)})$) 中满足 $\mathrm{Card}(\sigma)=-(h+1)$ (切转: $\mathrm{Card}(\tau)=-(k+1)$) 的那些元素. 由于 $X^{(1)}$ 和 $X^{(2)}$ 都是分离概形, 故这些 $U_\rho^{(i)}$ 都是仿射的, 从而我们有 (6.4.1.1)

$$ \mathbf{Tor}_q^A\big(\Gamma(U_\sigma^{(1)},\mathscr{P}_\bullet^{(1)}),\Gamma(U_\tau^{(2)},\mathscr{P}_\bullet^{(2)})\big) = \Gamma\big(U_\sigma^{(1)}\times_S U_\tau^{(2)},\mathcal{T}or_q^S\big(\mathscr{P}_\bullet^{(1)},\mathscr{P}_\bullet^{(2)}\big)\big), $$

因而我们看到, ${}^{(b)}E_{p,q}^2$ 就是定义在 $\Phi^{(1)}$ 和 $\Phi^{(2)}$ 上、取值在系数系

$$ \mathscr{S} \ :\ (\sigma,\tau) \longmapsto \Gamma\big(U_\sigma^{(1)}\times_S U_\tau^{(2)},\mathcal{T}or_q^S\big(\mathscr{P}_\bullet^{(1)},\mathscr{P}_\bullet^{(2)}\big)\big) $$

中的双交错上链复形 $\mathrm{L}^\bullet(\Phi^{(1)},\Phi^{(2)};\mathscr{S})$ 的第 $(-p)$ 个上同调模 (**0**, 11.8.4). 于是由 (**0**, 11.8.5 和 11.8.6) 知, 这个复形的上同调与由全体定义在 $\Phi^{(1)}$ 和 $\Phi^{(2)}$ 上、取值在 $\mathscr{S}$ 中的上链所组成的复形的上同调是相同的, 并且还等于复形 $\mathrm{P}^\bullet(\Phi^{(1)},\Phi^{(2)};\mathscr{S})$ 的上同调, 后面这个复形是由这些

$$ \lambda(\sigma,\tau) \in \Gamma\big(U_\sigma^{(1)}\times_S U_\tau^{(2)},\mathcal{T}or_q^S\big(\mathscr{P}_\bullet^{(1)},\mathscr{P}_\bullet^{(2)}\big)\big) $$

(其中 $\sigma=(\alpha_0,\cdots,\alpha_h)$ 和 $\tau=(\beta_0,\cdots,\beta_h)$ 具有相同个数的元素) 的线性组合所组成的. 然而我们有 $U_\sigma^{(1)}\times_S U_\tau^{(2)}=(U_{\alpha_0}^{(1)}\times_S U_{\beta_0}^{(2)})\cap\cdots\cap(U_{\alpha_h}^{(1)}\times_S U_{\beta_h}^{(2)})$ (**I**, 3.2.7), 从而若以 $\mathfrak{U}$ 来记由这些仿射开集 $U_\alpha^{(1)}\times_S U_\beta^{(2)}$ 所组成的 $Z=X^{(1)}\times_S X^{(2)}$ 的覆盖, 则由 $X^{(1)}\times_S X^{(2)}$ 是分离概形的事实以及 (1.3.1) 我们最终得到

$$ {}^{(b)}E_{p,q}^2 = \mathrm{H}^{-p}\big(X^{(1)}\times_S X^{(2)},\mathcal{T}or_q^S\big(\mathscr{P}_\bullet^{(1)},\mathscr{P}_\bullet^{(2)}\big)\big). $$

另一方面, $\mathrm{Tor}_q^A(L^{(1)}_{\bullet,\bullet}, L^{(2)}_{\bullet,\bullet})$ 是这样一个双复形, 它的 (h,k) 次项是这些 A 模

$$\mathrm{Tor}_q^A\big(\mathrm{C}^{-h_1}(\mathfrak{U}^{(1)}, \mathscr{P}^{(1)}_{k_1}), \mathrm{C}^{-h_2}(\mathfrak{U}^{(2)}, \mathscr{P}^{(2)}_{k_2})\big)$$

$(h_1+h_2=h,\ k_1+k_2=k)$ 的直和, 把各个模 $\mathrm{C}^r(\mathfrak{U}^{(i)}, \mathscr{P}^{(i)}_{k_i})$ 像上面那样具体写出来, 则易见这个模就是下面这些 A 模的直和

$$\Gamma\big(U^{(1)}_\sigma \times_S U^{(2)}_\tau, \mathscr{T}or_q^S\big(\mathscr{P}^{(1)}_{k_1}, \mathscr{P}^{(2)}_{k_2}\big)\big),$$

其中 $k_1+k_2=k$, 并且 σ (切转: τ) 跑遍 $\mathfrak{P}(\Phi^{(1)})$ (切转: $\mathfrak{P}(\Phi^{(2)})$) 中满足 $\mathrm{Card}(\sigma)+\mathrm{Card}(\tau)=-h-2$ 的那些元素. 我们所要计算的 ${}^{(b')}E^2_{p,q}$ 是这样一个双复形 $N^{\bullet,\bullet}=(N^{h,k})$ 的第 $(-p)$ 个上同调模, 其中单复形 $N^{\bullet,k}$ 是指定义在 $\Phi^{(1)}$ 和 $\Phi^{(2)}$ 上、取值在系数系

$$\mathscr{S}_k\ :\ (\sigma,\tau)\ \longmapsto\ \Gamma\big(U^{(1)}_\sigma \times_S U^{(2)}_\tau, \bigoplus_{k_1+k_2=k} \mathscr{T}or_q^S\big(\mathscr{P}^{(1)}_{-k_1}, \mathscr{P}^{(2)}_{-k_2}\big)\big)$$

中的双交错上链复形, 这些系数系构成一个复形, 它的上边缘算子是由双复形 $\mathscr{T}or_q^S(\mathscr{P}^{(1)\bullet}, \mathscr{P}^{(2)\bullet})$ 的总合单复形所导出的. 我们知道 $N^{\bullet,\bullet}$ 的上同调与双复形 $\mathrm{C}^\bullet(\Phi^{(1)}, \Phi^{(2)}; \mathscr{S}^\bullet)$ 的上同调相同 (**0**, 11.8.9), 并且还等于双复形 $\mathrm{P}^\bullet(\Phi^{(1)}, \Phi^{(2)}; \mathscr{S}^\bullet)$ 的上同调, 后面这个复形的 (h,k) 次项是由下面这些元素的线性组合所组成

$$\lambda(\sigma,\tau)\ \in\ \Gamma\big(U^{(1)}_\sigma \times_S U^{(2)}_\tau, \bigoplus_{k_1+k_2=k} \mathscr{T}or_q^S\big(\mathscr{P}^{(1)}_{-k_1}, \mathscr{P}^{(2)}_{-k_2}\big)\big),$$

其中 $\sigma=(\alpha_0,\cdots,\alpha_h)$ 和 $\tau=(\beta_0,\cdots,\beta_h)$ 具有相同个数的元素 (**0**, 11.8.10). 于是由上面所述知, ${}^{(b')}E^2_{p,q}$ 就是双复形 $\mathrm{C}^\bullet(\mathfrak{U}, \mathscr{Q}^\bullet)$ 的第 $(-p)$ 个上同调模, 其中 $\mathscr{Q}^\bullet$ 是指 $\mathscr{O}_Z$ 模层双复形 $\mathscr{T}or_q^S(\mathscr{P}^{(1)\bullet}, \mathscr{P}^{(2)\bullet})$ 的总合单复形. 从而在 (6.6.1) 的那些记号下

$${}^{(b')}E^2_{p,q}\ =\ \mathbf{H}^{-p}\big(X^{(1)} \times_S X^{(2)}, \mathscr{T}or_q^S\big(\mathscr{P}^{(1)}_\bullet, \mathscr{P}^{(2)}_\bullet\big)\big).$$

(6.6.5) 谱序列 (c) 和 (d). 根据定义, 再基于函子 C^{-h} 的正合性, 复形 $\mathrm{H}^{\mathrm{II}}_n(L^{(i)}_{\bullet,\bullet})$ 的 h 次项就是 A 模 $\mathrm{C}^{-h}(\mathfrak{U}^{(i)}, \mathscr{H}_n(\mathscr{P}^{(i)}_\bullet))$, 从而由两个模层关于两个覆盖的超挠的定义 (6.6.2) 知

$${}^{(c)}E^2_{p,q}\ =\ \bigoplus_{q_1+q_2=q} \mathrm{Tor}_p^S\big(\mathfrak{U}^{(1)}, \mathfrak{U}^{(2)}; \mathscr{H}_{q_1}(\mathscr{P}^{(1)}_\bullet), \mathscr{H}_{q_2}(\mathscr{P}^{(2)}_\bullet)\big).$$

最后, 根据定义, $\mathbf{Tor}_q^{A,\mathrm{I}}(L^{(1)}_{\bullet,\bullet}, L^{(2)}_{\bullet,\bullet})$ 就是这样一个双复形, 它的 (h,k) 次项是 A 模 $\mathrm{Tor}_q^S\big(\mathfrak{U}^{(1)}, \mathfrak{U}^{(2)}; \mathscr{P}^{(1)}_h, \mathscr{P}^{(2)}_k\big)$. 从而我们有

$${}^{(d)}E^2_{p,q}\ =\ \mathrm{H}_p\big(\mathrm{Tor}_q^S\big(\mathfrak{U}^{(1)}, \mathfrak{U}^{(2)}; \mathscr{P}^{(1)}_\bullet, \mathscr{P}^{(2)}_\bullet\big)\big).$$

(6.6.6) 由双复形上的函子的超同调理论 (**0**, 11.7.3) 知, 与 (6.3.4) 一样, 对于 $L^{(i)}_{\bullet,\bullet}$ 的任何一个 (在下有界的模复形范畴中的) 平坦 Cartan-Eilenberg 消解 $M^{(i)}_{\bullet,\bullet,\bullet}$ $(i=1,2)$, 我们都有下面的典范二元绵延函子同构

(6.6.6.1) $$\mathbf{Tor}^S_\bullet(\mathfrak{U}^{(1)},\mathfrak{U}^{(2)};\mathscr{P}^{(1)}_\bullet,\mathscr{P}^{(2)}_\bullet) \xrightarrow{\sim} \mathrm{H}_\bullet(M^{(1)}_{\bullet,\bullet,\bullet}\otimes_A M^{(2)}_{\bullet,\bullet,\bullet}) \xrightarrow{\sim} \mathrm{H}_\bullet(M^{(1)}_{\bullet,\bullet,\bullet}\otimes_A L^{(2)}_{\bullet,\bullet}) \xrightarrow{\sim} \mathrm{H}_\bullet(L^{(1)}_{\bullet,\bullet}\otimes_A M^{(2)}_{\bullet,\bullet,\bullet}).$$

(6.6.7) 现在我们来证明, (6.6.2) 中所定义的整体超挠以及与之对应的六个谱序列都不依赖于有限仿射开覆盖 $\mathfrak{U}^{(i)}$ 的选择 (在只差典范同构的意义下). 为此只需证明, 若 $\mathfrak{V}^{(i)}$ 是另外两个具有同样特征的覆盖, 并且对于 $i=1,2$, $\mathfrak{V}^{(i)}$ 都比 $\mathfrak{U}^{(i)}$ 更精细, 则我们有谱函子之间的典范同构

(6.6.7, t)) $${}^{(t)}E(\mathfrak{U}^{(1)},\mathfrak{U}^{(2)};\mathscr{P}^{(1)}_\bullet,\mathscr{P}^{(2)}_\bullet) \xrightarrow{\sim} {}^{(t)}E(\mathfrak{V}^{(1)},\mathfrak{V}^{(2)};\mathscr{P}^{(1)}_\bullet,\mathscr{P}^{(2)}_\bullet),$$

其中 t 可以取 a, b, a', b', c, d.

现在对于 $i=1,2$, 我们有双复形的同态

$$\mathrm{C}^\bullet(\mathfrak{U}^{(i)},\mathscr{P}^{(i)}_\bullet) \longrightarrow \mathrm{C}^\bullet(\mathfrak{V}^{(i)},\mathscr{P}^{(i)}_\bullet),$$

它可以确定到只差同伦 (G, II, 5.7.1). 由此已经可以推出, 同态 (6.6.7, t)) 都是典范的, 并且在目标上与边缘算子是相容的 (**0**, 11.3.2). 进而, 谱序列 (a), (b), (a'), (b') 的 E^2 项的计算表明, 同态 (6.6.7, t)) 在这些 E^2 项上都是同构. 由于这些谱序列都是双正则的, 故知 (6.6.7, t)) 对于这四个谱函子来说都是同构, 从而对于它们的共同目标来说是二元绵延函子的同构 (**0**, 11.1.5).

特别地, 对于拟凝聚 $\mathscr{O}_{X^{(i)}}$ 模层 $\mathscr{F}^{(i)}$ $(i=1,2)$, 典范同态

$$\mathrm{Tor}^S_\bullet(\mathfrak{U}^{(1)},\mathfrak{U}^{(2)};\mathscr{F}^{(1)},\mathscr{F}^{(2)}) \longrightarrow \mathrm{Tor}^S_\bullet(\mathfrak{V}^{(1)},\mathfrak{V}^{(2)};\mathscr{F}^{(1)},\mathscr{F}^{(2)})$$

是一一的, 于是由 (6.6.5) 中的计算知, 对于 $t=c$ 和 $t=d$, (6.6.7, t)) 在 E^2 项上也是同构. 从而和上面一样, 可以由此推出 (6.6.7, t)) 对于 $t=c$ 和 $t=d$ 也是谱序列之间的同构.

可以这么来看, 同构 (6.6.7, t)) 定义了一个谱函子归纳系, 指标集就是由全体 $(\mathfrak{U}^{(1)},\mathfrak{U}^{(2)})$ (其中 $\mathfrak{U}^{(1)}$ 和 $\mathfrak{U}^{(2)}$ 分别是 $X^{(1)}$ 和 $X^{(2)}$ 的有限仿射开覆盖) 所组成的滤相集. 我们把这个归纳系的归纳极限记作

$${}^{(t)}E(X^{(1)},X^{(2)};\mathscr{P}^{(1)}_\bullet,\mathscr{P}^{(2)}_\bullet) \quad 或 \quad {}^{(t)}E^S(X^{(1)},X^{(2)};\mathscr{P}^{(1)}_\bullet,\mathscr{P}^{(2)}_\bullet),$$

并把这个归纳极限谱函子的目标记作 $\mathbf{Tor}_\bullet^S(X^{(1)},X^{(2)};\mathscr{P}_\bullet^{(1)},\mathscr{P}_\bullet^{(2)})$, 可以称之为复形 $\mathscr{P}_\bullet^{(1)}$ 和 $\mathscr{P}_\bullet^{(2)}$ 的整体超挠. 若 $\mathscr{P}_\bullet^{(1)}$ 和 $\mathscr{P}_\bullet^{(2)}$ 都只含 0 次项 $\mathscr{F}^{(1)}$ 和 $\mathscr{F}^{(2)}$, 则我们也把它记为

$$\mathrm{Tor}_\bullet^S\big(X^{(1)},X^{(2)};\mathscr{F}^{(1)},\mathscr{F}^{(2)}\big),$$

而且与一般的习惯保持一致, 符号 $\mathrm{Tor}_q^S(X^{(1)},X^{(2)};\mathscr{P}_\bullet^{(1)},\mathscr{P}_\bullet^{(2)})$ 就是指由这些 $\mathrm{Tor}_q^S(X^{(1)},X^{(2)};\mathscr{P}_h^{(1)},\mathscr{P}_k^{(2)})$ 所组成的双复形.

(6.6.8) 前提条件与 (6.6.1) 相同, 现在我们来考虑两个 S 态射 $f_i:X^{(i)}\to Y^{(i)}$, 其中 $Y^{(i)}=\operatorname{Spec}B_i$ 是一个仿射 S 概形, 从而 B_i 是一个 A 代数 $(i=1,2)$. 于是由 f_i 可以定义出一个 A 同态 $B_i\to\Gamma(X^{(i)},\mathscr{O}_{X^{(i)}})$ (**I**, 2.2.4), 从而 (6.6.2) 中所定义的每个 $L_{\bullet,\bullet}^{(i)}$ 都是 B_i 模复形. 由此可知, $L_{\bullet,\bullet}^{(1)}\otimes_A L_{\bullet,\bullet}^{(2)}$ 是 $(B_1\otimes_A B_2)$ 模的四重复形, 从而它的超同调的六个谱函子都可以被看作取值在 $(B_1\otimes_A B_2)$ 模谱序列的范畴之中. 现在令 $Y=Y^{(1)}\times_S Y^{(2)}=\operatorname{Spec}(B_1\otimes_A B_2)$, 则可以考虑这些模的伴生拟凝聚 $\mathscr{O}_Y$ 模层 (**I**, 1.3.4). 我们将用 ${}^{(t)}\mathscr{E}(f_1,f_2;\mathscr{P}_\bullet^{(1)},\mathscr{P}_\bullet^{(2)})$ (其中 $t=a,\ b,\ a',\ b',\ c,\ d$) 来记这六个 $\mathscr{O}_Y$ 模层的谱序列 $({}^{(t)}E(X^{(1)},X^{(2)};\mathscr{P}_\bullet^{(1)},\mathscr{P}_\bullet^{(2)}))^{\sim}$, 并且用 $\mathcal{T}or_\bullet^S(f_1,f_2;\mathscr{P}_\bullet^{(1)},\mathscr{P}_\bullet^{(2)})$ 来记它们的共同目标 $(\mathbf{Tor}_\bullet^S(X^{(1)},\ X^{(2)};\ \mathscr{P}_\bullet^{(1)},\mathscr{P}_\bullet^{(2)}))^{\sim}$. 当 $\mathscr{P}_\bullet^{(i)}$ 都只有 0 次项 $\mathscr{F}^{(i)}$ $(i=1,2)$ 时, 后者也被记为 $\mathscr{T}or_\bullet^S(f_1,f_2;\mathscr{F}^{(1)},\mathscr{F}^{(2)})$.

6.7 拟凝聚模层复形上的整体超挠函子和 Künneth 谱序列: 一般情形

(6.7.1) 现在我们要把 (6.6.8) 中的那些定义推广到 S 是任意概形, $X^{(i)}$, $Y^{(i)}$ 都是 S 概形, 并且 $f_i:X^{(i)}\to Y^{(i)}$ 都是拟紧分离态射的情形. 问题是要对任意一对下有界的拟凝聚 $\mathscr{O}_{X^{(i)}}$ 模层复形 $\mathscr{P}_\bullet^{(i)}$ $(i=1,2)$ 和任意整数 n 都定义出一个拟凝聚 $\mathscr{O}_Y$ 模层 $\mathcal{T}or_n^S(f_1,f_2;\mathscr{P}_\bullet^{(1)},\mathscr{P}_\bullet^{(2)})$ 连同六个谱函子, 并要求它们在 $S,Y^{(1)}$ 和 $Y^{(2)}$ 都是仿射概形时 (令 $Y=Y^{(1)}\times_S Y^{(2)}$) 归结为 (6.6.8) 中的那些定义. 首先假设 $S=\operatorname{Spec}A$ 是仿射的, 但 $Y^{(1)}$ 和 $Y^{(2)}$ 可以任意. 设 $W^{(i)}$ 是 $Y^{(i)}$ 的一个仿射开集, 则 $f_i^{-1}(W^{(i)})$ 是一个拟紧分离 S 概形, 并且 $W=W^{(1)}\times_S W^{(2)}$ 是 Y 的一个仿射开集. 设 $f_i':f_i^{-1}(W^{(i)})\to W^{(i)}$ 是 f_i 在 $W^{(i)}$ 上的限制, 并设 $\mathscr{P}_\bullet'^{(i)}$ 是限制 $\mathscr{P}_\bullet^{(i)}|_{f_i^{-1}(W^{(i)})}$ $(i=1,2)$. 则根据 (6.6.8), 我们有拟凝聚 $(\mathscr{O}_Y|_W)$ 模层的谱序列 ${}^{(t)}\mathscr{E}(f_1',f_2';\mathscr{P}_\bullet'^{(1)},\mathscr{P}_\bullet'^{(2)})$, 从而只需证明它们满足黏合条件 ($\mathbf{0_I}$, 3.3.1) 即可. 问题可以立即归结到 $Y^{(i)}=\operatorname{Spec}B_i$ 并且 $W^{(i)}=D(g_i)$ 的情形, 其中 $g_i\in B_i$, 此时在 $Y=\operatorname{Spec}(B_1\otimes_A B_2)$ 中有 $W=D(g_1\otimes g_2)$ (**II**, 4.3.2.1). 令 $X'^{(i)}=f_i^{-1}(W^{(i)})$,

我们需要构造出谱函子之间的一个典范同构

(6.7.1.1)

$$ {}^{(t)}E\big(X'^{(1)}, X'^{(2)}; \mathscr{P}'^{(1)}_{\bullet}, \mathscr{P}'^{(2)}_{\bullet}\big) \xrightarrow{\sim} {}^{(t)}E\big(X^{(1)}, X^{(2)}; \mathscr{P}^{(1)}_{\bullet}, \mathscr{P}^{(2)}_{\bullet}\big) \otimes_B B_g, $$

其中 $B = B_1 \otimes_A B_2$ 且 $g = g_1 \otimes g_2$. 为此, 取 $X^{(i)}$ 的一个有限仿射开覆盖 $\mathfrak{U}^{(i)}$ $(i = 1, 2)$, 并设 $\mathfrak{U}'^{(i)}$ 是 $\mathfrak{U}^{(i)}$ 在 $X'^{(i)}$ 上的限制, 则它也是由仿射开集所组成的 (**I**, 5.5.10), 因而可以具体写出

$$ \mathrm{C}^{\bullet}(\mathfrak{U}'^{(i)}, \mathscr{P}'^{(i)}_{\bullet}) = \mathrm{C}^{\bullet}(\mathfrak{U}^{(i)}, \mathscr{P}^{(i)}_{\bullet}) \otimes_{B_i} (B_i)_{g_i}. $$

若我们令 $L'^{(i)}_{\bullet,\bullet} = \mathrm{C}^{\bullet}(\mathfrak{U}'^{(i)}, \mathscr{P}'^{(i)}_{\bullet})$, 则有 $L'^{(1)}_{\bullet,\bullet} \otimes_A L'^{(2)}_{\bullet,\bullet} = (L^{(1)}_{\bullet,\bullet} \otimes_{B_1} (B_1)_{g_1}) \otimes_A (L^{(2)}_{\bullet,\bullet} \otimes_{B_2} (B_2)_{g_2})$, 由于在只差典范同构的意义下, $B_g = (B_1)_{g_1} \otimes_A (B_2)_{g_2}$, 故有 $L'^{(1)}_{\bullet,\bullet} \otimes_A L'^{(2)}_{\bullet,\bullet} = (L^{(1)}_{\bullet,\bullet} \otimes_A L^{(2)}_{\bullet,\bullet}) \otimes_B B_g$ (只差典范同构). 设 $M^{(i)}_{\bullet,\bullet,\bullet}$ 是 $L^{(i)}_{\bullet,\bullet}$ 的一个投射 Cartan-Eilenberg 消解, 并可假设它是由 B_i 模所组成的, 则由 $(B_i)_{g_i}$ 在 B_i 上平坦的事实可知, $M'^{(i)}_{\bullet,\bullet,\bullet} = M^{(i)}_{\bullet,\bullet,\bullet} \otimes_{B_i} (B_i)_{g_i}$ 是双复形 $L'^{(i)}_{\bullet,\bullet}$ 的一个投射 Cartan-Eilenberg 消解, 进而我们有

$$ M'^{(1)}_{\bullet,\bullet,\bullet} \otimes_A M'^{(2)}_{\bullet,\bullet,\bullet} = \big(M^{(1)}_{\bullet,\bullet,\bullet} \otimes_A M^{(2)}_{\bullet,\bullet,\bullet}\big) \otimes_B B_g. $$

于是所要的同构 (6.7.1.1) 可由双复形的超同调的定义以及函子 $G \otimes_B B_g$ 对于 B 模 G 的正合性立得.

(6.7.2) 现在我们假设 S 是任意的, 并设 $u_i : Y^{(i)} \to S$ 是结构态射 $(i = 1, 2)$. 设 (S_α) 是 S 的一个仿射开覆盖, 令 $Y^{(i)}_\alpha = u_i^{-1}(S_\alpha)$, $X^{(i)}_\alpha = f_i^{-1}(Y^{(i)}_\alpha)$, 并设 $f_{i\alpha} : X^{(i)}_\alpha \to Y^{(i)}_\alpha$ 是 f_i 的限制, 它们都是拟紧分离态射. 这些 $Y_\alpha = Y^{(1)}_\alpha \times_{S_\alpha} Y^{(2)}_\alpha$ 构成 Y 的一个开覆盖, 并且在每个 Y_α 上, (6.7.1) 都定义了一个谱函子

$$ {}^{(t)}\mathscr{E}^{S_\alpha}\big(f_{1\alpha}, f_{2\alpha}; \mathscr{P}^{(1)}_{\bullet}|_{X^{(1)}_\alpha}, \mathscr{P}^{(2)}_{\bullet}|_{X^{(2)}_\alpha}\big). $$

问题仍然是要证明这些函子满足黏合条件. 可以立即归结为下面的情形: $S = \operatorname{Spec} A$, $S' = D(h)$, 其中 $h \in A$, 并且 $u_i(Y^{(i)}) \subseteq S'$. 可以进而假设 $Y^{(i)} = \operatorname{Spec} B_i$, 此时我们需要定义出下面的典范同构

(6.7.2.1)
$$ {}^{(t)}E^{S}\big(X^{(1)}, X^{(2)}; \mathscr{P}^{(1)}_{\bullet}, \mathscr{P}^{(2)}_{\bullet}\big) \xrightarrow{\sim} {}^{(t)}E^{S'}\big(X^{(1)}, X^{(2)}; \mathscr{P}^{(1)}_{\bullet}, \mathscr{P}^{(2)}_{\bullet}\big). $$

在 (6.6.2) 的记号下, $L^{(i)}_{\bullet,\bullet}$ 都是由 A_h 模所组成的, 从而在只差典范同构的意义下 $L^{(1)}_{\bullet,\bullet} \otimes_{A_h} L^{(2)}_{\bullet,\bullet} = L^{(1)}_{\bullet,\bullet} \otimes_A L^{(2)}_{\bullet,\bullet}$. 我们可以取 $L^{(i)}_{\bullet,\bullet}$ 的一个由 A_h 模所组成的投射 Cartan-Eilenberg 消解 $M^{(i)}_{\bullet,\bullet,\bullet}$, 这就立即给出了所要的典范同构.

作为总结, 我们已经证明了

定理 (6.7.3) — 设 S 是一个概形, $f_i : X^{(i)} \to Y^{(i)}$ 是 S 概形之间的一个拟紧分离 S 态射, $\mathscr{P}_\bullet^{(i)}$ 是一个下有界的拟凝聚 $\mathscr{O}_{X^{(i)}}$ 模层复形 $(i = 1,2)$, 再令 $Y = Y^{(1)} \times_S Y^{(2)}$. 则我们有一个取值在拟凝聚 $\mathscr{O}_Y$ 模层范畴中的二元绵延函子 $\mathcal{T}or_\bullet^S(f_1, f_2; \mathscr{P}_\bullet^{(1)}, \mathscr{P}_\bullet^{(2)})$, 满足下面的条件: 若 $V^{(i)}$ 是 $Y^{(i)}$ 的一个仿射开集 $(i = 1,2)$, 并且 $V = V^{(1)} \times_S V^{(2)}$, 则有

$$\begin{aligned}&\mathcal{T}or_\bullet^S\big(f_1, f_2; \mathscr{P}_\bullet^{(1)}, \mathscr{P}_\bullet^{(2)}\big)\big|_V \\ = &\Big(\mathbf{Tor}_\bullet^S\big(f_1^{-1}(V^{(1)}), f_2^{-1}(V^{(2)}); \mathscr{P}_\bullet^{(1)}\big|_{f_1^{-1}(V^{(1)})}, \mathscr{P}_\bullet^{(2)}\big|_{f_2^{-1}(V^{(2)})}\big)\Big)^\sim.\end{aligned}$$

这个二元函子是六个双正则的谱函子

$$^{(t)}\mathscr{E}\big(f_1, f_2; \mathscr{P}_\bullet^{(1)}, \mathscr{P}_\bullet^{(2)}\big) \qquad (t = a,\ b,\ a',\ b',\ c,\ d)$$

的共同目标, 并且它们的 E^2 项由下式给出

$$\begin{aligned}
{}^{(a)}\mathscr{E}_{p,q}^2 &= \bigoplus_{q_1+q_2=q} \mathscr{T}or_p^S\big(\mathcal{H}^{-q_1}(f_1, \mathscr{P}_\bullet^{(1)}), \mathcal{H}^{-q_2}(f_2, \mathscr{P}_\bullet^{(2)})\big),\\
{}^{(b)}\mathscr{E}_{p,q}^2 &= \mathscr{H}^{-p}\big(f_1 \times_S f_2, \mathcal{T}or_q^S\big(\mathscr{P}_\bullet^{(1)}, \mathscr{P}_\bullet^{(2)}\big)\big),\\
{}^{(a')}\mathscr{E}_{p,q}^2 &= \bigoplus_{q_1+q_2=q} \mathcal{T}or_p^S\big(\mathscr{H}^{-q_1}(f_1, \mathscr{P}_\bullet^{(1)}), \mathscr{H}^{-q_2}(f_2, \mathscr{P}_\bullet^{(2)})\big),\\
{}^{(b')}\mathscr{E}_{p,q}^2 &= \mathcal{H}^{-p}\big(f_1 \times_S f_2, \mathscr{T}or_q^S\big(\mathscr{P}_\bullet^{(1)}, \mathscr{P}_\bullet^{(2)}\big)\big),\\
{}^{(c)}\mathscr{E}_{p,q}^2 &= \bigoplus_{q_1+q_2=q} \mathscr{T}or_p^S\big(f_1, f_2; \mathscr{H}_{q_1}(\mathscr{P}_\bullet^{(1)}), \mathscr{H}_{q_2}(\mathscr{P}_\bullet^{(2)})\big),\\
{}^{(d)}\mathscr{E}_{p,q}^2 &= \mathscr{H}_p\big(\mathscr{T}or_q^S\big(f_1, f_2; \mathscr{P}_\bullet^{(1)}, \mathscr{P}_\bullet^{(2)}\big)\big).
\end{aligned}$$

我们把谱序列 (a) 和 (b) 都称为 *Künneth* 谱序列.

注意到在 $\mathscr{P}_\bullet^{(1)}$ 和 $\mathscr{P}_\bullet^{(2)}$ 都只有 0 次项时, 谱序列 (a) 和 (a') (切转: (b) 和 (b')) 是相同的, 并且在这种情形下, 谱序列 (c) 和 (d) 都是退化的, 因而不含实质信息.

注解 (6.7.4) — 上面所定义的整体超挠既可以被理解为 (6.2.1) 中所定义的超上同调模层的一个特殊情形, 也可以被理解为 (6.5.3) 中所定义的局部超挠的一个特殊情形. 现在我们来证明, 对任意拟紧分离态射 $f : X \to Y$ 和任意的下有界拟凝聚 $\mathscr{O}_X$ 模层复形 $\mathscr{P}_\bullet$, 我们都有一个关于 $\mathscr{P}_\bullet$ 的典范绵延函子同构

$$\textbf{(6.7.4.1)} \qquad \mathcal{T}or_n^Y(f, 1_Y; \mathscr{P}_\bullet, \mathscr{O}_Y) \xrightarrow{\sim} \mathcal{H}^{-n}(f, \mathscr{P}_\bullet)$$

(对任意 $n \in \mathbb{Z}$).

事实上, 利用 (6.7.2) 中的黏合法, 问题可以归结到 Y 是仿射概形的情形. 此时依照 (6.2.2), 可以取 Y 的一个由仿射开集所组成的有限覆盖 $\mathfrak{U}$ 来同时计算 (6.7.4.1) 的两边, 并且 (对于左边的项) 也可以取由 Y 自身所组成的 Y 的覆盖. 于是在 (6.6.2) 的记号下, 双复形 $L_{\bullet,\bullet}^{(2)}$ 只有 $(0,0)$ 次项, 并且等于 A, 从而由 (**0**, 11.7.5) 就可以推出结论. 在 (6.7.7) 中还将给出这个结果的一个推广. 注意到如果在 (6.7.4.1) 的左边我们把 $\mathscr{O}_Y$ 替换成任意一个拟凝聚 $\mathscr{O}_Y$ 模层 $\mathscr{F}$, 则它一般不再与 $\mathcal{H}^{-n}(f, \mathscr{P}_\bullet \otimes_{\mathscr{O}_Y} \mathscr{F})$ 同构, 尽管在前面的计算中, 双复形 $L_{\bullet,\bullet}^{(1)} \otimes_A L_{\bullet,\bullet}^{(2)}$ 仍然可以等同于双复形 $\mathrm{C}^\bullet(\mathfrak{U}, \mathscr{P}_\bullet \otimes_Y \mathscr{F})$.

另一方面, 我们有一个典范的二元绵延函子同构

(6.7.4.2)
$$\mathcal{T}or_\bullet^S(1_{X^{(1)}}, 1_{X^{(2)}}; \mathscr{P}_\bullet^{(1)}, \mathscr{P}_\bullet^{(2)}) \xrightarrow{\sim} \mathcal{T}or_\bullet^S(\mathscr{P}_\bullet^{(1)}, \mathscr{P}_\bullet^{(2)}).$$

事实上, 根据 (6.7.1) 和 (6.7.2), 问题仍然可以归结到 S 和 $X^{(i)}$ 都是仿射概形的情形. 此时在对 (6.7.4.2) 的左边进行计算时, 可以取 $X^{(i)}$ 的开覆盖 $\mathfrak{U}^{(i)}$ 就是由 $X^{(i)}$ 本身所组成的, 因而在 (6.6.2) 的记号下, $L_{\bullet,\bullet}^{(i)}$ 归结为 $\Gamma(X^{(i)}, \mathscr{P}_\bullet^{(i)})$ (把它看作这样的一个双复形, 它在第一次数不是 0 的地方都等于 0), 从而由 (6.4.1.1) 和 (6.3.1) 就可以推出 (6.7.4.2) 中的两项是相等的.

命题 (6.7.5) — 设 $u : \mathscr{P}_\bullet^{(1)} \to \mathscr{Q}_\bullet^{(1)}$ 是下有界的拟凝聚 $\mathscr{O}_{X^{(1)}}$ 模层复形之间的一个同态, 并假设由 u 所导出的同态

$$\mathscr{H}_\bullet(u) \; : \; \mathscr{H}_\bullet(\mathscr{P}_\bullet^{(1)}) \longrightarrow \mathscr{H}_\bullet(\mathscr{Q}_\bullet^{(1)})$$

是一个同构. 则当 $t = a,\ b,\ c$ 时, 由 u 所导出的同态

$${}^{(t)}\mathscr{E}\big(f_1, f_2; \mathscr{P}_\bullet^{(1)}, \mathscr{P}_\bullet^{(2)}\big) \longrightarrow {}^{(t)}\mathscr{E}\big(f_1, f_2; \mathscr{Q}_\bullet^{(1)}, \mathscr{P}_\bullet^{(2)}\big)$$

都是同构.

关于谱序列 (c) 的部分可由该谱序列的双正则性以及上述同态在 E^2 项上是同构的事实 (根据前提条件) 而推出 (**0**, 11.1.5). 这也证明了 $\mathcal{T}or_\bullet^S(f_1, f_2; \mathscr{P}_\bullet^{(1)}, \mathscr{P}_\bullet^{(2)}) \to \mathcal{T}or_\bullet^S(f_1, f_2; \mathscr{Q}_\bullet^{(1)}, \mathscr{P}_\bullet^{(2)})$ 是一个同构. 利用关系式 (6.7.4.1) 和 (6.7.4.2) 首先可以推出: 由 u 所导出的同态 $\mathcal{H}^{-n}(f_1, \mathscr{P}_\bullet^{(1)}) \to \mathcal{H}^{-n}(f_1, \mathscr{Q}_\bullet^{(1)})$ 和 $\mathcal{T}or_n^S(\mathscr{P}_\bullet^{(1)}, \mathscr{P}_\bullet^{(2)}) \to \mathcal{T}or_n^S(\mathscr{Q}_\bullet^{(1)}, \mathscr{P}_\bullet^{(2)})$ 都是同构. 于是关于谱序列 (a) 和 (b) 的部分可由它们的双正则性 (6.7.3) 以及上述同态在 E^2 项上是一一的而推出 (**0**, 11.1.5).

另一方面, 注意到若 $u : \mathscr{P}_\bullet^{(1)} \to \mathscr{Q}_\bullet^{(1)}$ 是一个同伦, 则对于上述六个谱序列, 都可以导出典范同构 ${}^{(t)}\mathscr{E}(f_1, f_2; \mathscr{P}_\bullet^{(1)}, \mathscr{P}_\bullet^{(2)}) \to {}^{(t)}\mathscr{E}(f_1, f_2; \mathscr{Q}_\bullet^{(1)}, \mathscr{P}_\bullet^{(2)})$. 事实上, 若 S 和 $Y^{(i)}$ 都是仿射的, 则由 u 可以导出双复形的一个同伦 $\mathrm{C}^\bullet(\mathfrak{U}^{(1)}, \mathscr{P}_\bullet^{(1)}) \to$

$\mathrm{C}^\bullet(\mathfrak{U}^{(1)}, \mathscr{Q}_\bullet^{(1)})$, 从而由超同调的一般理论 (**0**, 11.3.2) 就可以推出结论. 为了过渡到一般情形, 只需使用黏合的方法, 并利用下面的事实即可: 由双复形之间的一个同伦总可以导出它们的投射 Cartan-Eilenberg 消解之间的一个同伦 (M, XVII, 1.2).

命题 (6.7.6) — 假设复形 $\mathscr{P}_\bullet^{(1)}$ 或复形 $\mathscr{P}_\bullet^{(2)}$ 是由 S 平坦的模层所组成的 (并且两个复形都是下有界的). 则我们有一个典范的二元绵延函子同构

(6.7.6.1) $$\mathcal{T}or_n^S(f_1, f_2; \mathscr{P}_\bullet^{(1)}, \mathscr{P}_\bullet^{(2)}) \xrightarrow{\sim} \mathcal{H}^{-n}(f_1 \times_S f_2, \mathscr{P}_\bullet^{(1)} \otimes_S \mathscr{P}_\bullet^{(2)}).$$

首先假设 $S, Y^{(1)}$ 和 $Y^{(2)}$ 都是仿射的, 则我们处在 (6.6.2) 的情形下, 且可以沿用那里的记号. 假设比如说 $\mathscr{P}_\bullet^{(1)}$ 是由 S 平坦的模层所组成的, 我们利用注解 (6.6.6) 来计算超挠, 从而它们就是 $L_{\bullet,\bullet}^{(1)} \otimes_A M_{\bullet,\bullet,\bullet}^{(2)}$ 的同调, 其中 $M_{\bullet,\bullet,\bullet}^{(2)}$ 是 $L_{\bullet,\bullet}^{(2)}$ 的一个在 (**0**, 11.7.1) 的意义下的投射 Cartan-Eilenberg 消解. 另一方面, 依照前提条件, 模 $L_{ij}^{(1)}$ 在 A 上都是平坦的 (1.4.15.1), 于是由 (**0**, 11.7.5) 可以导出一个典范同构

(6.7.6.2) $$\mathbf{Tor}_\bullet^S(\mathfrak{U}^{(1)}, \mathfrak{U}^{(2)}; \mathscr{P}_\bullet^{(1)}, \mathscr{P}_\bullet^{(2)}) \xrightarrow{\sim} \mathscr{H}_\bullet(L_{\bullet,\bullet}^{(1)} \otimes_A L_{\bullet,\bullet}^{(2)}).$$

我们还有一个从双复形 $L_{\bullet,\bullet}^{(1)} \otimes_A L_{\bullet,\bullet}^{(2)}$ 到 $\mathrm{C}^\bullet(\mathfrak{U}, \mathscr{Q}_\bullet)$ 的自然同态, 这里 $\mathfrak{U}$ 是 $Z = X^{(1)} \times_S X^{(2)}$ 的由仿射开集 $U_\alpha^{(1)} \times_S U_\beta^{(2)}$ 所组成的覆盖, 并且 $\mathscr{Q}_\bullet = \mathscr{P}_\bullet^{(1)} \otimes_S \mathscr{P}_\bullet^{(2)}$ (把它看作关于总次数的单复形). 事实上, 对于 $q = 0$, 这个同态的定义本质上已经在 (6.6.4) 中计算谱序列 (b') 的过程中出现过了, 现在只需 (沿用 (6.6.4) 的记号) 注意到, 一方面从复形 $N^{\bullet k}$ 到复形 $\mathrm{C}^\bullet(\Phi^{(1)}, \Phi^{(2)}; \mathscr{S}_k)$ 有一个自然同态 (**0**, 11.8.5), 另一方面从后一个复形到复形 $\mathrm{P}^\bullet(\Phi^{(1)}, \Phi^{(2)}; \mathscr{S}_k)$ 也有一个自然同态 (**0**, 11.8.6), 最后由后一个上链复形到它的交错上链的子复形还有一个自然同态 (**0**, 11.8.7). 此外, 这样定义的双复形同态给出了同调之间的一个同构, 这已经在 (6.6.4) 中得到了证明, 从而再与 (6.7.6.2) 合成就可以得到一个同构

(6.7.6.3) $$\mathbf{Tor}_n^S(\mathfrak{U}^{(1)}, \mathfrak{U}^{(2)}; \mathscr{P}_\bullet^{(1)}, \mathscr{P}_\bullet^{(2)}) \xrightarrow{\sim} \mathbf{H}^{-n}(\mathfrak{U}, \mathscr{P}_\bullet^{(1)} \otimes_S \mathscr{P}_\bullet^{(2)}).$$

接下来我们要证明, 上面所定义的同构并不依赖于开覆盖的选择 (由 (6.2.2) 知, (6.7.6.3) 的右边典范同构于 $\mathbf{H}^{-n}(X^{(1)} \times_S X^{(2)}, \mathscr{P}_\bullet^{(1)} \otimes_S \mathscr{P}_\bullet^{(2)})$), 这只需借助 (6.6.7) 并注意到 (在 (6.6.7) 的记号下) 在只差同伦的意义下我们有一个交换图表

$$\begin{array}{ccc}
\mathrm{C}^\bullet(\mathfrak{U}^{(1)}, \mathscr{P}_\bullet^{(1)}) \otimes_A \mathrm{C}^\bullet(\mathfrak{U}^{(2)}, \mathscr{P}_\bullet^{(2)}) & \longrightarrow & \mathrm{C}^\bullet(\mathfrak{U}, \mathscr{Q}_\bullet) \\
\downarrow & & \downarrow \\
\mathrm{C}^\bullet(\mathfrak{V}^{(1)}, \mathscr{P}_\bullet^{(1)}) \otimes_A \mathrm{C}^\bullet(\mathfrak{V}^{(2)}, \mathscr{P}_\bullet^{(2)}) & \longrightarrow & \mathrm{C}^\bullet(\mathfrak{V}, \mathscr{Q}_\bullet)
\end{array}$$

即可, 其中的水平箭头就是上面所定义的同态. 最后, 还需要使用黏合的办法过渡到一般情形, 这也不困难, 可以比照 (6.7.1) 和 (6.7.2) 的方法进行, 我们把细节留给读者.

命题 (6.7.7) — 假设 $\mathscr{P}_\bullet^{(1)}$ 和 $\mathscr{P}_\bullet^{(2)}$ 都是下有界的, 并且所有的模层 $\mathcal{H}^{-n}(f_1, \mathscr{P}_\bullet^{(1)})$ **或者**所有的模层 $\mathcal{H}^{-n}(f_2, \mathscr{P}_\bullet^{(2)})$ 都是 S 平坦的. 则我们有一个典范的二元绵延函子同构 (其中 n 跑遍 $\mathbb{Z}$)

(6.7.7.1)

$$\mathcal{T}or_n^S(f_1, f_2; \mathscr{P}_\bullet^{(1)}, \mathscr{P}_\bullet^{(2)}) \xrightarrow{\sim} \bigoplus_{q_1+q_2=n} \mathcal{H}^{-q_1}(f_1, \mathscr{P}_\bullet^{(1)}) \otimes_S \mathcal{H}^{-q_2}(f_2, \mathscr{P}_\bullet^{(2)}).$$

事实上, 由 (6.5.8) 知, (6.7.3) 中的谱序列 (a) 是退化的, 从而由 (**0**, 11.1.6) 立得结论 (因为这个谱序列是双正则的 (6.7.3)).

定理 (6.7.8) — 假设: 1° 复形 $\mathscr{P}_\bullet^{(1)}$ 和 $\mathscr{P}_\bullet^{(2)}$ 都是下有界的, 2° 复形 $\mathscr{P}_\bullet^{(1)}$ **或者**复形 $\mathscr{P}_\bullet^{(2)}$ 是由 S 平坦的模层所组成的, 3° 所有的模层 $\mathcal{H}^{-n}(f_1, \mathscr{P}_\bullet^{(1)})$ **或者**所有的模层 $\mathcal{H}^{-n}(f_2, \mathscr{P}_\bullet^{(2)})$ 都是 S 平坦的. 则我们有一个典范的二元绵延函子同构 (其中 n 跑遍 $\mathbb{Z}$)

(6.7.8.1)

$$\mathcal{H}^n(f_1 \times_S f_2, \mathscr{P}_\bullet^{(1)} \otimes_S \mathscr{P}_\bullet^{(2)}) \xrightarrow{\sim} \bigoplus_{n_1+n_2=n} \mathcal{H}^{-n_1}(f_1, \mathscr{P}_\bullet^{(1)}) \otimes_S \mathcal{H}^{-n_2}(f_2, \mathscr{P}_\bullet^{(2)})$$

(*Künneth* 公式).

这是缘自 (6.7.6) 和 (6.7.7).

若 $S, Y^{(1)}$ 和 $Y^{(2)}$ 都是仿射的, 则 (6.7.8.1) 的逆同构可以 (在 (6.7.6) 的记号下) 从下面的双复形同态

$$\mathrm{C}^\bullet(\mathfrak{U}^{(1)}, \mathscr{P}_\bullet^{(1)}) \otimes_A \mathrm{C}^\bullet(\mathfrak{U}^{(2)}, \mathscr{P}_\bullet^{(2)}) \longrightarrow \mathrm{C}^\bullet(\mathfrak{U}, \mathscr{Q}_\bullet)$$

所导出 (采用 (G, I, 2.7) 中所说的步骤), 这可由 (G, I, 5.5) 得知.

命题 (6.7.9) — 假设下面三个条件都得到满足:

1° $S, Y^{(1)}$ 和 $Y^{(2)}$ 都是局部 *Noether* 的, f_1 和 f_2 都是紧合的, 并且 $Y^{(1)}$ 或 $Y^{(2)}$ 在 S 上是有限型的.

2° $\mathscr{P}_\bullet^{(1)}$ 和 $\mathscr{P}_\bullet^{(2)}$ 都是下有界的.

3° 对任意 $n \in \mathbb{Z}$, $\mathscr{H}_n(\mathscr{P}_\bullet^{(i)})$ 都是凝聚模层 $(i = 1, 2)$.

则在这些条件下, $\mathcal{T}or_n^S(f_1, f_2; \mathscr{P}_\bullet^{(1)}, \mathscr{P}_\bullet^{(2)})$ 都是凝聚 $\mathscr{O}_Y$ 模层 (这里 $Y = Y^{(1)} \times_S Y^{(2)}$).

由 (6.5.13) 知, 局部超挠 $\mathcal{T}or_n^S(\mathscr{P}_\bullet^{(1)},\mathscr{P}_\bullet^{(2)})$ 都是凝聚 $\mathscr{O}_X$ 模层 (其中 $X=X^{(1)}\times_S X^{(2)}$ 是局部 Noether 的, 因为根据前提条件, $X^{(i)}$ 中有一个在 S 上是有限型的 (**I**, 6.3.4 和 6.3.8)). 由于 Y 是局部 Noether 的, 并且 $f_1\times_S f_2$ 是紧合的 (**II**, 5.4.2), 故由 (6.2.5) 知, (6.7.3) 中的各项 ${}^{(b)}\mathscr{E}_{p,q}^2$ 都是凝聚 $\mathscr{O}_Y$ 模层. 最后, 由于在条件 2° 下 (6.7.3) 中的所有谱序列都是双正则的, 故由 (**0**, 11.1.8) 就可以推出结论.

(6.7.10) 现在设 $Y'^{(i)}$ 是两个 S 概形, $v_i:Y'^{(i)}\to Y^{(i)}$ 是两个 S 态射 ($i=1,2$), $v:v_1\times_S v_2$ 是它们的纤维积, 这是一个 S 态射 $Y'\to Y$, 其中 $Y'=Y'^{(1)}\times_S Y'^{(2)}$. 另一方面, 对于 $i=1,2$, 考虑 S 概形 $X'^{(i)}$ 和两个 S 态射 $u_i:X'^{(i)}\to X^{(i)}$, $f_i':X'^{(i)}\to Y'^{(i)}$, 假设图表

$$\textbf{(6.7.10.1)}\qquad \begin{array}{ccc} X'^{(i)} & \xrightarrow{u_i} & X^{(i)} \\ {\scriptstyle f_i'}\downarrow & & \downarrow{\scriptstyle f_i} \\ Y'^{(i)} & \xrightarrow[v_i]{} & Y^{(i)} \end{array}$$

都是交换的, 并且态射 f_i' 都是拟紧分离的. 则我们有谱函子之间的下述典范 $\mathscr{O}_{Y'}$ 同态

$$\textbf{(6.7.10.2)}\qquad v^*\big({}^{(t)}\mathscr{E}\big(f_1,f_2;\mathscr{P}_\bullet^{(1)},\mathscr{P}_\bullet^{(2)}\big)\big)\longrightarrow {}^{(t)}\mathscr{E}\big(f_1',f_2';u_1^*\mathscr{P}_\bullet^{(1)},u_2^*\mathscr{P}_\bullet^{(2)}\big),$$

其中 $t=a,\ a',\ b,\ b',\ c,\ d$. 为了定义这些同态, 首先假设 $S=\operatorname{Spec}A, Y^{(i)}=\operatorname{Spec}B_i$, $Y'^{(i)}=\operatorname{Spec}B_i'$, 此时这些 $X^{(i)}$ 和 $X'^{(i)}$ 都是拟紧分离概形. 为了计算谱序列 ${}^{(t)}\mathscr{E}(f_1,f_2;\mathscr{P}_\bullet^{(1)},\mathscr{P}_\bullet^{(2)})$, 我们取 (与 (6.6.1) 相同) $X^{(i)}$ ($i=1,2$) 的一个由仿射开集所组成的有限覆盖 $\mathfrak{U}^{(i)}$, 而为了计算 ${}^{(t)}\mathscr{E}(f_1',f_2';u_1^*\mathscr{P}_\bullet^{(1)},u_2^*\mathscr{P}_\bullet^{(2)})$, 我们要取 $X'^{(i)}$ 的一个比 $u_i^{-1}(\mathfrak{U}^{(i)})$ 更精细的有限仿射开覆盖 $\mathfrak{U}'^{(i)}$ ($i=1,2$). 易见双复形 $\mathrm{C}^\bullet(\mathfrak{U}^{(i)},\mathscr{P}_\bullet^{(i)})=L_{\bullet,\bullet}^{(i)}$ 可以典范地等同于 $\mathrm{C}^\bullet(u_i^{-1}(\mathfrak{U}^{(i)}),u_i^*\mathscr{P}_\bullet^{(i)})$ 的一个子双复形 ($\mathbf{0}_\mathbf{I}$, 4.4.3.2), 进而, 通过选取一个从 $\mathfrak{U}'^{(i)}$ 到 $u_i^{-1}(\mathfrak{U}^{(i)})$ 的单合映射 (G, II, 5.7), 可以定义出双复形的一个同态 $\mathrm{C}^\bullet(u_i^{-1}(\mathfrak{U}^{(i)}),u_i^*\mathscr{P}_\bullet^{(i)})\to\mathrm{C}^\bullet(\mathfrak{U}'^{(i)},u_i^*\mathscr{P}_\bullet^{(i)})$, 再通过合成就得到了一个双复形同态 $L_{\bullet,\bullet}^{(i)}\to L'^{(i)}_{\bullet,\bullet}=\mathrm{C}^\bullet(\mathfrak{U}'^{(i)},u_i^*\mathscr{P}_\bullet^{(i)})$. 进而, 如果改变前面的单合映射, 则该同态也会变成一个与之同伦的同态 (G, II, 5.7.1), 因而我们得到了一个含义明确的谱函子同态:

$$\textbf{(6.7.10.3)}\qquad {}^{(t)}\mathscr{E}\big(\mathfrak{U}^{(1)},\mathfrak{U}^{(2)};\mathscr{P}_\bullet^{(1)},\mathscr{P}_\bullet^{(2)}\big)\longrightarrow {}^{(t)}\mathscr{E}\big(\mathfrak{U}'^{(1)},\mathfrak{U}'^{(2)};u_1^*\mathscr{P}_\bullet^{(1)},u_2^*\mathscr{P}_\bullet^{(2)}\big).$$

容易验证, 若 $\mathfrak{V}^{(i)}$ 是 $X^{(i)}$ 的一个比 $\mathfrak{U}^{(i)}$ 更精细的有限仿射覆盖, $\mathfrak{V}'^{(i)}$ 是 $X'^{(i)}$

的一个比 $u_i^{-1}(\mathfrak{U}'^{(i)})$ 和 $\mathfrak{V}^{(i)}$ 都更精细的有限仿射覆盖, 则图表

$$\begin{array}{ccc} \mathrm{C}^\bullet(\mathfrak{U}^{(i)}, \mathscr{P}_\bullet^{(i)}) & \longrightarrow & \mathrm{C}^\bullet(\mathfrak{V}^{(i)}, \mathscr{P}_\bullet^{(i)}) \\ \downarrow & & \downarrow \\ \mathrm{C}^\bullet(\mathfrak{U}'^{(i)}, u_i^*\mathscr{P}_\bullet^{(i)}) & \longrightarrow & \mathrm{C}^\bullet(\mathfrak{V}'^{(i)}, u_i^*\mathscr{P}_\bullet^{(i)}) \end{array}$$

是交换的, 这就表明同态 (6.7.10.3) 本质上并不依赖于覆盖 $\mathfrak{U}^{(i)}$ 和 $\mathfrak{U}'^{(i)}$ 的选择. 从而我们实际上定义了一个 A 模同态

(6.7.10.4) $${}^{(t)}E\big(X^{(1)}, X^{(2)}; \mathscr{P}_\bullet^{(1)}, \mathscr{P}_\bullet^{(2)}\big) \longrightarrow {}^{(t)}E\big(X'^{(1)}, X'^{(2)}; u_1^*\mathscr{P}_\bullet^{(1)}, u_2^*\mathscr{P}_\bullet^{(2)}\big).$$

然而由 $u_i^*\mathscr{P}_\bullet^{(i)}$ 的定义以及 (6.7.10.1) 的交换性易见, 这个同态也是一个 $(B_1 \otimes_A B_2)$ 模的同态. 由于 (6.7.10.4) 的右边都是 $(B_1' \otimes_A B_2')$ 模, 故可由 (6.7.10.4) 典范地导出一个 $(B_1' \otimes_A B_2')$ 模同态

(6.7.10.5) $$\begin{aligned} {}^{(t)}E\big(X^{(1)}, X^{(2)}; \mathscr{P}_\bullet^{(1)}, \mathscr{P}_\bullet^{(2)}\big) \otimes_{B_1 \otimes_A B_2} (B_1' \otimes_A B_2') \\ \longrightarrow {}^{(t)}E\big(X'^{(1)}, X'^{(2)}; u_1^*\mathscr{P}_\bullet^{(1)}, u_2^*\mathscr{P}_\bullet^{(2)}\big). \end{aligned}$$

有见于 (**I**, 1.6.5), 在这个特殊情形下, 上式恰好就是我们所要的同态 (6.7.10.2).

现在为了过渡到一般情形, 只需再按照 (6.7.1) 和 (6.7.2) 的方法进行黏合即可. 右边一项的黏合是显然的, 至于左边一项, 则需要 (和 (6.7.1) 一样) 先取元素 $g_i \in B_i$, 和它们的像 $g_i' \in B_i'$, 以及它们在 $B = B_1 \otimes_A B_2$ 中的张量积 $g = g_1 \otimes g_2$, 连同它在 $B' = B_1' \otimes_A B_2'$ 中的像 $g' = g_1' \otimes g_2'$, 然而再使用典范同构 $(M \otimes_B B')_g \xrightarrow{\sim} M_g \otimes_{B_g} B'_{g'}$ 即可 ($\mathbf{0_I}$, 1.5.4), 我们把细节留给读者.

(6.7.11) 上面对于两个 S 态射 $X^{(i)} \to Y^{(i)}$ 和两个下有界拟凝聚模层复形 $\mathscr{P}_\bullet^{(i)}$ 所给出的整体超挠理论可以很容易地推广到更一般的情形: 即我们有一个概形 S, 有限个 S 概形 $Y^{(i)}$ $(i \in I)$, 有限个拟紧分离 S 态射 $f_i : X^{(i)} \to Y^{(i)}$, 以及对每个 i 都给了一个下有界的拟凝聚 $\mathscr{O}_{X^{(i)}}$ 模层复形 $\mathscr{P}_\bullet^{(i)}$. 若 Y 是这些 S 概形 $Y^{(i)}$ 的纤维积, 则对每个整数 n, 我们都可以定义一个拟凝聚 $\mathscr{O}_Y$ 模层 $\mathcal{T}or_n^S((f_i)_{i\in I}; (\mathscr{P}_\bullet^{(i)})_{i\in I})$, 这些模层对每个复形 $\mathscr{P}_\bullet^{(i)}$ 来说都构成协变绵延函子, 进而, 这个函子是六个谱函子 ${}^{(t)}\mathscr{E}((f_i)_{i\in I}; (\mathscr{P}_\bullet^{(i)})_{i\in I})$ 的共同目标. 我们把一般情形的完整讨论留给读者. 注意到如果 I 只有一个元素, 则我们就回到了 (6.2.7) 中所定义的超上同调 $\mathcal{H}^\bullet(f, \mathscr{P}_\bullet)$ (在 (6.7.4) 中也已经看到这一点). 如果 I 是 $\mathbb{N}$ 中的区间 $1 \leqslant i \leqslant m$, 则我们也把 $\mathcal{T}or_n^S((f_i)_{i\in I}; (\mathscr{P}_\bullet^{(i)})_{i\in I})$ 记作

$$\mathcal{T}or_n^S\big(f_1, \cdots, f_m; \mathscr{P}_\bullet^{(1)}, \cdots, \mathscr{P}_\bullet^{(m)}\big).$$

命题 (6.7.12) — 记号与 (6.7.11) 相同, 设 J 是 I 的一个子集, 并假设对于 $i \in I \smallsetminus J$, 总有 $X^{(i)} = Y^{(i)} = S$, 且 f_i 就是恒同, 同时 $\mathscr{P}_\bullet^{(i)}$ 只有 0 次项 $\mathscr{O}_S$. 则我们有一个典范的绵延函子同构

$$(6.7.12.1) \qquad \mathcal{T}or_\bullet^S\big((f_i)_{i\in I}; (\mathscr{P}_\bullet^{(i)})_{i\in I}\big) \xrightarrow{\sim} \mathcal{T}or_\bullet^S\big((f_i)_{i\in J}; (\mathscr{P}_\bullet^{(i)})_{i\in J}\big).$$

可以限于考虑 S 和 $Y^{(i)}$ 都是仿射概形的情形, 因为可以采用和前面一样的黏合方法. 对于 $i \in I \smallsetminus J$, 可以取覆盖 $\mathfrak{U}^{(i)}$ 只包含一个集合 S, 于是 $L_{\bullet,\bullet}^{(i)} = \mathrm{C}^\bullet(\mathfrak{U}^{(i)}, \mathscr{P}_\bullet^{(i)})$ 只有 $(0,0)$ 次项, 并且就等于 $\Gamma(S, \mathscr{O}_S) = \mathrm{A}(S)$, 此时同构 (6.7.12.1) 是显然的.

注解 (6.7.13) — 记号与 (6.7.3) 相同, 考虑典范 S 同构 $Y^{(1)} \times_S Y^{(2)} \to Y^{(2)} \times_S Y^{(1)}$ (**I**, 3.3.5), 在这个同构下, $\mathcal{T}or_\bullet^S(f_1, f_2; \mathscr{P}_\bullet^{(1)}, \mathscr{P}_\bullet^{(2)})$ 将变为 $\mathcal{T}or_\bullet^S(f_2, f_1; \mathscr{P}_\bullet^{(2)}, \mathscr{P}_\bullet^{(1)})$. 事实上, 问题是局部性的, 故可归结为考虑 (6.6.2) 中的情形, 若令 $M_{\bullet,\bullet,\bullet}^{(i)}$ 是 $L_{\bullet,\bullet}^{(i)}$ 的一个投射 Cartan-Eilenberg 消解 ($i = 1, 2$), 则上述同构把 $M_{\bullet,\bullet,\bullet}^{(1)} \otimes_A M_{\bullet,\bullet,\bullet}^{(2)}$ 变为 $M_{\bullet,\bullet,\bullet}^{(2)} \otimes_A M_{\bullet,\bullet,\bullet}^{(1)}$, 从而通过考虑这些三重复形的总合单复形的同调就可以推出上述阐言.

6.8 整体超挠的拼合谱序列

(6.8.1) 前提条件和记号与 (6.7.11) 相同 (特别地, 假设这些 $\mathscr{P}_\bullet^{(i)}$ 都是下有界的), 再假设给了指标集 I 的一个分割 $(I_j)_{j\in J}$, 我们想要给出超挠 $\mathcal{T}or_n^S((f_i)_{i\in I}; (\mathscr{P}_\bullet^{(i)})_{i\in I})$ 与它的每个 "部分" 超挠

$$\mathscr{T}_{\bullet,j} = \mathcal{T}or_\bullet^S\big((f_j)_{j\in I_j}; (\mathscr{P}_\bullet^{(j)})_{j\in I_j}\big)$$

之间的一个 "拼合" 关系. 为了简单起见, 我们只限于考虑下面这个情形, 即 I 是区间 $1 \leqslant i \leqslant m$, 并且分割 (I_j) 是由两个区间 $\{1, 2, \cdots, r\}$ 和 $\{r+1, \cdots, m\}$ 所给出的.

命题 (6.8.2) — 我们有一个典范的双正则谱函子 (称为 "拼合谱函子")

$${}^{(e)}\mathscr{E}^S\big(f_1, \cdots, f_m; \mathscr{P}_\bullet^{(1)}, \cdots, \mathscr{P}_\bullet^{(m)}\big)$$

(或简记为 ${}^{(e)}\mathscr{E}(f_1, \cdots, f_m; \mathscr{P}_\bullet^{(1)}, \cdots, \mathscr{P}_\bullet^{(m)})$), 它的目标是 $\mathcal{T}or_\bullet^S(f_1, \cdots, f_m; \mathscr{P}_\bullet^{(1)}, \cdots, \mathscr{P}_\bullet^{(m)})$, 并且它的 E^2 项由下式给出

$$\begin{aligned} {}^{(e)}\mathscr{E}_{p,q}^2 = \bigoplus_{q_1+q_2=q} \mathscr{T}or_q^S\big(&\mathcal{T}or_{q_1}^S\big(f_1, \cdots, f_r; \mathscr{P}_\bullet^{(1)}, \cdots, \mathscr{P}_\bullet^{(r)}\big), \\ &\mathcal{T}or_{q_2}^S\big(f_{r+1}, \cdots, f_m; \mathscr{P}_\bullet^{(r+1)}, \cdots, \mathscr{P}_\bullet^{(m)}\big)\big). \end{aligned}$$

在这个陈述中, 我们是把 Y 典范等同于纤维积 $Z^{(1)} \times_S Z^{(2)}$, 其中 $Z^{(1)} = Y^{(1)} \times_S Y^{(2)} \times_S \cdots \times_S Y^{(r)}$, $Z^{(2)} = Y^{(r+1)} \times_S \cdots \times_S Y^{(m)}$. 我们将限于考虑 S 和 $Y^{(i)}$ 都是仿射概形的情形, 一般情形可以采用 (6.7.1) 和 (6.7.2) 中的方法来完成, 我们把推导的细节留给读者 (并不困难). 从而问题归结为证明

推论 (6.8.3) — 设 A 是一个环, $S = \operatorname{Spec} A$, $X^{(i)}$ $(1 \leqslant i \leqslant m)$ 都是拟紧分离 S 概形, 并且对每个 i, 设 $\mathscr{P}_\bullet^{(i)}$ 是一个下有界的拟凝聚 $\mathscr{O}_{X^{(i)}}$ 模层复形. 则我们有一个典范的双正则谱函子, 它以

$$\mathbf{Tor}_\bullet^S\big(X^{(1)}, \cdots, X^{(m)}; \mathscr{P}_\bullet^{(1)}, \cdots, \mathscr{P}_\bullet^{(m)}\big)$$

为目标, 并且它的 E^2 项由下式给出

$$\begin{aligned} {}^{(e)}E_{p,q}^2 = \bigoplus_{q_1+q_2=q} \operatorname{Tor}_p^A\big(&\mathbf{Tor}_{q_1}^S\big(X^{(1)}, \cdots, X^{(r)}; \mathscr{P}_\bullet^{(1)}, \cdots, \mathscr{P}_\bullet^{(r)}\big), \\ &\mathbf{Tor}_{q_2}^S\big(X^{(r+1)}, \cdots, X^{(m)}; \mathscr{P}_\bullet^{(r+1)}, \cdots, \mathscr{P}_\bullet^{(m)}\big)\big). \end{aligned}$$

根据 (6.6.2) 中所给出的定义, 为了计算这些超挠, 只需对每个 i, 取 $X^{(i)}$ 的一个有限仿射开覆盖 $\mathfrak{U}^{(i)}$, 然后对于双复形 $L_{\bullet,\bullet}^{(i)} = \mathrm{C}^\bullet(\mathfrak{U}^{(i)}, \mathscr{P}_\bullet^{(i)})$, 取它的一个投射 Cartan-Eilenberg 消解 $M_{\bullet,\bullet,\bullet}^{(i)}$, 再对这些三重复形取张量积 $M_{\bullet,\bullet,\bullet} = \bigotimes_{i=1}^m M_{\bullet,\bullet,\bullet}^{(i)}$, 最后取 $M_{\bullet,\bullet,\bullet}$ 的同调即可. 首先把 $M_{\bullet,\bullet,\bullet}$ 看成一个单复形 $N_\bullet$, 则它是下面两个单复形

$$N'_\bullet = \bigotimes_{i=1}^r M_{\bullet,\bullet,\bullet}^{(i)}, \quad N''_\bullet = \bigotimes_{i=r+1}^m M_{\bullet,\bullet,\bullet}^{(i)}$$

的张量积, 其中 $N'_\bullet$ 和 $N''_\bullet$ 都是以这些 $M_{\bullet,\bullet,\bullet}^{(i)}$ 的总次数之和来分次的. 进而, 复形 $N'_\bullet$ 和 $N''_\bullet$ 中的 A 模都是投射的, 从而由 (6.5.9) 知, $\mathrm{H}_\bullet(M_{\bullet,\bullet,\bullet}) = \mathbf{Tor}_\bullet^A(N'_\bullet, N''_\bullet)$, 于是我们所要的谱序列就是把 (6.3.2.2) 应用到复形 $N'_\bullet$ 和 $N''_\bullet$ 上而得到的那个谱序列, 这是基于上面我们对于这些复形的同调模所作的解释 (只要把前面的注解应用到这两个纤维积 $X^{(1)} \times_S \cdots \times_S X^{(r)}$ 和 $X^{(r+1)} \times_S \cdots \times_S X^{(m)}$ 上). 最后, 双正则性可由 (6.3.2) 和下述事实推出: 由于这些 $\mathscr{P}_\bullet^{(i)}$ 都是下有界的, 故知 $M_{\bullet,\bullet,\bullet}^{(i)}$ 也是下有界的, 从而 $N'_\bullet$ 和 $N''_\bullet$ 也都是下有界的.

6.9 整体超挠的基变换谱序列

(6.9.1) 前提条件和记号与 (6.7.11) 相同 (特别地, 假设 $\mathscr{P}_\bullet^{(i)}$ 都是下有界的), 考虑一个概形态射 $g: S' \to S$, 令 $Y'^{(i)} = Y_{(S')}^{(i)}$, $X'^{(i)} = X_{(S')}^{(i)}$ 和 $\mathscr{P}'^{(i)}_\bullet = \mathscr{P}_\bullet^{(i)} \otimes_{\mathscr{O}_S} \mathscr{O}_{S'}$, 则 $\mathscr{P}'^{(i)}_\bullet$ 是拟凝聚 $\mathscr{O}_{X'^{(i)}}$ 模层的复形. 设 $f'_i = (f_i)_{(S')} : X'^{(i)} \to Y'^{(i)}$, 它是

一个拟紧分离态射 (**I**, 5.5.1 和 6.6.4). 令 $Y' = Y \times_S S' = Y_{(S')}$, 我们想要了解拟凝聚 $\mathscr{O}_{Y'}$ 模层 $\mathcal{T}or_n^{S'}((f'_i)_{i\in I};(\mathscr{P}'^{(i)}_\bullet)_{i\in I})$ 和 $\mathcal{T}or_n^S((f_i)_{i\in I};(\mathscr{P}^{(i)}_\bullet)_{i\in I})\otimes_{\mathscr{O}_S}\mathscr{O}_{S'}$ 的关系. 首先来看下面这个特别简单的情形 (当 I 只有一个元素并且 $\mathscr{P}_\bullet$ 只包含一个模层时, 这就化归为 (1.4.15)):

命题 (6.9.2) — 若态射 $g: S' \to S$ 是平坦的, 则我们有一个典范的绵延函子 (关于 $\mathscr{P}^{(i)}_\bullet$) 同构:

(6.9.2.1) $$\mathcal{T}or_n^S\big((f_i)_{i\in I};(\mathscr{P}^{(i)}_\bullet)_{i\in I}\big)\otimes_{\mathscr{O}_S}\mathscr{O}_{S'} \xrightarrow{\sim} \mathcal{T}or_n^{S'}\big((f'_i)_{i\in I};(\mathscr{P}'^{(i)}_\bullet)_{i\in I}\big).$$

仍然可以限于考虑 S, S' 和 $Y^{(i)}$ 都是仿射概形的情形, 然后再使用 (6.7.1) 和 (6.7.2) 的方法进行黏合. 设 $S = \operatorname{Spec} A$, $S' = \operatorname{Spec} A'$, 并且对每个 i, 取 $X^{(i)}$ 的一个仿射开覆盖 $\mathfrak{U}^{(i)}$, 若 $u_i : X'^{(i)} \to X^{(i)}$ 是典范投影, 则 $u_i^{-1}(\mathfrak{U}^{(i)})$ 是 $X'^{(i)}$ 的一个仿射开覆盖 (**II**, 1.5.5), 我们把它记作 $\mathfrak{U}'^{(i)}$. 易见 $\mathrm{C}^\bullet(\mathfrak{U}'^{(i)}, \mathscr{P}'^{(i)}_\bullet) = \mathrm{C}^\bullet(\mathfrak{U}^{(i)}, \mathscr{P}^{(i)}_\bullet)\otimes_A A'$, 由此立即得到同构 (6.9.2.1), 因为若 $M^{(i)}_{\bullet,\bullet,\bullet}$ 是 $L^{(i)}_{\bullet,\bullet} = \mathrm{C}^\bullet(\mathfrak{U}^{(i)}, \mathscr{P}^{(i)}_\bullet)$ 的一个投射 Cartan-Eilenberg 消解 (在 (**0**, 11.7.1) 的意义下), 并且是由 A 模所组成的, 则 $M^{(i)}_{\bullet,\bullet,\bullet}\otimes_A A'$ 就是 $L^{(i)}_{\bullet,\bullet}\otimes_A A'$ 的一个投射 Cartan-Eilenberg 消解 (在同样意义下), 并且是由 A' 模所组成的, 这是基于 A' 是平坦 A 模的前提条件, 同样的前提条件还表明, $\mathrm{H}_\bullet\big(\bigotimes_{i=1}^m(M^{(i)}_{\bullet,\bullet,\bullet}\otimes_A A')\big) = \mathrm{H}_\bullet\big(\bigotimes_{i=1}^m(M^{(i)}_{\bullet,\bullet,\bullet})\big)\otimes_A A'$.

注意到如果 I 只含一个元素 1, 则公式 (6.9.2.1) 可由 (6.7.7) 直接得出, 这只要取 $Y_2 = X_2 = S'$, $f_2 = 1_{S'}$, 并取 $\mathscr{P}^{(2)}_\bullet$ 是只有 0 次项 $\mathscr{O}_S$ 的复形即可, 因为此时超上同调 $\mathcal{H}^n(1_{S'}, \mathscr{O}_{S'})$ 在任何 $n \neq 0$ 处都是 0, 而在 $n = 0$ 处是 $\mathscr{O}_{S'}$ (6.2.1).

在一般情况下, 我们将把 $\mathscr{O}_{S'}$ 换成一个下有界的拟凝聚 $\mathscr{O}_{S'}$ 模层复形 $\mathscr{Q}'_\bullet$, 然后 (为了简单起见, 取 $I = \{1, 2, \cdots, m\}$) 就可以来考虑绵延函子

$$\mathcal{T}or_\bullet^S\big(f_1, \cdots, f_m, 1_{S'}; \mathscr{P}^{(1)}_\bullet, \cdots, \mathscr{P}^{(m)}_\bullet, \mathscr{Q}'_\bullet\big).$$

命题 (6.9.3) — 我们有三个典范的双正则谱函子 ${}^{(t)}\mathscr{E}(f_1, \cdots, f_m; \mathscr{P}^{(1)}_\bullet, \cdots, \mathscr{P}^{(m)}_\bullet, \mathscr{Q}'_\bullet)$ (其中 $t = e,\ f,\ f'$), 它们的共同目标是 $\mathcal{T}or_\bullet^S(f_1, \cdots, f_m, 1_{S'}; \mathscr{P}^{(1)}_\bullet, \cdots, \mathscr{P}^{(m)}_\bullet, \mathscr{Q}'_\bullet)$, 并且它们的 E^2 项分别是

$$ {}^{(e)}\mathscr{E}^2_{p,q} = \bigoplus_{q'+q''=q} \mathscr{T}or_p^S\Big(\mathcal{T}or_{q'}^S\big(f_1, \cdots, f_m; \mathscr{P}^{(1)}_\bullet, \cdots, \mathscr{P}^{(m)}_\bullet\big), \mathscr{H}_{q''}(\mathscr{Q}'_\bullet)\Big),$$

$$ {}^{(f)}\mathscr{E}^2_{p,q} = \bigoplus_{q_1+\cdots+q_{m+1}=q} \mathscr{T}or_p^{S'}\Big(\mathcal{T}or_{q_1}^S\big(f_1, 1_{S'}; \mathscr{P}^{(1)}_\bullet, \mathscr{O}_{S'}\big), \cdots,$$
$$\mathcal{T}or_{q_m}^S\big(f_m, 1_{S'}; \mathscr{P}^{(m)}_\bullet, \mathscr{O}_{S'}\big), \mathscr{H}_{q_{m+1}}(\mathscr{Q}'_\bullet)\Big),$$

$$^{(f')}\mathscr{E}^2_{p,q} = \bigoplus_{q_1+\cdots+q_m=q} \mathcal{T}or^{S'}_p\Big(f'_1,\cdots,f'_m,1_{S'};\mathscr{T}or^S_{q_1}\big(\mathscr{P}^{(1)}_\bullet,\mathscr{O}_{S'}\big),\cdots,\mathscr{T}or^S_{q_m}\big(\mathscr{P}^{(m)}_\bullet,\mathscr{O}_{S'}\big),\mathscr{Q}'_\bullet\Big).$$

谱序列 (e) 恰好就是 $r=m$ 时的拼合谱序列 (6.8.2). 为了定义另外两个谱序列, 我们仍然可以限于考虑 S,S' 和 $Y^{(i)}$ 都是仿射概形的情形, 然后再使用 (6.7.1) 和 (6.7.2) 的方法进行黏合 (留给读者). 从而只需证明

推论 (6.9.4) — 设 A 是一个环, A' 是一个 A 代数, $S=\operatorname{Spec}A$, $S'=\operatorname{Spec}A'$, $X^{(i)}$ $(1\leqslant i\leqslant m)$ 都是拟紧分离 S 概形, 并且对每个 i, 设 $X'^{(i)}=X^{(i)}_{(S')}$, 它是一个拟紧分离 S' 概形. 对每个 i, 设 $\mathscr{P}^{(i)}_\bullet$ 是一个拟凝聚 $\mathscr{O}_{X^{(i)}}$ 模层复形, 再设 $Q'_\bullet$ 是一个 A' 模复形, 并假设这些复形都是下有界的. 则我们有三个双正则的谱函子 (关于 $\mathscr{P}^{(i)}_\bullet$ 和 $Q'_\bullet$), 它们的共同目标是

$$\mathbf{Tor}^S_\bullet\big(X^{(1)},\cdots,X^{(m)},S';\mathscr{P}^{(1)}_\bullet,\cdots,\mathscr{P}^{(m)}_\bullet,\widetilde{Q}'_\bullet\big),$$

并且它们的 E^2 项分别是

$$^{(e)}E^2_{p,q} = \bigoplus_{q'+q''=q} \operatorname{Tor}^A_p\Big(\mathbf{Tor}^S_{q'}\big(X^{(1)},\cdots,X^{(m)};\mathscr{P}^{(1)}_\bullet,\cdots,\mathscr{P}^{(m)}_\bullet\big),\mathrm{H}_{q''}(Q'_\bullet)\Big),$$

$$^{(f)}E^2_{p,q} = \bigoplus_{q_1+\cdots+q_{m+1}=q} \operatorname{Tor}^{A'}_p\Big(\mathbf{Tor}^S_{q_1}\big(X^{(1)},S';\mathscr{P}^{(1)}_\bullet,\mathscr{O}_{S'}\big),\cdots,\mathbf{Tor}^S_{q_m}\big(X^{(m)},S';\mathscr{P}^{(m)}_\bullet,\mathscr{O}_{S'}\big),\mathrm{H}_{q_{m+1}}(Q'_\bullet)\Big),$$

$$^{(f')}E^2_{p,q} = \bigoplus_{q_1+\cdots+q_m=q} \mathbf{Tor}^{S'}_p\Big(X'^{(1)},\cdots,X'^{(m)},S';\mathscr{T}or^S_{q_1}\big(\mathscr{P}^{(1)}_\bullet,\mathscr{O}_{S'}\big),\cdots,\mathscr{T}or^S_{q_m}\big(\mathscr{P}^{(m)}_\bullet,\mathscr{O}_{S'}\big),\widetilde{Q}'_\bullet\Big).$$

我们不需要再讨论第一个谱函子, 那是 (6.8.3) 中的结果, 把它放在这里只是为了查阅方便. 为了定义其他的函子, 首先对每个 i 取 $X^{(i)}$ 的一个有限仿射开覆盖 $\mathfrak{U}^{(i)}$, 于是若 $u_i:X'^{(i)}\to X^{(i)}$ 是典范投影, 则 $\mathfrak{U}'^{(i)}=u_i^{-1}(\mathfrak{U}^{(i)})$ 是 $X'^{(i)}$ 的一个有限仿射开覆盖. 依照 (6.6.6), $\mathcal{T}or^S_\bullet(X^{(1)},\cdots,X^{(m)},S';\mathscr{P}^{(1)}_\bullet,\cdots,\mathscr{P}^{(m)}_\bullet,\widetilde{Q}'_\bullet)$ 可以这样来计算, 即对于 $1\leqslant i\leqslant m$, 取 $L^{(i)}_{\bullet,\bullet}=\mathrm{C}^\bullet(\mathfrak{U}^{(i)},\mathscr{P}^{(i)}_\bullet)$ 的一个投射 Cartan-Eilenberg 消解 $M^{(i)}_{\bullet,\bullet,\bullet}$ (在 $(\mathbf{0}, 11.7.1)$ 的意义下), 然后对三重复形 $M_{\bullet,\bullet,\bullet}=M^{(1)}_{\bullet,\bullet,\bullet}\otimes_A M^{(2)}_{\bullet,\bullet,\bullet}\otimes_A\cdots\otimes_A M^{(m)}_{\bullet,\bullet,\bullet}\otimes_A Q'_\bullet$ 取同调即可 (其中 $Q'_\bullet$ 是这样一个三重复形, 它的后两个次数都退化为 0). 令 $M'^{(i)}_{\bullet,\bullet,\bullet}=M^{(i)}_{\bullet,\bullet,\bullet}\otimes_A A'$, 由于 $Q'_\bullet$ 是一个 A' 模复形, 故有 $M_{\bullet,\bullet,\bullet}=M'^{(1)}_{\bullet,\bullet,\bullet}\otimes_{A'}M'^{(2)}_{\bullet,\bullet,\bullet}\otimes_{A'}\cdots\otimes_{A'}M'^{(m)}_{\bullet,\bullet,\bullet}\otimes_{A'}Q'_\bullet$. 现在把每个 $M'^{(i)}_{\bullet,\bullet,\bullet}$ 都看作单复形 (关于总次数), 并注意到它们都是由投射 A' 模所组成的, 于是由 (6.3.7) (扩

展到任意个数的复形上) 知, $\mathrm{H}_\bullet(M_{\bullet,\bullet,\bullet})$ 也等于 $\mathbf{Tor}_\bullet^{A'}(M'^{(1)}_{\bullet,\bullet,\bullet},\cdots,M'^{(m)}_{\bullet,\bullet,\bullet},Q'_\bullet)$, 从而 (6.5.15) 它是某个具有我们所要求的正则性的谱序列的目标 (因为当 $\mathscr{P}^{(i)}_\bullet$ 都是下有界复形时, $M^{(i)}_{\bullet,\bullet,\bullet}$ 的三个次数也都是下有界的), 并且这个谱序列的 E^2 项可由下式给出

$$E^2_{p,q} = \bigoplus_{q_1+\cdots+q_{m+1}=q} \mathrm{Tor}_p^{A'}\big(\mathrm{H}_{q_1}(M'^{(1)}_{\bullet,\bullet,\bullet}),\cdots,\mathrm{H}_{q_m}(M'^{(m)}_{\bullet,\bullet,\bullet}),\mathrm{H}_{q_{m+1}}(Q'_\bullet)\big).$$

此外依照整体超挠的定义, 我们有 $\mathrm{H}_{q_i}(M'^{(i)}_{\bullet,\bullet,\bullet}) = \mathrm{H}_{q_i}(M^{(i)}_{\bullet,\bullet,\bullet}\otimes_A A') = \mathbf{Tor}^S_{q_i}(X^{(i)},S';\mathscr{P}^{(i)}_\bullet,\mathscr{O}_{S'})$, 这就给出了所要的谱序列 (f). 另一方面, 可以把 $M'^{(i)}_{\bullet,\bullet,\bullet}$ 看作一个双复形, 它的两个次数分别是 $M'^{(i)}_{\bullet,\bullet,\bullet}$ 的前两个次数之和以及第三次数, 由于这些 $M'^{(i)}_{\bullet,\bullet,\bullet}$ 都是由投射 A' 模所组成的, 故由超同调的一般理论知, 双复形 $M'^{(1)}_{\bullet,\bullet,\bullet}\otimes_{A'}M'^{(2)}_{\bullet,\bullet,\bullet}\otimes_{A'}\cdots\otimes_{A'}M'^{(m)}_{\bullet,\bullet,\bullet}\otimes_{A'}Q'_\bullet$ 的同调典范同构于它的超同调 (**0**, 11.6.5), 从而它是某个谱序列的目标, 这个谱序列的 E^2 项就等于

$$E^2_{p,q} = \bigoplus_{q_1+\cdots+q_{m+1}=q} \mathbf{Tor}_p^{A'}\big(\mathrm{H}^{\mathrm{II}}_{q_1}(M'^{(1)}_{\bullet,\bullet,\bullet}),\cdots,\mathrm{H}^{\mathrm{II}}_{q_m}(M'^{(m)}_{\bullet,\bullet,\bullet}),\mathrm{H}^{\mathrm{II}}_{q_{m+1}}(Q'_\bullet)\big).$$

现在由于 $Q'_\bullet$ 的第二次数退化为 0, 故对于 $n\neq 0$, 我们都有 $\mathrm{H}^{\mathrm{II}}_n(Q'_\bullet)=0$, 并且 $\mathrm{H}^{\mathrm{II}}_0(Q'_\bullet)=Q'_\bullet$, 因而上面的公式也可以写成

$$E^2_{p,q} = \bigoplus_{q_1+\cdots+q_m=q} \mathbf{Tor}_p^{A'}\big(\mathrm{H}^{\mathrm{II}}_{q_1}(M'^{(1)}_{\bullet,\bullet,\bullet}),\cdots,\mathrm{H}^{\mathrm{II}}_{q_m}(M'^{(m)}_{\bullet,\bullet,\bullet}),Q'_\bullet\big).$$

进而, 依照 (6.3.4), 我们有 $\mathrm{H}^{\mathrm{II}}_{q_i}(M'^{(i)}_{\bullet,\bullet,\bullet}) = \mathrm{H}^{\mathrm{II}}_{q_i}(M^{(i)}_{\bullet,\bullet,\bullet}\otimes_A A') = \mathrm{Tor}^A_{q_i}(L^{(i)}_{\bullet,\bullet},A')$, 但 $L^{(i)}_{-j,k}=\mathrm{C}^j(\mathfrak{U}^{(i)},\mathscr{P}^{(i)}_k)$, 它是这样一些 $\Gamma(V,\mathscr{P}^{(i)}_k)$ 的直和, 其中 V 跑遍覆盖 $\mathfrak{U}^{(i)}$ 中的任意 $j+1$ 个集合的交集 (仿射). 令 $V'=u_i^{-1}(V)$, 则 V' 在 $X'^{(i)}$ 中是仿射的, 并且由 (6.4.1.1) 知,

$$\Gamma\big(V',\mathscr{T}or^S_{q_i}(\mathscr{P}^{(i)}_k,\mathscr{O}_{S'})\big) = \mathrm{Tor}^A_{q_i}\big(\Gamma(V,\mathscr{P}^{(i)}_k),A'\big),$$

从而我们得到双复形 $\mathrm{H}^{\mathrm{II}}_{q_i}(M'^{(i)}_{\bullet,\bullet,\bullet})$ 的下述表达式

$$\mathrm{C}^\bullet\big(\mathfrak{U}'^{(i)},\mathscr{T}or^S_{q_i}(\mathscr{P}^{(i)}_\bullet,\mathscr{O}_{S'})\big).$$

这就最终给出了我们所要的谱序列 (f') 的 E^2 项表达式. 这个谱序列的双正则性可以按照通常方法来验证, 只需注意到下面的事实: 若 $\mathscr{P}^{(i)}_\bullet$ 是下有界的, 则 $M'^{(i)}_{\bullet,\bullet,\bullet}$ 的所有次数都是下有界的.

注解 (6.9.5) — 和 (6.7.6) 一样, 如果我们把 $\mathscr{P}^{(i)}_\bullet$ 和 $\mathscr{Q}'_\bullet$ 分别换成与它们同伦的复形, 则在只差典范同构的意义下, 谱序列 (e), (f) 和 (f') 都不会改变. 进而,

对谱序列 (f) 来说, 如果复形同态 $\mathscr{P}_\bullet^{(i)} \to \mathscr{R}_\bullet^{(i)}$ 和 $\mathscr{Q}'_\bullet \to \mathscr{T}'_\bullet$ 在同调上给出同构 $\mathscr{H}_\bullet(\mathscr{P}_\bullet^{(i)}) \xrightarrow{\sim} \mathscr{H}_\bullet(\mathscr{R}_\bullet^{(i)})$ 和 $\mathscr{H}_\bullet(\mathscr{Q}'_\bullet) \xrightarrow{\sim} \mathscr{H}_\bullet(\mathscr{T}'_\bullet)$, 则它们会给出谱序列之间的一个同构 ${}^{(f)}\mathscr{E}(f_1,\cdots,f_m;\mathscr{P}_\bullet^{(1)},\cdots,\mathscr{P}_\bullet^{(m)},\mathscr{Q}'_\bullet) \xrightarrow{\sim} {}^{(f)}\mathscr{E}(f_1,\cdots,f_m;\mathscr{R}_\bullet^{(1)},\cdots,\mathscr{R}_\bullet^{(m)},\mathscr{T}'_\bullet)$. 证明方法与 (6.7.6) 相同, 并借助 (6.7.6) 的结果以及谱序列 (f) 的正则性.

推论 (6.9.6) — 在 (6.9.1) 的条件下, 假设:

1° 这些复形 $\mathscr{P}_\bullet^{(i)}$ 都是由在 S 上平坦的模层所组成的, 并且 $\mathscr{O}_Y$ 模层

$$\mathcal{T}or_n^S(f_1,\cdots,f_m;\mathscr{P}_\bullet^{(1)},\cdots,\mathscr{P}_\bullet^{(m)})$$

在 S 上也都是平坦的.

2° $\mathscr{P}_\bullet^{(i)}$ 和 $\mathscr{Q}'_\bullet$ 都是下有界的.

于是若令 $\mathscr{P}'^{(i)}_\bullet = \mathscr{P}_\bullet^{(i)} \otimes_{\mathscr{O}_S} \mathscr{O}_{S'}$, 则我们有下面的函子性典范同构

$$\text{(6.9.6.1)}\quad \begin{aligned}&\mathcal{T}or_n^{S'}(f'_1,\cdots,f'_m,1_{S'};\mathscr{P}'^{(1)}_\bullet,\cdots,\mathscr{P}'^{(m)}_\bullet,\mathscr{Q}'_\bullet)\\ &\qquad\xrightarrow{\sim} \bigoplus_{n'+n''=n} \mathcal{T}or_{n'}^S(f_1,\cdots,f_m;\mathscr{P}_\bullet^{(1)},\cdots,\mathscr{P}_\bullet^{(m)}) \otimes_S \mathscr{H}_{n''}(\mathscr{Q}'_\bullet).\end{aligned}$$

特别地, 如果 $\mathscr{Q}'_\bullet$ 只含 0 次项 $\mathscr{F}'$, 则我们有函子性的典范同构

$$\text{(6.9.6.2)}\quad \begin{aligned}&\mathcal{T}or_n^{S'}(f'_1,\cdots,f'_m,1_{S'};\mathscr{P}'^{(1)}_\bullet,\cdots,\mathscr{P}'^{(m)}_\bullet,\mathscr{F}')\\ &\qquad\xrightarrow{\sim} \mathcal{T}or_{n'}^S(f_1,\cdots,f_m;\mathscr{P}_\bullet^{(1)},\cdots,\mathscr{P}_\bullet^{(m)}) \otimes_{\mathscr{O}_S} \mathscr{F}'.\end{aligned}$$

进而, 对于 $\mathscr{F}' = \mathscr{O}_{S'}$, 我们有

$$\text{(6.9.6.3)}\quad \begin{aligned}&\mathcal{T}or_n^{S'}(f'_1,\cdots,f'_m;\mathscr{P}'^{(1)}_\bullet,\cdots,\mathscr{P}'^{(m)}_\bullet)\\ &\qquad\xrightarrow{\sim} \mathcal{T}or_n^S(f_1,\cdots,f_m;\mathscr{P}_\bullet^{(1)},\cdots,\mathscr{P}_\bullet^{(m)}) \otimes_{\mathscr{O}_S} \mathscr{O}_{S'}.\end{aligned}$$

$\mathscr{P}_\bullet^{(i)}$ 的各个分量都是平坦模层的条件表明, 在 $q_i \neq 0$ 时, 复形 $\mathscr{T}or_{q_i}^S(\mathscr{P}_\bullet^{(i)},\mathscr{O}_{S'})$ 都是 0 (6.5.8). 从而谱序列 (f') 是退化的, 前提条件 2° 又表明, 它还是双正则的 (6.9.3), 从而边沿同态

$$\text{(6.9.6.4)}\quad \begin{aligned}&\mathcal{T}or_n^S(f_1,\cdots,f_m,1_{S'};\mathscr{P}_\bullet^{(1)},\cdots,\mathscr{P}_\bullet^{(m)},\mathscr{Q}'_\bullet)\\ &\qquad\longrightarrow {}^{(f')}\mathscr{E}^2_{n,0} = \mathcal{T}or_n^{S'}(f'_1,\cdots,f'_m,1_{S'};\mathscr{P}'^{(1)}_\bullet,\cdots,\mathscr{P}'^{(m)}_\bullet,\mathscr{Q}'_\bullet)\end{aligned}$$

是一一的 (**0**, 11.1.6). 现在模层

$$\mathcal{T}or_n^S(f_1,\cdots,f_m;\mathscr{P}_\bullet^{(1)},\cdots,\mathscr{P}_\bullet^{(m)})$$

的平坦性表明, 对于 $p \neq 0$ 总有 ${}^{(e)}\mathscr{E}^2_{p,q} = 0$ (6.5.8). 从而谱序列 (e) 也是退化的, 并且由于它是双正则的, 故知边沿同态

$$\textbf{(6.9.6.5)} \quad \mathcal{T}or^S_n\big(f_1, \cdots, f_m, 1_{S'}; \mathscr{P}^{(1)}_\bullet, \cdots, \mathscr{P}^{(m)}_\bullet, \mathscr{Q}'_\bullet\big) \longrightarrow {}^{(e)}\mathscr{E}^2_{0,n} = \bigoplus_{n'+n''=n} \mathcal{T}or^S_{n'}\big(f'_1, \cdots, f'_m; \mathscr{P}'^{(1)}_\bullet, \cdots, \mathscr{P}'^{(m)}_\bullet\big) \otimes_{\mathscr{O}_S} \mathscr{H}_{n''}(\mathscr{Q}'_\bullet)$$

是一一的 (**0**, 11.1.6), 把上面这两个同构结合起来就得到了 (6.9.6.1) 的同构. 同构 (6.9.6.2) 很简单, 因为此时对于 $q \neq 0$ 总有 $\mathscr{H}_q(\mathscr{Q}'_\bullet) = 0$, 并且 $\mathscr{H}_0(\mathscr{Q}'_\bullet) = \mathscr{F}'$. 最后, 有见于 (6.7.12), 在 (6.9.6.2) 中取 $\mathscr{F}' = \mathscr{O}_{S'}$ 就可以得到 (6.9.6.3) 的同构.

推论 (6.9.7) — 在 (6.9.1) 的条件下, 假设 S 和 S' 都是仿射的, 并假设对每个 i 都给了一个整数 d_i $(1 \leqslant i \leqslant m)$. 则可以找到一个不依赖于 S 和 $X^{(i)}$ 以及 d_i 的整数 N, 具有下面的性质: 对任意整数 n_0, 只要复形 $\mathscr{P}^{(i)}_\bullet$ 满足以下条件:

1° 当 $k < d_i$ 时总有 $\mathscr{P}^{(i)}_k = 0$,

2° 对于 $k < n_0 + N$, $\mathscr{P}^{(i)}_k$ 在 S 上都是平坦的,

3° 对于 $q < n_0 + N$, $\mathcal{T}or^S_q(f_1, \cdots, f_m; \mathscr{P}^{(1)}_\bullet, \cdots, \mathscr{P}^{(m)}_\bullet)$ 在 S 上都是平坦的.

那么当 $n \leqslant n_0$ 时, 我们就有典范同构 (6.9.6.3).

假设当 $k < r$ 时 $\mathscr{P}^{(i)}_k$ 在 S 上都是平坦的, 则当 $k < r$ 且 $q_i \neq 0$ 时, 总有 $\mathscr{T}or^S_{q_i}(\mathscr{P}^{(i)}_k, \mathscr{O}_{S'}) = 0$. 现在对于 $1 \leqslant i \leqslant m$, 取 $X^{(i)}$ 的一个仿射开覆盖 $\mathfrak{U}^{(i)}$ (不依赖于 S' 和 $\mathscr{P}^{(i)}_\bullet$), 借助它们的逆像我们使用 (6.6.2) 的方法来计算

$$\textbf{(6.9.7.1)} \qquad \mathcal{T}or^{S'}_p\Big(f'_1, \cdots, f'_m; \mathscr{T}or^S_{q_1}\big(\mathscr{P}^{(1)}_\bullet, \mathscr{O}_{S'}\big), \cdots, \mathscr{T}or^S_{q_m}\big(\mathscr{P}^{(m)}_\bullet, \mathscr{O}_{S'}\big)\Big).$$

对于 $j < -N_i$ (这个 N_i 只依赖于 $\mathfrak{U}^{(i)}$), 这些 $L^{(i)}_{j,k}$ 都是 0. 若 q_i 中有一个不是 0, 则计算 (6.9.7.1) 时的那个单复形的所有次数小于 $r + \sum\limits_{j \neq i} d_j - \sum\limits_{i=1}^m N_i$ 的项都是 0, 从而若以 N 来记这些数值 $\sum\limits_{i=1}^m N_i - \sum\limits_{j \neq i} d_j$ 中的最大者, 则当 $p < r - N$ 时, (6.9.7.1) 就是 0. 由此得知, 当 $q \neq 0$ 且 $p < r - N$ 时, ${}^{(f')}\mathscr{E}^2_{p,q} = 0$. 另一方面, 当 $q < 0$ 时, ${}^{(f')}\mathscr{E}^2_{p,q} = 0$, 因而当 $n < r - N$ 时, 边沿同态 (6.9.6.4) 是一一的 (M, XV, 5.6) (对于 $\mathscr{Q}'_\bullet = \mathscr{O}_{S'}$). 此外, 如果当 $q < r$ 时 $\mathcal{T}or^S_q(f_1, \cdots, f_m; \mathscr{P}^{(1)}_\bullet, \cdots, \mathscr{P}^{(m)}_\bullet)$ 在 S 上都是平坦的, 则对于 $p \neq 0$ 和 $q < r$, 总有 ${}^{(e)}\mathscr{E}^2_{p,q} = 0$, 然而当 $p < 0$ 时也有 ${}^{(e)}\mathscr{E}^2_{p,q} = 0$, 从而对于 $n < r$, 边沿同态 (6.9.6.5) 是一一的, 这就完成了证明.

(6.9.3) 的最重要的应用是在 $m = 1$ 而且 $\mathscr{Q}'_\bullet$ 只有 0 次项 $\mathscr{F}'$ 的情形, 为了便于后面引用, 我们来单独给出这种情形的陈述①:

① (6.9.8) 中所考虑的情形, 特别是谱序列 (6.9.8.3) 和 (6.9.8.4), 是作者们在 1957 年从 J.-P. Serre 那里得知的.

命题 (6.9.8) — 设 S 是一个概形, $g : S' \to S$ 是一个态射, $f : X \to Y$ 是 S 概形的一个拟紧分离 S 态射, $\mathscr{P}_\bullet$ 是一个下有界的拟凝聚 $\mathscr{O}_X$ 模层复形, $\mathscr{F}'$ 是一个拟凝聚 $\mathscr{O}_{S'}$ 模层. 则我们有两个关于 $\mathscr{P}_\bullet$ 和 $\mathscr{F}'$ 的双正则谱函子, 取值在拟凝聚 $\mathscr{O}_{Y_{(S')}}$ 模层的范畴中, 且具有共同的目标 $\mathcal{T}or^S_\bullet(f, q_{S'}; \mathscr{P}_\bullet, \mathscr{F}')$, 进而它们的 E^2 项由下式给出 (令 $f' = f_{(S')} : X_{(S')} \to Y_{(S')}$)

(6.9.8.1) $$'\mathscr{E}^2_{p,q} = \mathscr{T}or^S_p\big(\mathcal{H}^{-q}(f, \mathscr{P}_\bullet), \mathscr{F}'\big),$$

(6.9.8.2) $$''\mathscr{E}^2_{p,q} = \mathcal{H}^{-p}\big(f', \mathscr{T}or^S_q\big(\mathscr{P}_\bullet, \mathscr{F}'\big)\big).$$

这些谱序列也可以不通过 (6.9.3), 而是通过关于 $X^{(1)} = X, Y^{(1)} = Y$, $X^{(2)} = Y^{(2)} = S'$, $f_1 = f$, $f_2 = 1_{S'}$ 的谱序列 (a) 和 (b') (6.7.3) 而得出. 如果 $S = S' = Y$, 并且 Y 是仿射的, 则我们得到了两个谱序列, 它们的 E^2 项分别等于

(6.9.8.3) $$'\mathscr{E}^2_{p,q} = \mathscr{T}or^Y_p\big(\mathcal{H}^{-q}(f, \mathscr{P}_\bullet), \mathscr{F}\big),$$

(6.9.8.4) $$''\mathscr{E}^2_{p,q} = \mathcal{H}^{-p}\big(f, \mathscr{T}or^Y_q\big(\mathscr{P}_\bullet, \mathscr{F}\big)\big),$$

它们的目标 (依照 (6.7.6)) 都等于函子 f_* 在 $\mathscr{O}_X$ 模层复形 $\mathscr{P}_\bullet \otimes_Y \mathscr{F}$ 处的超上同调 $\mathcal{H}^\bullet(f, \mathscr{P}_\bullet \otimes_Y \mathscr{F})$, 这对于任何 Y 平坦的拟凝聚 $\mathscr{O}_Y$ 模层 $\mathscr{F}$ (或者当 $\mathscr{P}_\bullet$ 由 Y 平坦的 $\mathscr{O}_X$ 模层所组成时, 对于任何拟凝聚 $\mathscr{O}_Y$ 模层 $\mathscr{F}$) 都成立, 它们与 (6.2.1) 中的谱序列并不一样.

推论 (6.9.9) — 在 (6.9.8) 的条件下, 假设复形 $\mathscr{P}_\bullet$ 是下有界的, 并且是由在 S 上平坦的模层所组成的, 再假设 $\mathscr{O}_Y$ 模层 $\mathcal{H}^n(f, \mathscr{P}_\bullet)$ 在 S 上都是平坦的. 则我们有下面的函子性典范同构

(6.9.9.1) $$\mathcal{T}or^{S'}_n\big(f', 1_{S'}; \mathscr{P}'_\bullet, \mathscr{F}'\big) \xrightarrow{\sim} \mathcal{H}^{-n}(f, \mathscr{P}_\bullet) \otimes_{\mathscr{O}_S} \mathscr{F}',$$

其中 $\mathscr{P}'_\bullet = \mathscr{P}_\bullet \otimes_{\mathscr{O}_S} \mathscr{O}_{S'}$. 特别地, 对于 $\mathscr{F}' = \mathscr{O}_{S'}$, 我们有函子性的典范同构

(6.9.9.2) $$\mathcal{H}^n(f', \mathscr{P}'_\bullet) \xrightarrow{\sim} \mathcal{H}^n(f, \mathscr{P}_\bullet) \otimes_{\mathscr{O}_S} \mathscr{O}_{S'}.$$

这是 (6.9.6) 在 $m = 1$ 时的特殊情形. 更特别地:

推论 (6.9.10) — 设 S 是一个概形, $f : X \to Y$ 是 S 概形的一个拟紧分离 S 态射, $\mathscr{P}_\bullet$ 是一个由在 S 上平坦的拟凝聚 $\mathscr{O}_X$ 模层所组成的下有界复形. 进而假设 $\mathscr{O}_Y$ 模层 $\mathcal{H}^n(f, \mathscr{P}_\bullet)$ 在 S 上都是平坦的. 对每个 $s \in S$, 我们用 X_s 和 Y_s 来记纤

维 $X\otimes_S \boldsymbol{k}(s)$ 和 $Y\otimes_S \boldsymbol{k}(s)$, 并且用 $f_s : X_s \to Y_s$ 来记态射 $f\times_S 1$, 用 $\mathscr{P}^s_\bullet$ 来记 $\mathscr{O}_{X_s}$ 模层复形 $\mathscr{P}_\bullet \otimes_{\mathscr{O}_S} \boldsymbol{k}(s)$. 则我们有下面的函子性典范同构

$$\textbf{(6.9.10.1)}\qquad \mathcal{H}^n(f_s,\mathscr{P}^s_\bullet) \xrightarrow{\sim} \mathcal{H}^n(f,\mathscr{P}_\bullet)\otimes_{\mathscr{O}_S}\boldsymbol{k}(s).$$

从而在适当的平坦性条件下, 我们证明了导出函子 $\mathrm{R}^n f_*\mathscr{F}$ "与取纤维可交换", 我们还会在 §7 中使用另一种方法再次讨论这个问题.

6.10 某些上同调函子的局部结构

命题 (6.10.1) — 设 $S=\operatorname{Spec} A$ 是一个仿射概形, $Y^{(i)}$ $(1\leqslant i\leqslant n)$ 是有限个仿射 S 概形, 且在 S 上都是**平坦**的, 对每个 i, 设 $f_i : X^{(i)}\to Y^{(i)}$ 是一个拟紧分离 S 态射, 再设 $\mathscr{P}^{(i)}_\bullet$ 是一个下有界的拟凝聚 $\mathscr{O}_{X^{(i)}}$ 模层复形, 最后设 Y 是这些 S 概形 $Y^{(i)}$ 的纤维积. 则可以找到一个由 S 平坦的拟凝聚 $\mathscr{O}_Y$ 模层所组成的复形 $\mathscr{R}_\bullet$, 具有下面的性质: 对任意仿射 S 概形 S' 和任意下有界的拟凝聚 $\mathscr{O}_{S'}$ 模层复形 $\mathscr{Q}'_\bullet$, 我们都有一个同构

$$\textbf{(6.10.1.1)}\qquad \mathcal{T}or^S_\bullet(f_1,\cdots,f_n,1_{S'};\mathscr{P}^{(1)}_\bullet,\cdots,\mathscr{P}^{(n)}_\bullet,\mathscr{Q}'_\bullet) \xrightarrow{\sim} \mathscr{H}_\bullet(\mathscr{R}_\bullet\otimes_{\mathscr{O}_S}\mathscr{Q}'_\bullet),$$

并且这是一个关于 $\mathscr{Q}'_\bullet$ 的绵延函子同构. 进而, 对于仿射 S 概形之间的任何 S 态射 $u : S''\to S'$, 图表

(6.10.1.2)

$$\begin{array}{ccc}
\mathcal{T}or^S_\bullet(f_1,\cdots,f_n,1_{S'};\mathscr{P}^{(1)}_\bullet,\cdots,\mathscr{P}^{(n)}_\bullet,\mathscr{Q}'_\bullet) & \xrightarrow{\sim} & \mathscr{H}_\bullet(\mathscr{R}_\bullet\otimes_{\mathscr{O}_S}\mathscr{Q}'_\bullet) \\
\downarrow & & \downarrow \\
\mathcal{T}or^S_\bullet(f_1,\cdots,f_n,1_{S''};\mathscr{P}^{(1)}_\bullet,\cdots,\mathscr{P}^{(n)}_\bullet,u^*\mathscr{Q}'_\bullet) & \xrightarrow{\sim} & \mathscr{H}_\bullet(\mathscr{R}_\bullet\otimes_{\mathscr{O}_S}(u^*\mathscr{Q}'_\bullet))
\end{array}$$

都是交换的 (其中的竖直箭头是 (6.7.10) 中所定义的典范 $(1_Y\times_S u)$ 态射).

我们使用 (6.6.2) 的方法来计算超挠, 并借助注解 (6.6.6). 在 (6.6.2) 的记号下, 若把 $Y^{(i)}$ 的环记作 A_i, 则每个 $L^{(i)}_{\bullet,\bullet}$ 都是一个 A_i 模双复形, 从而它有一个由 A_i 模所组成的投射 Cartan-Eilenberg 消解 (在 ($\mathbf{0}$, 11.7.1) 的意义下), 再依照 (6.6.6), 同态 (6.10.1.1) 的左边典范同构于 $\mathrm{H}_\bullet(M_{\bullet,\bullet,\bullet}\otimes_A Q'_\bullet)$, 其中 $M_{\bullet,\bullet,\bullet} = M^{(1)}_{\bullet,\bullet,\bullet}\otimes_A M^{(2)}_{\bullet,\bullet,\bullet}\otimes_A\cdots\otimes_A M^{(n)}_{\bullet,\bullet,\bullet}$, 且 $\mathscr{Q}'_\bullet=\widetilde{Q}'_\bullet$. 根据前提条件, 环 A_i 都是平坦 A 模, 故这些 $M^{(i)}_{\bullet,\bullet,\bullet}$ 都是平坦 A 模的三重复形 ($\mathbf{0}_{\mathbf{I}}$, 6.2.1), 因而 $M_{\bullet,\bullet,\bullet}$ 也是如此. 进而, 若把 Y 的环记作 B, 它是这些 A_i 的张量积, 则 $M_{\bullet,\bullet,\bullet}$ 是 B 模的三重复形, 从

而 $\mathscr{O}_Y$ 模层复形 $\mathscr{R}_\bullet = (M_{\bullet,\bullet,\bullet})^\sim$ (这里把 $M_{\bullet,\bullet,\bullet}$ 看作单复形) 就是问题的解, 这可由 (6.7.10) 立得.

推论 (6.10.2) — 在 (6.10.1) 的陈述中, 可以进而要求 $\mathscr{R}_\bullet$ 是下有界的. 如果每个 $\mathscr{P}_\bullet^{(i)}$ 都是上有界的, 并且这些 $Y^{(i)}$ 都具有有限的上同调维数, 则可以要求 $\mathscr{R}_\bullet$ 是上有界的.

第一句话是由于每个 $M_{\bullet,\bullet,\bullet}^{(i)}$ 中的三个次数都是下有界的. 另一方面, 若环 A_i 都具有有限的上同调维数, 则每个 $M_{\bullet,\bullet,\bullet}^{(i)}$ 的第三次数都只能取有限个数值, 并且由它的构造知, 这对于第一次数也是成立的 (6.6.2), 而如果 $\mathscr{P}_\bullet^{(i)}$ 的次数是上有界的, 则上述三重复形的第二次数也是上有界的 (6.6.2), 由此立得第二句话.

注解 (6.10.3) — (i) 在 (6.10.1) 的记号下, $\mathscr{H}_\bullet(\mathscr{R}_\bullet \otimes_S \mathscr{Q}'_\bullet)$ 同构于 $\mathcal{T}or_\bullet(\mathscr{R}_\bullet, \mathscr{Q}'_\bullet)$, 因为 $\mathscr{R}_\bullet$ 是由 S 平坦的 $\mathscr{O}_Y$ 模层所组成的 (6.5.9). 从而根据 (6.5.4), 它是某个正则谱序列的目标, 这个谱序列的 E^2 项由下式给出

(6.10.3.1)
$$\mathscr{E}^2_{p,q} = \bigoplus_{q'+q''=q} \mathscr{T}or_p^S\big(\mathscr{H}_{q'}(\mathscr{R}_\bullet), \mathscr{H}_{q''}(\mathscr{Q}'_\bullet)\big),$$

这恰好就是基变换谱序列 (e) (6.9.3).

(ii) 设 $\mathscr{R}'_\bullet$ 是另一个由在 S 上平坦的拟凝聚 $\mathscr{O}_Y$ 模层所组成的复形, 并设 $g : \mathscr{R}'_\bullet \to \mathscr{R}_\bullet$ 是一个复形同态, 且使得 $\mathscr{H}_\bullet(g) : \mathscr{H}_\bullet(\mathscr{R}'_\bullet) \to \mathscr{H}_\bullet(\mathscr{R}_\bullet)$ 成为同构. 则依照 (6.3.3) 和 (6.5.9), 由 g 可以导出一个关于 $\mathscr{Q}'_\bullet$ 的绵延函子同构: $\mathscr{H}_\bullet(\mathscr{R}'_\bullet \otimes_S \mathscr{Q}'_\bullet) \xrightarrow{\sim} \mathscr{H}_\bullet(\mathscr{R}_\bullet \otimes_S \mathscr{Q}'_\bullet)$, 并使得图表

$$\begin{array}{ccc}
\mathscr{H}_\bullet(\mathscr{R}'_\bullet \otimes_S \mathscr{Q}'_\bullet) & \xrightarrow{\ \sim\ } & \mathscr{H}_\bullet(\mathscr{R}_\bullet \otimes_S \mathscr{Q}'_\bullet) \\
\downarrow & & \downarrow \\
\mathscr{H}_\bullet(\mathscr{R}'_\bullet \otimes_S (u^*\mathscr{Q}'_\bullet)) & \xrightarrow{\ \sim\ } & \mathscr{H}_\bullet(\mathscr{R}_\bullet \otimes_S (u^*\mathscr{Q}'_\bullet))
\end{array}$$

成为交换的. 从而这也说明了复形 $\mathscr{R}_\bullet$ 并不能由 (6.10.1) 中的那些性质所完全确定.

(iii) 在 (6.10.1) 的证明中, 我们可以假设 $M_{\bullet,\bullet,\bullet}^{(i)}$ 都是由自由 A_i 模所组成的 (这可以通过对 (**0**, 11.5.2.1) 的证明取 "对偶" 而得到), 因而这些 $M_{\bullet,\bullet,\bullet}^{(i)} \otimes_{A_i} B$ 都是由自由 B 模所组成的, 而由于 $M_{\bullet,\bullet,\bullet}$ 就等于它们在 B 上的张量积, 故我们还可以在 (6.10.1) 中要求 $\mathscr{R}_\bullet$ 是某个自由 B 模复形的伴生模层复形. 进而依照 (M, XVII, 1.2), 三重复形 $M_{\bullet,\bullet,\bullet}$ 对于每个双复形 $L_{\bullet,\bullet}^{(i)}$ 来说都是函子性的 (从而对于每个 $\mathscr{P}_\bullet^{(i)}$ 来说都是函子性的, 只要我们对每个 $X^{(i)}$ 都取定了一个有限覆盖), 在这里我们必须把三重复形之间的 "态射" 理解为同伦关系下的同态类. 此外, 若把

$X^{(i)}$ 上的覆盖换成另一个更精细的覆盖, 则对应的 $L_{\bullet,\bullet}^{(i)}$ 之间的同态也刚好相差一个同伦 (6.6.8), 故我们最终得知, 在关于态射的上述约定下, 三重复形 $M_{\bullet,\bullet,\bullet}$ 是每个 $\mathscr{P}_{\bullet}^{(i)}$ 的函子. 在后面讨论上同调函子的完整代数结构的那一章里 (在 (6.1.3) 中已经提到), 我们将更加精确地刻画这种函子性的关系, 特别是 $\mathscr{R}_{\bullet}$ 与复形正合序列 $0 \to \mathscr{P}'^{(i)}_{\bullet} \to \mathscr{P}^{(i)}_{\bullet} \to \mathscr{P}''^{(i)}_{\bullet} \to 0$ 的关联性.

添注 (6.10.4) — 由于 $\mathscr{R}_{\bullet}$ 是由 S 平坦的 $\mathscr{O}_Y$ 模层所组成的, 故易见 $\mathscr{H}_{\bullet}(\mathscr{R}_{\bullet} \otimes_S \mathscr{Q}'_{\bullet})$ 是关于 $\mathscr{Q}'_{\bullet}$ 的一个同调函子 (参考 (7.7.1) 中的论证). 正是这个性质 (在 (6.1.1) 中已经指出) 促使我们引入了超挠的概念. 事实上, 令

$$X = X_1 \times_S X_2 \times_S \cdots \times_S X_n, \quad f = f_1 \times_S f_2 \times_S \cdots \times_S f_n,$$

$$\mathscr{P}_{\bullet} = \mathscr{P}_{\bullet}^{(1)} \otimes_S \mathscr{P}_{\bullet}^{(2)} \otimes_S \cdots \otimes_S \mathscr{P}_{\bullet}^{(n)},$$

$$X' = X \times_S S', \quad Y' = Y \times_S S', \quad f' = f \times_S 1_{S'},$$

则与基变换有关的问题都与超上同调 $\mathcal{H}^{\bullet}_{f'}(\mathscr{P}_{\bullet} \otimes_S \mathscr{N}')$ (作为拟凝聚 $\mathscr{O}_{S'}$ 模层 $\mathscr{N}'$ 的函子) 有关, 或者说, 与超上同调 $\mathcal{H}^{\bullet}_{f}(\mathscr{P}_{\bullet} \otimes_S \mathscr{N})$ (作为拟凝聚 $\mathscr{O}_S$ 模层 $\mathscr{N}$ 的函子) 有关. 如果这些 $\mathscr{P}_{\bullet}^{(i)}$ (从而 $\mathscr{P}_{\bullet}$ 也) 都是 S 平坦的, 则由前面所述以及 (6.7.6) 知, 这个函子确实是 $\mathscr{N}$ 的一个上同调函子, 然而如果我们去掉 $\mathscr{P}_{\bullet}^{(i)}$ 上的平坦性条件, 则这件事不再成立, 从而也就不能使用通常的同调代数方法来研究 $\mathcal{H}^{\bullet}_{f}(\mathscr{P}_{\bullet} \otimes_S \mathscr{N})$.

尽管如此, 对于我们最常用的情形, 也就是 $n = 1, Y = S$ 并且 $\mathscr{P}_{\bullet}$ 是由 Y 平坦的 $\mathscr{O}_X$ 模层所组成的复形这个情形, 仍然有

定理 (6.10.5) — 设 $Y = \operatorname{Spec} A$ 是一个 *Noether* 仿射概形, $f : X \to Y$ 是一个紧合态射, $\mathscr{P}_{\bullet}$ 是一个由 Y 平坦的凝聚 $\mathscr{O}_X$ 模层所组成的下有界复形. 则我们有一个下有界 $\mathscr{O}_Y$ 模层复形 $\mathscr{L}_{\bullet}$, 和一个绵延函子的同构

(6.10.5.1)
$$\mathcal{H}^{\bullet}(f, \mathscr{P}_{\bullet} \otimes_Y \mathscr{Q}_{\bullet}) \xrightarrow{\sim} \mathscr{H}_{\bullet}(\mathscr{L}_{\bullet} \otimes_Y \mathscr{Q}_{\bullet}),$$

其中 $\mathscr{L}_i$ 都是形如 $\mathscr{O}_Y^{m_i}$ 的 $\mathscr{O}_Y$ 模层, 并且 $\mathscr{Q}_{\bullet}$ 取值在拟凝聚 $\mathscr{O}_Y$ 模层的下有界复形的范畴中. 进而, 对任意态射 $u : Y' \to Y$, 令

$$X' = X_{(Y')}, \quad f' = f_{(Y')}, \quad \mathscr{P}'_{\bullet} = \mathscr{P}_{\bullet} \otimes_Y \mathscr{O}_{Y'}, \quad \mathscr{L}'_{\bullet} = u^* \mathscr{L}_{\bullet}$$

(后者是有限型局部自由 $\mathscr{O}_{Y'}$ 模层的复形), 我们都有一个绵延函子的同构

(6.10.5.2)
$$\mathcal{H}^{\bullet}(f', \mathscr{P}'_{\bullet} \otimes_{Y'} \mathscr{Q}'_{\bullet}) \xrightarrow{\sim} \mathscr{H}_{\bullet}(\mathscr{L}'_{\bullet} \otimes_{Y'} \mathscr{Q}'_{\bullet}),$$

其中 $\mathscr{Q}'_\bullet$ 取值在拟凝聚 $\mathscr{O}_{Y'}$ 模层的下有界复形的范畴中, 并且使下述图表成为交换的

(6.10.5.3)

$$\begin{array}{ccc} \mathcal{H}^\bullet(f,\mathscr{P}_\bullet\otimes_Y\mathscr{Q}_\bullet) & \xrightarrow{\ \sim\ } & \mathscr{H}_\bullet(\mathscr{L}_\bullet\otimes_Y\mathscr{Q}_\bullet) \\ \downarrow & & \downarrow \\ \mathcal{H}^\bullet(f',\mathscr{P}'_\bullet\otimes_{Y'}(u^*\mathscr{Q}_\bullet)) & \xrightarrow{\ \sim\ } & \mathscr{H}_\bullet(\mathscr{L}'_\bullet\otimes_{Y'}(u^*\mathscr{Q}_\bullet)) \end{array} .$$

利用 (6.10.1) 首先得到一个由 Y 自由 (6.10.3, (ii)) 的拟凝聚 $\mathscr{O}_Y$ 模层所组成的下有界 (6.10.2) 复形 $\mathscr{R}_\bullet$, 和一个关于 $\mathscr{Q}_\bullet$ 的绵延函子同构

(6.10.5.4) $$\mathcal{H}^\bullet(f,\mathscr{P}_\bullet\otimes_Y\mathscr{Q}_\bullet) \xrightarrow{\sim} \mathscr{H}_\bullet(\mathscr{R}_\bullet\otimes_Y\mathscr{Q}_\bullet),$$

只不过其中 $\mathscr{R}_\bullet$ 中的各项未必是有限型 $\mathscr{O}_Y$ 模层. 然而若我们把 (6.10.5.4) 应用到 $\mathscr{Q}_\bullet$ 是只有一项 $\mathscr{O}_Y$ 的复形上, 则可以看到 $\mathscr{H}_\bullet(\mathscr{R}_\bullet)$ 同构于 $\mathcal{H}^\bullet(f,\mathscr{P}_\bullet)$, 因而是由凝聚$\mathscr{O}_Y$ 模层所组成的 (6.2.5). 于是由 (**0**, 11.9.2) 知, 可以找到一个由有限型自由 A 模的伴生 $\mathscr{O}_Y$ 模层所组成的下有界复形 $\mathscr{L}_\bullet$, 和一个同态 $\mathscr{L}_\bullet\to\mathscr{R}_\bullet$, 使得同调上的相应同态 $\mathscr{H}_\bullet(\mathscr{L}_\bullet)\to\mathscr{H}_\bullet(\mathscr{R}_\bullet)$ 成为一一的, 从而由 (6.10.3, (ii)) 就得到了 (6.10.5.1) 的同构. 如果 Y' 是仿射概形, 则 (6.10.5) 的其他部分可由 (6.10.1) 和 (6.10.3, (ii)) 推出. 在一般情形下, 只需取 Y' 的一个由仿射开集所组成的覆盖 (V_α), 考虑每个 V_α 上的同构 (6.10.5.2), 并验证 V_α 和 V_β 上的同构限制到仿射开集 $W\subseteq V_\alpha\cap V_\beta$ 上都与 W 上的相应同构是一致的即可, 这只要把交换图表 (6.10.1.2) 应用到典范含入 $W\to V_\alpha$ 和 $W\to V_\beta$ 上就能推出来.

注解 (6.10.6) — 在后面的章节里, 我们经常把 (6.10.5) 应用到 $\mathscr{P}_\bullet$ 只含一个 Y 平坦的凝聚 $\mathscr{O}_X$ 模层 $\mathscr{F}$ 的情形. 由于此时 $\mathscr{H}_n(\mathscr{L}_\bullet)=\mathcal{H}^{-n}(f,\mathscr{F})=\mathrm{R}^{-n}f_*\mathscr{F}$ (6.2.1), 故当 $n>0$ 时, $\mathscr{H}_n(\mathscr{L}_\bullet)$ 都是 0. 我们在后面 (7.7.12, (i)) 会看到, 在这种情况下还可以要求 $\mathscr{L}_\bullet$ 只有次数 $\leqslant 0$ 的项 (从而只有有限项), 不过这就需要把 $\mathscr{L}_i$ 都是有限型自由 A 模的伴生模层的条件减弱为 $\mathscr{L}_i$ 都是有限型局部自由 A 模的伴生模层的条件.

与这样一个 $\mathscr{O}_X$ 模层 $\mathscr{F}$ 相对应的复形 $\mathscr{L}_\bullet$ 似乎不会具有任何特定的性质, 除了上面关于次数的限制之外. 我们可以反过来提这样一个问题, 即给了一个由有限型投射 A 模的伴生 $\mathscr{O}_Y$ 模层所组成的下有界复形, 并假设正次数的项都是 0, 是否能找到一个射影平坦 Y 概形 X 和一个局部自由 $\mathscr{O}_X$ 模层 $\mathscr{F}$, 使得我们有一个关于 $\mathscr{Q}_\bullet$ 的函子性同构 $\mathcal{H}^\bullet(f,\mathscr{F}\otimes_Y\mathscr{Q}_\bullet)\xrightarrow{\sim}\mathscr{H}_\bullet(\mathscr{L}_\bullet\otimes_Y\mathscr{Q}_\bullet)$. 这样一个结果的意义在于, 它可以把紧合 Y 概形上的 Y 平坦凝聚模层的上同调理论完全归结为 Noether

环 A 上的有限型投射 A 模复形的 "同伦" 理论.

§7. 模层上的协变同调函子在基变换下的变化情况

7.1 A 模上的函子

(7.1.1) 给了一个环 A (未必交换), 我们用 $\boldsymbol{Ab}_A$ 来表示左 A 模的范畴, 并且用 $\boldsymbol{Ab}$ 来表示 $\mathbb{Z}$ 模 (等同于交换群) 的范畴. 设 $T:\boldsymbol{Ab}_A\to\boldsymbol{Ab}$ 是一个加性协变函子, 并设 M 是一个 (A,A) 双模, 则 $T(M)$ 具有自然的右 A 模结构. 事实上, 对每个 $a\in A$, 我们用 $h_{a,M}$ (或简写成 h_a) 来记 A 左模 M 的自同态 $x\mapsto xa$. 根据前提条件, $T(h_a)$ 是 $\mathbb{Z}$ 模 $T(M)$ 的一个自同态, 进而, 由于 T 是加性协变函子, 故对于 $a\in A$, $b\in A$, 我们有

$$T(h_{ab}) \;=\; T(h_b\circ h_a) \;=\; T(h_b)\circ T(h_a),$$

$$T(h_{a+b}) \;=\; T(h_a+h_b) \;=\; T(h_a)+T(h_b),$$

这就表明映射 $(a,y)\mapsto T(h_a)(y)$ 是 $T(M)$ 上的一个右 A 模的外部合成法则. 特别地, $T(A_s)$ 是一个右 A 模.

(7.1.2) 若 A 是交换环, 则由 (7.1.1) 知, 对任意 A 模 M, $T(M)$ 都自然地具有一个 A 模结构. 进而, 若 $u:M\to N$ 是一个 A 同态, 则对任意 $a\in A$, 我们都有 $u\circ h_{a,M}=h_{a,N}\circ u$, 故得 $T(u)\circ T(h_{a,M})=T(h_{a,N})\circ T(u)$, 这就表明 $T(u):T(M)\to T(N)$ 是一个 A 模同态, 从而我们可以把 T 看作一个从范畴 $\boldsymbol{Ab}_A$ 到自身的加性协变函子. 确切地说, 我们定义了一个从加性协变函子 $\boldsymbol{Ab}_A\to\boldsymbol{Ab}$ 的范畴到 A 线性协变函子 $T:\boldsymbol{Ab}_A\to\boldsymbol{Ab}_A$ (也就是说, 对任意 $a\in A$, 均有 $T(h_{a,M})=h_{a,T(M)}$) 的范畴的典范等价. 由于把任何 A 模都对应到它的底 $\mathbb{Z}$ 模的函子 $I:\boldsymbol{Ab}_A\to\boldsymbol{Ab}$ 是正合且忠实的, 故知在上述范畴等价下, 两个相互对应的函子只要其中一个是正合的, 另一个就也是正合的.

(7.1.3) 仍然假设 A 是交换的, 设 B 是一个 A 代数 (未必交换), 并设 $\rho:A\to B$ 是定义了这个代数结构的环同态, 则由这个同态又定义了一个从左 B 模范畴 $\boldsymbol{Ab}_B$ 到 A 模范畴 $\boldsymbol{Ab}_A$ 的加性协变函子 $\rho_*:M\mapsto M_{[\rho]}$. 取合成可以得到一个函子 $T_{(B)}:\boldsymbol{Ab}_B\xrightarrow{\rho_*}\boldsymbol{Ab}_A\xrightarrow{T}\boldsymbol{Ab}$, 它显然是协变且加性的, 我们把它也记作 $T^{(B)}$ 或者 $T\otimes_A B$ (这是出于排版上的考虑), 并且称之为由 T 通过从 A 到 B 的纯量扩张而得到的函子. 前面已经知道, 如果 B 是交换的, 则可以把 $T_{(B)}$ 看作 $\boldsymbol{Ab}_B$ 到自身的

一个函子 (7.1.2). 若 B 是交换的, 且 C 是一个 B 代数, 则易见 $T_{(C)} = (T_{(B)})_{(C)}$. 容易验证, 纯量扩张对于 T 是函子性的, 并且是加性的. 进而, 若 T 与归纳极限或直和可交换 (切转: 左正合, 右正合, 正合), 则 $T_{(B)}$ 也是如此. 事实上, ρ_* 是正合的, 并且与归纳极限和直和都可交换.

(7.1.4) 继续假设 A 是交换的, 并设 T 是一个 A 线性的加性协变函子 $\boldsymbol{Ab}_A \to \boldsymbol{Ab}_A$, 且与归纳极限可交换. 则对于 A 的任意乘性子集 S 和任意 A 模 M, 我们都有一个函子性的典范 A 同构

(7.1.4.1) $$T(S^{-1}M) \xrightarrow{\sim} S^{-1}T(M).$$

事实上, 首先假设 S 是由一个元素 $f \in A$ 的全体方幂 f^n $(n \geqslant 0)$ 所组成的集合, 则我们有 $M_f = \varinjlim M_n$, 其中 (M_n, φ_{nm}) 是这样一个 A 模归纳系, $M_n = M$ 并且 $\varphi_{nm} : z \mapsto f^{n-m}z$ ($\mathbf{0_I}$, 1.6.1), 从而由 T 上的条件就可以推出同构 (7.1.4.1). 现在若 S 是任意的, 则 $S^{-1}M$ 是这些 M_f $(f \in S)$ 的归纳极限 ($\mathbf{0_I}$, 1.4.5), 从而同理可得结论. 进而, 同构 (7.1.4.1) 的函子性表明, 它是一个 $S^{-1}A$ 模同构, 从而在只差典范同构的意义下, 可以写出

(7.1.4.2) $$T_{(S^{-1}A)}(S^{-1}M) = S^{-1}T(M) = T(S^{-1}M).$$

如果 $S = A \smallsetminus \mathfrak{p}$ 是 A 的素理想 $\mathfrak{p}$ 的补集, 则我们也把 $T_{(A_\mathfrak{p})}$ 记作 $T_\mathfrak{p}$.

命题 (7.1.5) — 在 (7.1.4) 的前提条件下, 如果对于 A 的每个极大理想 $\mathfrak{m}$ 来说, $T_\mathfrak{m}$ 都是左正合的 (切转: 右正合的, 正合的), 则 T 是左正合的 (切转: 右正合的, 正合的).

事实上, 我们知道对于 M 的两个子模 N, P 来说, 如果在 A 的任何极大理想 $\mathfrak{m}$ 处都有 $N_\mathfrak{m} = P_\mathfrak{m}$, 则必有 $N = P$ (Bourbaki, 《交换代数学》, II, § 3, ⁋3, 定理 1).

7.2 张量积函子的特征性质

(7.2.1) 设 A 是一个环 (未必交换), M (切转: N) 是一个左 (切转: 右) A 模, P 是一个 $\mathbb{Z}$ 模. 还记得给出一个 $\mathbb{Z}$ 同态 $v : N \otimes_A M \to P$ 就等价于给出一个 $\mathbb{Z}$ 双线性映射 $u : N \times M \to P$, 且要求对于 $a \in A$, $t \in N$, $x \in M$, 总有 $u(ta, x) = u(t, ax)$. 这两个映射是通过关系式 $v(t \otimes x) = u(t, x)$ 联系起来的. 另一方面, 给出一个 u 又等价于给出一个从 M 到 $\mathrm{Hom}_\mathbb{Z}(N, P)$ 的 $\mathbb{Z}$ 同态 $x \mapsto f_x$, 且要求对于 $a \in A$, $t \in N$, $x \in M$, 总有 $f_{ax}(t) = f_x(ta)$. 这两个映射的关系是 $u(t, x) = f_x(t)$.

(7.2.2) 设 $T:\boldsymbol{Ab}_A\to\boldsymbol{Ab}$ 是一个加性协变函子. 我们现在要对任何左 A 模 M 来定义一个函子性 (关于 M) 典范 $\mathbb{Z}$ 同态

(7.2.2.1) $$t_M\ :\ T(A_s)\otimes_A M\ \longrightarrow\ T(M).$$

根据 (7.2.1), 只需定义一个从 M 到 $\mathrm{Hom}_{\mathbb{Z}}(T(A_s),T(M))$ 的 $\mathbb{Z}$ 同态 $x\mapsto t'_M(x)$, 并要求对于 $a\in A$, $x\in M$ 和 $y\in T(A_s)$ 总有 $t'_M(ax)(y)=t'_M(x)(ya)$ 即可. 注意到 $\mathrm{Hom}_{\mathbb{Z}}(T(A_s),T(M))$ 上本来就典范地具有一个左 A 模结构, 这是由 $T(A_s)$ 上的右 A 模结构所导出的, 后面这个模的外部合成法则是: 对于 $a\in A$ 和 $v\in\mathrm{Hom}_{\mathbb{Z}}(T(A_s),T(M))$ 以及 $y\in T(A_s)$, 我们取 $(a.v)(y)=v(ya)$. 在此基础上, 我们定义 t'_M 就是下面两个典范同态的合成

$$M\ \xrightarrow{\sim}\ \mathrm{Hom}_A(A,M)\ \xrightarrow{T}\ \mathrm{Hom}_{\mathbb{Z}}(T(A_s),T(M)),$$

其中第二个箭头是映射 $u\mapsto T(u)$, 而第一个则是典范 A 同构 $x\mapsto\theta_x$, 这个 θ_x 的定义是: 对于 $\xi\in A$ 和 $x\in M$, 总有 $\theta_x(\xi)=\xi x$. 我们有 $\theta_{ax}=\theta_x\circ h_a$, 从而 $T(\theta_{ax})=T(\theta_x\circ h_a)=T(\theta_x)\circ T(h_a)$, 因而根据 $T(A_s)$ 上的外部合成法则的定义, 对于 $y\in T(A_s)$, 我们有

$$T(\theta_{ax})(y)\ =\ T(\theta_x)(T(h_a)(y))\ =\ T(\theta_x)(ya),$$

这就证明了 t_M 的存在性. 容易验证, 这个同态对于 M 是函子性的, 也就是说, 对任何左 A 模同态 $w:M\to M'$, 图表

(7.2.2.2) $$\begin{array}{ccc} T(A_s)\otimes_A M & \xrightarrow{t_M} & T(M) \\ {\scriptstyle 1\otimes w}\downarrow & & \downarrow{\scriptstyle T(w)} \\ T(A_s)\otimes_A M' & \xrightarrow[t_{M'}]{} & T(M') \end{array}$$

总是交换的.

同态 (7.2.2.1) 的函子性表明, 若 A 是交换的, 则它是一个 A 模同态 (参考 (7.1.2)).

(7.2.3) 如果 A 是交换的, 则可以更一般地对任意 A 模 N 都定义出一个典范 A 同态

(7.2.3.1) $$T(N)\otimes_A M\ \longrightarrow\ T(N\otimes_A M),$$

这只要在 (7.2.2) 的构造中把同态 θ_x 换成下面这个 A 同态 $N\to N\otimes_A M$ 即可: 它把 $y\in N$ 映到 $y\otimes x$. 易见上述同态对于 M 和 N 都是函子性的. 特别地, 若 B

是一个 A 代数 (未必交换), 则我们有一个关于 M 的函子性同态

(7.2.3.2) $$(T(M))_{(B)} = T(M)\otimes_A B \longrightarrow T(M\otimes_A B) = T_{(B)}(M_{(B)}).$$

基于 (7.2.3.1) 对于 M 的函子性, 这个同态是一个B 模同态.

进而, 我们有下面的交换图表

(7.2.3.3) $$\begin{array}{ccc} T(A)\otimes_A M & \xrightarrow{t_M} & T(M) \\ \downarrow & & \downarrow \\ T_{(B)}(B_s)\otimes_B M_{(B)} & \xrightarrow[t_{M_{(B)}}]{} & T_{(B)}(M_{(B)}) \end{array} ,$$

其中右边的竖直箭头是 (7.2.3.2) 与典范同态的合成同态

$$T(M) \longrightarrow T(M)\otimes_A B \longrightarrow T(M\otimes_A B) = T_{(B)}(M_{(B)}),$$

至于 (7.2.3.3) 左边的竖直箭头, 它就是同态 $T(A)\otimes_A M \to T_{(B)}(B_s)\otimes_B(B\otimes_A M) = T_{(B)}(B_s)\otimes_A M$, 其中 $T(A)\to T_{(B)}(B_s) = T(B)$ 是指 $T(\rho)$, 这里是把 ρ 看作一个 A 模同态 $A\to B_{[\rho]}$.

引理 (7.2.4) — 若 T 是一个从 $\boldsymbol{Ab}_A$ 到 $\boldsymbol{Ab}$ 的加性协变函子, 并且与直和可交换, 则对任意自由 A 模 L, 典范同态 t_L (7.2.2.1) 都是一个同构.

事实上, 我们有 $L = \bigoplus_{\alpha\in I} L_\alpha$, 其中对每个 $\alpha\in I$, L_α 都同构于 A_s. (7.2.2) 中所给出的 t_M 的定义表明, $t_L = \bigoplus_{\alpha\in I} t_{L_\alpha}$, 因为依照 T 上的条件,

$$T\ :\ \mathrm{Hom}_A(A_s, L) \longrightarrow \mathrm{Hom}_{\mathbb{Z}}(T(A_s), T(L))$$

就是这些 $\mathbb{Z}$ 线性映射 $T_\alpha : \mathrm{Hom}_A(A_s, L_\alpha)\to \mathrm{Hom}_{\mathbb{Z}}(T(A_s), T(L_\alpha))$ 的直和. 从而我们只需对 $L = A_s$ 证明引理即可, 然而此时 t_L 恰好就是典范同构 $T(A_s)\otimes_A A_s \xrightarrow{\sim} T(A_s)$, 这件事对任意右 A 模都成立.

命题 (7.2.5) — 设 T 是一个从 $\boldsymbol{Ab}_A$ 到 $\boldsymbol{Ab}$ 的加性协变函子, 并且与直和可交换. 则以下诸条件是等价的:

a) T 是右正合的.

b) 对任意左 A 模 M, 典范同态 t_M (7.2.2.1) 都是一个同构.

b′) T 是半正合的, 并且对任意左 A 模 M, 同态 t_M 都是满的.

c) T 同构于某个形如 $N\otimes_A M$ 的函子 (关于 M), 其中 N 是一个右 A 模.

显然 b) 蕴涵 c) 并且 c) 蕴涵 a), 我们来证明 a) 蕴涵 b). 对任意左 A 模 M. 令 $T'(M) = T(A_s) \otimes_A M$. 我们有一个正合序列 $L' \to L \to M \to 0$, 其中 L 和 L' 是两个自由左 A 模, 由于 T 和 T' 都是右正合的, 故我们有交换图表

$$\begin{array}{ccccccc} T'(L') & \longrightarrow & T'(L) & \longrightarrow & T'(M) & \longrightarrow & 0 \\ {\scriptstyle t_{L'}}\downarrow & & {\scriptstyle t_L}\downarrow & & {\scriptstyle t_M}\downarrow & & \\ T(L') & \longrightarrow & T(L) & \longrightarrow & T(M) & \longrightarrow & 0 \end{array},$$

它的两行都是正合的. 依照 (7.2.4), t_L 和 $t_{L'}$ 都是同构, 因而根据五项引理, t_M 也是同构. 最后, 显然 b) 蕴涵 b′). 为了证明 b′) 蕴涵 a), 我们只需证明

引理 (7.2.5.1) — 设 $\boldsymbol{K}$, $\boldsymbol{K}'$ 是两个 Abel 范畴, F, G 是两个从 $\boldsymbol{K}$ 到 $\boldsymbol{K}'$ 的加性协变函子, $f : F \to G$ 是一个函子态射 (T, I, 1.2), 并假设对于范畴 $\boldsymbol{K}$ 中的任意对象 E, $f_E : F(E) \to G(E)$ 都是满态射. 于是若 F 是右正合的, 并且 G 是半正合的, 则 G 也是右正合的.

事实上, 问题归结为证明, 对于 $\boldsymbol{K}$ 中的任意满态射 $v : E' \to E$, $G(v) : G(E') \to G(E)$ 都是满态射. 现在我们有交换图表

$$\begin{array}{ccc} F(E') & \xrightarrow{F(v)} & F(E) \\ {\scriptstyle f_{E'}}\downarrow & & \downarrow{\scriptstyle f_E} \\ G(E') & \xrightarrow[G(v)]{} & G(E) \end{array},$$

其中 $F(v)$, $f_{E'}$ 和 f_E 都是满态射, 从而 $G(v)$ 也是满态射.

注解 (7.2.6) — 对任意右 A 模 N, 我们令 $T_N(M) = N \otimes_A M$, 其中 M 是任意左 A 模, 则 T_N 是一个从 $\boldsymbol{Ab}_A$ 到 $\boldsymbol{Ab}$ 的右正合加性协变函子, 并且与直和可交换. 若我们把 $T_N(A_s)$ 典范等同于 N, 则易见对应的同态 (7.2.2.1) 就是恒同. 由此得知, (7.2.5, c)) 中的右 A 模 N 在只差唯一同构的意义下是完全确定的, 并且典范同构于 $T(A_s)$. 我们也可以说, 函子 $T \mapsto T(A_s)$ 和 $N \mapsto T_N$ 构成了右 A 模范畴与右正合且与直和可交换的加性协变函子 $\boldsymbol{Ab}_A \to \boldsymbol{Ab}$ 的范畴之间的一个等价 (T, I, 1.2).

命题 (7.2.7) — 设 A 是一个左 *Artin* 环, 并假设它除以根 $\mathfrak{m}$ 后的商环是一个斜域 k. 设 T 是一个从 $\boldsymbol{Ab}_A$ 到 $\boldsymbol{Ab}$ 的加性协变函子, 并且与直和可交换. 则 (7.2.5) 中的那些条件也等价于:

d) T 是半正合的, 并且由典范同态 $\varepsilon : A_s \to k$ 所导出的同态 $T(\varepsilon) : T(A_s) \to T(k)$ 是满的.

显然 (7.2.5) 的条件 b′) 蕴涵 d), 我们来证明 d) 也蕴涵 b′). 取一个整数 n, 使得 $\mathfrak{m}^n = (0)$, 对任意 A 模 M, 令 $M_h = \mathfrak{m}^h M$, 我们对 h 进行递降归纳, 来证明 t_{M_h} 都是满的. 命题在 $h = n$ 时是显然的, 对于 $h < n$, 我们有正合序列

$$0 \longrightarrow M_{h+1} \longrightarrow M_h \longrightarrow M_h/M_{h+1} \longrightarrow 0,$$

并且由归纳假设知, $t_{M_{h+1}}$ 是满的. 另一方面, M_h/M_{h+1} 可被 $\mathfrak{m}$ 所零化, 从而它是一个 $(A/\mathfrak{m})$ 模, 换句话说, 它是一些同构于 k 的 A 模的直和. 从而为了证明 $t_{M_h/M_{h+1}}$ 是满的, 只需证明 t_k 是满的即可, 因为 T 与直和可交换. 现在由图表

$$\begin{array}{ccc} T(A_s) \otimes_A A_s & \xrightarrow{t_{A_s}} & T(A_s) \\ {\scriptstyle 1\otimes\varepsilon}\downarrow & & \downarrow{\scriptstyle T(\varepsilon)} \\ T(A_s) \otimes_A k & \xrightarrow[t_k]{} & T(k) \end{array}$$

的交换性和 (7.2.4) 知, 条件 d) 蕴涵 t_k 是满的. 从而问题归结为证明, 若 $0 \to M' \to M \xrightarrow{v} M'' \to 0$ 是 A 模的正合序列, 并且 $t_{M'}$ 和 $t_{M''}$ 都是满的, 则 t_M 也是满的. 由于 T 是半正合的, 故我们有交换图表

$$\begin{array}{ccccccc} T'(M') & \longrightarrow & T'(M) & \longrightarrow & T'(M'') & \longrightarrow & 0 \\ {\scriptstyle t_{M'}}\downarrow & & {\scriptstyle t_M}\downarrow & & {\scriptstyle t_{M''}}\downarrow & & \downarrow \\ T(M') & \longrightarrow & T(M) & \xrightarrow[T(v)]{} & T(M'') & \longrightarrow & \operatorname{Coker}(T(v)) \end{array} ,$$

且它的两行都是正合的. 根据归纳假设, $t_{M'}$ 和 $t_{M''}$ 都是满态射, 并且最后一个竖直箭头是单态射, 从而五项引理 (M, I, 1.1) 就表明, t_M 是一个满态射.

7.3 模上的同调函子的正合性判别法

命题 (7.3.1) — 设 A 是一个环 (未必交换), $T_\bullet$ 是一个从范畴 $\boldsymbol{Ab}_A$ 到范畴 $\boldsymbol{Ab}$ 的协变同调函子 (T, II, 2.1), 并且与直和可交换. 假设对于整数 p 来说, T_p 和 T_{p-1} 都是有定义的. 则以下诸条件是等价的:

a) T_p 是右正合的.

b) T_{p-1} 是左正合的.

c) 对任意左 A 模 M, 函子性的典范同态 (7.2.2.1)

(7.3.1.1) $$T_p(A_s) \otimes_A M \longrightarrow T_p(M)$$

都是同构.

d) 对任意左 A 模 M, 同态 (7.3.1.1) 都是满态射.

e) T_p 同构于某个函子 $M \mapsto N \otimes_A M$, 其中 N 是一个右 A 模.

进而若 (7.2.7) 中的条件对于 A 和 $\mathfrak{m}$ 成立, 则上述条件还等价于

f) 典范同态 $T_p(\varepsilon): T_p(A_s) \to T_p(k)$ 是一个满态射.

根据同调函子的定义, 对任意 i, 只要 T_i 是有定义的, T_i 就是半正合的, 并且对任意正合序列 $0 \to M' \xrightarrow{u} M \xrightarrow{v} M'' \to 0$, 我们都有 $\operatorname{Ker}(T_{i-1}(u)) = \operatorname{Coker}(T_i(v))$, 由此易见, a) 和 b) 是等价的, 并且其他阐言可由 (7.2.5) 和 (7.2.7) 立得.

推论 (7.3.2) — 设 A 是一个交换环. 在 (7.3.1) 的记号下, 假设 T_p 是右正合的. 若 $f \in A$ 没有落在 A 模 M 的任何非零元的零化子之中, 则 f 也没有落在 $T_{p-1}(M)$ 的任何非零元的零化子之中. 特别地, 若 A 是整的, 则 A 模 $T_{p-1}(A)$ 是无挠的.

事实上, 若以 h_f 来记 M 上的同筋 $x \mapsto fx$, 则前提条件表明 h_f 是单的, 从而根据 (7.3.1) 的条件 b), $T_{p-1}(h_f)$ 也是单的.

命题 (7.3.3) — 设 A 是一个环, $T_\bullet$ 是一个从 $\boldsymbol{Ab}_A$ 到 $\boldsymbol{Ab}$ 的协变同调函子, 并且与直和可交换. 假设对于整数 p 来说, T_{p-1}, T_p 和 T_{p+1} 都是有定义的. 则以下诸条件是等价的:

a) T_p 是正合的.

b) T_{p+1} 和 T_p 都是右正合的.

c) T_p 和 T_{p-1} 都是左正合的.

d) T_{p+1} 是右正合的, 并且 T_{p-1} 是左正合的.

e) 对任意 A 模 M, 在 $i = p$ 和 $i = p+1$ 时的典范同态

(7.3.3.1)
$$T_i(A_s) \otimes_A M \longrightarrow T_i(M)$$

都是同构.

e′) 对任意 A 模 M, 在 $i = p$ 和 $i = p+1$ 时的典范同态 (7.3.3.1) 都是满态射.

f) 对任意 A 模 M, 在 $i = p$ 时的同态 (7.3.3.1) 都是同构, 并且 $T_p(A_s)$ 是一个平坦右 A 模.

f′) 对任意 A 模 M, 在 $i = p$ 时的同态 (7.3.3.1) 都是满态射, 并且 $T_p(A_s)$ 是一个平坦右 A 模.

条件 a), b), c), d) 的等价性可由 (7.3.1) 中的条件 a) 和 b) 的等价性推出. b), e), e′) 的等价性可由 (7.3.1) 中的 a), c), d) 的等价性推出. 最后, $T_p(A_s)$ 的平坦

性意味着函子 $M \mapsto T_p(A_s) \otimes_A M$ 是左正合的, 从而 a), f), f′) 的等价性仍可由 (7.3.1) 中的 a), c), d) 的等价性推出.

推论 (7.3.4) — 假设 A 是交换的, T_p 是正合的, 并且再假设 $T_p(A)$ 是一个有限呈示 A 模. 则函数 $x \mapsto \mathrm{rg}_{\boldsymbol{k}(x)}(T_p(\boldsymbol{k}(x)))$ 在 $X = \operatorname{Spec} A$ 上是局部常值的, 从而若 $\operatorname{Spec} A$ 是连通的, 则该函数是常值的.

事实上, 由于依照 (7.3.3, f)), $T_p(A)$ 是一个平坦 A 模, 故它是有限型且投射的, 从而 $(T_p(A))^{\sim}$ 是一个局部自由 $\mathscr{O}_X$ 模层 (Bourbaki, 《交换代数学》, II, § 5, ¥2, 定理 1). 进而我们有 $T_p(\boldsymbol{k}(x)) = T_p(A) \otimes_A \boldsymbol{k}(x)$ (7.3.3, e)), 并且已经知道 A 模 $T_p(A)$ 的秩函数是局部常值的 (前引), 这就给出了结论.

命题 (7.3.5) — 假设 A 是一个左 *Artin* 环, 并且它除以根 $\mathfrak{m}$ 后的商环是一个斜域 k. 则 (7.3.3) 中的那些条件还等价于下面的每一个条件:

g) 在 $i = p$ 和 $i = p+1$ 时的典范同态 $T_i(\varepsilon) : T_i(A_s) \to T_i(k)$ 都是满态射.

h) $T_p(\varepsilon)$ 是一个满态射, 并且 $T_p(A_s)$ 是一个平坦右 A 模 (这也相当于说它是一个自由 A 模 (Bourbaki, 《交换代数学》, II, § 3, ¥2, 命题 5 的推论 2)).

进而假设 A 是交换的, 并且 A 模 $T_p(\varepsilon)$ 具有有限的长度 d. 则上述条件也等价于下面的每一个条件:

i) 对任何有限长的 A 模 M, 我们都有

(7.3.5.1) $$\operatorname{long}(T_p(M)) = d.\operatorname{long}(M).$$

j) 我们有

(7.3.5.2) $$\operatorname{long}(T_p(A)) = d.\operatorname{long}(A).$$

g) 和 h) 与 (7.3.3) 中的那些条件的等价性可由 (7.2.7) 推出. 为了证明其他的阐言, 我们要使用下面这个引理:

引理 (7.3.5.3) — 设 $\boldsymbol{K}$, $\boldsymbol{K}'$ 是两个 *Abel* 范畴, $F : \boldsymbol{K} \to \boldsymbol{K}'$ 是一个加性协变函子, 假设 F 是半正合的, 并且对于 $\boldsymbol{K}$ 中的任何单对象 S, $F(S)$ 都是 $\boldsymbol{K}'$ 中的一个有限长的对象. 则对于 $\boldsymbol{K}$ 中的任何一个有限长的对象 E, $F(E)$ 都是 $\boldsymbol{K}'$ 中的有限长的对象. 对于 $\boldsymbol{K}$ 中的任何一个由有限长的对象所组成的正合序列 $0 \to E' \xrightarrow{u} E \xrightarrow{v} E'' \to 0$, 我们都有

(7.3.5.4) $$\operatorname{long}F(E) \leqslant \operatorname{long}F(E') + \operatorname{long}F(E''),$$

并且为了使等号成立, 必须且只需序列

$$0 \longrightarrow F(E') \longrightarrow F(E) \longrightarrow F(E'') \longrightarrow 0$$

是正合的.

事实上, 根据前提条件, 序列 $F(E') \xrightarrow{F(u)} F(E) \xrightarrow{F(v)} F(E'')$ 是正合的, 若我们假设 $F(E')$ 和 $F(E'')$ 都是有限长的, 则 $\mathrm{Im}(F(u))$ 和 $\mathrm{Im}(F(v))$ 也都是有限长的, 且因为 $\mathrm{Ker}(F(v)) = \mathrm{Im}(F(u))$, 故知 $F(E)$ 是有限长的, 并且我们有

(7.3.5.5)

$$\mathrm{long}F(E) \ = \ \mathrm{long}\mathrm{Im}(F(u)) + \mathrm{long}\mathrm{Im}(F(v)) \ \leqslant \ \mathrm{long}F(E') + \mathrm{long}F(E'').$$

对 E 的长度进行归纳, 这就已经证明了第一句话. 进而, 为了使 (7.3.5.5) 的两边相等, 就必须 $\mathrm{long}\mathrm{Im}(F(u)) = \mathrm{long}F(E')$ (这也等价于 $\mathrm{long}\mathrm{Ker}(F(u)) = 0$, 或者说 $\mathrm{Ker}(F(u)) = 0$) 并且 $\mathrm{long}\mathrm{Im}(F(v)) = \mathrm{long}F(E'')$ (这也等价于 $\mathrm{long}\mathrm{Coker}(F(v)) = 0$, 或者说 $\mathrm{Coker}(F(v)) = 0$).

现在我们注意到, 若 M 是一个有限长的 A 模 (假设 A 是交换的), 则 M 的一个 Jordan-Hölder 序列的顺次商模都必须同构于 A 模 k, 从而通过对 M 的长度进行归纳, 就可以从 (7.3.5.4) 导出

(7.3.5.6) $$\mathrm{long}T_p(M) \ \leqslant \ d.\mathrm{long}(M).$$

进而, 由 (7.3.5.3) 知, 若 T_p 是正合的, 则我们有等式 (7.3.5.1), 从而 (7.3.3) 的条件 a) 蕴涵 i), 另外显然 i) 蕴涵 j), 从而只需再证明

引理 (7.3.5.7) — 关系式 $\mathrm{long}T_p(A) = d.\mathrm{long}A$ 蕴涵着 $T_p(\varepsilon)$ 是一个满态射, 并且 $T_p(A)$ 是一个平坦 A 模.

事实上, 我们有正合序列 $0 \to \mathfrak{m} \to A \to k \to 0$, 由此通过 (7.3.5.4) 和 (7.3.5.6) 就可以得出

$$\mathrm{long}T_p(A) \ \leqslant \ \mathrm{long}T_p(\mathfrak{m}) + \mathrm{long}T_p(k) \ \leqslant \ d(\mathrm{long}\mathfrak{m} + \mathrm{long}k) \ = \ d.\mathrm{long}A,$$

从而 (7.3.5.3) 为了使等式成立, 就必须序列

(7.3.5.8) $$0 \longrightarrow T_p(\mathfrak{m}) \longrightarrow T_p(A) \longrightarrow T_p(k) \longrightarrow 0$$

是正合的. 依照 (7.2.7) 和 (7.2.5), T_p 同构于某个函子 $M \mapsto N \otimes_A M$, 因而序列 (7.3.5.8) 的正合性以及 Tor 的长正合序列就表明, $\mathrm{Tor}_1^A(N, k) = 0$. 由此得知, $N = T_p(A)$ 是一个平坦 A 模 (**0**, 10.1.3).

引理 (7.3.6) — 设 A 是一个环, $T_\bullet$ 是一个从 $\boldsymbol{Ab}_A$ 到 $\boldsymbol{Ab}$ 的协变同调函子, 并且与直和可交换. 假设 T_p 和 T_{p+1} 都有定义, 并且 T_p 是左正合的. 则为了使 T_{p+1} 是正合的, 必须且只需 $T_{p+1}(A_s)$ 是一个平坦右 A 模.

事实上, 根据 (7.3.1), 我们知道典范同态

$$T_{p+1}(A_s) \otimes_A M \longrightarrow T_{p+1}(M)$$

是一个函子同构, 故只需应用平坦 A 模的定义即可.

命题 (7.3.7) — 设 A 是一个环, $T_\bullet$ 是一个从 $\boldsymbol{Ab}_A$ 到 $\boldsymbol{Ab}$ 的协变同调函子, 并且与直和可交换. 假设可以找到 i_0, 使得当 $i \leqslant i_0$ 时, T_i 都是正合的. 则对于整数 $p > i_0$ 来说, 以下诸条件是等价的:

a) 对任意 $q \leqslant p$, T_q 都是正合的.

b) 对任意 $q \leqslant p$, $T_q(A_s)$ 都是平坦右 A 模.

c) 对任意 A 模 M 和任意 $q \leqslant p+1$, 典范同态 $T_q(A_s) \otimes_A M \to T_q(M)$ 都是满的.

a) 和 b) 的等价性可由 (7.3.6) 得出, 只需对 q 进行归纳, 因为根据前提条件, T_{i_0} 是正合的. a) 和 c) 的等价性可由 (7.3.3) 中的条件 a) 和 e′) 的等价性推出.

(7.3.8) 若 A 是一个交换环, B 是一个 A 代数 (未必交换), $T_\bullet$ 是一个从 $\boldsymbol{Ab}_A$ 到 $\boldsymbol{Ab}$ 的协变同调函子, 则由 (7.1.3) 中的定义知, 通过从 A 到 B 的纯量扩张而得到的那个从 $\boldsymbol{Ab}_B$ 到 $\boldsymbol{Ab}$ 的函子也是一个同调函子, 我们把它记为 $T_\bullet^{(B)} = (T_i^{(B)})$.

推论 (7.3.9) — 假设 $T_\bullet$ 满足 (7.3.7) 中的一般条件, 并且与归纳极限可交换, 进而假设 A 是一个整环, 并且这些 A 模 $T_n(A)$ 都是有限呈示的. 则对任意整数 N, 均可找到一个 $f \in A \smallsetminus \{0\}$, 使得当 $p \leqslant N$ 时, 函子 $T_p^{(A_f)} : \boldsymbol{Ab}_{A_f} \to \boldsymbol{Ab}$ 都是正合的.

根据前提条件, 当 $i \leqslant i_0$ 时, T_i 都是正合的, 从而对于这些 i 来说, $T_i(A)$ 都是平坦的. 依照 (7.3.7, b)), 只需取 f 使得当 $i_0 < p \leqslant N$ 时 $T_p^{(A_f)}(A_f) = T_p(A_f)$ 都是自由 A_f 模即可. 现在对任何 f, 我们都有 $T_p(A_f) = (T_p(A))_f$, 因为 T_p 与归纳极限可交换 (7.1.4). 若 x 是 $\operatorname{Spec} A$ 的一般点, 则 $(T_p(A))_x$ 是 A 的分式域上的一个有限维向量空间. 由于每个 $T_p(A)$ 都是有限呈示的, 故我们总能找到具有上述性质的 f (Bourbaki, 《交换代数学》, II, § 5, ⁂1, 命题 2 的推论).

注意到若只有有限个指标 i 能使得 $T_i \neq 0$, 则可以找到一个 $f \in A \smallsetminus \{0\}$, 使得所有$T_p^{(A_f)}$ 都是正合的.

推论 (7.3.10) — 假设 $T_\bullet$ 满足 (7.3.7) 中的一般条件, 并且与归纳极限可交换, 再假设 A 是交换的 *Noether* 环, 并且这些 A 模 $T_n(A)$ 都是有限型的. 则对任意整数 N, 均可找到 $\operatorname{Spec} A$ 的一个稠密开集 U, 使得对任意 $p \leqslant N$, 函数 $x \mapsto \operatorname{rg}_{\boldsymbol{k}(x)}(T_p(\boldsymbol{k}(x)))$ 在 U 上都是常值的.

设 $\mathfrak{p}$ 是 A 的一个极小素理想, 根据前提条件, 环 $B = A/\mathfrak{p}$ 是整的, 并且

Spec B 可以等同于拓扑空间 Spec A 的一个不可约分支. 我们现在要对 $p \leqslant N$ 进行归纳, 来证明可以找到 $f_p \in B \smallsetminus \{0\}$, 满足下面的条件: 若令 $B' = B_{f_p}$, 则对任意 $i \leqslant p$, $T_i^{(B')}$ 都是正合的, 并且 B' 模 $T_i(B')$ 都是有限型的. 依照前提条件, 命题对于 $p \leqslant i_0$ 是成立的, 只要取 $f_p = 1$ 即可 (从而 $B' = B = A/\mathfrak{p}$), 因为此时 T_p 是正合的, 因而 $T_p(B)$ 同构于 $T_p(A)/T_p(\mathfrak{p})$, 从而是有限型 A 模 (自然也是有限型 B 模). 下面对 p 进行归纳, 假设 f_p 已经找到, 它是 A 的某个元素 g_p 在 B 中的典范像, 若令 $A' = A_{g_p}$, 则有 $B' = A'/\mathfrak{p}'$, 其中 $\mathfrak{p}'$ 就是 A' 的极小素理想 $\mathfrak{p}_{g_p}$. 由于 $T_i(A_{g_p}) = (T_i(A))_{g_p}$, 故这些 $T_i(A')$ 都是有限型 A' 模, 从而函子 $T_\bullet^{(A')}$ 满足与 $T_\bullet$ 相同的条件, 只不过把 i_0 换成了 p. 从而可以限于考虑 $A' = A$ 并且 T_p 正合的情形, 此时正合序列 $0 \to \mathfrak{p} \to A \to A/\mathfrak{p} \to 0$ 给出了正合序列 $T_{p+1}(A) \to T_{p+1}(A/\mathfrak{p}) \xrightarrow{\partial} T_p(\mathfrak{p}) \to T_p(A)$, 且由于 T_p 是正合的, 故知右边最后一个箭头是单的, 从而 $T_{p+1}(A/\mathfrak{p})$ 作为 $T_{p+1}(A)$ 的商模也是有限型的. 现在注意到在 (7.3.9) 的论证过程中, 我们其实只用到了当 $p \leqslant N$ 时 $T_p(A)$ 都是有限型的这个事实, 从而可以把它应用到整环 B 和函子 $T_\bullet^{(B)}$ 以及 $N = p+1$ 上, 这就完成了归纳的过程. 在此基础上, 我们能找到一个 $f_N \in B \smallsetminus \{0\}$, 使得 $V = \operatorname{Spec} B_{f_N}$ 是一个在 Spec B 中处处稠密的开集, 并且与 Spec A 的其他任何一个不可约分支都不相交. 若命题已经对于 B_{f_N} 得到了证明, 则我们有一个在 V 中处处稠密的开集 W, 使得命题中所说的那些函数在它上面都是常值的, 因为对任意 $x \in W$, 均有 $A_x = (B_{f_N})_x$. 现在只要对 Spec A 的所有不可约分支都使用同样的论证方法, 就可以证明这个推论. 从而我们可以限于考虑 A 是整环的情形, 此时 (7.3.9) 中的论证过程表明, 可以找到一个 $f \in A \smallsetminus \{0\}$, 使得当 $p \leqslant N$ 时, A_f 模 $T_p(A_f)$ 都是有限型且自由的, 而依照 (7.3.4), 这就蕴涵着 (7.3.10) 的结论.

命题 (7.3.11) — 设 A 是一个交换局部环, k 是它的剩余类域, $T_\bullet$ 是一个从 $\boldsymbol{Ab}_A$ 到 $\boldsymbol{Ab}$ 的协变同调函子, 并且与直和可交换. 假设可以找到 i_0, 使得当 $i \leqslant i_0$ 时, T_i 都是正合的, 再假设所有 A 模 $T_n(A)$ 都是有限呈示的. 则 (7.3.7) 中的等价条件 a), b), c) 还蕴涵着下面两个条件, 进而在既约环的情形下, 这五个条件都是等价的,

d) 对任意 $x \in \operatorname{Spec} A$, 当 $q \leqslant p$ 时总有 $\operatorname{rg}_{\boldsymbol{k}(x)} T_q(\boldsymbol{k}(x)) = \operatorname{rg}_k T_q(k)$.

d′) 对于 Spec A 的任何一个不可约分支的一般点 x_j, 当 $q \leqslant p$ 时总有

$$\operatorname{rg}_{\boldsymbol{k}(x_j)} T_q(\boldsymbol{k}(x_j)) \;=\; \operatorname{rg}_k T_q(k).$$

由于 $T_q(A)$ 都是有限呈示 A 模, 故知 (7.3.7) 的条件 b) 也等价于当 $q \leqslant p$ 时 $T_q(A)$ 都是自由 A 模 (Bourbaki, 《交换代数学》, II, §3, ¥2, 命题5的推论2). 条件 c) 表明, 当 $q \leqslant p$ 时总有 $T_q(\boldsymbol{k}(x)) = T_q(A) \otimes_A \boldsymbol{k}(x)$, 从而由 (7.3.7) 中的那些等

价条件可以推出 d), 并且 d) 显然蕴涵 d′). 只需再证明当 A 是既约环时 d′) 蕴涵 a) 即可. 我们可以对 $q \leqslant p$ 进行归纳, 因为当 $q \leqslant i_0$ 时 T_q 都是正合的. 现在我们假设当 $k \leqslant q < p$ 时 T_k 都是正合的, 并且来证明 $T_{q+1}(A)$ 是一个自由 A 模. 依照归纳假设, (7.3.7) 中的条件 c) 以及 (7.3.3) 表明, 对任意 A 模 M, $T_{q+1}(A) \otimes_A M$ 都同构于 $T_{q+1}(M)$, 把这个性质应用到 $M = \boldsymbol{k}(x_j)$ 和 $M = k$ 上, 则依照条件 d′), 我们看到对任意 j, 都有

$$\mathrm{rg}_{\boldsymbol{k}(x_j)}(T_{q+1}(A) \otimes_A \boldsymbol{k}(x_j)) = \mathrm{rg}_k T_{q+1}(k),$$

这件事意味着 $T_{q+1}(A)$ 是自由的 (Bourbaki, 《交换代数学》, II, § 3, ¥2, 命题 7), 这就完成了证明.

上面这些结果在某些特殊类型的同调函子上还可以得到很大的改进, 我们将在 (7.4) 中研究这个问题, 事实上, 我们将得到一些关于单个T_p 的正合性判别法.

7.4 函子 $\mathrm{H}_\bullet(P_\bullet \otimes_A M)$ 的正合性判别法

(7.4.1) 设 A 是一个环 (未必交换), $P_\bullet$ 是平坦右 A 模的一个复形. 则由于对任意 k, 函子 $M \mapsto P_k \otimes_A M$ 在 $\boldsymbol{Ab}_A$ 上都是正合的, 故知绵延函子

(7.4.1.1) $$T_\bullet(M) = \mathrm{H}_\bullet(P_\bullet \otimes_A M)$$

是一个从 $\boldsymbol{Ab}_A$ 到 $\boldsymbol{Ab}$ 的同调函子, 并且当 A 交换时, 它显然是 A 线性的 (7.1.2), 且与归纳极限可交换.

若 A 是交换的, 则根据定义, 对任意 A 代数 B, 同调函子 $T_\bullet^{(B)}$ (7.3.8) 都是由下式所给出的

(7.4.1.2) $$T_\bullet^{(B)}(N) = \mathrm{H}_\bullet(P_\bullet \otimes_A N_{[\rho]}),$$

其中 $\rho : A \to B$ 是定义了 B 的 A 代数结构的那个同态. 由于还有 $P_\bullet \otimes_A N_{[\rho]} = P_\bullet \otimes_A (B \otimes_B N)_{[\rho]} = (P_\bullet \otimes_A B) \otimes_B N$, 故对任意 B 模 N, 我们都有

(7.4.1.3) $$T_\bullet^{(B)}(N) = \mathrm{H}_\bullet(P'_\bullet \otimes_B N),$$

其中 $P'_\bullet$ 就是平坦 B 模的复形 $P_\bullet \otimes_A B$ ($\mathbf{0_I}$, 6.2.1).

命题 (7.4.2) — 在 (7.4.1) 的一般条件下, 对于一个给定的整数 p 来说, 以下诸性质是等价的:

a) T_p 是左正合的 (这也等价于说, T_{p+1} 是右正合的).

b) $Z'_p(P_\bullet) = \operatorname{Coker}(P_{p+1} \to P_p)$ 是一个平坦右 A 模.

c) 可以找到平坦右 A 模的一个复形 $P'_\bullet$, 它的缀算子

$$d_{p+1} \; : \; P'_{p+1} \longrightarrow P'_p$$

是 0, 并且我们有一个从同调函子 $H_\bullet(P_\bullet \otimes_A M)$ 到同调函子 $H_\bullet(P'_\bullet \otimes_A M)$ 的同构.

根据定义, 我们有一个关于 M 的函子性正合序列

$$0 \longrightarrow T_p(M) \longrightarrow Z'_p(P_\bullet \otimes M) \longrightarrow P_{p-1} \otimes M,$$

其中 $Z'_p(P_\bullet \otimes M) = \operatorname{Coker}(P_{p+1} \otimes M \to P_p \otimes M) = Z'_p(P_\bullet) \otimes M$, 因为张量积是右正合的. 从而对任意同态 $f : M \to N$, 我们都有交换图表

(7.4.2.1)
$$\begin{array}{ccccccc} 0 & \longrightarrow & T_p(M) & \longrightarrow & Z'_p(P_\bullet) \otimes M & \longrightarrow & P_{p-1} \otimes M \\ & & \downarrow{\scriptstyle u} & & \downarrow{\scriptstyle v} & & \downarrow{\scriptstyle w} \\ 0 & \longrightarrow & T_p(N) & \longrightarrow & Z'_p(P_\bullet) \otimes N & \longrightarrow & P_{p-1} \otimes N, \end{array}$$

且它的两行都是正合的. 若 f 是单态射, 则 w 也是如此, 因为 P_{p-1} 是平坦的. 若 T_p 是左正合的, 则 u 本身也是单态射, 由此得知, v 是一个单态射, 这就表明 $Z'_p(P_\bullet)$ 是平坦的. 反之, 若 $Z'_p(P_\bullet)$ 是平坦的, 则对任意单态射 $f : M \to N$, v 都是单态射, 从而图表 (7.4.2.1) 表明, u 是一个单态射, 因而 T_p (它已经是半正合的) 是左正合的. 这就证明了 a) 和 b) 的等价性. 易见 c) 蕴涵 a), 因为若 $d_{p+1} : P_{p+1} \to P_p$ 是 0, 并且 $0 \to M' \to M \to M'' \to 0$ 是 A 模的一个正合序列, 则根据定义, 正合序列

$$H_{p+1}(P_\bullet \otimes M'') \xrightarrow{\partial} H_p(P_\bullet \otimes M') \longrightarrow H_p(P_\bullet \otimes M)$$

中的连接算子是 0 (M, IV, 1), 从而 T_p 是左正合的. 反过来, 我们来证明 b) 蕴涵 c). 若 $Z_{p+1}(P_\bullet) = \operatorname{Ker}(P_{p+1} \to P_p)$, 则我们有正合序列

$$0 \longrightarrow Z_{p+1}(P_\bullet) \longrightarrow P_{p+1} \longrightarrow Z'_p(P_\bullet) \longrightarrow 0,$$

其中 P_{p+1} 和 $Z'_p(P_\bullet)$ 都是平坦的, 从而 $Z_{p+1}(P_\bullet)$ 也是平坦的 ($\mathbf{0_I}$, 6.1.2). 现在对于 $i \neq p,\ p+1$, 取 $P'_i = P_i$, 再取

$$P'_p \;=\; Z'_p(P_\bullet), \quad P'_{p+1} \;=\; Z_{p+1}(P_\bullet),$$

至于缀算子 $d'_i : P'_i \to P'_{i+1}$, 当 $i \neq p,\ p+1$ 时, 我们取 d'_i 就是复形 $P_\bullet$ 中的缀算子, 对于 $i = p+1$, 取 $d'_{p+1} = 0$, 而对于 $i = p$, 取 d'_p 是 d_p 在商模上所导出的同态

$Z'_p(P_\bullet) \to P_{p-1}$. 由于这些 P_i 都是平坦的, 故有

$$Z'_i(P_\bullet \otimes M) = Z'_i(P_\bullet) \otimes M, \quad Z_i(P_\bullet \otimes M) = Z_i(P_\bullet) \otimes M, \quad B_i(P_\bullet \otimes M) = B_i(P_\bullet) \otimes M$$

(其中 $B_i(P_\bullet) = \operatorname{Im}(P_{i+1} \to P_i)$), 由此立知, 对任意 M 的任意 i, 我们都有同构 $H_i(P_\bullet \otimes M) \xrightarrow{\sim} H_i(P'_\bullet \otimes M)$, 并且从 ∂ 的定义不难证明, 它确实是绵延函子的同构.

注意到 (7.4.2) 的条件也蕴涵着 $B_p(P_\bullet)$ 是平坦的, 因为在正合序列 $0 \to B_p(P_\bullet) \to P_p \to Z'_p(P_\bullet) \to 0$ 中, P_p 和 $Z'_p(P_\bullet)$ 都是平坦的 ($\mathbf{0}_{\mathrm{I}}$, 6.1.2).

推论 (7.4.3) — *假设 A 是一个 1 维正则 Noether 环* (换句话说, 它是有限个 *Dedekind* 整环 ($\mathbf{0}_{\mathrm{IV}}$, 17.1.3 和 17.3.7), 比如主理想整环, 的乘积). *则为了使 T_p 是左正合的, 必须且只需 $T_p(A)$ 是一个平坦 A 模. 为了使 T_p 是正合的, 必须且只需 $T_p(A)$ 和 $T_{p-1}(A)$ 都是平坦 A 模.*

还记得对于 Dedekind 整环上的模 M 来说, 平坦和无挠是等价的 ($\mathbf{0}_{\mathrm{I}}$, 6.3.3 和 6.3.4), 从而在 (7.4.3) 的条件下, 平坦 A 模的任意子模都是平坦的.

(7.4.3) 的第二句话可由第一句推出, 因为 T_p 是正合的等价于 T_p 和 T_{p-1} 都是左正合的. 为了证明第一句话, 注意到我们有下面的正合序列

$$0 \longrightarrow H_p(P_\bullet) \longrightarrow Z'_p(P_\bullet) \longrightarrow B_{p-1}(P_\bullet) \longrightarrow 0,$$

其中的 $B_{p-1}(P_\bullet)$ 作为平坦 A 模 P_{p-1} 的子模也是平坦A 模, 从而 $H_p(P_\bullet)$ 是平坦的就等价于 $Z'_p(P_\bullet)$ 是平坦的 ($\mathbf{0}_{\mathrm{I}}$, 6.1.2).

(7.4.2) 的最重要的应用是下面几个结果:

命题 (7.4.4) — *设 A 是一个 Noether 环, $P_\bullet$ 是一个由平坦 A 模所组成的复形, 我们假设这些 P_i 都是有限型的, 或者假设各个 $H_i(P_\bullet)$ 都是有限型 A 模, 且能找到 i_0, 使得当 $i < i_0$ 时总有 $H_i(P_\bullet) = 0$. 设 $T_\bullet$ 是由 (7.4.1.1) 所定义的同调函子, 则使得 $(T_p)_y$ (7.1.4) 右正合* (切转: 左正合, 正合) *的那些点 $y \in \operatorname{Spec} A$ 所组成的集合 U 是 $\operatorname{Spec} A$ 的一个开集.*

在 $P_\bullet$ 的第二种条件下, 我们可以把 $P_\bullet$ 换成一个由有限型自由 A 模所组成的复形 $P'_\bullet$, 且使得函子 $H_\bullet(P'_\bullet \otimes_A M)$ (作为绵延函子) 同构于 $T_\bullet(M)$ ($\mathbf{0}$, 11.9.3). 从而总可以归结到第一种条件下, 此时 $Z'_i(P_\bullet)$ 都是有限型的. 进而, 可以限于证明与左正合性有关的部分 (参考 (7.4.2, a))), 为此设 $x \in U$, 由于函子 $M \mapsto M_x$ 是正合的, 故知 $(Z'_p(P_\bullet))_x = Z'_p((P_\bullet)_x)$, 并且 (有见于 (7.4.1.3)) 依照 (7.4.2, b)), 前提条件表明 $(Z'_p(P_\bullet))_x$ 是一个平坦 A_x 模, 从而是自由的, 因为它是有限型的, 并且 A_x 是一个 Noether 局部环 (Bourbaki, 《交换代数学》, II, § 3, ¥ 2, 命题 5 的推论 2). 由

此得知, 可以找到 $f \in A$, 使得 $(\mathrm{Z}'_p(P_\bullet))_f$ 在 A_f 上是自由的 (Bourbaki, 《交换代数学》, II, §5, ※1, 命题 2 的推论), 自然对任意 $y \in D(f)$, $(\mathrm{Z}'_p(P_\bullet))_y$ 在 A_y 上都是自由的, 依照 (7.4.2, b)), 这就完成了证明.

推论 (7.4.5) — 在 (7.4.4) 的前提条件下, 进而假设 A 是整的. 则使得 $(T_p)_x$ 正合的那些点 $x \in \operatorname{Spec} A$ 所组成的集合 U 是一个非空开集.

事实上, 只需证明对于 $\operatorname{Spec} A$ 的一般点 x 来说 $(T_p)_x$ 是正合的即可, 而这是显然的, 因为 A_x 是一个域, 从而 $\boldsymbol{Ab}_{A_x}$ 上的任何加性函子都是正合的.

命题 (7.4.6) — 在 (7.4.4) 的一般条件下, (7.4.2) 中的条件 a), b), c) 也等价于:

d) 可以找到一个 A 模 Q, 使得我们有函子性同构

(7.4.6.1) $$T_p(M) \;=\; \operatorname{Hom}_A(Q, M).$$

进而, 这个 A 模 Q 被上述性质确定到只差唯一的同构, 并且它是有限型的.

Q 的唯一性是可表识函子的表识对象所具有的唯一性的特殊情形 (**0**, 8.1.5). 易见 (7.4.6.1) 的两边都是左正合的. 反过来, 在 T_p 是左正合函子时, 为了证明 Q 的存在性, 可以首先 (像 (7.4.4) 那样) 把问题归结到 P_i 都是有限型平坦 A 模的情形, 从而 (因为 A 是 Noether 环) P_i 都是有限型投射A 模 (Bourbaki, 《交换代数学》, II, §5, ※2, 定理 1 的推论). 此时 P_i 的对偶 $P_i\check{}$ 也是一个有限型投射 A 模, P_i 典范同构于 $P_i\check{}$ 的对偶, 并且典范同态 $P_i \otimes_A M \to \operatorname{Hom}_A(P_i\check{}, M)$ 是一一的 (Bourbaki, 《代数学》, II, 第 3 版, §4, ※2, 命题 2). 另一方面, (7.4.2, c)) 我们可以假设 $d_{p+1} : P_{p+1} \to P_p$ 是 0, 从而有一个正合序列

$$0 \longrightarrow T_p(M) \stackrel{u}{\longrightarrow} P_p \otimes M \stackrel{v}{\longrightarrow} P_{p-1} \otimes M,$$

其中 $v = d_p \otimes 1$. 现在令 $Q' = \operatorname{Ker}(d_p)$, 故有正合序列 $0 \to Q' \xrightarrow{w} P_p \xrightarrow{d_p} P_{p-1}$, 从而通过取转置就得到正合序列 $P_{p-1}\check{} \xrightarrow{{}^t d_p} P_p\check{} \xrightarrow{{}^t w} (Q')\check{} \to 0$. 我们来证明, $Q = (Q')\check{} = \operatorname{Coker}({}^t d_p)$ 就是问题的解. 事实上, 我们有正合序列

$$0 \longrightarrow \operatorname{Hom}(Q, M) \longrightarrow \operatorname{Hom}(P_p\check{}, M) \stackrel{v'}{\longrightarrow} \operatorname{Hom}(P_{p-1}\check{}, M),$$

其中 $v' = \operatorname{Hom}({}^t d_p, 1)$, 如果把 $P_i \otimes M$ 典范等同于 $\operatorname{Hom}(P_i\check{}, M)$, 则 v' 可以等同于 $v = d_p \otimes 1$, 从而就得到了所要的函子性同构 $T_p(M) \xrightarrow{\sim} \operatorname{Hom}_A(Q, M)$. 进而, Q 作为 $P_p\check{}$ 的商模也是有限型的.

命题 (7.4.7) — 假设 (7.4.4) 中的一般条件得到满足. 则对任意有限型 A 模 M, 均有:

(i) $T_i(M)$ 都是有限型 A 模,

(ii) 对于 A 的任意理想 $\mathfrak{m}$, 典范同态

(7.4.7.1) $$(T_i(M))^{\wedge} \longrightarrow \varprojlim_n T_i(M \otimes_A (A/\mathfrak{m}^{n+1}))$$

都是一一的 (其中左边一项是 $T_i(M)$ 在 $\mathfrak{m}$ 预进拓扑下的分离完备化).

可以像 (7.4.4) 那样首先把问题归结到 P_i 都是有限型模的情形. 由于 A 是 Noether 环, 故知 $P_i \otimes_A M$ 的子模也都是有限型的, 从而条目 (i) 是显然的. 至于 (ii), 它可由下面的一般引理推出来:

引理 (7.4.7.2) — 设 A 是一个 *Noether* 环, $u : E \to F$ 是有限型 A 模之间的一个同态. 对每个有限型 A 模 M, 令 $K(M) = \operatorname{Ker}(u \otimes 1_M)$, $C(M) = \operatorname{Coker}(u \otimes 1_M)$, 则对于 A 的任意理想 $\mathfrak{m}$, 典范同态

(7.4.7.3) $$(K(M))^{\wedge} \longrightarrow \varprojlim_n K(M_n), \quad (C(M))^{\wedge} \longrightarrow \varprojlim_n C(M_n)$$

都是一一的 (这里我们令 $M_n = M \otimes_A (A/\mathfrak{m}^{n+1}) = M/\mathfrak{m}^{n+1}M$).

由于 $E \otimes M$ 和 $F \otimes M$ 都是有限型的, 并且函子 $M \mapsto \widehat{M}$ 在有限型 A 模的范畴上是正合的 ($\mathbf{0_I}$, 7.3.3), 故知 $(K(M))^{\wedge}$ 和 $(C(M))^{\wedge}$ 分别就是 $(u \otimes 1)^{\wedge} : (E \otimes M)^{\wedge} \to (F \otimes M)^{\wedge}$ 的核及余核, 从而由函子 $\varprojlim$ 的左正合性知, $(K(M))^{\wedge} = \varprojlim K(M_n)$. 另一方面, 张量积的右正合性表明, $C(M_n) = C(M) \otimes_A (A/\mathfrak{m}^{n+1})$, 从而根据定义, $(C(M))^{\wedge} = \varprojlim C(M_n)$.

注解 (7.4.8) — 有见于 (6.10.5) 和 (6.10.6), 在某些辅助性的平坦条件下, 从 (7.4.7) 也可以证明 (4.1.7.1) 是一个同构, 也就是说, 可以证明出紧合态射的 “第一比较定理” 的主要部分. 进而, 这个结果不仅适用于单个凝聚 $\mathscr{O}_X$ 模层, 而且适用于模层复形. 我们不知道是否有一个能够同时包含 (7.4.7) 和 (4.1.7.1) 的一般命题. 注意到如果 P_i 都是有限型的, 则 (7.4.7) 的证明并没有用到它们是平坦模的条件, 我们可以进一步来问, 如果既不假设 P_i 都是平坦的, 也不假设它们都是有限型的, 仅仅假设 $\mathrm{H}_i(P_\bullet)$ 都是有限型的, 并且当 $i < i_0$ 时都等于 0, 则 (7.4.7) 的结论是否仍然成立? 是否可以把 $P_\bullet$ 换成一个由有限型 A 模所组成的复形 $P'_\bullet$, 使得函子 $\mathrm{H}_\bullet(P_\bullet \otimes M)$ 和 $\mathrm{H}_\bullet(P'_\bullet \otimes M)$ (它们不再是同调函子) 仍然同构?

7.5 Noether 局部环的情形

(7.5.1) 设 A 是一个 Noether 局部环, $\mathfrak{m}$ 是它的极大理想, 对任何 A 模 M, 我们用 $\widehat{M}$ 来记它在 $\mathfrak{m}$ 预进拓扑下的分离完备化, 也就是 $\varprojlim(M \otimes_A (A/\mathfrak{m}^{n+1})) =$

$\varprojlim(M/\mathfrak{m}^{n+1}M)$. 设 T 是一个从 $\boldsymbol{Ab}_A$ 到 $\boldsymbol{Ab}$ 的加性协变函子, 典范同态 (7.2.3.1)

$$T(M)\otimes_A(A/\mathfrak{m}^{n+1}) \longrightarrow T(M\otimes_A(A/\mathfrak{m}^{n+1}))$$

显然构成 A 同态的一个投影系, 从而在极限上给出一个关于 M 的函子性 $\widehat{A}$ 同态

(7.5.1.1) $$(T(M))\widehat{\ } \longrightarrow \varprojlim_n T(M_n),$$

其中 $M_n = M\otimes_A(A/\mathfrak{m}^{n+1})$, $A_n = A/\mathfrak{m}^{n+1}$.

命题 (7.5.2) — 设 A 是一个 *Noether* 局部环, 极大理想为 $\mathfrak{m}$, 并且 $k = A/\mathfrak{m}$ 是它的剩余类域. 设 T 是一个从 $\boldsymbol{Ab}_A$ 到 $\boldsymbol{Ab}$ 的半正合加性协变函子, 并且与归纳极限可交换. 进而假设对任意有限型 A 模 M, $T(M)$ 都是有限型 A 模, 并且典范同态 (7.5.1.1) 总是一个同构. 则在这些条件下, 以下诸条件是等价的:

a) T 是右正合的.

b) 对任意 n, 函子 $N\mapsto T(N)$ 在有限型 A_n 模的范畴上都是右正合的 (这也等价于说, T 在有限长 A 模的范畴上是右正合的).

c) 典范同态 $T(\varepsilon): T(A)\to T(k)$ 是满的.

d) 对于充分大的 n, 典范同态 $T(A_n)\to T(k)$ 是满的.

显然 a) 蕴涵 b). 我们来证明 b) 蕴涵 a), 也就是说, 若 $u: M\to N$ 是 A 模的一个满同态, 则 $T(u)$ 也是一个满同态. 由于 T 与归纳极限可交换, 并且函子 $\varinjlim$ (关于滤相指标集) 在模范畴上是正合的, 故可限于考虑 M 和 N 都是有限型模的情形. 由于 $T(M)$ 和 $T(N)$ 也都是有限型的, 并且 A 是 Noether 局部环, 故只需证明 $(T(u))\widehat{\ }: (T(M))\widehat{\ }\to(T(N))\widehat{\ }$ 是满的即可 ($\mathbf{0_I}$, 7.3.5 和 $\mathbf{0_I}$, 6.4.1). 根据前提条件, $(T(M))\widehat{\ }$ 和 $(T(N))\widehat{\ }$ 分别是 $\varprojlim T(M_n)$ 和 $\varprojlim T(N_n)$, 从而 $(T(u))\widehat{\ }$ 就是同态 $T(u\otimes 1_{A_n}): T(M_n)\to T(N_n)$ 的投影系的投影极限. 现在 b) 表明, 这些同态都是满的, 进而根据前提条件, $T(M_n)$ 是有限型 A_n 模, 并且 A_n 是 *Artin* 环, 由此得知, $(T(u))\widehat{\ }$ 是满的 ($\mathbf{0}$, 13.1.2 和 13.2.2). 显然 a) 蕴涵 c), 并且由于 $T(\varepsilon)$ 可以分解为 $T(A)\to T(A_n)\to T(k)$, 故知 c) 蕴涵 d), 最后, 由 (7.2.7) 知, b) 和 d) 是等价的, 因为 T 在 $\boldsymbol{Ab}_{A_n}$ 上是半正合的, 这就完成了证明.

推论 (7.5.3) — 在 (7.5.2) 的一般条件下, 若 $T(k)=0$, 则对任意 A 模 M, 均有 $T(M)=0$.

由于 k 是唯一的单 A 模, 故由 (7.3.5.4) 得知, 对任何一个有限长的 A 模 E, 我们都有 $T(E)=0$. 现在若 M 是有限型的, 则 $(T(M))\widehat{\ }$ 同构于 $\varprojlim T(M_n)$, 且由于 M_n 都是有限长的, 故有 $(T(M))\widehat{\ }=0$. 由于 $T(M)$ 是有限型的, 故它同构于

$(T(M))^\wedge$ 的一个子模 ($\mathbf{0_I}$, 7.3.5), 从而我们有 $T(M)=0$. 最后, 对任意 A 模 M, $T(M)$ 都是这样一些 $T(N_\alpha)$ 的归纳极限, 其中 N_α 跑遍 M 的有限型子模, 这就完成了证明.

命题 (7.5.4) — 设 A 是一个 *Noether* 局部环, 极大理想为 $\mathfrak{m}$, $k=A/\mathfrak{m}$ 是剩余类域. 设 $T_\bullet$ 是一个从 $\boldsymbol{Ab}_A$ 到 $\boldsymbol{Ab}$ 的同调函子, 并且与归纳极限可交换. 进而假设对任意 i 和任意有限型 A 模 M, $T_i(M)$ 都是有限型 A 模, 并且典范同态 $(T_i(M))^\wedge \to \varprojlim T_i(M_n)$ 总是一一的. 则对于一个给定的整数 p 来说, 以下诸条件是等价的:

a) T_p 是正合的.

b) T_p 是右正合的, 并且 $T_p(A)$ 是自由 A 模.

c) 典范同态 $T_{p+1}(A)\to T_{p+1}(k)$ 和 $T_p(A)\to T_p(k)$ 都是满的.

d) 对任意 n, 典范同态 $T_{p+1}(A_n)\to T_{p+1}(k)$ 和 $T_p(A_n)\to T(k)$ 都是满的.

e) 对任意 n, 函子 $N\mapsto T_p(N)$ 在有限型 A_n 模的范畴上总是正合的.

由 (7.3.3) 知, a) 等价于 T_{p+1} 和 T_p 都是右正合的. 由于 $T_\bullet$ 是范畴 $\boldsymbol{Ab}_{A_n}$ 上的一个同调函子, 故知 (7.3.1) 中的方法同样可以证明, e) 等价于 T_p 和 T_{p+1} 在有限型 A_n 模的范畴上都是右正合的. 从而由 (7.5.2) 得知, a) 和 e) 是等价的. a), c) 和 d) 的等价性也可由 (7.5.2) 推出. 最后, 我们知道任何有限型平坦 A 模都是自由的 (Bourbaki,《交换代数学》, II, §3, ¥2, 命题 5 的推论 2), 故由 (7.3.1) 和 (7.3.3) 就可以推出 a) 和 b) 的等价性.

推论 (7.5.5) — 假设 (7.5.4) 中的一般条件得到满足.

(i) 若 $T_p(k)=0$, 则有 $T_p=0$, T_{p+1} 是右正合的, 并且 T_{p-1} 是左正合的.

(ii) 若 $T_{p-1}(k)=T_{p+1}(k)=0$, 则 T_p 是正合的, 典范同态

$$T_p(A)\otimes_A M \longrightarrow T_p(M)$$

是一一的, 并且 $T_p(A)$ 是一个自由 A 模.

(i) 可由 (7.5.3) 立得, 因为 T_p 是半正合的, 而且最后一句话来自同调函子的定义. 有见于 (7.3.3), 由 (i) 可以立即推出 (ii) 的前两句话, 再由 (7.5.4) 就可以推出 $T_p(A)$ 是自由 A 模.

推论 (7.5.6) — 假设 (7.5.4) 中的一般条件得到满足, 进而假设 A 是一个离散赋值环, 则有

(i) 为了使 T_p 是右正合的, 必须且只需 $T_{p-1}(A)$ 是一个自由 A 模.

(ii) 为了使 T_p 是正合的, 必须且只需 $T_p(A)$ 和 $T_{p-1}(A)$ 都是自由 A 模.

显然由 (i) 可以推出 (ii) (参考 (7.3.3)). 为了证明 (i), 注意到若 f 是 A 的极

大理想的一个生成元 (即 A 的“合一化子”), 则为了使一个有限型 A 模 M 是自由的 (或等价地, 平坦的), 必须且只需 M 的同筋 $h_f : x \mapsto fx$ 是单的, 因为这也等价于 M 是无挠的 ($\mathbf{0_I}$, 6.3.4). 现在考虑正合序列 $0 \to A \xrightarrow{h_f} A \to k \to 0$, 它可以给出同调长正合序列

$$T_p(A) \longrightarrow T_p(k) \longrightarrow T_{p-1}(A) \xrightarrow{h_f} T_{p-1}(A).$$

我们看到为了使 $T_{p-1}(A)$ 是自由的, 必须且只需 $T_p(A) \to T_p(k)$ 是满的, 从而由 (7.5.2) 就可以推出结论.

注解 (7.5.7) — 注意到依照 (7.4.7), 由 (7.4.4) 的一般条件可以推出: 在 (7.4.1.1) 中所定义的同调函子 $T_\bullet$ 能够满足 (7.5.4) 的一般条件. 从而在这种情形下, (7.5.6) 已经包含在 (7.4.3) 之中.

7.6 正合性的下降, 半连续性定理以及 Grauert 的正合性判别法

命题 (7.6.1) — *在 (7.4.1) 的条件下, 设 B 是一个交换 A 代数. 若 T_p 是右正合的 (切转: 左正合的), 则 $T_p^{(B)}$ 也是如此. 如果 B 还是忠实平坦 A 模, 则逆命题也成立.*

第一句话是 (7.1.3) 中某个简单结果的特殊情形. 反过来, 我们首先假设 B 是平坦 A 模. 则对任意 A 模 M, 均有 $\mathrm{H}_\bullet(P_\bullet \otimes_A (M \otimes_A B)) = (\mathrm{H}_\bullet(P_\bullet \otimes_A M)) \otimes_A B$. 这也可以写成, 对任意 p, 均有

(7.6.1.1) $$T_p(M) \otimes_A B \;=\; T_p^{(B)}(M_{(B)}),$$

只差一个典范同构. 假设 $T_p^{(B)}$ 是右正合的 (切转: 左正合的, 正合的), 则由于 $M \mapsto M_{(B)}$ 是一个正合函子, 故知 (7.6.1.1) 的左边对于 M 来说是右正合的 (切转: 左正合的, 正合的). 现在若 B 在 A 上是忠实平坦的, 则由此推出 T_p 也具有同样类型的正合性 ($\mathbf{0_I}$, 6.4.1).

命题 (7.6.2) — *在 (7.4.1) 的条件下, 进而假设 A 是既约 Noether 环, 并且这些 P_i 都是有限型 A 模. 则为了使 T_p 是右正合的 (切转: 左正合的, 正合的), 必须且只需对任意离散赋值 A 代数 B, $T_p^{(B)}$ 也是如此.*

依照 (7.3.1) 和 (7.3.3), 我们可以限于考虑右正合性, 并且只需证明条件的充分性即可 (7.6.1). 再依照 (7.4.2), 只需证明 $\mathrm{Z}'_{p-1}(P_\bullet)$ 是一个平坦 A 模. 由于 P_{p-1} 是有限型的, 故知 $\mathrm{Z}'_{p-1}(P_\bullet)$ 也是有限型的, 此时 ($\mathbf{0}$, 10.2.8) 的判别法表明, 只需证明对任意离散赋值 A 代数 B 来说 $\mathrm{Z}'_{p-1}(P_\bullet) \otimes_A B$ 都是平坦 B 模即可. 现在 $P_\bullet$ 是

一个由平坦 A 模所组成的复形, 故我们有

$$\mathrm{Z}'_{p-1}(P_\bullet)\otimes_A B \;=\; \mathrm{Z}'_{p-1}(P_\bullet\otimes_A B).$$

$P_\bullet\otimes_A B$ 是平坦 B 模的复形 ($\mathbf{0_I}$, 6.2.1), 并且对任意 B 模 N, 均有 $\mathrm{H}_\bullet(P_\bullet\otimes_A N)=\mathrm{H}_\bullet((P_\bullet\otimes_A B)\otimes_B N)$, 从而有 $T_p^{(B)}(N)=\mathrm{H}_p((P_\bullet\otimes_A B)\otimes_B N)$. 把 (7.4.2) 应用到 $T_p^{(B)}$ 上, 则我们看到, $T_p^{(B)}$ 是右正合的这个条件就等价于 $\mathrm{Z}'_{p-1}(P_\bullet\otimes_A B)$ 是一个平坦 B 模.

上述判别法说明, 我们有必要更仔细地考察离散赋值环的情形.

命题 (7.6.3) — 在 (7.4.1) 的条件下, 假设 A 是一个 1 维正则 *Noether* 环 (换句话说, A 是 *Noether* 环, 并且对任意 $x\in\operatorname{Spec}A$, A_x 都是域或者离散赋值环). 则对任意整数 p 和任意 A 模 M, 我们都有一个关于 M 的函子性典范正合序列

$$\textbf{(7.6.3.1)}\qquad 0\longrightarrow T_p(A)\otimes_A M\xrightarrow{t_M}T_p(M)\longrightarrow \operatorname{Tor}_1^A(T_{p-1}(A),M)\longrightarrow 0.$$

为了简单起见, 我们将把 $\mathrm{H}_p(P_\bullet)$, $\mathrm{B}_p(P_\bullet)$, $\mathrm{Z}_p(P_\bullet)$ 和 $\mathrm{Z}'_p(P_\bullet)$ 简记为 H_p,B_p,Z_p 和 Z'_p. 则我们有下面的三个正合序列

$$\begin{aligned}
&0\longrightarrow H_p\longrightarrow Z'_p\longrightarrow B_{p-1}\longrightarrow 0,\\
&0\longrightarrow B_{p-1}\longrightarrow Z_{p-1}\longrightarrow H_{p-1}\longrightarrow 0,\\
&0\longrightarrow Z_{p-1}\longrightarrow P_{p-1}\longrightarrow B_{p-2}\longrightarrow 0.
\end{aligned}$$

由于 P_{p-1} 和 P_{p-2} 都是平坦的, 故知它们的子模 B_{p-1}, Z_{p-1} 和 B_{p-2} 也是平坦的, 因为平坦 A_x 模就是无挠 A_x 模 (对任意 $x\in\operatorname{Spec}A$). 从而通过与 M 取张量积, 我们得到正合序列

$$\textbf{(7.6.3.2)}\quad 0\longrightarrow\operatorname{Tor}_1^A(B_{p-1},M)\longrightarrow H_p\otimes M\longrightarrow Z'_p\otimes M\xrightarrow{u}B_{p-1}\otimes M\longrightarrow 0,$$

$$\textbf{(7.6.3.3)}\quad 0\longrightarrow\operatorname{Tor}_1^A(Z_{p-1},M)\longrightarrow\operatorname{Tor}_1^A(H_{p-1},M)\longrightarrow B_{p-1}\otimes M\xrightarrow{v}Z_{p-1}\otimes M,$$

$$\textbf{(7.6.3.4)}\quad 0\longrightarrow\operatorname{Tor}_1^A(B_{p-2},M)\longrightarrow Z_{p-1}\otimes M\xrightarrow{w}P_{p-1}\otimes M.$$

根据定义, $T_p(M)=\operatorname{Ker}(d_p\otimes 1)/\operatorname{Im}(d_{p+1}\otimes 1)$, 从而它就是 $d_p\otimes 1$ 在商模上所导出的同态 $(P_p\otimes M)/\operatorname{Im}(d_{p+1}\otimes 1)\to P_{p-1}\otimes M$ 的核, 根据 $Z'_p=P_p/B_p$ 的定义, 这个同态也可以写成 $Z'_p\otimes M\to P_{p-1}\otimes M$. 我们还可以把这个同态看成下面的合成同态

$$Z'_p\otimes M\xrightarrow{u}B_{p-1}\otimes M\xrightarrow{v}Z_{p-1}\otimes M\xrightarrow{w}P_{p-1}\otimes M.$$

根据 (7.6.3.4), w 是单的, 故我们有正合序列

$$0 \longrightarrow \operatorname{Ker} u \longrightarrow T_p(M) \longrightarrow \operatorname{Ker} v \longrightarrow 0,$$

这恰好就是 (7.6.3.1) (有见于 (7.6.3.2) 和 (7.6.3.3), 以及 $H_p = T_p(A)$ 的事实).

注解 (7.6.4) — (i) $\mathrm{H}_\bullet(P_\bullet \otimes_A M)$ 是双复形 $P_\bullet \otimes_A M$ 的同调 (这里是把 M 看作一个只有 0 次项的复形), 从而由 (6.3.6) 和 (6.3.2) 知, 它是某个正则谱序列的目标, 这个谱序列的 E^2 项是

$$E^2_{p,q} = \operatorname{Tor}^A_q(\mathrm{H}_q(P_\bullet), M) = \operatorname{Tor}^A_p(T_q(A), M).$$

现在 A 上的条件表明, 对于 $p \geqslant 2$ 以及任何 A 模 E, F, 我们都有 $\operatorname{Tor}^A_p(E, F) = 0$ ($\mathbf{0}_{\mathrm{IV}}$, 17.2.2), 而这就 (M, XV) 能给出下面的正合序列

$$0 \longrightarrow E^2_{0,q} \longrightarrow \mathrm{H}_q(P_\bullet \otimes_A M) \longrightarrow E^2_{1,q-1} \longrightarrow 0,$$

它恰好就是 (7.6.3.1).

(ii) 有见于 (7.3.1), 正合序列 (7.6.3.1) 再次证明了 (7.4.3) 中的结果.

推论 (7.6.5) — 在 (7.4.1) 的条件下, 假设 A 是一个离散赋值环, 分式域为 K, 剩余类域为 k, 再假设 $T_i(A)$ 都是有限型 A 模, 则我们有

$$\textbf{(7.6.5.1)} \qquad \operatorname{rg}_k T_p(k) \geqslant \operatorname{rg}_k(T_p(A) \otimes_A k) \geqslant \operatorname{rg}_A T_p(A) = \operatorname{rg}_K T_p(K).$$

进而, 为了使两端相等, 必须且只需 T_p 是正合的, 或等价地, $T_p(A)$ 和 $T_{p-1}(A)$ 都是自由 A 模.

事实上, 在正合序列 (7.6.3.1) 中取 $M = k$, 则由于各项都是 k 上的向量空间, 故得

$$\operatorname{rg}_k T_p(k) = \operatorname{rg}_k(T_p(A) \otimes_A k) + \operatorname{rg}_k(\operatorname{Tor}^A_1(T_{p-1}(A), k)).$$

另一方面, 由于 $T_p(A)$ 是整局部环 A 上的一个有限型模, 故我们有 (Bourbaki,《交换代数学》, II, §3, ✗2, 命题 4 的推论 1)

$$\textbf{(7.6.5.2)} \qquad \operatorname{rg}_k(T_p(A) \otimes_A k) \geqslant \operatorname{rg}_A T_p(A) = \operatorname{rg}_K(T_p(A) \otimes_A K).$$

进而为了使 (7.6.5.2) 中的前两项相等, 必须且只需 $T_p(A)$ 是一个自由 A 模 (前引, 命题 7). 此外, 注意到 K 是一个平坦 A 模, 故根据定义, 我们有 $T_p(A) \otimes_A K = \mathrm{H}_p(P_\bullet) \otimes_A K = \mathrm{H}_p(P_\bullet \otimes_A K) = T_p(K)$. 从而就得到了 (7.6.5.1) 中的不等式, 并且我们还看到, 为了使等号成立, 就必须: 1° $T_p(A)$ 是自由的, 2° $\operatorname{Tor}^A_1(T_{p-1}(A), k) = 0$,

而且我们知道 (**0**, 10.1.3), 后一个条件也等价于 $T_{p-1}(A)$ 是一个自由 A 模. 最后, 由于这些 $T_i(A)$ 都是有限型 A 模, 故对于它们来说, 平坦和自由是等价的 (Bourbaki,《交换代数学》, II, §3, ✗2, 命题 5 的推论 2), 从而由 (7.4.3) 就可以推出结论.

(7.6.6) 前提条件仍然与 (7.4.1) 相同, 对任意 $x \in \operatorname{Spec} A$, 我们令

(7.6.6.1) $$d_p(x) = d_p^T(x) = \operatorname{rg}_{\boldsymbol{k}(x)} T_p(\boldsymbol{k}(x)).$$

引理 (7.6.7) — 设 $\varphi : A \to A'$ 是一个环同态, 并设

$$f = {}^{\mathrm{a}}\varphi \ : \ \operatorname{Spec} A' \longrightarrow \operatorname{Spec} A$$

是对应的映射 (**I**, 1.2.1). 若我们令 $T'_\bullet = T_\bullet^{(A')}$ (7.1.3), 则有

(7.6.7.1) $$d_p^{T'} = d_p^T \circ f.$$

事实上, 对任意 $x' = \operatorname{Spec} A'$, 以及 $x = f(x')$, 我们都有

$$\mathrm{H}_\bullet(P_\bullet \otimes_A \boldsymbol{k}(x')) = \mathrm{H}_\bullet(P_\bullet \otimes_A \boldsymbol{k}(x) \otimes_{\boldsymbol{k}(x)} \boldsymbol{k}(x')) = \mathrm{H}_\bullet(P_\bullet \otimes_A \boldsymbol{k}(x)) \otimes_{\boldsymbol{k}(x)} \boldsymbol{k}(x'),$$

因为 $\boldsymbol{k}(x')$ 在 $\boldsymbol{k}(x)$ 上是平坦的, 这就得出了关系式 (7.6.7.1).

引理 (7.6.8) — 若环 A 是 *Noether* 的, 并且复形 $P_\bullet$ 是由有限型 A 模所组成的, 则 $\operatorname{Spec} A$ 上的函数 $x \mapsto d_p^T(x)$ 是可构的.

我们只需证明, 对于 $X = \operatorname{Spec} A$ 的任意不可约闭子集 Y, 均可找到 Y 的一个非空开集 U, 使得 d_p 在其上是常值的 (**0**, 9.2.2). 由于 $Y = \operatorname{Spec}(A/\mathfrak{p})$, 其中 $\mathfrak{p}$ 是 A 的一个素理想, 故依照 (7.6.7), 可以限于考虑 $Y = X$ 并且 A 是 Noether 整环的情形, 此时由 (7.4.5) 就可以推出结论.

定理 (7.6.9) — 设 A 是一个 *Noether* 环, $P_\bullet$ 是一个由有限型平坦 A 模所组成的复形, $T_\bullet(M) = \mathrm{H}_\bullet(P_\bullet \otimes_A M)$ 是由 $P_\bullet$ 所定义的同调函子. 对每个 $x \in \operatorname{Spec} A$, 设 $d_p(x) = \operatorname{rg}_{\boldsymbol{k}(x)} T_p(\boldsymbol{k}(x))$. 则我们有

(i) 函数 d_p 在 $\operatorname{Spec} A$ 上是可构的, 并且是上半连续的.

(ii) 若 T_p 是正合的, 则 d_p 在 $\operatorname{Spec} A$ 上是连续的 (从而是局部常值的). 如果环 A 是既约的, 则逆命题也成立.

(i) 第一句话已经在 (7.6.8) 中得到了证明. 从而为了证明第二句, 我们只需说明 (**0**, 9.2.4), 若 $x' \neq x$ 是 x 在 $\operatorname{Spec} A$ 中的一个一般化, 则有 $d_p(x') \leqslant d_p(x)$. 现在我们取一个离散赋值环 B 和一个态射 $f : \operatorname{Spec} B \to \operatorname{Spec} A$, 使得对于 $\operatorname{Spec} B$ 的闭点 a 和一般点 b 来说, $f(a) = x$ 且 $f(b) = y$ (**II**, 7.1.9). 依照公式 (7.6.7.1),

问题于是归结为在 Spec B 中证明不等式 $d_p(a) \geqslant d_p(b)$, 然而这恰好就是不等式 (7.6.5.1) ①.

(ii) 第一句话已经在 (7.3.4) 中得到了证明. 为了证明它的逆命题, 我们使用赋值判别法 (7.6.2), 有见于公式 (7.6.7.1), 问题可以归结到 A 是离散赋值环的情形, 此时 Spec A 只包含两个点, 故依照 (7.6.5), d_p 是常值的这个条件就蕴涵了 T_p 是正合的.

推论 (7.6.10) — 设 A 是一个 *Noether* 环, $\mathfrak{p}_i$ $(1 \leqslant i \leqslant r)$ 是它的全体极小素理想, k_i 是 $A_{\mathfrak{p}_i}$ 的剩余类域 $(1 \leqslant i \leqslant r)$.

(i) 对任意 $x \in \operatorname{Spec} A$, 均可找到一个指标 i, 使得

(7.6.10.1) $$d_p(x) \geqslant \operatorname{rg}_{k_i} T_p(k_i).$$

特别地, 若 A 是整的, 并且 K 是它的分式域, 则对任意 $x \in \operatorname{Spec} A$, 我们都有

(7.6.10.2) $$d_p(x) \geqslant \operatorname{rg}_K T_p(K).$$

(ii) 进而假设 A 是局部环, 并且是既约的, k 是它的剩余类域. 则为了使 T_p 是正合的, 必须且只需对任意 $1 \leqslant i \leqslant r$, 均有

(7.6.10.3) $$\operatorname{rg}_k T_p(k) = \operatorname{rg}_{k_i} T_p(k_i).$$

(i) 是显然的, 因为 x 的任何邻域都包含某个 $\mathfrak{p}_i$, 从而只需使用半连续性的定义即可. 另一方面, 若 A 是局部环, 则极大理想 $\mathfrak{m}$ 在 Spec A 中的唯一邻域就是整个 Spec A, 从而对任意 $x \in \operatorname{Spec} A$, 我们都有 $d_p(x) \leqslant \operatorname{rg}_k T_p(k)$. 把这个关系式与 (i) 结合起来就表明, 条件 (7.6.10.3) 蕴涵了 $d_p(x)$ 在 Spec A 上是常值的, 因而依照 (7.6.9, (ii)), T_p 就是正合的. 而根据 (7.6.9, (ii)), 逆命题也很明显.

注解 (7.6.11) — 我们可以提出这样的问题, 即是否可以把 (7.6.9, (i)) 的结论加强为: 对任意 $x \in \operatorname{Spec} A$, 均有

(7.6.11.1) $$\operatorname{rg}_{\boldsymbol{k}(x)} T_p(\boldsymbol{k}(x)) \geqslant \operatorname{rg}_{\boldsymbol{k}(x)} (T_p(A) \otimes_A \boldsymbol{k}(x)).$$

这在 A 是离散赋值环并且 x 是极大理想时确实是成立的 (7.6.5). 我们限于考虑 A 是 Noether 局部环的情形, 设 $\mathfrak{m}$ 是它的极大理想, k 是它的剩余类域. 则以下诸条件是等价的:

a) 对任意由有限型平坦 A 模所组成的复形 $P_\bullet$ 和任意整数 p, 均有

(7.6.11.2) $$\operatorname{rg}_k (T_p(k)) \geqslant \operatorname{rg}_k (T_p(A) \otimes_A k).$$

① 这种通过化归到离散赋值环的情形来完成证明的方法是 Hironaka 告诉作者的.

b) 对任意有限型 A 模 M, 均有

(7.6.11.3) $$\mathrm{rg}_k(M\otimes_A k)\ \geqslant\ \mathrm{rg}_k(M^\vee\otimes_A k).$$

c) 对任意有限型 A 模 N, 均有

(7.6.11.4) $$\mathrm{rg}_k(\mathrm{Tor}_1^A(N,k))\ \geqslant\ \mathrm{rg}_k(\mathrm{Tor}_2^A(N,k)).$$

注意到通过次数的平移 (M, V, 7.2), 上面的最后一个条件也等价于说, 对任意 $i\geqslant 1$, 均有

(7.6.11.5) $$\mathrm{rg}_k(\mathrm{Tor}_i^A(N,k))\ \geqslant\ \mathrm{rg}_k(\mathrm{Tor}_{i+1}^A(N,k)).$$

我们来简单叙述一下证明的要点. 为了证明 a) 蕴涵 b), 可以取一个正合序列 $L_1\xrightarrow{d}L_0\to M\to 0$, 其中 L_0 和 L_1 都是有限型自由 A 模, 然后把 a) 应用到复形 $P_1\xrightarrow{{}^td}P_0$ 上, 其中 $P_0={L_1}^\vee$, $P_1={L_0}^\vee$, 其他项都是 0. 此时我们有 $T_1(A)=M^\vee$ 和 $T_1(k)=\mathrm{Hom}_A(M,k)=\mathrm{Hom}_A(M/\mathfrak{m}M,k)$, 换句话说, $T_1(k)$ 就是向量空间 $M\otimes_A k$ 的对偶, 从而两者具有相同的秩. 为了证明 b) 蕴涵 c). 我们首先要建立下面的引理:

引理 (7.6.11.6) — *给了一个由平坦 A 模所组成的复形 $\cdots\to 0\to P_1\xrightarrow{d}P_0\to 0\to\cdots$, 我们有正合序列*

(7.6.11.7) $$0\longrightarrow \mathrm{Tor}_2^A(Z_0',k)\longrightarrow T_1(A)\otimes_A k\longrightarrow T_1(k)\longrightarrow \mathrm{Tor}_1^A(Z_0',k)\longrightarrow 0.$$

事实上, 由正合序列 $0\to Z_1\to P_1\to B_0\to 0$ 可以引出一个正合序列 $0\to\mathrm{Tor}_1^A(B_0,k)\to Z_1\otimes k\to P_1\otimes k\xrightarrow{u}B_0\otimes k\to 0$. 由于 $Z_0=P_0$ 是平坦的, 故由正合序列 $0\to B_0\to Z_0\to Z_0'\to 0$ 可以得到 $\mathrm{Tor}_1^A(B_0,k)=\mathrm{Tor}_2^A(Z_0',k)$. 根据定义, 我们有 $Z_1=T_1(A)$, 另外我们还有, $T_1(k)=\mathrm{Ker}(d\otimes 1)$, 并且 $d\otimes 1$ 可以分解为 $P_1\otimes k\xrightarrow{u}B_0\otimes k\xrightarrow{v}Z_0\otimes k=P_0\otimes k$. 现在 $T_1(k)=u^{-1}(R)$, 其中 $R=\mathrm{Ker}\ v$, 并且由于 u 是满的, 故知 $R=u(T_1(k))$, 最后, 根据 v 的定义, $R=\mathrm{Tor}_1^A(Z_0',k)$, 这就建立了正合序列 (7.6.11.7).

现在为了证明 b) 蕴涵 c), 我们取一个正合序列 $L_1\xrightarrow{d}L_0\to N\to 0$, 其中 L_0 和 L_1 都是有限型自由 A 模. 考虑由 L_1 和 L_0 所组成的复形以及它所定义的函子 $T_\bullet$, 由于 L_0 和 L_1 都是自由的, 故知它们可以等同于它们的二次对偶, 从而若 $M=\mathrm{Coker}({}^td)$, 则有 $T_1(A)=\mathrm{Ker}(d)=M^\vee$, 此外, $M\otimes_A k=\mathrm{Coker}({}^td\otimes 1_k)$ 和 $\mathrm{Ker}(d\otimes 1_k)$ 在 k 上还有相同的秩. 因而条件 b) 蕴涵着

$$\mathrm{rg}_k(T_1(A)\otimes_A k)\ \leqslant\ \mathrm{rg}_k(T_1(k)).$$

由于 $Z'_0 = N$, 从而由正合序列 (7.6.11.7) 就可以推出不等式 (7.6.11.4). 最后, 为了证明 c) 蕴涵 a), 我们要应用 (7.6.11.6), 但是把 P_1 和 P_0 换成 P_p 和 P_{p-1}. 条件 c) 在模 Z'_p 上给出 $\mathrm{rg}_k R \geqslant \mathrm{rg}_k S$, 其中 $R = \mathrm{Ker}(P_p \otimes k \to P_{p-1} \otimes k)$, $S = Z_p \otimes k$. 现在若我们把 $d_{p+1} : P_{p+1} \to P_p$ 分解为 $P_{p+1} \xrightarrow{v} Z_p \xrightarrow{j} P_p$, 则有 $\mathrm{Im}(d_{p+1} \otimes 1) = (j \otimes 1)(\mathrm{Im}(v \otimes 1))$. 由于

$$T_p(A) \otimes_A k \;=\; (Z_p/B_p) \otimes_A k \;=\; (Z_p \otimes k)/\mathrm{Im}(v \otimes 1),$$

并且 $T_p(k) = R/\mathrm{Im}(d_{p+1} \otimes 1)$, 因而这就给出了不等式 (7.6.11.2).

在此基础上, 假设局部环 A 是 n 维正则环, 此时我们知道 [17], A 模 $\mathrm{Tor}_i^A(k,k)$ 同构于外幂 $\bigwedge^i(\mathfrak{m}/\mathfrak{m}^2)$, 从而对于 $N = k$ 来说, 条件 (7.6.11.4) 在 $n \geqslant 4$ 时就不再成立了. 相反, 若整局部环 A 上的任何有限型自返模都是自由的 (比如当 A 是 2 维正则局部环的时候), 则条件 (7.6.11.3) 是成立的. 事实上, 此时一个有限型 A 模 M 的对偶 $M^{\vee}$ 总是自返的, 从而是自由的, 因而 $\mathrm{rg}_k(M^{\vee} \otimes_A k) = \mathrm{rg}_K(M^{\vee}) = \mathrm{rg}_K(M)$($K$ 是 A 的分式域), 此外, 我们知道 $M \otimes_A k$ 在 k 上的任何一个基底都可以提升为 M 的一个生成元组 (Bourbaki, 《交换代数学》, II, §3, ¶2, 命题 4 的推论 2), 从而 $\mathrm{rg}_K(M) \leqslant \mathrm{rg}_k(M \otimes_A k)$, 这就证明了上述阐言.

7.7 在紧合态射上的应用: I. 替换性质

下面三节内容的主要目的是把前面几节的结果转换成概形和态射的语言.

(7.7.1) 设 $f : X \to Y$ 是概形之间的一个拟紧分离态射, 并设 $\mathscr{P}_\bullet$ 是一个拟凝聚 $\mathscr{O}_X$ 模层复形, 其中的缀算子是 -1 次的. 进而假设 $\mathscr{O}_X$ 模层 $\mathscr{P}_i$ 都是 Y 平坦的 ($\mathbf{0}_\mathbf{I}$, 6.7.1). 我们来考虑绵延函子 $\mathscr{M} \mapsto \mathscr{T}_\bullet(\mathscr{M})$ (也记作 $\mathscr{T}_\bullet(\mathscr{P}_\bullet, \mathscr{M})$), 它们是一些把拟凝聚 $\mathscr{O}_Y$ 模层映到拟凝聚 $\mathscr{O}_Y$ 模层 (依照 (6.2.3)) 的函子, 定义是这样的:

$$\textbf{(7.7.1.1)} \qquad \mathscr{T}_n(\mathscr{P}_\bullet, \mathscr{M}) \;=\; \mathscr{T}_n(\mathscr{M}) \;=\; \mathcal{H}^{-n}(f, \mathscr{P}^\bullet \otimes_{\mathscr{O}_Y} \mathscr{M}) \qquad (n \in \mathbb{Z}),$$

其中 $\mathscr{P}^\bullet$ 是这样一个复形, 它的 j 次项是 P_{-j}, 从而缀算子是 $+1$ 次的. 函子 $\mathscr{T}_\bullet$ 是关于 $\mathscr{M}$ 的一个同调函子 (6.2.6).

(7.7.2) 设 $g : Y' \to Y$ 是一个态射, 并且令 $X' = X_{(Y')} = X \times_Y Y'$ 和 $f' = f_{(Y')} : X' \to Y'$, 后者也是一个拟紧分离态射. 另一方面, 设 $\mathscr{P}'_\bullet = \mathscr{P}_\bullet \otimes_{\mathscr{O}_Y} \mathscr{O}_{Y'}$, 它是一个拟凝聚 $\mathscr{O}_{X'}$ 模层复形, 并且是Y' 平坦的 (**I**, 9.1.12 和 $\mathbf{0}_\mathbf{I}$, 6.2.1). 我们令

$$\textbf{(7.7.2.1)} \qquad \mathscr{T}_\bullet^{Y'}(\mathscr{M}') \;=\; \mathcal{H}^\bullet(f', \mathscr{P}'^\bullet \otimes_{\mathscr{O}_{Y'}} \mathscr{M}') \;=\; \mathcal{H}^\bullet(f', \mathscr{P}^\bullet \otimes_{\mathscr{O}_Y} \mathscr{M}')$$

(次数上的约定与上面相同), 它是一个关于拟凝聚 $\mathscr{O}_{Y'}$ 模层 $\mathscr{M}'$ 的同调函子. 如果 Y' 是仿射概形, 环为 A', 则我们也用 $\mathscr{T}_\bullet^{A'}$ 来记 $\mathscr{T}_\bullet^{Y'}$, 此时对任意 A' 模 M', 均有 $\mathscr{T}_\bullet^{A'}(\widetilde{M'}) = (\Gamma(Y', \mathscr{T}_\bullet^{Y'}(\widetilde{M'})))^\sim$. 我们令 $T_\bullet^{A'}(M') = \Gamma(Y', \mathscr{T}_\bullet^{Y'}(\widetilde{M'}))$, 它是一个关于 A' 模 M' 的同调函子, 仍取值在 A' 模范畴中. 注意到若 $Y = \operatorname{Spec} A$ 也是仿射的, 则 A' 模的函子 $T_\bullet^{A'}$ 与 A 模的同调函子 $T_\bullet^A$ 通过由 A 到 A' 的纯量扩张 (7.1.3) 而得到的函子是一致的. 事实上, 设 $g : Y' \to Y$ 是环同态 $A \to A'$ 所对应的态射, 并设 $g' : X' \to X$ 是对应的态射, 它是仿射的 (**II**, 1.6.2), 若 $\mathfrak{U}$ 是 X 的一个仿射开覆盖, 则 $\mathfrak{U}' = g'^{-1}(\mathfrak{U})$ 是 X' 的一个仿射开覆盖. 依照 (6.2.2), 问题归结为证明 $\mathrm{C}^\bullet(\mathfrak{U}, \mathscr{P}_\bullet \otimes_{\mathscr{O}_Y} g_*\mathscr{M}') = \mathrm{C}^\bullet(\mathfrak{U}', \mathscr{P}_\bullet \otimes_{\mathscr{O}_Y} \mathscr{M}')$, 因而最终归结为证明下面这个命题: 对于 X 的任意仿射开集 U, 以及 $U' = g'^{-1}(U)$, 均有 $\Gamma(U, \mathscr{P}_\bullet \otimes_{\mathscr{O}_Y} g_*\mathscr{M}') = \Gamma(U', \mathscr{P}_\bullet \otimes_{\mathscr{O}_Y} \mathscr{M}')$, 但这是显然的 (**I**, 1.3 和 3.2).

特别地, 若 U 是 Y 的一个开集, 则对任意拟凝聚 $\mathscr{O}_Y$ 模层 $\mathscr{M}$, 我们都有

(7.7.2.2) $$\mathscr{T}_\bullet^U(\mathscr{M}|_U) = (\mathscr{T}_\bullet(\mathscr{M}))|_U.$$

(7.7.3) 对任意拟凝聚 $\mathscr{O}_Y$ 模层 $\mathscr{M}$, 我们都有一个关于 $\mathscr{M}$ 的函子性典范同态

(7.7.3.1) $$\mathscr{T}_p(\mathscr{O}_Y) \otimes_{\mathscr{O}_Y} \mathscr{M} \longrightarrow \mathscr{T}_p(\mathscr{M}).$$

事实上, 若 Y 是仿射的, 则这个同态已经在 (7.2.2) 中定义过了, 并且把它扩展到一般情形也不困难, 因为若 U, V 是 Y 的两个仿射开集, 满足 $V \subseteq U$, 则根据 (7.2.3.3), 图表

$$\begin{array}{ccccc} (\mathscr{T}_p(\mathscr{O}_Y) \otimes_{\mathscr{O}_Y} \mathscr{M})|_U = & \mathscr{T}_p^U(\mathscr{O}_Y|_U) \otimes_{\mathscr{O}_Y|_U} (\mathscr{M}|_U) & \longrightarrow & \mathscr{T}_p^U(\mathscr{M}|_U) & = (\mathscr{T}_p(\mathscr{M}))|_U \\ & \downarrow & & \downarrow & \\ (\mathscr{T}_p(\mathscr{O}_Y) \otimes_{\mathscr{O}_Y} \mathscr{M})|_V = & \mathscr{T}_p^V(\mathscr{O}_Y|_V) \otimes_{\mathscr{O}_Y|_V} (\mathscr{M}|_V) & \longrightarrow & \mathscr{T}_p^V(\mathscr{M}|_V) & = (\mathscr{T}_p(\mathscr{M}))|_V \end{array}$$

是交换的.

对任意态射 $g : Y' \to Y$, 我们都有一个典范同态

(7.7.3.2) $$\mathscr{T}_p(\mathscr{O}_Y) \otimes_{\mathscr{O}_Y} \mathscr{O}_{Y'} \longrightarrow \mathscr{T}_p^{Y'}(\mathscr{O}_{Y'}),$$

这不过是 (6.7.10.2) 的一个特殊情形 (在目标上), 即我们取 $S = Y$, $v_1 = f$, $v_2 = 1_Y$, 并取 $\mathscr{P}_\bullet^{(2)}$ 只含 0 次项 $\mathscr{M}$.

如果 $Y = \operatorname{Spec} A, Y' = \operatorname{Spec} A'$ 都是仿射的, 那么 (7.7.3.2) 恰好就是 (7.2.2) 中所定义的典范 A' 同态

$$T_p^A(A) \otimes_A A' \longrightarrow T_p^{A'}(A') = T_p^A(A')$$

的伴生层同态. 这可由 (6.7.10) 立得 (因为在这种情况下, 我们可以在 (6.7.10) 中取 $\mathfrak{U}'^{(i)} = u_i^{-1}(\mathfrak{U}^{(i)})$).

(7.7.4) 如果 f 是紧合态射, $Y = \operatorname{Spec} A$ 是 Noether 仿射概形, 并且 $\mathscr{P}_\bullet$ 是由 Y 平坦的凝聚 $\mathscr{O}_X$ 模层所组成的下有界复形, 则我们在 (6.10.5) 中已经看到, 在只差同构的意义下, $\mathscr{T}_p(\mathscr{M}) = \mathscr{H}_p(\mathscr{L}_\bullet \otimes_{\mathscr{O}_Y} \mathscr{M})$, 其中 $\mathscr{L}_\bullet = \widetilde{L}_\bullet$, 且 $L_\bullet$ 是一个由有限型自由 A 模所组成的下有界复形, 从而函子 $\mathscr{T}_\bullet$ 就是在 (7.4) 和 (7.6) 中已经仔细研究过的那种类型的函子, 我们把那里的结果推广为下面的形状:

定理 (7.7.5) — 设 Y 是一个局部 *Noether* 概形, (U_α) 是 Y 的一个由仿射开集所组成的覆盖, $f: X \to Y$ 是一个紧合态射, $\mathscr{P}_\bullet$ 是一个由 Y 平坦的凝聚 $\mathscr{O}_X$ 模层所组成的下有界复形. 则由 (7.7.1.1) 所定义的同调函子 $\mathscr{T}_\bullet(\mathscr{M})$ 具有下面的性质:

I) (半连续性)①. 函数

(7.7.5.1)
$$y \longmapsto d_p(y) = \operatorname{rg}_{\boldsymbol{k}(y)} T_p^{\boldsymbol{k}(y)}(\boldsymbol{k}(y))$$

是上半连续的.

II) (替换性质). 对于一个给定的整数 p 来说, 以下诸条件是等价的:

a) $\mathscr{T}_p$ 是右正合的.

a′) $\mathscr{T}_p(\mathscr{M})$ 同构于一个形如 $\mathscr{N} \otimes_{\mathscr{O}_Y} \mathscr{M}$ 的函子 (这个 $\mathscr{N}$ 必然同构于 $\mathscr{T}_p(\mathscr{O}_Y) = \mathcal{H}^{-p}(f, \mathscr{P}^\bullet)$).

a″) 函子性典范同态 (7.7.3.1) 是一个同构.

b) $\mathscr{T}_{p-1}$ 是左正合的.

b′) 可以找到一个 $\mathscr{O}_Y$ 模层 $\mathscr{Q}$ (它必然是凝聚的, 并且可以被确定到只差唯一的同构), 使得我们有函子同构

(7.7.5.2)
$$\mathscr{T}_{p-1}(\mathscr{M}) \xrightarrow{\sim} \mathscr{H}om_{\mathscr{O}_Y}(\mathscr{Q}, \mathscr{M}).$$

c) 若我们用 A_α 来记仿射开集 U_α 的环. 则对任意指标 α, A_α 模上的函子 $T_p^{A_\alpha}$ 总是右正合的.

d) 对任意态射 $g: Y' \to Y$, 典范同态

(7.7.5.3)
$$\mathscr{T}_p(\mathscr{O}_Y) \otimes_{\mathscr{O}_Y} \mathscr{O}_{Y'} \longrightarrow \mathscr{T}_p^{Y'}(\mathscr{O}_{Y'})$$

① 这个定理的特殊情形已经出现在 Chow-Igusa 的文章 [3] 中. 在解析空间的框架里, 半连续性定理首先是由 Kodaira-Spencer (在很特殊的情形) 发现的 (On the variations of almost-complex structure, *Algebraic Geometry and Topology, A Symposium in honor of S. Lefschetz*, Princeton Series No. 12, p. 139-150, Princeton, 1957), 后来 Grauert [5] 给出了一般情形的证明.

都是一个同构.

半连续性在 Y 上是局部性的, 从而可由注解 (7.7.4) 以及 (7.6.9) 推出. 显然 a″) 蕴涵 a′) 并且 a′) 蕴涵 a). 当 Y 是仿射概形时, 有见于注解 (7.7.4), 条件 a), a″), b) 和 b′) 的等价性已经在 (7.3.1) 和 (7.4.6) 中得到了证明. 现在考虑一般情形, 我们首先来证明 a) 等价于 c), 这就能够说明性质 a) 在 Y 上是局部性的, 这个方法同样可以用来证明 a″) 和 b) 也是局部性的. 易见 c) 蕴涵 a), 从而只要证明逆命题即可. 显然只需证明, 对于 Y 的任意仿射开集 U 以及拟凝聚 $(\mathscr{O}_Y|_U)$ 模层的任意正合序列 $0 \to \mathscr{F}' \to \mathscr{F} \to \mathscr{F}'' \to 0$, 均可找到拟凝聚 $\mathscr{O}_Y$ 模层的一个正合序列 $0 \to \mathscr{G}' \to \mathscr{G} \to \mathscr{G}'' \to 0$, 使得 $\mathscr{F}' = \mathscr{G}'|_U$, $\mathscr{F} = \mathscr{G}|_U$, $\mathscr{F}'' = \mathscr{G}''|_U$. 然而这可由 Y 是局部 Noether 概形的条件以及 (**I**, 9.4.2) 立得. 事实上, 只需把 $\mathscr{F}$ 延拓为一个拟凝聚 $\mathscr{O}_X$ 模层 $\mathscr{G}$, 然后把 $\mathscr{F}'$ 延拓为 $\mathscr{G}$ 的一个 $\mathscr{O}_X$ 子模层 $\mathscr{G}'$, 最后取 $\mathscr{G}'' = \mathscr{G}/\mathscr{G}'$ 即可.

为了在一般情形下证明 b) 和 b′) 的等价性, 首先注意到若 Y 是仿射的, 则 $\mathscr{Q}$ 可被确定到只差唯一的同构. 现在若 U 是仿射概形 Y 的一个仿射开集, 则由前面的讨论得知, 我们有一个函子性同构 $\mathscr{T}_{p-1}^U(\mathscr{M}|_U) \xrightarrow{\sim} \mathscr{H}om_{\mathscr{O}_Y|_U}(\mathscr{Q}|_U, \mathscr{M}|_U)$. 在一般情形下, 对于 Y 的任意仿射开集 U, 我们都有一个凝聚 $(\mathscr{O}_Y|_U)$ 模层 $\mathscr{Q}_U$ 和一个函子性同构 $\mathscr{T}_{p-1}^U(\mathscr{M}|_U) \to \mathscr{H}om_{\mathscr{O}_Y|_U}(\mathscr{Q}_U, \mathscr{M}|_U)$, 而上面的注解表明, 若 V 是一个包含在 U 中的仿射开集, 则我们有 $\mathscr{Q}_U|_V = \mathscr{Q}_V$, 这就证明了满足 (7.7.5.2) 的 $\mathscr{O}_Y$ 模层 $\mathscr{Q}$ 的存在性和唯一性.

最后还需要证明 a) 和 d) 的等价性, 易见 d) 在 Y 上是局部性的, 并且我们在上面已经看到, a) 在 Y 上同样是局部性的, 进而, d) 在 Y' 上也是局部性的. 现在若 $Y = \operatorname{Spec} A, Y' = \operatorname{Spec} A'$, 则我们看到 $T_\bullet^{A'}$ 就是由 $T_\bullet^A$ 通过从 A 到 A' 的纯量扩张而得到的函子, 由此易见, a′) 蕴涵着 (7.7.5.3) 是一个同构. 反过来, 仍假设 $Y = \operatorname{Spec} A$ 是仿射的, 并设 A' 是这样一个 A 代数 $A \oplus M$, 其中 M 是任意 A 模, 并且 A' 上的乘法的定义是 $(a_1, m_1)(a_2, m_2) = (a_1a_2, a_1m_2 + a_2m_1)$, 此时

$$T_p^{A'}(A') = T_p(A \oplus M) = T_p(A) \oplus T_p(M),$$

并且 (7.7.5.3) 是一一的这个条件表明, 典范映射 $T_p(A) \otimes_A M \to T_p(M)$ 也是一一的, 换句话说 d) 蕴涵 a″), 这就完成了证明.

定理 (7.7.6) — *设 Y 是一个局部 Noether 概形, $f : X \to Y$ 是一个紧合态射, $\mathscr{F}$ 是一个 Y 平坦的凝聚 $\mathscr{O}_X$ 模层. 则可以找到一个凝聚 $\mathscr{O}_Y$ 模层 $\mathscr{Q}$ (确定到只差唯一的同构), 使得我们有一个关于拟凝聚 $\mathscr{O}_Y$ 模层 $\mathscr{M}$ 的函子同构*

(7.7.6.1) $$f_*(\mathscr{F} \otimes_{\mathscr{O}_Y} \mathscr{M}) \xrightarrow{\sim} \mathscr{H}om_{\mathscr{O}_Y}(\mathscr{Q}, \mathscr{M})$$

(由此又得到函子同构

$$\Gamma(X, \mathscr{F} \otimes_{\mathscr{O}_Y} \mathscr{M}) \xrightarrow{\sim} \operatorname{Hom}_{\mathscr{O}_Y}(\mathscr{Q}, \mathscr{M})). \tag{7.7.6.2}$$

事实上, 由于 $\mathscr{M} \mapsto \mathscr{F} \otimes_{\mathscr{O}_Y} \mathscr{M}$ 是正合的 ($\mathbf{0_I}$, 6.7.4), 并且 f_* 是左正合的, 故知函子 $\mathscr{M} \mapsto f_*(\mathscr{F} \otimes_{\mathscr{O}_Y} \mathscr{M})$ 是左正合的. 于是只需对 $p = 1$ 应用 (7.7.5, b)) 和 (7.7.5, b′)) 的等价性即可.

推论 (7.7.7) — *设 Y 是一个局部 Noether 概形, $f : X \to Y$ 是一个紧合态射, $\mathscr{F}$, $\mathscr{F}'$ 是两个 Y 平坦的凝聚 $\mathscr{O}_X$ 模层, $u : \mathscr{F} \to \mathscr{F}'$ 是一个同态. 考虑下面两个关于拟凝聚 $\mathscr{O}_Y$ 模层 $\mathscr{M}$ 的函子:*

$$\mathscr{T}(\mathscr{M}) = \operatorname{Ker}\big(f_*(\mathscr{F} \otimes_{\mathscr{O}_Y} \mathscr{M}) \to f_*(\mathscr{F}' \otimes_{\mathscr{O}_Y} \mathscr{M})\big),$$
$$T(\mathscr{M}) = \Gamma(Y, \mathscr{T}(\mathscr{M})) = \operatorname{Ker}\big(\Gamma(X, \mathscr{F} \otimes_{\mathscr{O}_Y} \mathscr{M}) \to \Gamma(X, \mathscr{F}' \otimes_{\mathscr{O}_Y} \mathscr{M})\big),$$

则可以找到一个凝聚 $\mathscr{O}_Y$ 模层 $\mathscr{R}$ (确定到只差唯一的同构), 使得我们有函子同构

$$\mathscr{T}(\mathscr{M}) \xrightarrow{\sim} \mathscr{H}om_{\mathscr{O}_Y}(\mathscr{R}, \mathscr{M}), \tag{7.7.7.1}$$
$$T(\mathscr{M}) \xrightarrow{\sim} \operatorname{Hom}_{\mathscr{O}_Y}(\mathscr{R}, \mathscr{M}). \tag{7.7.7.2}$$

可以限于证明 (7.7.7.2). 事实上, 在 Y 是仿射概形时, 这就已经证明了 (7.7.7.1), 在一般情形下, 利用证明 (7.7.5, b) 和 b′)) 的等价性的方法, 并根据可表识函子的表识对象在只差唯一同构下的唯一性 ($\mathbf{0}$, 8.1.8), 就可以从仿射情形的结果推出 (7.7.7.1). 现在由 (7.7.6) 知, 我们有两个凝聚 $\mathscr{O}_Y$ 模层 $\mathscr{Q}, \mathscr{Q}'$, 它们定义了两个函子性同构

$$\Gamma(X, \mathscr{F} \otimes_{\mathscr{O}_Y} \mathscr{M}) \xrightarrow{\sim} \operatorname{Hom}_{\mathscr{O}_Y}(\mathscr{Q}, \mathscr{M}), \quad \Gamma(X, \mathscr{F}' \otimes_{\mathscr{O}_Y} \mathscr{M}) \xrightarrow{\sim} \operatorname{Hom}_{\mathscr{O}_Y}(\mathscr{Q}', \mathscr{M}).$$

由 $u : \mathscr{F} \to \mathscr{F}'$ 可以典范地定义一个函子态射

$$\Gamma(X, \mathscr{F} \otimes_{\mathscr{O}_Y} \mathscr{M}) \longrightarrow \Gamma(X, \mathscr{F}' \otimes_{\mathscr{O}_Y} \mathscr{M}),$$

它又唯一地对应着一个使下述图表交换的 $\mathscr{O}_Y$ 模层同态 $v : \mathscr{Q}' \to \mathscr{Q}$ ($\mathbf{0}$, 8.1.4)

$$\begin{array}{ccc}
\Gamma(X, \mathscr{F} \otimes_{\mathscr{O}_Y} \mathscr{M}) & \longrightarrow & \Gamma(X, \mathscr{F}' \otimes_{\mathscr{O}_Y} \mathscr{M}) \\
\wr\downarrow & & \wr\downarrow \\
\operatorname{Hom}_{\mathscr{O}_Y}(\mathscr{Q}, \mathscr{M}) & \longrightarrow & \operatorname{Hom}_{\mathscr{O}_Y}(\mathscr{Q}', \mathscr{M})
\end{array}$$

由于反变函子 $\mathscr{N} \mapsto \mathrm{Hom}_{\mathscr{O}_Y}(\mathscr{N},\mathscr{M})$ 在 $\mathscr{O}_Y$ 模层范畴上是左正合的, 故只需取 $\mathscr{R} = \mathrm{Coker}(v)$ 就可以得到所要的同构 (7.7.7.2).

推论 (7.7.8) — 在 (7.7.6) 中关于 X, Y 和 f 的前提条件下, 设 $\mathscr{F},\mathscr{G}$ 是两个满足下述条件的凝聚 $\mathscr{O}_X$ 模层: (i) $\mathscr{F}$ 是 Y 平坦的, (ii) $\mathscr{G}$ 同构于两个有限型局部自由 $\mathscr{O}_X$ 模层之间的某个同态 $\mathscr{E}_1 \to \mathscr{E}_0$ 的余核. 考虑关于拟凝聚 $\mathscr{O}_Y$ 模层 $\mathscr{M}$ 的下面两个函子:

$$\mathscr{T}(\mathscr{M}) = f_*\mathscr{H}om_{\mathscr{O}_Y}(\mathscr{G},\mathscr{F}\otimes_{\mathscr{O}_Y}\mathscr{M}),$$

$$T(\mathscr{M}) = \Gamma(Y,\mathscr{T}(\mathscr{M})) = \mathrm{Hom}_{\mathscr{O}_X}(\mathscr{G},\mathscr{F}\otimes_{\mathscr{O}_Y}\mathscr{M}),$$

则可以找到一个凝聚 $\mathscr{O}_Y$ 模层 $\mathscr{N}$ (确定到只差唯一的同构), 使得我们有函子同构

(7.7.8.1) $$\mathscr{T}(\mathscr{M}) \xrightarrow{\sim} \mathscr{H}om_{\mathscr{O}_Y}(\mathscr{N},\mathscr{M}),$$

(7.7.8.2) $$T(\mathscr{M}) \xrightarrow{\sim} \mathrm{Hom}_{\mathscr{O}_Y}(\mathscr{N},\mathscr{M}).$$

基于 ($\mathbf{0_I}$, 5.4.2.1) 中的函子性同构, 我们有关于 $\mathscr{M}$ 的下述函子性同构 (对于 $i = 0, 1$)

$$\mathscr{H}om_{\mathscr{O}_X}(\mathscr{E}_i,\mathscr{F}\otimes_{\mathscr{O}_Y}\mathscr{M}) \xrightarrow{\sim} \mathscr{E}_i^{\vee}\otimes_{\mathscr{O}_X}(\mathscr{F}\otimes_{\mathscr{O}_Y}\mathscr{M})$$
$$\xrightarrow{\sim} (\mathscr{E}_i^{\vee}\otimes_{\mathscr{O}_X}\mathscr{F})\otimes_{\mathscr{O}_Y}\mathscr{M} \xrightarrow{\sim} \mathscr{H}om_{\mathscr{O}_X}(\mathscr{E}_i,\mathscr{F})\otimes_{\mathscr{O}_Y}\mathscr{M}.$$

令 $\mathscr{F}_i = \mathscr{H}om_{\mathscr{O}_X}(\mathscr{E}_i,\mathscr{F})$, 它们都是 Y 平坦 ($\mathbf{0_I}$, 5.4.2) 的凝聚 ($\mathbf{0_I}$, 5.3.5) $\mathscr{O}_X$ 模层. 设 $u = \mathscr{H}om(v, 1_{\mathscr{F}}) : \mathscr{F}_0 \to \mathscr{F}_1$. 基于函子 $\mathscr{H} \mapsto \mathscr{H}om_{\mathscr{O}_X}(\mathscr{H},\mathscr{F}\otimes_{\mathscr{O}_Y}\mathscr{M})$ 的左正合性, 我们有关于 $\mathscr{M}$ 的下述函子性同构

$$\begin{aligned}&\mathscr{H}om_{\mathscr{O}_X}(\mathscr{G},\mathscr{F}\otimes_{\mathscr{O}_Y}\mathscr{M})\\ \xrightarrow{\sim}\ &\mathrm{Ker}\big(\mathscr{H}om_{\mathscr{O}_X}(\mathscr{E}_0,\mathscr{F}\otimes_{\mathscr{O}_Y}\mathscr{M}) \to \mathscr{H}om_{\mathscr{O}_X}(\mathscr{E}_1,\mathscr{F}\otimes_{\mathscr{O}_Y}\mathscr{M})\big)\\ \xrightarrow{\sim}\ &\mathrm{Ker}\big(\mathscr{F}_0\otimes_{\mathscr{O}_Y}\mathscr{M} \to \mathscr{F}_1\otimes_{\mathscr{O}_Y}\mathscr{M}\big).\end{aligned}$$

现在 f_* 是左正合的, 故我们由此导出一个函子性同构

$$f_*\mathscr{H}om_{\mathscr{O}_X}(\mathscr{G},\mathscr{F}\otimes_{\mathscr{O}_Y}\mathscr{M}) \xrightarrow{\sim} \mathrm{Ker}\big(f_*(\mathscr{F}_0\otimes_{\mathscr{O}_Y}\mathscr{M}) \to f_*(\mathscr{F}_1\otimes_{\mathscr{O}_Y}\mathscr{M})\big),$$

从而只需再应用 (7.7.7) 即可.

注解 (7.7.9) — (i) 在 (7.7.6), (7.7.7), (7.7.8) 中, $\mathscr{O}_Y$ 模层 $\mathscr{Q}$, $\mathscr{R}$, $\mathscr{N}$ 的构成格式都与基变换可交换. 比如说 (沿用 (7.7.2) 的记号) 在 (7.7.6) 的情形中, 对任意拟凝聚 $\mathscr{O}_{Y'}$ 模层 $\mathscr{M}'$, 我们都有同构

$$f'_*(\mathscr{F}\otimes_{\mathscr{O}_Y}\mathscr{M}') \xrightarrow{\sim} \mathscr{H}om_{\mathscr{O}_{Y'}}(g^*\mathscr{Q},\mathscr{M}').$$

这是因为, 依照 (7.7.2) 中的注解, 问题归结为证明

$$\mathrm{Hom}_{\mathscr{O}_Y}(\mathscr{Q}, g_*\mathscr{M}') = \mathrm{Hom}_{\mathscr{O}_{Y'}}(g^*\mathscr{Q}, \mathscr{M}'),$$

而这恰好就是 ($\mathbf{0}_{\mathbf{I}}$, 4.4.3.1). 同样地, 在 (7.7.7) 中, 当我们把 Y, f, $\mathscr{M}$, $\mathscr{F}$, $\mathscr{F}'$ 换成 Y', f', $\mathscr{M}'$, $\mathscr{F}\otimes_{\mathscr{O}_X}\mathscr{O}_{X'}$, $\mathscr{F}'\otimes_{\mathscr{O}_X}\mathscr{O}_{X'}$ 时, 也要把 $\mathscr{R}$ 换成 $g^*\mathscr{R}$. 最后, 在 (7.7.8) 中, 当我们把 X, Y, f, $\mathscr{M}$, $\mathscr{F}$ 换成 X', Y', f', $\mathscr{M}'$, $\mathscr{F}\otimes_{\mathscr{O}_X}\mathscr{O}_{X'}$, 并把 $\mathscr{G}$ 换成 $\mathscr{G}' = \mathscr{G}\otimes_{\mathscr{O}_Y}\mathscr{O}_{X'}$ 时, 也要把 $\mathscr{N}$ 换成 $g^*\mathscr{N}$, 这可由下面的事实推出: 对于 $\mathscr{E}'_i = \mathscr{E}_i\otimes_{\mathscr{O}_Y}\mathscr{O}_{X'}$, 我们仍然有正合序列 $\mathscr{E}'_1 \to \mathscr{E}'_0 \to \mathscr{G}' \to 0$, 并且 $(\mathscr{E}'_i)\check{}\otimes_{\mathscr{O}_{X'}}(\mathscr{F}\otimes_{\mathscr{O}_Y}\mathscr{M}') = \mathscr{E}_i\check{}\otimes_{\mathscr{O}_X}(\mathscr{F}\otimes_{\mathscr{O}_Y}\mathscr{M})$ $(i=0,1)$.

(ii) 在 (7.7.8) 中, 如果 X 上有一个 Y 丰沛的可逆 $\mathscr{O}_X$ 模层, 比如当 Y 是仿射概形并且 $f: X\to Y$ 是射影态射的时候, 那么关于 $\mathscr{G}$ 的条件 (ii) 总能得到满足. 事实上, 此时有见于 (**II**, 5.5.1), 我们能找到局部自由的有限型 $\mathscr{O}_X$ 模层 $\mathscr{E}_0$, 使得 $\mathscr{G}$ 同构于 $\mathscr{E}_0$ 的一个商模层 (**II**, 2.7.10), 由于 $\mathscr{E}_0$ 和 $\mathscr{G}$ 都是凝聚的, 从而 $\mathscr{E}_0\to\mathscr{G}$ 的核 $\mathscr{G}_1$ 也是凝聚的, 再对 $\mathscr{G}_1$ 使用同样的方法, 就可以得到一个正合序列 $\mathscr{E}_1\to\mathscr{E}_0\to\mathscr{G}\to 0$, 其中 $\mathscr{E}_0$ 和 $\mathscr{E}_1$ 都是有限型且局部自由的.

(iii) 我们将在第五章说明, (7.7.8) 中的限制条件 (ii) 还是太强了.

命题 (7.7.10) (替换性质的局部判别法) — 在 (7.7.5) 的一般条件下, 设 y 是 Y 的一点, p 是一个整数. 则以下诸性质是等价的:

a) 函子 $T_p^{\mathscr{O}_y}$ 是右正合的.

b) 典范同态 $T_p^{\mathscr{O}_y}(\mathscr{O}_y)\to T_p^{\mathscr{O}_y}(\boldsymbol{k}(y))$ 是满的.

c) 对任意整数 n, 典范同态 $T_p^{\mathscr{O}_y}(\mathscr{O}_y/\mathfrak{m}_y^{n+1})\to T_p^{\mathscr{O}_y}(\boldsymbol{k}(y))$ 总是满的.

进而, 由满足这些条件的点 $y\in Y$ 所组成的集合 U 就是能使得 $\mathscr{T}_p^U$ 成为右正合函子的最大开集 $U\subseteq Y$.

有见于 (7.7.4), a), b), c) 的等价性可由 (7.4.7) 和 (7.5.2) 推出. 使 $T_p^{\mathscr{O}_y}$ 右正合的那些点 y 的集合 U 是开集的事实也是 (7.4.4) 的一个推论. 反过来, 若 $\mathscr{T}_p^V$ 是右正合的, 则根据 (7.7.5) 的条件 c) 以及 (7.6.1), 对任意 $y\in V$, $T_p^{\mathscr{O}_y}$ 也都是右正合的.

推论 (7.7.11) — 若 $\mathscr{T}_p$ 是右正合的 (切转: 左正合的), 则对任意态射 $g: Y'\to Y$, $\mathscr{T}_p^{Y'}$ 也是右正合的 (切转: 左正合的). 如果态射 g 还是忠实平坦的, 则逆命题也成立.

第一句话可由 (7.6.1) 以及问题在 Y 和 Y' 上的局部性 (7.7.5, c) 和 b)) 立得. 为了证明第二句话, 依照 (7.7.10), 我们只需证明, 对任意 $y\in Y$, $T_p^{\mathscr{O}_y}$ 都是右正合的 (切转: 左正合的). 然而根据前提条件, 可以找到 $y'\in Y'$, 使得 $g(y')=y$, 并且

$\mathscr{O}_{y'}$ 是一个忠实平坦 $\mathscr{O}_y$ 模, 于是由前提条件和 (7.6.1) 就可以推出结论.

注解 (7.7.12) — (i) 在 (7.7.4) 的前提条件下, 进而假设 $\mathscr{P}_\bullet$ 是一个有限复形, 则由 (7.7.1) 知, 双复形 $\mathrm{C}^\bullet(\mathfrak{U}, \mathscr{P}^\bullet \otimes_{\mathscr{O}_Y} \mathscr{M})$ 也是有限的 (因为我们总可以取 $\mathfrak{U}$ 是 X 的一个有限仿射开覆盖), 更确切地说, 可以找到一个不依赖于 $\mathscr{M}$ 的有限子集 $E \subseteq \mathbb{Z}^2$, 使得对任意 $(h,k) \notin E$, 均有 $\mathrm{C}^h(\mathfrak{U}, \mathscr{P}^k \otimes_{\mathscr{O}_Y} \mathscr{M}) = 0$. 由此得知, 可以找到 i_1, 使得当 $i \geqslant i_1$ 时, 对所有拟凝聚 $\mathscr{O}_Y$ 模层 $\mathscr{M}$, 我们都有 $\mathscr{T}_i(\mathscr{M}) = 0$. 特别地, 对这样的 i 来说, $\mathscr{T}_i$ 显然是一个关于 $\mathscr{M}$ 的正合函子, 因而 (7.4.1) $\mathrm{Z}'_i(L_\bullet)$ 是一个有限型平坦A 模 (从而也是有限型投射的, 因为 A 是 Noether 环). 考虑这样一个 A 模复形 $(L'_\bullet)$, 在 $i < i_1$ 时 $L'_i = L_i$, 在 $i > i_1$ 时 $L'_i = 0$, 并且 $L'_{i_1} = \mathrm{Z}'_{i_1}(L_\bullet)$. 设 $\mathscr{L}'_\bullet = \widetilde{L}'_\bullet$, 则易见在 $i < i_1 - 1$ 时总有 $\mathscr{H}_i(\mathscr{L}'_\bullet \otimes_{\mathscr{O}_Y} \mathscr{M}) = \mathscr{H}_i(\mathscr{L}'_\bullet \otimes_{\mathscr{O}_Y} \mathscr{M})$, 这件事对于 $i \geqslant i_1$ 也成立 (此时这两项都是 0). 最后, 根据定义 $\mathrm{Im}(\mathrm{Z}'_{i_1} \otimes_A M) = \mathrm{Im}(L_{i_1} \otimes_A M)$, 因而在 $i = i_1 - 1$ 时也有 $\mathscr{H}_i(\mathscr{L}'_\bullet \otimes_{\mathscr{O}_Y} \mathscr{M}) = \mathscr{H}_i(\mathscr{L}_\bullet \otimes_{\mathscr{O}_Y} \mathscr{M})$. 从而我们可以在 (7.7.4) 中要求 $\mathscr{L}_\bullet$ 也是有限复形, 但这时就只能假设 $\mathscr{L}_i$ 都是局部自由 $\mathscr{O}_Y$ 模层 (即有限型投射 A 模的伴生层).

特别地, 这个讨论可以应用到 $\mathscr{P}_\bullet$ 只有 0 次项 $\mathscr{F}$ 的情形, 并假设 $\mathscr{F} \neq 0$ (此时 $\mathscr{T}_n(\mathscr{M}) = \mathrm{R}^{-n} f_*(\mathscr{F} \otimes_{\mathscr{O}_Y} \mathscr{M})$), 因而在这里我们还可以要求当 $i > 0$ 时 $\mathscr{L}_i$ 都是 0. 这种情况下我们更习惯于采用上同调的记号, 即把 $\mathscr{T}_p$ 改写成 $\mathscr{T}^{-p}$.

(ii) 在 (7.7.5) 的陈述中, 如果不假设这些 $\mathscr{P}_i$ 都是 Y 平坦的, 则结论仍然能够成立, 不过此时必须取

(7.7.12.1) $$\mathscr{T}_p(\mathscr{M}) = \mathcal{T}or_p^Y(f, 1_Y; \mathscr{P}_\bullet, \mathscr{M}).$$

事实上, 依照 (6.7.9), $\mathcal{T}or_p^Y(f, 1_Y; \mathscr{P}_\bullet, \mathscr{O}_Y)$ 是一个凝聚$\mathscr{O}_Y$ 模层. (6.10.5) 的证明方法仍然适用 (有见于 (6.10.1)), 由此得知, 当 $Y = \operatorname{Spec} A$ 是仿射概形时, 我们有 $\mathscr{T}_p(\mathscr{M}) = \mathscr{H}_p(\mathscr{L}_\bullet \otimes_{\mathscr{O}_Y} \mathscr{M})$, 其中 $\mathscr{L}_\bullet = \widetilde{L}_\bullet$, 且 $L_\bullet$ 是由有限型自由 A 模所组成的一个复形, 这就证明了上述阐言.

7.8 在紧合态射上的应用: II. 上同调平坦性的判别法

定义 (7.8.1) — 设 X, Y 是两个概形, $f: X \to Y$ 是一个拟紧分离态射, $\mathscr{P}_\bullet$ 是一个由 Y 平坦的拟凝聚 $\mathscr{O}_X$ 模层所组成的复形, $\mathscr{T}_\bullet$ 是由 (7.7.1.1) 所定义的拟凝聚 $\mathscr{O}_Y$ 模层上的同调函子, y 是 Y 的一点. 所谓 $\mathscr{P}_\bullet$ 在点 y 近旁是 p 维同调平坦的 (或者说在点 y 近旁是 $-p$ 维上同调平坦的), 是指可以找到 y 的一个开邻域 U, 使得 $\mathscr{T}_p^U = \mathscr{T}_U^{-p}$ 是正合的. 所谓 $\mathscr{P}_\bullet$ 在 Y 上是 p 维同调平坦的 (或者说在 Y 上是 $-p$ 维上同调平坦的), 是指它在 Y 的任意点近旁都是 $-p$ 维上同调平坦的.

如果对于任意维数 p 来说, $\mathscr{P}_\bullet$ 在 Y 上都是同调平坦的 (切转: 在点 y 近旁都是同调平坦的), 则我们也说 $\mathscr{P}_\bullet$ 在 Y 上是同调平坦的(切转: 在点 y 近旁是同调平坦的), 或者说 $\mathscr{P}_\bullet$ 在 Y 上是上同调平坦的 (切转: 在点 y 近旁是上同调平坦的).

(7.8.2) 根据这个定义, 同调平坦性是 Y 上的一个局部性质. 若 Y 是局部 Noether 概形, 或者是分离概形, 则为了使 $\mathscr{P}_\bullet$ 在 Y 上是 p 维同调平坦的, 必须且只需函子 $\mathscr{T}_p$ 是正合的. 事实上, 在 Y 是局部 Noether 概形时, 这件事的证明已经出现在了 (7.7.5) 的证明过程之中, 在 Y 是分离概形时, 也可以使用同样的方法来证明 (把 (**I**, 9.4.2) 应用到拟紧分离概形的仿射开集上去).

命题 (7.8.3) — 记号和前提条件与 (7.8.1) 相同, 则以下诸条件是等价的:

a) $\mathscr{P}_\bullet$ 在点 y 近旁是 p 维同调平坦的.

b) 可以找到 y 的一个开邻域 U, 使得 $\mathscr{T}_p^U$ 和 $\mathscr{T}_{p+1}^U$ 都是右正合的.

c) 可以找到 y 的一个开邻域 U, 使得 $\mathscr{T}_p^U$ 和 $\mathscr{T}_{p-1}^U$ 都是左正合的.

d) 可以找到 y 的一个开邻域 U, 使得 $\mathscr{T}_{p+1}^U$ 是右正合的, 并且 $\mathscr{T}_{p-1}^U$ 是左正合的.

有见于 Y 是仿射概形时我们对 $\mathscr{T}_p$ 所作的解释, 这只不过是 (7.3.3) 中的部分结果的一个改写.

命题 (7.8.4) — 设 Y 是一个局部 *Noether* 概形, $f : X \to Y$ 是一个紧合态射, $\mathscr{P}_\bullet$ 是一个由 Y 平坦的凝聚 $\mathscr{O}_X$ 模层所组成的下有界复形, $\mathscr{T}_\bullet$ 是由 (7.7.1.1) 所定义函子. 则对任意 $y \in Y$, 以下诸条件是等价的:

a) $\mathscr{P}_\bullet$ 在点 y 近旁是 p 维同调平坦的.

b) 函子 $T_p^{\mathscr{O}_y}$ 是正合的.

c) 可以找到一个整数 n_0, 使得当 $n \geqslant n_0$ 时总有

$$\text{(7.8.4.1)} \qquad \operatorname{long} T_p^{\mathscr{O}_y}(\mathscr{O}_y/\mathfrak{m}_y^{n+1}) = \operatorname{long} T_p^{\mathscr{O}_y}(\boldsymbol{k}(y)).\operatorname{long}\mathscr{O}_y/\mathfrak{m}_y^{n+1}$$

(这里考虑的是 $\mathscr{O}_y$ 模的长度).

d) 可以找到 y 的一个开邻域 U, 使得 $(\mathcal{H}^{-p}(f, \mathscr{P}^\bullet))|_U$ 同构于某个形如 $(\mathscr{O}_Y|_U)^m$ 的 $(\mathscr{O}_Y|_U)$ 模层, 并且对任意拟凝聚 $(\mathscr{O}_Y|_U)$ 模层 $\mathscr{M}$, 典范同态

$$\text{(7.8.4.2)} \qquad (\mathcal{H}^{-p}(f, \mathscr{P}^\bullet)|_U) \otimes_{\mathscr{O}_Y|_U} \mathscr{M} \longrightarrow \mathcal{H}^{-p}(f, (\mathscr{P}^\bullet|_U) \otimes_{\mathscr{O}_Y|_U} \mathscr{M})$$

总是一一的.

当这些条件得到满足时, 我们还有下面的性质:

e) 可以找到 y 的一个开邻域, 使得函数 $z \mapsto d_p(z)$ (定义见 (7.7.5.1)) 在它上

面是常值的.

进而, 若 Y 在点 y 处是既约的 ($\mathbf{0_I}$, 4.1.4), 则 e) 等价于上面那些条件.

事实上, 条件 b) 等价于 $T_p^{\mathscr{O}_y}$ 和 $T_{p+1}^{\mathscr{O}_y}$ 都是右正合的 (7.3.3). 于是由 (7.7.10) 和 (7.8.3) 就可以推出 a) 和 b) 的等价性. 由于 $\mathscr{O}_y/\mathfrak{m}_y^{n+1}$ 是 Artin 环, 并且 $T_p^{\mathscr{O}_y}(\mathscr{O}_y/\mathfrak{m}_y^{n+1})$ 和 $T_p^{\mathscr{O}_y}(\boldsymbol{k}(y))$ 都是有限型 $(\mathscr{O}_y/\mathfrak{m}_y^{n+1})$ 模 (7.7.4), 从而它们都是有限长的, 因而 b) 和 c) 的等价性仍然可由 (7.7.10) 和 (7.3.5.7) 推出. 作为 (7.6.9) 的推论, a) 蕴涵 e), 并且当 $\mathscr{O}_y$ 是既约环时, 它们是相互等价的. 最后, 依照定义 (7.8.1) 以及 (7.7.5), a) 蕴涵着 (7.8.4.2) 是一一的, 另一方面, a) 蕴涵着 $(\mathcal{H}^{-p}(f,\mathscr{P}^\bullet))_y$ 是一个平坦 $\mathscr{O}_y$ 模 (7.3.3, f)), 从而是自由 $\mathscr{O}_y$ 模 ($\mathbf{0}$, 10.1.3), 因为依照 (7.7.4), 这是个有限型 $\mathscr{O}_y$ 模. 由于 $\mathcal{H}^{-p}(f,\mathscr{P}^\bullet)$ 是一个凝聚 $\mathscr{O}_Y$ 模层 (7.7.4), 故知它在 y 的某个开邻域上是局部自由的 ($\mathbf{0_I}$, 5.2.7). 反过来, 由函子 $\mathscr{T}_p^U$ 的定义易见, d) 蕴涵 a) (7.7.2.2).

命题 (7.8.5) — 在 (7.8.4) 的前提条件下, 以下诸条件是等价的:

a) $\mathscr{P}_\bullet$ 在 Y 上对任意维数 $i \leqslant p$ 都是同调平坦的.

b) 当 $i \leqslant p+1$ 时, 函子 $\mathscr{T}_i$ 都是右正合的.

c) 当 $i \geqslant -p$ 时, $\mathscr{O}_Y$ 模层 $\mathcal{H}^i(f,\mathscr{P}^\bullet)$ 都是局部自由的.

a) 和 b) 的等价是显然的 (7.8.3), 并且依照 (7.8.4), a) 蕴涵 c). 反过来, 假设 c) 成立, 并注意到当 $i \leqslant i_0$ 时总有 $\mathscr{L}_i = 0$ (7.7.4), 从而在 $i \leqslant i_0$ 时也有 $\mathscr{T}_i = 0$. 于是 Y 的每个点 y 都有这样一个仿射开邻域 $U = \operatorname{Spec} A$, 它使得 $T_i^A(A)$ 在 $i \leqslant p$ 时都是自由 A 模, 而依照 (7.3.7), 这就表明当 $i \leqslant p$ 时 $\mathscr{T}_i^U = T_i^A$ 都是正合的.

我们经常是把这个上同调平坦性的判别法应用到 $\mathscr{P}_\bullet$ 就是由一个 Y 平坦的凝聚 $\mathscr{O}_X$ 模层 $\mathscr{F}$ (放在 $\mathscr{P}_0$ 的位置) 所组成的复形上, 注意到此时我们有 $\mathscr{T}_p(\mathscr{M}) = \mathrm{R}^{-p}f_*(\mathscr{F} \otimes_{\mathscr{O}_Y} \mathscr{M})$.

命题 (7.8.6) — 设 Y 是一个局部 *Noether* 概形, $f : X \to Y$ 是一个紧合平坦态射, y 是 Y 的一点, 我们用 X_y 来记纤维 $f^{-1}(y) = X \otimes_Y \boldsymbol{k}(y)$. 假设 $\Gamma(X_y, \mathscr{O}_{X_y}) = R$ 是一个可分 $\boldsymbol{k}(y)$ 代数 (Bourbaki, 《代数学》, VIII, §7, ¥5), 换句话说, 它是 $\boldsymbol{k}(y)$ 的有限个有限可分扩张的直合. 则 $\mathscr{O}_X$ 在点 y 近旁是 0 维上同调平坦的.

依照 (7.8.4), 我们可以限于考虑 Y 是局部环 $A = \mathscr{O}_y$ 的谱的情形. f 是平坦态射的条件表明, $\mathscr{T}_{-1} = 0$, 从而这已经证明了 T_0^A 是左正合的, 只需再证明它是右正合的即可. 依照 (7.7.10, c)), 还可以把问题归结到 $A = \mathscr{O}_y$ 是 *Artin* 环的情形. 设 k' 是 $\boldsymbol{k}(y)$ 的一个有限扩张, 并设它是 R 的一个中性化域, 也就是说, $R \otimes_{\boldsymbol{k}(y)} k'$ 是有限个同构于 k' 的域的直合. 我们能找到一个从 A 到某局部环 A' 的局部同态,

使得 A' 作为 A 模是有限型自由的, 并且 A' 的剩余类域同构于 k' ($\mathbf{0}$, 10.3.2). 依照 (7.6.1), 问题归结为证明 $T_0^{A'}$ 是右正合的, 换句话说, 我们可以假设 R 是 m 个同构于 $\boldsymbol{k}(y)$ 的域的直合. 现在我们有下面这个初等的引理:

引理 (7.8.6.1) — 设 Z 是一个局部环积空间, 为了使 Z 是连通的, 必须且只需环 $\Gamma(Z, \mathscr{O}_Z)$ 不能写成两个非零环的乘积.

事实上, 易见若 Z 是两个不相交的非空开集的并集, 则 $\Gamma(Z, \mathscr{O}_Z)$ 同构于两个非零环 $\Gamma(Z_1, \mathscr{O}_Z)$ 和 $\Gamma(Z_2, \mathscr{O}_Z)$ 的乘积. 反过来, $\Gamma(Z, \mathscr{O}_Z)$ 是这样的乘积就等价于在 $\Gamma(Z, \mathscr{O}_Z)$ 中能找到除了 0 和 1 之外的一个幂等元 s, 此时对任意 $z \in Z$, s_z 都是 $\mathscr{O}_z$ 中的一个幂等元, 从而只能等于 0 或者 1. 然而使 $s_z = 0$ 的点 z 的集合显然是开的, 另一方面, 若 $s_z = 1$, 则由定义知, $s(z) \neq 0$, 从而使 $s_z = 1$ 的点 z 的集合也是开的 ($\mathbf{0_I}$, 5.5.2), 故得结论.

由这个引理知, X_y 恰好有 m 个连通分支 X_i', 并且对每个 i, 我们都有 $\Gamma(X_i', \mathscr{O}_{X_i'}) = \boldsymbol{k}(y)$. 由于假设了 A 是 Artin 局部环, 故它的谱只有一点, 从而 X 和 X_y 具有相同的底空间, 因而 X 有 m 个连通分支 X_i, 满足 $X_i' = X_i \otimes_Y \boldsymbol{k}(y)$. 这样一来, 问题最终归结为 $R = \boldsymbol{k}(y)$ 的情形. 依照 (7.7.10, b)), 我们只需证明典范同态 $\Gamma(X, \mathscr{O}_X) \to \Gamma(X_y, \mathscr{O}_{X_y})$ 是满的, 但这是显然的, 因为合成

$$\Gamma(Y, \mathscr{O}_Y) \ = \ A \ \longrightarrow \ \Gamma(X, \mathscr{O}_X) \ \longrightarrow \ \Gamma(X_y, \mathscr{O}_{X_y}) \ = \ \boldsymbol{k}(y)$$

已经是一个满同态.

推论 (7.8.7) — 在 (7.8.6) 的前提条件下, 可以找到 y 的一个开邻域 U, 使得:
(i) $(f_*\mathscr{O}_X)|_U$ 同构于某个形如 $(\mathscr{O}_Y|_U)^m$ 的 $\mathscr{O}_Y|_U$ 模层,
(ii) 对任意 $z \in U$, 典范同态

$$(f_*\mathscr{O}_X)_z \otimes_{\mathscr{O}_z} \boldsymbol{k}(z) \ \longrightarrow \ \Gamma(X_z, \mathscr{O}_{X_z})$$

都是一一的.

(i) 可由 (7.8.6) 和 (7.8.4) 推出.
(ii) 可由 $\mathscr{T}_0^U$ 的正合性 (选取适当的 U) 和 (7.7.5.3) 推出.

推论 (7.8.8) — 假设 (7.8.6) 的条件得到满足, 并进而假设 $\Gamma(X_y, \mathscr{O}_{X_y}) = \boldsymbol{k}(y)$. 则可以找到 y 的一个开邻域 U, 使得典范同态 $\mathscr{O}_Y|_U \to (f_*\mathscr{O}_X)|_U$ 是一一的.

事实上, 由 (7.8.7, (ii)) 知, 此时 (7.8.7, (i)) 中的那个整数 m 必然就等于 1.

推论 (7.8.9) — 在 (7.8.6) 的前提条件下, 可以找到 y 的一个开邻域 U 和一个凝聚 $\mathscr{O}_U$ 模层 $\mathscr{Q}$ (确定到只差唯一的同构), 使得我们有一个关于拟凝聚 $\mathscr{O}_U$ 模

层 $\mathscr{M}$ 的函子同构:

(7.8.9.1) $$\mathrm{R}^1 f_* f^* \mathscr{M} \xrightarrow{\sim} \mathscr{H}om_{\mathscr{O}_U}(\mathscr{Q}, \mathscr{M}).$$

事实上, 前提条件表明, 对于适当的 U, $\mathscr{T}_0^U$ 是正合的, 从而只需把 (7.7.5, a)) 和 (7.7.5, b′)) 的等价性应用到 $p=0$ 并且 $\mathscr{P}_\bullet$ 是只含 0 次项 $\mathscr{O}_X$ 的复形上即可.

注解 (7.8.10) — (i) 在 (7.8.6) 的条件下, 考虑 f 的 Stein 分解 (4.3.3)

$$X \xrightarrow{f'} Y' \xrightarrow{g} Y,$$

其中 $Y' = \mathrm{Spec}\,(f_*\mathscr{O}_X)$, 这个有限态射 g 满足 $g_*\mathscr{O}_{Y'} = f_*\mathscr{O}_X$, 后者在 y 的邻域上是局部自由的, 并且 g 在 y 处的纤维是某个可分 $\boldsymbol{k}(y)$ 代数的谱 (**II**, 1.5.1). 我们将在第四章证明, 此时可以找到 y 的一个开邻域 U, 使得 g 的限制态射 $g^{-1}(U) \to U$ 的所有纤维 $g^{-1}(z)$ (其中 $z \in U$) 都是可分 $\boldsymbol{k}(z)$ 代数的谱 (这样的态射将被称为 U 的一个平展覆叠). 于是由 (7.8.7, (ii)) 知, (7.8.6) 中对于 y 所作的假设也在 y 的某个邻域中的所有点处都是成立的.

(ii) 我们将在第五章看到, 即使要求 X 在 Y 上是射影的 (甚至进而要求 X 在 Y 上是 "平滑" 的, 这个概念的定义将在第四章中给出), 也不能保证 (7.8.9) 中的 $\mathscr{O}_U$ 模层 $\mathscr{Q}$ 就是局部自由的. 换句话说, 不能保证 $\mathscr{O}_X$ (在这样的条件下) 在点 y 近旁是 1 维上同调平坦的. 在第五章中, 我们将把 $\mathscr{Q}$ 解释为 X 相对于 Y 的 Picard 概形沿着单位元截面的 1 阶微分层.

7.9 在紧合态射上的应用: III. Euler-Poincaré 示性数与 Hilbert 多项式的不变性

(7.9.1) 设 A 是一个环, M 是一个有限型投射 A 模, 还记得 (Bourbaki, 《交换代数学》, II, §5, ✻2) 这等价于说, $X = \mathrm{Spec}\,A$ 上的伴生 $\mathscr{O}_X$ 模层 $\widetilde{M}$ 是有限型且局部自由的. 对任意 $\mathfrak{p} \in \mathrm{Spec}\,A$, 我们把自由 $A_\mathfrak{p}$ 模 $M_\mathfrak{p}$ 的秩称为M 在 $\mathfrak{p}$ 处的秩, 并记作 $\mathrm{rg}_\mathfrak{p}(M)$ (这也是局部自由 $\mathscr{O}_X$ 模层 $\widetilde{M}$ 在 $\mathfrak{p}$ 处的秩). 从而我们有

(7.9.1.1) $$\mathrm{rg}_\mathfrak{p} M \;=\; \mathrm{rg}_\mathfrak{p}(M_\mathfrak{p}) \;=\; \mathrm{rg}_{\boldsymbol{k}(\mathfrak{p})}(M \otimes_A \boldsymbol{k}(\mathfrak{p})).$$

命题 (7.9.2) — 设 $P_\bullet$ 是一个由有限型投射 A 模所组成的有限复形, 并且对任意 A 模 M, 设 $T_\bullet(M) = \mathrm{H}_\bullet(P_\bullet \otimes_A M)$. 则对任意 $\mathfrak{p} \in \mathrm{Spec}\,A$, 我们都有

(7.9.2.1) $$\sum_i (-1)^i \mathrm{rg}_{\boldsymbol{k}(\mathfrak{p})} T_i(\boldsymbol{k}(\mathfrak{p})) \;=\; \sum_i (-1)^i \mathrm{rg}_\mathfrak{p}(P_i).$$

事实上, 根据定义, $T_i(\boldsymbol{k}(\mathfrak{p})) = \mathrm{H}_i(P_\bullet \otimes_A \boldsymbol{k}(\mathfrak{p}))$, 从而有见于 (7.9.1.1), 公式 (7.9.2.1) 恰好就是有限维向量空间的有限复形的 Euler-Poincaré 示性数在取同调之后的不变性 (**0**, 11.10.2).

推论 (7.9.3) — 函数

$$\mathfrak{p} \longmapsto \sum_i (-1)^i \mathrm{rg}_{\boldsymbol{k}(\mathfrak{p})} T_i(\boldsymbol{k}(\mathfrak{p}))$$

在 Spec A 上是局部常值的.

定理 (7.9.4) — 设 Y 是一个局部 *Noether* 概形, $f : X \to Y$ 是一个紧合态射, $\mathscr{P}_\bullet$ 是一个由 Y 平坦的凝聚 $\mathscr{O}_X$ 模层所组成的有限复形. 若我们令 $\mathscr{T}_\bullet(M) = \mathcal{H}^\bullet(f, \mathscr{P}^\bullet \otimes_{\mathscr{O}_Y} \mathscr{M})$ (参考 (7.7.1.1)), 则函数

$$\textbf{(7.9.4.1)} \qquad y \longmapsto \sum_i (-1)^i \mathrm{rg}_{\boldsymbol{k}(y)} T_i(\boldsymbol{k}(y))$$

在 Y 上是局部常值的.

可以限于考虑 $Y = \mathrm{Spec}\, A$ 是仿射概形并且 A 是 Noether 环的情形. 由于复形 $\mathscr{P}_\bullet$ 是有限的, 故 (7.7.12, (i)) 我们有 $\mathscr{T}_p(\mathscr{M}) = \mathscr{H}_p(\mathscr{L}_\bullet \otimes_{\mathscr{O}_Y} \mathscr{M})$, 其中 $\mathscr{L}_\bullet = \widetilde{L}_\bullet$, 且 $L_\bullet$ 是一个由有限型投射 A 模所组成的有限复形. 于是由 (7.9.3) 就可以推出定理.

(7.9.5) 在 (7.9.4) 的条件下, 如果 Y 是连通的, 那么函数 (7.9.4.1) 是常值的. 如果 Y 是连通且非空的, 则我们把 (7.9.4.1) 中的那个唯一的整数值记作 $\mathrm{EP}(f, \mathscr{P}_\bullet)$ 或者 $\mathrm{EP}(Y, \mathscr{P}_\bullet)$, 也可以简记为 $\mathrm{EP}(\mathscr{P}_\bullet)$ (只要不会造成误解), 并且称之为 $\mathscr{P}_\bullet$ 相对于 f (或者相对于 Y) 的 *Euler-Poincaré* 示性数. 在一般情形下, 我们也用 $\mathrm{EP}(f, \mathscr{P}_\bullet; y)$ 或者 $\mathrm{EP}(Y, \mathscr{P}_\bullet; y)$ 又或者 $\mathrm{EP}(\mathscr{P}_\bullet; y)$ 来记 (7.9.4.1) 的右边.

(7.9.6) 在 (7.9.4) 中关于 X, Y 和 f 的前提条件下, 设

$$0 \longrightarrow \mathscr{P}'_\bullet \xrightarrow{u} \mathscr{P}_\bullet \xrightarrow{v} \mathscr{P}''_\bullet \longrightarrow 0$$

是一个由 Y 平坦的凝聚 $\mathscr{O}_X$ 模层的有限复形所组成的正合序列, 并且同态 u 和 v 的次数分别是偶数 $2d$ 和 $2d'$. 则由于 $\mathscr{T}_\bullet$ 是一个同调函子 (7.7.1), 故我们有同调正合序列

$$\begin{aligned}\cdots \longrightarrow \mathscr{T}_i(\mathscr{P}'_\bullet, \boldsymbol{k}(y)) &\longrightarrow \mathscr{T}_{i+2d}(\mathscr{P}_\bullet, \boldsymbol{k}(y)) \\ &\longrightarrow \mathscr{T}_{i+2d+2d'}(\mathscr{P}''_\bullet, \boldsymbol{k}(y)) \longrightarrow \mathscr{T}_{i-1}(\mathscr{P}'_\bullet, \boldsymbol{k}(y)) \longrightarrow \cdots,\end{aligned}$$

而且它只有有限项. 由于正合序列的 Euler-Poincaré 示性数是 0 (**0**, 11.10.2), 故我们立即得知 (对所有 $y \in Y$)

(7.9.6.1) $$\mathrm{EP}(\mathscr{P}_\bullet; y) \;=\; \mathrm{EP}(\mathscr{P}'_\bullet; y) + \mathrm{EP}(\mathscr{P}''_\bullet; y).$$

现在假设比如说在复形 $\mathscr{P}_\bullet = (\mathscr{P}_i)$ 中, 当 $i < 0$ 时均有 $\mathscr{P}_i = 0$, 则我们有复形的正合序列

$$\begin{array}{ccccccccccc}
\cdots & \longrightarrow & 0 & \longrightarrow & 0 & \longrightarrow & 0 & \longrightarrow & 0 & \longrightarrow & \cdots \\
 & & \big\downarrow & & \big\downarrow & & \big\downarrow & & \big\downarrow & & \\
\cdots & \longrightarrow & 0 & \longrightarrow & 0 & \longrightarrow & \mathscr{P}_1 & \longrightarrow & \mathscr{P}_2 & \longrightarrow & \cdots \\
 & & \big\downarrow & & \big\downarrow & & \big\downarrow & & \big\downarrow & & \\
\cdots & \longrightarrow & 0 & \longrightarrow & \mathscr{P}_0 & \longrightarrow & \mathscr{P}_1 & \longrightarrow & \mathscr{P}_2 & \longrightarrow & \cdots \\
 & & \big\downarrow & & \big\downarrow & & \big\downarrow & & \big\downarrow & & \\
\cdots & \longrightarrow & 0 & \longrightarrow & \mathscr{P}_0 & \longrightarrow & 0 & \longrightarrow & 0 & \longrightarrow & \cdots \\
 & & \big\downarrow & & \big\downarrow & & \big\downarrow & & \big\downarrow & & \\
\cdots & \longrightarrow & 0 & \longrightarrow & 0 & \longrightarrow & 0 & \longrightarrow & 0 & \longrightarrow & \cdots,
\end{array}$$

其中的非零竖直箭头都是恒同自同构. 把 (7.9.6.1) 应用到这个正合序列上, 再对 $\mathscr{P}_\bullet$ 的长度进行归纳, 就得到下面的公式

(7.9.6.2) $$\mathrm{EP}(\mathscr{P}_\bullet; y) \;=\; \sum (-1)^i \mathrm{EP}(\mathscr{P}_i; y),$$

其中, 对任意 Y 平坦的凝聚 $\mathscr{O}_X$ 模层 $\mathscr{F}$, 我们是用 $\mathrm{EP}(\mathscr{F}; y)$ (或者 $\mathrm{EP}(f, \mathscr{F}; y)$, 又或者 $\mathrm{EP}(Y, \mathscr{F}; y)$) 来表示函数 $\mathrm{EP}(\mathscr{Q}_\bullet; y)$, 这个 $\mathscr{Q}_\bullet$ 是指这样一个复形, 它的唯一的非零项就是 0 次项 $\mathscr{F}$. 由此可见, 对于复形的 Euler-Poincaré 示性数的研究可以归结到每个单项上.

命题 (7.9.7) — 在 (7.9.4) 的前提条件下, 设 Y' 是一个局部 *Noether* 概形, $g: Y' \to Y$ 是一个态射, $X' = X \times_Y Y'$, $f' = f_{(Y')}: X' \to Y'$, $\mathscr{P}'_\bullet$ 是 $\mathscr{O}_{X'}$ 模层的有限复形 $\mathscr{P}_\bullet \otimes_{\mathscr{O}_Y} \mathscr{O}_{Y'}$, 则 $\mathscr{P}'_\bullet$ 是由 Y' 平坦的凝聚 $\mathscr{O}_{X'}$ 模层所组成的, 并且对任意 $y' \in Y'$, 我们都有

(7.9.7.1) $$\mathrm{EP}(\mathscr{P}'_\bullet; y') \;=\; \mathrm{EP}(\mathscr{P}_\bullet; g(y')).$$

由于 $\mathscr{O}_{X'}$ 模层 $\mathscr{P}'_i$ 就是 $\mathscr{P}_i$ 在投影 $X' \to X$ 下的逆像, 故它们都是凝聚的, 且依照 ($\mathbf{0_I}$, 6.2.1) 和 (1.4.15.5), 它们也是 Y' 平坦的, 因为问题在 X, Y 和 Y' 上都

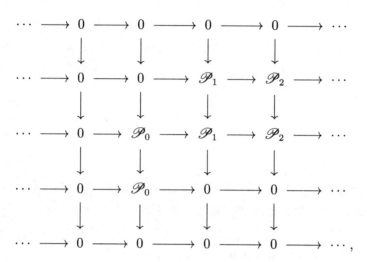

是局部性的. 最后, 我们知道 f' 是紧合的 (**II**, 5.4.2), 从而 (7.9.7.1) 的左边是有定义的. 于是由 (6.10.5.2), (7.7.2) 和引理 (7.6.7) 就可以推出公式 (7.9.7.1), 只要像往常那样把问题归结到 Y 和 Y' 都是仿射概形的情形即可.

命题 (7.9.8) — 假设 (7.9.4) 的条件得到满足, 进而假设可以找到一个整数 i_0, 使得当 $i \neq i_0$ 时, 对任意 $y \in Y$, 均有 $T_i(\boldsymbol{k}(y)) = 0$. 则 $\mathscr{T}_{i_0}(\mathscr{O}_Y) = \mathcal{H}^{-i_0}(f, \mathscr{P}_\bullet)$ 是一个局部自由 $\mathscr{O}_Y$ 模层, 并且它在 $y \in Y$ 处的秩就等于 $(-1)^{i_0}\mathrm{EP}(f, \mathscr{P}_\bullet; y)$.

首先注意到对于 (7.4.4) 中的条件这些 $T_j^{\mathscr{O}_y}$ 都能满足, 从而可以把 (7.4.7) 应用到它们上面, 并且依照 (7.5.3), 前提条件表明, 当 $i \neq i_0$ 时 $T_i^{\mathscr{O}_y}$ 都是零. 从而由 (7.3.3) 知, $\mathscr{T}_{i_0}$ 也是正合的, 因而 (7.8.4) $\mathcal{H}^{-i_0}(f, \mathscr{P}_\bullet)$ 是局部自由的, 并且根据定义, 它在点 $y \in Y$ 处的秩就是

$$\mathrm{rg}_{\boldsymbol{k}(y)} T_{i_0}(\boldsymbol{k}(y)) \ = \ \mathrm{EP}(f, \mathscr{P}_\bullet; y),$$

因为当 $i \neq i_0$ 时都有 $T_i(\boldsymbol{k}(y)) = 0$.

推论 (7.9.9) — 设 Y 是一个局部 *Noether* 概形, $f : X \to Y$ 是一个紧合态射, $\mathscr{F}$ 是一个 Y 平坦的凝聚 $\mathscr{O}_X$ 模层. 假设可以找到一个整数 i_0, 使得当 $i \neq i_0$ 时, 对任意 $y \in Y$, 均有 $\mathrm{H}^i(f^{-1}(y), \mathscr{F} \otimes_{\mathscr{O}_Y} \boldsymbol{k}(y)) = 0$. 则 $\mathrm{R}^{i_0} f_* \mathscr{F}$ 是一个局部自由 $\mathscr{O}_Y$ 模层, 并且它在 y 处的秩就等于 $(-1)^{i_0}\mathrm{EP}(f, \mathscr{F}; y)$.

特别地:

推论 (7.9.10) — 在 (7.9.9) 中对于 X, Y 和 $\mathscr{F}$ 所设定的一般条件下, 再假设当 $i > 0$ 时总有 $\mathrm{R}^i f_* \mathscr{F} = 0$. 则 $f_* \mathscr{F}$ 是一个局部自由 $\mathscr{O}_Y$ 模层, 并且它在 y 处的秩就等于 $\mathrm{EP}(f, \mathscr{F}; y)$.

依照 (7.9.9), 我们只需证明下面的引理:

引理 (7.9.10.1) — 在 (7.9.10) 的前提条件下, 对任意 $i > 0$ 和任意 $y \in Y$, 我们都有 $\mathrm{H}^i(f^{-1}(y), \mathscr{F} \otimes_{\mathscr{O}_Y} \boldsymbol{k}(y)) = 0$.

事实上, 可以限于考虑 $Y = \operatorname{Spec} A$ 是仿射概形的情形. 此时在 (7.9.4) 的记号下, $\mathscr{P}_\bullet$ 只含 0 次项, 且等于 $\mathscr{F}$, 故根据前提条件, 实际上对于 $p < 0$ 都有 $\mathscr{T}_p(\mathscr{O}_Y) = 0$. 于是由 (7.3.7) 知, 当 $p < 0$ 时, $\mathscr{T}_p$ 都是正合的, 从而这个引理可由 (7.7.5, a)) 和 (7.7.5, d)) 的等价性推出.

命题 (7.9.11) — 前提条件与 (7.9.4) 相同, 设 $\mathscr{L}$ 是一个 Y 极丰沛的可逆 $\mathscr{O}_X$ 模层, 并且对任意 $n \in \mathbb{Z}$, 令 $\mathscr{P}_\bullet(n) = \mathscr{P}_\bullet \otimes_{\mathscr{O}_X} \mathscr{L}^{\otimes n}$. 则对任意 $y \in Y$, 函数

(7.9.11.1) $$n \longmapsto \mathrm{EP}(f, \mathscr{P}_\bullet(n); y)$$

都是一个 $\mathbb{Q}$ 系数的多项式, 并且它在 Y 的同一个连通分支上的所有点处都是相同的.

显然 $\mathscr{P}_\bullet(n)$ 是一个由 Y 平坦的 $\mathscr{O}_X$ 模层所组成的复形. 依照 (7.9.6.2), 可以限于考虑 $\mathscr{P}_\bullet$ 只有 0 次项 $\mathscr{F}\neq 0$ 的情形, 进而, 由于问题在 Y 上是局部性的, 故可假设 Y 是仿射的, 从而 f 是射影的 (**II**, 5.5.3). 令 $X_y=f^{-1}(y)$, 并设 $\mathscr{L}_y=\mathscr{L}\otimes_{\mathscr{O}_Y}\boldsymbol{k}(y)$, 它是一个极丰沛的可逆 $\mathscr{O}_{X_y}$ 模层 (**II**, 4.4.10), 依照 (7.7.2), 对于由复形 $\mathscr{P}_\bullet(n)$ 所定义的函子 $\mathscr{T}_\bullet$ 来说, $T_i(\boldsymbol{k}(y))=\mathrm{H}^{-i}(X_y,\mathscr{F}_y\otimes\mathscr{L}_y^{\otimes n})$ (其中 $\mathscr{F}_y=\mathscr{F}\otimes_{\mathscr{O}_y}\boldsymbol{k}(y)$), 故知 $\mathrm{EP}(f,\mathscr{F}(n);y)$ 恰好就是 (2.5.1) 中所定义的 Euler-Poincaré 示性数 $\chi_{\boldsymbol{k}(y)}(\mathscr{F}_y(n))$. 此时由 (2.5.3) 就可以推出, (7.9.11.1) 是一个多项式, 进而对每个 n, 它的值在 Y 的同一个连通分支上总是常数 (7.9.4), 这就完成了证明.

我们将用 $\mathrm{PH}(f,\mathscr{P}_\bullet;y)$ 或者 $\mathrm{PH}(\mathscr{P}_\bullet;y)$ 来记 (7.9.11.1) 中的那个有理系数多项式, 并且称之为 $\mathscr{P}_\bullet$, f 和 $\mathscr{L}$ 在点 y 处的 *Hilbert* 多项式 (简称$\mathscr{P}_\bullet$ 在点 y 处的 *Hilbert* 多项式, 或者f 在点 y 处的 *Hilbert* 多项式, 只要不会造成误解). 如果 Y 是连通且非空的, 则我们可以在记号中略去 y. 这个不变量在第六章中起着重要的作用, 在那里我们将讨论一个给定的凝聚层的所有凝聚商层的 "参模" 理论.

(7.9.12) 在 (7.9.6) 和 (7.9.11) 的记号下, 我们有

(7.9.12.1) $$\mathrm{PH}(\mathscr{P}_\bullet;y)=\mathrm{PH}(\mathscr{P}'_\bullet;y)+\mathrm{PH}(\mathscr{P}''_\bullet;y),$$

特别地,

(7.9.12.2) $$\mathrm{PH}(\mathscr{P}_\bullet;y)=\sum_i(-1)^i\mathrm{PH}(\mathscr{P}_i;y).$$

这可由 (7.9.6.1) 和 (7.9.6.2) 立得. 同样地, 在 (7.9.7) 的记号和前提条件下, 我们有

(7.9.12.3) $$\mathrm{PH}(\mathscr{P}'_\bullet;y')=\mathrm{PH}(\mathscr{P}_\bullet;g(y')).$$

公式 (7.9.12.2) 把对于复形的 Hilbert 多项式的研究归结为对于单个 Y 平坦的 $\mathscr{O}_X$ 模层的 Hilbert 多项式的研究, 后者还有下面这个很重要的解释方式 (不依赖于同调理论):

推论 (7.9.13) — 设 Y 是一个 *Noether* 概形, $f:X\to Y$ 是一个紧合态射, $\mathscr{L}$ 是一个 Y 极丰沛的可逆 $\mathscr{O}_X$ 模层, $\mathscr{F}$ 是一个 Y 平坦的凝聚 $\mathscr{O}_X$ 模层. 则可以找到一个整数 n_0, 使得当 $n\geqslant n_0$ 时, $f_*(\mathscr{F}(n))$ 都是局部自由 $\mathscr{O}_Y$ 模层, 并且它在 $y\in Y$ 处的秩就等于 $\mathrm{PH}(f,\mathscr{F};y)(n)$.

由于态射 f 是射影的 (**II**, 5.5.3), 故可找到 n_0, 使得当 $n \geqslant n_0$ 时, 对任意 $i > 0$, 均有 $\mathrm{R}^i f_*(\mathscr{F}(n)) = 0$ (2.2.1), 从而由 (7.9.10) 就可以推出结论.

下面这个平坦性判别法对于第六章中的凝聚层 "参模" 理论来说是非常重要的:

命题 (7.9.14) — *设 Y 是一个 Noether 概形, $f : X \to Y$ 是一个射影态射, $\mathscr{L}$ 是一个 f 丰沛的可逆 $\mathscr{O}_X$ 模层, 对任意 $\mathscr{O}_X$ 模层 $\mathscr{F}$ 和任意 $n \in \mathbb{Z}$, 令 $\mathscr{F}(n) = \mathscr{F} \otimes \mathscr{L}^{\otimes n}$. 则为了使一个凝聚 $\mathscr{O}_X$ 模层 $\mathscr{F}$ 是 Y 平坦的, 必须且只需能找到一个整数 n_0, 使得当 $n \geqslant n_0$ 时, $f_*(\mathscr{F}(n))$ 都是局部自由 $\mathscr{O}_Y$ 模层.*

条件的必要性可以像 (7.9.13) 那样来证明 ((2.2.1) 中的结果可以应用到丰沛层 $\mathscr{L}$ 上, 因为 f 是射影的). 为了证明逆命题, 可以限于考虑 $Y = \operatorname{Spec} A$ 是仿射概形的情形, 依照前提条件和 (2.2.2, (i)), 这些 A 模 $\Gamma(X, \mathscr{F}(n))$ 都是有限型且投射的 (Bourbaki, 《交换代数学》, II, §5, ¶2, 定理1). 设 S 是 $\mathbb{N}$ 分次环 $\bigoplus_{n\geqslant 0} \Gamma(X, \mathscr{L}^{\otimes n})$, 我们知道 X 可以典范等同于 $\operatorname{Proj} S$ (**II**, 4.5.2, b) 和 5.4.4). 设 $M = \bigoplus_{n\geqslant n_0} \Gamma(X, \mathscr{F}(n))$, 必要时把 $\mathscr{L}$ 换成它的适当方幂 $\mathscr{L}^{\otimes d}$, 我们总可以假设 S 是由有限个 1 次齐次元所生成的 (2.3.4.1), 于是由 (**II**, 2.7.5 和 2.7.2) 知, $\mathscr{F}$ 可以等同于 $\mathscr{P}roj_0(M)$. 从而对任意正齐次元 $g \in S$, 我们都有 $\Gamma(X_g, \mathscr{F}) = M_{(g)}$. 现在 M 作为投射 A 模的直和总是一个平坦 A 模, 从而 M_g 也是平坦的 ($\mathbf{0_I}$, 6.3.2), 因而 $M_{(g)}$ 同样如此, 因为它是 M_g 的一个直和因子 ($\mathbf{0_I}$, 6.1.2). 由此得知 (1.4.14.5), $\mathscr{F}$ 在 X_y 的任意点处都是 Y 平坦的, 且由于这些 X_y 构成了 X 的一个覆盖, 这就推出了命题.

(待续)

参考文献

(编者注: 遵照法文原书, 参考文献序号接《代数几何学原理 II. 几类态射的整体性质》编排.)

[27] P. Gabriel, *Des catégories abéliennes*, Bull. Soc. Math. Fr., t. 90 (1962), p. 323-448.

[28] J. E. Roos, Sur les foncteurs dérivés de $\varprojlim$. Applications, *C. R. Acad. Sci. Paris*, t. CCLII, 1961, p. 3702-3704.

[29] H. Cartan, Séminaire de l'École Normale Supérieure, 13e année (1960-1961), exposé n° 11.

记号

$\mathrm{P}^\bullet(A,B;\mathscr{S})$ (其中 A,B 是有限集合, $\mathscr{S}$ 是系数系): **0**, 11.8.6.

$\mathrm{C}^\bullet(A,B;\mathscr{S}^\bullet),\mathrm{L}^\bullet(A,B;\mathscr{S}^\bullet)$ (其中 A,B 是有限集合, $\mathscr{S}^\bullet$ 是系数系的复形): **0**, 11.8.8.

$\mathrm{P}^\bullet(A,B;\mathscr{S}^\bullet)$ (其中 A,B 是有限集合, $\mathscr{S}^\bullet$ 是系数系的复形): **0**, 11.8.10.

$\chi(M^\bullet)$ (其中 $M^\bullet$ 是长度有限的模的有限复形): **0**, 11.10.1.

$\mathrm{C}^\bullet(\mathfrak{U},\mathscr{F})$ (其中 $\mathscr{F}$ 是 X 上的 Abel 群层, $\mathfrak{U}$ 是 X 的开覆盖): **0**, 12.1.2.

$\mathrm{R}^p f_*\mathscr{F}$ (其中 $f:X\to Y$ 是环积空间态射, $\mathscr{F}$ 是 $\mathscr{O}_X$ 模层): **0**, 12.2.1.

$\mathcal{H}^p(f,\mathscr{K}^\bullet),\mathcal{H}^p_f(\mathscr{K}^\bullet),{}'\mathscr{E}(f,\mathscr{K}^\bullet),{}''\mathscr{E}(f,\mathscr{K}^\bullet)$ (其中 $f:X\to Y$ 是环积空间态射, $\mathscr{K}^\bullet$ 是 $\mathscr{O}_X$ 模层复形): **0**, 12.4.1.

$\mathbf{H}^\bullet(X,\mathscr{K}^\bullet),\mathbf{H}^\bullet(V,\mathscr{K}^\bullet)$ (其中 X 是环积空间, $\mathscr{K}^\bullet$ 是 $\mathscr{O}_X$ 模层复形, V 是 X 的开集): **0**, 12.4.2.

$\mathrm{gr}^\bullet(\mathbf{A})$ ($\mathbf{A}$ 是满足 (ML) 条件的投影系): **0**, 13.4.2.

$\mathrm{E}(A)$ (其中 A 是滤体对象): **0**, 13.6.4.

$\mathrm{K}_\bullet(\mathbf{f}),i_{\mathbf{f}}$ (其中 $\mathbf{f}$ 是环的有限元素组): **III**, 1.1.1.

$\mathrm{K}^\bullet(\mathbf{f},M),\mathrm{K}_\bullet(\mathbf{f},M)$ (其中 $\mathbf{f}$ 是环 A 的有限元素组, M 是 A 模): **III**, 1.1.2.

$\mathrm{H}^\bullet(\mathbf{f},M),\mathrm{H}_\bullet(\mathbf{f},M)$ (其中 $\mathbf{f}$ 是环 A 的有限元素组, M 是 A 模): **III**, 1.1.3.

$\mathrm{C}^\bullet((\mathbf{f}),M),\mathrm{H}^\bullet((\mathbf{f}),M)$ (其中 f 是环 A 的有限元素组, M 是 A 模): **III**, 1.1.6.

$\mathrm{H}^\bullet(U,\mathscr{F}(*)),\mathrm{H}^\bullet(\mathfrak{U},\mathscr{F}(*))$ (其中 $\mathscr{F}$ 是拟凝聚 $\mathscr{O}_X$ 模层, U 是 X 的开集, $\mathfrak{U}$ 是 X 的开覆盖): **III**. 2.1.1.

$\mathbf{Tor}^A_n(P_\bullet,Q_\bullet)$: **III**, 6.3.1.

$\mathcal{T}or^{\mathscr{O}_S}_n(\mathscr{P}_\bullet,\mathscr{Q}_\bullet),\mathcal{T}or^S_n(\mathscr{P}_\bullet,\mathscr{Q}_\bullet)$: **III**, 6.4.1 和 6.5.1.

$\mathscr{T}or^S_n(\mathscr{F},\mathscr{G})$: **III**, 6.5.1.

$\mathcal{T}or^S_q(\mathscr{P}^{(1)}_\bullet,\mathscr{P}^{(2)}_\bullet,\ldots,\mathscr{P}^{(m)}_\bullet)$: **III**, 6.5.15.

$\mathbf{H}^{-n}(\mathfrak{U}^{(i)},\mathscr{P}^{(i)}_\bullet),\mathbf{H}^{-n}(X^{(i)},\mathscr{P}^{(i)}_\bullet)$: **III**, 6.6.1.

$\mathbf{Tor}^A_n(L^{(1)}_{\bullet,\bullet},L^{(2)}_{\bullet,\bullet}),\mathbf{Tor}^S_n(\mathfrak{U}^{(1)},\mathfrak{U}^{(2)};\mathscr{P}^{(1)}_\bullet,\mathscr{P}^{(2)}_\bullet)$: **III**, 6.6.2.

$\mathscr{T}or^S_n(\mathfrak{U}^{(1)},\mathfrak{U}^{(2)};\mathscr{F}^{(1)},\mathscr{F}^{(2)}),\mathscr{T}or^S_n(\mathfrak{U}^{(1)},\mathfrak{U}^{(2)};\mathscr{P}^{(1)}_\bullet,\mathscr{P}^{(2)}_\bullet)$: **III**, 6.6.2.

$\mathcal{T}or^S_\bullet(f_1,f_2;\mathscr{P}^{(1)}_\bullet,\mathscr{P}^{(2)}_\bullet)$: **III**, 6.6.8, 6.7.1, 6.7.3.

$\mathcal{T}or^S_n((f_i)_{i\in I};(\mathscr{P}^{(i)}_\bullet)_{i\in I}),\mathcal{T}or^S_n(f_1,\ldots,f_m;\mathscr{P}^{(1)}_\bullet,\ldots,\mathscr{P}^{(m)}_\bullet)$: **III**, 6.7.11.

$\boldsymbol{Ab},\boldsymbol{Ab}_A$: **III**, 7.1.1.

$T_{(B)},T^{(B)},T\otimes_A B$ (其中 T 是 $\boldsymbol{Ab}_A$ 到 $\boldsymbol{Ab}$ 的函子): **III**, 7.1.3.

$T_{\mathfrak{p}}$: **III**, 7.1.4.

t_M: **III**, 7.2.2.

$\mathscr{T}^{Y'}_\bullet(\mathscr{M}'),\mathscr{T}^U_\bullet(\mathscr{M}|_U)$: **III**, 7.7.2.

$\mathrm{EP}(f,\mathscr{P}_\bullet;y),\mathrm{EP}(Y,\mathscr{P}_\bullet;y),\mathrm{EP}(\mathscr{P}_\bullet;y)$: **III**, 7.9.5.

$\mathrm{PH}(f,\mathscr{P}_\bullet;y),\mathrm{PH}(\mathscr{P}_\bullet;y)$: **III**, 7.9.12.

索引

N

P

S

W

X